普通高等教育“十一五”国家级规划教材

U0305364

Solid State Physics
固体物理学（第三版）

主编 胡安 章维益

高等教育出版社·北京

内容简介

本书是普通高等教育“十一五”国家级规划教材，根据作者多年来在南京大学讲授固体物理的讲稿整理而成。本书力求在传统固体物理的理论框架下，穿插一些新的进展内容，尽量不涉及高等量子力学和复杂的数学处理，做到物理图像清晰，内容融会贯通。本次修订在保持前两版的结构框架和理论体系的基础上，增加了石墨烯的晶体结构、能带结构以及物理化学性质的介绍；补充了一般电子结构满带电子不导电的证明；增加了石墨烯中的量子反常霍尔效应和关联电子系统中的分数量子霍尔效应的简介；在多电子轨道超交换耦合中增加了磁序-轨道序的互补性的概念以及近年来新颖超导体的简单介绍等内容。

本书可作为高等学校物理学类专业本科生、研究生的固体物理教材，也可供其他专业的师生及社会读者参考。

图书在版编目(CIP)数据

固体物理学/胡安，章维益主编.--3版.--北京：高等教育出版社，2020.5 (2022.11重印)

ISBN 978-7-04-053766-6

Ⅰ.①固… Ⅱ.①胡… ②章… Ⅲ.①固体物理学-高等学校-教材 Ⅳ.①O48

中国版本图书馆 CIP 数据核字(2020)第029362号

Guti Wulixue

策划编辑 张琦玮　责任编辑 马天魁　封面设计 张　楠　版式设计 张　杰
插图绘制 于　博　责任校对 马鑫蕊　责任印制 耿　轩

出版发行 高等教育出版社
社　　址 北京市西城区德外大街4号
邮政编码 100120
印　　刷 北京天宇星印刷厂
开　　本 787mm×1092mm　1/16
印　　张 21
字　　数 520千字
购书热线 010-58581118
咨询电话 400-810-0598
网　　址 http://www.hep.edu.cn
　　　　 http://www.hep.com.cn
网上订购 http://www.hepmall.com.cn
　　　　 http://www.hepmall.com
　　　　 http://www.hepmall.cn
版　　次 2005年6月第1版
　　　　 2020年5月第3版
印　　次 2022年11月第3次印刷
定　　价 41.70元

物 料 号　53766-00

第三版序言

本书第二版自2011年出版以来，受到国内读者和同行的关注，先后被南京大学物理系、材料系、强化部和国内部分高校采用，作为本科生的教材或参考书，作者谨此深表谢意！在教学过程中，我们发现，由于2011年出版的第二版采用了非最终版本的第一版作为对照本，虽然修正了第一版中出现的所有错误，但同时遗留了第一版中非最终版本带来的许多其他印刷错误。为此，我们一直深感不安。经与高等教育出版社商榷，利用这次再版机会，我们对第二版存在的诸多印刷错误，一些数学公式、符号格式的不统一进行了全面修正。

在这次修订中，我们保留了原书的结构框架和理论体系，简要增加了石墨烯的晶体结构、能带结构以及物理化学性质的介绍；补充了一般电子结构满带电子不导电的证明；增加了石墨烯中的量子反常霍尔效应和关联电子系统中的分数量子霍尔效应的简介；在多电子轨道超交换耦合中增加了磁序-轨道序的互补性的概念以及近年来新颖超导体的简单介绍等内容；进一步统一了全书的数学符号和数学公式格式；更换和修改了部分不清楚或者有误的插图；纠正了第二版中发现的印刷错误。我们希望本书能以新的面貌与读者见面。

在这次修订中，我们非常感谢兰州大学范小龙教授，同济大学周仕明教授，南京大学顾民、丁海峰、吴镝、杜军、游彪、孙亮和吴小山教授，他们提出很多宝贵的意见。这些年来听课学生的反馈尤为珍贵。高等教育出版社缪可可及其同仁编辑们也付出了辛勤的劳动。作者在此一并表示深切的感谢。由于作者水平有限，本书虽几经校勘，不妥和错误之处仍恐难免，欢迎批评指正。

胡　安　章维益

2019年9月

第二版序言

本书自 2005 年初版问世以来，受到国内读者和同行的关注，先后被南京大学物理系、材料系、强化部和国内部分高校采用，作为本科生的教材或参考书，作者谨此深表谢意！在教学过程中，我们发现，由于出版仓促，原书存在诸多印刷错误，一些数学公式的符号选择不统一，个别基本概念的阐述也值得进一步推敲。为此，我们一直深表不安。经与高等教育出版社商榷，利用这次再版机会，我们对本书进行了全面修正。

我们一向认为，编写基础物理学的教科书，起码的要求是，内容必须精练、基本概念和理论阐述必须准确明了。但是，能做到这些绝不是件轻而易举的事情。在这次修订中，我们基本上保留了原书的结构框架和理论体系，只是增加了诸如双交换、布洛赫电子平均速度的推导、铁磁体外场磁化过程等少量内容；统一了全书的数学符号和公式表达；更换了部分插图；修正了已发现的印刷错误。我们希望本书能以新的面貌与读者见面。

中科院物理所曹则贤教授仔细阅读了书稿，提出了不少中肯的修改意见。南京大学 2004 级王喆同学对书稿进行了细致的勘误。在新版的文字处理和插图修改方面得到孙亮博士、丁海峰教授、游彪副教授、杜军教授和艾金虎同学的热情帮助。高等教育出版社的编辑们也付出了辛勤的劳动。作者在此一并表示深切的感谢。由于作者水平有限，本书虽几经校勘，不妥和错误之处仍恐难免，如蒙教正，幸甚，幸甚。

胡　安　章维益

2010 年 11 月

第一版序言

本书作为高等院校理工科讲授固体物理的教科书，目的在于希望通过本课程的学习，使学生掌握从事凝聚态物理研究工作的起码的物理基础，以及进一步学习“固体理论”和“凝聚态物理学”的基本概念和知识。

作为凝聚态物理基础的固体物理学，主要把晶态物质作为讨论对象，在单粒子近似的基础上，充分利用晶格的平移对称性，统一处理周期结构中波的传播问题。格波在周期结构中的传播导致晶格动力学，德布罗意波在周期结构中的传播导致能带论，这些情况也包括自旋波和电磁波等在周期结构中的传播。

固体物理学的基本任务是试图从微观上去解释固体材料的宏观物理性质，并阐明其规律性。系统的基态和激发态性质是理解固体物理性质的关键。固体的基态只依赖于体系中粒子之间的内禀相互作用。例如，考虑固体中不同类型的原子间的相互作用，可以构成具有不同对称性的晶体结构。而建立在单电子基础上的金属电子论，体系的基态是电子按能级填充，一直到费米能为止，这是忽略了相互作用的基态。除此之外，不同的相互作用将在一定条件下构成形形色色的固体基态，例如，磁性离子之间的交换作用可以形成铁磁或反铁磁基态，电子与声子的相互作用使费米面附近的电子配对（称为库珀对）构成常规超导体的基态，等等。基态不仅是能量的最低状态，而且是某种有序状态。晶体在外场扰动下将从基态跃迁到激发态。在弱外场下，晶体的低激发态可以看成一些独立激发单元的集合，这些激发单元通常称为元激发。在本书的相应章节中，我们应用简单模型和处理方法去论述系统的基态和激发态属性，自然地引入各种类型的基态和元激发，这些元激发包括：准电子、空穴、声子、极化激元、等离激元、激子和自旋波量子等，而不将固体中的元激发作为专章讨论。

固体物理学是建立在周期性和单粒子近似下的简单理论。对于偏离周期性的系统（包括准周期系统、无序系统、含缺陷的晶体、表面和界面等）以及由于无序导致的局域化问题，本书并不作全面的论述，只是在适当的章节，穿插某些典型例子点到为止，以此说明简单理论的局限性和解决问题的思路。超越单粒子近似而计入粒子间相互作用的多体效应问题，诸如金属磁性和超导电性，我们只在本书第七章和第八章中作简单讨论。至于窄能带系统中电子关联导致的金属－绝缘体相变等问题，本书也只以典型例子在相应章节中加以讨论。

本书是根据作者多年来在南京大学讲授固体物理的讲稿整理而成的。凝聚态物理是一门发展迅速、涉及范围广泛的学科。作为凝聚态物理基础的固体物理学，它自然要适应学科发展的需要，不断地增添一些新的内容。但是作为一本面对大学本科阶段的教科书，如果一味贪新求全，必然得之东隅、失之桑榆，以致教材理论艰涩、内容臃肿、篇幅浩繁、不利施教，因此在内容取舍、顺序安排、处理深浅诸方面我们都颇费斟酌。本书力求在传统固体物理的理论框架下，穿插一些新的进展内容，尽量不涉及高等量子力学和复杂的数学处理，做到物理图像清晰，内容融会贯通。

全书包括：晶体的结构及其对称性、晶体的结合、晶格动力学和晶体的热学性质、能带论、金属电子论、半导体电子论、固体磁性和超导电性八章。前七章由胡安执笔，第八章由章维益执笔，全书由章维益和胡安讨论定稿。

本书的最后附有习题选编。习题可分为两类：一类是基本题目，目的是使学生巩固和加深对授课内容的理解；另一类涉及凝聚态物理的许多重要物理效应，诸如 X 射线衍射线宽、德拜-瓦勒因子、K_3C_{60}晶格的马德隆常数、科恩反常、软声子模、派尔斯失稳、反铁磁自旋波、近藤效应等。由于教材篇幅的限制，我们不拟将后一类题目的内容纳入教材正文，而将其作为习题使之与正文的固体物理基本理论前后呼应、相得益彰，这样不仅可以充分发挥学生的独立思考的潜质，也可以培养他们将来从事科学研究的能力。

在成书的过程中，我们始终得到冯端教授、李正中教授和张杏奎教授的热情指导和鼓励。在文字处理和插图绘制方面，得到了张维、盛雯婷、孙亮、陈峥嵘、游彪等先生的热情帮助，我们谨此致谢。由于作者学识浅陋，书中必定存在错误和不妥之处，我们祈请各位专家及广大读者予以批评指正。

胡　安　章维益

2005 年 1 月

目　录

第一章　晶体的结构及其对称性 …… 1

§1.1　晶格及其平移对称性 …… 1

一、晶体结构及基元 …… 1

二、结点和点阵 …… 5

三、基矢和元胞 …… 6

§1.2　晶列和晶面 …… 9

一、晶列及其晶向标志 …… 9

二、晶面及有理指数定律 …… 10

三、晶面指数与米勒指数 …… 12

§1.3　倒点阵 …… 13

一、点阵傅里叶变换　倒点阵 …… 13

二、倒点阵的性质 …… 14

§1.4　晶体的宏观对称性 …… 18

一、宏观对称性的描述 …… 18

二、平移对称性对宏观对称性的限制 …… 19

三、实例 …… 22

四、晶体的宏观对称性与宏观物理性质 …… 23

§1.5　晶体点阵和结构的分类 …… 25

一、群的概念 …… 25

二、7个晶系和14种点阵 …… 26

三、晶体结构的32种点群和230种空间群 …… 30

§1.6　晶体X射线衍射 …… 34

一、布拉格反射公式 …… 34

二、劳厄方程 …… 35

三、原子散射因子与几何结构因子 …… 37

四、埃瓦尔德构图法与三种重要的X射线晶体学分析方法 …… 42

§1.7　准晶体 …… 44

一、一维准周期点阵 …… 45

二、投影理论及其衍射谱 …… 46

第二章　晶体的结合 …… 50

§2.1　原子的负电性 …… 50

一、原子的电离能 …… 50
二、原子的亲和能 …… 51
三、原子的负电性 …… 51
§2.2 晶体结合的类型 …… 52
一、金属键结合 …… 52
二、共价键结合 …… 53
三、离子键结合 …… 55
四、范德瓦耳斯键结合 …… 56
五、氢键结合 …… 58
六、混合键结合 …… 59
§2.3 结合能 …… 61
一、内能函数与结合能 …… 61
二、离子晶体的结合能 …… 62
三、惰性气体晶体的结合能 …… 64
第三章 晶格动力学和晶体的热学性质 …… 67
§3.1 简正模和格波 …… 67
一、微振动理论——简正模 …… 68
二、格波 …… 70
§3.2 一维单原子链振动 …… 72
一、运动方程及其解 …… 72
二、格波特性 …… 73
三、玻恩-冯卡门边界条件 …… 75
四、简正坐标 …… 76
§3.3 一维双原子链振动 …… 78
一、运动方程及其解 …… 78
二、声学波和光学波 …… 79
三、玻恩-冯卡门边界条件 …… 80
§3.4 三维晶格振动 格波量子——声子 …… 81
一、三维晶格振动 …… 81
二、格波量子——声子 …… 83
§3.5 离子晶体中的长光学波 …… 85
一、离子晶体中长光学晶格振动产生的内场 …… 86
二、长光学波的宏观运动方程 …… 86
三、离子晶体长光学波的本征频率 ω_{TO} 和 ω_{LO} …… 89
四、极化激元 …… 90
§3.6 非完整晶格的振动 局域模 …… 93
一、一维完整单原子链的扩展模式 …… 94
二、含单个缺陷的一维原子链的振动频率 …… 95

三、局域模 …… 97
§ 3.7　晶格比热容 …… 100
一、声子态密度 …… 100
二、爱因斯坦模型和爱因斯坦比热容 …… 102
三、德拜模型和德拜比热容 …… 103
§ 3.8　晶格状态方程和热膨胀 …… 107
一、自由能和格林艾森状态方程 …… 107
二、热膨胀及其格林艾森关系 …… 109
三、热膨胀与非谐效应 …… 110
第四章　能带论 …… 113
§ 4.1　布洛赫定理和布洛赫波 …… 114
一、平移算符　周期场中单电子状态的标志 …… 114
二、布洛赫定理和布洛赫波 …… 117
三、布洛赫波能谱特征 …… 117
§ 4.2　平面波法 …… 120
§ 4.3　近自由电子近似 …… 122
一、零级近似 …… 123
二、非简并微扰 …… 123
三、简并微扰 …… 125
四、布里渊区、能带、能隙和禁带 …… 125
五、能隙的成因 …… 128
六、简约波矢 $\bar{\boldsymbol{k}}$ 和自由电子的波矢 $\boldsymbol{k}$ …… 130
七、能带的能区图式 …… 131
§ 4.4　紧束缚近似 …… 133
一、万尼尔函数 …… 133
二、紧束缚近似 …… 134
§ 4.5　正交平面波法 …… 137
§ 4.6　赝势方法 …… 140
§ 4.7　能带电子态密度 …… 142
一、自由电子的能态密度 …… 142
二、能带电子的能态密度 …… 144
§ 4.8　布洛赫电子的动力学性质 …… 145
一、准经典近似 …… 145
二、波包在外场中的运动，布洛赫电子的准动量 …… 149
三、加速度和有效质量 …… 150
四、准经典近似的物理含义 …… 152
§ 4.9　布洛赫电子在恒定电场中的准经典运动 …… 152

一、恒定电场下的动力学 …… 152
二、碰撞、弛豫时间、金属电导率公式 …… 154
三、满带电子不导电 …… 155
四、近满带和空穴 …… 156
五、导体、绝缘体和半导体的能带特征 …… 157
§4.10 布洛赫电子在恒定磁场中的准经典运动 …… 157
一、恒定磁场下的动力学 …… 157
二、轨道量子化 …… 161
§4.11 布洛赫电子在相互垂直的恒定电场和磁场中的运动 …… 164
一、霍尔效应和磁致电阻 …… 164
二、双能带模型下的霍尔效应和磁致电阻 …… 166
§4.12 能带论的局限性 …… 170
一、电子之间的关联效应 …… 170
二、无序系统中波的局域化 …… 172
第五章 金属电子论 …… 174
§5.1 费米分布函数和自由电子气比热容 …… 174
一、费米分布函数 …… 174
二、基态($T=0\mathrm{K}$)下的分布函数 $f_0(E)$ 和自由电子气的费米能 E_{F} …… 174
三、激发态($T\neq 0\mathrm{K}$)时,自由电子气的化学势 $\mu(T)$ …… 175
四、自由电子气的比热容 …… 177
§5.2 金属的费米面 …… 180
一、金属费米面的构造 哈里森构图法 …… 180
二、实际金属的费米面 …… 182
§5.3 费米面的实验测定 …… 183
一、回旋共振 …… 184
二、德哈斯-范阿尔芬效应 …… 185
§5.4 输运现象 …… 187
一、非平衡分布函数 …… 188
二、玻耳兹曼方程 …… 189
§5.5 金属的电导率 …… 191
一、弛豫时间近似 …… 191
二、电导率公式 …… 192
§5.6 弛豫时间 $\tau(\boldsymbol{k})$ 与碰撞概率 $\theta(\boldsymbol{k},\boldsymbol{k}')$ 的关系 …… 193
§5.7 电子-声子相互作用与金属电阻率 …… 195
一、随时间变化的微扰势 …… 195
二、散射概率 $\theta(\boldsymbol{k},\boldsymbol{k}')$ …… 196
三、电阻率的温度关系 …… 198
§5.8 等离激元与准电子 …… 200

一、等离激元 …… 200
二、电子气的个别激发 …… 202
三、静电屏蔽　准电子 …… 202
四、等离子体中的横振动 …… 204
第六章　半导体电子论 …… 206
§6.1　半导体的基本特征和分类 …… 206
一、本征半导体 …… 206
二、杂质半导体 …… 206
三、半导体的带隙 …… 208
四、激子 …… 210
§6.2　半导体带边的能带结构和有效质量 …… 212
一、能带计算的 $\boldsymbol{k}\cdot\boldsymbol{p}$ 方法 …… 212
二、回旋共振实验 …… 216
§6.3　半导体中载流子的浓度 …… 218
一、半导体中载流子的统计分布 …… 218
二、载流子浓度 …… 219
三、化学势的确定 …… 220
四、半导体中载流子的简并 …… 222
§6.4　接触效应 …… 222
一、pn 结 …… 223
二、金属-半导体结 …… 226
三、MOS 结和 MOS 晶体管 …… 230
§6.5　半导体中载流子的输运问题 …… 231
一、电导率 …… 231
二、霍尔效应 …… 234
三、量子霍尔效应 …… 234
第七章　固体磁性 …… 238
§7.1　原子磁性及外场响应 …… 239
一、轨道磁矩、自旋磁矩和原子磁矩 …… 239
二、洪德定则 …… 240
三、原子在外磁场下的响应 …… 242
§7.2　抗磁性 …… 243
§7.3　顺磁性 …… 244
一、居里定律 …… 245
二、理论的局限性 …… 247
§7.4　载流子的磁性 …… 253
一、自由电子气的泡利顺磁性 …… 253
二、自由电子气的朗道抗磁性 …… 254

三、非简并载流子的顺磁性和抗磁性 …… 256
§7.5 铁磁性 …… 257
一、实验事实 …… 257
二、分子场理论 …… 257
三、自发磁化的局域电子模型 …… 259
四、铁磁体在外场下的磁化过程 …… 261
§7.6 铁磁自旋波 …… 264
一、平均场近似的困难 …… 264
二、铁磁自旋波 …… 266
§7.7 铁磁金属自发磁化的巡游电子模型 …… 270
§7.8 自旋相关输运 …… 271
一、电子隧穿电导 …… 271
二、自旋极化 …… 272
三、电子的自旋相关隧穿电导 …… 273
四、自旋阀结构 …… 274
§7.9 反铁磁性 …… 275
一、实验事实 …… 275
二、反铁磁性的奈耳理论 …… 277
§7.10 超交换作用和双交换作用 …… 280
一、安德森的反铁磁超交换作用 …… 280
二、齐纳的铁磁双交换作用 …… 282
第八章 超导电性 …… 285
§8.1 超导体的基本物理性质 …… 286
一、超导体的输运性质 …… 286
二、超导体的磁学性质 …… 287
三、超导体的热力学性质 …… 289
四、同位素效应 …… 289
§8.2 超导电性的物理机制与理论 …… 290
一、超导电性的物理起源 …… 290
二、戈特和卡西米尔的二流体模型 …… 292
三、伦敦唯象理论模型 …… 294
四、皮帕德非定域理论扩展 …… 295
五、金兹堡-朗道理论 …… 297
§8.3 超导弱连接和宏观量子效应 …… 300
一、约瑟夫森效应 …… 300
二、超导量子干涉仪 …… 303
§8.4 超导电性的展望 …… 305
习题选编 …… 306

第一章　晶体的结构及其对称性 …… 306
第二章　晶体的结合 …… 308
第三章　晶格动力学和晶体的热学性质 …… 309
第四章　能带论 …… 311
第五章　金属电子论 …… 314
第六章　半导体电子论 …… 315
第七章　固体磁性 …… 316
第八章　超导电性 …… 316
主要参考书 …… 318

第一章　晶体的结构及其对称性

凝聚态物质包括液体、固体以及介于其间的软物质(如液晶、凝胶等),它们是原子、离子或分子的聚集体。固体是凝聚态物质中的一种特殊聚集形态,在压强和温度一定,且无外力作用时,形状不变。液体则没有这种性质。根据组成粒子在空间排列的有序度和对称性,固体可以分为晶体、准晶体和非晶体三类。

本章授课视频

晶态固体的组成粒子在空间周期性排列,具有长程序。由于周期性的限制,它不能保持对任意的平移和旋转不变,其对称性是破缺的。

与晶态固体相反,非晶态固体的组成粒子在空间的分布完全无序或仅仅具有短程序。若不考虑可能存在的短程序,根据物性测量的判断,在统计意义上,无序固体中粒子的分布与气体和液体相似,具有高度的对称性,物理性质各向同性。

准晶体介于晶体和非晶体之间。虽然粒子的分布是完全有序的,但不具有周期性,仅仅具有长程取向序,可以具有晶体所不允许的旋转对称性。

固体物理把晶态物质作为主要讨论对象,基本的出发点在于强调周期性,考虑破缺的对称性。偏离周期性的问题,仅仅作为固体物理学基本理论的向外延拓。本章将简要地阐明晶体中原子周期性排列及其对称性的一些基本规律、基本概念和数学描述,此外也简要地叙述晶体的 X 射线衍射学,为描述晶体结构提供实验基础。

§1.1　晶格及其平移对称性

一、晶体结构及基元

1. 晶体结构

晶体中原子的规则排列称为晶格。不同的晶体中原子的排列形式可能是不相同的,我们把晶体中原子的具体排列方式称为晶体结构。下面介绍几种最常见的晶体结构。

(1) 简单立方(sc)晶体结构

将同一种元素的原子置于立方体的顶角上,便得到简单立方晶体结构,如图 1-1-1 所示。实际的晶格应是这一单元在三维空间无限重复排列。显然,这是一种自然界非常罕见的结构,因为这种结构往往并不对应能量最低的基态,通常它对于切变是不稳定的。至今在自然界中,正常条件下,发现的唯一例子是钋(Po)的 α 相晶体。从图 1-1-1 可以看到,在这种结构形成的晶格中,任一个原子的位置都是完全等价的。无论从哪一个原子去看,周围原子的分布和排列方位都是完全相同的。将整个晶格作从一个原子到任何一个原子的平移,都能完全复原。通常把每个原子周围的最近邻原子数称为配位数,简单立方结构原子的配位数为 6。

(2) 体心立方(bcc)晶体结构

将一个相同的原子置于简单立方结构的立方体的中心,便得到体心立方晶体结构,如图 1-1-2 所示。注意,在这种结构中,每个原子的位置也是完全等价的,因为每个原子都处于 8 个同类原子构成的立方体的中心,配位数为 8。相当多的金属,如碱金属 Li、Na、K、Rb、Cs 和难熔金属 W、Mo、Nb、Ta 等,具有体心立方晶体结构。

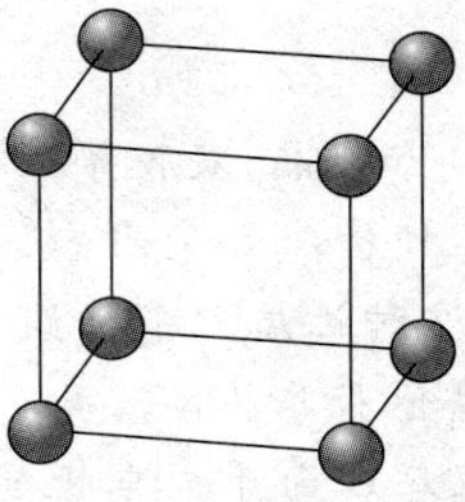

图 1-1-1　sc 晶体结构

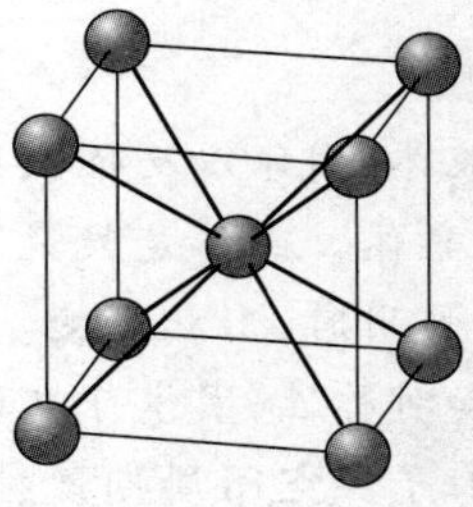

图 1-1-2　bcc 晶体结构

(3) 密堆晶体结构

如果将晶体结构看成原子球的规则堆积,则可以定义堆积密度 f 为原子球的体积与其所占据的有效空间体积之比。简单立方结构和体心立方结构的堆积密度分别为 $f=\pi/6,\sqrt{3}\pi/8$。显然体心立方结构的堆积密度大于简单立方晶体结构。但是它们都不是最密的堆积方式。图 1-1-3表示原子球在一个平面内的最紧密的排列方式,称为密排面。把密排面叠起来可以形成三维结构。为了堆积最密,上一层的球心必须对准下一层的球隙。如果把第一层原子球心位置记为 A,第二层原子可以放在第一层原子的球隙 B 处,也可以放在球隙 C 处,但是为了保证第二层原子排列为密排面,选择了 B 位就不能占据 C 位。由此可知,存在各种各样可能的周期性堆积的序列。

如果按照…ABCABC…序列堆积,便构成面心立方(fcc)晶体结构。图 1-1-4 表示面心立方晶体结构。原子处于立方体的顶角和每个面的中心。为了弄清密排面与堆积方向,图中用阴影表示密排面,堆积方向沿立方体体对角线方向。在这种结构里,每个原子的周围环境,就形式和取向都是相同的,每个原子周围有 12 个最近邻的相同原子,配位数为 12,$f=\sqrt{2}\pi/6$。很多金属,例如 Cu、Ag、Au、Al、Ni 等晶体具有面心立方晶体结构。

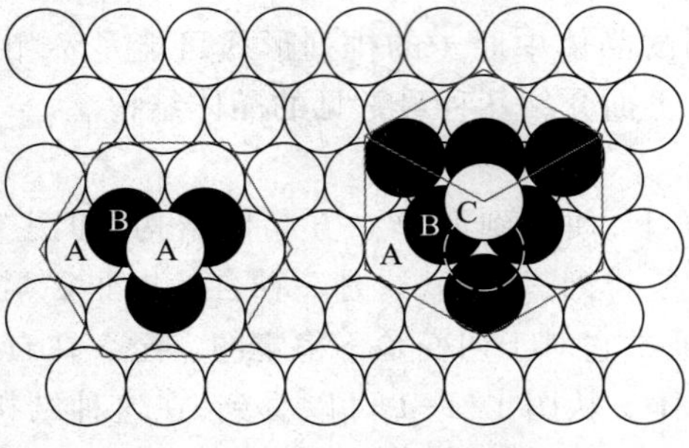

图 1-1-3　密排面

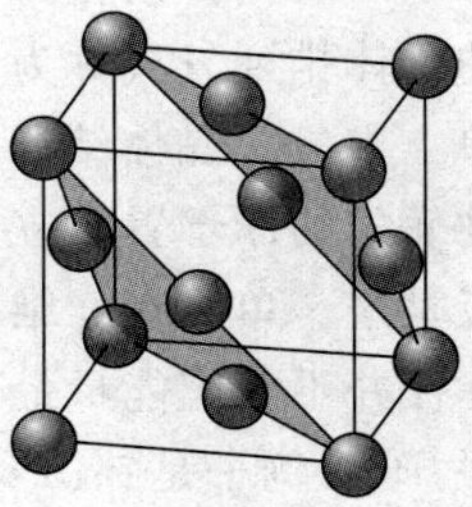

图 1-1-4　fcc 晶体结构

阴影表示密排面

如果按照…ABABAB…序列堆积，便构成六角密堆（hcp）晶体结构。图 1-1-5 给出六角密堆结构示意图。显然在这种结构中，配位数为 12，$f=\sqrt{2}\pi/6$。但 A 位和 B 位原子周围原子的排布和取向是不相同的，尽管它们都是同一种原子。因为从一个 A 位原子来看，上、下两层 B 位原子构成的三角形与从一个 B 位原子来看，上、下两层 A 位原子构成的三角形取向相差 180°，因此这种结构中 A、B 两类原子是不等价的。许多元素的原子，例如 Be、Mg、Zn、Cd、Ti 等，构成的晶体具有六角密堆晶体结构。

（4）金刚石结构

金刚石晶体由碳原子组成。如图 1-1-6 所示，碳原子除了占据立方体的顶角和面心位置外，在四条空间对角线上还有 4 个碳原子，其中两个处于两条空间对角线的 1/4 处，另两个处于剩下两条空间对角线 3/4 处，这种原子的排列方式称为金刚石结构。显然，处于立方体顶角及面心位置的原子与体内的原子是两类位置不等价的原子。虽然它们都是碳原子，但是每类原子都处于另一类原子构成的正四面体的中心，两类四面体的取向相差 90°。金刚石结构的配位数为 4，$f=\sqrt{3}\pi/16$。除了金刚石外，重要的元素半导体晶体如硅和锗，也具有这种晶体结构。

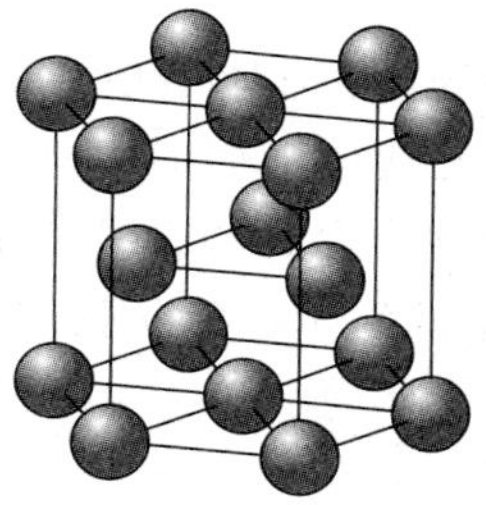

图 1-1-5　hcp 晶体结构

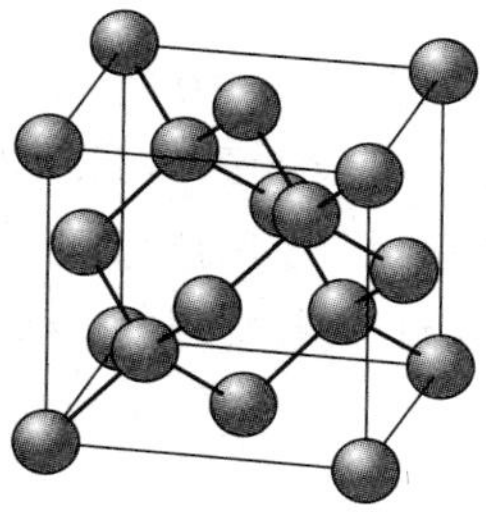

图 1-1-6　金刚石结构

以上介绍的都是由同一种原子构成的元素晶体。下面介绍几种常见的化合物晶体。

（5）NaCl 结构

将 Na^+离子和 Cl^-离子交替排列在一个简单立方晶格上，构成 NaCl 结构，如图 1-1-7 所示。在这个立方体内有四个净 NaCl 单元，其离子位置为

$$Na^+:(0\quad 0\quad 0),\quad \left(\frac{1}{2}\quad \frac{1}{2}\quad 0\right),\quad \left(\frac{1}{2}\quad 0\quad \frac{1}{2}\right),\quad \left(0\quad \frac{1}{2}\quad \frac{1}{2}\right);$$

$$Cl^-:\left(\frac{1}{2}\quad \frac{1}{2}\quad \frac{1}{2}\right),\quad \left(0\quad 0\quad \frac{1}{2}\right),\quad \left(0\quad \frac{1}{2}\quad 0\right),\quad \left(\frac{1}{2}\quad 0\quad 0\right)。$$

每个离子有 6 个异类离子作为最紧邻，配位数为 6。显然两类离子是不等价的。除了 NaCl 外，如 LiF、KCl、LiI 等都具有 NaCl 晶体结构。

（6）氯化铯（CsCl）晶体结构

CsCl 结构与体心立方结构相仿，只是体心位置为一种离子，顶角为另一种离子，如图 1-1-8 所示。每个立方体内只有一个净 CsCl 单元。每一个离子位于异类离子构成的立方体中心，配位数为 8。具有 CsCl 结构的其他代表性晶体有 TlBr、TlI、NH_4Cl 等。

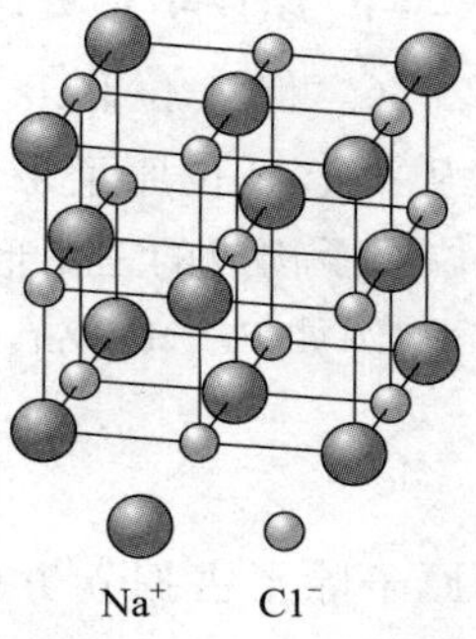

图 1-1-7 NaCl 结构

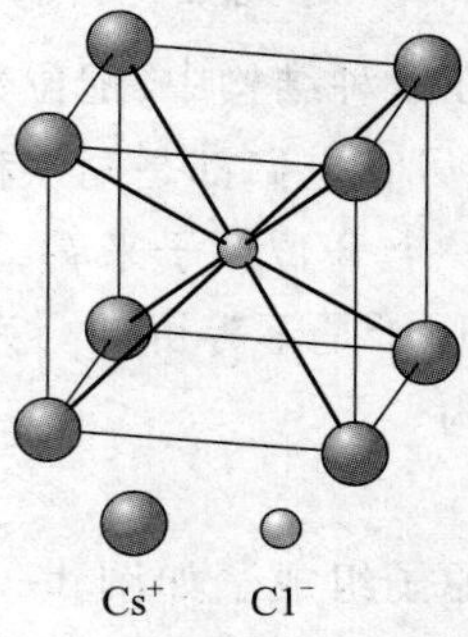

图 1-1-8 CsCl 结构

(7) 闪锌矿结构

在金刚石结构中,如果面心立方位置放一种离子,而空间对角线位置放另一种离子,如图 1-1-9所示,就得到闪锌矿结构。每种离子位于异类离子构成的正四面体中心,配位数为 4。具有闪锌矿结构的晶体例子有 ZnS、CuF、CuCl、AgI、ZnSe 等。

(8) 钙钛矿(ABO_3)结构

理想的 ABO_3 结构如图 1-1-10 所示。如 A 原子位于立方体的顶角,B 原子位于体心位置,则氧原子位于面心位置。可以看到 B 原子位于氧原子形成的八面体中心。钙钛矿结构氧化物是一个性能丰富而又成员数目庞大的家族。例如典型的铁电晶体 $BaTiO_3$、$LiNbO_3$、$PbZrO_3$,高温超导体的稀土铜氧化物,和近年来发现的具有特大磁电阻的稀土锰氧化物,都具有钙钛矿结构或畸变的钙钛矿结构。

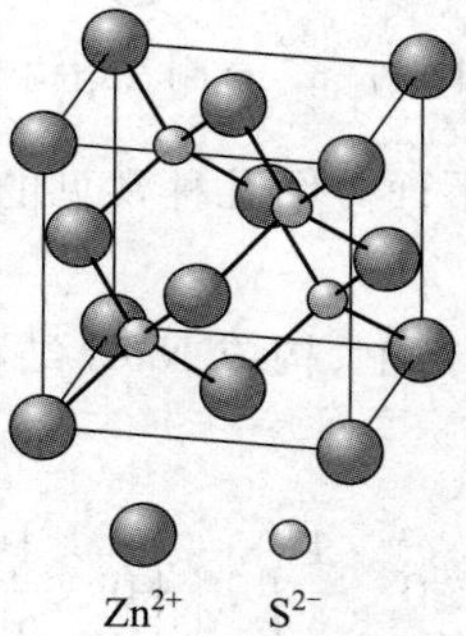

图 1-1-9 闪锌矿结构

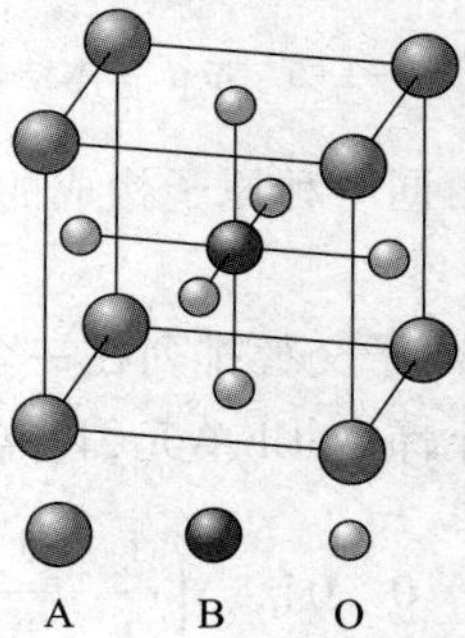

图 1-1-10 ABO_3 结构

2. 简单晶格和复式晶格

从上面的讨论中可以看到,存在两类不同的晶体结构。在一类晶体结构中,所有原子是完全等价的。作从一个原子到另一任意原子的平移,晶格完全复原,例如 sc、bcc 和 fcc 结构形成的晶格,称为简单晶格或布拉维格子。在另一类晶体结构中,存在两种或两种以上不等价的原子或离子,例如由 hcp 结构、金刚石结构、NaCl 结构、CsCl 结构、闪锌矿结构和 ABO_3 结构形成的晶格,称为复式晶格。它们的原子或离子不构成单一的布拉维格子,即从一个原子或离子到任意一个不等价的原子或离子作平移,晶格不能复原。一个复式晶格总可以看成两个或两个以上的布拉维格子套构而成。它取决于这种晶格中不等价的原子或离子的数目。例如金刚石结构中,存在两种不等价的原子,每种原子分别构成面心立方布拉维格子,因此金刚石晶格可以看成沿体对角线相互错开 1/4 长度的两个面心立方布拉维格子套构而成。同样可知,NaCl 晶格由两个面心立方布拉维格子套构而成;CsCl 晶格由两个简单立方布拉维格子套构而成;而 ABO_3 晶格则由 5 个简单立方布拉维格子套构而成。

3. 基元

应当知道,除了所有化合物晶体都是复式晶格外,元素晶体虽然所有原子都是相同的,也可能是复式晶格,因为原子在格点上占据的几何位置可以是不等价的。但是,无论是简单晶格还是复式晶格,都能找到一个最小的、完全等价的结构单元。一个理想的晶体可以由这个全同的结构单元在空间无限周期重复而得到。这个基本的结构单元称为基元,它可以含有一个原子或者一组原子(或离子)。简单晶格的基元中只含一个原子。而复式晶格的基元中含有两个以上的原子或离子。例如金刚石结构的基元中含有两个碳原子,ABO_3 结构的基元中含有 5 个离子。图 1-1-11(a)表示一个二维复式晶格的基元的一种可能选择方式。

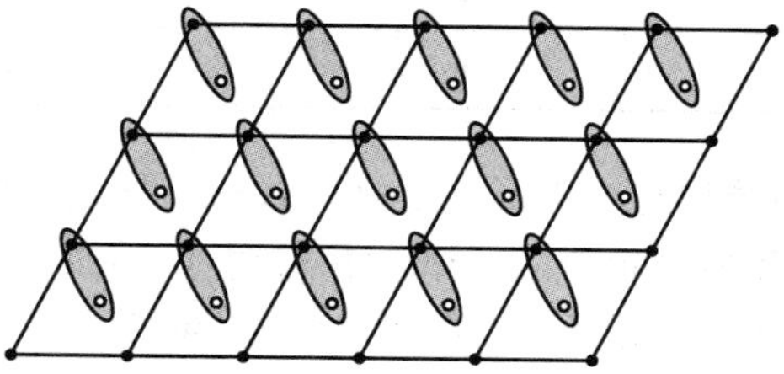

(a) 基元的一种选择方式,基元中含有•和∘两种原子 (或离子)

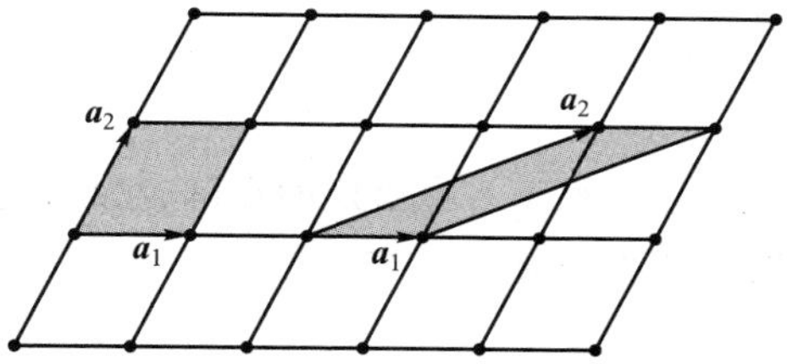

(b) 二维复式晶格对应的点阵其基矢和初基元胞的两种选择方式

图 1-1-11　二维复式晶格

二、结点和点阵

固体物理学的基本理论强调晶格的周期性或者平移对称性。就晶格的平移对称性而言,可以忽略结构中基元内原子分布的细节,用一个几何点来代表它,这个几何点称为结点。于是,晶格就被抽象为一个纯粹的几何结构,称为点阵。图 1-1-11(b)表示如何将一个二维复式晶格抽象为点阵。

点阵是一个分立结点的无限阵列。从这个阵列的任何一个结点去看,周围结点的分布和方位都是精确相同的。点阵完全反映了晶格的平移对称性。

点阵是结构的数学抽象。只要将基元按点阵排布,就能得到晶体的结构。点阵与结构的逻辑关系是:

〈点阵〉+〈基元〉=〈晶体结构〉

下面列出常见的晶体结构对应的点阵。

结构	类别	基元中原(离)子数	点阵	子格子数
sc 结构	简单	1	sc 点阵	1 个格子
bcc 结构	简单	1	bcc 点阵	1 个格子
fcc 结构	简单	1	fcc 点阵	1 个格子
hcp 结构	复式	2	简单六角点阵	2 个格子
金刚石结构	复式	2	fcc 点阵	2 个格子
NaCl 结构	复式	2	fcc 点阵	2 个格子
CsCl 结构	复式	2	sc 点阵	2 个格子
闪锌矿结构	复式	2	fcc 点阵	2 个格子
ABO_3 结构	复式	5	sc 点阵	5 个格子

可见,只有简单晶格的结构与点阵形式上是一致的。复式晶格的结构与点阵形式上不一致,它可以看成若干个与其点阵形式相同的子格子套构而成,这些子格子相互不能通过点阵平移重合。子格子数目恰恰等于基元中原子(离子)的数目。同时可以看到,同一种点阵可以对应不同的晶体结构,但它们具有相同的平移对称性。

三、基矢和元胞

1. 基矢

为了在数学上精确地描述一个点阵,对于一个给定的点阵,总可以选择三个不共面的基本平移矢量 $\boldsymbol{a}_1$、$\boldsymbol{a}_2$、$\boldsymbol{a}_3$(称为点阵的基矢),使得矢量

$$\boldsymbol{R}_l = l_1\boldsymbol{a}_1 + l_2\boldsymbol{a}_2 + l_3\boldsymbol{a}_3 = \sum_{i=1}^{3} l_i\boldsymbol{a}_i \tag{1.1.1}$$

当 l_i 取一切正、负整数(包括零)时,矢量 $\boldsymbol{R}_l$ 端点的集合包含且仅包含点阵中所有的结点无遗。于是,在数学上可以用一个空间的密度函数将点阵表示为

$$\rho(\boldsymbol{r}) = \sum_l \delta(\boldsymbol{r} - \boldsymbol{R}_l) \tag{1.1.2}$$

由于式(1.1.2)是一系列峰值在 $\boldsymbol{R}_l$ 的 δ 函数之和,$\rho(\boldsymbol{r})$ 应是 $\boldsymbol{R}_l$ 的周期函数:

$$\rho(\boldsymbol{r} + \boldsymbol{R}_l) = \rho(\boldsymbol{r}) \tag{1.1.3}$$

由此可见,晶格并不对任意的平移不变,而只对一组离散的平移矢量 $\boldsymbol{R}_l$(l 只取整数)具有不变性,称为破缺的平移对称性。

实际上,如果晶体中所有原子都严格地处于点阵所确定的格点上,那么晶体内的一切物理量,都精确地是 $\boldsymbol{R}_l$ 的周期函数。例如,电子的势能函数满足

$$V(\boldsymbol{r} + \boldsymbol{R}_l) = V(\boldsymbol{r}) \tag{1.1.4}$$

值得注意的是,对一个给定的点阵,基矢的选择不是唯一的,存在无限多种不等价的选择方式。但每种选择必须满足 $\boldsymbol{a}_1$、$\boldsymbol{a}_2$、$\boldsymbol{a}_3$ 所构成的平行六面体的体积 $\boldsymbol{a}_1\cdot(\boldsymbol{a}_2\times\boldsymbol{a}_3)$ 相等,其中只包含一个结点。图 1-1-11(b)表示一个二维点阵的两种基矢选择方法。

2. 元胞

对于一个点阵,通常定义三种元胞:初基元胞、单胞和维格纳-塞茨(Wigner-Seitz)元胞,简称 W-S 元胞。

(1) 初基元胞

初基元胞是一个最小空间体积元,当通过所有平移矢量 $\boldsymbol{R}_l$ 作平移时,它可以既无交叠,也不留下空隙地填满整个空间,因此一个初基元胞中只包含一个结点。如果单位体积中结点的数目为 N,初基元胞的体积为 Ω,则有 $N\Omega=1$。显然,可以选择基矢 $\boldsymbol{a}_1$、$\boldsymbol{a}_2$、$\boldsymbol{a}_3$ 所确定的平行六面体作为初基元胞,它在空间所占的体积为

$$\Omega=\boldsymbol{a}_1\cdot(\boldsymbol{a}_2\times\boldsymbol{a}_3) \tag{1.1.5}$$

其中只包含一个结点。

由于基矢的选择不是唯一的,初基元胞的选择也不是唯一的。为了一致起见,对于每一种点阵,通常约定一种公认的基矢和元胞的选择方式。图 1-1-12 给出了 sc 点阵、bcc 点阵和 fcc 点阵的基矢和初基元胞的约定选择方式。

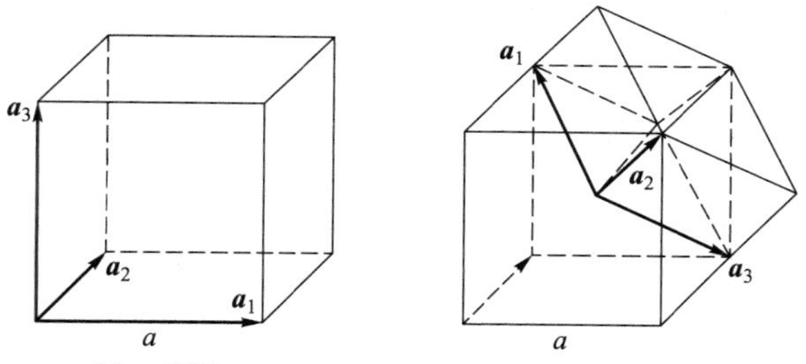

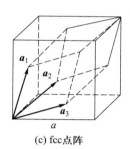

图 1-1-12　基矢和元胞的选择

对于简单立方点阵,选择

$$\boldsymbol{a}_1=a\boldsymbol{i},\quad \boldsymbol{a}_2=a\boldsymbol{j},\quad \boldsymbol{a}_3=a\boldsymbol{k} \tag{1.1.6}$$

其中 a 为立方胞的边长,$\boldsymbol{i}$、$\boldsymbol{j}$、$\boldsymbol{k}$ 为直角坐标系中的单位矢量。可以将 $\boldsymbol{a}_1$、$\boldsymbol{a}_2$、$\boldsymbol{a}_3$ 在直角坐标系的分量写成矩阵形式,

$$\begin{pmatrix}\boldsymbol{a}_1\\ \boldsymbol{a}_2\\ \boldsymbol{a}_3\end{pmatrix}=a\begin{pmatrix}1&0&0\\0&1&0\\0&0&1\end{pmatrix}\begin{pmatrix}\boldsymbol{i}\\ \boldsymbol{j}\\ \boldsymbol{k}\end{pmatrix}=\boldsymbol{A}\begin{pmatrix}\boldsymbol{i}\\ \boldsymbol{j}\\ \boldsymbol{k}\end{pmatrix}\qquad \boldsymbol{A}=a\begin{pmatrix}1&0&0\\0&1&0\\0&0&1\end{pmatrix} \tag{1.1.7}$$

初基元胞的体积为

$$\Omega=\boldsymbol{a}_1\cdot(\boldsymbol{a}_2\times\boldsymbol{a}_3)=|\boldsymbol{A}|=a^3 \tag{1.1.8}$$

其中 $|\boldsymbol{A}|$ 为矩阵 $\boldsymbol{A}$ 的行列式值。

对于体心立方点阵,选择三个对称的基矢:

$$\begin{aligned} \boldsymbol{a}_1 &= \frac{a}{2}(-\boldsymbol{i}+\boldsymbol{j}+\boldsymbol{k}) \\ \boldsymbol{a}_2 &= \frac{a}{2}(+\boldsymbol{i}-\boldsymbol{j}+\boldsymbol{k}) \\ \boldsymbol{a}_3 &= \frac{a}{2}(+\boldsymbol{i}+\boldsymbol{j}-\boldsymbol{k}) \end{aligned} \tag{1.1.9}$$

矩阵形式为

$$\boldsymbol{A} = \frac{a}{2}\begin{pmatrix} -1 & +1 & +1 \\ +1 & -1 & +1 \\ +1 & +1 & -1 \end{pmatrix} \tag{1.1.10}$$

$$\Omega = \boldsymbol{a}_1 \cdot (\boldsymbol{a}_2 \times \boldsymbol{a}_3) = |\boldsymbol{A}| = \frac{1}{2}a^3$$

对于面心立方点阵,也选择三个对称的基矢:

$$\begin{aligned} \boldsymbol{a}_1 &= \frac{a}{2}(\boldsymbol{j}+\boldsymbol{k}) \\ \boldsymbol{a}_2 &= \frac{a}{2}(\boldsymbol{k}+\boldsymbol{i}) \\ \boldsymbol{a}_3 &= \frac{a}{2}(\boldsymbol{i}+\boldsymbol{j}) \end{aligned} \tag{1.1.11}$$

矩阵形式为

$$\boldsymbol{A} = \frac{a}{2}\begin{pmatrix} 0 & 1 & 1 \\ 1 & 0 & 1 \\ 1 & 1 & 0 \end{pmatrix} \tag{1.1.12}$$

$$\Omega = \boldsymbol{a}_1 \cdot (\boldsymbol{a}_2 \times \boldsymbol{a}_3) = |\boldsymbol{A}| = \frac{1}{4}a^3$$

基矢 $\boldsymbol{a}_1$、$\boldsymbol{a}_2$、$\boldsymbol{a}_3$ 往往不构成正交系,由它构成的初基元胞也往往不能直观地反映点阵的宏观对称性,但它们都能完全反映点阵的平移对称性。

(2) 单胞

为了能直观地反映点阵的宏观对称性,往往选择一个非初基的元胞,称为单胞。单胞的三条棱,记为 $\boldsymbol{a}$、$\boldsymbol{b}$、$\boldsymbol{c}$,称为晶轴,通常选择 $\boldsymbol{c}$ 为晶体的主要对称轴方向。$\boldsymbol{a}$、$\boldsymbol{b}$、$\boldsymbol{c}$ 尽可能地构成正交系,它们的长度 a、b、c 称为晶格常量。单胞是一个扩大了的元胞,它不能通过所有的平移矢量 $\boldsymbol{R}_l = l_1\boldsymbol{a}_1+l_2\boldsymbol{a}_2+l_3\boldsymbol{a}_3$ 无交叠地填满整个空间,只能通过点阵平移矢量的一个子集 $\boldsymbol{T}_m = m_1\boldsymbol{a}+m_2\boldsymbol{b}+m_3\boldsymbol{c}$ 作平移,无交叠地填满整个空间,不能完全反映点阵的平移对称性。对于 sc 点阵,bcc 点阵和 fcc 点阵,通常选择立方胞为其单胞,如图 1.1.12 所示。可见 sc 点阵的初基元胞和单胞是一致的;bcc 点阵的单胞体积为初基元胞体积的两倍,每个单胞内包含两个结点,是非初基的;而 fcc 点阵的单胞体积为初基元胞体积的四倍,每个单胞中有四个结点,也是非初基的。

单胞虽然不是初基的,但它能充分反映点阵的宏观对称性,在结晶学中常常采用它。

(3) 维格纳-塞茨(W-S)元胞

点阵的 W-S 元胞是一种既能完全反映点阵平移对称性,又能充分反映点阵宏观对称性的点阵结构单元。一般而言,它不是一个平行六面体,而是一个多面体。点阵的结点处于元胞的中心,而不在元胞的顶角上。通过连接任意两个结点的平移矢量作平移,可以使包围这两个结点的 W-S 元胞重合。通过所有平移矢量 $\boldsymbol{R}_l=l_1\boldsymbol{a}_1+l_2\boldsymbol{a}_2+l_3\boldsymbol{a}_3$ 作平移,可以无交叠地填满整个空间,因此一个 W-S 元胞中只包含一个结点,它是初基的。

可以这样来构造点阵中关于一个结点的 W-S 元胞:把这个结点同所有其他结点(往往只是近邻结点)用直线连接起来,作这些连线的中垂面。这些面包围的最小多面体,构成关于这个结点的 W-S 元胞。图 1-1-13 表示在一个二维点阵中,关于一个结点的 W-S 元胞的构造。

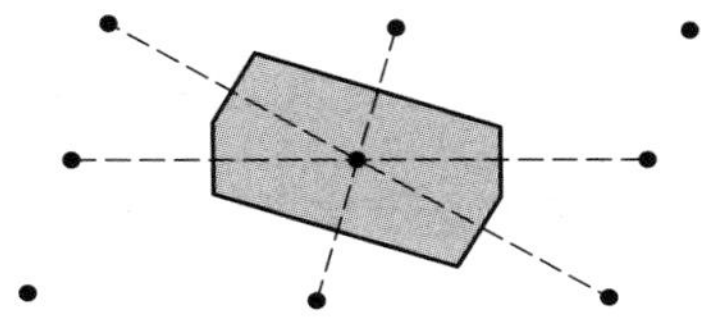

图 1-1-13　一个二维点阵的 W-S 元胞

对于三维 bcc 点阵,每个结点有 8 个最近邻,它们连线的中垂面围成一个正八面体,另外这个结点还有 6 个次近邻,它们连线的中垂面截去正八面体的 6 个顶角,构成一个截角八面体,即十四面体,它就是 bcc 点阵中关于这个结点的 W-S 元胞,如图 1-1-14 所示。对于三维的 fcc 点阵,每个结点有 12 个最近邻,其连线的中垂面构成一个正十二面体,其他近邻连线的中垂面不与之相截,所以 fcc 点阵关于一个结点的 W-S 元胞是一个正十二面体,如图 1-1-15 所示。

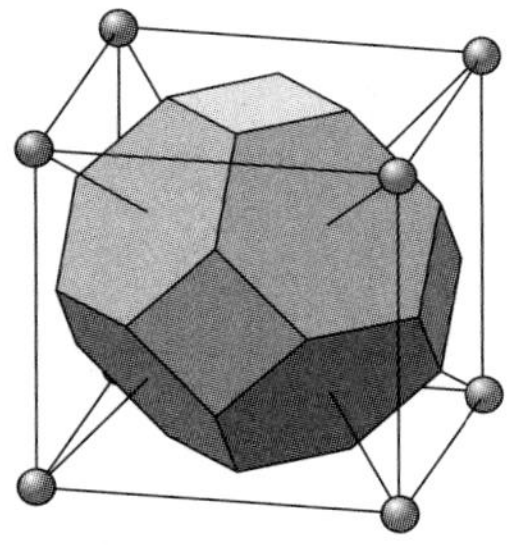

图 1-1-14　bcc 点阵的 W-S 元胞

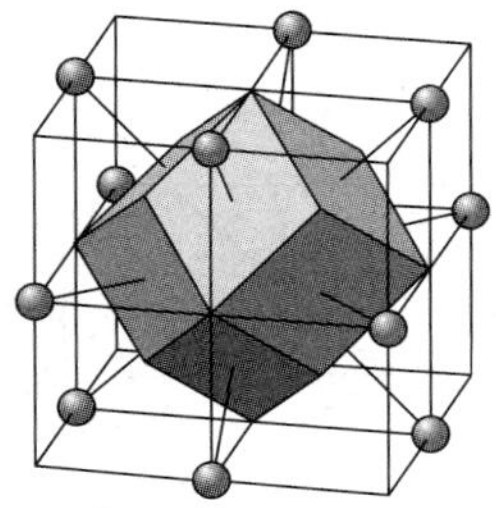

图 1-1-15　fcc 点阵的 W-S 元胞

由于 W-S 元胞是初基的,既能完全反映点阵的平移对称性,又能完全反映点阵的宏观对称性,因此在固体物理学的理论研究中有重要的应用。

§ 1.2　晶列和晶面

一、晶列及其晶向标志

由于点阵中的结点周期性排列,点阵的结点可以看成分布在一系列相互平行的直线上,这些直线称为一族晶列。一族晶列应包含点阵中所有结点无遗。点阵中应有无穷多族晶列。每一族晶列定义了一个方向,称晶向。

如果从一个结点沿某晶列方向到最近邻结点的平移矢量为

$$\boldsymbol{R}_l = l_1\boldsymbol{a}_1 + l_2\boldsymbol{a}_2 + l_3\boldsymbol{a}_3$$

则用 l_1、l_2、l_3 来标志该晶列所对应的晶向,记为 $[l_1l_2l_3]$,称为晶向指数。由于 $\boldsymbol{R}_l$ 是该方向的最短平移矢量,l_1、l_2、l_3 一定是互质的整数。l_1、l_2、l_3 可以是正或负整数,按照惯例负指数用头顶上加一横表示,例如 $-l_i$ 记为 $\bar{l}_i$。由于晶格的对称性,常用 $\langle l_1l_2l_3\rangle$ 表示点阵中一组对称的晶向。图 1-2-1中表示简单立方点阵中几个主要的晶向及其标志。$\langle 111\rangle$ 表示 $[111]$,$[\bar{1}11]$,$[1\bar{1}1]$,$[11\bar{1}]$,$[\bar{1}\bar{1}1]$$[1\bar{1}\bar{1}]$,$[\bar{1}1\bar{1}]$,$[\bar{1}\bar{1}\bar{1}]$ 八个对称的空间对角线方向。

二、晶面及有理指数定律

点阵的结点也可以看成分布在一系列平行且等间距的平面上,这些平面称为一族晶面。一族晶面中的任何一个晶面上,应有无穷多结点,而一族晶面应包括所有结点无遗。同一点阵可以有无限多方向不同的晶面族。

在数学上要描述一个平面方位,就是要在选定的坐标系中,表示该平面的法线的方向余弦,或者给出该平面在三个坐标轴上的截距。

为了标志一个晶面,通常选择一个点阵结点为原点,以基矢 $\boldsymbol{a}_1$、$\boldsymbol{a}_2$、$\boldsymbol{a}_3$ 为坐标轴,并取 a_1、a_2、a_3 为沿三个坐标轴的天然长度单位。设点阵中某族晶面的面间距为 d,法线方向的单位矢量为 $\boldsymbol{e}_\text{n}$,如图 1-2-2 所示。

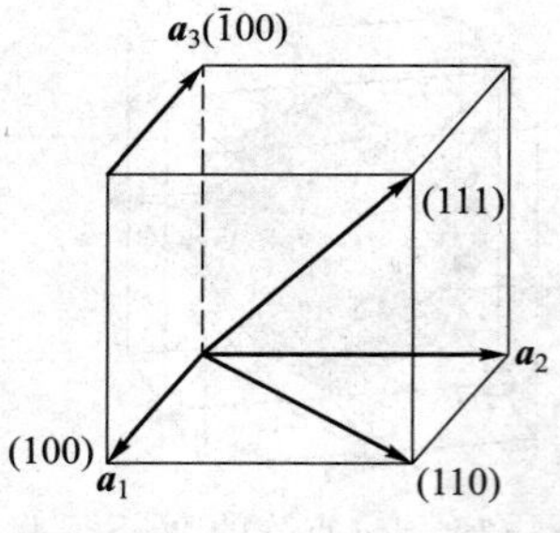

图 1-2-1 简单立方点阵中的[100],[110],[111],[$\bar{1}$00]晶向

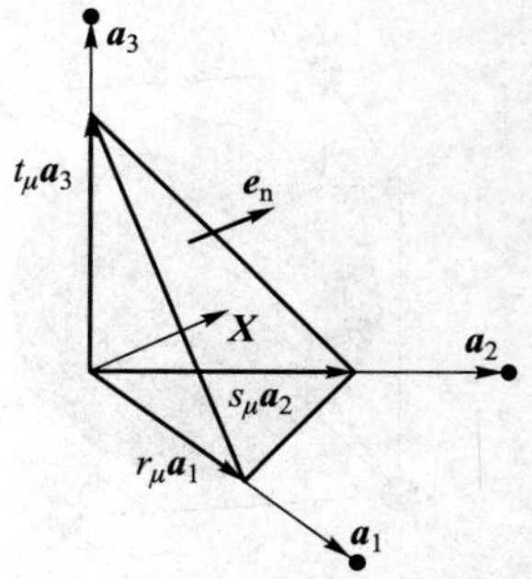

图 1-2-2 一族晶面中第 μ 个晶面的法线方向和在天然坐标系中的截距

由于一族晶面中的诸平面平行、等间距,且包括所有结点无遗,必有一晶面过原点,记为第 0 个晶面,其余晶面将均匀切割坐标轴。该晶面族中,从原点算起第 μ 个晶面到原点的距离为 μd,晶面方程为

$$\boldsymbol{X}\cdot\boldsymbol{e}_\text{n} = \mu d \tag{1.2.1}$$

其中 $\boldsymbol{X}$ 为晶面上的任意一点的位矢。设该晶面与三个坐标轴交点的截距为 $r_\mu\boldsymbol{a}_1$,$s_\mu\boldsymbol{a}_2$,$t_\mu\boldsymbol{a}_3$,依次代入方程(1.2.1),有

$$a_1 r_\mu \cos(\boldsymbol{a}_1, \boldsymbol{e}_n) = \mu d \tag{1.2.2a}$$

$$a_2 s_\mu \cos(\boldsymbol{a}_2, \boldsymbol{e}_n) = \mu d \tag{1.2.2b}$$

$$a_3 t_\mu \cos(\boldsymbol{a}_3, \boldsymbol{e}_n) = \mu d \tag{1.2.2c}$$

由此可以得到

$$\cos(\boldsymbol{a}_1, \boldsymbol{e}_n) : \cos(\boldsymbol{a}_2, \boldsymbol{e}_n) : \cos(\boldsymbol{a}_3, \boldsymbol{e}_n) = \frac{1}{a_1 r_\mu} : \frac{1}{a_2 s_\mu} : \frac{1}{a_3 t_\mu} \tag{1.2.3}$$

可见,该晶面法线的三个方向余弦之比等于三个截距倒数之比。说明用方向余弦和截距去标志晶面是等价的。通常用三个截距的倒数$\left(\frac{1}{r_\mu}, \frac{1}{s_\mu}, \frac{1}{t_\mu}\right)$去标志该晶面。

可以证明 r_μ、s_μ、t_μ 必为有理数。因为在该族晶面中必有三个晶面(特殊情况下,可以是两个甚至一个晶面)过 $\boldsymbol{a}_1$、$\boldsymbol{a}_2$、$\boldsymbol{a}_3$ 的端点所对应的结点。设分别为从原点算起的第 h_1、h_2、h_3 个晶面,它们分别在三个坐标轴上截距,取天然长度单位,均为 1。于是第 μ 个晶面的截距为

$$r_\mu = \frac{\mu}{h_1}, \quad s_\mu = \frac{\mu}{h_2}, \quad t_\mu = \frac{\mu}{h_3} \tag{1.2.4}$$

于是 r_μ、s_μ、t_μ 分别为两个整数之比,必为有理数。这就是阿羽依(Haüy)的晶面有理指数定律。

晶面有理指数定律表述为:晶体中任一晶面,在基矢天然坐标系中的截距为有理数。它是点阵周期性的必然结果。

实际上,不必一一标志一族晶面中的每一晶面,因为它们的截距成比例。通常用从原点算起的第一个晶面的截距 $r_1 = \frac{1}{h_1}, s_1 = \frac{1}{h_2}, t_1 = \frac{1}{h_3}$ 的倒数 h_1、h_2、h_3 去标志这一族晶面,记为$(h_1 h_2 h_3)$,称为该族晶面的晶面指数。

h_1、h_2、h_3 必为互质的整数。因为在方程(1.2.2)中取 $\mu=1$,就得到第一晶面满足的方程组:

$$\frac{a_1}{h_1} \cos(\boldsymbol{a}_1, \boldsymbol{e}_n) = d \tag{1.2.5a}$$

$$\frac{a_2}{h_2} \cos(\boldsymbol{a}_2, \boldsymbol{e}_n) = d \tag{1.2.5b}$$

$$\frac{a_3}{h_3} \cos(\boldsymbol{a}_3, \boldsymbol{e}_n) = d \tag{1.2.5c}$$

另一方面,在该晶面上应有无穷多结点。设在该晶面上某结点的位矢为 $\boldsymbol{R}_l = l_1 \boldsymbol{a}_1 + l_2 \boldsymbol{a}_2 + l_3 \boldsymbol{a}_3$,$l_1$、$l_2$、$l_3$ 为整数。代入方程(1.2.1)有

$$a_1 l_1 \cos(\boldsymbol{a}_1, \boldsymbol{e}_n) + a_2 l_2 \cos(\boldsymbol{a}_2, \boldsymbol{e}_n) + a_3 l_3 \cos(\boldsymbol{a}_3, \boldsymbol{e}_n) = d \tag{1.2.6}$$

由式(1.2.5)和式(1.2.6)消去方向余弦,可以得到

$$l_1 h_1 + l_2 h_2 + l_3 h_3 = 1 \tag{1.2.7}$$

如果 h_1、h_2、h_3 不互质,有公因子 m,m 为大于 1 的整数。可令 $h_1=mh'_1$,$h_2=mh'_2$,$h_3=mh'_3$,h'_1、h'_2、h'_3 为互质整数。于是式(1.2.7)可写为

$$m(l_1h'_1+l_2h'_2+l_3h'_3)=1 \tag{1.2.8}$$

由于式(1.2.8)中,若括弧内整数求和为非零整数,则式(1.2.8)不成立,所以 h_1、h_2、h_3 必为互质的整数。

通常晶面指标化的程序为,在一族晶面中,找出任一晶面在基矢坐标轴上以天然长度单位量度的截距,取它们的倒数,化为三个互质的整数 h_1、h_2、h_3,用圆括号记为 $(h_1h_2h_3)$。负指标在数字的上方用横线表示。一组方位不同的对称晶面,用花括号表示为 $\{h_1h_2h_3\}$。

图 1-2-3 标出 sc 点阵中(100)、(110)和(111)三个晶面族。{100}表示在 sc 点阵中,一组在对称性上等价的三个晶面族(100)、(010)和(001)。而负指数的晶面,例如($\bar{1}$00)实际上与(100)面属于同一族晶面,没有什么区别。只有区别晶体的外表面时,才有意义。

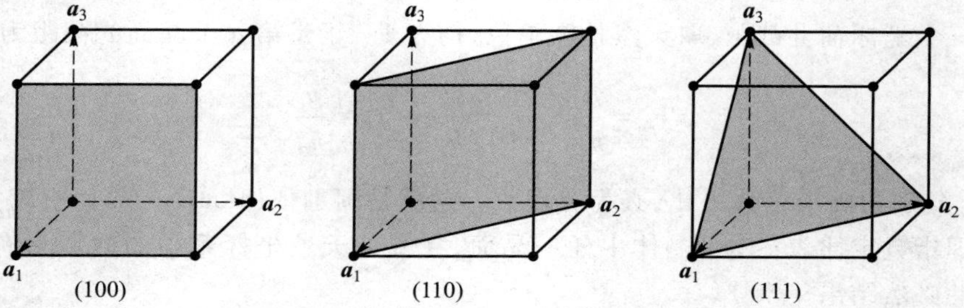

图 1-2-3 简单立方点阵中的主要晶面

三、晶面指数与米勒指数

晶面的标志取决于所采用的坐标系,同一族晶面,在不同的坐标系中指数往往是不相同的。一般约定:

以基矢 $\boldsymbol{a}_1$、$\boldsymbol{a}_2$、$\boldsymbol{a}_3$ 为坐标系,决定的指数,称为晶面指数,记为$(h_1h_2h_3)$。

以单胞的三条棱 $\boldsymbol{a}$、$\boldsymbol{b}$、$\boldsymbol{c}$ 为坐标系,决定的指数,称为米勒指数,记为(hkl)。

值得注意的是,除了同一族晶面的晶面指数和米勒指数可能不相同外,由于单胞不是初基的,由 $\boldsymbol{a}$、$\boldsymbol{b}$、$\boldsymbol{c}$ 构成的平移矢量,只是点阵平移矢量的子集,通过它平移得到的结点的集合也只是全部点阵结点的子集。它将遗漏部分结点,致使在某些晶面族中遗漏部分晶面。于是以米勒指数去标志这族晶面,其互质的 (hkl) 并不一定代表该族晶面中最靠近原点的那个晶面。例如,在图 1-2-4 所示的 fcc 点阵中,阴影所示的晶面族,它的晶面指数为(011),而米勒指数为(100)。但是,在该族晶面中,实际上最靠近原点的晶面的米勒指数不是(100)而是(200)。它是图 1-2-4 中面心位置的结点构成的晶面,也正是通过 $\boldsymbol{a}$、$\boldsymbol{b}$、$\boldsymbol{c}$ 为基矢作平移所遗漏的结点所在的一个晶面。

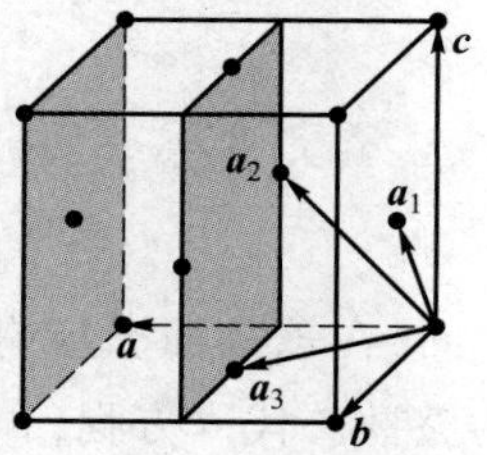

图 1-2-4 fcc 点阵中同一族晶面(阴影所示)的晶面指数为(011),而米勒指数为(100)

§1.3 倒 点 阵

在物理学中,一个物理问题可以在坐标空间描述,也可以在动量空间(波矢空间)描述。例如,在量子力学中,描述同一个量子态,可以采用坐标表象,也可以采用动量表象。根据物理问题的不同,可酌情采用适当的表象,使问题得到简化。另一方面,量子态依赖于系统所处的空间性质。当一个电子在完全平移不变的均匀空间运动时,它的状态是一个有确定波矢 $\boldsymbol{k}$ 的平面波 $e^{i\boldsymbol{k}\cdot\boldsymbol{r}}$,电子的动量 $\hbar\boldsymbol{k}$ 是绝对守恒的。但是,如果一个电子在晶体中运动时,由于空间平移对称性破缺,它将不断受到周期性势场的散射,与晶格交换动量,不能维持恒定的动量。此时,动量守恒定律将如何表述?这当然涉及一个由平移矢量 $\boldsymbol{R}_l$ 决定的坐标空间对应的波矢空间的性质。实质上,波矢空间是坐标空间的傅里叶变换,为此,波矢空间又称为坐标空间的傅里叶空间。在固体物理学中,通常称坐标空间为正空间,而称波矢空间为倒空间。

一个平移不变的均匀空间的傅里叶变换是一个峰值位于 $\boldsymbol{k}=0$ 的 $\delta(\boldsymbol{k})$ 函数,整个倒空间,除了 $\boldsymbol{k}=0$ 点外,是均匀的。注意到一个粒子在自由空间运动时动量恒定,因此,$\boldsymbol{k}=0$ 的物理含义是表明粒子动量的改变为 0。但是一个平移对称性破缺的点阵空间对应的倒空间性质如何?下面我们来讨论这一问题。

一、点阵傅里叶变换 倒点阵

晶体正空间的性质,由晶体的点阵来描述,称为正点阵。它可用式(1.1.2)表示为

$$\rho(\boldsymbol{r})=\sum_l \delta(\boldsymbol{r}-\boldsymbol{R}_l) \tag{1.3.1}$$

其中,$\boldsymbol{R}_l=l_1\boldsymbol{a}_1+l_2\boldsymbol{a}_2+l_3\boldsymbol{a}_3$,$\boldsymbol{a}_1$、$\boldsymbol{a}_2$、$\boldsymbol{a}_3$ 为正点阵基矢。可见,正点阵可以表示为一系列峰值位于 $\boldsymbol{R}_l$ 的 δ 函数之和。

将正点阵的傅里叶(Fourier)变换 $F[\rho(\boldsymbol{r})]$ 记为 $\rho(\boldsymbol{k})$,有

$$\rho(\boldsymbol{k})=\sum_l\int_{-\infty}^{\infty}\delta(\boldsymbol{r}-\boldsymbol{R}_l)e^{-i\boldsymbol{k}\cdot\boldsymbol{r}}d\boldsymbol{r}=\sum_l e^{-i\boldsymbol{k}\cdot\boldsymbol{R}_l} \tag{1.3.2}$$

为了得到傅里叶变换 $\rho(\boldsymbol{k})$ 的具体形式,可以由正点阵的三个基矢 $\boldsymbol{a}_1$、$\boldsymbol{a}_2$、$\boldsymbol{a}_3$ 定义动量空间的三个基矢:

$$\boldsymbol{b}_1=2\pi\frac{\boldsymbol{a}_2\times\boldsymbol{a}_3}{\boldsymbol{a}_1\cdot(\boldsymbol{a}_2\times\boldsymbol{a}_3)} \tag{1.3.3a}$$

$$\boldsymbol{b}_2=2\pi\frac{\boldsymbol{a}_3\times\boldsymbol{a}_1}{\boldsymbol{a}_1\cdot(\boldsymbol{a}_2\times\boldsymbol{a}_3)}, \tag{1.3.3b}$$

$$\boldsymbol{b}_3=2\pi\frac{\boldsymbol{a}_1\times\boldsymbol{a}_2}{\boldsymbol{a}_1\cdot(\boldsymbol{a}_2\times\boldsymbol{a}_3)} \tag{1.3.3c}$$

显然 $\boldsymbol{b}_i$ 的量纲为 L^{-1},同时满足

$$\boldsymbol{a}_i \cdot \boldsymbol{b}_j = 2\pi\delta_{ij} = \begin{cases} 2\pi, & \text{当 } i=j \text{ 时} \\ 0, & \text{当 } i \neq j \text{ 时} \end{cases} \quad (i,j=1,2,3) \tag{1.3.4}$$

其中 δ_{ij}是克罗内克(Kronecker) δ 函数。这样正格矢 $\boldsymbol{R}_l$ 和动量空间的任意矢量 $\boldsymbol{k}$ 可以分别以基矢 $\boldsymbol{a}_i$ 和 $\boldsymbol{b}_i(i=1,2,3)$写为

$$\boldsymbol{R}_l = l_1\boldsymbol{a}_1 + l_2\boldsymbol{a}_2 + l_3\boldsymbol{a}_3, \quad \boldsymbol{k} = k_1\boldsymbol{b}_1 + k_2\boldsymbol{b}_2 + k_3\boldsymbol{b}_3 \tag{1.3.5}$$

式中,l_1、l_2、l_3 为整数,k_1、k_2、k_3 不一定为整数,因为 $\boldsymbol{k}$ 是动量空间的任意矢量。利用正交关系式(1.3.4)有

$$\boldsymbol{k} \cdot \boldsymbol{R}_l = 2\pi(k_1l_1 + k_2l_2 + k_3l_3) \tag{1.3.6}$$

于是傅里叶变换式(1.3.2)可写为

$$\begin{aligned}\rho(\boldsymbol{k}) &= \sum_l \mathrm{e}^{-\mathrm{i}\boldsymbol{k}\cdot\boldsymbol{R}_l} = \sum_{l_1,l_2,l_3} \mathrm{e}^{-\mathrm{i}2\pi(k_1l_1+k_2l_2+k_3l_3)} \\ &= \sum_{h_1h_2h_3} \delta(k_1-h_1)\delta(k_2-h_2)\delta(k_3-h_3) = \sum_h \delta(\boldsymbol{k}-\boldsymbol{K}_h)\end{aligned} \tag{1.3.7}$$

式中 h_1、h_2、h_3 为整数,并且

$$\boldsymbol{K}_h = h_1\boldsymbol{b}_1 + h_2\boldsymbol{b}_2 + h_3\boldsymbol{b}_3 \tag{1.3.8}$$

在式(1.3.7)推导中应用了泊松求和公式:

$$\sum_l \mathrm{e}^{2\pi\mathrm{i}lz} = \sum_h \delta(z-h) \tag{1.3.9}$$

式中 h 为整数。由式(1.3.7)可见,正点阵的傅里叶变换是在波矢空间无穷个 δ 函数之和,其峰值位于 $\boldsymbol{k}=\boldsymbol{K}_h$。在波矢空间中,所有满足式(1.3.7)的 $\boldsymbol{K}_h$ 决定了一个无穷分立结点的集合,称为由 $\boldsymbol{R}_l$ 决定的正点阵的倒点阵,$\boldsymbol{b}_1$、$\boldsymbol{b}_2$、$\boldsymbol{b}_3$ 称为倒点阵的基矢。$\boldsymbol{b}_1$、$\boldsymbol{b}_2$、$\boldsymbol{b}_3$ 在倒空间所围成的平行六面体称为倒点阵的初基元胞,它在倒空间所占的体积为

$$\Omega^* = \boldsymbol{b}_1 \cdot (\boldsymbol{b}_2 \times \boldsymbol{b}_3) \tag{1.3.10}$$

每个初基元胞中只包含一个倒结点。

由此得出结论,每个晶体结构有两个点阵同它联系着,一个是正点阵,另一个是倒点阵。倒点阵是正点阵的傅里叶变换,它是与坐标空间联系的傅里叶空间中的周期性阵列。傅里叶空间中的每个位置都可以有一定的物理意义,但由一组倒格矢 $\boldsymbol{K}_h$ 所确定的那些结点有特别的重要性。例如,当一个电子在刚性周期结构中运动时,可以推断它的动量的变化由一组倒格矢确定,即 $\Delta\boldsymbol{k}=\boldsymbol{K}_h$,这一点在本书的以后章节中将多次看到。

二、倒点阵的性质

1. 正、倒点阵的基矢相互正交

我们已经看到正、倒点阵的基矢满足正交关系:

$$\boldsymbol{a}_i \cdot \boldsymbol{b}_j = 2\pi\delta_{ij} \tag{1.3.11a}$$

如果用矩阵 $\boldsymbol{A}$ 和矩阵 $\boldsymbol{B}$ 分别表示正点阵三个基矢和倒点阵三个基矢在直角坐标系中的分量，正交关系可表示为

$$\boldsymbol{A}\boldsymbol{B}^{\mathrm{T}} = 2\pi \boldsymbol{I} \tag{1.3.11b}$$

其中 $\boldsymbol{I}$ 表示单位矩阵。于是

$$\boldsymbol{B}_{ij}^{\mathrm{T}} = 2\pi \frac{(\boldsymbol{A})_{ij}}{|\boldsymbol{A}|} \tag{1.3.12}$$

其中 $(\boldsymbol{A})_{ij}$ 是 $\boldsymbol{A}$ 的余因子，$|\boldsymbol{A}|$ 是矩阵 $\boldsymbol{A}$ 的行列式值，且 $|\boldsymbol{A}| = \Omega$。

由此还可以得到，任意正、倒格矢满足关系：

$$\boldsymbol{K}_h \cdot \boldsymbol{R}_l = 2\pi(h_1 l_1 + h_2 l_2 + h_3 l_3) = 2\pi n \tag{1.3.13}$$

其中 n 为整数。

2. 倒点阵元胞的体积反比于正点阵元胞的体积

由式(1.3.10)，根据基本的矢量运算，有

$$\begin{aligned} \Omega^* &= \boldsymbol{b}_1 \cdot (\boldsymbol{b}_2 \times \boldsymbol{b}_3) \\ &= (2\pi)^3 \frac{(\boldsymbol{a}_2 \times \boldsymbol{a}_3) \cdot [(\boldsymbol{a}_3 \times \boldsymbol{a}_1) \times (\boldsymbol{a}_1 \times \boldsymbol{a}_2)]}{[\boldsymbol{a}_1 \cdot (\boldsymbol{a}_2 \times \boldsymbol{a}_3)]^3} \\ &= (2\pi)^3 \frac{(\boldsymbol{a}_2 \times \boldsymbol{a}_3) \cdot \{[\boldsymbol{a}_3 \cdot (\boldsymbol{a}_1 \times \boldsymbol{a}_2)]\boldsymbol{a}_1 - [\boldsymbol{a}_1 \cdot (\boldsymbol{a}_1 \times \boldsymbol{a}_2)]\boldsymbol{a}_3\}}{[\boldsymbol{a}_1 \cdot (\boldsymbol{a}_2 \times \boldsymbol{a}_3)]^3} \\ &= \frac{(2\pi)^3}{[\boldsymbol{a}_1 \cdot (\boldsymbol{a}_2 \times \boldsymbol{a}_3)]} = \frac{(2\pi)^3}{\Omega} \end{aligned} \tag{1.3.14}$$

其中 Ω 是正点阵元胞的体积。

3. 正点阵是它本身倒点阵的倒点阵

设正点阵的基矢为 $\boldsymbol{A}$，它的倒点阵基矢为 $\boldsymbol{B}$，它的倒点阵的倒点阵基矢为 $\boldsymbol{C}$。根据式(1.3.11b)，

$$\boldsymbol{A}\boldsymbol{B}^{\mathrm{T}} = 2\pi \boldsymbol{I}，有\ \boldsymbol{A} = 2\pi(\boldsymbol{B}^{\mathrm{T}})^{-1} \tag{1.3.15}$$

$$\boldsymbol{B}\boldsymbol{C}^{\mathrm{T}} = 2\pi \boldsymbol{I}，有\ \boldsymbol{C} = 2\pi(\boldsymbol{B}^{-1})^{\mathrm{T}} \tag{1.3.16}$$

由于矩阵 $\boldsymbol{B}$ 是非奇异的，它的转置和求逆运算可以交换，由此得到

$$\boldsymbol{A} = \boldsymbol{C} \tag{1.3.17}$$

实际上，倒点阵是正点阵的傅里叶变换 $\rho(\boldsymbol{k}) = F[\rho(\boldsymbol{r})]$，而正点阵就是倒点阵的逆傅里叶变换 $\rho(\boldsymbol{r}) = F^{-1}[\rho(\boldsymbol{k})]$。即函数相继地变换和逆变换，又重新得到该函数。

4. 布里渊区

在固体物理学中，通常很少采用由倒点阵基矢 $\boldsymbol{b}_1$、$\boldsymbol{b}_2$、$\boldsymbol{b}_3$ 围成的平行六面体作为倒点阵的初基元胞，而总是采用倒点阵的 W-S 初基元胞，因为它充分反映了倒点阵宏观对称性。倒点阵的 W-S 元胞被称为第一布里渊区(Brillouin zone)。

5. 倒点阵保留了正点阵的全部宏观对称性

设 g 是正点阵的一个点群操作,$\boldsymbol{R}_l$ 为一正格矢,则 $g\boldsymbol{R}_l$ 也是一个正格矢。设 g^{-1} 是 g 的逆操作,则 $g^{-1}\boldsymbol{R}_l$ 也是一个正格矢。对任一倒格矢 $\boldsymbol{K}_h$ 有

$$\boldsymbol{K}_h \cdot g^{-1}\boldsymbol{R}_l = 2\pi n$$

由于点群操作是正交变换,即操作前后空间两点之间的距离不变,两个矢量的点乘在一点群操作下应保持不变。由此有

$$g(\boldsymbol{K}_h \cdot g^{-1}\boldsymbol{R}_l) = g\boldsymbol{K}_h \cdot gg^{-1}\boldsymbol{R}_l = g\boldsymbol{K}_h \cdot \boldsymbol{R}_l = 2\pi n$$

这样 $g\boldsymbol{K}_h$ 及类似的 $g^{-1}\boldsymbol{K}_h$ 亦为倒格矢。说明正、倒格子有相同的点群对称性。

6. 正点阵的一族晶面$(h_1h_2h_3)$垂直于倒格矢 $\boldsymbol{K}_h = h_1\boldsymbol{b}_1 + h_2\boldsymbol{b}_2 + h_3\boldsymbol{b}_3$,且晶面间距 $d_{h_1h_2h_3} = 2\pi/|\boldsymbol{K}_h|$

在§1.2中,已经证明一组互质的晶面指数$(h_1h_2h_3)$表示该族晶面中最靠近原点的一个晶面,它与坐标轴 $\boldsymbol{a}_1$、$\boldsymbol{a}_2$、$\boldsymbol{a}_3$ 交点的位矢为$\frac{1}{h_1}\boldsymbol{a}_1$、$\frac{1}{h_2}\boldsymbol{a}_2$、$\frac{1}{h_3}\boldsymbol{a}_3$。可见

$$\frac{1}{h_1}\boldsymbol{a}_1 - \frac{1}{h_2}\boldsymbol{a}_2 \tag{1.3.18}$$

是该晶面内的一个矢量。但是

$$\boldsymbol{K}_h \cdot \left(\frac{1}{h_1}\boldsymbol{a}_1 - \frac{1}{h_2}\boldsymbol{a}_2\right) = (h_1\boldsymbol{b}_1 + h_2\boldsymbol{b}_2 + h_3\boldsymbol{b}_3) \cdot \left(\frac{1}{h_1}\boldsymbol{a}_1 - \frac{1}{h_2}\boldsymbol{a}_2\right)$$

$$= \boldsymbol{b}_1 \cdot \boldsymbol{a}_1 - \boldsymbol{b}_2 \cdot \boldsymbol{a}_2 = 0 \tag{1.3.19}$$

因此 $\boldsymbol{K}_h$ 垂直于该面内的一个矢量。同理 $\boldsymbol{K}_h$ 也垂直于该面内的第二个矢量

$$\frac{1}{h_1}\boldsymbol{a}_1 - \frac{1}{h_3}\boldsymbol{a}_3 \tag{1.3.20}$$

由于 $\boldsymbol{K}_h$ 垂直于同一平面内相交的两个矢量,它必然垂直于该晶面。

另一方面,$\boldsymbol{K}_h$ 既然垂直于该族晶面,它的法线方向单位矢量可写为 $\boldsymbol{e}_{\mathrm{n}} = \boldsymbol{K}_h/|\boldsymbol{K}_h|$,那么该族晶面的面间距

$$d_{h_1h_2h_3} = \boldsymbol{e}_{\mathrm{n}} \cdot \frac{1}{h_1}\boldsymbol{a}_1 = \frac{\boldsymbol{K}_h \cdot \boldsymbol{a}_1}{h_1|\boldsymbol{K}_h|} = \frac{2\pi}{|\boldsymbol{K}_h|} \tag{1.3.21}$$

注意,由于 $\boldsymbol{K}_h = h_1\boldsymbol{b}_1 + h_2\boldsymbol{b}_2 + h_3\boldsymbol{b}_3$ 中,h_1、h_2、h_3 是三个互质的整数。$\boldsymbol{K}_h$ 应该是在 $\boldsymbol{e}_{\mathrm{n}}$ 方向最短的倒格矢。

7. 正点阵的周期函数可以按倒格矢 $\boldsymbol{K}_h$ 展开为傅里叶级数

即

$$V(\boldsymbol{r}) = V(\boldsymbol{r} + \boldsymbol{R}_l) \tag{1.3.22a}$$

$$V(\boldsymbol{r}) = \sum_h V(\boldsymbol{K}_h)\mathrm{e}^{\mathrm{i}\boldsymbol{K}_h \cdot \boldsymbol{r}} \tag{1.3.22b}$$

$$V(\boldsymbol{K}_h)=(1/\Omega)\int_\Omega V(\boldsymbol{r})\mathrm{e}^{-\mathrm{i}\boldsymbol{K}_h\cdot\boldsymbol{r}}\mathrm{d}\boldsymbol{r} \tag{1.3.22c}$$

考虑级数

$$V(\boldsymbol{r})=\sum_h V(\boldsymbol{K}_h)\mathrm{e}^{\mathrm{i}\boldsymbol{K}_h\cdot\boldsymbol{r}} \tag{1.3.23}$$

作平移

$$V(\boldsymbol{r}+\boldsymbol{R}_l)=\sum_h V(\boldsymbol{K}_h)\mathrm{e}^{\mathrm{i}\boldsymbol{K}_h\cdot(\boldsymbol{r}+\boldsymbol{R}_l)}=\sum_h V(\boldsymbol{K}_h)\mathrm{e}^{\mathrm{i}\boldsymbol{K}_h\cdot\boldsymbol{r}}\mathrm{e}^{\mathrm{i}\boldsymbol{K}_h\cdot\boldsymbol{R}_l}$$

由于 $\boldsymbol{K}_h\cdot\boldsymbol{R}_l=2\pi n$，$\mathrm{e}^{\mathrm{i}\boldsymbol{K}_h\cdot\boldsymbol{R}_l}=1$，因此

$$V(\boldsymbol{r}+\boldsymbol{R}_l)=\sum_h V(\boldsymbol{K}_h)\mathrm{e}^{\mathrm{i}\boldsymbol{K}_h\cdot\boldsymbol{r}}=V(\boldsymbol{r}) \tag{1.3.24}$$

$V(\boldsymbol{r})$是正点阵的周期函数。

对式(1.3.23)两边乘以 $\mathrm{e}^{-\mathrm{i}\boldsymbol{K}_{h'}\cdot\boldsymbol{r}}$，并在一个正点阵初基元胞内积分，有

$$\int V(\boldsymbol{r})\mathrm{e}^{-\mathrm{i}\boldsymbol{K}_{h'}\cdot\boldsymbol{r}}\mathrm{d}\boldsymbol{r}=\sum_h V(\boldsymbol{K}_h)\int \mathrm{e}^{\mathrm{i}(\boldsymbol{K}_h-\boldsymbol{K}_{h'})\cdot\boldsymbol{r}}\mathrm{d}\boldsymbol{r} \tag{1.3.25}$$

令

$$\begin{aligned}\boldsymbol{K}_h&=h_1\boldsymbol{b}_1+h_2\boldsymbol{b}_2+h_3\boldsymbol{b}_3=\sum h_i\boldsymbol{b}_i\\ \boldsymbol{K}_{h'}&=h'_1\boldsymbol{b}_1+h'_2\boldsymbol{b}_2+h'_3\boldsymbol{b}_3=\sum h'_i\boldsymbol{b}_i\\ \boldsymbol{r}&=x_1\boldsymbol{a}_1+x_2\boldsymbol{a}_2+x_3\boldsymbol{a}_3=\sum x_i\boldsymbol{a}_i\end{aligned} \tag{1.3.26}$$

其中，h_i、h'_i 为整数。因为 $\boldsymbol{r}$ 为正空间任意位矢，所以 x_i 是变量。注意到正交关系 $\boldsymbol{a}_i\cdot\boldsymbol{b}_j=2\pi\delta_{ij}$，则

$$\begin{aligned}(\boldsymbol{K}_h-\boldsymbol{K}_{h'})\cdot\boldsymbol{r}&=2\pi(h_1-h'_1)x_1+2\pi(h_2-h'_2)x_2+2\pi(h_3-h'_3)x_3\\&=2\pi(m_1x_1+m_2x_2+m_3x_3)\end{aligned} \tag{1.3.27}$$

式中 $m_1=h_1-h'_1$，$m_2=h_2-h'_2$，$m_3=h_3-h'_3$ 为整数。在 $\boldsymbol{a}_1$、$\boldsymbol{a}_2$、$\boldsymbol{a}_3$ 天然坐标系中的体积元

$$\mathrm{d}\boldsymbol{r}=\boldsymbol{a}_1\mathrm{d}x_1\cdot(\boldsymbol{a}_2\mathrm{d}x_2\times\boldsymbol{a}_3\mathrm{d}x_3)=\Omega\mathrm{d}x_1\mathrm{d}x_2\mathrm{d}x_3 \tag{1.3.28}$$

于是，积分

$$\begin{aligned}\int_\Omega \mathrm{e}^{\mathrm{i}(\boldsymbol{K}_h-\boldsymbol{K}_{h'})\cdot\boldsymbol{r}}\mathrm{d}\boldsymbol{r}&=\Omega\int_0^1\int_0^1\int_0^1 \mathrm{e}^{\mathrm{i}2\pi(m_1x_1+m_2x_2+m_3x_3)}\mathrm{d}x_1\mathrm{d}x_2\mathrm{d}x_3\\&=\begin{cases}\Omega, & \text{当 } m_1=m_2=m_3=0\text{，即 }\boldsymbol{K}_h=\boldsymbol{K}_{h'}\text{ 时}\\ 0, & \text{其他，即 }\boldsymbol{K}_h\neq\boldsymbol{K}_{h'}\text{ 时}\end{cases}=\Omega\delta_{\boldsymbol{K}_h,\boldsymbol{K}_{h'}}\end{aligned} \tag{1.3.29}$$

由此，式(1.3.25)可写为

$$\int_{\Omega} V(\boldsymbol{r})\mathrm{e}^{-\mathrm{i}\boldsymbol{K}_{h'}\cdot\boldsymbol{r}}\mathrm{d}\boldsymbol{r} = \Omega\sum_{h} V(\boldsymbol{K}_{h})\delta_{\boldsymbol{K}_{h},\boldsymbol{K}_{h'}} = \Omega V(\boldsymbol{K}_{h'}) \tag{1.3.30}$$

于是傅里叶系数

$$V(\boldsymbol{K}_{h}) = \frac{1}{\Omega}\int_{\Omega} V(\boldsymbol{r})\mathrm{e}^{-\mathrm{i}\boldsymbol{K}_{h}\cdot\boldsymbol{r}}\mathrm{d}\boldsymbol{r} \tag{1.3.31}$$

§1.4 晶体的宏观对称性

在前面三节中,我们仅仅描述了晶体的平移对称性,借助于点阵平移矢量 $\boldsymbol{R}_l$,晶格能完全复位。平移对称性是固体物理理论中最重要的性质。例如,倒点阵的存在仅仅依赖于三个正点阵的初基矢量,并不依赖于它们的特殊对称性。但是,晶体还具有另一类对称性,例如前面讨论过的,具有 sc、bcc、fcc 结构的晶体,当绕任一晶轴($\boldsymbol{a}$、$\boldsymbol{b}$ 或 $\boldsymbol{c}$)旋转 90°及其倍数或对任一原子作反演时,晶格也能复原,而密堆六角晶体绕 $\boldsymbol{c}$ 轴旋转 120°及其倍数时,晶格能够复原。晶体的这种对称性称为宏观对称性。因为在绕某轴旋转或对某点反演时,晶体中至少有一点不动,即晶体未作平移,所以这类对称性又称点对称性。晶体的宏观对称性不仅表现在晶体的宏观几何外形的规则性上,更重要的是反映在晶体的宏观物理性质上。另一方面晶体按对称性分类,也主要基于它的宏观对称性,而不是平移。

归根结底,晶体的宏观对称性是晶体中原子规则排列的结果,因此晶体的宏观对称性必然受到平移对称性的制约,下面将看到,其宏观对称性也是破缺的。

一、宏观对称性的描述

1. 对称操作

不同的晶体具有不同程度的宏观对称性。怎样用一种系统且科学的方法去概括和区别不同晶体的宏观对称性呢?从对称性的观点,就是要考察它所具有的刚性对称操作,包括绕某轴的转动操作和对某点的反演操作,以及它们的组合操作,这称为宏观对称操作。它是一种非平移操作,又称为点对称操作。

从数学上来看,点对称操作实质上是对晶体作一定的几何变换,它使晶体中的某一点

$$\boldsymbol{r}(x_1,x_2,x_3) \to \boldsymbol{r}'(x'_1,x'_2,x'_3) = \boldsymbol{A}\boldsymbol{r}(x_1,x_2,x_3) \tag{1.4.1}$$

其中 $\boldsymbol{A}$ 为变换矩阵,

$$\boldsymbol{A} = (a_{ij}) = \begin{pmatrix} a_{11} & a_{12} & a_{13} \\ a_{21} & a_{22} & a_{23} \\ a_{31} & a_{32} & a_{33} \end{pmatrix} \tag{1.4.2}$$

总起来说,有下列结论:

(1) 这种几何变换是正交变换 $\boldsymbol{A}^{\mathrm{T}}\boldsymbol{A} = \boldsymbol{I}$。

因为点对称变换是一种刚性操作,变换前后,晶体中任意两点间的距离不变,即

$$
\begin{aligned}
x_1^2 + x_2^2 + x_3^2 &= x_1'^2 + x_2'^2 + x_3'^2 \\
(\boldsymbol{r}')^{\mathrm{T}} \cdot (\boldsymbol{r}') &= (\boldsymbol{r})^{\mathrm{T}} \cdot (\boldsymbol{r})
\end{aligned}
\tag{1.4.3}
$$

于是

$$
(\boldsymbol{r}')^{\mathrm{T}} \cdot (\boldsymbol{r}') = (\boldsymbol{A}\boldsymbol{r})^{\mathrm{T}}(\boldsymbol{A}\boldsymbol{r}) = (\boldsymbol{r})^{\mathrm{T}}\boldsymbol{A}^{\mathrm{T}}\boldsymbol{A}\boldsymbol{r} \tag{1.4.4}
$$

所以

$$
\boldsymbol{A}^{\mathrm{T}}\boldsymbol{A} = \boldsymbol{I} \tag{1.4.5}
$$

其中，$\boldsymbol{I}$ 为单位矩阵，$\boldsymbol{A}$ 为正交矩阵，其行列式值 $|\boldsymbol{A}| = \pm 1$。

（2）如果一个晶体在某正交变换下不变，就称这个变换是晶体的一个对称操作。

（3）要描述一个晶体的对称性就是要列举它所具有的全部对称操作，一个晶体所具有的对称操作越多，表明它的对称性越高。

（4）三维晶体的正交变换总可以表示为绕某一轴的旋转、对某中心的反演和它们的组合，基本的变换矩阵可表示为：

绕轴的旋转，设转轴为 x 轴，旋转角为 θ，

$$
\boldsymbol{A} = \begin{pmatrix} 1 & 0 & 0 \\ 0 & \cos\theta & -\sin\theta \\ 0 & \sin\theta & \cos\theta \end{pmatrix}, \quad |\boldsymbol{A}| = 1 \tag{1.4.6}
$$

其中 θ 为旋转角。

中心反演，$\boldsymbol{r} \to -\boldsymbol{r}$

$$
\boldsymbol{A} = \begin{pmatrix} -1 & 0 & 0 \\ 0 & -1 & 0 \\ 0 & 0 & -1 \end{pmatrix}, \quad |\boldsymbol{A}| = -1 \tag{1.4.7}
$$

2. 对称素

利用对称操作可以概括一个物体的对称性，但是为了简便起见，可以不一一列举一个物体的所有对称操作，而是描述它所具有的对称素。所谓对称素就是一个物体借以进行对称操作的一根轴、一个平面或一个点。

（1）如果一个物体绕某轴旋转 $\dfrac{2\pi}{n}$ 及其倍数不变，称该轴为 n 次旋转轴，记为 n。

（2）如果一个物体对某点反演不变，称这个点为对称心，记为 i。

（3）如果一个物体绕某轴旋转 $\dfrac{2\pi}{n}$ 后再反演不变，称该轴为 n 次旋转反演轴，或者象转轴，记为 $\bar{n}$。

第一类操作称纯旋转操作。第二、第三类称非纯旋转操作。

二、平移对称性对宏观对称性的限制

晶体的宏观对称性不同于一般的几何图形。原则上讲，几何图形可以具有任意多的对称操

作或对称素,例如一个球体通过过球心的任意直径,旋转任意角度能保持不变。但是,对于晶体,由于受到原子规则排列的严格限制,它只能具有有限个数的宏观对称操作或对称素,对称素的组合也是一定的,称为宏观对称性的破缺。

1. 晶体可能具有的对称素

设晶体有任意旋转轴,转角为 θ。图 1-4-1 画出晶体对应点阵中垂直于转轴的点阵面,在此点阵面内可以选择基矢 $\boldsymbol{a}_1$、$\boldsymbol{a}_2$,在此点阵面内所有结点可表示为

$$l_1\boldsymbol{a}_1 + l_2\boldsymbol{a}_2 \tag{1.4.8}$$

取位于原点的结点为 A,由它画出 $\boldsymbol{a}_1$ 到达 B 点,它必定也是一个点阵结点。如果绕 A 转 θ,B 点被旋转到 B'点。由于转 θ 为晶体的对称操作,B'点也一定是一个点阵结点。由于点阵中所有结点等价,绕 B 转 $-\theta$ 也是一对称操作,它将 A 点转到 A'点,A'也是一点阵结点。由于 $AB \parallel B'A'$,代表晶体中同一晶向,其上具有相同的周期,因此

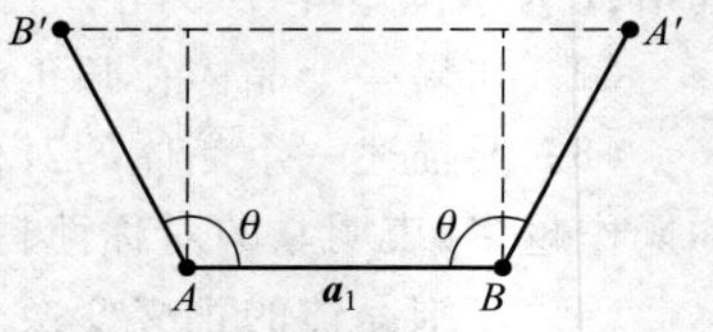

图 1-4-1 晶体旋转操作示意图

$$\overline{B'A'} = n\,\overline{AB} \quad (n\ \text{取整数}) \tag{1.4.9}$$

由几何关系有

$$\overline{B'A'} = \overline{AB} + 2\,\overline{AB}\cos(\pi - \theta) = \overline{AB}(1 - 2\cos\theta) \tag{1.4.10}$$

对比式(1.4.9)和式(1.4.10)有

$$n = 1 - 2\cos\theta \tag{1.4.11}$$

由于 $-1 \leqslant \cos\theta \leqslant 1$,所以 n 只能取 $-1,0,1,2,3$,对应的 θ 分别为 0(或 2π),$2\pi/6$,$2\pi/4$,$2\pi/3$,$2\pi/2$。由此可见,晶体只可能具有 1,2,3,4,6 次旋转轴,不能具有 5 次或 6 次以上的旋转轴。同理也只能有 $\bar{1}$,$\bar{2}$,$\bar{3}$,$\bar{4}$,$\bar{6}$ 旋转反演轴。

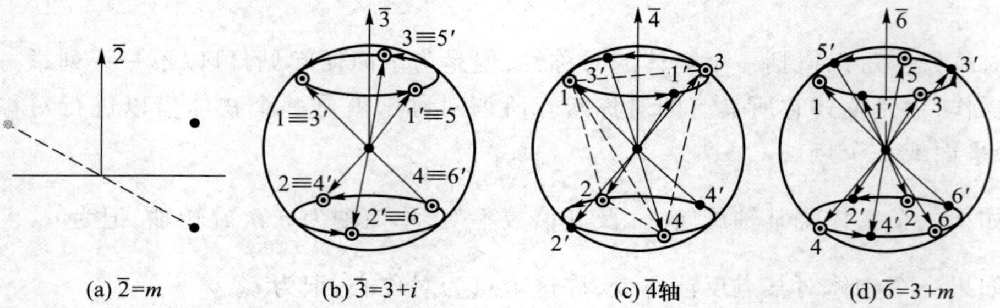

(a) $\bar{2}=m$ (b) $\bar{3}=3+i$ (c) $\bar{4}$轴 (d) $\bar{6}=3+m$

图 1-4-2

值得注意的是,从图 1-4-2 可见:

(1) $\bar{1}$ 就是对称心 i,即 $\bar{1}=i$。

(2) $\bar{2}$ 就是垂直于该轴的对称镜面,见图 1-4-2(a),记为 m,即 $\bar{2}=m$。

(3) $\bar{3}$ 等价于一个 3 次轴加上对称心,即 $\bar{3}=3+i$。如图 1-4-2(b)所示,从点 1 出发,转动

120°后 1→1′,再反演得到 2;再旋转 120°后 2→2′,反演后得到 3;而 3→1,反演后得到 4;4→2,反演后回到 5;依次下去。由 1 出发得到 2,3,4,5,6 诸点,这些点的分布具有 3 次轴和对称心 i。

(4) 由同样的方法,从图 1-4-2(d)可以看到 $\bar{6}$ 轴等价于 3 次轴加上垂直于该轴的对称面,即 $\bar{6}=3+m$。

(5) $\bar{4}$ 轴是一种特殊的对称素。具有 $\bar{4}$ 的晶体既没有 4 次轴也没有对称心 i,但包括一个与它重合的 2 次轴。因为由图 1-4-2(c)可见,从点 1 开始,连续操作得到 1、2、3、4 四个点,它们构成一个四面体,这个四面体既无 4 次轴也无对称心,但有一个与 $\bar{4}$ 次轴重合的 2 次轴。典型的闪锌矿结构就具有这种对称性,因为闪锌矿结构中,每个原子处于另一类原子构成的四面体中心。

综上所述,晶体的宏观对称性只具有 8 种独立的对称素,它们是

$$1,2,3,4,6,\bar{1}(i),\bar{2}(m)\text{ 和 }\bar{4}$$

其中 1 次旋转轴等价于不动操作 E。

2. 对称素的组合规则

由于平移对称性对晶体宏观对称性的限制,晶体可能具有的对称素的组合也受到严格的限制,这里我们不打算详细讨论它们的组合规则,只举两个例子来说明这个问题。

(1) 如果晶体具有两个 2 次轴,它们之间的夹角只能是 30°、45°、60°、90°。

如图 1-4-3 所示,设有两个 2 次轴 2、2′相交于 O 点,其夹角 $\angle 22'=\theta$,N 为通过 2、2′交叉点 O 并与它们垂直的轴上的任意一点;操作 A 表示绕 2 旋转 π;操作 A'表示绕 2′旋转 π。因为操作 A 使 $N\to N'$;连续操作 A'使 $N'\to N$,所以在操作 $A'A$ 下 NN'轴不变,也就是连续操作 $A'A$ 必是绕 NN'的旋转。另一方面,轴 2 在 A 操作下不变,在 A'操作下 2→2″,$\angle 22''=2\theta$。因为 $A'A$ 也是晶体的对称操作,NN'为一对称轴,它只能是 1,2,3,4,6 次轴,所以

$$2\theta=60°,90°,120°,180°,360°$$

$$\theta=30°,45°,60°,90°,180°$$

其中相交 180°的两个轴就是它本身。

(2) 晶体不可能有多于 1 个 6 次轴,也不可能有一个 6 次轴和一个 4 次轴相交。

设晶体有一个 n 次轴和一个 m 次轴相交于 O 点。先绕 n 次轴操作,则从 m 次轴上的一点 B 可得一正 n 边形[如图 1-4-4(a)所示],n 边形的顶角为

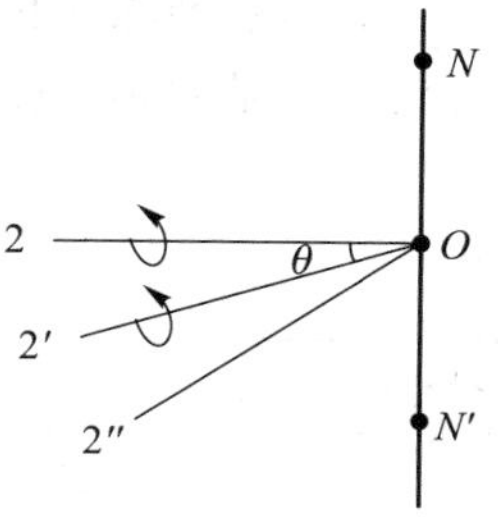

图 1-4-3　两个 2 次轴之间可能的夹角

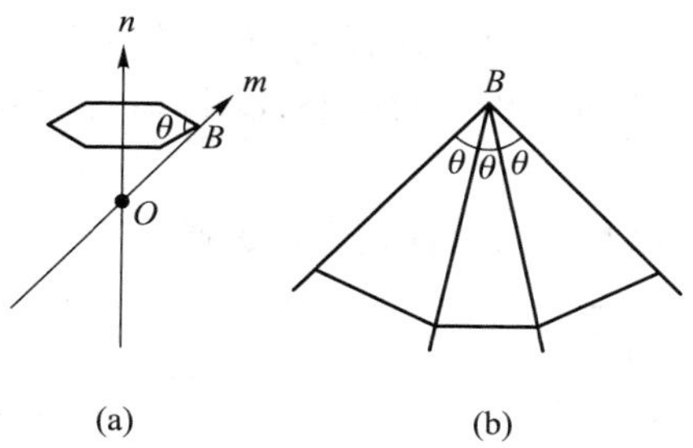

图 1-4-4　一个 n 次轴和一个 m 次轴相交

$$\theta = \frac{n\pi - 2\pi}{n} = \frac{n-2}{n}\pi \tag{1.4.12}$$

再绕 m 次轴操作得一凸多面体,顶角在 B 点[如图 1.4.4(b)所示]。m 个顶角之和为

$$m\left(\frac{n-2}{n}\right)\pi \leqslant 2\pi \tag{1.4.13}$$

如果是两个 6 次轴相交 $m=6, n=6$,则由式(1.4.13)有

$$6 \times \frac{6-2}{6}\pi = 4\pi > 2\pi$$

因此,不可能有两个 6 次轴。同理如果 $m=6, n=4$,有

$$6 \times \frac{4-2}{4}\pi = 3\pi > 2\pi, 4 \times \frac{6-2}{6}\pi = \frac{8}{3}\pi > 2\pi$$

也是不可能的。

三、实例

1. 立方对称(例如 sc、bcc、fcc 结构)的对称素和对称操作

对称素	对称操作(48)	
名称	每个对称素的操作	数目
三个 4 次轴〈100〉	旋转$\frac{\pi}{2}$、π、$\frac{3}{2}\pi$	9
四个 3 次轴〈111〉	旋转$\frac{2}{3}\pi$、$\frac{4}{3}\pi$	8
六个 2 次轴〈110〉	旋转 π	6
	E(不动)	1
i(对称心)	以上操作加反演	24

由上表可见,立方对称共有 48 个对称操作。其中,对于 2、3、4 对称素的操作称纯旋转操作,共 24 个。由于立方对称有对称心,以上 24 个纯旋转操作的中心反演仍是对称操作,称非纯旋转操作,共 24 个。

2. 正四面体对称的对称素和对称操作

对称素	对称操作(24)	
名称	每个对称素的操作	数目
三个 4 次旋转反演轴 $\bar{4}$〈100〉	旋转$\frac{\pi}{2}$、$\frac{3\pi}{2}$再反演,旋转 π	9

续表

对称素	对称操作(24)	
四个 3 次轴〈111〉	旋转$\frac{2\pi}{3}$、$\frac{4\pi}{3}$	8
六个 2 次旋转反演轴 $\bar{2}$〈110〉	旋转 π 再反演	6
	E(不动)	1

可以采用与立方对称对比的方法,来研究正四面体的对称素和对称操作。如图 1-4-5 所示,把立方体相间的四个顶点 $ABCD$ 连接起来就构成正四面体。显然正四面体的所有对称素和对称操作包含于立方体之中。由于正四面体不具有对称中心,立方对称的 4 次轴和对称心 i 退化为四次旋转反演轴 $\bar{4}$;同理,$3+i\to3$;$2+i\to\bar{2}$;$E+i\to E$。于是,正四面体只保留了立方体的 12 个纯旋转操作和 12 个非纯旋转操作。显然立方体对称性高于正四面体对称性。

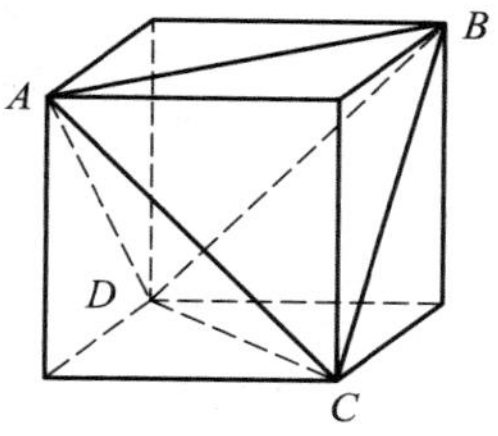

图 1-4-5　$ABCD$ 构成正四面体

四、晶体的宏观对称性与宏观物理性质

晶体的宏观物理性质与宏观对称性有着密切的关系。以晶体的介电常量为例,一般地它可表示为一个二阶张量:

$$\boldsymbol{\varepsilon}=\begin{pmatrix}\varepsilon_{11} & \varepsilon_{12} & \varepsilon_{13}\\ \varepsilon_{21} & \varepsilon_{22} & \varepsilon_{23}\\ \varepsilon_{31} & \varepsilon_{32} & \varepsilon_{33}\end{pmatrix} \tag{1.4.14}$$

如果能量守恒,它是一个厄米矩阵,即 $\varepsilon_{\alpha\beta}=\varepsilon_{\beta\alpha}^{*}$。晶体中的电位移矢量 $\boldsymbol{D}$ 与电场强度矢量 $\boldsymbol{E}$ 满足

$$\boldsymbol{D}=\boldsymbol{\varepsilon E},\text{即 } D_{\alpha}=\sum_{\beta}\varepsilon_{\alpha\beta}E_{\beta} \tag{1.4.15}$$

设晶体有对称操作 $\boldsymbol{A}$,满足 $\boldsymbol{A}^{-1}=\boldsymbol{A}^{\mathrm{T}}$。对晶体施行操作 $\boldsymbol{A}$ 有

$$\boldsymbol{E}'=\boldsymbol{AE},\quad \boldsymbol{D}'=\boldsymbol{AD} \tag{1.4.16}$$

由式(1.4.15)和式(1.4.16)有

$$\boldsymbol{D}'=\boldsymbol{A\varepsilon E},\quad \boldsymbol{E}=\boldsymbol{A}^{-1}\boldsymbol{E}'=\boldsymbol{A}^{\mathrm{T}}\boldsymbol{E}' \tag{1.4.17}$$

于是

$$\boldsymbol{D}'=\boldsymbol{A\varepsilon A}^{\mathrm{T}}\boldsymbol{E}'=\boldsymbol{\varepsilon}'\boldsymbol{E}' \tag{1.4.18}$$

其中 $\boldsymbol{\varepsilon}'=\boldsymbol{A\varepsilon A}^{\mathrm{T}}$,它是操作之后晶体的介电常量张量,将操作之后的电位移矢量与电场强度矢量联系起来。但是,$\boldsymbol{A}$ 是晶体的一个对称操作,介电常量张量在操作前后应不变,有

$$\boldsymbol{\varepsilon}'=\boldsymbol{A\varepsilon A}^{\mathrm{T}}=\boldsymbol{\varepsilon} \tag{1.4.19}$$

对于具有立方对称的晶体,有三个 4 次轴。如果沿 z 轴方向旋转 $\theta=\pi$,则变换矩阵为

$$\boldsymbol{A}=\begin{pmatrix}\cos\theta & -\sin\theta & 0\\ \sin\theta & \cos\theta & 0\\ 0 & 0 & 1\end{pmatrix}=\begin{pmatrix}-1 & 0 & 0\\ 0 & -1 & 0\\ 0 & 0 & 1\end{pmatrix} \tag{1.4.20}$$

代入式(1.4.19)得到

$$\begin{aligned}\boldsymbol{A\varepsilon A}^{\mathrm{T}} &= \begin{pmatrix}-1 & 0 & 0\\ 0 & -1 & 0\\ 0 & 0 & 1\end{pmatrix}\begin{pmatrix}\varepsilon_{11} & \varepsilon_{12} & \varepsilon_{13}\\ \varepsilon_{21} & \varepsilon_{22} & \varepsilon_{23}\\ \varepsilon_{31} & \varepsilon_{32} & \varepsilon_{33}\end{pmatrix}\begin{pmatrix}-1 & 0 & 0\\ 0 & -1 & 0\\ 0 & 0 & 1\end{pmatrix}\\ &= \begin{pmatrix}\varepsilon_{11} & \varepsilon_{12} & -\varepsilon_{13}\\ \varepsilon_{21} & \varepsilon_{22} & -\varepsilon_{23}\\ -\varepsilon_{31} & -\varepsilon_{32} & \varepsilon_{33}\end{pmatrix}=\begin{pmatrix}\varepsilon_{11} & \varepsilon_{12} & \varepsilon_{13}\\ \varepsilon_{21} & \varepsilon_{22} & \varepsilon_{23}\\ \varepsilon_{31} & \varepsilon_{32} & \varepsilon_{33}\end{pmatrix}\end{aligned} \tag{1.4.21}$$

由式(1.4.21)必有

$$\varepsilon_{13}=\varepsilon_{23}=\varepsilon_{31}=\varepsilon_{32}\equiv 0 \tag{1.4.22}$$

类似地,沿 x 轴方向旋转 π 有

$$\boldsymbol{A}=\begin{pmatrix}1 & 0 & 0\\ 0 & -1 & 0\\ 0 & 0 & -1\end{pmatrix}$$

代入式(1.4.19)有

$$\begin{pmatrix}\varepsilon_{11} & -\varepsilon_{12} & 0\\ -\varepsilon_{21} & \varepsilon_{22} & 0\\ 0 & 0 & \varepsilon_{33}\end{pmatrix}=\begin{pmatrix}\varepsilon_{11} & \varepsilon_{12} & 0\\ \varepsilon_{21} & \varepsilon_{22} & 0\\ 0 & 0 & \varepsilon_{33}\end{pmatrix}$$

则

$$\varepsilon_{12}=\varepsilon_{21}\equiv 0$$

进一步选择沿[111]方向旋转$\dfrac{2\pi}{3}$,最终可以得到

$$\varepsilon_{\alpha\beta}=\varepsilon_0\delta_{\alpha\beta} \tag{1.4.23}$$

即具有立方对称的晶体的介电常量张量退化为一个标量。

值得注意的是,以上推论,并未用到立方对称性的全部对称操作。

利用同样的论证方法,可以证明具有正四面体对称的晶体,介电常量张量也是一个标量;而具有六角对称的晶体介电常量张量可写为

$$\boldsymbol{\varepsilon}=\begin{pmatrix}\varepsilon_{\perp} & 0 & 0\\ 0 & \varepsilon_{\perp} & 0\\ 0 & 0 & \varepsilon_{\parallel}\end{pmatrix} \tag{1.4.24}$$

其中 $\varepsilon_{\parallel}$ 表示沿 6 次轴方向，$\varepsilon_{\perp}$ 表示它的垂直平面内，于是

$$\begin{cases}D_{\perp}=\varepsilon_{\perp}E_{\perp}\\ D_{\parallel}=\varepsilon_{\parallel}E_{\parallel}\end{cases} \tag{1.4.25}$$

介电常量在平行和垂直 6 次轴方向的差别，正是这种晶体具有双折射现象的原因。

§1.5　晶体点阵和结构的分类

本节我们将按照对称性将晶体进行分类。这就是晶体学中的点群和空间群理论，它是一个十分繁琐的课题。这里不可能系统、严格地阐述这些理论，而只能给出一些基本的概念、术语和主要的晶体类型。

一、群的概念

1. 群的定义

在数学上，定义一组元素（有限或无限）的集合，$G\equiv\{E,g_1,g_2,\cdots\}$，并赋予这些元素一定的乘法运算规则 g_ig_j，如果元素相乘满足下列群规则，则集合 G 构成一个群。

（1）群的闭合性

若 $g_i,g_j\in G$，则 $g_k=g_ig_j\in G$。

（2）乘法的结合律

$$g_i(g_jg_k)=(g_ig_j)g_k$$

（3）存在单位元素 E，使得所有元素满足 $Eg_i=g_i$。

（4）对于任意元素 g_i，存在逆元素 g_i^{-1}，满足 $g_ig_i^{-1}=E$。

一般来说，除了阿贝尔群，群元素不满足乘法交换律，$g_ig_j\neq g_jg_i$。

2. 对称操作群——点群、空间群

一个晶体具有的所有对称操作满足上述群的定义，构成一个操作群。这时，乘法运算就是连续操作；单位元素为不动操作（转角为 0 的旋转加上平移矢量为 0 的平移）；逆元素为转角和平移矢量大小相等、方向相反的操作，中心反演的逆元素还是中心反演。

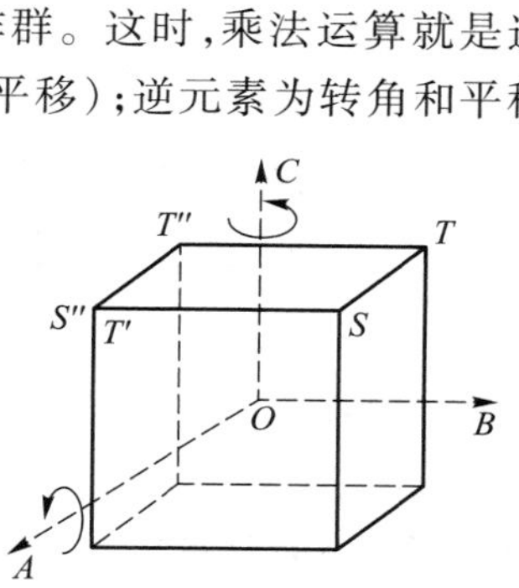

图 1-5-1　连续旋转操作

很容易验证，立方体的 48 个宏观对称操作，满足上述群的定义及其群规则，构成一个群 $G(E,g_1,g_2,\cdots,g_{47})$。例如，假定群元素 g_i 和 g_j 分别表示绕 OA 和 OC 旋转 $\dfrac{\pi}{2}$，如图 1-5-1 所示。操作 g_i 使顶点 $S\to S''$，而操作 g_j 又使 $S''\to S$，操作 g_i 使 $T\to T''$，而操作 g_j 使 $T''\to T'$。可见连续操作 g_jg_i，OS 未动，仅仅使 $T\to T'$，这相当于绕 OS

轴旋转 $2\pi/3$,它也是立方体 48 个对称操作中的一个对称操作,记为 g_k,于是

$$g_k = g_j g_i, \quad g_i, g_j, g_k \in G$$

晶体的所有对称操作包括平移对称操作和点群对称操作,以及它们的组合,晶体的一般对称操作可写为

$$\boldsymbol{r}' = g\boldsymbol{r} = \{\boldsymbol{A} \mid \boldsymbol{t}\}\boldsymbol{r} = \boldsymbol{A}\boldsymbol{r} + \boldsymbol{t} \tag{1.5.1}$$

其中 $\boldsymbol{A}$ 表示点对称操作,$\boldsymbol{t}$ 表示平移。

(1) 由一般操作 $\{\boldsymbol{A} \mid \boldsymbol{t}\}$(平移+旋转)组合构成的群称为空间群,它是晶体的完全对称群。

(2) 当 $\boldsymbol{t}=0$ 时,由非平移操作 $\{\boldsymbol{A} \mid 0\}$ 组合构成的群称为点群,它是空间群的一个子群。

(3) 当 $\boldsymbol{A}=E, \boldsymbol{t}=\boldsymbol{R}_l$ 时,由纯平移操作组合的群称为平移群,它也是空间群的一个子群。

二、7 个晶系和 14 种点阵

下面我们将根据对称群的观点来对晶体进行分类。如果一些晶体具有相同的一组群元素,那么就对称性而言,它们将属于同一类晶体。为了简单起见,首先忽略结构中基元的对称性,考虑点阵的分类。此时,对称操作包括通过点阵平移矢量 $\boldsymbol{R}_l$ 的平移和固定一个结点不动的点对称操作(纯或非纯旋转操作),以及它们的组合操作,即

$$\{\boldsymbol{A} \mid \boldsymbol{R}_l\} \tag{1.5.2}$$

这种对称操作构成点阵的空间群。

1. 7 个晶系

在式(1.5.2)所示的操作中,如果取 $\boldsymbol{R}_l=0$,即不考察平移对称,那么操作 $\{\boldsymbol{A} \mid 0\}$ 便构成点阵的点群。由于点阵的宏观对称操作数和对称素的组合受到平移对称性的严格限制,群论严格证明,仅仅存在 7 种不同的点群,称为 7 个晶系。也就是说,点阵按照宏观对称性可分为 7 类。任何一种晶体结构分属 7 个晶系之一,它取决于这种结构所对应的点阵的点群。

在本章第一节中已经谈到,点阵的惯用单胞,能直接反映点阵的宏观对称性,7 个晶系中的每一种点群对称性,必定反映到它的单胞晶轴 $\boldsymbol{a}$、$\boldsymbol{b}$、$\boldsymbol{c}$ 的大小 a、b、c 及它们之间夹角 α、β、γ 的特殊关系,如图 1-5-2 所示。下面,从最低对称性出发逐步提高对称性,给出 7 个晶系的名称及其单胞晶轴之间的关系。

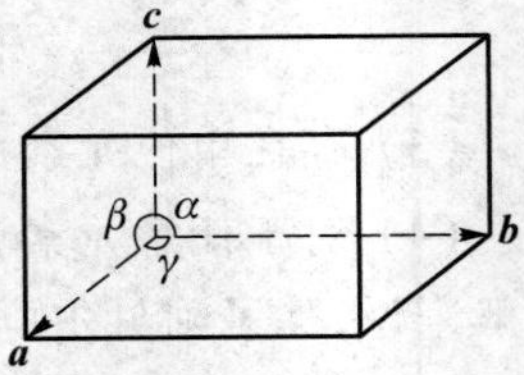

图 1-5-2 单胞晶轴的大小及夹角

(1) 三斜晶系

这一晶系,除了对称元素 $E(1)$ 和 $i(\bar{1})$ 外,无任何旋转对称轴(注意反演对称 i 是点阵的属性),对 $\boldsymbol{a}$、$\boldsymbol{b}$、$\boldsymbol{c}$ 无任何限制,即

$$a \neq b \neq c, \alpha \neq \beta \neq \gamma$$

该晶系对应的点群称 C_i 群。因为它只具有对称素 E 和 i,所以仅包括两个群元素,即两个对称操作。

(2) 单斜晶系

如果存在一个 2 次轴,并选择这个 2 次轴沿 $\boldsymbol{c}$ 方向。从图 1-5-3 可以清楚地看到,通过绕 $\boldsymbol{c}$

轴旋转 180°得到 $-\boldsymbol{a}$，为了使 $-\boldsymbol{a}$ 通过反演得到 $\boldsymbol{a}$，$\boldsymbol{a}$ 轴必定垂直于 $\boldsymbol{c}$。否则由 $\boldsymbol{a}$ 旋转得到 $\boldsymbol{a}'$，反演得到另外的 $-\boldsymbol{a}'$ 轴。同理，$\boldsymbol{b}$ 轴也必定垂直于 $\boldsymbol{c}$，于是有

$$a \neq b \neq c$$

$$\alpha = \beta = \frac{\pi}{2} \neq \gamma$$

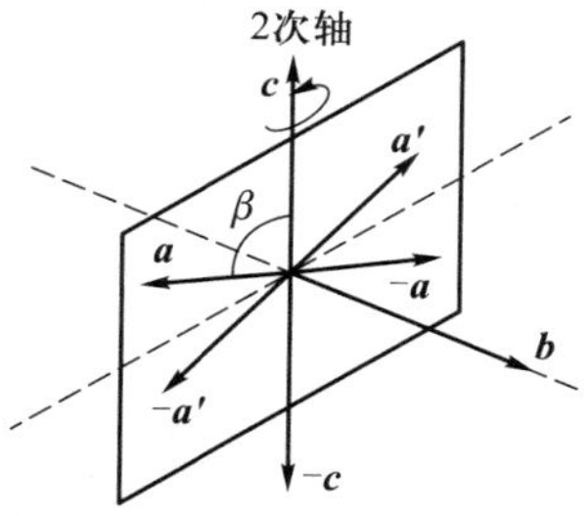

图 1-5-3　关于 $\boldsymbol{c}$ 轴的二次旋转操作，要求 $\boldsymbol{a}$、$\boldsymbol{b}$ 垂直于 $\boldsymbol{c}$

该晶系对应的点群记为 C_{2h}，它具有一个 2 次轴和 i，包含 4 个群元素。

（3）正交晶系

如果有两个 2 次轴，分别沿 $\boldsymbol{b}$、$\boldsymbol{c}$ 方向，则由前面的分析，$\boldsymbol{a}$ 一定垂直于 $\boldsymbol{c}$ 和 $\boldsymbol{b}$，它也一定是 2 次轴，所以

$$a \neq b \neq c,\quad \alpha = \beta = \gamma = \frac{\pi}{2}$$

该晶系对应的点群记为 D_{2h}，它具有三个 2 次轴和 i，包含 8 个群元素。

（4）四方晶系

如果有一个 4 次轴，沿 $\boldsymbol{c}$ 方向，它肯定也是 2 次轴，所以 $\alpha=\beta=\frac{\pi}{2}$，由于 $\boldsymbol{c}$ 为 4 次轴，必定有 $a=b$，$\gamma=\frac{\pi}{2}$，如图 1-5-4 所示。所以

$$a = b \neq c$$

$$\alpha = \beta = \gamma = \frac{\pi}{2}$$

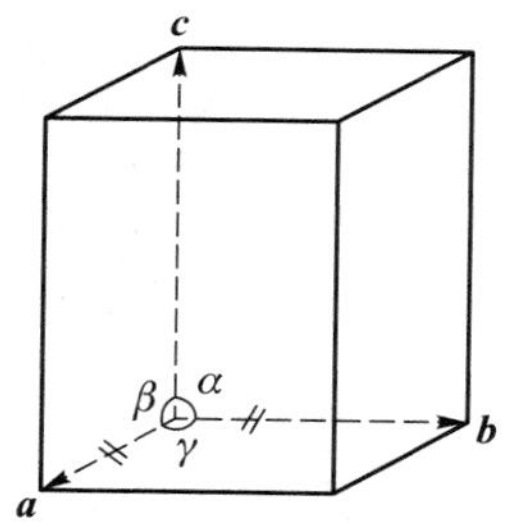

图 1-5-4　关于 $\boldsymbol{c}$ 轴的 4 次旋转操作，要求 $\boldsymbol{a}\perp\boldsymbol{b}\perp\boldsymbol{c}$，$a=b$

该晶系对应的点群记为 D_{4h}，它具有一个 4 次轴、四个 2 次轴和 i，包含 16 个群元素。

（5）六角晶系

如果有一个 6 次轴，沿 $\boldsymbol{c}$ 方向，它肯定是 2 次轴，所以 $\alpha=\beta=\frac{\pi}{2}$，由于 $\boldsymbol{c}$ 为 6 次轴，必定有 $a=b$，$\gamma=\frac{2\pi}{3}$。于是

$$a = b \neq c,$$

$$\alpha = \beta = \frac{\pi}{2},\quad \gamma = \frac{2\pi}{3}$$

该晶系对应的点群记为 D_{6h}，它除了一个 6 次轴和 i 外，还有 6 个与 6 次轴垂直的 2 次轴，如图 1-5-5虚线所示，包含 24 个群元素。

（6）立方晶系

如果有两个 4 次轴，必定有三个 4 次轴，四个 3 次轴，六个 2 次轴，于是有

$$a=b=c,\quad \alpha=\beta=\gamma=\frac{\pi}{2}$$

该晶系对应的点群记为 O_h。它包含 48 个群元素,是晶体的最高对称点群。

(7) 三角晶系

三角晶系是一种特殊对称类型,它具有一个 3 次轴,这个 3 次轴与 $\boldsymbol{a}$、$\boldsymbol{b}$、$\boldsymbol{c}$ 具有相等的夹角,$\boldsymbol{a}$、$\boldsymbol{b}$、$\boldsymbol{c}$ 构成一个菱形六面体,即一个沿体对角线拉长了的形变立方体,如图 1-5-6 所示。$a=b=c,\alpha=\beta=\gamma<120°\neq 90°$。该晶系对应的点群记为 D_{3d},它具有一个 3 次轴,三个与 3 次轴垂直的 2 次轴和 i,包含 12 个群元素。

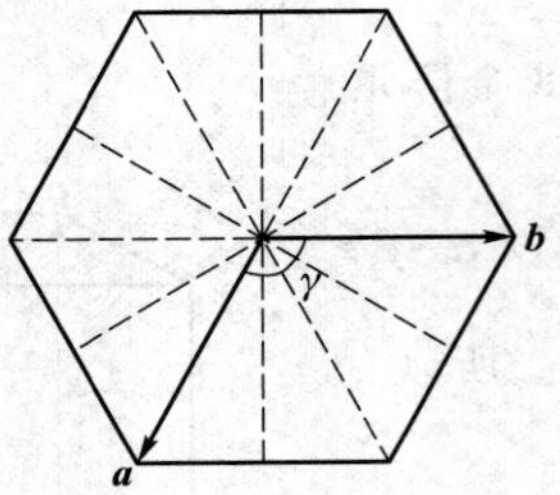

图 1-5-5　6 次轴 $\boldsymbol{c}$ 垂直于纸面,虚线所示为 2 次轴

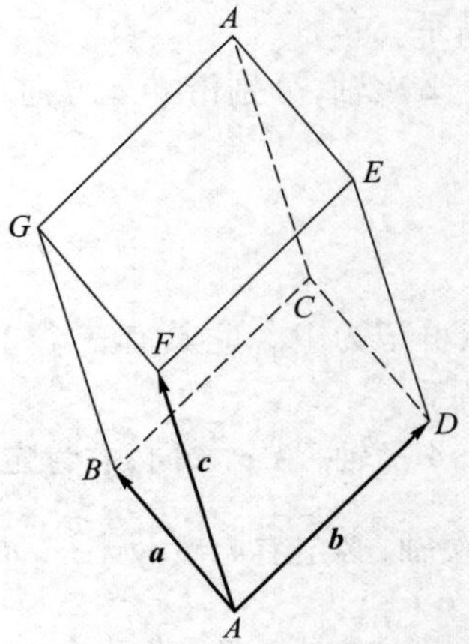

图 1-5-6　三角晶系的单胞

2. 14 种点阵

现在我们来讨论点阵的完整对称性,即除了考虑点群对称操作外,同时考虑平移操作。可以证明,所有操作 $\{\boldsymbol{A}\mid\boldsymbol{R}_l\}$ 构成 14 种不同的空间群。也就是说,从完整对称性的观点来看,存在 14 种不同的点阵。

可以用下述方法由 7 个晶系演绎出 14 种点阵。7 个晶系是根据不同的宏观对称性对点阵单胞晶轴 $\boldsymbol{a}$、$\boldsymbol{b}$、$\boldsymbol{c}$ 的不同要求确定的。点阵单胞通常是一个扩大了的元胞,同一单胞可以对应不同的点阵。例如:sc 点阵、bcc 点阵和 fcc 点阵,它们具有形式完全相同的单胞和相同的宏观对称性,同属立方晶系(O_h 群),但是,由于基矢 $\boldsymbol{a}_1$、$\boldsymbol{a}_2$、$\boldsymbol{a}_3$ 不同,而具有不同的平移对称性,属于非等价的空间群。由此看来,似乎可以通过对每一晶系加心来得到新的点阵。显然加心点阵的单胞与它的初基元胞是不相同的。

(1) 加心点阵

我们把不加心的点阵称为简单(P)点阵,它的单胞就是初基元胞。为了不破坏晶系的宏观对称性,又能保证加心后不违背点阵的基本要求,即加心后每个结点的位置完全等价,可以用 $\boldsymbol{R}_l=l_1\boldsymbol{a}_1+l_2\boldsymbol{a}_2+l_3\boldsymbol{a}_3$ 来表征。存在下面几种加心途径:

Ⅰ. 加体心(I)

在单胞的中心$\left(\dfrac{\boldsymbol{a}}{2}+\dfrac{\boldsymbol{b}}{2}+\dfrac{\boldsymbol{c}}{2}\right)$加心,记为 I,由此构成的新点阵称 I 点阵。

Ⅱ. 加面心(F)

在单胞的每个面的中心加心,记为 F,由此构成的新点阵称 F 点阵。

Ⅲ. 加底心(A、B、C)

在单胞的一对平行面上加心。由于一般选择 $\boldsymbol{c}$ 轴为晶系的主要对称轴,通常在 $\boldsymbol{ab}$ 面加心,记为 C,而 $\boldsymbol{ac}$ 和 $\boldsymbol{bc}$ 面加心,分别记为 B 和 A。由此构成的加心点阵分别称 C、B、A 点阵。

其他,如在两组平行面中心上加心,将破坏点阵的基本要求。如图 1-5-7 所示,显然 A 心和 B 心不等价,因为它们四周点的分布和取向是不等价的。另外对三角晶系和六角晶系存在一些特殊的加心方式,较为复杂,但对我们下面的简单分析影响不大,不准备描述它。

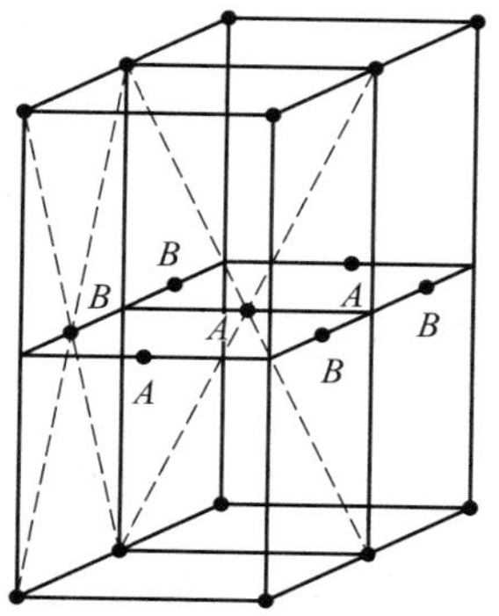

图 1-5-7　不可能在两对面上加心

(2) 14 种点阵的简单导出

Ⅰ. 三斜晶系只存在 P 点阵

由于三斜晶系无任何轴对称(除 E、i 外),对平移矢量无任何限制,所以加心后只不过仍得到一个无轴对称的较小的初基元胞。

Ⅱ. 单斜晶系具有 P 和 B 点阵

因为 $C \equiv P$,即加底心 C 仍为 P 单斜。

图 1-5-8 表示单斜晶系加底心 C 仍然为 P 单斜,此时新的 $\boldsymbol{a}$、$\boldsymbol{b}$、$\boldsymbol{c}$ 仍满足,$a \neq b \neq c$,$\alpha = \beta = \frac{\pi}{2} \neq \gamma$,只是 $\boldsymbol{a}$、$\boldsymbol{b}$ 变短了。图 1-5-9 表示单斜晶胞加底心 B,得到底心(B)点阵。该点阵保留了单斜晶系的所有宏观对称性。同理可以证明,$I \equiv F \equiv A \equiv B$。于是,单斜晶系只存在 P 和 B 两种点阵。

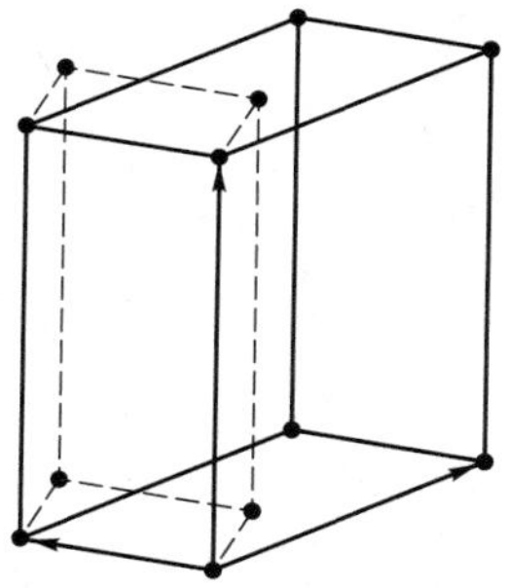

图 1-5-8　单斜晶系 $C \equiv P$

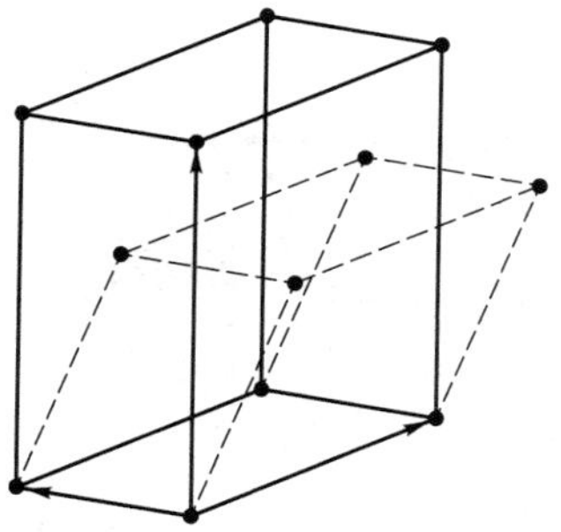

图 1-5-9　加底心 B 得到底心(B)单斜点阵

Ⅲ. 正交晶系具有 P、I、F、C 四种点阵

因为正交晶系,$\boldsymbol{a}$、$\boldsymbol{b}$、$\boldsymbol{c}$ 皆为 2 次轴,所以三类底心位置等价,即 $A \equiv B \equiv C$。

Ⅳ. 四方晶系具有 P 和 I 两种点阵

因为 A 与 B 点阵将失去 4 次轴,所以 $C \equiv P$,$F \equiv I$,如图 1-5-10 所示。

Ⅴ. 立方晶系具有 P、I、F 三种点阵

前面已经谈到立方晶系存在简单立方(P),体心立方(I)和面心立方(F)三种点阵。十分清楚,立方晶系不可能存在底心(A、B、C)点阵,因为它将失去四个 3 次轴,只保留一个 4 次轴,实际

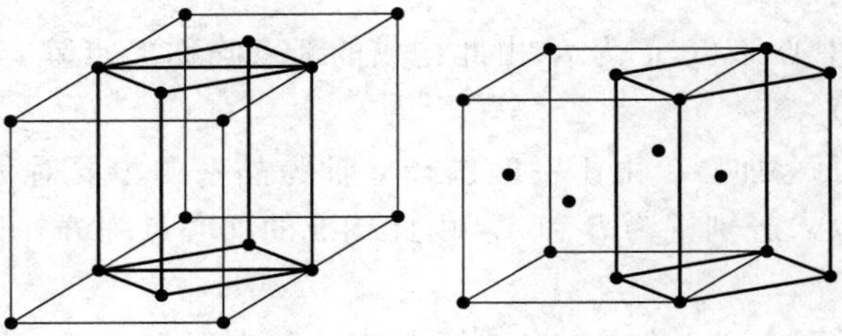

图 1-5-10 四角加心点阵

上变成简单(P)四方点阵。

Ⅵ. 六角晶系只有 P 点阵

对于六角晶系,单胞加底心、体心或面心将失去 6 次轴。例如,加底心 C,它将变成简单正交点阵,如图 1-5-11 所示,新点阵满足 $a\neq b\neq c,\alpha=\beta=\gamma=\frac{\pi}{2}$。

Ⅶ. 三角晶系只有 P 点阵

三角晶系加体心(I)和面心(F),仍然构成一个体积较小的初基菱形胞,满足 $a=b=c,\alpha=\beta=\gamma$,如图 1-5-12 所示。加底心将失去 3 次轴。

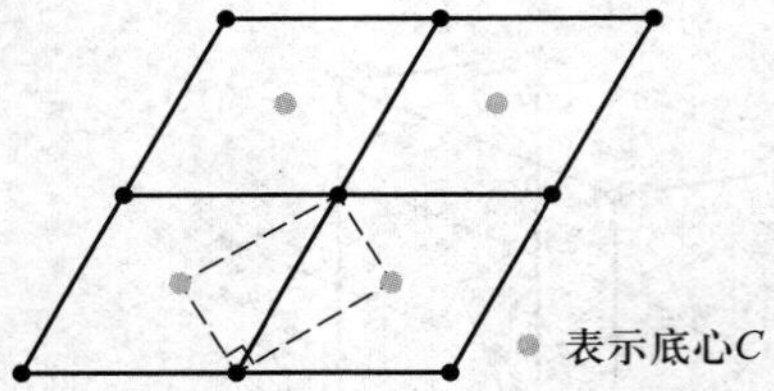

图 1-5-11 六角晶系加底心 C,变成简单正交点阵,$\boldsymbol{c}$ 轴垂直于纸面

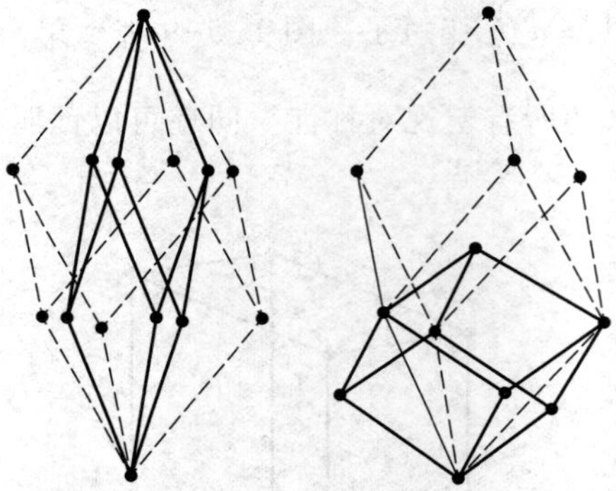

图 1-5-12 三角晶系加心(F,I)菱形单胞(虚线),实线表明加心后形成新的菱形初基元胞

综上所述,7 个晶系通过加心程序得到 7 种新的加心点阵,加上原有的 7 种简单点阵,共 14 种不同的点阵。按照宏观对称性,14 种点阵分属 7 个晶系。图 1-5-13 给出 7 个晶系、14 种点阵的惯用单胞。

三、晶体结构的 32 种点群和 230 种空间群

现在将点阵按对称性分类的方法,应用到晶体结构上,试图对晶体的结构进行分类。因为晶体的结构是由基元按点阵排布得到的,所以结构的对称性同时取决于点阵和基元的对称性。基元不同于结点,结点是一个数学点,它具有完全的对称性,而不同的基元有不同的对称性,因此对称群的数目将大大增加。

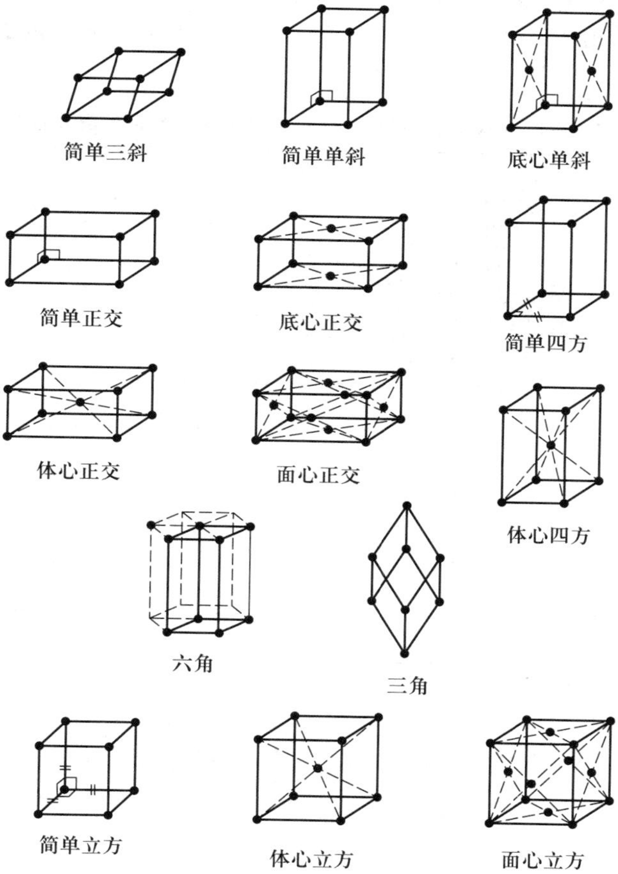

图 1-5-13 7 个晶系、14 种点阵

1. 32 种晶体学点群

首先仍然不考虑平移操作,讨论晶体结构的点群。由于点阵忽略了结构中基元里原子分布的细节,一个能使点阵复原的对称操作,可能不再是结构的对称操作。同一种点阵由于基元的不同,可以包括若干种不同的结构。例如 fcc 结构和闪锌矿结构,它们都具有 fcc 点阵,如果按照点阵分类,同属 O_h 群。但闪锌矿结构,由于基元中有 2 种不同的原子,对称性降低,它属于正四面体 T_d 群。结构的对称性往往低于它所对应的点阵的对称性,于是可以考虑所有可能降低 7 种点阵点群对称性的途径,得到晶体结构的点群。这里不去讨论这种论证的细节,只是给出按这种方法,由 7 个晶系衍生出另外 25 种新点群的规则。

这里必须考虑基元与点阵对称性的相容性。按照高对称性到低对称性晶系的顺序,将具有一定对称性的基元放到某晶系单胞的结点上,得到该晶系的一个对称性较低的新点群,一直到某个点群的全部群元素在对称性较低的晶系中全部消失为止。一旦这种情况出现,该点群便归入对称性较低的晶系。按照这样的方法,可以推出 25 种新点群,加上原有的 7 种点群,共 32 种,称为 32 种晶体学点群。可见一个晶系可以包括若干不同的新点群,它们对应于不同结构的对称性。同一晶系不同结构的晶体其点阵具有相同的点群对称性,它是该晶系的最高对称性,称为该晶系的全对称点群。例如立方晶系包括 O_h、T_d、O、T_h 和 T 共 5 种点群,其中 O_h 群是该晶系的全对称点群。表 1-5-1 给出 7 个晶系对应的 32 种点群、点群的国际符号和熊夫利符号以及每种点群的群元素数目。

表 1-5-1 7 大晶系对应的 32 种点群及每种点群的群元素数

晶系	点群类型		群元素数
	国际符号	熊夫利符号	
三斜	1	C_1	1
	$\bar{1}$	$C_i(S_2)$	2
单斜	2	C_2	2
	m	C_{1h}	2
	2/m	C_{2h}	4
正交	222	$D_2(V)$	4
	mm2	C_{2V}	4
	mmm	$D_{2h}(V_h)$	8
三角	3	C_3	3
	$\bar{3}$	$C_{3i}(S_6)$	6
	32	D_3	6
	3m	C_{3V}	6
	$\bar{3}2/m$	D_{3d}	12
四方	4	C_4	4
	$\bar{4}$	S_4	4
	4/m	C_{4h}	8
	422	D_4	8
	4mm	C_{4V}	8
	$\bar{4}2m$	$D_{2d}(V_d)$	8
	4/mmm	D_{4h}	16
六角	6	C_6	6
	$\bar{6}$	C_{3h}	6
	6/m	C_{6h}	12
	622	D_6	12
	6mm	C_{6V}	12
	$\bar{6}m2$	D_{3h}	12
	6/mmm	D_{6h}	24

续表

晶系	点群类型		群元素数
	国际符号	熊夫利符号	
立方	23	T	12
	m3	T_h	24
	432	O	24
	$\bar{4}32$	T_d	24
	m3m	O_h	48

2. 230 种晶体学空间群

要全面讨论晶体结构的对称性，必须同时考虑点群对称操作和平移对称操作，$\{\boldsymbol{A} \mid \boldsymbol{t}\}$。这些对称操作组合构成晶体学的空间群。与点阵空间群不同的是，其中平移操作 $\boldsymbol{t}$ 不限于点阵平移 $\boldsymbol{R}_l$，它可以是点阵平移的分数平移 τ。于是，存在两种新的对称素。

（1）螺旋轴

一个 n 次螺旋轴表示绕轴转动 $2\pi/n$ 后，再沿该轴方向作一个非点阵平移。例如，在金刚石结构中，取单胞上、下底心连线，并沿单胞边长平移 $a/4$ 得到的四组直线均为 4 次螺旋轴；晶体绕该轴旋转 $\pi/2$ 后，再沿该轴平移 $a/4$，能自我重合。闪锌矿结构虽然与金刚石结构相似，但由于存在两种不同元素的原子，不存在 4 次螺旋轴。由于平移对称性的限制，晶体也只能有 1、2、3、4 和 6 次螺旋轴。

（2）滑移反映面

一个滑移反映面表示经过该面的镜像操作后，再沿该面内某方向作非点阵平移。NaCl 结构就具有这种滑移反映面。

可以证明，所有对称操作 $\{\boldsymbol{A} \mid \boldsymbol{t}\}$ 构成 230 种晶体学空间群。也就是自然界形形色色的晶体，按照对称性，只可能是这 230 种空间群之一。这个数目似乎比我们料想的要多些。但以下的简单说明也许能让我们相信这是真的。

首先姑且不考虑非点阵平移操作，仅仅对称操作 $\{\boldsymbol{A} \mid \boldsymbol{R}_l\}$ 就可以构成 73 种空间群，称为点空间群。类似于晶体学点群的讨论，当我们把不同宏观对称性的基元放到某晶系点阵上时，得到该晶系的一个新点群，但一个晶系可以包括若干种点阵，它们具有相同的宏观对称性，但是具有不同的平移对称性，构成不同的空间群。仅仅用这种简单的推理，便可由 14 种点阵空间群发展为 61 种晶体学点空间群，如表 1-5-2 所示。遗漏的 12 种点空间群，必须考虑较复杂的情况得到，例如将具有三角对称的基元放到六角点阵上，可以得到 5 种点空间群。再考虑到一个给定对称性的基元可以有不同的取向，从而得到 7 种剩下的点空间群。

表 1-5-2　一些点空间群的例子

晶系	点群数	点阵数	乘积
立方	5	3	15
四方	7	2	14

续表

晶系	点群数	点阵数	乘积
正交	3	4	12
单斜	3	2	6
三斜	2	1	2
六角	7	1	7
三角	5	1	5
总数	32	14	61

实际上,大量的空间群都是非点空间群,也就是考虑非点阵平移操作(螺旋轴或滑移反映面)得到的空间群。

作为本节的结束,表 1-5-3 给出点阵和结构的点群和空间群数。

表 1-5-3　点阵和晶体结构的点群和空间群数

	点阵(球对称结点)	结构(任意对称基元)
点群数	7 (7 个晶系)	32 (32 种晶体学点群)
空间群数	14 (14 种点阵)	230 (230 种空间群)

§1.6　晶体 X 射线衍射

固体物理发展史中一个重要的里程碑,就是 1912 年劳厄(M.Laue)等发现了 X 射线通过晶体的衍射现象。当时劳厄在德国慕尼黑大学任教,而索末菲(A.Sommerfeld)是该大学的理论物理教授,他的一个研究生埃瓦尔德(P.P.Ewald)正在做博士论文,题目是对晶体的双折射现象进行微观解释。他设想晶体中偶极子按点阵排列,在入射电磁波作用下,偶极子振动发射次级电磁波。埃瓦尔德曾向劳厄请教,劳厄反问埃瓦尔德他的偶极子阵列的间距大致是多少?埃瓦尔德计算了一下,认为是 10^{-8} cm 量级。劳厄立刻意识到,这正好是 X 射线波长的量级。晶体中的原子如果是按点阵排列,那它正好是 X 射线的天然三维光栅,会发生衍射现象。在弗里德里希(W.Friedrich)和尼平(P.Knipping)的协助下,劳厄终于照出了硫酸铜晶体的衍射斑,并给出了正确的理论解释。随后,布拉格(W.H.Bragg,W.L.Bragg)父子测定了 NaCl、KCl 的晶体结构,首次给出了晶体中原子规则排列的实验证据,从此揭开了晶体结构分析的序幕,也为固体物理学的建立奠定了坚实的实验基础。劳厄因此而获得 1914 年的诺贝尔物理学奖。

一、布拉格反射公式

众所周知,当一束平行的可见光入射到光滑的固体表面时,在满足入射角等于反射角条件

下，可以得到足够强的反射光束。但是在 X 射线波段，所有材料的折射率几乎为 1，其透射率极大而反射率极小，不能期待在满足通常反射定律的条件下，对任何入射角度都能获得足够强的反射光束。布拉格根据光的干涉现象对晶体的 X 射线衍射提出了一个简单的解释。假设入射波从晶体中的平行原子平面作镜面反射，虽然每个原子平面只反射很少一部分辐射，大约是入射波的 $10^{-5} \sim 10^{-3}$ 部分，由于 X 射线有足够的穿透能力，有足够多的原子平面参与反射。另一方面，由于 X 射线的波长正好与晶体中一组平行原子面的面间距相当，当来自这些原子面的反射发生相长干涉时，就能获得足够强的衍射束，如图 1-6-1 所示。现在处理弹性散射，假定入射波的波矢为 $\boldsymbol{k}$，那么 X 射线的波长 $\lambda = \dfrac{2\pi}{|\boldsymbol{k}|} = \dfrac{2\pi}{|\boldsymbol{k}'|}$，在反射中不变。

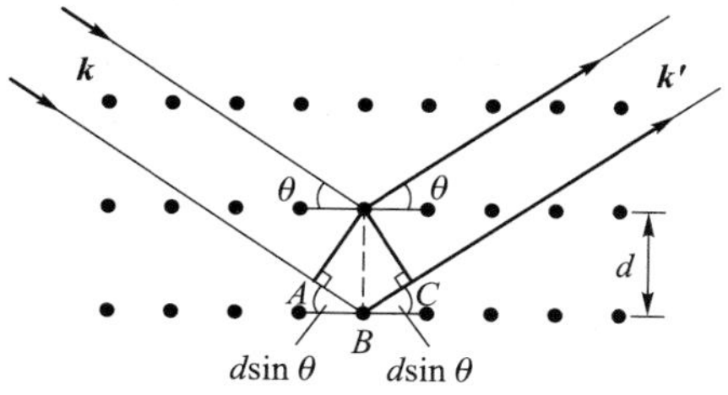

图 1-6-1　布拉格衍射

考虑间距为 d 的平行点阵平面，入射和反射 X 射线束位于纸平面内。相邻平面的反射光光程差为 $2d\sin\theta$，其中 θ 从反射平面开始量度。当光程差是波长 λ 的整数倍时，来自相邻平面的辐射就发生相长干涉，所以

$$2d\sin\theta = n\lambda \tag{1.6.1}$$

这就是布拉格公式，其中 n 是衍射级数，它表示同一族晶面，在不同入射角下的衍射。由此可见，反射角受到严格的限制，只有在满足式(1.6.1)的那些反射角的情况下才能观测到强的反射束。布拉格定律是点阵周期性所导致的结果。注意在可见光波段，由于 $\lambda \gg d$，布拉格公式不能应用。布拉格公式是一个十分简单而又十分有用的公式，但是它只能给出衍射加强的条件，而不能给出衍射强度的分布。镜面反射的物理图像也不够清楚。

二、劳厄方程

1. 劳厄方程

实质上，晶体的 X 射线衍射主要是 X 射线与晶体中原子核外电子的相互作用的结果，原子核的作用可以略去不计。一束光子入射到晶体上，由于受到核外电子的散射，将从一个光子态跃迁到另一个光子态。假设散射势正比于晶体中电子密度，即 $V(\boldsymbol{r}) = cn(\boldsymbol{r})$。根据微扰论的玻恩近似，初态 ψ_k 和末态 $\psi_{k'}$ 之间的跃迁矩阵元为

$$\langle \boldsymbol{k}' \mid V(\boldsymbol{r}) \mid \boldsymbol{k} \rangle \equiv \int \psi_{k'}^{*} cn(\boldsymbol{r}) \psi_k \mathrm{d}\boldsymbol{r} \tag{1.6.2}$$

令光子的平面波态为

$$\psi_k(\boldsymbol{r}) = \mathrm{e}^{\mathrm{i}\boldsymbol{k}\cdot\boldsymbol{r}} \tag{1.6.3}$$

得到

$$\langle \boldsymbol{k}' \mid V(\boldsymbol{r}) \mid \boldsymbol{k} \rangle = c \int n(\boldsymbol{r}) \mathrm{e}^{\mathrm{i}(\boldsymbol{k}-\boldsymbol{k}')\cdot\boldsymbol{r}} \mathrm{d}\boldsymbol{r} \tag{1.6.4}$$

因为 X 射线的散射振幅正比于跃迁概率，在 $\boldsymbol{k}'$ 方向散射波的振幅可写为

$$u_{k\to k'} = c \int n(\boldsymbol{r}) \mathrm{e}^{\mathrm{i}(\boldsymbol{k}-\boldsymbol{k}')\cdot\boldsymbol{r}} \mathrm{d}\boldsymbol{r} \tag{1.6.5}$$

式中对受辐射的晶体体积 V 积分,$n(\boldsymbol{r})$ 为晶体中的电子密度。从经典的衍射理论来看,$(\boldsymbol{k}-\boldsymbol{k}')\cdot\boldsymbol{r}$ 给出了入射波和衍射波在 O 点和 $\boldsymbol{r}$ 点总的相位差,而 $e^{i(\boldsymbol{k}-\boldsymbol{k}')\cdot\boldsymbol{r}}$ 是总的相因子,如图 1-6-2 所示。式(1.6.5)的物理意义表明,在 $\boldsymbol{k}'$ 方向的散射波振幅正比于电子密度及其相因子的乘积在整个晶体体积内的积分。

若取 $n(\boldsymbol{r})=\delta(\boldsymbol{r})$,即整个空间内只有一个点电荷,

$$u_{\boldsymbol{k}\to\boldsymbol{k}'}=c\int\delta(\boldsymbol{r})e^{i(\boldsymbol{k}-\boldsymbol{k}')\cdot\boldsymbol{r}}d\boldsymbol{r}=c \tag{1.6.6}$$

所以比例常数 c 相当于一个点电荷的散射幅。

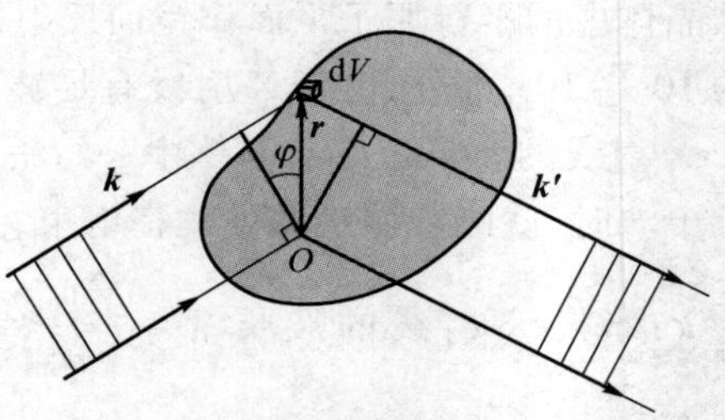

图 1-6-2 X 射线衍射劳厄公式

假设晶体中所有原子精确地位于点阵所确定的格点上(刚性晶格),则有 $n(\boldsymbol{r}+\boldsymbol{R}_l)=n(\boldsymbol{r})$,可将 $n(\boldsymbol{r})$ 展开成傅里叶级数:

$$\begin{aligned} n(\boldsymbol{r}) &= \frac{1}{V}\sum_h n(\boldsymbol{K}_h)e^{i\boldsymbol{K}_h\cdot\boldsymbol{r}} \\ n(\boldsymbol{K}_h) &= \int_V n(\boldsymbol{r})e^{-i\boldsymbol{K}_h\cdot\boldsymbol{r}}d\boldsymbol{r} \end{aligned} \tag{1.6.7}$$

其中 V 是晶体的体积。式(1.6.5)可写为

$$u_{\boldsymbol{k}\to\boldsymbol{k}'}=c\sum_h n(\boldsymbol{K}_h)\frac{1}{V}\int e^{i(\boldsymbol{k}-\boldsymbol{k}'+\boldsymbol{K}_h)\cdot\boldsymbol{r}}d\boldsymbol{r} \tag{1.6.8}$$

当晶体的体积足够大时,可以证明

$$\frac{1}{V}\int e^{i(\boldsymbol{k}-\boldsymbol{k}'+\boldsymbol{K}_h)\cdot\boldsymbol{r}}d\boldsymbol{r}=\delta_{\boldsymbol{k}'-\boldsymbol{k},\boldsymbol{K}_h}\begin{cases}1, & \boldsymbol{k}'-\boldsymbol{k}=\boldsymbol{K}_h\\ 0, & \boldsymbol{k}'-\boldsymbol{k}\neq\boldsymbol{K}_h\end{cases} \tag{1.6.9}$$

因此

$$u_{\boldsymbol{k}\to\boldsymbol{k}'}=c\sum_h n(\boldsymbol{K}_h)\delta_{\boldsymbol{k}'-\boldsymbol{k},\boldsymbol{K}_h} \tag{1.6.10}$$

这就是劳厄定理:一组倒格矢 $\boldsymbol{K}_h$ 确定可能的 X 射线反射,衍射强度正比于电子密度分布函数的傅里叶分量。

$$\boldsymbol{I}_{\boldsymbol{k}\to\boldsymbol{k}'}=|u_{\boldsymbol{k}\to\boldsymbol{k}'}|^2=c^2|n(\boldsymbol{K}_h)|^2 \tag{1.6.11}$$

如果固定 $\boldsymbol{k}$,即入射光束是单色和方向一定的平行光,那么仅当波矢满足

$$\boldsymbol{S}=\boldsymbol{k}'-\boldsymbol{k}=\boldsymbol{K}_h \tag{1.6.12}$$

时,可以观察到衍射束,入射波矢与散射波矢之差 $\boldsymbol{S}$ 称为衍射矢量。方程(1.6.12)称为劳厄方程。实质上它是光子在周期结构中传播时,动量守恒的体现。光子将动量 $\hbar\boldsymbol{K}_h$ 转移给了晶体,但由于晶体质量太大,以至于观察不到晶体的平动。

2. 由劳厄方程推导布拉格公式

从劳厄方程可以直接得到布拉格公式。假设散射是弹性散射,结合方程(1.6.12)有

$$\begin{cases} \boldsymbol{k}' = \boldsymbol{k} + \boldsymbol{K}_h \\ \boldsymbol{k}'^2 = \boldsymbol{k}^2 \end{cases} \tag{1.6.13}$$

从式(1.6.13)中消去 $\boldsymbol{k}'$,得到

$$2\boldsymbol{k} \cdot \boldsymbol{K}_h + \boldsymbol{K}_h^2 = 0 \tag{1.6.14}$$

设 $\boldsymbol{k}$ 和 $\boldsymbol{k}'$之间的夹角为 2θ,由图 1-6-3 可得

$$-2|\boldsymbol{k}||\boldsymbol{K}_h|\sin\theta + K_h^2 = 0$$

$$2\frac{1}{|\boldsymbol{K}_h|}\sin\theta = \frac{1}{|\boldsymbol{k}|} \tag{1.6.15}$$

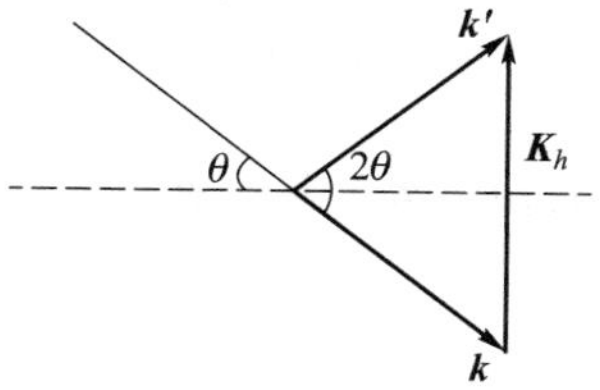

图 1-6-3　由劳厄方程推导布拉格公式

由于 $\boldsymbol{K}_h = n\boldsymbol{K}_{h'}$, $d = \frac{2\pi}{|\boldsymbol{K}_{h'}|}$, $\frac{2\pi}{|\boldsymbol{k}|} = \lambda$,其中 $\boldsymbol{K}_{h'}$ 为在 $\boldsymbol{K}_h$ 方向的最短的倒格矢,λ 为 X 射线波长。方程(1.6.15)可写为

$$2d\sin\theta = n\lambda \tag{1.6.16}$$

这就是布拉格公式。一个由倒格矢 $\boldsymbol{K}_h$ 确定的劳厄衍射峰对应于一族正点阵平面的一个布拉格反射,该族晶面垂直于 $\boldsymbol{K}_h$,布拉格反射的级数 n 恰恰是 $\boldsymbol{K}_h$ 的长度与该方向最短倒格矢 $\boldsymbol{K}_{h'}$之比。注意对于 $n \geqslant 2$ 的那些衍射,应该是同一族晶面的反射,但是因为 $\boldsymbol{K}_h$ 不是该方向的最短的倒格矢 $\boldsymbol{K}_{h'}$, $\frac{2\pi}{|\boldsymbol{K}_h|}\left(<\frac{2\pi}{|\boldsymbol{K}_{h'}|}\right)$ 并不等于该族晶面的面间距 d。一族晶面的面间距是一定的,所以,高级衍射实际上是同一族晶面不同角度的衍射,其衍射角大于一级衍射的衍射角。在晶体衍射学中,通常将 $\boldsymbol{K}_h$ 对应的指数$(h_1h_2h_3)$称为衍射面指数,它们可能是不互质的。

三、原子散射因子与几何结构因子

由劳厄方程我们知道,X 射线衍射强度取决于电子密度函数的傅里叶变换分量

$$n(\boldsymbol{K}_h) = \int_V n(\boldsymbol{r})\,e^{-i\boldsymbol{K}_h\cdot\boldsymbol{r}}\,d\boldsymbol{r} \tag{1.6.17}$$

知道了 $n(\boldsymbol{r})$,便可得到 $n(\boldsymbol{K}_h)$。

1. 点散射模型

假设在每一个正点阵的结点上有一个电子,

$$n(\boldsymbol{r}) = \sum_l \delta(\boldsymbol{r} - \boldsymbol{R}_l) \tag{1.6.18}$$

代入式(1.6.17)得到

$$n(\boldsymbol{K}_h) = \sum_l \int \delta(\boldsymbol{r} - \boldsymbol{R}_l)\,e^{-i\boldsymbol{K}_h\cdot\boldsymbol{r}}\,d\boldsymbol{r} = \sum_l e^{-i\boldsymbol{K}_h\cdot\boldsymbol{R}_l} = N \tag{1.6.19}$$

式中,$\boldsymbol{K}_h \cdot \boldsymbol{R}_l = 2\pi n$($n$ 为整数),N 为晶体中的元胞数。方程(1.6.10)变为

$$u_{\boldsymbol{k}\to\boldsymbol{k}'} = \sum_h cN\delta_{\boldsymbol{k}'-\boldsymbol{k},\boldsymbol{K}_h} = \begin{cases} cN, & \text{当 } \boldsymbol{k}'-\boldsymbol{k} = \boldsymbol{K}_h \text{ 时} \\ 0, & \text{其他情况} \end{cases} \tag{1.6.20}$$

可见,当满足劳厄条件 $\boldsymbol{k}'-\boldsymbol{k}=\boldsymbol{K}_h$ 时,衍射幅为一个电子衍射幅的 N 倍,因为晶体中有 N 个原子同时参与衍射,在满足相长干涉条件时,总的衍射幅为所有电子衍射幅之和,其强度 $I_{\boldsymbol{k}\to\boldsymbol{k}'}=|u_{\boldsymbol{k}\to\boldsymbol{k}'}|^2=c^2N^2$。

2. 原子散射因子

上述模型是一个过于简化的模型,如果假设每个正点阵的结点上有一个原子,则

$$n(\boldsymbol{r})=\sum_l \rho(\boldsymbol{r}-\boldsymbol{R}_l) \tag{1.6.21}$$

其中 $\rho(\boldsymbol{r}-\boldsymbol{R}_l)$ 表示 $\boldsymbol{R}_l$ 格点上原子的局域电子密度,如图 1-6-4 所示,此时

$$n(\boldsymbol{K}_h)=\sum_l \int \rho(\boldsymbol{r}-\boldsymbol{R}_l)\mathrm{e}^{-\mathrm{i}\boldsymbol{K}_h\cdot\boldsymbol{r}}\mathrm{d}\boldsymbol{r} \tag{1.6.22}$$

令 $\boldsymbol{\xi}=\boldsymbol{r}-\boldsymbol{R}_l$,有

$$n(\boldsymbol{K}_h)=\sum_l \mathrm{e}^{-\mathrm{i}\boldsymbol{K}_h\cdot\boldsymbol{R}_l}\int \rho(\boldsymbol{\xi})\mathrm{e}^{-\mathrm{i}\boldsymbol{K}_h\cdot\boldsymbol{\xi}}\mathrm{d}\boldsymbol{\xi}=Nf(\boldsymbol{K}_h) \tag{1.6.23}$$

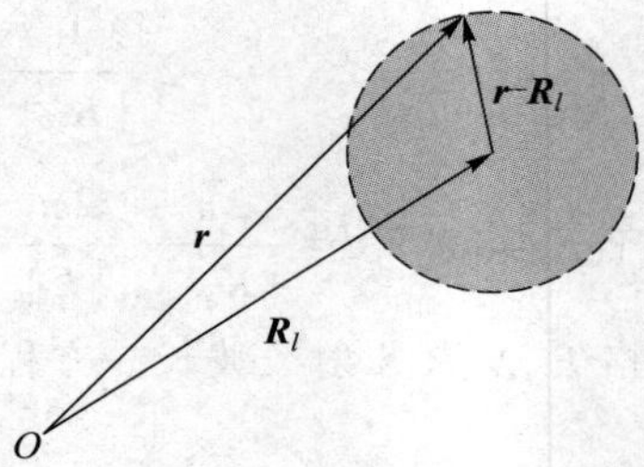

图 1-6-4 $\boldsymbol{R}_l$ 格点上原子局域电子分布

式中

$$f(\boldsymbol{K}_h)=\int \rho(\boldsymbol{r})\mathrm{e}^{-\mathrm{i}\boldsymbol{K}_h\cdot\boldsymbol{r}}\mathrm{d}\boldsymbol{r} \tag{1.6.24}$$

称为原子散射因子。此时,方程(1.6.10)变为

$$u_{\boldsymbol{k}\to\boldsymbol{k}'}=\sum_h cNf(\boldsymbol{K}_h)\delta_{\boldsymbol{k}'-\boldsymbol{k},\boldsymbol{K}_h}=\begin{cases} cNf(\boldsymbol{K}_h), & \text{当 } \boldsymbol{k}'-\boldsymbol{k}=\boldsymbol{K}_h \text{ 时} \\ 0, & \text{其他情况} \end{cases} \tag{1.6.25}$$

对比式(1.6.20)和式(1.6.25)可见,将点电荷用一个有一定电荷分布的原子取代时,其衍射幅相差因子 $f(\boldsymbol{K}_h)$,因此原子散射因子实质上代表原子内所有电子的散射幅和一个单位点电荷散射幅之比。其原因是,系统大小有限,其中诸电子散射波相互干涉的效应。

以氢原子为例,基态氢原子中,电子密度是

$$\rho(r)=(\pi a_{\mathrm{B}}^3)^{-1}\exp(-2r/a_{\mathrm{B}}) \tag{1.6.26}$$

此处 a_{B} 是玻尔半径。由于 $n(r)$ 是球对称的,可在球坐标中积分。氢原子的原子散射因子可写为

$$\begin{aligned} f(\boldsymbol{K}_h) &= \int \rho(\boldsymbol{r})\exp(-\mathrm{i}\boldsymbol{K}_h\cdot\boldsymbol{r})\mathrm{d}\boldsymbol{r} \\ &= \int_0^\infty\int_0^\pi\int_0^{2\pi}(\pi a_{\mathrm{B}}^3)^{-1}\exp\left(-\frac{2r}{a_{\mathrm{B}}}-\mathrm{i}K_h r\cos\theta\right)r^2\sin\theta\mathrm{d}r\mathrm{d}\theta\mathrm{d}\varphi \\ &= \frac{2}{\mathrm{i}K_h a_{\mathrm{B}}^3}\int_0^\infty \mathrm{e}^{-2r/a_{\mathrm{B}}}(\mathrm{e}^{\mathrm{i}K_h r}-\mathrm{e}^{-\mathrm{i}K_h r})r\mathrm{d}r \end{aligned}$$

利用积分公式，$\int_0^{\infty} x^n \mathrm{e}^{-\alpha x}\mathrm{d}x = \dfrac{n!}{\alpha^{n+1}}$，得到

$$f(\boldsymbol{K}_h) = \frac{2}{\mathrm{i}K_h a_\mathrm{B}}\left[\frac{1}{(2-\mathrm{i}K_h a_\mathrm{B})^2} - \frac{1}{(2+\mathrm{i}K_h a_\mathrm{B})^2}\right] = 16/(4+K_h^2 a_\mathrm{B}^2)^2 \tag{1.6.27}$$

显然当玻尔半径 $a_\mathrm{B}\to 0$ 时，$f(\boldsymbol{K}_h)=1$，得到点电荷散射的结果。

实际上当原子凝聚成晶体时，最外层电子或价电子总是要重新分布的，但是原子散射因子的实验数值与自由原子的理论值总能符合得较好，这说明晶体中总电子分布比较接近自由原子的总电子分布，而 X 射线衍射强度对于电子的稍许重新分布是不敏感的。在实际工作中，往往可以由实验上测定原子散射因子 $f(\boldsymbol{K}_h)$，再作逆傅里叶变换求出电子在原子内的分布，并与量子力学的理论计算进行比较，得出有意义的结果。

3. 几何结构因子

下面讨论最一般的情形。对于复式晶格，每一个元胞中不止一个原子，此时

$$n(\boldsymbol{r}) = \sum_l \sum_i \rho_i(\boldsymbol{r}-\boldsymbol{R}_l-\boldsymbol{r}_i) \tag{1.6.28}$$

其中 $\rho_i(\boldsymbol{r}-\boldsymbol{R}_l-\boldsymbol{r}_i)$ 表示第 $\boldsymbol{R}_l$ 个元胞中，第 $\boldsymbol{r}_i$ 个原子的局域电子分布，如图 1-6-5 所示，此时

$$n(\boldsymbol{K}_h) = \sum_l \sum_i \int \rho_i(\boldsymbol{r}-\boldsymbol{R}_l-\boldsymbol{r}_i)\mathrm{e}^{-\mathrm{i}\boldsymbol{K}_h\cdot\boldsymbol{r}}\mathrm{d}\boldsymbol{r}$$

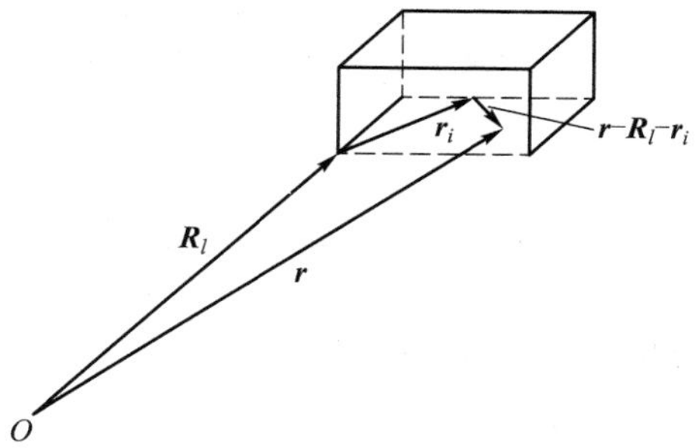

图 1-6-5 复式晶格中，第 $\boldsymbol{R}_l$ 个元胞中，第 $\boldsymbol{r}_i$ 个原子的坐标示意图

令 $\boldsymbol{\xi}=\boldsymbol{r}-\boldsymbol{R}_l-\boldsymbol{r}_i$，有

$$\begin{aligned} n(\boldsymbol{K}_h) &= \sum_l \sum_i \int \rho_i(\boldsymbol{\xi})\mathrm{e}^{-\mathrm{i}\boldsymbol{K}_h\cdot(\boldsymbol{\xi}+\boldsymbol{R}_l+\boldsymbol{r}_i)}\mathrm{d}\boldsymbol{\xi} \\ &= \sum_l \sum_i \mathrm{e}^{-\mathrm{i}\boldsymbol{K}_h\cdot\boldsymbol{R}_l}\mathrm{e}^{-\mathrm{i}\boldsymbol{K}_h\cdot\boldsymbol{r}_i}\int \rho_i(\boldsymbol{\xi})\mathrm{e}^{-\mathrm{i}\boldsymbol{K}_h\cdot\boldsymbol{\xi}}\mathrm{d}\boldsymbol{\xi} \\ &= N\sum_i f_i(\boldsymbol{K}_h)\mathrm{e}^{-\mathrm{i}\boldsymbol{K}_h\cdot\boldsymbol{r}_i} = NF(\boldsymbol{K}_h) \end{aligned} \tag{1.6.29}$$

其中

$$F(\boldsymbol{K}_h) = \sum_i f_i(\boldsymbol{K}_h)\mathrm{e}^{-\mathrm{i}\boldsymbol{K}_h\cdot\boldsymbol{r}_i} \tag{1.6.30}$$

称为几何结构因子,$f_i(\boldsymbol{K}_h)$是元胞中第 i 个原子的原子散射因子,求和对元胞中所有原子进行。于是方程(1.6.10)变为

$$u_{\boldsymbol{k}\to\boldsymbol{k}'} = \sum_h cNF(\boldsymbol{K}_h)\delta_{\boldsymbol{k}'-\boldsymbol{k},\boldsymbol{K}_h} = \begin{cases} cNF(\boldsymbol{K}_h), & \text{当 } \boldsymbol{k}' - \boldsymbol{k} = \boldsymbol{K}_h \text{ 时} \\ 0, & \text{其他情况} \end{cases} \tag{1.6.31}$$

$$I_{\boldsymbol{k}\to\boldsymbol{k}'} = |u_{\boldsymbol{k}\to\boldsymbol{k}'}|^2 = c^2N^2|F(\boldsymbol{K}_h)|^2$$

因此,几何结构因子表示基元中所有原子的散射幅与一个点电荷散射幅之比。

在实际应用中,总是将 $\boldsymbol{r}_i$ 和 $\boldsymbol{K}_h$ 利用正点阵和倒点阵的基矢表示为

$$\begin{aligned} \boldsymbol{r}_i &= x_{i1}\boldsymbol{a}_1 + x_{i2}\boldsymbol{a}_2 + x_{i3}\boldsymbol{a}_3 \\ \boldsymbol{K}_h &= h_1\boldsymbol{b}_1 + h_2\boldsymbol{b}_2 + h_3\boldsymbol{b}_3 \end{aligned} \tag{1.6.32}$$

几何结构因子最后可以写为

$$F(\boldsymbol{K}_h) = \sum_i f_i(\boldsymbol{K}_h)\mathrm{e}^{-2\pi\mathrm{i}(h_1x_{i1}+h_2x_{i2}+h_3x_{i3})} \tag{1.6.33}$$

4. 消光条件

根据方程(1.6.31)

$$u_{\boldsymbol{k}\to\boldsymbol{k}'} = \sum_h cNF(\boldsymbol{K}_h)\delta_{\boldsymbol{k}'-\boldsymbol{k},\boldsymbol{K}_h} \tag{1.6.34}$$

可知,即使在满足劳厄方程 $\boldsymbol{k}'-\boldsymbol{k}=\boldsymbol{K}_h$ 时,如果几何结构因子 $F(\boldsymbol{K}_h)\equiv 0$,也可能导致衍射幅 $u_{\boldsymbol{k}\to\boldsymbol{k}'}=0$。可见,几何结构因子能使空间点阵所允许的某些反射抵消,称为衍射消光。

以 CsCl 结构晶体为例。每个初基元胞(注意此时单胞与初基元胞相同)有 A、B 两类原子,其位矢为

$$\boldsymbol{r}_i: \mathrm{A}(0,0,0), \quad \mathrm{B}\left(\frac{1}{2},\frac{1}{2},\frac{1}{2}\right) \tag{1.6.35}$$

代入式(1.6.33)得到 CsCl 结构晶体的几何结构因子

$$\begin{aligned} F(\boldsymbol{K}_h) &= \sum_i f_i(\boldsymbol{K}_h)\mathrm{e}^{-2\pi\mathrm{i}(h_1x_{i1}+h_2x_{i2}+h_3x_{i3})} \\ &= f_\mathrm{A}(\boldsymbol{K}_h) + f_\mathrm{B}(\boldsymbol{K}_h)\mathrm{e}^{-\mathrm{i}\pi(h_1+h_2+h_3)} \\ &= \begin{cases} f_\mathrm{A}(\boldsymbol{K}_h) + f_\mathrm{B}(\boldsymbol{K}_h), & \text{当 } h_1+h_2+h_3 = \text{偶数时} \\ f_\mathrm{A}(\boldsymbol{K}_h) - f_\mathrm{B}(\boldsymbol{K}_h), & \text{当 } h_1+h_2+h_3 = \text{奇数时} \end{cases} \end{aligned} \tag{1.6.36}$$

显然,对于衍射面指数之和为奇数的那些晶面,如果 $f_\mathrm{A}(\boldsymbol{K}_h)=f_\mathrm{B}(\boldsymbol{K}_h)$,将完全消光。

上面我们从复式晶格引入几何结构因子的概念。在晶体学中,人们习惯采用单胞,以及晶面的米勒指数(hkl)。单胞是一个扩大了的元胞,即使是简单晶格,单胞中也可能不止一个原子。这时,几何结构因子的概念仍可应用,考虑到单胞中往往是同一种原子,原子散射因子完全相同,可能出现某些衍射面(hkl)完全消光。例如,金属 Na 晶体,具有体心立方结构,单胞形式与 CsCl 结构相同,只是单胞的顶角与体心位置都是 Na 原子。在这种情况下,写出它的结构因子:

$$F(\boldsymbol{K}_{hkl})=\begin{cases}2f_{\mathrm{Na}}(\boldsymbol{K}_{hkl}), & \text{当 } h+k+l=\text{偶数时}\\0, & \text{当 } h+k+l=\text{奇数时}\end{cases} \tag{1.6.37}$$

于是衍射面米勒指数之和为奇数的那些晶面,衍射将完全消光。

实际上,当采用单胞晶轴 $\boldsymbol{a}$、$\boldsymbol{b}$、$\boldsymbol{c}$ 代替基矢 $\boldsymbol{a}_1$、$\boldsymbol{a}_2$、$\boldsymbol{a}_3$ 时,由于单胞是一个扩大了的元胞,$\boldsymbol{a}$、$\boldsymbol{b}$、$\boldsymbol{c}$ 的尺度总是大于 $\boldsymbol{a}_1$、$\boldsymbol{a}_2$、$\boldsymbol{a}_3$ 的尺度,相应的倒点阵基矢 $\boldsymbol{a}^*$、$\boldsymbol{b}^*$、$\boldsymbol{c}^*$ 总是小于 $\boldsymbol{b}_1$、$\boldsymbol{b}_2$、$\boldsymbol{b}_3$。由倒空间的平移矢量,$\boldsymbol{K}_{hkl}=h\boldsymbol{a}^*+k\boldsymbol{b}^*+l\boldsymbol{c}^*$,得到的倒点阵不是真正的倒点阵,它将导致多余的倒结点。如果把劳厄方程写为

$$\boldsymbol{k}'-\boldsymbol{k}=\boldsymbol{K}_{hkl} \tag{1.6.38}$$

将是不完全正确的衍射加强条件,必须用几何结构因子 $F(\boldsymbol{K}_{hkl})$ 去修正。

再回到金属 Na 晶体的例子,由于它是具有 bcc 结构的简单晶格,对应的点阵也是 bcc 点阵,正确的倒点阵是 fcc 点阵。假定晶格常量是 a,图 1-6-6(a)表示它的正点阵和倒点阵单胞,倒点阵单胞边长为 $4\pi/a$。图 1-6-6(b)表示单胞晶轴 $\boldsymbol{a}$、$\boldsymbol{b}$、$\boldsymbol{c}$ 对应的倒点阵,它是一个边长为 $2\pi/a$ 的立方胞构成的格子。可见出现了多余的倒结点。如果去掉按照消光条件(1.6.37)所确定的那些结点,就得到真正的 fcc 倒点阵,其单胞边长正好是 $4\pi/a$。

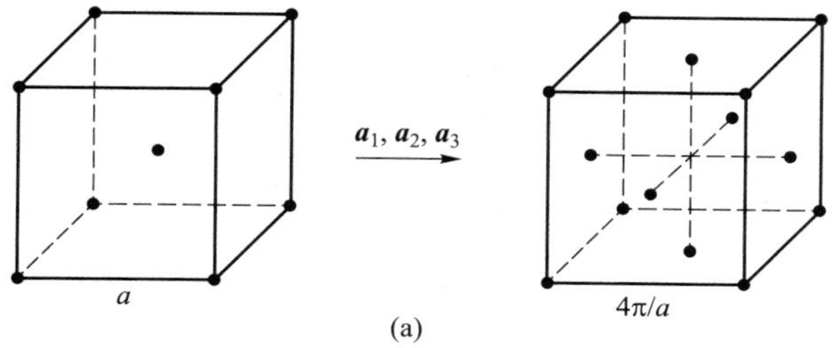

(a)

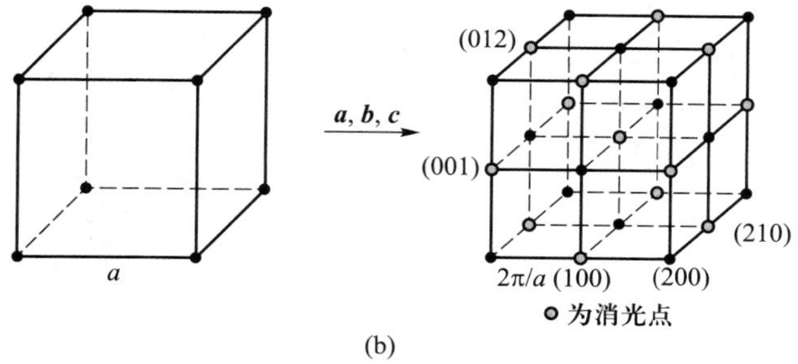

(b)

图 1-6-6　体心立方初基元胞和单胞对应的倒点阵

根据同样的道理,如果用米勒指数去标志晶面,且用晶面间距公式 $d_{hkl}=\dfrac{2\pi}{|\boldsymbol{K}_{hkl}|}$ 去确定该族晶面的面间距,当 h、k、l 满足消光条件时,所得到的并不是真正的面间距,因为 $\boldsymbol{K}_{hkl}$ 较该方向上的真正最小倒格矢小,得到一个较大的面间距。从正空间看,遗漏了一些晶面。

在实际工作中,常常利用晶体衍射的消光规律,去判断它的晶体结构。

四、埃瓦尔德构图法与三种重要的 X 射线晶体学分析方法

从劳厄方程(或布拉格公式)容易看到,晶体的 X 射线衍射受到严格的制约。因为在倒空间,$\boldsymbol{K}_h$ 是一组分立的矢量,不能连续取值,所以当入射波矢 $\boldsymbol{k}$ 固定时,一般而言,很难满足劳厄方程,也就很难观察到衍射峰。

如果希望在实验上容易看到布拉格峰,我们必须放松固定 $\boldsymbol{k}$ 的限制;或者变化 $\boldsymbol{k}$ 的大小(改变 X 射线的波长),或者变化 $\boldsymbol{k}$ 的方向(X 射线对晶体的入射角)。

埃瓦尔德构图法有助于我们了解各种衍射方法,并根据观察到的衍射斑去推断晶体的结构特征。如图 1-6-7 所示,在倒空间取一倒结点为原点 O,以入射波矢 $\boldsymbol{k}$ 的末端为球心,$|\boldsymbol{k}|$ 为半径画一个球,要求 $\boldsymbol{k}$ 的始端落在 O 点,当倒点阵和入射波矢一定时,只能画出唯一的一个球,称为埃瓦尔德球。十分明显,如果除了原点外,还有一些倒格点落在球面上,将存在一些 $\boldsymbol{k}'$,满足劳厄方程:$\boldsymbol{k}'-\boldsymbol{k}=\boldsymbol{K}_h$,也就存在一些来源于垂直于 $\boldsymbol{K}_h$ 的点阵面的布拉格反射。

一般而言,其他倒格点落在球面上的机会很小,能观察到的布拉格反射也很少。下面的实验技术将有助于增加产生布拉格反射的机会。

1. 劳厄法

劳厄法采用非单色(连续)X 射线以固定的方向 $\boldsymbol{e}_n$ 入射到单晶样品上,X 射线波长在 $\lambda_0 \sim \lambda_1$ 范围内。因为 $\boldsymbol{k}$ 的大小在一定范围内连续变化,可以作无穷多埃瓦尔德球,所以由 $\boldsymbol{k}_0=\dfrac{2\pi\boldsymbol{e}_n}{\lambda_0}$ 和 $\boldsymbol{k}_1=\dfrac{2\pi\boldsymbol{e}_n}{\lambda_1}$ 所构造的埃瓦尔德球面之间的区域内,任何一个倒格点必定落在某个埃瓦尔德球面上,由它们决定的布拉格反射将被观察到。只要波长间隔足够大,就有足够多的衍射峰存在,如图 1-6-8所示。

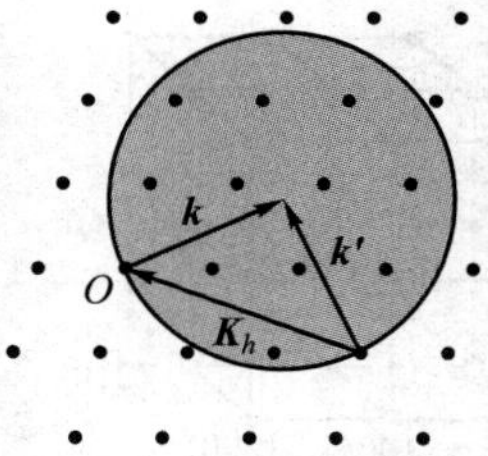

图 1-6-7 埃瓦尔德构图法

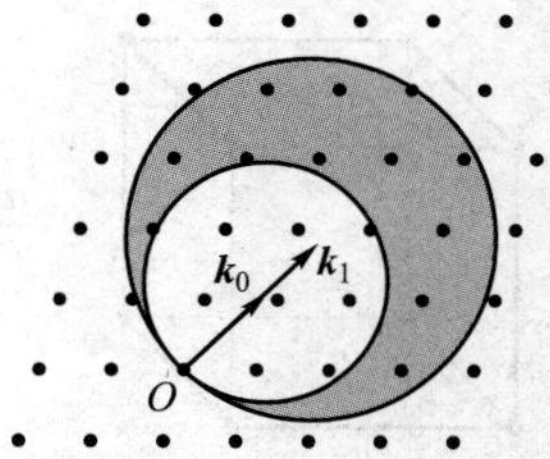

图 1-6-8 劳厄方法的埃瓦尔德作图

劳厄方法通常用于一个已知晶体结构的单晶体的定向,因为如果入射 X 射线的方向位于晶体的对称轴方向,衍射斑将具有与晶格相同的对称性。

2. 旋转晶体法

这种方法采用单色 X 射线,就是固定 $\boldsymbol{k}$ 的大小,通过旋转晶体来改变 X 射线相对于晶体的入射角,相当于改变 $\boldsymbol{k}$ 的方向。

当晶体绕某轴旋转时,由晶体正点阵所确定的倒点阵也绕相同的轴作相同的旋转。由于实际 $\boldsymbol{k}$ 的大小和方向不变,埃瓦尔德球在 $\boldsymbol{k}$ 空间是固定的。但每个倒格点在 $\boldsymbol{k}$ 空间绕着转轴作圆周运动,只要圆周与埃瓦尔德球相交,就有倒格点扫过埃瓦尔德球面,布拉格反射将发生。

图 1-6-9表明一个特别简单的旋转晶体法的埃瓦尔德构图几何，其入射波矢 $\boldsymbol{k}$ 位于一个点阵平面内，并且旋转轴垂直于该平面并过原点。

3. 粉末法[德拜-谢勒(Debye-Scherrer)法]

这种方法采用平行单色光($\boldsymbol{k}$ 固定)，但样品为粉末或多晶样品。样品的晶粒与原子尺度相比仍然足够大，每个晶粒都可以产生 X 射线衍射。由于大量晶粒的晶轴随机取向，等价于旋转晶体法，只是旋转轴可以在所有可能的方向，所以衍射花样是各种取向单晶体衍射花样的组合。

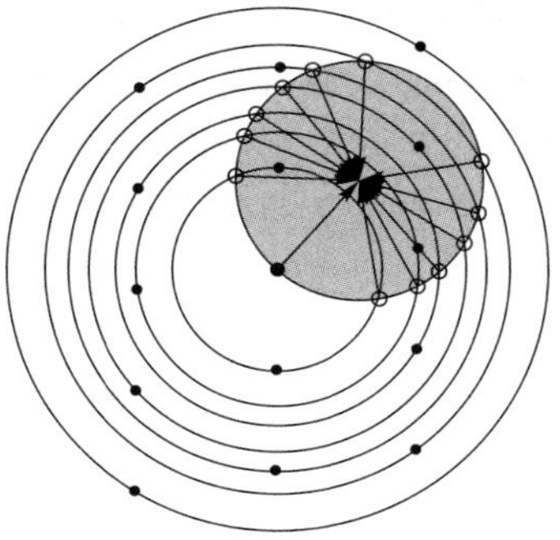

图 1-6-9　旋转晶体法的埃瓦尔德作图
阴影圆表示入射波矢 $\boldsymbol{k}$ 构成的埃瓦尔德球的截面，同心圆表示一些倒格点当晶体旋转时的轨迹

在这种情况下，布拉格反射由一个固定的埃瓦尔德球决定。当倒点阵对于原点以所有可能的角度旋转时，每一个倒格矢 $\boldsymbol{K}_h$ 产生一个中心在原点，半径为 $|\boldsymbol{K}_h|$ 的球。只要 $|\boldsymbol{K}_h|<2|\boldsymbol{k}|$，它将与埃瓦尔德球相截，得到一个圆环，连接埃瓦尔德球心和圆环上任意点的矢量，就是衍射波矢 $\boldsymbol{k}'$。衍射束分布在以埃瓦尔德球心为顶点，相截圆环为底的锥面上，如图 1-6-10(a)所示。在一个包含入射波矢的截平面内，入射波矢与衍射波矢夹角为 ϕ，如图 1-6-10(b)所示，则有

$$K_h = 2k\sin(\phi/2) \tag{1.6.39}$$

实验上，测得角度 ϕ，便知道所有小于 $2k$ 的倒格矢的长度，因此给出一些晶体宏观对称性和晶体结构的信息。

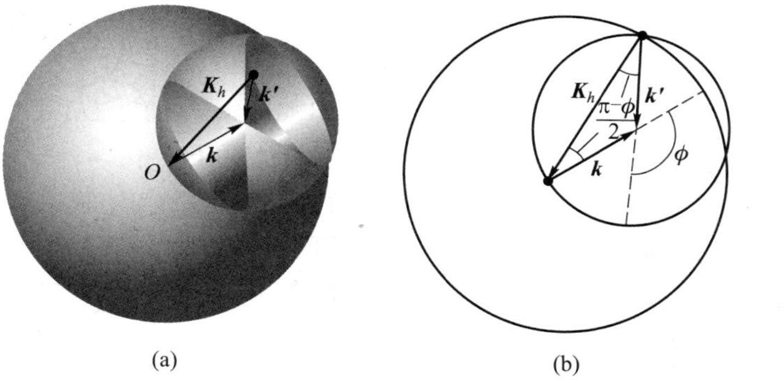

图 1-6-10　粉末法的埃瓦尔德作图

在本节中，我们只讨论了晶体 X 射线衍射的基本几何理论，称为晶体衍射的运动学理论。在简单的讨论中，刚性晶格的假定忽略了晶格的热振动效应。实验结果表明，当温度升高时，布拉格反射的强度减弱，但反射谱线的角宽度不变。实际上，即使在室温下，原子将进行大幅度的无规热运动，原子间瞬时最近邻间距可相差 10%。在这种情况下，还能得到明锐的 X 射线反射，实在出人意料。关于这一点德拜曾给出一个阐述(见本章习题 1.17)。另外，弹性散射的假设也是一种近似。在非弹性散射中，X 射线光子导致晶格振动的激发或者退激发，光子将改变方向和动量，因此在劳厄方程所决定的方向上，衍射强度将有所损失，在这些方向损失的强度作为漫散射背景而出现。

晶体衍射的运动学理论忽略了一些复杂情况。当 X 射线通过一个相对厚的样品时,相继原子面的衍射束将与入射束相互作用,衍射波与入射波的混合将导致一些复杂效应,例如初级消光和 Pendellösung 效应等。这些效应可用 X 射线衍射动力学理论去阐明。考虑到入射束和衍射束的相互作用,将引起 X 射线的速度色散,特别在接近相干衍射条件(布拉格条件)时,这一效应特别明显,关于这一点将在第四章中简单说明。在那里,虽然我们主要讨论电子德布罗意波在周期结构中的传播问题,但与电磁波在周期结构中传播时,有许多共同的特征。

本节讨论的所有结论,同样适用于电子衍射和中子衍射,因为从本质上讲,高速电子束和中子束也是一种波。特别的是中子具有自旋,因此中子衍射特别适用于检测材料的磁结构。

§1.7 准 晶 体

到目前为止,我们已经讨论了理想晶体的结构。理想的晶体结构可以用一种初基元胞在三维空间周期性重复得到。这种设定必然导致长程平移对称性(周期性)和取向序。同时,因为周期结构有一个周期性的倒点阵与之对应,必然产生明锐的周期性的衍射斑。

但是,如果用多于一种类型的元胞代替一种元胞进行堆积,是否可能填满整个空间?图 1-7-1 表示用胖和瘦两种菱形可以填满二维空间,称为彭罗斯(Penrose)拼图。瘦菱形具有 $\theta(=36°)$ 和 $4\theta(=144°)$ 两种内角,胖菱形具有 $2\theta(=72°)$ 和 $3\theta(=108°)$ 两种内角。因为 $10\theta=360°$,所以用它们可以填满二维空间。虽然这种拼图没有平移对称性,但它保留了长程取向序,并且具有 5 次旋转对称性。人们要问具有类似结构的物态是否能在自然界出现。

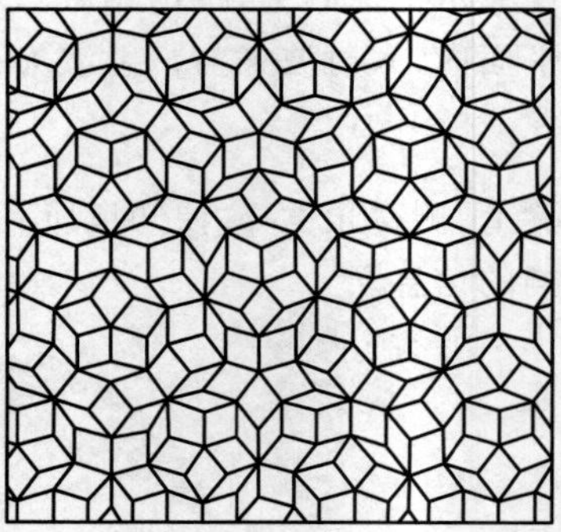

图 1-7-1 一个由胖和瘦两种菱形构成的二维彭罗斯拼图
注意局部的 5 次对称性

1984 年,舍特曼(D.Shechtman)在快速冷却的 Al_4Mn 合金中发现了一种具有二十面体点群对称的物质新相,明锐的电子衍射斑具有 5 次对称性。之后,这一现象又在许多其他复杂合金中被观察到。电子衍射斑的对称性直接反映了倒点阵的对称性,但平移对称性与 5 次对称轴不相容,这一发现在晶体学乃至凝聚态物理学界产生了很大的震动。受到彭罗斯拼图游戏的启发,人们相信这种结构只不过是一种三维空间的彭罗斯拼接,虽然这种结构是完全有序的,但没有平移对称性,因此可以具有平移对称性所不允许的宏观对称性。这种介于晶态和非晶态之间的物质新相称为准晶态。

为了弄清问题的本质,我们再回到图 1-7-1 所示的彭罗斯拼图。如果用 5 条特殊的直线分别切割胖和瘦的菱形,如图 1-7-2(a)所示,那么彭罗斯拼图 1-7-1 变为图 1-7-2(b)。可以清楚地看到,5 组平行直线将二维空间分割成网格,5 条直线相互之间的夹角为 72°,因此具有 5 次旋转对称性。另外,还可以发现,任何一组平行直线,以长间距 L 和短间距 S,按照斐波那契序列 $LSLLSLSL\cdots$ 排列,并且 $\frac{L}{S}=\tau=\frac{1+\sqrt{5}}{2}$,即黄金中值。这些直线的交点构成一个二维准周期点阵,称为安曼(Ammann)准周期点阵。

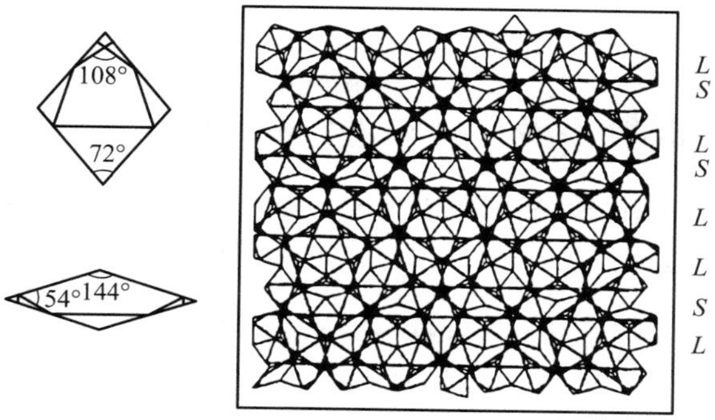

(a)　(b)

图 1-7-2　安曼点阵

重要的问题是,这种准周期点阵为什么可以产生明锐的衍射斑?劳厄方程告诉我们一组倒格矢确定可能的 X 射线(电子或中子)衍射斑点。如果准周期点阵具有明确的倒点阵,那么必然有明锐的衍射斑,为了简单起见,下面我们将以一维准周期(斐波那契)点阵为例,来说明这个问题。

一、一维准周期点阵

假定有一个由元素 L、S 构成的集合,定义映射(或迭代规则)T,使 $TL=LS$, $TS=L$,令 $C_n=T^nL$,则有

$$\begin{cases} C_0 = L \\ C_1 = LS \\ C_2 = LSL \\ C_3 = LSLLS \\ \cdots\cdots\cdots\cdots \\ C_{n+1} = C_nC_{n-1} \\ \cdots\cdots\cdots\cdots \end{cases} \tag{1.7.1}$$

如果分别赋予元素 L、S 具有长度 L 和 S,且 $L/S=\tau$,那么,当迭代无限进行下去,$\lim\limits_{n\to\infty} C_n$ 定义了标准的一维斐波那契点阵,如图 1-7-3 所示。

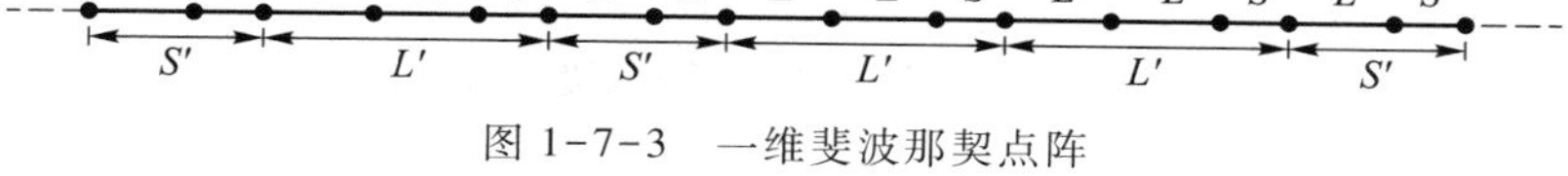

图 1-7-3　一维斐波那契点阵

斐波那契点阵有下列重要性质:

(1) 斐波那契点阵是完全有序的,因为任何一个结点的位置可由迭代规则准确确定。

(2) 斐波那契点阵没有平移对称性,但是具有自相似性,也就是将尺度变化后,其序列不变。

例如,将尺度膨胀,取 $LS\Leftrightarrow S'$, $LLS\Leftrightarrow L'$,或者取 $L\Leftrightarrow S'$, $LS\Leftrightarrow L'$,那么 L'、S' 仍然按斐波那契序列排布。

(3) 如果令 C_n 中,L 出现的个数为 $|L|_n$,S 出现的个数为 $|S|_n$,那么 $\lim\limits_{n\to\infty}\dfrac{|L|_n}{|S|_n}=\tau$。即在一个无限大的斐波那契点阵中,长、短间距出现的个数之比精确地等于黄金中值。

证明:定义斐波那契数列 $\{f_n\}$:0,1,1,2,3,5…,一般地,有

$$f_0=0,\ f_1=1,\ f_{n+1}=f_{n-1}+f_n,\qquad n\geqslant 1 \tag{1.7.2}$$

由式(1.7.1)可见

$$\lim_{n\to\infty}\frac{|L|_n}{|S|_n}=\lim_{n\to\infty}\frac{f_{n+1}}{f_n}=1+\cfrac{1}{1+\cfrac{1}{1+\cfrac{1}{1+\cdots}}} \tag{1.7.3}$$

其中反复应用了式(1.7.2),而连分式就是黄金中值 τ。

二、投影理论及其衍射谱

1985 年 Elser 提出,一个低维准周期点阵可以看成某高维周期点阵向低维空间的投影。例如,一维斐波那契点阵可以由一个二维正方点阵向一维空间投影得到。

图 1-7-4 表示如何由二维正方点阵投影得到标准的斐波那契点阵。为简单起见,假定二维正方点阵的点阵常数为 1。取一个结点为原点 O,过 O 点作投影轴 ξ,使得 ξ 与 x 轴之间的夹角 θ 满足 $\cot\theta=\tau$(黄金中值)。由于 τ 为无理数,根据有理指数定理,在投影轴上,除了原点外,没有其他任何结点。投影轴从原点开始,从两个方向依次切割二维晶格的垂线,交点用"▲"表示,将每个"▲"点下方对应的格点用"○"表示,向 ξ 轴投影,则在 ξ 轴上得到一系列点,用"●"表示。下面将证明这些点(包括原点)将构成一个标准的一维斐波那契点阵。

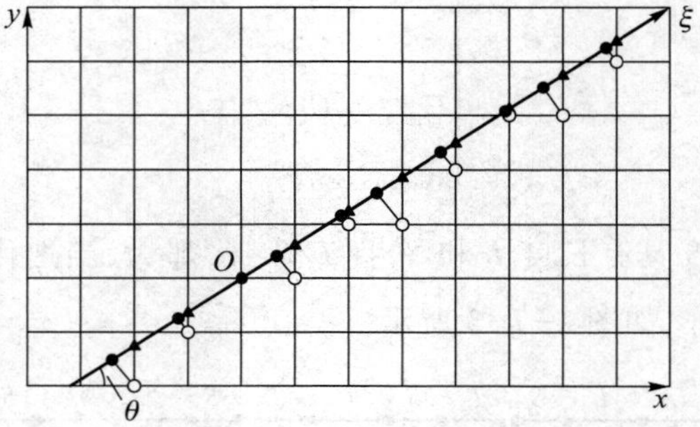

图 1-7-4 由投影方法得到一维斐波那契点阵

注意到投影轴与晶格垂线交点"▲"的坐标可表示为

$$\text{“▲”:}\quad (n, n\tan\theta),$$

其中 n 为整数。在它们正下方的被投影点"○"的坐标为

$$\text{“○”}:(n,[n\tan\theta]),$$

其中[ ]表示取整函数,也就是每当切割点的 y 坐标大于一个点阵常数 1 时,投影点的 y 坐标就增加 1。例如,从原点向右第一个切割点的 y 坐标 $\tan\theta<1$,无整数部分,所以第一投影点的 y 坐标为 $[\tan\theta]=0$;同理第二个切割点的 y 坐标 $1<2\tan\theta<2$,即投影点的 y 坐标为 $[2\tan\theta]=1$,依此类推。将这些格点向 ξ 轴上投影,则在 ξ 轴上各点的位置为

$$\xi_n = n\cos\theta + [n\tan\theta]\sin\theta \tag{1.7.4}$$

如果取 $\cos\theta=S$,$\cos\theta+\sin\theta=L$,注意到 $\tan\theta=\dfrac{1}{\tau}$,$\sin\theta=\sin\theta+\cos\theta-\cos\theta=L-S$,则式(1.7.4)可写为

$$\xi_n = nS + (L-S)\left[\frac{n}{\tau}\right] \tag{1.7.5}$$

可以验证,当 n 取所有正、负整数(包括 0)时,式(1.7.5)给出一个标准的斐波那契点阵。斐波那契点阵也可以用 ξ 轴上点的密度函数表示为

$$\rho(\xi) = \sum_n \delta(\xi-\xi_n) \tag{1.7.6}$$

斐波那契点阵的倒点阵、衍射谱可由式(1.7.6)的傅里叶变换得到:

$$\rho(q) = \int\rho(\xi)\mathrm{e}^{-\mathrm{i}q\xi}\mathrm{d}\xi = \sum_n\int\delta(\xi-\xi_n)\mathrm{e}^{-\mathrm{i}q\xi}\mathrm{d}\xi = \sum_n \mathrm{e}^{-\mathrm{i}q\xi_n} \tag{1.7.7}$$

其中,$\xi_n=nS+(L-S)\left[\dfrac{n}{\tau}\right]$。取整函数$\left[\dfrac{n}{\tau}\right]$可写为

$$\left[\frac{n}{\tau}\right] = \frac{n}{\tau} - \left\{\frac{n}{\tau}\right\} \tag{1.7.8}$$

式中$\left\{\dfrac{n}{\tau}\right\}$为$\dfrac{n}{\tau}$的小数部分,它显然是周期为 1 的周期函数:

$$\left\{\frac{n}{\tau}+1\right\} = \left\{\frac{n}{\tau}\right\} \tag{1.7.9}$$

由式(1.7.8)有

$$\xi_n = nS + (L-S)\frac{n}{\tau} - (L-S)\left\{\frac{n}{\tau}\right\} = np - (L-S)\left\{\frac{n}{\tau}\right\} \tag{1.7.10}$$

式中 $p=S+\dfrac{L-S}{\tau}$。将式(1.7.10)代入式(1.7.7),有

$$\rho(q) = \sum_n \mathrm{e}^{-\mathrm{i}qnp}\mathrm{e}^{+\mathrm{i}q(L-S)\left\{\frac{n}{\tau}\right\}} \tag{1.7.11}$$

由于$\left\{\dfrac{n}{\tau}+1\right\}=\left\{\dfrac{n}{\tau}\right\}$,所以式(1.7.11)求和中的第二项是宗量为$\dfrac{n}{\tau}$、周期为 1 的周期函数,可以写

成傅里叶级数：

$$e^{+iq(L-S)\left\{\frac{n}{\tau}\right\}} = \sum_m C_m(q) e^{+i2\pi m\frac{n}{\tau}} \tag{1.7.12}$$

式中 $C_m(q)$ 为 $e^{+iq(L-S)\left\{\frac{n}{\tau}\right\}}$ 的傅里叶系数：

$$C_m(q) = \int_0^1 e^{iq(L-S)\{x\}} e^{-i2\pi mx} dx = \int_0^1 e^{i[q(L-S)-2\pi m]x} dx$$

$$= e^{i[q(L-S)-2\pi m]/2} \frac{\sin\{[q(L-S)-2\pi m]/2\}}{[q(L-S)-2\pi m]/2}$$

因此式(1.7.11)可写为

$$\rho(q) = \sum_{n,m} C_m(q) e^{-in\left(pq-2\pi m\frac{1}{\tau}\right)} \tag{1.7.13}$$

由泊松求和

$$\sum_n e^{2\pi inz} = \sum_n \delta(z-n) \tag{1.7.14}$$

有

$$\rho(q) = \sum_{n,m} C_m(q) \delta\left(\frac{pq}{2\pi} - \frac{m}{\tau} - n\right)$$

$$= \sum_{n,m} \frac{2\pi}{p} C_m(q) \delta[q - 2\pi(p\tau)^{-1}(n\tau+m)] \tag{1.7.15}$$

式中应用了 $\delta(ax) = \frac{1}{a}\delta(x)$

可见，斐波那契点阵的傅里叶变换是倒空间的一系列加权的 δ 函数之和，其峰值位于

$$q_{n,m} = 2\pi(p\tau)^{-1}(n\tau+m) = 2\pi D^{-1}(n\tau+m) \tag{1.7.16}$$

其中

$$D = \tau p = \tau\cdot\left(S + \frac{L-S}{\tau}\right) = L + (\tau-1)S = L + \frac{S}{\tau} \tag{1.7.17}$$

推导中应用等式 $\tau - 1 = \frac{1}{\tau}$，因为 τ 是二次方程 $\tau^2 - \tau - 1 = 0$ 的解。D 称为斐波那契点阵的平均点阵常数，因为在斐波那契点阵中 S 出现的次数是 L 出现次数的 $\frac{1}{\tau}$。

由式(1.7.15)和式(1.7.16)可见斐波那契点阵有明确的倒点阵，它由一组倒格矢 q_{nm} 确定：

$$\rho(q) = \sum_{n,m} \frac{2\pi}{p} C_m(q_{n,m}) \delta(q - q_{n,m}) \tag{1.7.18}$$

根据劳厄方程，当衍射矢量满足

$$|S| = |\boldsymbol{k}' - \boldsymbol{k}| = q_{n,m} = 2\pi D^{-1}(n\tau+m) \tag{1.7.19}$$

时，有衍射极大。由式（1.7.18）和式（1.7.19），我们注意到，与一维周期点阵不同，每个倒格点或衍射峰必须用两个整数[n，m]去标志。这是因为一维准周期点阵是由二维周期点阵投影得到，它隐含了高维空间的周期性。

在实验上要制备一个一维斐波那契准晶是十分困难的，但利用薄膜技术很容易将两种不同的材料按照斐波那契序列交替沉积在衬底上制备成准周期超晶格材料。

图 1-7-5(a)表示一个 Ta/Al 斐波那契超晶格构造图，其中长单元厚度 L=46.6 Å(由 12.6 ÅTa+34 ÅAl 构成)，短单元厚度 S=29.6 Å(由 12.6 ÅTa+17 ÅAl 构成)，平均点阵常量 D=64.89 Å。图 1-7-5(b)给出了这个样品的 X 射线小角衍射谱，其衍射矢量垂直于膜面，所以得到的衍射谱正好揭示生长方向上的准周期性，如图 1-7-6 所示。可见每一个衍射峰必须用两个指标[n，m]去标志，且满足式（1.7.19）。将衍射波矢 $\boldsymbol{S}=\boldsymbol{k}'-\boldsymbol{k}$ 用 X 射线波长 λ 和衍射角 θ 表示，可将式(1-7-19)写为

$$\frac{4\pi}{\lambda}\sin\theta = 2\pi D^{-1}(n\tau + m) \tag{1.7.20}$$

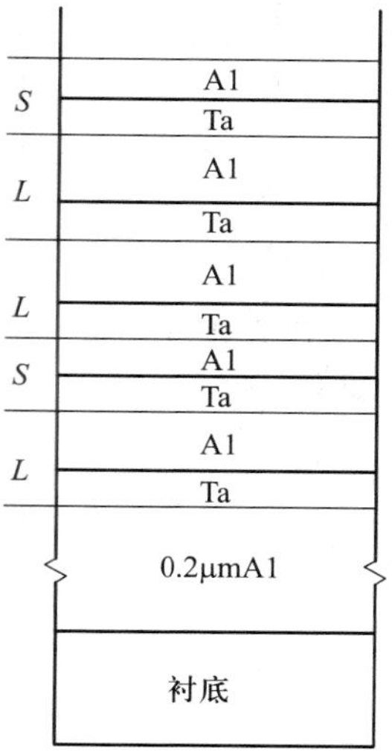

(a) 一个Ta/Al 斐波那契超晶格示意图

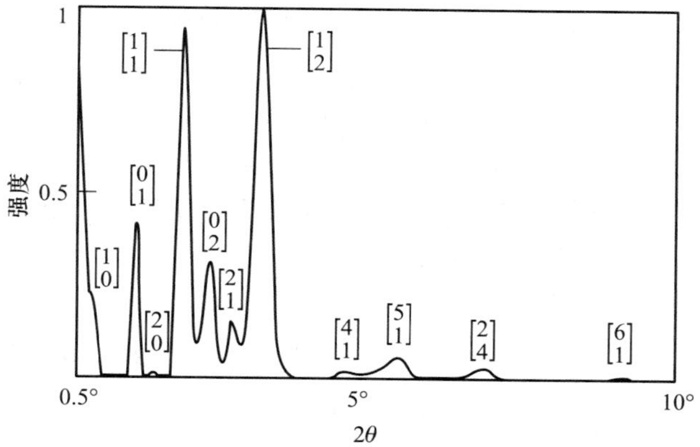

(b) 斐波那契超晶格的小角X射线衍射图

图 1-7-5

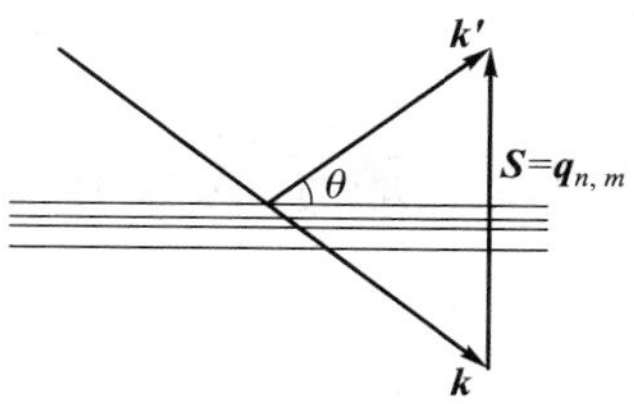

图 1-7-6　X 射线衍射几何

第二章　晶体的结合

晶体中原子的聚集归根结底是原子间相互作用的结果。本章将讨论,什么力使晶体中的原子维系在一起,晶体的结合能是多少。我们将论及不同类型的成键机制,诸如金属键、共价键、离子键、范德瓦耳斯键和氢键等。不同的成键类型可能导致凝聚态物质结构形式的差别。但是,始终不要忘记,这种区分仅仅是为了思考方便的人为举措。实际上,某些晶体的键往往具有混合的特点或过渡的性质。

本章授课视频

晶体的内聚力应全部归因于遵从薛定谔方程的原子核与核外电子之间的静电相互作用,磁力与万有引力可以忽略不计。

为了简单起见,考虑两个原子彼此逼近的情况。乍看起来,求解这个既包括两个原子核又包括众多核外电子的多粒子系统的薛定谔方程是一个很困难的课题。幸而由于原子核比电子重得多,可以认为任一瞬间,原子核固定在瞬时位置上;设想电子的波函数是原子核固定在瞬时位置的本征态。随着原子核的运动,这个波函数自身平滑地调节,以适应边界条件的变化,但它仍然是一个本征态。边界条件的这样一种无限缓慢的微扰,通常称为绝热近似。

计算分两步进行。首先,对间距为 R 的两个固定原子核计算各种 R 时电子的能量 $E(R)$。然后根据绝热近似,假定这样计算出来的 $E(R)$ 就是原子核也运动时,电子对系统总能量的贡献。于是两个原子的总能量是

$$E_{\text{tot}}=\frac{p_1^2}{2m_1}+\frac{p_2^2}{2m_2}+\frac{q_1q_2}{4\pi\varepsilon_0R}+E(R)$$

式中,q_1、q_2、m_1、m_2 和 p_1、p_2 分别是两个原子核的电荷、质量和动量。上式中,前两项是原子核的动能,第三项是原子核的静电势能,而最后一项是电子的能量。于是两个原子靠近时,除了核间的库仑排斥力外,还受到一个力 $-\partial E(R)/\partial R$。这个力主要取决于价电子的重新分布,而价电子的重新分布又取决于原子本身束缚电子的能力。

原子聚集形成晶体,情况肯定更为复杂,因为价电子可能踏上一条漫长路径,而在整个晶体中巡游。但总的物理过程是一致的。

§2.1　原子的负电性

一、原子的电离能

基态原子失去一个价电子所需要的能量称为原子的电离能。可用下面的关系表示:

$$\text{中性原子}\xrightarrow{\text{吸收能量}}\text{正离子}+(-e)$$

电离能的大小衡量原子对价电子的束缚强弱。它显然取决于原子的结构，诸如核电荷、原子半径及电子的壳层结构。因为一个价电子除受到带正电荷的原子核的库仑吸引外，还受到 $Z-1$ 个电子对它的平均作用，实际上 $Z-1$ 个电子云起屏蔽原子核的作用，这种屏蔽总是部分的，因此作用在价电子上的有效电荷在 $+e \to +Ze$ 之间。原子电离能的大小与它在元素周期表中的位置密切相关。总的趋势是，沿周期表的左下角至右上角，电离能逐渐增大。但是对于具有复杂电子壳层的原子，例如过渡族元素（d 壳层不满）和稀土元素（f 壳层不满）等，电离能将表现出复杂性。氢原子核外只有一个电子，电离能就是它的基态能量，约为 13.6 eV。

二、原子的亲和能

原子的亲和能是一个基态中性原子得到一个电子成为负离子所释放出的能量，即

$$\text{中性原子} + (-e) \xrightarrow{\text{释放能量}} \text{负离子}$$

亲和能的大小衡量原子俘获外来电子的能力。在周期表中，亲和能随原子序数有很大的变化。总体来说，非金属较之金属有较大的亲和能。氯有最强的吸引外来电子的能力，而汞最弱。惰性气体的亲和能，尚未严格测量。

周期表中同一周期元素的亲和能一般从左到右增大，这与原子价电子壳层填充有关。ⅦA 族原子比ⅠA 族原子得到一个电子将释放更多能量，因为它将得到一个填满的价电子壳层。可以预期，周期表同一族元素越往下，越有亲和能减小的趋势。因为附加电子将进入一个更远离核的轨道，感受到较小的核电荷。

三、原子的负电性

原子的负电性是描述组成化合物分子的原子吸引电子强弱的物理量。它当然与原子的电离能、亲和能及价态有关。原子的负电性也可以大致描述原子结合成晶体时，其外层价电子重新分布的规律，也是构成形式多样的晶体结合类型和晶体结构的原因之一。

用不同方法标定的原子负电性具有不同的量纲，通常乘上一定的系数，使负电性值化为量纲为 1 的量，并使不同方法标定的负电性数值相互接近。

马利肯（Mulliken）综合原子的电离能和亲和能，建议用

$$\text{负电性} = \frac{K_m}{2}(\text{电离能} + \text{亲和能})$$

作为原子电负性的量度。当电离能和亲和能以电子伏（eV）为单位时，选取 $K_m = (3.15\ \text{eV})^{-1}$，使 Li 的负电性为 1。表 2-1-1 列出一些元素的负电性。

表 2-1-1　一些元素的负电性

ⅠA	ⅡA	ⅢA	ⅣA	ⅤA	ⅥA	ⅦA
Li 1.0	Be 1.5	B 2.0	C 2.5	N 3.0	O 3.5	F 4.0
Na 0.9	Mg 1.2	Al 1.5	Si 1.8	P 2.1	S 2.5	Cl 3.0

续表

ⅠA	ⅡA	ⅢA	ⅣA	ⅤA	ⅥA	ⅦA
K 0.8	Ca 1.0	Ga 1.5	Ge 1.8	As 2.0	Se 2.4	Br 2.8
Rb 0.8	Sr 1.0	In 1.3	Sn 1.8	Sb 1.9	Te 2.1	I 2.5

§2.2 晶体结合的类型

一、金属键结合

周期表中最左端的ⅠA族元素Li、Na、K、Rb、Cs具有最低的负电性,它们的晶体是最典型的金属,其结合称为金属键结合或金属键。ⅠB族的贵金属d壳层的影响比ⅠA族复杂,过渡金属d壳层未满,情况更复杂。

负电性很小的元素结合成晶体时,价电子倾向于共有化,使之在整个晶体中游荡。电子退局域其动能将减小,这个量子效应是金属内聚力的主要来源。可以用一个简单模型来说明这一效应。假设原子中的电子可以看成方形势阱中的电子,把5个这样的原子排成一列,如图2-2-1(a)所示,原子的基态能量从无穷深势阱底部算起是$h^2/(8ma^2)$。如果使这些原子相互接触,就可以得到一个宽度为$5a$均匀势阱中电子气构成的一维金属晶体。图2-2-1(b)示出5个最低能量状态的电子波函数,可以看出,其中第5能级具有和单个原子基态相同的波长,因而具有相同的能量。考虑到每个能级上可容纳两个自旋相反的电子,可以算出形成晶体后,基态时每个电子平均能量降低,

$$\Delta E=\frac{h^2}{8ma^2}-\frac{h^2}{8ma^2}\frac{19}{125}\approx\frac{1}{10}\frac{h^2}{ma^2} \tag{2.2.1}$$

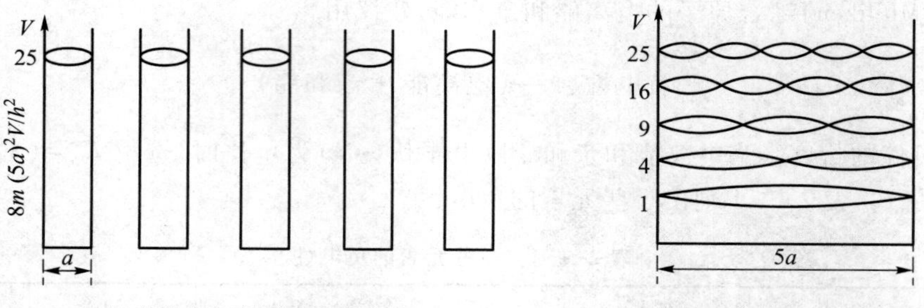

(a) 势阱宽为a的基态波函数,能级$E_1=h^2/(8ma^2)$

(b) 势阱宽为$5a$的5个波函数,能级$E_n=n^2h^2/[8m(5a)^2]$

图2-2-1 无限深势阱中波函数及能级示意图

可是在实际金属中,电子-离子实之间的吸引以及电子-电子和离子-离子之间的静电排斥

贡献也具有同样的重要性。由于金属晶体中价电子共有化，可以抽象出一个既简单又基本符合真实情况的金属模型，即浸泡在负电子云中，带正电荷的离子实系统。电子退局域本身使系统的动能降低，而电子云与正离子之间的库仑吸引使原子聚合起来。显然晶体的体积越小，电子云的密度越大，库仑相互作用越低。但是体积越小，电子云密度增大，系统的费米能，即系统的动能将增加，表现出排斥相互作用。于是金属结合首先是一种体积效应，而对原子的排列没有特殊要求。很多金属都采取面心立方或六角密堆结构，其配位数为 12。体心立方结构也是一种比较普遍的金属结构，其配位数为 8。

金属的基本特性，如高导电性、高导热性、大的延展性（范性）、金属光泽，都与金属结合的电子共有化密切相关。

二、共价键结合

负电性较强的元素，例如周期表中ⅣA 族到ⅦA 族元素，结合成晶体时，多采用共价键结合。

1. 共价键

当中性原子依靠共价电子结合时，必须从每个原子中取一个电子成键。现在考虑两个氢原子结合成氢分子的最简单例子。略去电子自旋和自旋-轨道相互作用，海特勒（W.H.Heitler）和伦敦（F.W.London）近似求解了氢分子的基态能量。他们把两个氢原子的基态波函数在满足反对称要求下，构成近似的氢分子波函数，它可以有下列两种形式：

$$\boldsymbol{\Phi}_{\mathrm{I}}(\boldsymbol{r}_1,\boldsymbol{r}_2)=c_1[\varphi_a(\boldsymbol{r}_1)\varphi_b(\boldsymbol{r}_2)+\varphi_a(\boldsymbol{r}_2)\varphi_b(\boldsymbol{r}_1)]\chi_{\mathrm{A}} \tag{2.2.2}$$

$$\boldsymbol{\Phi}_{\mathrm{II}}(\boldsymbol{r}_1,\boldsymbol{r}_2)=c_2[\varphi_a(\boldsymbol{r}_1)\varphi_b(\boldsymbol{r}_2)-\varphi_a(\boldsymbol{r}_2)\varphi_b(\boldsymbol{r}_1)]\chi_{\mathrm{S}} \tag{2.2.3}$$

其中 c_1、c_2 为归一化常数，角标 a、b 分别表示两个原子，角标 1、2 分别表示两个电子，χ_{S} 和 χ_{A} 分别是电子自旋体系的对称和反对称波函数。根据泡利原理，费米子系统的总的电子波函数必定是反对称的，因此自旋的反对称波函数对应于轨道的对称波函数，自旋的对称波函数对应于轨道反对称的波函数，如图 2-2-2 所示。$\boldsymbol{\Phi}_{\mathrm{I}}$ 为自旋单态，$\boldsymbol{\Phi}_{\mathrm{II}}$ 为自旋三重态。由

$$E=\int\boldsymbol{\Phi}^*(\boldsymbol{r}_1,\boldsymbol{r}_2)\hat{H}\,\boldsymbol{\Phi}(\boldsymbol{r}_1,\boldsymbol{r}_2)\,\mathrm{d}\boldsymbol{r}_1\mathrm{d}\boldsymbol{r}_2 \tag{2.2.4}$$

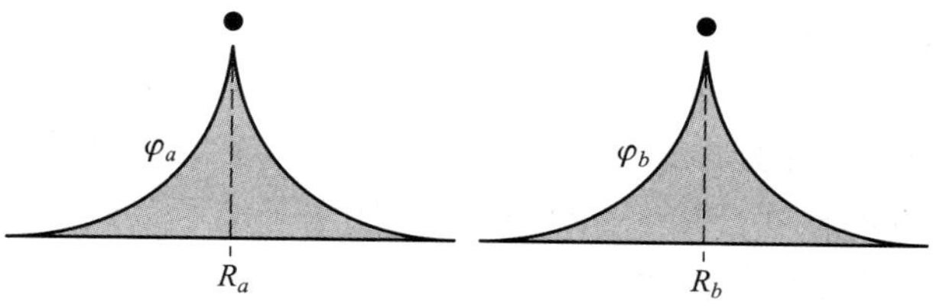

(a) 两个孤立原子的波函数

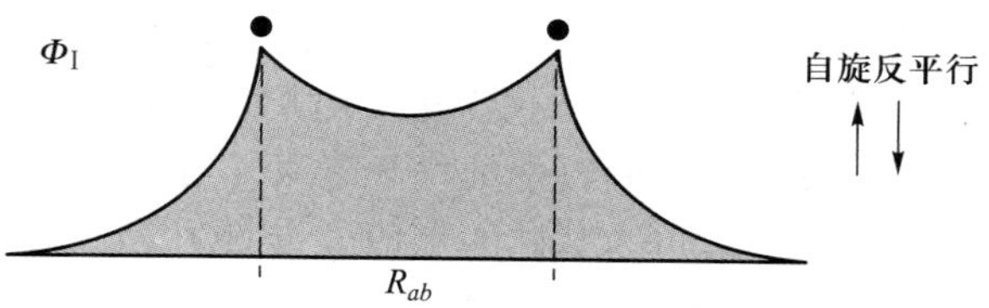

(b) 成键波函数 Φ_{I}

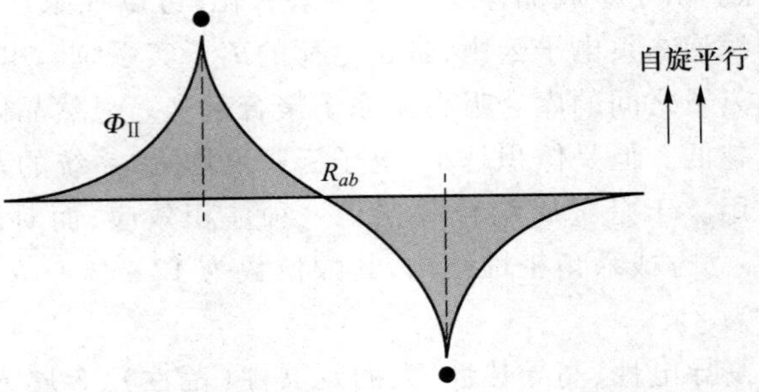

(c) 反成键波函数 $\Phi_{\rm II}$

图 2-2-2

可计算自旋单态和三重态的能量,它们可以简单地表示为

$$E_{\rm I} = K + J \tag{2.2.5a}$$

$$E_{\rm II} = K - J \tag{2.2.5b}$$

其中,K 表示两个原子之间的库仑相互作用能,而 J 为交换能。对于氢分子,$J<0$,因此单态能量低,氢分子基态正是采用这个状态。图 2-2-3 表示 E 随原子间距 R_{ab} 的变化曲线,可以看到,对于三重态,$E_{\rm II}$ 随 R_{ab} 增加单调减小,$E_{\rm II}$ 对应于原子间相互排斥,因而不能构成稳定分子,称为反成键态。而对于单态,$E_{\rm I}$ 在 $R_{ab}/a_{\rm B}=1.518$ 处有一极小值,对应两原子组成分子后相互吸引,称为成键态。

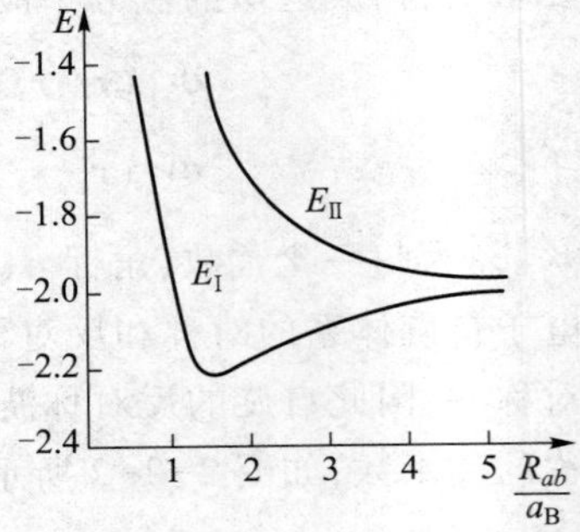

图 2-2-3　氢分子能量与 R_{ab} 的关系

单态能量低是由于在两个核之间的低势区 $|\Phi_{\rm I}|^2$ 大,两个自旋反平行的电子处于此地的概率大,而在此区域 $|\nabla\Phi_{\rm I}|^2$ 小,电子的动能小。于是根据泡利原理,自旋取向的不同,决定了电子空间分布的不同,从而影响了库仑静电作用。由此可见,共价键结合从实质上来说仍然是库仑静电作用,不过是一种量子效应。我们把为两个原子共有的自旋反平行的一对电子结构称为共价键,对氢分子常记为 H : H。

因为电子配对是共价键的基本特征,因此一般地说一个原子形成共价键的数目取决于这个原子壳层未填满的价电子数,称为共价键的饱和性。另一方面,共价键的强弱取决于形成共价键的两个电子轨道相互交叠的程度,因此一个原子总是在电子波函数最大的方向成键。例如 p 电子成键,由于 p 电子波函数成哑铃状,通常在对应轨道方向成键,称为共价键的方向性。

2. sp^3 杂化

金刚石是碳原子依靠共价键结合的晶体。碳原子的基态电子组态是 $1s^22s^22p^2$,主量子数 $n=2$的价电子壳层有 4 个电子,其中 s 次壳层的两个电子自旋反平行,已饱和,p 壳层可容纳 6 个电子,因此尚缺 4 个电子。实际情况是,金刚石中的每个碳原子与 4 个近邻以共价键结合。这表明金刚石中共价键不是以上述碳原子轨道为基础的。1931 年鲍林(L.C.Pauling)和斯莱特(J. C. Slater)提出 sp^3 杂化轨道的思想。由于碳的 2s 和 2p 轨道能量很接近,一个 2s 电子会被激发到

2p 态,这样就有 4 个未配对的电子：φ_{2s},φ_{2p_x},φ_{2p_y},φ_{2p_z}。然后,由这四个波函数重新组成四个规一化的波函数：

$$\psi_1=\frac{1}{2}(\varphi_{2s}+\varphi_{2p_x}+\varphi_{2p_y}+\varphi_{2p_z}) \tag{2.2.6a}$$

$$\psi_2=\frac{1}{2}(\varphi_{2s}+\varphi_{2p_x}-\varphi_{2p_y}-\varphi_{2p_z}) \tag{2.2.6b}$$

$$\psi_3=\frac{1}{2}(\varphi_{2s}-\varphi_{2p_x}+\varphi_{2p_y}-\varphi_{2p_z}) \tag{2.2.6c}$$

$$\psi_4=\frac{1}{2}(\varphi_{2s}-\varphi_{2p_x}-\varphi_{2p_y}+\varphi_{2p_z}) \tag{2.2.6d}$$

这样将原来 φ_{2s},φ_{2p_x},φ_{2p_y},φ_{2p_z}轨道上的四个电子分别放在沿四面体顶角方向的四个状态 ψ_1,ψ_2,ψ_3,ψ_4 上,都是未配对的,可形成四个共价键,键角约为 109°28′,如图 2-2-4 所示。碳原子由 sp^3 杂化轨道共价结合构成金刚石结构。当然,sp^3 杂化需要一定的能量,比碳原子的基态高约4 eV,但是形成共价键时,能量将降低约 7.6 eV,足以补偿轨道杂化的能量。

共价键的饱和性和方向性对共价结合晶体的结构有严格的要求。例如,除金刚石外,Si、Ge 等Ⅳ族元素都是共价晶体,采用四面体金刚石结构。共价键是一种强键,也就是成键的电子很难被激发而游离,因此共价晶体多是绝缘体或半导体。例如金刚石是最典型的绝缘体且硬度极高,而 Si、Ge 则是典型的半导体。

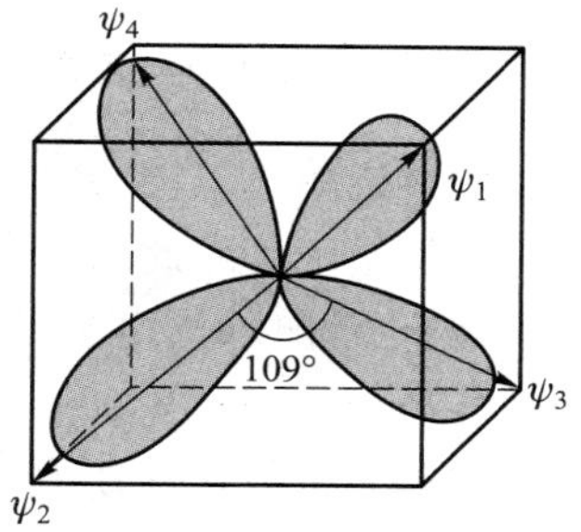

图 2-2-4 碳原子的 sp^3 杂化轨道

3. 极性共价键

当两个相同的原子之间形成共价键时,由于对称性的要求,参与成键的电子对等分配,由此得到的双原子分子没有电偶极矩。但是,当两个负电性不同的原子结合时,不再有这样的对称性要求,电子对将靠近负电性大的原子一侧,分子显示电偶极矩,称为极性共价键。例如 C 与四个 H 原子共价结合形成甲烷,由于 C 的负电性较大,电子对将靠近 C 原子一侧,构成极性共价键。

三、离子键结合

当两个负电性相差很大的元素,例如ⅠA 族的碱金属元素 Li、Na、K、Rb、Cs 和ⅦA 族的卤族元素 F、Cl、Br、I 结合时,成键电子全部或大部从一种原子迁移到另一种原子上,形成正、负离子。这种依靠正、负离子间库仑吸引的结合称为离子键。现在,我们已经注意到从共价键经极性共价键向离子键的过渡。有些结合很难严格区分它是共价键还是离子键。表 2-2-1 给出卤化氢的电偶极矩测量值与完全离子键的理论值之比。由表中可以看出,从大约一半是离子键的 HF 到几乎是纯共价键的 HI 是逐渐变化的。氢不能形成完全的离子键,这是因为氢的裸质子必须多少渗入负离子的电子云才能得到静电平衡状态。最强的离子键是在碱金属和卤族元素之间形成的,这是由于每个离子都具有惰性气体的电子组态。实际上,一般经常发生的多是居间情况。

表 2-2-1　卤化氢的电偶极矩的测量值与完全离子键理论值之比

HF	0.43
HCl	0.17
HBr	0.11
HI	0.05

由于正、负离子具有稳定的闭合壳层,可以认为正、负离子之间的吸引是经典的库仑吸引。在满壳层的离子相互接近到电子云明显渗入的情况下,由于泡利原理产生排斥,这显然是量子效应。吸引和排斥的竞争决定了平衡时的离子间距。与共价键的结构相比,离子键没有饱和性,也没有方向性。为了使库仑能最低,离子键晶体要求正、负离子相间排列,多采用 NaCl 或 CsCl 结构。

金属键可看作离子键的极限情况,不过这时负离子就是电子。它们的关键差别在于电子质量非常小,这意味着电子的零点运动能很大,以致不能被局限在格点位置上。因而,金属的结构是以正离子的堆积方式确定的,电子恰似一种带负电的胶体。

四、范德瓦耳斯键结合

上面讲述的金属键、共价键和离子键都是很强的键,它们的结合能大致相当于平均每个原子几个电子伏量级。除此以外,当具有满壳层电子结构的惰性气体原子或价电子已用于成键的中性分子结合成晶体时,电子结构基本保持不变。原子和分子之间存在着一些弱得多的相互作用。范德瓦耳斯(van der Waals)很早就认为这种力是造成实际气体偏离理想气体行为的原因,所以这种力被称为范德瓦耳斯力。

在不考虑两体关联情况下,具有球形对称的饱和电子结构的原子之间不存在相互作用,但是由于电子的零点运动可以造成瞬时电偶极矩,这个电偶极子又可以在近邻原子中感生电偶极矩,于是两个偶极子之间将产生动力学上的相互关联。图 2-2-5(a)、(b)分别表示两个惰性气体原子之间相互关联的感生电偶极矩的两种典型瞬时状态。(a) 表示两个平行的电偶极矩,其库仑势为负,表现为吸引互作用,(b) 表示两个反平行的电偶极矩,其库仑势为正,表现为排斥互作用。根据量子力学的变分原理,伦敦首先求解了这个量子力学问题,得到在这个系统的量子运动中,统计地讲出现(a)的概率略大于(b)的概率,因此吸引占优势。这种吸引力就是范德瓦耳斯力。

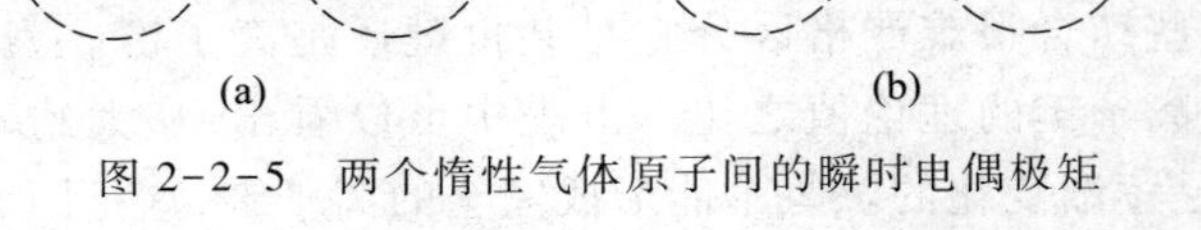

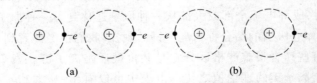

图 2-2-5　两个惰性气体原子间的瞬时电偶极矩

为了简单起见,用一个简化的模型来讨论这个问题。考虑两个相距为 r 的全同线性谐振子,每个振子具有电荷±e,相距 x_1 和 x_2。当 x_1、x_2 变化时,电偶极矩随之变化,如图 2-2-6 所示。当两个振子没有相互关联时,系统的哈密顿量是

$$H_0=\frac{1}{2m}p_1^2+\frac{1}{2}\beta x_1^2+\frac{1}{2m}p_2^2+\frac{1}{2}\beta x_2^2 \tag{2.2.7}$$

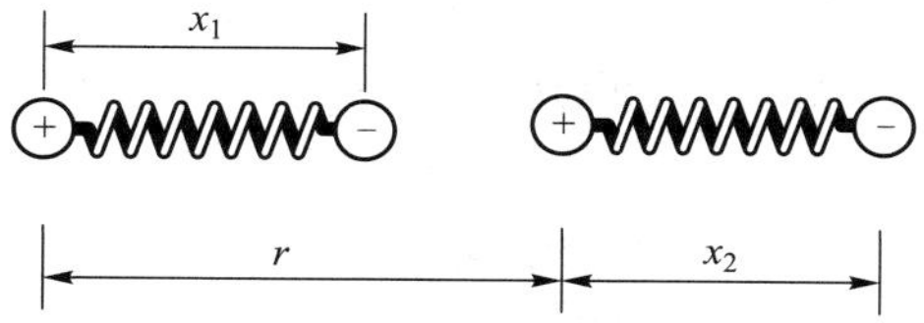

图 2-2-6　两个全同谐振子的配置

其中 m 为电子质量,p_1、p_2 表示电子动量,β 为力常数。未耦合时,两个谐振子具有相同的振动频率

$$\omega_0=(\beta/m)^{1/2} \tag{2.2.8}$$

当两个振子相互耦合时,它们的库仑相互作用势为

$$H_1=\frac{e^2}{r}+\frac{e^2}{r-x_1+x_2}-\frac{e^2}{r+x_2}-\frac{e^2}{r-x_1} \tag{2.2.9}$$

由于 $|x_1|\ll r$, $|x_2|\ll r$,将其展开至二次项有

$$H_1\approx-\frac{2e^2x_1x_2}{r^3} \tag{2.2.10}$$

系统总的哈密顿量是

$$H=H_0+H_1 \tag{2.2.11}$$

这是一个二次型的哈密顿量。引入简正坐标

$$\begin{cases} x_s=\dfrac{1}{\sqrt{2}}(x_1+x_2),x_a=\dfrac{1}{\sqrt{2}}(x_1-x_2) & (2.2.12\text{a})\\ p_s=\dfrac{1}{\sqrt{2}}(p_1+p_2),p_a=\dfrac{1}{\sqrt{2}}(p_1-p_2) & (2.2.12\text{b})\end{cases}$$

使哈密顿量对角化:

$$H=\left[\frac{1}{2m}p_s^2+\frac{1}{2}\left(\beta-\frac{2e^2}{r^3}\right)x_s^2\right]+\left[\frac{1}{2m}p_a^2+\frac{1}{2}\left(\beta+\frac{2e^2}{r^3}\right)x_a^2\right] \tag{2.2.13}$$

可见在简正坐标下,两个耦合振子变成两个独立的振子,它们的振动频率是

$$\omega_{s,a}=\left[\left(\beta\mp\frac{2e^2}{r^3}\right)/m\right]^{1/2}\approx\omega_0\left[1\mp\frac{1}{2}\left(\frac{2e^2}{\beta r^3}\right)-\frac{1}{8}\left(\frac{2e^2}{\beta r^3}\right)^2+\cdots\right] \tag{2.2.14}$$

系统的零点振动能量是 $\frac{1}{2}\hbar(\omega_s+\omega_a)$。考虑相互作用后系统的能量降低

$$\Delta E(r)=\frac{1}{2}\hbar(\omega_s+\omega_a)-2\cdot\frac{1}{2}\hbar\omega_0=-\hbar\omega_0\cdot\frac{1}{8}\left(\frac{2e^2}{\beta r^3}\right)^2=-\frac{A}{r^6} \tag{2.2.15}$$

这是一种吸引相互作用,它与两个振子之间距离 r 的 6 次方成反比。这个模型虽然简单,但与伦敦详细的计算结果是一致的。从式(2.2.15)还可以看到,当$\hbar\to 0$时,$\Delta E\to 0$,在这种意义上,范德瓦耳斯相互作用是一种量子效应。

范德瓦耳斯键是由于相邻原子或分子中的瞬时电偶极矩借助于静电场而相互关联的,这种关联产生一个平均的净吸引力。这个力类似于金属键,既没有方向性,也没有饱和性。所以惰性原子晶体的结构类似于金属,多采用密堆积方式,除了^{3}He、^{4}He 外,全部是 fcc 结构。此外,有机分子结晶时,也是采用密堆积方式。同时由于范德瓦耳斯键是一种弱键,通常只有在极低的温度下,才能得到完全由范德瓦耳斯键结合的晶体。

五、氢键结合

为了叙述完整起见,值得一提的另一种弱键是氢键。虽然氢键在大多数传统的固体材料中,较少出现,但在诸如冰和很多有机分子材料中起重要的作用。

氢原子属于ⅠA 族元素,但是核外只有一个电子,电离能很大,比较难形成纯粹的离子键。在一定条件下,氢原子可以同时与两个负电性很大,而原子半径较小的原子(例如,O、F、N)相结合形成氢键。

一个典型的例子是水。氧的价电子组态是 $2s^22p^4$,它可以构成四个 sp^3 杂化轨道。其中两个同氢原子形成共价键,由于氧的负电性较大,它是极性共价键。在极端情况下,成键后氢原子裸露出带正电的氢核。另外两个杂化轨道被氧原子的电子双重占据。于是氧的 6 个价电子,有两个用于成键,余下四个处于"备用"轨道。因此,水分子的形状有点像正四面体,两个氢原子所占据的正四面体顶角带正电,另外两个顶角带负电。这样,一个分子的正顶角和另一个分子的负顶角,通过电偶极矩静电吸引构成氢键,它是一种呈弱离子性的键合,键能约为 0.1 eV 的量级。水分子由氢键缔合成液态水或固态冰。图 2-2-7表示冰中水分子的排列,可以清楚地看到,每个氧原子四周有两个短的共价键(强键)和两个长的氢键(弱键)。

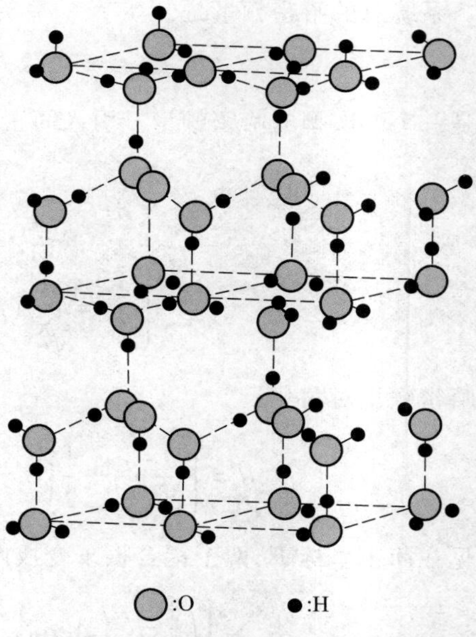

图 2-2-7　冰中水分子的排列

因为氢键是由裸露的质子与其他原子构成,质子的尺寸很小,因此,只允许与两个近邻原子成键,当第三个原子要与它结合时,就会受到由于电子云重叠产生的排斥作用。在这种意义上,氢键具有饱和性。

其他包含氢键结合的例子有:DNA 分子的螺旋构

形，它是由同一长链分子的不同部分之间的氢键形成的；某些有机化合物例如醇、羧酸、酰胺的结合过程中，氢键也起决定作用；铁电晶体磷酸二氢钾中亦具有氢键结合。

六、混合键结合

上面我们讨论了金属键、共价键、离子键、范德瓦耳斯键和氢键五种基本的结合类型。但是，许多分子或晶体的结合不单纯属于上述五种之一，而是综合性的。

金刚石的同素异构体石墨就是一个典型的例子。金刚石和石墨都是全碳晶体，金刚石结构受四面体 sp^3 杂化键的支配。对于碳来说，虽然 sp^3 杂化常常碰到，但是碳也可以形成少于四个键。例如，s 态可以与 p_x、p_y 组合，构成在 $x-y$ 平面内三个等价的、归一化的 s-p 杂化轨道波函数：

$$\psi_1=\frac{1}{\sqrt{3}}(\varphi_{2s}+\sqrt{2}\varphi_{2p_x}) \tag{2.2.16a}$$

$$\psi_2=\frac{1}{\sqrt{6}}(\sqrt{2}\varphi_{2s}+\sqrt{3}\varphi_{2p_y}-\varphi_{2p_x}) \tag{2.2.16b}$$

$$\psi_3=\frac{1}{\sqrt{6}}(\sqrt{2}\varphi_{2s}-\sqrt{3}\varphi_{2p_y}-\varphi_{2p_x}) \tag{2.2.16c}$$

这三个杂化轨道指向三角形的三个顶角，如图 2-2-8 所示。这个对称性较低的态称为 sp^2 杂化轨道，轨道之间夹角为 120°，这时 p_z 态保持不变，垂直于纸面。

许多碳原子依靠 sp^2 杂化轨道共价结合，排列成平面蜂窝状结构。在每一层内，每个原子多余的 p_z 电子，形成金属键。层与层之间依靠范德瓦耳斯键，结合成三维石墨晶体，如图 2-2-9 所示。因此，石墨像是一种二维金属，仅在这些层的平面内具有良好的导电性。由于石墨结构的层间结合很弱，因而易于解理，使石墨具有润滑性。

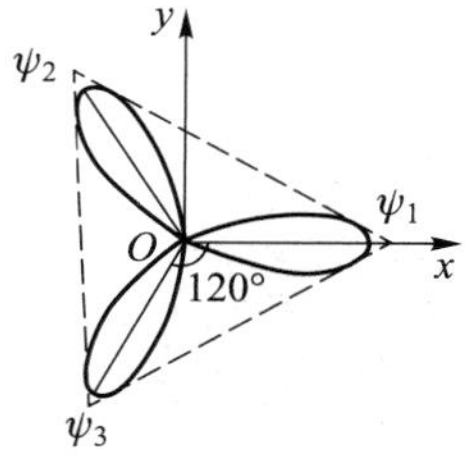

图 2-2-8　sp^2 杂化轨道

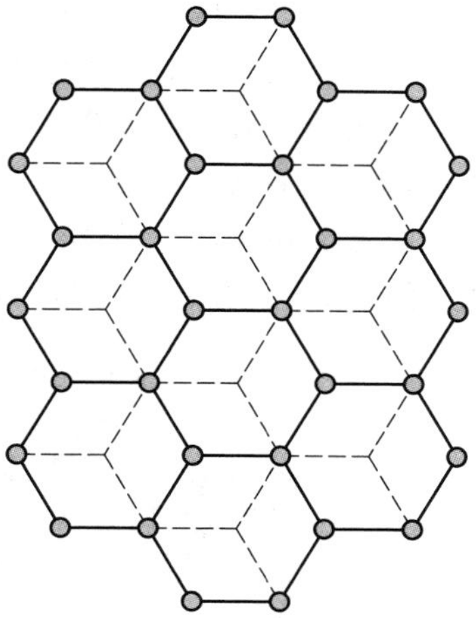

图 2-2-9　石墨结构的平面示意图
基本单元是一层碳原子彼此共价结合成六角蜂窝状结构，虚线表示下一层的位置

另一个有趣的例子是,近年来发现的 C_{60} 分子和由它构成的固体。1985 年激光蒸发实验表明,60 个碳原子由共价结合可以构成一种高稳定的团簇结构。60 个碳原子形成一个封闭的笼状分子。它由 20 个准六边形(类似于苯环)和 12 个五边形构成,形状酷似一个足球,直径约 7 Å,称为布基球,如图 2-2-10 所示。在一个 C_{60} 分子中,存在着两种不同的 C-C 键。五边形由碳原子的 sp^3 杂化轨道共价成键而成,五边形的键角 108°非常接近理想的 sp^3 杂化轨道的夹角 109°28′。而六边形涉及部分 sp^2 杂化轨道。两个六边形的共棱是由碳原子间的 sp^2 和 sp^3 杂化轨道形成的双键,键长约 1.40 Å,区间电子浓度稍大。五边形和六边形共棱仅为 sp^3 杂化轨道形成的单键,键长约为 1.45 Å,区间电子浓度稍小。这样看来,似乎每个碳原子的四个价电子都被用于成键。但是仔细分析发现,不像石墨和金刚石,这里涉及的都不是理想的 sp^2 和 sp^3 键合。例如五边形中键角与轨道夹角存在差异,六边形中存在长、短键,并不是正六边形。因此在球内、球外皆围绕由部分电子构成的 π 电子云。

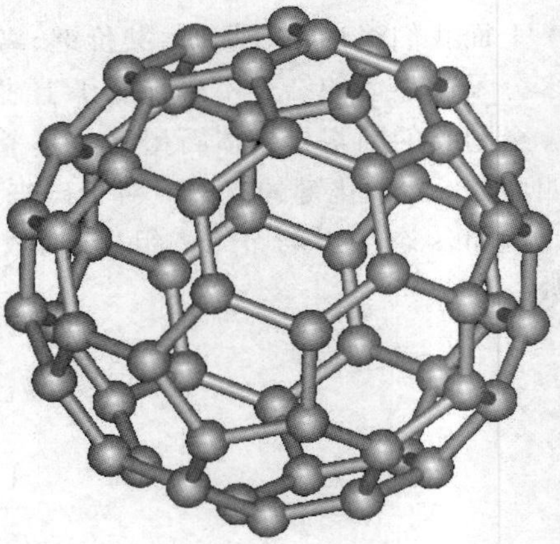

图 2-2-10 C_{60} 分子结构示意图

C_{60} 分子之间主要通过范德瓦耳斯键结合,密堆形成固态晶体。这是除金刚石和石墨之外,固体碳的另一种存在形态。可是从对称性考虑,C_{60} 分子具有二十面体点群对称性,五边形中心是 5 次对称轴,它与晶体的平移对称性不相容。然而如果 C_{60} 分子在格点上进行热无序转动或取向统计无序分布,使 C_{60} 分子本身的表观对称性上升为球对称,就可以形成晶态 C_{60} 固体。实际上,当温度高于 260 K 时,C_{60} 晶体具有面心立方结构,260 K 以下,转变为简单立方结构。

近几年来,人们还制备了所谓的碳纳米管或称为布基管。碳纳米管的结构由 sp^2 杂化轨道形成的单层石墨卷曲形成,如图 2-2-11 所示。这种管非常细,直径可小于 0.5 nm,而长度可达其直径的数千倍。碳纳米管是理想的一维导体,有了这种纳米管,今后制造计算机及其电子器件用的电路板会比目前的更小。另外纳米管还有一个很明显而又十分有用的特点,即其比表面积(单位质量物质的表面积)特别大,1 g 碳纳米管的表面积竟可达到数百平方米之巨。这自然是其多孔构造所提供的。表面积大,可以吸附大量气体,这使碳纳米管找到了最重要的应用——贮存氢气。除此以外,碳纳米管还有许多新奇的物性和潜在的应用背景。

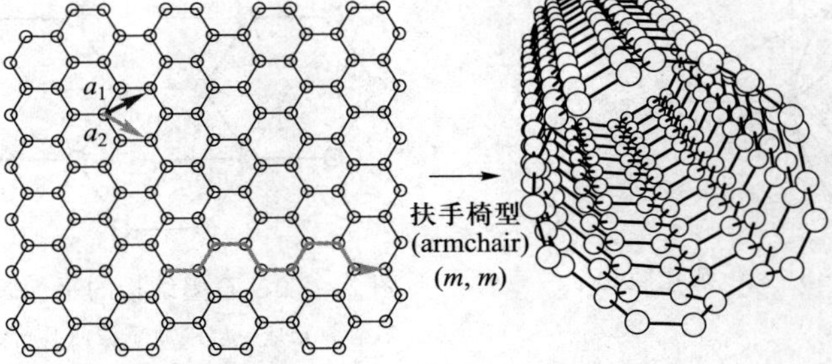

图 2-2-11 碳纳米管

作为研究三维石墨物理性质的基础，P.R.Wallace 早在 1947 年就已经研究过单层石墨（石墨烯）的电子结构，其中布里渊区中出现的两个有手性的新颖无质量狄拉克电子色散关系尤其令人瞩目。然而制备出无须依赖支撑物的独立的石墨烯并对其进行表征和物性测量是 A. Geim 和 K.Novoselov 2004 年首次在实验上实现的。他们采用胶带剥落方法成功地将单层和多层石墨移植到二氧化硅衬底，从而吹响了研究石墨烯物理性质的号角。研究结果表明石墨烯具有非常大的比表面积（2 630 m^2/g），抗张强度（130 GPa）和杨氏模量（1 TPa）。重 0.77 mg 的 1 m^2 石墨烯吊床可以承受一只 4 kg 猫的重量。石墨烯在狄拉克点处具有高能粒子的能量动量色散关系，费米速度达到 10^6 m/s。同时石墨烯能带电子在室温具有非常高的电子迁移率（15 000 $cm^2 \cdot V^{-1} \cdot s^{-1}$）和热导率（2 500 $W \cdot m^{-1} \cdot K^{-1}$）。由于其优异的物理化学性质，石墨烯不仅展示出丰富的新颖的量子效应，而且在传感器、电子器件和自旋电子器件等领域有着广泛的应用前景。

§2.3　结　合　能

前面一节中，我们定性地对结合的类型进行了一般的讨论。我们知道要严格地从薛定谔方程出发解决晶体的结合问题是相当困难的。例如，关于金属结合能和晶格常量的详细计算，可以追溯到 20 世纪 30 年代的 W-S 元胞法和近年来发展的局域密度泛函理论。这些方法已超越了本书的范围。但是，物理学中有另一种解决问题的途径，就是采用实验和理论相结合的唯象方法。

一、内能函数与结合能

1. 内能函数与结合能

原子凝聚成晶体后，系统的能量将降低。因为只有在晶体的总能量低于原子或分子处于自由状况下的总能量时，晶体才能是稳定的。定义原子结合成晶体后释放的能量 W 为结合能。晶体的内能 U 是系统的总能量，即动能与势能之和。如果把分散原子的总能量作为能量的零点，则有

$$U = 0 - W = - W \tag{2.3.1}$$

晶体的内能总可以写为吸引势能与排斥势能之和：

$$U = \text{吸引势能} + \text{排斥势能} \tag{2.3.2}$$

排斥势能本质上表现为系统的动能，它总是一种短程相互作用，且为正量。吸引势能是长程相互作用，为负量。只有这样，总的内能函数曲线才有极小点，它对应于晶体的平衡体积 V_0，如图 2-3-1 所示。

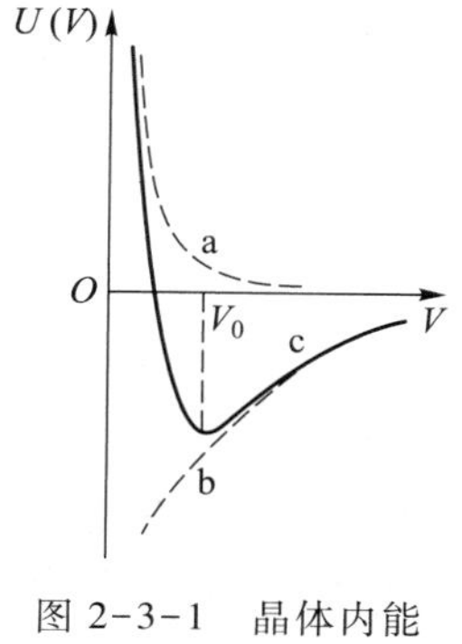

图 2-3-1　晶体内能函数示意图

a：短程排斥势能；

b：长程吸引势能；

c：总的内能函数

2. 内能函数与宏观可测物理量，晶体的平衡体积 V_0 和体弹模量 B 的关系

热力学第一定律表述为

$$dU = TdS - pdV \tag{2.3.3}$$

零温时

$$dU=-p\,dV \tag{2.3.4}$$

由于外压强通常很小,$p=0$,决定了晶体的平衡体积,即

$$\left.\frac{dU}{dV}\right|_{V_0}=0 \tag{2.3.5}$$

式(2.3.5)将晶体的内能函数与晶体的平衡体积 V_0 或平衡晶格常量 a_0 联系起来。

晶体的体弹模量定义为

$$B=-V\frac{dp}{dV} \tag{2.3.6}$$

由式(2.3.4)得到

$$B=V\frac{d^2U}{dV^2} \tag{2.3.7}$$

体弹模量是晶体刚性的一种量度或产生给定的形变所需压强的量度。体积弹性模量越高,晶体刚性越大。式(2.3.7)提供了另一独立的表征内能函数与晶体宏观性质的关系。

下面我们将以离子晶体和惰性气体的晶体为例,来说明晶体结合的唯象理论。

二、离子晶体的结合能

1. 静电吸引势

离子晶体由具有闭合电子壳层的正、负离子相间排列组成。离子键由电荷异号的离子间静电库仑相互作用产生。以 NaCl 晶体为例,设原点处为一正离子,正负离子间距为 r。任一离子与原点的距离为

$$(n_1^2r^2+n_2^2r^2+n_3^2r^2)^{1/2} \tag{2.3.8}$$

其中 n_1、n_2、n_3 为整数。当 $n_1+n_2+n_3$ = 偶数时,对应于正离子,当 $n_1+n_2+n_3$ = 奇数时,对应于负离子。因为经典库仑作用是长程相互作用,因此一个正离子的平均库仑能为

$$\frac{1}{2}\frac{1}{4\pi\varepsilon_0}\sum_{n_1,n_2,n_3}{}'\frac{(-1)^{n_1+n_2+n_3}e^2}{(n_1^2+n_2^2+n_3^2)^{1/2}r} \tag{2.3.9}$$

$\sum'$ 表示求和不包括 $n_1=n_2=n_3=0$,$\frac{1}{2}$ 是由于每一项能量为两个离子共有,$(-1)^{n_1+n_2+n_3}$ 正好照顾到正负离子电荷的差别。对于负离子的平均库仑能,将 $e\to-e$ 不影响结果。因此,一对正负离子(或一个元胞)的平均库仑能为

$$\frac{1}{4\pi\varepsilon_0}\frac{e^2}{r}\sum_{n_1,n_2,n_3}{}'\frac{(-1)^{n_1+n_2+n_3}}{(n_1^2+n_2^2+n_3^2)^{1/2}}=-\frac{1}{4\pi\varepsilon_0}\frac{\alpha e^2}{r} \tag{2.3.10}$$

其中 $\alpha=-\sum'\frac{(-1)^{n_1+n_2+n_3}}{(n_1^2+n_2^2+n_3^2)^{1/2}}$ 称为马德隆(Madelung)常数。它完全取决于晶体结构,是一个无量纲

量。由于求和总体为负数，所以 α 是正数。例如，对于 NaCl、CsCl 和 ZnS 结构，α 分别为 1.747 6，1.762 7，1.638 1。式(2.3.10)就是离子晶体平均每一个元胞所具有的长程库仑吸引势，它与 r 的一次方成反比，称为马德隆能。

2. 重叠排斥能

离子晶体的排斥能起因于满壳层离子之间电子云的交叠，它将导致电子向高能态激发。重叠排斥能显然是一种量子效应。由于重叠排斥是短程互作用，它总可以写成随离子间距陡峻衰减的函数 b/r^n，其中 b 和 n 为待定量。对于 NaCl 结构，只考虑最近邻离子电子云的重叠，每个离子周围有 6 个近邻，一对离子(或一个元胞)的平均排斥能为

$$\frac{6b}{r^n} \tag{2.3.11}$$

3. 离子晶体的结合能

设晶体具有 N 个元胞，则晶体的内能函数

$$U = N\left(-\frac{1}{4\pi\varepsilon_0}\frac{\alpha e^2}{r}+\frac{6b}{r^n}\right) = N\left(-\frac{A_1}{r}+\frac{A_n}{r^n}\right) \tag{2.3.12}$$

其中，$A_1=\dfrac{\alpha e^2}{4\pi\varepsilon_0}$，$A_n=6b$。由式(2.3.5)，注意到对于 NaCl 结构，$V=2Nr^3$($2r^3$ 为元胞体积)，$\mathrm{d}V=6Nr^2\mathrm{d}r$，得到

$$\left.\frac{\mathrm{d}U}{\mathrm{d}V}\right|_{V_0} = \left.\frac{\mathrm{d}U}{\mathrm{d}r}\frac{\mathrm{d}r}{\mathrm{d}V}\right|_{r_0} = \left.\frac{1}{6Nr_0^2}\frac{\mathrm{d}U}{\mathrm{d}r}\right|_{r_0} = \frac{N}{6Nr_0^2}\left(\frac{A_1}{r_0^2}-\frac{nA_n}{r_0^{n+1}}\right)=0 \tag{2.3.13}$$

其中 r_0 为平衡时的离子间距。由此得到

$$\frac{A_n}{A_1}=\frac{1}{n}r_0^{n-1} \tag{2.3.14}$$

再由式(2.3.7)，有

$$B = V\left.\frac{\mathrm{d}^2U}{\mathrm{d}V^2}\right|_{V_0} = \left.\frac{1}{18Nr_0}\frac{\mathrm{d}^2U}{\mathrm{d}r^2}\right|_{r_0} = \frac{(n-1)\alpha e^2}{4\pi\varepsilon_0 18r_0^4} \tag{2.3.15}$$

因此，测量出晶体的体弹模量 B 和平衡时的晶格参量 r_0，由式(2.3.14)和式(2.3.15)可以确定 n 和 b。一般的离子晶体 n 在 8~10 之间。晶体的结合能

$$\begin{aligned}W &= -U(r_0) = \frac{NA_1}{r_0}\left(1-\frac{1}{r_0^{n-1}}\frac{A_n}{A_1}\right)\\ &= \frac{1}{4\pi\varepsilon_0}\frac{N\alpha e^2}{r_0}\left(1-\frac{1}{n}\right)\end{aligned} \tag{2.3.16}$$

由式(2.3.16)可见，离子晶体的结合能主要来自库仑静电能，排斥能只占 $1/n$。而根据式(2.3.15)可知，体积弹性模量的贡献主要来源于排斥能，n 越大，B 越大。

4. NaCl 结构马德隆常数的计算

马德隆常数定义为

$$\alpha = -\sum_{n_1 n_2 n_3}{}' \frac{(-1)^{n_1+n_2+n_3}}{(n_1^2+n_2^2+n_3^2)^{1/2}}$$

对 NaCl 结构,取一个正离子为参考点,当 n_1、n_2、n_3 三个整数中一个取±1,其他两个取 0 时,代表 6 个最近邻,用[100]表示。同理[110]代表 12 个次近邻。随着间距的增大,依次为[111]8 个离子,[200] 6 个离子,[210] 24 个离子,[211]24 个离子……。于是得到

$$\alpha = 6\times 1 - 12\times\frac{1}{\sqrt{2}} + 8\times\frac{1}{\sqrt{3}} - 6\times\frac{1}{\sqrt{4}} + 24\times\frac{1}{\sqrt{5}} - 24\times\frac{1}{\sqrt{6}} + \cdots$$

$$= 6 - 8.48 + 4.26 - 3.00 + 10.73 - 9.8 + \cdots$$

可见,α 是一交差级数,通常得不到一个收敛的结果。这是库仑长程作用的结果。

埃佛琴(H.M.Evjen)等人发展了一种快速收敛的计算方法。他的思想是将晶体划分成一系列中性单元,每个单元既没有纯电荷也没有偶极子。这样当计算参考离子所在单元与其他单元间的库仑作用时,各个单元的贡献随着距离的增加而迅速衰减。所以往往只需在少数几个中性单元中求 α,就可得到相当准确的 α 值。

对于 NaCl 结构,取其单胞为中性单元。每个单胞中平均只有 8 个离子。除单胞中心的离子外,在面中心的离子只有 1/2 属于此单胞,这种离子有 6 个;在棱边上的离子只有 1/4 属于此单胞,这类离子有 12 个;在顶角上的离子只有 1/8 属于此单胞,这类离子有 8 个。因此单胞中的电荷为 $e-3e+3e-e=0$,恰为一中性单元。同样可以证明该中性单元的偶极子为 0,作为一级近似,仅在此中性单元内计算马德隆常数:$\alpha=6\times\frac{1}{2}-\frac{12}{\sqrt{2}}\times\frac{1}{4}+\frac{8}{\sqrt{3}}\times\frac{1}{8}\approx 1.456$。

如果认为精确度不够,将立方体扩大 8 倍,即在 8 个中性单元中求 α。注意此时,位于[100][110][111]的离子全在立方体内;而[200][210][211]离子在面上;[220][221]…在棱边上;[222]诸离子在顶角上,于是

$$\alpha = 6 - 12\times\frac{1}{\sqrt{2}} + 8\times\frac{1}{\sqrt{3}} - 3\times\frac{1}{\sqrt{4}} + 12\times\frac{1}{\sqrt{5}} - 12\times\frac{1}{\sqrt{6}} -$$

$$3\times\frac{1}{\sqrt{8}} + 6\times\frac{1}{\sqrt{9}} - \frac{1}{\sqrt{12}} \approx 1.752$$

更精确地,$\alpha\approx 1.747\ 558$,可见收敛很快。

如果要对离子晶体结合能作进一步精确计算,应当应用量子力学方法,计及范德瓦耳斯力(感生偶极矩)、四极矩及晶体的零点振动能。

三、惰性气体晶体的结合能

惰性气体原子依靠范德瓦耳斯键结合成晶体。原子间的吸引势由式(2.2.15)给出,它与两个原子的间距 r 的 6 次方成反比。当原子间距足够近时,电子云的交叠导致泡利排斥势的出现。

当两个具有闭合壳层的原子电荷交叠时,B 原子的电子倾向于部分占据 A 原子的某些态,后者本来已为 A 原子的电子所占据;A 原子对 B 原子态也有同样的倾向。泡利原理阻止多重占据。因此,电子云的交叠必须伴随部分电子激发到原子未被占据的高能态,使系统的总能量增加,对相互作用给出排斥性贡献。这里不准备从基本原理出发来计算排斥相互作用,只是给出一个 A_{12}/r^{12}形式的经验排斥势。将它与吸引势结合,给出间距为 r 的两个原子总的经验势:

$$V(r) = -\frac{A_6}{r^6} + \frac{A_{12}}{r^{12}} \tag{2.3.17}$$

其中,A_6 和 A_{12}是两个待定参量。通常令 $4\varepsilon\sigma^6 = A_6$,$4\varepsilon\sigma^{12} = A_{12}$,上式可写为

$$V(r) = 4\varepsilon\left[\left(\frac{\sigma}{r}\right)^{12} - \left(\frac{\sigma}{r}\right)^{6}\right] \tag{2.3.18}$$

式(2.3.18)称为伦纳德-琼斯(Lennard-Jones)势,ε 表示势能的强度,σ 表示相互作用力的力程。图 2-3-2 表示两个惰性气体原子的伦纳德-琼斯势。曲线的极小值出现在 $r/\sigma = 2^{1/6} \approx 1.12$ 处,U 的极小值为$-\varepsilon$,在极小值的左边曲线十分陡峭,而极小值右边曲线十分平坦。

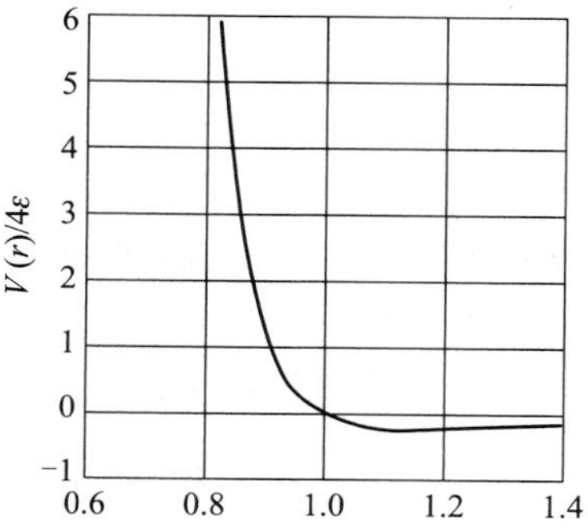

图 2-3-2　伦纳德-琼斯势

如果晶体包含 N 个原子,总的内能

$$U(r) = \frac{1}{2}N(4\varepsilon)\left[\sum_j{}'\left(\frac{\sigma}{P_{0j}r}\right)^{12} - \sum_j{}'\left(\frac{\sigma}{P_{0j}r}\right)^{6}\right] \tag{2.3.19}$$

其中 $P_{0j}r$ 表示参考原子 0 同其他任一原子 j 之间的距离。式中因子 1/2 是因为每项相互作用势为一对原子所共有。求和 $\sum_j{}'\frac{1}{P_{0j}^n}$ 是只与结构有关的参数。对于面心立方结构有

$$\sum_j{}'P_{0j}^{-12} = 12.131\ 88;\quad \sum_j{}'P_{0j}^{-6} = 14.453\ 92 \tag{2.3.20}$$

与离子晶体情况相比较,伦纳德-琼斯势是短程相互作用势,因此,最近邻提供了惰性气体晶体的大部分相互作用能,上面两个级数收敛很快。对于面心立方结构,仅取 12 个近邻求和,其值与准确值相差不多。六角密堆结构相应的求和数值为 12.132 29 和 14.454 89。

根据系统内能 $U(r)$ 作为最近邻间距 r 的函数取极小值的要求,可以得出平衡晶格参量 r_0:

$$\left.\frac{\mathrm{d}U}{\mathrm{d}r}\right|_{r_0} = -2N\varepsilon\left(12\times 12.13\frac{\sigma^{12}}{r_0^{13}} - 6\times 14.45\frac{\sigma^6}{r_0^7}\right) = 0 \tag{2.3.21}$$

由此得

$$\frac{r_0}{\sigma} = 1.09 \tag{2.3.22}$$

对于所有具有面心立方结构的元素,它是一个普适常数。但是,不同的元素 r_0/σ 的实验值略有

差别:

	Ne	Ar	Kr	Xe
$\frac{r_0}{\sigma}$	1.14	1.11	1.10	1.09

可见元素越重,与式(2.3.22)符合得越好。

将式(2.3.20)和式(2.3.22)代入式(2.3.19),便得到在绝对零度和零压下,惰性气体晶体的基态能量和结合能:

$$W=-U(r_0)=-2N\varepsilon\left[12.13\left(\frac{\sigma}{r_0}\right)^{12}-14.45\left(\frac{\sigma}{r_0}\right)^{6}\right]$$
$$=2.15(4N\varepsilon) \tag{2.3.23}$$

对于所有惰性气体都有相同的结果。式中 ε 可由体积弹性模量的实验值得到:

$$B=V\left.\frac{\mathrm{d}^2U}{\mathrm{d}V^2}\right|_{V_0}=\frac{75}{\sigma^3}\varepsilon$$

而 σ 由实验测出,平衡晶格参量 r_0 由式(2.3.22)确定。

惰性气体晶体的结合是依靠范德瓦耳斯键,原子间相互作用很弱,因此原子的零点振动显得很重要。如果计算中包括零点振动能贡献的量子力学修正,它将使 Ne、Ar、Kr 和 Xe 的结合能由式(2.3.23)所示值分别降低 28%,10%,6%和 4%。与$\frac{\sigma}{r_0}$的变化情况一样,原子越重,修正越小,因为原子越重零点振动越小。

根据量子力学中的“不确定性原理”,原子的坐标与动量不能同时精确确定。如果坐标的不确定度 $\Delta x=3$ Å,那么动量的不确定度 $\Delta p_x\approx\hbar/\Delta x=0.35\times10^{-24}$ J·s/m,零点振动能为$(\Delta p)^2/2m$,反比于原子的质量 m。He 是最轻的惰性气体,$(\Delta p)^2/2m_{\mathrm{He}}\approx2.8\times10^{-23}$ J,相当于 2 K 温度。因此,零点振动对于 He 表现得特别重要。零点振动能大于原子间的范德瓦耳斯能,导致晶格不稳定。过去,人们尝试在接近绝对零度的条件下,将液氦固化,结果都失败了,只有外加 20 多个大气压,才能得到固态氦。能斯特(Nernst)把“只能接近,而不能达到绝对零度”表述为热力学第三定律。近年来,实验室达到的最低温度已非常接近绝对零度。1980 年达到 0.1 mK,1983 年达到 0.03 mK,最近已达到 10^{-9} K。宇宙的背景温度大约为 2.17 K,因此人们已在实验室中制造出未曾在宇宙其他地方发现过的极端温度条件。

第三章　晶格动力学和晶体的热学性质

在前面的一章中，我们讨论了晶体的结合类型和结合能，当晶体中原子之间的距离较大时，原子间会出现某种形式的吸引力，当原子之间的距离较小时，由于泡利不相容原理引起的电子云的排斥力就会迅速上升。这些相反的作用力之间的平衡决定着平衡时原子间距，形成晶体基态的构形，其结合能来自系统基态能量的降低。

本章授课视频

实际上，在任何有限温度下（或受到某种弱外场的激发），晶体中的原子都会在平衡位置附近作微振动，也就是晶体处于激发态。基态和激发态的性质决定了它的宏观物性。从晶体中原子的振动出发去讨论晶体的宏观物性，常称为晶格动力学。

晶格动力学的研究是从讨论晶体热学性质开始的。热运动在宏观性质上最直接的表现就是比热容。早在 19 世纪，根据经典统计理论的能量均分定律，把比热容与原子振动联系起来，说明了杜隆-珀蒂（Dulong-Petit）经验规律。但经典理论不涉及原子的振动频率，任何晶体的比热容只决定于系统的自由度而与温度无关，因此不能解释在低温下，比热容随温度下降而减少的实验事实。1907 年，爱因斯坦（A. Einstein）把晶体中的原子看成一些具有相同频率 ω_E 并能在空间自由振动的独立振子。根据普朗克（M. Planck）的量子假设，每个振子的能量以 $\hbar\omega_E$ 为单位量子化，得到 $T\to0$ K 时，比热容趋于 0 的结论。爱因斯坦开创了固体比热容量子理论的先河。虽然如此，由于爱因斯坦理论是建立在一个过于简单的晶体模型上的，所以超过某一温度范围，它对任何材料都不能给出正确的结果。1913 年玻恩（M. Born）和冯卡门（von Karman）在他们发表的"关于比热容理论"的论文中，考虑了一个比较真实的周期性晶格模型，提出这样一个系统的运动不易用个别原子的振动去描述，而最容易用具有一定波矢、频率和偏振的行波来表示，称为系统的简正模，每个波的能量与具有相同频率的谐振子一样是量子化的。与晶体相联系的波的频率不是单一频率，而是具有一定的频率分布，这个频率分布按复杂的规律依赖于原子间的相互作用。实际上，在 1912 年德拜（P. Debye）以同一题目发表的论文中提出了一个理论，它把简正模近似看成一个连续的、各向同性的介质中的波，而不是集中在一些分立格点上振动的波。原则上说它比玻恩-冯卡门理论在精确度上要稍差一些，但由于德拜理论简单，实际上却更加成功。

晶格动力学的意义不限于热学性质。固体物理的各个分支，例如晶体的光学性质、介电性质、电学性质以及电子、光子和晶体相互作用的微观过程等都可以应用晶格动力学理论对它们作比较统一的论述。玻恩和黄昆在 1954 年出版的《晶格动力学理论》一书，至今仍然是关于这门学科许多方面的权威著作。

§3.1　简正模和格波

本节将从晶体的内禀性质，即原子之间的相互作用出发，在简谐近似下去讨论晶格的本征振动,即简正模,并利用晶格的周期性证明晶体中的一个简正模对应一个振幅调制的平面波,称为格波。晶体中,与任意原子振动相关的激发,只是这些本征振动的线性叠加。

一、微振动理论——简正模

设晶体中包含 N 个原子,有 $3N$ 个自由度,对应 $3N$ 个位移矢量分量 $u_i(i=1,2,\cdots,3N)$,它表示原子对平衡位置的偏离。引入约化坐标 $q_i=\sqrt{m_i}u_i$,其中 m_i 为 u_i 对应原子的质量。系统的哈密顿量可写为

$$\begin{aligned} H &= T + V(q_1,q_2,\cdots,q_{3N}) \\ &= \frac{1}{2}\sum_{i=1}^{3N}\dot{q}_i^2 + V(0) + \sum_i\left(\frac{\partial V}{\partial q_i}\right)_0 q_i + \frac{1}{2}\sum_i\sum_j\left(\frac{\partial^2 V}{\partial q_i\partial q_j}\right)_0 q_iq_j + \text{高次项} \end{aligned} \tag{3.1.1}$$

式中 T 为动能项,V 为势能项,并在平衡位置附近将势能项展开。如果取平衡位置势能 $V(0)=0$,考虑到在平衡位置势场的一阶导数为 0,在简谐近似下,略去势能展开式中的高次项,仅仅保留二次项,得到

$$H=\frac{1}{2}\sum_i\dot{q}_i^2+\frac{1}{2}\sum_{ij}\lambda_{ij}q_iq_j \tag{3.1.2}$$

这是一个二次型的哈密顿量,其中 $\lambda_{ij}=\left(\frac{\partial^2 V}{\partial q_i\partial q_j}\right)_0$ 称为力常数。

由系统的拉格朗日函数 $L=T-V$,得到与 q_i 共轭的动量:

$$p_i=\frac{\partial L}{\partial \dot{q}_i}=\dot{q}_i \tag{3.1.3}$$

再由正则方程 $\dot{p}_i=-\frac{\partial H}{\partial q_i}$,得到 $3N$ 个耦合的振动方程:

$$\ddot{q}_i+\sum_j\lambda_{ij}q_j=0,\quad i=1,2,\cdots,3N \tag{3.1.4}$$

可见,直接用个别原子的坐标去描述系统的状态是十分困难的,因为要求解 $3N$ 个耦合方程。下面将看到,由于 H 是二次型的,可以通过正交变换,引入简正坐标,使问题简化。

通过引入位移矢量,系统的哈密顿量,式(3.1.2)可用下列简化形式表示为

$$H=\frac{1}{2}\dot{\boldsymbol{q}}^{\mathrm{T}}\dot{\boldsymbol{q}}+\frac{1}{2}\boldsymbol{q}^{\mathrm{T}}\boldsymbol{\lambda}\boldsymbol{q} \tag{3.1.5}$$

其中

$$\boldsymbol{q}=(q_1,q_2,\cdots,q_{3N})^{\mathrm{T}} \tag{3.1.6a}$$

$$\dot{\boldsymbol{q}}=(\dot{q}_1,\dot{q}_2,\cdots,\dot{q}_{3N})^{\mathrm{T}} \tag{3.1.6b}$$

$$\boldsymbol{\lambda}=(\lambda_{ij})_{3N\times 3N} \tag{3.1.6c}$$

这里,$\boldsymbol{q}$ 和 $\dot{\boldsymbol{q}}$ 分别表示坐标和动量分量的列矢量,$\boldsymbol{\lambda}$ 是一个对称方矩阵,因为 $\lambda_{ij}=\lambda_{ji}$,其本征值是

实数。

根据矩阵代数，一个实对称方阵 $\boldsymbol{\lambda}$，总能找到一个正交矩阵 $\boldsymbol{A}(a_{ij})$，使 $\boldsymbol{A}^{-1}\boldsymbol{\lambda}\boldsymbol{A}$ = 对角方阵 ω^2，

$$\omega^2 = \begin{pmatrix} \omega_1^2 & & & & 0 \\ & \omega_2^2 & & & \\ & & \ddots & & \\ & & & \ddots & \\ 0 & & & & \omega_{3N}^2 \end{pmatrix} \tag{3.1.7}$$

其中 $\omega_1^2,\omega_2^2,\cdots,\omega_{3N}^2$ 是方矩阵 $\boldsymbol{\lambda}$ 的本征值。正交矩阵 $\boldsymbol{A}$ 满足 $\boldsymbol{A}^{\mathrm{T}}\boldsymbol{A}=\boldsymbol{I}$，即 $\boldsymbol{A}^{\mathrm{T}}=\boldsymbol{A}^{-1}$，或者矩阵元素满足

$$\sum_j a_{ij}a_{kj} = \delta_{ik} \tag{3.1.8a}$$

$$\sum_i a_{ij}a_{ik} = \delta_{jk} \tag{3.1.8b}$$

前者表示本征模的完备性，后者表示本征模的正交性。

于是引入正交变换 $\boldsymbol{A}(a_{ij})$，有

$$\boldsymbol{q} = \boldsymbol{A}\boldsymbol{Q},\boldsymbol{q}^{\mathrm{T}} = \boldsymbol{Q}^{\mathrm{T}}\boldsymbol{A}^{\mathrm{T}} = \boldsymbol{Q}^{\mathrm{T}}\boldsymbol{A}^{-1} \tag{3.1.9a}$$

$$\dot{\boldsymbol{q}} = \boldsymbol{A}\dot{\boldsymbol{Q}},\dot{\boldsymbol{q}}^{\mathrm{T}} = \dot{\boldsymbol{Q}}^{\mathrm{T}}\boldsymbol{A}^{\mathrm{T}} = \dot{\boldsymbol{Q}}^{\mathrm{T}}\boldsymbol{A}^{-1} \tag{3.1.9b}$$

其中，$\boldsymbol{Q}$ 表示列矢量，$\boldsymbol{Q}=(Q_1,Q_2,\cdots,Q_{3N})^{\mathrm{T}}$，元素 $Q_j(j=1,2,\cdots,3N)$ 称简正坐标。同样 $\dot{\boldsymbol{Q}}=(\dot{Q}_1,\dot{Q}_2,\cdots,\dot{Q}_{3N})^{\mathrm{T}}$，$\dot{Q}_j$ 是 Q_j 对应的共轭动量。将式(3.1.9)代入式(3.1.5)，系统的哈密顿量变为

$$\begin{aligned} H &= \frac{1}{2}\dot{\boldsymbol{Q}}^{\mathrm{T}}\boldsymbol{A}^{-1}\boldsymbol{A}\dot{\boldsymbol{Q}} + \frac{1}{2}\boldsymbol{Q}^{\mathrm{T}}\boldsymbol{A}^{-1}\boldsymbol{\lambda}\boldsymbol{A}\boldsymbol{Q} = \frac{1}{2}\dot{\boldsymbol{Q}}^{\mathrm{T}}\dot{\boldsymbol{Q}} + \frac{1}{2}\boldsymbol{Q}^{\mathrm{T}}\omega^2\boldsymbol{Q} \\ &= \frac{1}{2}\sum_j(\dot{Q}_j^2 + \omega_j^2Q_j^2) = \frac{1}{2}\sum_j(P_j^2 + \omega_j^2Q_j^2) \end{aligned} \tag{3.1.10}$$

注意到 $P_j=\dot{Q}_j$，由正则方程得到

$$\ddot{Q}_j + \omega_j^2Q_j = 0,\quad j = 1,2,\cdots,3N \tag{3.1.11}$$

由此可见：

(1) 在简谐近似下，可以通过引入简正坐标，使系统的哈密顿量对角化，将 $3N$ 个耦合的微振动方程变为 $3N$ 个独立的谐振子方程，使问题简化。

(2) 每个谐振子以特定的频率 ω_j 振动，它描述体系的集体振动($3N$ 个 q_i 同时参与的振动)，称为体系的一个简正模。因为原子的位移坐标 q_i 与简正坐标之间存在正交变换关系式(3.1.9)，当体系只存在一个单模振动 Q_j(所有其他 $Q_{i\neq j}=0$)时，有

$$Q_j = C\mathrm{e}^{-\mathrm{i}\omega_j t}$$

$$q_i = \mathrm{Re}\sum_j a_{ij}Q_j = \mathrm{Re}\lfloor Ca_{ij}\mathrm{e}^{-\mathrm{i}\omega_j t}\rfloor,\quad i=1,2,\cdots,3N \tag{3.1.12}$$

可见 $3N$ 个 q_i 都以同样的频率 ω_j 振动。

(3) 如式(3.1.8)所示,所有的简正模构成一个正交、完备集,晶格的任何振动都可以表示为它们的线性组合。

上述经典理论可以直接过渡到量子理论,只需将 P_j 和 Q_j 看成量子力学中的共轭算符:

$$P_j = -\mathrm{i}\hbar\frac{\partial}{\partial Q_j},\quad Q_j = Q_j \tag{3.1.13}$$

得到系统的薛定谔方程为

$$\frac{1}{2}\sum_j\left(-\hbar^2\frac{\partial^2}{\partial Q_j^2}+\omega_j^2Q_j^2\right)\psi(Q_1,Q_2,\cdots,Q_{3N}) = E\psi(Q_1,Q_2,\cdots,Q_{3N}) \tag{3.1.14}$$

由于哈密顿算符中没有交叉项,可以分离变量,对其中的每一个简正坐标,有

$$\frac{1}{2}\left(-\hbar^2\frac{\partial^2}{\partial Q_j^2}+\omega_j^2Q_j^2\right)\varphi(Q_j) = \varepsilon_j\varphi(Q_j) \tag{3.1.15}$$

它是一个谐振子方程,其解为

$$\varepsilon_j = \left(n_j+\frac{1}{2}\right)\hbar\omega_j \tag{3.1.16a}$$

$$\varphi_{n_j}(Q_j) = \frac{1}{\sqrt{\sqrt{\pi}\,2^{n_j}n_j!}}\sqrt[4]{\frac{\omega_j}{\hbar}}\exp\left(-\frac{\xi^2}{2}\right)\mathrm{H}_{n_j}(\xi) \tag{3.1.16b}$$

其中 $\xi=\sqrt{\frac{\omega_j}{\hbar}}Q_j$,$\mathrm{H}_n$ 表示厄米多项式,整个系统的本征能量和本征波函数为

$$E = \sum_j\varepsilon_j = \sum_j\left(n_j+\frac{1}{2}\right)\hbar\omega_j \tag{3.1.17a}$$

$$\psi(Q_1,Q_2,\cdots,Q_{3N}) = \prod_{j=1}^{3N}\varphi_{n_j}(Q_j) \tag{3.1.17b}$$

于是只要知道体系中原子之间的相互作用,引入简正坐标,就能使问题简化。

二、格波

简正坐标 Q_j 描写的振动表示系统中每个原子均以相同的频率 ω_j 振动,它对时间的依赖关系为 $\mathrm{e}^{-\mathrm{i}\omega_j t}$。因为它是系统的本征振动,所以要求振幅不依赖时间,于是一般地,频率为 ω_j 的简正模可以写为

$$u_i(t) = u(\boldsymbol{r}_i)\mathrm{e}^{-\mathrm{i}w_j t} \tag{3.1.18}$$

为了简单起见,考虑简单晶格,每个格点上只有一个原子,$\boldsymbol{r}_i=\boldsymbol{R}_l=l_1\boldsymbol{a}_1+l_2\boldsymbol{a}_2+l_3\boldsymbol{a}_3$,$\boldsymbol{a}_1$、$\boldsymbol{a}_2$、$\boldsymbol{a}_3$ 为基矢。晶格的平移对称性将对 $u(\boldsymbol{R}_l)$ 施加某种限制。设坐标原点格点上原子的振动可以写为

$$A_{j\sigma}\mathrm{e}^{-\mathrm{i}\omega_j t},\quad u(0)=A_{j\sigma} \tag{3.1.19}$$

式中 $A_{j\sigma}$ 为该原子在偏振方向 $\sigma(=1,2,3)$ 的振幅。由于晶格的平移对称性,每个格点是完全等同的,因此每个原子在相同偏振方向的振幅 $u(\boldsymbol{R}_l)$ 必须相同,但可相差一个相位因子 $\lambda(\boldsymbol{r})$。如果令

$$u(\boldsymbol{a}_1)=\lambda(\boldsymbol{a}_1)u(0),\text{得到 } u(l_1\boldsymbol{a}_1)=\lambda^{l_1}(\boldsymbol{a}_1)u(0) \tag{3.1.20a}$$

$$u(\boldsymbol{a}_2)=\lambda(\boldsymbol{a}_2)u(0),\text{得到 } u(l_2\boldsymbol{a}_2)=\lambda^{l_2}(\boldsymbol{a}_2)u(0) \tag{3.1.20b}$$

$$u(\boldsymbol{a}_3)=\lambda(\boldsymbol{a}_3)u(0),\text{得到 } u(l_3\boldsymbol{a}_3)=\lambda^{l_3}(\boldsymbol{a}_3)u(0) \tag{3.1.20c}$$

得到任意格点 $\boldsymbol{R}_l$ 上原子的振动振幅

$$u(\boldsymbol{R}_l)=\lambda^{l_1}(\boldsymbol{a}_1)\lambda^{l_2}(\boldsymbol{a}_2)\lambda^{l_3}(\boldsymbol{a}_3)u(0) \tag{3.1.21}$$

这意味着

$$|\lambda(\boldsymbol{a}_1)|=|\lambda(\boldsymbol{a}_2)|=|\lambda(\boldsymbol{a}_3)|\equiv 1 \tag{3.1.22}$$

另一方面,由于

$$u(\boldsymbol{a}_i+\boldsymbol{a}_j)=\lambda(\boldsymbol{a}_i+\boldsymbol{a}_j)u(0)=\lambda(\boldsymbol{a}_i)\lambda(\boldsymbol{a}_j)u(0) \tag{3.1.23}$$

要求

$$\lambda(\boldsymbol{a}_i+\boldsymbol{a}_j)=\lambda(\boldsymbol{a}_i)\lambda(\boldsymbol{a}_j) \tag{3.1.24}$$

根据式(3.1.22)和式(3.1.24),可得

$$\lambda(\boldsymbol{a}_i)=\mathrm{e}^{\mathrm{i}\boldsymbol{q}\cdot\boldsymbol{a}_i}=\begin{cases}\lambda(\boldsymbol{a}_1)=\mathrm{e}^{\mathrm{i}\boldsymbol{q}\cdot\boldsymbol{a}_1}\\ \lambda(\boldsymbol{a}_2)=\mathrm{e}^{\mathrm{i}\boldsymbol{q}\cdot\boldsymbol{a}_2}\\ \lambda(\boldsymbol{a}_3)=\mathrm{e}^{\mathrm{i}\boldsymbol{q}\cdot\boldsymbol{a}_3}\end{cases} \tag{3.1.25}$$

将式(3.1.25)代入式(3.1.21)得到

$$u(\boldsymbol{R}_l)=A_{j\sigma}\mathrm{e}^{\mathrm{i}\boldsymbol{q}\cdot(l_1\boldsymbol{a}_1+l_2\boldsymbol{a}_2+l_3\boldsymbol{a}_3)}=A_{j\sigma}\mathrm{e}^{\mathrm{i}\boldsymbol{q}\cdot\boldsymbol{R}_l} \tag{3.1.26}$$

由此得到周期晶格中的类波解:

$$A_{j\sigma}\mathrm{e}^{\mathrm{i}(\boldsymbol{q}\cdot\boldsymbol{R}_l-\omega_j t)}=A_{q\sigma}\mathrm{e}^{\mathrm{i}[\boldsymbol{q}\cdot\boldsymbol{R}_l-\omega(\boldsymbol{q})t]},\quad j\to\boldsymbol{q} \tag{3.1.27}$$

其中 $\boldsymbol{q}$ 就是通常意义上的波矢,这是晶格平移对称性的结果。由于晶格的不连续性,波的振幅只在格点的原子上定义,称为格波。

由此得出结论:一个包括 $3N$ 个自由度的周期性结构,存在 $3N$ 个独立的简正模,等价于 $3N$ 个独立的格波。

§3.2 一维单原子链振动

一、运动方程及其解

下面考虑一个最简单的晶格模型,将上节得到的普遍结论具体化。假定有一个一维简单晶格,每个初基元胞中只包含一个原子,质量为 m。平衡时相邻原子间距离为 a。原子沿链长方向作纵振动,偏离平衡位置位移为 $u_l(l=0,\pm1,\pm2,\cdots,\pm\infty)$,如图 3-2-1 所示。

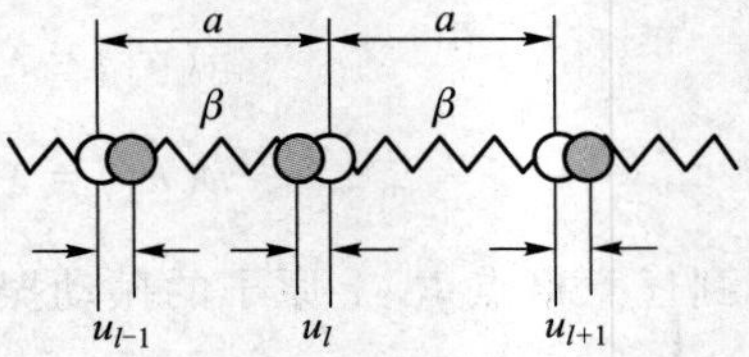

图 3-2-1 一维单原子链

在简谐近似下,第 $l+p$ 个原子位移对第 l 个原子的作用力正比于它们的位移差 $u_{l+p}-u_l$,则作用在第 l 个原子上的总力为

$$F_l=\sum_p \beta_p(u_{l+p}-u_l) \tag{3.2.1}$$

它具有胡克定律的形式,求和式中 p 取所有正、负整数,常数 β_p 是两个间隔为 p 的原子之间的力常数。

根据牛顿力学,第 l 个原子的运动方程是

$$m\frac{\mathrm{d}^2u_l}{\mathrm{d}t^2}=\sum_p \beta_p(u_{l+p}-u_l) \tag{3.2.2}$$

如果只考虑最近邻原子之间的相互作用,在方程(3.2.2)中取 $p=\pm1$,简化为

$$m\frac{\mathrm{d}^2u_l}{\mathrm{d}t^2}=\beta(u_{l+1}+u_{l-1}-2u_l),\quad l=0,\ \pm1,\ \pm2,\cdots,\ \pm\infty \tag{3.2.3}$$

其中考虑到平移对称性有 $\beta_{+1}=\beta_{-1}=\beta$。式(3.2.3)实际上表示无穷多个联立差分微分方程。根据前一节的讨论,可令格波解

$$u_l=A\mathrm{e}^{\mathrm{i}(qla-\omega t)} \tag{3.2.4}$$

将它代入运动方程(3.2.3)有

$$-m\omega^2A\mathrm{e}^{\mathrm{i}(qla-\omega t)}=\beta(\mathrm{e}^{\mathrm{i}qa}+\mathrm{e}^{-\mathrm{i}qa}-2)A\mathrm{e}^{\mathrm{i}(qla-\omega t)}$$

$$\omega^2=\frac{2\beta}{m}[1-\cos(qa)]=\frac{4\beta}{m}\sin^2\left(\frac{1}{2}qa\right)$$

于是得到

$$\omega(q)=2\sqrt{\frac{\beta}{m}}\left|\sin\left(\frac{1}{2}qa\right)\right| \tag{3.2.5}$$

可见 ω 与 l 无关,表明无穷多个联立方程都归结为同一解;也就是满足一定 ω 与 q 关系的格波解。

二、格波特性

1. 色散关系

式(3.2.5)将频率 $\omega(q)$ 与 q 联系起来，称为格波的色散关系。格波的群速定义为

$$v(q)=\frac{\mathrm{d}\omega(q)}{\mathrm{d}q}=\sqrt{\frac{\beta}{m}}a\cos\left(\frac{1}{2}qa\right) \tag{3.2.6}$$

它是介质中能量传输的速度，显然它依赖于波矢或频率。由式(3.2.5)还可以看到，频谱 $\omega(q)$ 是倒空间的周期函数：

$$\omega(q)=\omega\left(q+\frac{2\pi}{a}h\right)=\omega(q+K_h) \tag{3.2.7}$$

其中 K_h 表示倒格矢。图 3-2-2 表示一维单原子链晶格振动的色散关系。

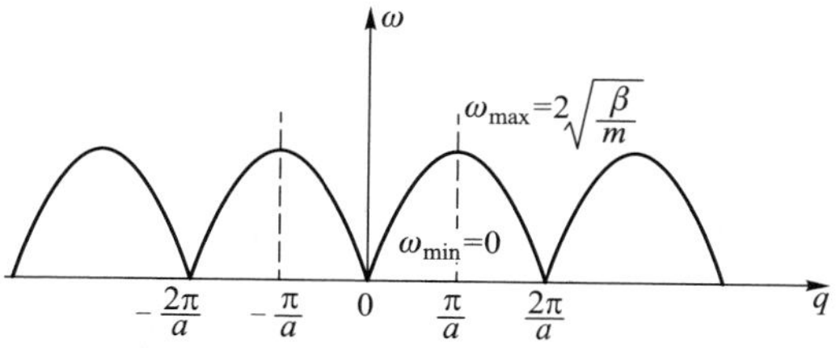

图 3-2-2　一维单原子链晶格振动的色散关系

由它可以看到，当 $q=\frac{2h+1}{a}\pi$ 时，频率取极大值 $\omega_{\max}=2\sqrt{\frac{\beta}{m}}$，对应于系统的最大本征频率，它仅仅取决于系统的内禀性质 β 和 m；当 $q=\frac{2h}{a}\pi$ 时，频率取极小值 $\omega_{\min}=0$。

特别地，在长波极限或连续介质极限下，取 $q\to0$，色散关系退化为

$$\omega(q)=\sqrt{\frac{\beta}{m}}aq=cq \tag{3.2.8}$$

恰像弹性波在连续介质中传播一样，其中 $c=\sqrt{\frac{\beta}{m}}a$ 表示声速，它不依赖于频率，也就是没有色散。

2. 一个确定的 q 和 $\omega(q)$ 确定系统的一个简正模

此时任意两个相隔 pa 的原子振动有确定的相位差：

$$\frac{u_{l+p}}{u_l}=\mathrm{e}^{\mathrm{i}qpa} \tag{3.2.9}$$

它表示该格波的位形，通常用 $a_{lq}=\frac{1}{\sqrt{N}}\mathrm{e}^{\mathrm{i}qla}$（$l$ 包含所有原子）表示系统的一个简正模。

3. q 与 $q+K_h$ 代表同一振动模,$q\in 1BZ$

因为

$$\omega(q+K_h)=\omega(q) \tag{3.2.10a}$$

$$e^{i(q+K_h)la}=e^{iqla} \tag{3.2.10b}$$

所以可以将所有独立的振动模式所对应的 q 限制在一个倒格子元胞范围内。为了对称起见,通常取在第一布里渊区范围内,$-\dfrac{\pi}{a}<q\leqslant\dfrac{\pi}{a}$。这也是格波与连续介质中的波的主要区别之一。连续介质对波矢 q 是没有限制的。对于晶体,由于平移对称性破缺,波的振幅只在分立格点上有定义,两个波矢相差一个倒格矢的波,虽然波长不一样,但它们描述格点上原子的运动情况是完全相同的。要描述一个晶格常量为 a 的原子链的振动,只要考虑波长大于 $2a$ 的那些波。

图 3-2-3 表示 $q=\dfrac{\pi}{2a}\in 1BZ,\lambda=4a$ 和 $q'=q+\dfrac{2\pi}{a},\lambda=4a/5$ 两个波矢相差一个倒格矢的格波,在同一时刻的波形,虽然波形相差甚大,但对于格点原子来说,振动是完全等价的。

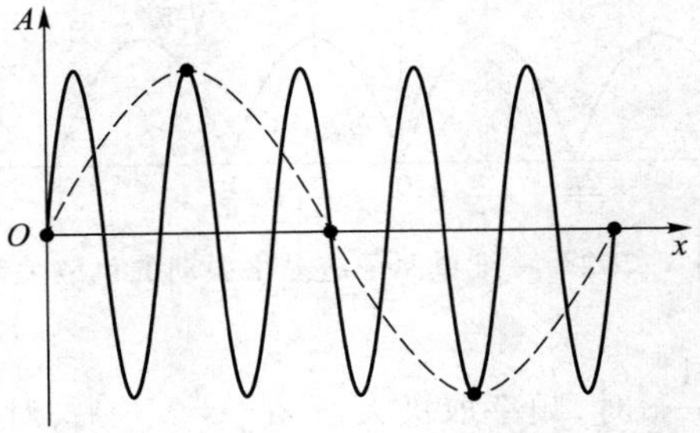

图 3-2-3 两个波矢相差一个倒格矢的格波等价

虚线:$q=\dfrac{\pi}{2a}\in 1BZ$, 实线:$q=\dfrac{5\pi}{2a}$在第一布里渊区以外

应当注意,在布里渊区边界处,$q_{\max}=\dfrac{\pi}{a}$,解

$$u_l=Ae^{i\left(\frac{\pi}{a}la-\omega t\right)}=Ae^{il\pi}e^{-i\omega t}=A(-1)^l e^{-i\omega t} \tag{3.2.11}$$

不代表行波,而是一个驻波。因为按照 l 是偶数或奇数,振幅取 $+A$ 或 $-A$,相邻原子振动相位相反。它的群速度为零,即

$$v(q)=\sqrt{\frac{\beta}{m}}a\cos\frac{\pi}{2}=0 \tag{3.2.12}$$

从这个简单的例子,我们已经看到周期结构中波的传播的主要特点:频谱成带结构。一个单原子链,相当于弹性波的低通滤波器,它的本征频率必须限制在 $0\leqslant\omega\leqslant\omega_{\max}$ 范围之内,不存在 $\omega>\omega_{\max}$ 的本征频率,这样的波不能在系统中传播。

三、玻恩-冯卡门边界条件

（1）在上面的讨论中，充分利用了晶格的平移对称性，原子链应该是无穷长的。在这样的系统中，包含了无穷多自由度。实际晶体总是有限的，但是对于一个有限的原子链，上面的解原则上不适用，因为有限原子链两端原子的振动方程与内部原子不一致，虽然只是少数方程不同，但由于所有方程必须联立求解，使问题变得复杂起来。为了避免这种情况，玻恩-冯卡门提出周期性边界条件。设想一个包含 N 个元胞的原子链，将它首尾相连，构成一个环，如图 3-2-4 所示。如果 N 足够大，一个沿着半径极大的环传播的波，等价于一个在无限长原子链中传播的波。这一设定克服了有限与无限的矛盾，而所忽略的仅仅是原子链两端少数原子与内部原子振动的差别。考虑到圆的循环性，必须施加一定条件，即原子标号 l 增加 N 时，振动必须复原，由

$$Ae^{i(qla-\omega t)} = Ae^{i[q(l+N)a-\omega t]} \tag{3.2.13}$$

得到

$$e^{iqNa} = 1,\quad qNa = 2\pi h \tag{3.2.14}$$

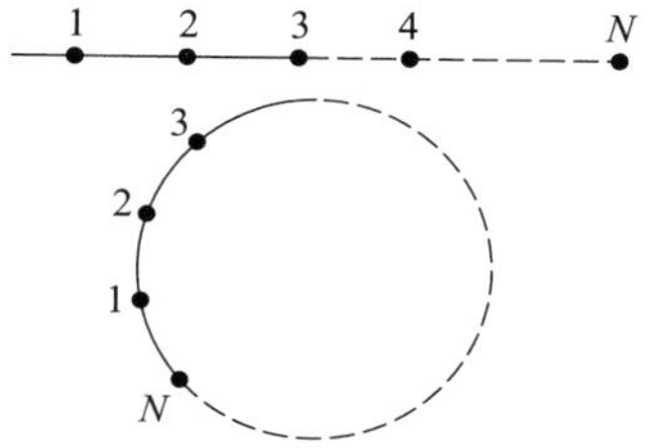

图 3-2-4　玻恩-冯卡门边界条件示意图

其中 h 为整数，式(3.2.14)称为玻恩-冯卡门边界条件。

根据玻恩-冯卡门边界条件，波矢 q 取分立值：

$$q = \frac{2\pi h}{Na},\quad -\frac{\pi}{a} < q \leqslant \frac{\pi}{a},\quad -\frac{N}{2} < h \leqslant \frac{N}{2} \tag{3.2.15}$$

因此，波矢 q 在第一布里渊区中均匀分布，且只能取 N 个值。如果定义单位 q 空间的波矢数为波矢密度，有下面的重要结论：

独立波矢数 $=N$（元胞数）

波矢密度 $=\dfrac{N}{\Omega^*}=\dfrac{Na}{2\pi}$

（2）所有的独立模式构成正交、完备集。

$$\frac{1}{N}\sum_l e^{i(q-q')la} = \delta_{q,q'}，\text{正交性} \tag{3.2.16a}$$

$$\frac{1}{N}\sum_q e^{iq(l-l')a} = \delta_{l,l'}，\text{完备性} \tag{3.2.16b}$$

证明：令 $q=\dfrac{2\pi h}{Na}$，$q'=\dfrac{2\pi h'}{Na}$，则 $q-q'=\dfrac{2\pi}{Na}(h-h')=\dfrac{2\pi}{Na}n$，$n=h-h'$ 为整数。这样式(3.2.16a)可写为

$$\frac{1}{N}\sum_{l=0}^{N-1} e^{i(q-q')la} = \frac{1}{N}\sum_{l=0}^{N-1} e^{i\frac{2\pi n}{N}l} = \frac{1}{N}\frac{e^{i2\pi n}-1}{e^{i\frac{2\pi n}{N}}-1}$$

$$= \begin{cases} 1, & \text{当 } n = h-h' = 0 \\ 0, & \text{当 } n = h-h' \neq 0 \end{cases} = \delta_{q,q'} \tag{3.2.17}$$

同理可以证明式(3.2.16b)。

四、简正坐标

前面已经得到晶格振动的本征解：

$$u_{lq}=A_q\mathrm{e}^{\mathrm{i}[qla-\omega(q)t]}$$

它表示一个波矢为 q、频率为 $\omega(q)$ 的格波(系统的一个简正模)所描述的晶格中原子的位移。而原子的一般运动应该是所有格波的叠加：

$$u_l=\sum_q u_{lq}=\sum_q A_q\mathrm{e}^{\mathrm{i}[qla-\omega(q)t]}=\frac{1}{\sqrt{Nm}}\sum_q Q_q(t)\mathrm{e}^{\mathrm{i}qla}\tag{3.2.18}$$

其中

$$Q_q(t)=\sqrt{Nm}A_q\mathrm{e}^{-\mathrm{i}\omega(q)t}\tag{3.2.19}$$

将式(3.2.18)改写为

$$\sqrt{m}u_l=\frac{1}{\sqrt{N}}\sum_q Q_q(t)\mathrm{e}^{\mathrm{i}qla}\tag{3.2.20}$$

此式包含了丰富的物理含义：

(1) 晶格的一般振动是所有独立模式 $\frac{1}{\sqrt{N}}\mathrm{e}^{\mathrm{i}qla}$ 的线性组合。

(2) 根据简正坐标 Q_j 的定义式(3.1.9)有

$$q_i=\sqrt{m}u_i=\sum_j a_{ij}Q_j\tag{3.2.21a}$$

$$\sum_j a_{ij}a_{kj}=\delta_{ik}\tag{3.2.21b}$$

$$\sum_i a_{ij}a_{ik}=\delta_{jk}\tag{3.2.21c}$$

对比式(3.2.20)与式(3.2.21),可见 $Q_q(t)=\sqrt{Nm}A_q\mathrm{e}^{-\mathrm{i}\omega(q)t}$ 就是简正坐标。而坐标变换的矩阵元素为

$$a_{lq}=\frac{1}{\sqrt{N}}\mathrm{e}^{\mathrm{i}qla}\tag{3.2.22}$$

只不过用指标 $l\to i,q\to j$, a_{lq} 就是我们定义的简正模。值得注意的是,由于在求解格波方程时,为了方便起见采用了复数形式的解,因此 $Q_q(t)$ 为复简正坐标,而变换矩阵变为酉矩阵,矩阵元素同样满足正交、完备条件：

$$\sum_l a^*_{lq'}a_{lq}=\delta_{q',q}\tag{3.2.23a}$$

$$\sum_q a^*_{l'q}a_{lq}=\delta_{l',l}\tag{3.2.23b}$$

它就是式(3.2.16)的简单表述形式。

既然 $Q_q(t)$ 就是系统的简正坐标,它应该使系统的哈密顿量对角化。在原子位移坐标下,系统的哈密顿量可写为

$$H = T + V = \frac{1}{2}\sum_l \left[m\dot{u}_l^2 + \beta(u_{l+1} - u_l)^2 \right] \tag{3.2.24}$$

引入坐标变换

$$u_l = \frac{1}{\sqrt{Nm}}\sum_q Q_q \mathrm{e}^{\mathrm{i}qla} \tag{3.2.25}$$

考虑到 u_l 为实位移,$u_l = u_l^*$,容易得到

$$Q_q^* = Q_{-q} \tag{3.2.26}$$

在简正坐标下,系统哈密顿量的动能项

$$\begin{aligned} T &= \frac{1}{2}m\sum_l \dot{u}_l^2 = \frac{1}{2N}\sum_l\sum_q\sum_{q'}\dot{Q}_q\dot{Q}_{q'}\mathrm{e}^{\mathrm{i}(q+q')la} \\ &= \frac{1}{2}\sum_q\sum_{q'}\dot{Q}_q\dot{Q}_{q'}\delta_{q,-q'} = \frac{1}{2}\sum_q\dot{Q}_q\dot{Q}_{-q} = \frac{1}{2}\sum_q\dot{Q}_q\dot{Q}_q^* \end{aligned} \tag{3.2.27}$$

而哈密顿量的势能项

$$\begin{aligned} V &= \frac{1}{2}\beta\sum_l (u_{l+1} - u_l)^2 \\ &= \frac{1}{2}\beta\sum_l \frac{1}{Nm}\left[\sum_q Q_q\mathrm{e}^{\mathrm{i}qla}(\mathrm{e}^{\mathrm{i}qa} - 1)\right] \times \left[\sum_{q'} Q_{q'}\mathrm{e}^{\mathrm{i}q'la}(\mathrm{e}^{\mathrm{i}q'a} - 1)\right] \\ &= \frac{\beta}{2m}\sum_q\sum_{q'} Q_q Q_{q'}(\mathrm{e}^{\mathrm{i}qa} - 1)(\mathrm{e}^{\mathrm{i}q'a} - 1) \times \left[\frac{1}{N}\sum_l \mathrm{e}^{\mathrm{i}(q+q')la}\right] \\ &= \frac{\beta}{2m}\sum_q\sum_{q'} Q_q Q_{q'}(\mathrm{e}^{\mathrm{i}qa} - 1)(\mathrm{e}^{\mathrm{i}q'a} - 1)\delta_{q,-q'} \\ &= \frac{\beta}{2m}\sum_q Q_q Q_{-q}(2 - \mathrm{e}^{-\mathrm{i}qa} - \mathrm{e}^{\mathrm{i}qa}) \\ &= \frac{\beta}{m}\sum_q Q_q Q_q^*[1 - \cos(qa)] = \frac{1}{2}\sum_q \omega^2(q) Q_q Q_q^* \end{aligned} \tag{3.2.28}$$

其中 $\omega^2(q) = \dfrac{2\beta}{m}[1-\cos(qa)]$。系统的哈密顿量为

$$H = \frac{1}{2}\sum_{q\in 1BZ}\left[\dot{Q}_q\dot{Q}_q^* + \omega^2(q)Q_qQ_q^*\right] \tag{3.2.29}$$

在简正坐标下,它已经对角化了。

§3.3 一维双原子链振动

现在讨论如图 3-3-1 所示的由质量 m_1 和 $m_2(m_1>m_2)$ 的原子构成的双原子链的动力学。显然,这是一种复式晶格。假设系统有 N 个元胞,每个元胞中有 2 个不同的原子,晶格常量为 a。因此,系统包含 $2N$ 个自由度,而每个元胞内的自由度为 2。这种双原子链具有较单原子链更复杂的运动形式,将得到更普遍的结果。

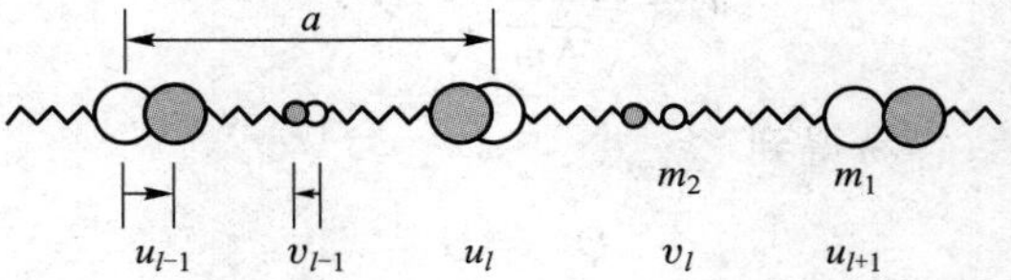

图 3-3-1 一维双原子链模型

一、运动方程及其解

为了能够应用格波解,先假定原子链无穷长。在简谐近似下,且只考虑最近邻原子间相互作用,写出第 l 个元胞中 2 个原子的运动方程:

$$m_1\frac{\mathrm{d}^2u_l}{\mathrm{d}t^2}=\beta(v_l+v_{l-1}-2u_l)\tag{3.3.1a}$$

$$m_2\frac{\mathrm{d}^2v_l}{\mathrm{d}t^2}=\beta(u_{l+1}+u_l-2v_l)\tag{3.3.1b}$$

其中,u_l 和 v_l 分别表示重和轻原子相对平衡位置的偏离,β 为力常数。令格波解

$$u_l=A\mathrm{e}^{\mathrm{i}(qla-\omega t)}\tag{3.3.2a}$$

$$v_l=B\mathrm{e}^{\mathrm{i}(qla-\omega t)}\tag{3.3.2b}$$

这里,A、B 分别表示重、轻原子的振幅。将两个试探解代入原方程式(3.3.1),得到

$$-\omega^2m_1A=\beta B(1+\mathrm{e}^{-\mathrm{i}qa})-2\beta A\tag{3.3.3a}$$

$$-\omega^2m_2B=\beta A(1+\mathrm{e}^{\mathrm{i}qa})-2\beta B\tag{3.3.3b}$$

方程式(3.3.3)有解的条件是未知系数 A、B 的系数行列式为 0,即

$$\begin{vmatrix}2\beta-m_1\omega^2 & -\beta(1+\mathrm{e}^{-\mathrm{i}qa})\\ -\beta(1+\mathrm{e}^{\mathrm{i}qa}) & 2\beta-m_2\omega^2\end{vmatrix}=m_1m_2\omega^4-2\beta(m_1+m_2)\omega^2+4\beta^2\sin^2\left(\frac{1}{2}qa\right)=0\tag{3.3.4}$$

从而得到

$$\omega_{\pm}^2(q)=\beta\frac{m_2+m_1}{m_2m_1}\left\{1\pm\left[1-\frac{4m_2m_1}{(m_2+m_1)^2}\sin^2\left(\frac{1}{2}qa\right)\right]^{1/2}\right\}\tag{3.3.5}$$

将 $\omega_{\pm}^{2}(q)$ 代回式(3.3.3)得到轻、重原子的振幅之比和复相位：

$$\alpha_{\pm}=\left(\frac{B}{A}\right)_{\pm}=-\frac{m_1\omega_{\pm}^{2}(q)-2\beta}{\beta(1+\mathrm{e}^{-iqa})} \tag{3.3.6}$$

二、声学波和光学波

图 3-3-2 中，示意地画出了双原子链的色散关系式(3.3.5)。色散曲线分成了两支，一个确定的 q 对应两个不同的频率 $\omega_{\pm}(q)$。对于其中每一支都有

$$\omega_{\pm}(q)=\omega_{\pm}\left(q+\frac{2\pi h}{a}\right)=\omega_{\pm}(q+K_h) \tag{3.3.7}$$

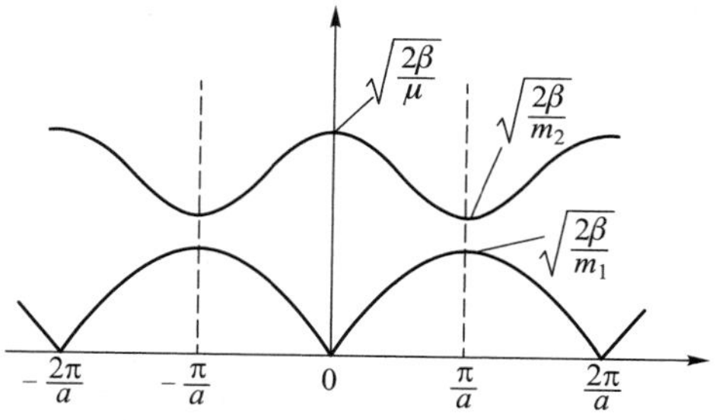

图 3-3-2　一维双原子链晶格振动的色散关系

因此，独立的 q 可限制在一个布里渊区之内，

$$-\frac{\pi}{a}<q\leqslant\frac{\pi}{a}$$

对于 $\omega_{-}(q)$ 的一支，当 $q=0$ 时，频率取极小值，$\omega_{-}^{\min}=0$；而当 q 处于布里渊区边界，$q=\pm\dfrac{\pi}{a}$ 时，频率取极大值 $\omega_{-}^{\max}=\sqrt{\dfrac{2\beta}{m_1}}$，称为声学支。命名理由是，当 $q\to 0$ 时，

$$\omega_{-}(q)=\sqrt{\frac{\beta}{2(m_1+m_2)}}\,aq=cq \tag{3.3.8a}$$

$$\alpha_{-}=\left(\frac{B}{A}\right)_{-}=-\frac{m_1\omega_{-}^{2}(q)-2\beta}{2\beta}\approx 1 \tag{3.3.8b}$$

此时，波的群速等于相速，$\dfrac{\mathrm{d}\omega_{-}(q)}{\mathrm{d}q}=\dfrac{\omega}{q}=c$，与频率无关，表现为长波长弹性波，而纵弹性波与声波是等同的。从式(3.3.8b)还可以看到，长声学波的轻、重原子的振幅和相位相同，它表示元胞质心的运动。

对于 $\omega_{+}(q)$ 的一支，当 $q=0$ 时，频率取极大值 $\omega_{+}^{\max}=\sqrt{\dfrac{2\beta}{\mu}}$，$\mu=\dfrac{m_2m_1}{m_2+m_1}$ 为折合质量；而当 $q=$

$\pm\frac{\pi}{a}$时,频率取极小值 $\omega_+^{\min}=\sqrt{\frac{2\beta}{m_2}}$,称为光学支。命名的理由是,当 $q\to 0$ 时,

$$\omega_+(q)\approx\sqrt{\frac{2\beta}{\mu}} \tag{3.3.9a}$$

$$\alpha_+=\left(\frac{B}{A}\right)_+=-\frac{m_1\omega_+^2(q)-2\beta}{2\beta}\approx-\frac{m_1}{m_2} \tag{3.3.9b}$$

可见,其振动频率由力常数 β 和折合质量决定,这个频率恰好位于电磁波频谱的远红外区域。从式(3.3.9b)也可以看到,长光学波的轻、重原子反向振动,而质心不动,质心坐标 $Z=\frac{m_1A+m_2B}{m_1+m_2}=0$。在离子晶体中,正、负离子相对运动,引起极化,将与远红外电磁场强烈地耦合。

在另一极限情况,当 $q\to\pm\frac{\pi}{a}$时,

$$\omega_-\approx\sqrt{\frac{2\beta}{m_1}},\quad \alpha_-=\left(\frac{B}{A}\right)_-\approx 0 \tag{3.3.10a}$$

$$\omega_+\approx\sqrt{\frac{2\beta}{m_2}},\quad \alpha_+=\left(\frac{B}{A}\right)_+\approx \mathrm{i}\infty \tag{3.3.10b}$$

此时,声学波表示质量为 m_1 的重原子振动,而轻原子几乎固定不动,因此,振动频率仅与 m_1 有关;而光学波表示质量为 m_2 的轻原子振动,重原子几乎固定不动,频率仅与 m_2 有关。严格地说,当 $q=\pm\frac{\pi}{a}$时,沿着相反方向传播,半波长为 a 的两种重原子波和两种轻原子波分别叠加形成系统的两种驻波状态,其群速为 0。

把上面的结果与单原子链进行比较是有益的。假设 $m_2\to m_1$,那么在布里渊区边界处,$\omega_-=\omega_+$,频隙消除。此时双原子链退化为单原子链,晶格常量 $a\to\frac{a}{2}$,而布里渊区扩大了一倍。双原子链等价于一个格波的带通滤波器。频率$\omega>\sqrt{\frac{2\beta}{\mu}}$和$\sqrt{\frac{2\beta}{m_1}}<\omega<\sqrt{\frac{2\beta}{m_2}}$的波不能在系统中传播。

三、玻恩-冯卡门边界条件

对于一个包含 N 个元胞的有限双原子链,必须采用玻恩-冯卡门边界条件来处理:

$$u_l=u_{l+N},\quad v_l=v_{l+N} \tag{3.3.11}$$

应用式(3.3.2),得到

$$\mathrm{e}^{\mathrm{i}qNa}=1,\quad q=\frac{2\pi h}{Na}$$

其中 h 为整数。由于 $q\in 1BZ$,得到

$$-\frac{N}{2} < h \leqslant \frac{N}{2}$$

由此,q 在第一布里渊区中均匀分布,取 N 个值:

$$独立的波矢数 = 元胞数(N)$$

$$波矢密度 = \frac{N}{\Omega^*} = \frac{Na}{2\pi}$$

给定一组 q 和 $\omega_s(q)$,确定一个独立的模式。其中 s 为格波的支指标,它等于元胞内的自由度数。因此,对于一个包含 N 个元胞的双原子链:

$$独立模式数 = 2N = 自由度数$$

§3.4　三维晶格振动　格波量子——声子

一维双原子链模型基本上反映了格波的主要特性。现在,将它推广到最普遍的三维复式晶格情况。

一、三维晶格振动

1. 三维格波特性

设晶体中有 N 个元胞,每个元胞中有 n 个原子。元胞的位置由正格矢 $\boldsymbol{R}_l = l_1\boldsymbol{a}_1 + l_2\boldsymbol{a}_2 + l_3\boldsymbol{a}_3$ 确定,为了表述简单起见用指标 $l(l_i = 1,2,\cdots,N_i)$ 标志它。定义晶格位移矢量的分量 $u_{lj\sigma}$,表示第 l 个元胞中第 $j(=1,2,\cdots,n)$ 个原子极化方向为 $\sigma(=1,2,3)$ 的位移,令该原子的质量为 m_j。因此,系统中有 $3nN$ 个位移分量,对应 $3nN$ 个自由度,而每个元胞中有 $3n$ 个自由度。

系统的动能可写为

$$T = \sum_{lj\sigma} \frac{1}{2} m_j \dot{u}_{lj\sigma}^2 \tag{3.4.1}$$

将势能函数在平衡位置附近按位移分量展开,根据简谐近似,仅仅保留二次项,并取 $V(0)=0$,注意到一次项为 0,系统的势能函数可写为

$$V = \frac{1}{2} \sum_{ll',jj',\sigma\sigma'} \left[\frac{\partial^2 V}{\partial u_{lj\sigma} \partial u_{l'j'\sigma'}} \right]_0 u_{lj\sigma} u_{l'j'\sigma'} \tag{3.4.2}$$

由方程(3.4.1)和(3.4.2),应用经典力学中的拉格朗日处理方法,得到位移分量满足的运动方程:

$$m_j \ddot{u}_{lj\sigma} = -\sum_{l'j'\sigma'} \lambda_{lj\sigma,l'j'\sigma'} u_{l'j'\sigma'} \tag{3.4.3}$$

其中

$$\lambda_{lj\sigma,l'j'\sigma'} \equiv \left[\frac{\partial^2 V}{\partial u_{lj\sigma} \partial u_{l'j'\sigma'}} \right]_0 \tag{3.4.4}$$

称为原子间的力常数,它表示由于第 l' 个元胞中,第 j' 个原子在 σ' 方向的单位位移对第 l 个元胞中,第 j 个原子在 σ 方向产生的力,它是一个张量。显然,它只取决于两个元胞之间的相对位置,

而与它们的绝对位置无关。于是可以写为

$$\lambda_{lj\sigma,l'j'\sigma'} = \lambda_{jj'\sigma\sigma'}(\boldsymbol{R}_l - \boldsymbol{R}_{l'}) \tag{3.4.5}$$

方程(3.4.3)可改写为

$$m_j \ddot{u}_{lj\sigma} = -\sum_{l'j'\sigma'} \lambda_{j\sigma j'\sigma'}(\boldsymbol{R}_l - \boldsymbol{R}_{l'}) \cdot u_{l'j'\sigma'} \tag{3.4.6}$$

它表示 $3nN$ 个耦合的方程组。这些方程具有平移对称性,平移指标 l、l'得到完全相同的方程组。可以令格波解

$$u_{lj\sigma} = A_{j\sigma\boldsymbol{q}} \mathrm{e}^{\mathrm{i}(\boldsymbol{q}\cdot\boldsymbol{R}_l - \omega t)} \tag{3.4.7}$$

其中 $A_{j\sigma\boldsymbol{q}}$是振幅,它与指标 l 无关。对于一个确定的 $\boldsymbol{q}$,任意元胞中第 j 个原子在 $\boldsymbol{\sigma}$ 方向的运动有相同的振幅,只不过从一个元胞到另一个元胞有相位 $\mathrm{e}^{\mathrm{i}\boldsymbol{q}\cdot\boldsymbol{R}_l}$的变化。将式(3.4.7)代入原方程(3.4.6)有

$$m_j\omega^2 A_{j\sigma\boldsymbol{q}} \mathrm{e}^{\mathrm{i}(\boldsymbol{q}\cdot\boldsymbol{R}_l - \omega t)} = \sum_{l'j'\sigma'} A_{j'\sigma'\boldsymbol{q}} \lambda_{j\sigma j'\sigma'}(\boldsymbol{R}_l - \boldsymbol{R}_{l'}) \mathrm{e}^{\mathrm{i}(\boldsymbol{q}\cdot\boldsymbol{R}_{l'} - \omega t)} \tag{3.4.8}$$

等式两边消去,$\mathrm{e}^{\mathrm{i}[\boldsymbol{q}\cdot\boldsymbol{R}_l - \omega t]}$得到

$$m_j\omega^2 A_{j\sigma\boldsymbol{q}} = \sum_{j'\sigma'} \left[\sum_{l-l'} \lambda_{j\sigma j'\sigma'}(\boldsymbol{R}_l - \boldsymbol{R}_{l'}) \mathrm{e}^{-\mathrm{i}\boldsymbol{q}\cdot\boldsymbol{R}_{l-l'}} \right] A_{j'\sigma'\boldsymbol{q}} = \sum_{j'\sigma'} \lambda_{j\sigma j'\sigma'}(\boldsymbol{q}) A_{j'\sigma'\boldsymbol{q}} \tag{3.4.9}$$

这里

$$\lambda_{j\sigma j'\sigma'}(\boldsymbol{q}) \equiv \sum_l \lambda_{j\sigma j'\sigma'}(\boldsymbol{R}_l) \mathrm{e}^{-\mathrm{i}\boldsymbol{q}\cdot\boldsymbol{R}_l} \tag{3.4.10}$$

是 $\lambda_{j\sigma j'\sigma'}(\boldsymbol{R}_l)$的傅里叶变换,它组成一个 $3n$ 阶矩阵 $\boldsymbol{\lambda}(\boldsymbol{q})$,称为动力学矩阵。

相对而言,新方程组(3.4.9)较原方程组(3.4.6)容易求解得多,因为它将原来的几乎是无限多 $3nN$ 个方程转化为 $3n$ 个有限的关于未知系数 $A_{j\sigma\boldsymbol{q}}$ 的线性齐次方程组。方程组有解条件为其系数行列式为 0:

$$\left| \lambda_{j\sigma j'\sigma'}(\boldsymbol{q}) - \omega^2 m_j \delta_{jj'} \delta_{\sigma\sigma'} \right|_{3n\times 3n} = 0 \tag{3.4.11}$$

由此,可以解出 $3n$ 个色散关系 $\omega_s(\boldsymbol{q})$,$s=1,2,\cdots,3n$。其中有 3 支声学波(元胞质心自由度),在布里渊区高对称点或连线上可以分为两支横波,一支纵波;$3n-3$支光学波(元胞内原子相对运动的自由度),在布里渊区高对称点或连线上可以分为 $2(n-1)$支横波,$n-1$ 支纵波。

由式(3.4.10),注意到 $\boldsymbol{K}_h \cdot \boldsymbol{R}_l = 2\pi n$,容易证明

$$\lambda_{j\sigma j'\sigma'}(\boldsymbol{q} + \boldsymbol{K}_h) = \lambda_{j\sigma j'\sigma'}(\boldsymbol{q}) \tag{3.4.12}$$

即动力学矩阵 $\boldsymbol{\lambda}(\boldsymbol{q})$是倒空间的周期函数,于是由本征方程(3.4.11)所确定的频率也是倒空间的周期函数:

$$\omega_s(\boldsymbol{q}) = \omega_s(\boldsymbol{q} + \boldsymbol{K}_h) \tag{3.4.13}$$

同时注意到

$$\mathrm{e}^{\mathrm{i}\boldsymbol{q}\cdot\boldsymbol{R}_l} = \mathrm{e}^{\mathrm{i}(\boldsymbol{q}+\boldsymbol{K}_h)\cdot\boldsymbol{R}_l} \tag{3.4.14}$$

所以独立的波矢 $\boldsymbol{q}$ 应限制在一个倒格子元胞范围内,通常选择限制在第一布里渊区内。

2. 玻恩-冯卡门边界条件　独立的波矢数和模式数

原则上,上面的讨论仅对无限大的理想晶体适用。对于实际的有限晶体,可采用玻恩-冯卡门边界条件。

设晶体是一个规则的平行六面体,三条棱分别沿三个基矢 $\boldsymbol{a}_i(i=1,2,3)$ 方向,长度为 $N_i\boldsymbol{a}_i$。晶体所包含的元胞数为 $N=N_1N_2N_3$,晶体的体积为

$$V = N_1\boldsymbol{a}_1 \cdot (N_2\boldsymbol{a}_2 \times N_3\boldsymbol{a}_3) = N\Omega \tag{3.4.15}$$

玻恩-冯卡门边界条件表示为

$$u_{l,j\sigma} = u_{l+N_i,j\sigma} \tag{3.4.16}$$

将式(3.4.7)代入,得到

$$A_{j\sigma\boldsymbol{q}}\mathrm{e}^{\mathrm{i}[\boldsymbol{q}\cdot\boldsymbol{R}_l-\omega(\boldsymbol{q})t]} = A_{j\sigma\boldsymbol{q}}\mathrm{e}^{\mathrm{i}[\boldsymbol{q}\cdot(\boldsymbol{R}_l+N_i\boldsymbol{a}_i)-\omega(\boldsymbol{q})t]} \tag{3.4.17}$$

它要求

$$\mathrm{e}^{\mathrm{i}\boldsymbol{q}\cdot N_i\boldsymbol{a}_i} \equiv 1$$

$$\boldsymbol{q}\cdot N_i\boldsymbol{a}_i = 2\pi h_i\begin{cases}\boldsymbol{q}\cdot N_1\boldsymbol{a}_1 = 2\pi h_1\\ \boldsymbol{q}\cdot N_2\boldsymbol{a}_2 = 2\pi h_2\\ \boldsymbol{q}\cdot N_3\boldsymbol{a}_3 = 2\pi h_3\end{cases} \tag{3.4.18}$$

其中 $h_i(h_1、h_2、h_3)$ 为整数。可以取波矢

$$\boldsymbol{q} = \frac{h_1}{N_1}\boldsymbol{b}_1 + \frac{h_2}{N_2}\boldsymbol{b}_2 + \frac{h_3}{N_3}\boldsymbol{b}_3 = \sum_i \frac{h_i}{N_i}\boldsymbol{b}_i \tag{3.4.19}$$

满足式(3.4.18),其中 $\boldsymbol{b}_i(\boldsymbol{b}_1,\boldsymbol{b}_2,\boldsymbol{b}_3)$ 为倒点阵基矢。又因为 $\boldsymbol{q}\in 1BZ$,得到

$$-\frac{N_i}{2} < h_i \leqslant \frac{N_i}{2} \tag{3.4.20}$$

h_i 可取 N_i 个值,于是波矢在动量空间取分立值,且均匀分布:

$$\text{独立的波矢数} = \prod_{i=1}^{3} N_i = N_1N_2N_3 = N(\text{元胞数})$$

$$\text{波矢密度} = \frac{N}{\Omega^*} = \frac{V}{(2\pi)^3} \tag{3.4.21}$$

其中 V 为晶体体积,它是一个很大的数,所以波矢在动量空间几乎是准连续分布的。

因为一个独立的 $\boldsymbol{q}$ 和 $\omega_s(\boldsymbol{q})$ 确定系统的一个独立的简正模,而一个 $\boldsymbol{q}$ 可以对应 $3n$ 个不同的频率,对应于 $s=1,2,\cdots,3n$。所以

$$\text{独立的格波(模式)数} = 3nN(\text{总自由度数})$$

二、格波量子——声子

1. 声子

我们已经知道一个独立的 $\boldsymbol{q}$ 和 $\omega_s(\boldsymbol{q})$ 格波等价于简正坐标 $Q_{\boldsymbol{q}s}$ 描述的谐振子,其能量本征

值为

$$\varepsilon_{qs} = \left(n_{qs} + \frac{1}{2}\right)\hbar\omega_s(\boldsymbol{q}) \tag{3.4.22}$$

其中 $n_{qs}=0,1,2,\cdots,\infty$，取整数，能量是量子化的。定义格波的量子 $\hbar\omega_s(\boldsymbol{q})$ 为声子。由于所有的简正模是相互独立的，可见在温度 T 时，每一个简正模的能量仅仅依赖于它的频率 $\omega_s(\boldsymbol{q})$ 和平均声子占据数 $\langle n_{qs}\rangle$，而与其他简正模的占据情况无关。

在温度 T 达到热平衡时，$\hbar\omega_s(\boldsymbol{q})$ 振子具有 n_{qs} 个声子的概率

$$P_{n_{qs}} = \mathrm{e}^{-\beta n_{qs}\hbar\omega_s(\boldsymbol{q})} \Big/ \sum_{n_{qs}} \mathrm{e}^{-\beta n_{qs}\hbar\omega_s(\boldsymbol{q})} \tag{3.4.23}$$

所以一个振子的平均声子占据数是

$$\begin{aligned} n_{qs}(T) &= \langle n_{qs}\rangle = \sum_{n_{qs}} P_{n_{qs}} n_{qs} = \sum_{n_{qs}} n_{qs}\mathrm{e}^{-\beta n_{qs}\hbar\omega_s(\boldsymbol{q})} \Big/ \sum_{n_{qs}} \mathrm{e}^{-\beta n_{qs}\hbar\omega_s(\boldsymbol{q})} \\ &= -\frac{1}{\hbar\omega_s(\boldsymbol{q})}\frac{\partial}{\partial\beta}\ln\sum_{n_{qs}}\mathrm{e}^{-\beta n_{qs}\hbar\omega_s(\boldsymbol{q})} = -\frac{1}{\hbar\omega_s(\boldsymbol{q})}\frac{\partial}{\partial\beta}\ln[1-\mathrm{e}^{-\beta\hbar\omega_s(\boldsymbol{q})}]^{-1} \\ &= \frac{1}{\mathrm{e}^{\beta\hbar\omega_s(\boldsymbol{q})}-1} \end{aligned} \tag{3.4.24}$$

其中 $\beta=1/(k_{\mathrm{B}}T)$，$k_{\mathrm{B}}$ 是玻耳兹曼常量。可见平均声子占据数由化学势 $\mu=0$ 的玻色分布函数给出。在这种意义上，声子是玻色子，且粒子数不守恒，它可以被激发也可以被湮没。由此可以得到，在温度 T 平衡时，$\hbar\omega_s(\boldsymbol{q})$ 振子的平均热激发能量为

$$\varepsilon_{qs}(T) = \langle\varepsilon_{qs}\rangle = \left[n_{qs}(T) + \frac{1}{2}\right]\hbar\omega_s(\boldsymbol{q}), \quad s=1,2,3,\cdots,3n \tag{3.4.25}$$

由于一个自由度为 $3nN$ 系统的简正模相互独立，系统的总的平均声子数和平均热激发能为

$$n(T) = \sum_{q,s} n_{qs}(T) \tag{3.4.26a}$$

$$U^V(T) = \sum_{q,s}\left[n_{qs}(T) + \frac{1}{2}\right]\hbar\omega_s(\boldsymbol{q}) \tag{3.4.26b}$$

2. 声子的准动量

一个波矢为 $\boldsymbol{q}$ 的声子是否像其他粒子，例如光子一样，具有物理动量 $\hbar\boldsymbol{q}$? 考虑到物理动量与粒子的平移自由度有关，而声子坐标(除了 $\boldsymbol{q}=0$ 模式以外)只涉及原子的相对坐标，因而声子并不携带物理动量。以一维单原子链为例，晶体的物理动量是

$$p = m\frac{\mathrm{d}}{\mathrm{d}t}\sum_l u_l(t) \tag{3.4.27}$$

其中 m 为原子质量，u_l 为第 l 格点上原子相对平衡位置的位移。当具有 N 个原子的一维原子链载有一种 q 波矢声子时，其系统单模激发的原子位移为

$$u_l = A\mathrm{e}^{\mathrm{i}[qla-\omega(q)t]} = u(t)\mathrm{e}^{\mathrm{i}qla} \tag{3.4.28}$$

代入式(3.4.27),得到

$$p = m\frac{\mathrm{d}}{\mathrm{d}t}u(t)\sum_l \mathrm{e}^{\mathrm{i}qla} = m\frac{\mathrm{d}}{\mathrm{d}t}u(t)N\delta_{q,0} \tag{3.4.29}$$

由此可见,原子链的全部动量来源于 $q=0$ 的这一模式,其他所有声子模式对物理动量没有贡献。然而 $q=0$ 对应于均匀模式,它表示整个原子链的均匀平移,其频率 $\omega(q)=0$,这一模式并不是严格意义上的声子模式,因为不存在恢复力。

但是在考虑粒子与晶体相互作用时,周期点阵中相互作用的波的总波矢是守恒的,一个声子所起的作用仿佛它的动量是 $\hbar\boldsymbol{q}$,通常将它称为声子的准动量。

我们在晶体 X 射线衍射一节中曾看到,光子在晶体中的弹性散射(不激发$\boldsymbol{q}\neq0$的声子)过程受波矢和能量守恒定则支配:

$$\boldsymbol{k}' - \boldsymbol{k} = \boldsymbol{K}_h \tag{3.4.30a}$$

$$E(\boldsymbol{k}') - E(\boldsymbol{k}) = 0 \tag{3.4.30b}$$

其中 $\boldsymbol{k}$ 是入射光子波矢,$\boldsymbol{k}'$是散射光子波矢,而 $\boldsymbol{K}_h$ 是任一倒格矢。在这一过程中只激发了一个频率 $\omega=0$,$\boldsymbol{q}=0$ 的非严格模式,晶体作为一个整体发生动量为$-\hbar\boldsymbol{K}_h$ 的反冲,由于晶体的质量太大了,这种均匀模式的动量很难以明显形式表现出来。但整个系统的动量和能量始终严格守恒。

如果光子的散射是非弹性的,在这个过程中激发或吸收了一个波矢为 $\boldsymbol{q}$、频率为 $\omega(\boldsymbol{q})$ 的声子,在微扰论的玻恩近似下,系统的动量和能量守恒关系可写为(见 §5.7),

$$\begin{aligned}\boldsymbol{k}' - \boldsymbol{k} &= \pm\boldsymbol{q} + \boldsymbol{K}_h \\ E(\boldsymbol{k}') - E(\boldsymbol{k}) &= \pm\hbar\omega_s(\boldsymbol{q})\end{aligned} \tag{3.4.31}$$

其中±号分别表示吸收和发射一个波矢为 $\boldsymbol{q}$ 的声子。式(3.4.31)第一式通常称为系统的准动量守恒。由于波矢 $\boldsymbol{q}\neq0$ 的声子并不携带物理动量,这意味着在发射(或吸收)$\boldsymbol{q}\neq0$ 的声子模式的同时,$\boldsymbol{q}=0$ 的模式也被激发(或吸收),且它应恰好具有动量 $\hbar(\mp\boldsymbol{q}-\boldsymbol{K}_h)$,$\boldsymbol{K}_h$ 的出现是由于晶格平移对称性破缺导致的。

粒子流(光子、电子、中子等)与晶体的非弹性散射,提供了研究声子谱(色散关系)的手段。如果我们固定入射粒子流的动量和能量,测量不同方向上散射粒子流的动量和能量,就可以根据动量能量关系式(3.4.31),确定出声子的波矢 $\boldsymbol{q}$ 与频率 $\omega_s(\boldsymbol{q})$的关系。

作为本节的小结:声子是晶格集体激发的玻色型准粒子,它具有能量$\hbar\omega_s(\boldsymbol{q})$和准动量 $\hbar\boldsymbol{q}$。通常把横声学模和纵声学模声子分别记为 TA 和 LA 声子,而把横光学声子和纵光学声子分别记为 TO 和 LO 声子。

§3.5　离子晶体中的长光学波

在离子晶体中,长光学模代表元胞内正、负离子的反向运动,它将伴随着晶体的极化并产生内场。这不仅影响长光学模的频率,同时与电磁波有强烈的相互作用,从而对离子晶体的电学和光学性质有重要的影响。类似于长声学波可以看成连续介质中的弹性波,在宏观弹性理论上求解运动方程,对于长光学波也可以在宏观理论的基础上进行讨论。

一、离子晶体中长光学晶格振动产生的内场

离子晶体长光学晶格振动,正、负离子相对位移 $\boldsymbol{u}_{+}-\boldsymbol{u}_{-}$,导致极化强度矢量

$$\boldsymbol{P}=\frac{1}{\Omega}q^{*}(\boldsymbol{u}_{+}-\boldsymbol{u}_{-}) \tag{3.5.1}$$

其中 q^{*} 为离子有效电荷,Ω 为元胞体积。因为极化强度矢量正比于相对位移,它将以格波的频率 $\omega(\boldsymbol{q})$ 和波矢 $\boldsymbol{q}$ 在时间和空间上周期变化,产生极化波

$$\boldsymbol{P}=\boldsymbol{P}_0\mathrm{e}^{\mathrm{i}(\boldsymbol{q}\cdot\boldsymbol{r}-\omega t)} \tag{3.5.2}$$

根据电动力学,可以得到极化产生的宏观内场:

$$\boldsymbol{E}=\frac{\dfrac{\omega^2}{c^2}\boldsymbol{P}-\boldsymbol{q}(\boldsymbol{q}\cdot\boldsymbol{P})}{\varepsilon_0(q^2-\omega^2/c^2)} \tag{3.5.3}$$

其中 c 和 ε_0 分别为真空中的光速和介电常量。

晶格振动存在纵模和横模,它们将产生性质截然不同的内场。

1. 纵振动产生的内场

对于纵振动,$\boldsymbol{P}\parallel\boldsymbol{q}$,由式(3.5.3)得到

$$\boldsymbol{E}_{\mathrm{L}}=-\frac{\boldsymbol{P}}{\varepsilon_0} \tag{3.5.4}$$

可见场矢量平行于波矢,因此纵模伴随的电场是纵向的,这是一种没有磁场伴随的无旋场,类似于静电场。该电场的存在使晶体中的离子除了受近程弹性恢复力外,还要受到与相对位移反向的长程库仑力的作用,使总的恢复力变大,必然提高纵振动模的频率 ω_{L}。

2. 横振动产生的内场

对于横振动,$\boldsymbol{P}\perp\boldsymbol{q}$,由式(3.5.3)得到

$$\boldsymbol{E}_{\mathrm{T}}=\frac{\omega^2}{\varepsilon_0(c^2q^2-\omega^2)}\boldsymbol{P} \tag{3.5.5}$$

可见场矢量垂直于波矢。因此横模伴随的内场是一种有磁场相伴的有旋场,即电磁场。由于有这种电磁场的存在,使外电磁波与晶格振动的横模之间发生耦合,从而改变电磁波在晶体中的传播性质。当电磁波的波矢和频率与横光学模的波矢和频率相等,即 $\omega=cq$ 时,发生共振,耦合最强。在共振区以外,若 $\omega>cq$,$\boldsymbol{E}_{\mathrm{T}}$ 与位移方向相反,将增加横振动的恢复力,特别当 $\boldsymbol{q}\approx 0$ 时,$\boldsymbol{E}_{\mathrm{T}}=-\dfrac{\boldsymbol{P}}{\varepsilon_0}$ 与纵场 $\boldsymbol{E}_{\mathrm{L}}$ 形式相等。若 $\omega<cq$ 时,$\boldsymbol{E}_{\mathrm{T}}$ 与位移方向相同,将减小横振动的恢复力,使共振频率降低,特别当 $\omega\ll cq$ 时,$\boldsymbol{E}_{\mathrm{T}}\to 0$,共振频率仅由弹性恢复力决定,$\omega=\omega_{\mathrm{TO}}$。

二、长光学波的宏观运动方程

1. 运动方程

为了简单起见,设每个元胞中只含电荷大小相等,符号相反,质量为 m_{+}、m_{-}的两个离子,仍限

于各向同性的连续模型。在长波近似下，晶体中正、负离子的相对位移 $\boldsymbol{u}_+-\boldsymbol{u}_-$ 几乎一样，因此可以用一个矢量 $\boldsymbol{W}$ 来描述长光频支振动：

$$\boldsymbol{W}=\left(\frac{\mu}{\Omega}\right)^{1/2}(\boldsymbol{u}_+-\boldsymbol{u}_-)=\rho^{1/2}(\boldsymbol{u}_+-\boldsymbol{u}_-) \tag{3.5.6}$$

其中 $\mu=\dfrac{m_+m_-}{m_++m_-}$ 为正、负离子的折合质量，Ω 为元胞体积，ρ 为折合质量密度。

光频支的动能密度为

$$T=\frac{1}{2}\dot{\boldsymbol{W}}^2 \tag{3.5.7}$$

而势能密度由两部分组成：

$$V=V_{弹性}+V_{极化}=-\int_0^W \boldsymbol{F}\cdot \mathrm{d}\boldsymbol{W}-\int_0^E \boldsymbol{P}\cdot \mathrm{d}\boldsymbol{E} \tag{3.5.8}$$

式中，$\boldsymbol{F}$ 为弹性恢复力。在简谐近似下，

$$\boldsymbol{F}=b_{11}\boldsymbol{W},\quad b_{11}<0 \tag{3.5.9}$$

而 $\boldsymbol{P}$ 是晶体的极化强度矢量，$\boldsymbol{E}$ 为宏观电场强度矢量。由于正、负离子相对位移导致极化并产生内场，反过来电场又作用于离子影响其运动，并且使离子周围的电子相对于核位移，产生电子极化，于是在线性近似下，

$$\boldsymbol{P}=\boldsymbol{P}_{位移}+\boldsymbol{P}_{电子}=b_{12}\boldsymbol{W}+b_{22}\boldsymbol{E} \tag{3.5.10}$$

将式(3.5.9)和式(3.5.10)代入式(3.5.8)得到

$$V=-\left(\frac{1}{2}b_{11}\boldsymbol{W}^2+b_{12}\boldsymbol{W}\cdot\boldsymbol{E}+\frac{1}{2}b_{22}\boldsymbol{E}^2\right) \tag{3.5.11}$$

式中 b_{11}、b_{12}、b_{22} 称为动力学系数。

系统的拉格朗日密度函数为

$$L=T-V=\frac{1}{2}\dot{\boldsymbol{W}}^2+\frac{1}{2}b_{11}\boldsymbol{W}^2+b_{12}\boldsymbol{W}\cdot\boldsymbol{E}+\frac{1}{2}b_{22}\boldsymbol{E}^2 \tag{3.5.12}$$

由此可确定位移 $\boldsymbol{W}$ 对应的共轭动量

$$\boldsymbol{p}=\frac{\partial L}{\partial\dot{\boldsymbol{W}}}=\dot{\boldsymbol{W}} \tag{3.5.13}$$

系统的哈密顿量为

$$H=T+V=\frac{1}{2}\dot{\boldsymbol{W}}^2-\left(\frac{1}{2}b_{11}\boldsymbol{W}^2+b_{12}\boldsymbol{W}\cdot\boldsymbol{E}+\frac{1}{2}b_{22}\boldsymbol{E}^2\right) \tag{3.5.14}$$

由正则方程 $\dot{\boldsymbol{p}}=-\dfrac{\partial H}{\partial\boldsymbol{W}}$，得到运动方程：

$$\ddot{\boldsymbol{W}} = b_{11}\boldsymbol{W} + b_{12}\boldsymbol{E} \tag{3.5.15}$$

式中第一项代表短程弹性恢复力,第二项代表与离子位移极化相关的作用力。

现在把式(3.5.10)和式(3.5.15)放在一起,写成对称形式,有

$$\ddot{\boldsymbol{W}} = b_{11}\boldsymbol{W} + b_{12}\boldsymbol{E} \tag{3.5.16a}$$

$$\boldsymbol{P} = b_{21}\boldsymbol{W} + b_{22}\boldsymbol{E} \tag{3.5.16b}$$

其中 $b_{21}=b_{12}$。方程组(3.5.16)称为黄昆方程,它是描述离子晶体中长光学波的基本方程。

2. 介电函数与动力学系数 b_{11}、b_{12}、b_{22}的关系

唯象方程组(3.5.16)中的系数取决于材料性质的参数,它们可以通过实验来确定。

考虑极端情况,若 $\boldsymbol{E}$ 为恒定的静电场,它表示正、负离子仅仅产生静态相对位移 $\boldsymbol{W}$,并不振动,则 $\ddot{\boldsymbol{W}}=0$,由方程组中第一式得到

$$b_{11}\boldsymbol{W} = -b_{12}\boldsymbol{E} \tag{3.5.17}$$

它表示弹性恢复力与宏观电场产生的力大小相等,方向相反。由式(3.5.17)解出 $\boldsymbol{W}$,代入方程组第二式,有

$$\boldsymbol{P} = \left(b_{22} - \frac{b_{12}^2}{b_{11}}\right)\boldsymbol{E} \tag{3.5.18}$$

由于晶体被静电极化,根据静电学有

$$\boldsymbol{P} = [\varepsilon(0) - 1]\varepsilon_0\boldsymbol{E} \tag{3.5.19}$$

式中 ε_0 是真空介电常量,$\varepsilon(0)$是静电介电函数。

对比式(3.5.18)和式(3.5.19),得到

$$[\varepsilon(0) - 1]\varepsilon_0 = b_{22} - \frac{b_{12}^2}{b_{11}} \tag{3.5.20}$$

再考虑相反的极端情况,若 $\boldsymbol{E}$ 为高频电场,$\boldsymbol{E}$ 的振动频率远高于晶格振动的频率。此时晶格跟不上外场的变化,$\boldsymbol{W}=0$。由方程组第二式,有

$$\boldsymbol{P} = b_{22}\boldsymbol{E} \tag{3.5.21}$$

此时,晶体中只存在电子极化。根据电动力学,有

$$\boldsymbol{P} = [\varepsilon(\infty) - 1]\varepsilon_0\boldsymbol{E} \tag{3.5.22}$$

式中 $\varepsilon(\infty)$为高频介电函数。对比式(3.5.21)和式(3.5.22),得到

$$b_{22} = [\varepsilon(\infty) - 1]\varepsilon_0 \tag{3.5.23}$$

将式(3.5.23)代入式(3.5.20),得到

$$[\varepsilon(0) - \varepsilon(\infty)]\varepsilon_0 = -\frac{b_{12}^2}{b_{11}} \tag{3.5.24}$$

下面将证明

$$-b_{11}=\omega_{TO}^2=\omega_0^2 \tag{3.5.25}$$

其中 ω_{TO} 是无耦合横长光学模频率，记为 ω_0。

综上得到动力系数与介电函数及 ω_{TO} 的关系：

$$b_{11}=-\omega_0^2 \tag{3.5.26a}$$

$$b_{12}=b_{21}=[\varepsilon(0)-\varepsilon(\infty)]^{1/2}\varepsilon_0^{1/2}\omega_0 \tag{3.5.26b}$$

$$b_{22}=[\varepsilon(\infty)-1]\varepsilon_0 \tag{3.5.26c}$$

其中 $\varepsilon(0)$ 和 $\varepsilon(\infty)$ 可以由介电测量得到，而 ω_0 可由晶格的红外吸收谱测量得到。

三、离子晶体长光学波的本征频率 ω_{TO} 和 ω_{LO}

在每个元胞中包含两个原子或离子的晶体中，应该有三支光频支(二横一纵)。对于各向同性的晶体，两支横振动是简并的。在长波情况下，ω 与 $\boldsymbol{q}$ 几乎无关，因此仅对应两个频率 ω_{TO} 和 ω_{LO}。一般对于非离子晶体，例如 Ge，在长波情况下，$\omega_{TO}=\omega_{LO}$。但是对于离子晶体，纵振动产生的类静电场，增加了振子的恢复力，使得离子晶体长光频支频率 $\omega_{LO}>\omega_{TO}$。

在不考虑横场耦合情况下，系统的本征振动由黄昆方程和静电方程联合求解得到：

$$\ddot{\boldsymbol{W}}=b_{11}\boldsymbol{W}+b_{12}\boldsymbol{E} \tag{3.5.27a}$$

$$\boldsymbol{P}=b_{12}\boldsymbol{W}+b_{22}\boldsymbol{E} \tag{3.5.27b}$$

$$\nabla\cdot\boldsymbol{D}=\nabla\cdot(\varepsilon_0\boldsymbol{E}+\boldsymbol{P})=0 \tag{3.5.27c}$$

$$\nabla\times\boldsymbol{E}\approx 0 \tag{3.5.27d}$$

将 $\boldsymbol{W}$ 写为横向位移 $\boldsymbol{W}_T$ 和纵向位移 $\boldsymbol{W}_L$ 两部分：

$$\boldsymbol{W}=\boldsymbol{W}_T+\boldsymbol{W}_L \tag{3.5.28}$$

其中

$$\nabla\times\boldsymbol{W}_T\neq 0,\quad \nabla\cdot\boldsymbol{W}_T=0 \tag{3.5.29a}$$

$$\nabla\times\boldsymbol{W}_L=0,\quad \nabla\cdot\boldsymbol{W}_L\neq 0 \tag{3.5.29b}$$

对式(3.5.27a)取旋度，并利用式(3.5.27d)、(3.5.29a)、(3.5.29b)，得到横振动方程：

$$\frac{\mathrm{d}^2}{\mathrm{d}t^2}\nabla\times\boldsymbol{W}_T=b_{11}\nabla\times\boldsymbol{W}_T \tag{3.5.30}$$

解之得到无耦合横波本征频率

$$\omega_{TO}^2=\omega_0^2=-b_{11} \tag{3.5.31}$$

它只与弹性恢复力有关。

同样对黄昆方程取散度，有

$$\nabla\cdot\ddot{\boldsymbol{W}}_L=b_{11}\nabla\cdot\boldsymbol{W}_L+b_{12}\nabla\cdot\boldsymbol{E} \tag{3.5.32a}$$

$$\nabla\cdot\boldsymbol{P}=b_{12}\nabla\cdot\boldsymbol{W}_L+b_{22}\nabla\cdot\boldsymbol{E} \tag{3.5.32b}$$

再由式(3.5.32b)和(3.5.27c)消去 $\nabla\cdot\boldsymbol{P}$ 得到

$$\nabla\cdot\boldsymbol{E}=-\frac{b_{12}}{\varepsilon_0+b_{22}}\nabla\cdot\boldsymbol{W}_{\mathrm{L}} \tag{3.5.33}$$

代入式(3.5.32a)得到纵振动方程:

$$\frac{\mathrm{d}^2}{\mathrm{d}t^2}\nabla\cdot\boldsymbol{W}_{\mathrm{L}}=\left(b_{11}-\frac{b_{12}^2}{\varepsilon_0+b_{22}}\right)\nabla\cdot\boldsymbol{W}_{\mathrm{L}} \tag{3.5.34}$$

于是得到纵波的频率:

$$\omega_{\mathrm{LO}}^2=-\left(b_{11}-\frac{b_{12}^2}{\varepsilon_0+b_{22}}\right)=\left[\frac{\varepsilon(0)}{\varepsilon(\infty)}\right]\omega_{\mathrm{TO}}^2 \tag{3.5.35}$$

其中应用了关系式(3.5.26)。

从式(3.5.35)容易得到

$$\frac{\omega_{\mathrm{LO}}}{\omega_{\mathrm{TO}}}=\left[\frac{\varepsilon(0)}{\varepsilon(\infty)}\right]^{1/2} \tag{3.5.36}$$

它被称为 LST (Lyddane-Sachs-Teller)关系。由于静电介电函数 $\varepsilon(0)$表示晶体中所有带电粒子的响应,而高频介电函数 $\varepsilon(\infty)$仅仅是电子的响应,所以一般而言 $\varepsilon(0)>\varepsilon(\infty)$,因此离子晶体中的长光学波纵波频率 ω_{LO}总是大于无耦合长光学波横波的频率 ω_{TO},这是由于离子晶体中纵振动产生的极化电场,增加了纵波的恢复力。而对于非离子晶体,晶格振动不产生位移极化,$b_{12}=0$,由式(3.5.35)可知,$\omega_{\mathrm{LO}}=\omega_{\mathrm{TO}}$。

四、极化激元

现在讨论横光学模声子与电磁波的相互作用。在共振条件下,声子-光子耦合将导致全新的色散关系,完全改变了电磁波的传播特性。所谓共振是指声子和光子的频率和波矢均近似相等,图 3-5-1 横光学模 ω_{TO}和光子色散关系两条虚线相交的区域就是共振区。因为长横光学模的频率 $\omega_{\mathrm{TO}}\approx10^{13}\ \mathrm{s}^{-1}$,在远红外区域,共振时,声子和光子的波矢 $\approx\omega_{\mathrm{TO}}/c\approx300\ \mathrm{cm}^{-1}$,而布里渊区边界波矢 $\approx10^7\ \mathrm{cm}^{-1}$,因此这些耦合过程发生在布里渊区中心附近小波矢的情况下。耦合声子-光子场的量子称为极化激元。

在讨论离子晶体无横场耦合长光学波本征振动时,我们忽略了横向极化产生的有旋电磁场,用静电方程与黄昆方程联立求解。但是在讨论声子与光子耦合问题时,外电磁场及横振动伴随的电磁场都是有旋场,必须用麦克斯韦方程与黄昆方程联合求解。对于非磁性绝缘晶体,磁导率 $\mu=1$,空间电流 $\boldsymbol{J}=0$,且自由电荷 $\rho=0$,这些方程如下:

$$\ddot{\boldsymbol{W}}=b_{11}\boldsymbol{W}+b_{12}\boldsymbol{E} \tag{3.5.37a}$$

$$\boldsymbol{P}=b_{12}\boldsymbol{W}+b_{22}\boldsymbol{E} \tag{3.5.37b}$$

$$\nabla\times\boldsymbol{E}=-\mu_0\frac{\partial\boldsymbol{H}}{\partial t} \tag{3.5.38a}$$

$$\nabla\times\boldsymbol{H}=\frac{\partial}{\partial t}(\varepsilon_0\boldsymbol{E}+\boldsymbol{P}) \tag{3.5.38b}$$

$$\nabla \cdot \boldsymbol{D} = \nabla \cdot (\varepsilon_0 \boldsymbol{E} + \boldsymbol{P}) = 0 \tag{3.5.38c}$$

$$\nabla \cdot \boldsymbol{H} = 0 \tag{3.5.38d}$$

令波动解为

$$\boldsymbol{W} = \boldsymbol{W}_0 \mathrm{e}^{\mathrm{i}(\boldsymbol{q}\cdot\boldsymbol{r}-\omega t)} \tag{3.5.39a}$$

$$\boldsymbol{P} = \boldsymbol{P}_0 \mathrm{e}^{\mathrm{i}(\boldsymbol{q}\cdot\boldsymbol{r}-\omega t)} \tag{3.5.39b}$$

$$\boldsymbol{E} = \boldsymbol{E}_0 \mathrm{e}^{\mathrm{i}(\boldsymbol{q}\cdot\boldsymbol{r}-\omega t)} \tag{3.5.39c}$$

$$\boldsymbol{H} = \boldsymbol{H}_0 \mathrm{e}^{\mathrm{i}(\boldsymbol{q}\cdot\boldsymbol{r}-\omega t)} \tag{3.5.39d}$$

将解(3.5.39)代入原方程组(3.5.37)和(3.5.38),得到

$$-\omega^2 \boldsymbol{W}_0 = b_{11} \boldsymbol{W}_0 + b_{12} \boldsymbol{E}_0 \tag{3.5.40a}$$

$$\boldsymbol{P}_0 = b_{12} \boldsymbol{W}_0 + b_{22} \boldsymbol{E}_0 \tag{3.5.40b}$$

$$\boldsymbol{q} \times \boldsymbol{E}_0 = \mu_0 \omega \boldsymbol{H}_0 \tag{3.5.41a}$$

$$\boldsymbol{q} \times \boldsymbol{H}_0 = -\omega(\varepsilon_0 \boldsymbol{E}_0 + \boldsymbol{P}_0) \tag{3.5.41b}$$

$$\boldsymbol{q} \cdot (\varepsilon_0 \boldsymbol{E}_0 + \boldsymbol{P}_0) = 0 \tag{3.5.41c}$$

$$\boldsymbol{q} \cdot \boldsymbol{H}_0 = 0 \tag{3.5.41d}$$

从式(3.5.40)中消去 $\boldsymbol{W}_0$ 得到

$$\boldsymbol{P}_0 = \left(b_{22} - \frac{b_{12}^2}{b_{11} + \omega^2} \right) \boldsymbol{E}_0 \tag{3.5.42}$$

代入式(3.5.41c),得到

$$(\boldsymbol{q} \cdot \boldsymbol{E}_0) \left(\varepsilon_0 + b_{22} - \frac{b_{12}^2}{b_{11} + \omega^2} \right) = 0 \tag{3.5.43}$$

下面讨论两种情况:

(1) 对于纵波,$\boldsymbol{q} \cdot \boldsymbol{E}_0 \neq 0$,于是

$$\varepsilon_0 + b_{22} - \frac{b_{12}^2}{b_{11} + \omega^2} = 0$$

解出 ω^2 有

$$\omega^2 = \omega_{\mathrm{LO}}^2 = -\left(b_{11} - \frac{b_{12}^2}{\varepsilon_0 + b_{22}} \right) = \left[\frac{\varepsilon(0)}{\varepsilon(\infty)} \right] \omega_{\mathrm{TO}}^2 \tag{3.5.44}$$

可见纵声子并不与电磁场耦合,ω_{LO} 与 $\boldsymbol{q}$ 无关,并再次得到 LST 关系。

(2) 对于横波 $\boldsymbol{q} \cdot \boldsymbol{E}_0 = 0$,不能简单地由式(3.5.43)解出 ω。注意到 $\boldsymbol{q} \perp \boldsymbol{E}_0 \perp \boldsymbol{H}_0$,从式(3.5.41a)和(3.5.41b),可以得到

$$qE_0 - \mu_0 \omega H_0 = 0 \tag{3.5.45a}$$

$$\omega\left(\varepsilon_0 + b_{22} - \frac{b_{12}^2}{b_{11} + \omega^2}\right)E_0 - qH_0 = 0 \tag{3.5.45b}$$

式(3.5.45b)中应用了式(3.5.42)。当

$$\begin{vmatrix} q & -\mu_0\omega \\ \omega\left(\varepsilon_0 + b_{22} - \dfrac{b_{12}^2}{b_{11} + \omega^2}\right) & -q \end{vmatrix} = 0 \tag{3.5.46}$$

即

$$\frac{q^2}{\mu_0\omega^2} = \varepsilon_0 + b_{22} - \frac{b_{12}^2}{b_{11} + \omega^2} \tag{3.5.47}$$

时,方程组(3.5.45)有解。利用式(3.5.26)和 LST 关系,并注意 $\mu_0\varepsilon_0 = 1/c^2$,式(3.5.47)变为

$$\frac{c^2q^2}{\omega^2} = \varepsilon(\infty)\frac{\omega_{\mathrm{LO}}^2 - \omega^2}{\omega_{\mathrm{TO}}^2 - \omega^2} \tag{3.5.48}$$

由此得到

$$\varepsilon(\infty)\omega^4 - [\varepsilon(\infty)\omega_{\mathrm{LO}}^2 + c^2q^2]\omega^2 + c^2q^2\omega_{\mathrm{TO}}^2 = 0 \tag{3.5.49}$$

方程(3.5.49)给出极化激元的色散关系:

$$\omega_{\pm}^2(q) = \frac{1}{2}\left\{\omega_{\mathrm{LO}}^2 + \frac{c^2q^2}{\varepsilon(\infty)} \pm \left[\omega_{\mathrm{LO}}^4 + \frac{c^4q^4}{\varepsilon^2(\infty)} + \frac{2c^2q^2}{\varepsilon(\infty)}(\omega_{\mathrm{LO}}^2 - 2\omega_{\mathrm{TO}}^2)\right]^{1/2}\right\} \tag{3.5.50}$$

图 3-5-1 表示极化激元的色散曲线。虚直线表示未耦合的 TO 声子、LO 声子和光子的色散关系,实线表示极化激元的色散关系。由此可见:

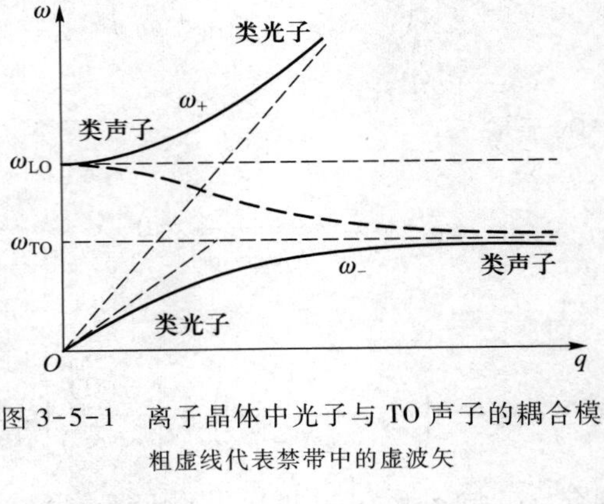

图 3-5-1 离子晶体中光子与 TO 声子的耦合模
粗虚线代表禁带中的虚波矢

(1) 极化激元色散关系分解为 $\omega_{\pm}(q)$ 两支。在小波矢区域,当 $q\to0$ 时,横振动和纵振动产生的电场恢复力几乎都等于 $-\boldsymbol{P}/\varepsilon_0$,$\omega_+^2\approx\omega_{\mathrm{LO}}^2$ 称为类声子;而 $\omega_-^2\approx c^2q^2/\varepsilon(0)$,它就是低频光子的色散关系,称为类光子。在高波矢区域,当 $qc\gg\omega_{\mathrm{LO}}\sqrt{\varepsilon(\infty)}$ 时,$\omega_+^2\approx c^2q^2/\varepsilon(\infty)$,它就是高频光子

的色散关系，称为类光子，而 $\omega_-^2 \approx \omega_{TO}^2$，因为此时横振动产生的电场 $\boldsymbol{E}_T \to 0$，振动频率近似为无耦合时的频率，称为类声子。在共振区，耦合很强，此时，TO 声子与光子都不再是独立的元激发，出现光子与声子的混合模式。

（2）光子－声子的耦合产生一个频率禁区，$\omega_{TO}<\omega<\omega_{LO}$。在这区域不存在极化激元模式。因此，在此频率范围内的电磁波不能在晶体中传播。

考虑介电函数 $\varepsilon(\omega)=c^2q^2/\omega^2$，由式(3.5.48)有

$$\varepsilon(\omega)=\varepsilon(\infty)\frac{\omega_{LO}^2-\omega^2}{\omega_{TO}^2-\omega^2} \tag{3.5.51}$$

函数 $\varepsilon(\omega)$ 的零点在 $\omega=\omega_{LO}$ 处，极点在 $\omega=\omega_{TO}$ 处。根据式(3.5.51)绘出 $\varepsilon(\omega)$ 对频率的响应曲线，如图 3-5-2 所示，其中取 $\varepsilon(\infty)=2$，$\varepsilon(0)=3$。在 $\omega=\omega_{TO}$ 和 $\omega=\omega_{LO}=(3/2)^{1/2}\omega_{TO}$ 之间，$\varepsilon(\omega)<0$，波数 q 为虚数，代表衰减解，波按 $e^{-|q|r}$ 规律衰减。此时晶体的反射率

$$R(\omega)=\left|\frac{\sqrt{\varepsilon(\omega)}-1}{\sqrt{\varepsilon(\omega)}+1}\right|=1 \tag{3.5.52}$$

也就是说频率落在禁区中的电磁波不能在一块厚的晶体中传播，几乎全部在晶体表面反射掉。图 3-5-3 表示 NaCl 晶体在几个温度下，实验得到的反射率与波长的关系。室温下，ω_{LO} 和 ω_{TO} 分别对应于波长 38×10^{-4} cm 和 61×10^{-4} cm。实验在此波长范围内并未得到 100% 的反射率，那是因为实际晶体总是存在着耗散，并且温度越高耗散越大。但对于厚度小于一个波长的薄膜而言，情况有所不同。当波的频率在禁带内时，它将按 $e^{-|q|r}$ 规律衰减；如果辐射波的 ω 接近 ω_{LO}，波矢 $|q|$ 较小，则可能透射薄膜；如果 ω 接近 ω_{TO}，$|q|$ 值较大，则将被反射。

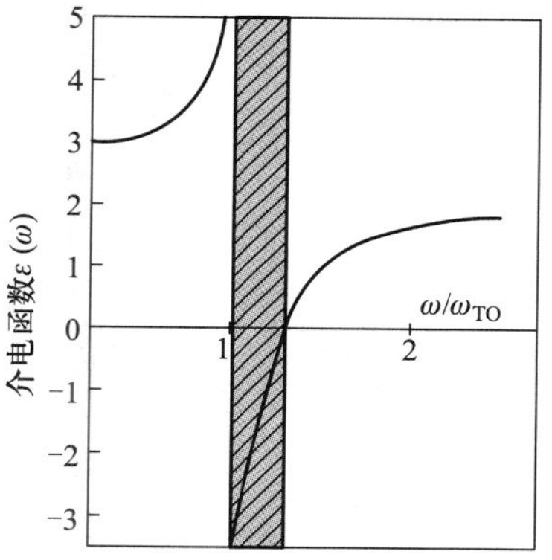

图 3-5-2　介电函数 $\varepsilon(\omega)$ 对频率 ω 的响应曲线

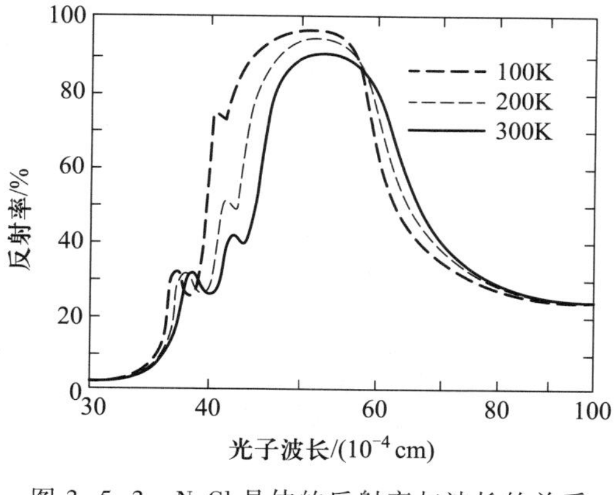

图 3-5-3　NaCl 晶体的反射率与波长的关系

§3.6　非完整晶格的振动　局域模

迄今为止，我们讨论了理想晶体的晶格振动问题。实际晶体绝不是无限大的完整晶体，必须考虑非完整性，例如晶体缺陷和表面等对晶格振动的影响，这个课题将一直延伸到诸如完全无序

系统的复杂动力学问题。作为一个例子,本书只讨论含有一个替位杂质原子的一维原子链的最简单情况,这个杂质原子的质量不同于链中其他原子的质量。通过这个例子我们可以理解许多重要的物理现象。

一、一维完整单原子链的扩展模式

让我们先回顾一下一维完整单原子链的情况。在第三章第二节中,给出了系统的本征解和色散关系:

$$u_l = A\mathrm{e}^{\mathrm{i}[qla-\omega(q)t]}, q \in 1BZ \tag{3.6.1}$$

$$\omega(q) = \omega_\mathrm{m}\left|\sin\left(\frac{1}{2}qa\right)\right|, \omega_\mathrm{m} = 2\sqrt{\frac{\beta}{m}} \tag{3.6.2}$$

其中 ω_m 为最大振动频率,所有本征频率 $\omega(q)<\omega_\mathrm{m}$。显而易见:

(1) 当 $\omega\leqslant\omega_\mathrm{m}$ 时,由式(3.6.2)可知,q 有实数解,对应的本征解是一种可在整个原子链中传播的格波,称为扩展模。

(2) 完整晶链不存在 $\omega>\omega_\mathrm{m}$ 的本征解。假设有这样的一个解 $\mathrm{Re}(q)>0$,那么 $\sin\left(\frac{1}{2}qa\right)=\frac{\omega}{\omega_\mathrm{m}}>1$,$q$ 必定为复数,写为

$$q = q_1 + \mathrm{i}q_2, \quad q_2 \neq 0 \tag{3.6.3}$$

于是得到

$$\frac{\omega}{\omega_\mathrm{m}} = \sin\left[\frac{1}{2}(q_1 + \mathrm{i}q_2)a\right] = \sin\left(\frac{1}{2}q_1a\right)\cosh\left(\frac{1}{2}q_2a\right) + \mathrm{i}\cos\left(\frac{1}{2}q_1a\right)\sinh\left(\frac{1}{2}q_2a\right) \tag{3.6.4}$$

因为 ω、ω_m 均为实数,而 $q_2\neq0$,必有

$$\cos\left(\frac{1}{2}q_1a\right) = 0$$

所以

$$\frac{1}{2}q_1a = \left(h \pm \frac{1}{2}\right)\pi, \quad q_1 = \left(h \pm \frac{1}{2}\right)\frac{2\pi}{a} = K_h \pm \frac{\pi}{a}$$

但 $q_1\in 1BZ$,有 $q_1=\frac{\pi}{a}$,代入式(3.6.4)中得到 $q_2=\frac{2}{a}\operatorname{arcosh}\frac{\omega}{\omega_\mathrm{m}}$,于是得到

$$q = \frac{\pi}{a} + \mathrm{i}\frac{2}{a}\operatorname{arcosh}\frac{\omega}{\omega_\mathrm{m}} \tag{3.6.5}$$

将它代入式(3.6.1)得到

$$u_l = A\mathrm{e}^{\mathrm{i}\left[\left(\frac{\pi}{a}+\mathrm{i}\frac{2}{a}\operatorname{arcosh}\frac{\omega}{\omega_\mathrm{m}}\right)la-\omega t\right]}$$

$$= A\mathrm{e}^{\mathrm{i}l\pi}\mathrm{e}^{-2l\operatorname{arcosh}\frac{\omega}{\omega_\mathrm{m}}}\mathrm{e}^{-\mathrm{i}\omega t}$$

$$= Ae^{il\pi}e^{-l\alpha}e^{-i\omega t} = A(-1)^l e^{-l\alpha}e^{-i\omega t} \tag{3.6.6}$$

其中 $\alpha = 2\text{arcosh}\dfrac{\omega}{\omega_m}$。图 3-6-1 给出了 α 与频率的关系。式(3.6.6)中的指数因子 $e^{-l\alpha}$取“-”号对应于在波矢的传播方向振幅指数衰减。同样 $\text{Re}(q)<0$ 的类似模式可得到相同的结果。因此，如果原子链中存在一个 $\omega>\omega_m$ 的振动模式，它必定是一个局域在原子链中某个原子附近，不随时间衰减的振动，如图 3-6-2 所示。ω 离 ω_m 越远，$|\alpha|$ 越大，局域范围越小。这种振动模称为局域模。

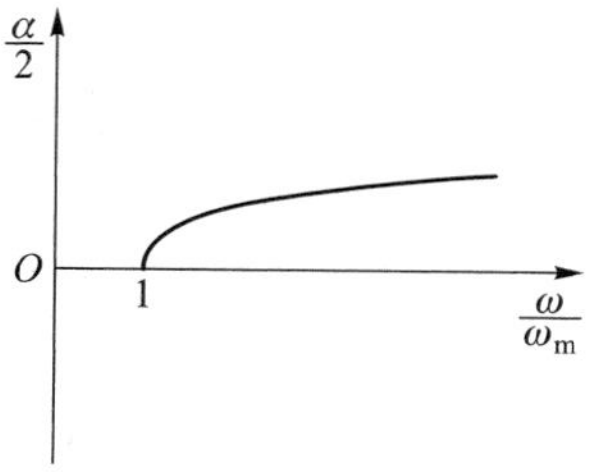

图 3-6-1　α 与频率的关系

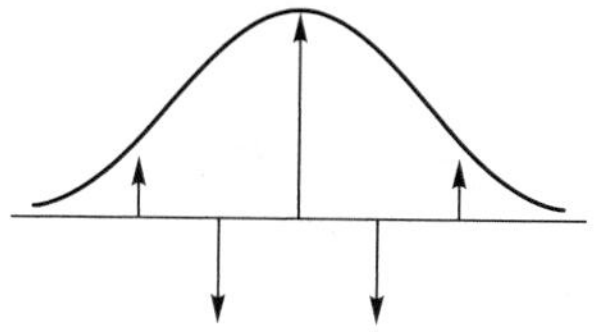

图 3-6-2　局域振动

二、含单个缺陷的一维原子链的振动频率

假定质量为 m 的原子组成一维简单晶格，元胞数为 N，在 $l=0$ 格点上有一个质量为 m'的替位杂质原子，近邻原子的弹性力常数均为 β，如图 3-6-3 所示。因此

$$m_l = \begin{cases} m, & l \neq 0 \\ m', & l = 0 \end{cases} \tag{3.6.7}$$

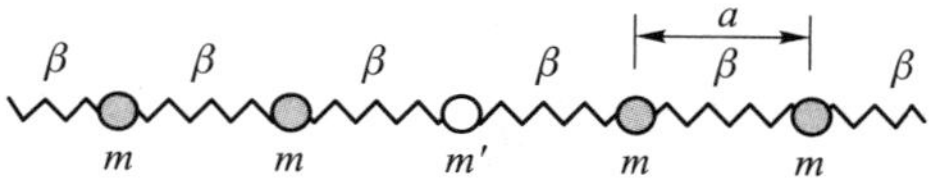

图 3-6-3　含单个缺陷的一维原子链

定义

$$\varepsilon = \frac{m - m'}{m} \tag{3.6.8}$$

当 $0<\varepsilon<1$ 时，表示“轻杂质”，而 $\varepsilon<0$ 表示“重杂质”。系统的哈密顿量

$$H = T + V \tag{3.6.9}$$

其中动能部分

$$T = \frac{1}{2}m\sum_l \dot{u}_l^2 + \frac{1}{2}(m' - m)\dot{u}_0^2 \tag{3.6.10}$$

在简谐近似下，势能部分

$$V = \frac{1}{2}\beta \sum_{l} (u_{l+1} - u_{l})^2 \tag{3.6.11}$$

其中 u_l 表示第 l 格点上原子的位移。由于杂质原子的存在破坏了平移对称性,u_l 不能写成式(3.2.4)格波解的形式。但可以将它以完整原子链的振动模为完备基作傅里叶展开:

$$u_l = \frac{1}{\sqrt{N}} \sum_{q} Q_q e^{iqla} \tag{3.6.12}$$

因此,动能项可写为

$$\begin{aligned} T &= \frac{1}{2}m \sum_{l} \sum_{q} \sum_{q'} \frac{1}{N}\dot{Q}_q \dot{Q}_{q'} e^{i(q+q')la} + \frac{1}{2}\frac{m' - m}{N}\sum_{q}\sum_{q'}\dot{Q}_q\dot{Q}_{q'} \\ &= \frac{1}{2}m \sum_{q} \dot{Q}_q \dot{Q}_{-q} + \frac{1}{2}\frac{m' - m}{N}\Big(\sum_{q}\dot{Q}_q\Big)^2 \end{aligned} \tag{3.6.13}$$

其中应用了正交关系:

$$\frac{1}{N}\sum_{l} e^{i(q+q')la} = \delta_{q',-q} \tag{3.6.14}$$

由于假定所有原子间力常数均为 β,其势能函数与完整晶体相同,按照式(3.2.28),

$$V = \frac{1}{2}m \sum_{q} \omega^2(q) Q_q Q_{-q} \tag{3.6.15}$$

其中 $\omega^2(q) = \frac{2\beta}{m}[1-\cos(qa)]$,为完整晶体的本征频率。

由拉格朗日函数 $L=T-V$,得到

$$P_{-q} = \frac{\partial L}{\partial \dot{Q}_{-q}} = m\dot{Q}_q + \frac{m' - m}{N}\sum_{q'}\dot{Q}_{q'} \tag{3.6.16}$$

再由正则方程

$$\dot{P}_{-q} = -\frac{\partial H}{\partial Q_{-q}} = -m\omega^2(q)Q_q \tag{3.6.17}$$

于是由式(3.6.16)和式(3.6.17)得到

$$m\ddot{Q}_q + \frac{m' - m}{N}\sum_{q'}\ddot{Q}_{q'} = -m\omega^2(q)Q_q \tag{3.6.18}$$

令 $Q_q \sim e^{-i\omega t}$,其中 ω 为待求频率,代入式(3.6.18)得到

$$Q_q = \frac{\varepsilon}{N}\frac{\omega^2}{\omega^2 - \omega^2(q)}\sum_{q'}Q_{q'} \tag{3.6.19}$$

在式(3.6.19)两边对 q 求和,得

$$\sum_q Q_q = \left[\sum_q \frac{\varepsilon}{N}\frac{\omega^2}{\omega^2-\omega^2(q)}\right]\sum_{q'} Q_{q'} \tag{3.6.20}$$

于是得到确定含单个缺陷原子链本征频率 ω 的方程式：

$$F(\omega^2)=\frac{\varepsilon\omega^2}{N}\sum_q \frac{1}{\omega^2-\omega^2(q)}\equiv 1 \tag{3.6.21}$$

方程(3.6.21)是一超越方程，可用作图法求解，分别作出函数 $F(\omega^2)-\omega$ 曲线，和 $F(\omega^2)=1$ 直线，它们的交点就是要求的解。图 3-6-4(a)、(b)分别表示轻杂质和重杂质的情况。从图 3-6-4(a)可见，对于轻杂质情况，在 $\omega<\omega_m$ 频区内，每一个 $\omega(q)$ 对应于一个解 ω，但所有 ω 的解都朝高频方向移动，它们对应的本征模都是扩展模式，但有一个振动模被推移到 $\omega>\omega_m$ 的禁带中。它是一个以杂质原子为中心的局域模式。对于重杂质的情况，见图 3-6-4(b)，所有的解都向低频方向移动，它们仍落在完整晶链允许的频带之内，并没有分裂出局域模，因为我们现在讨论的是单原子链的情况，声频支的频带下界在 $\omega=0$ 处，如果考虑复式晶格，光频支的频带下界为非零值。在这种情况下，重杂质可能在光频支频带之下的禁带中，产生局域模式。

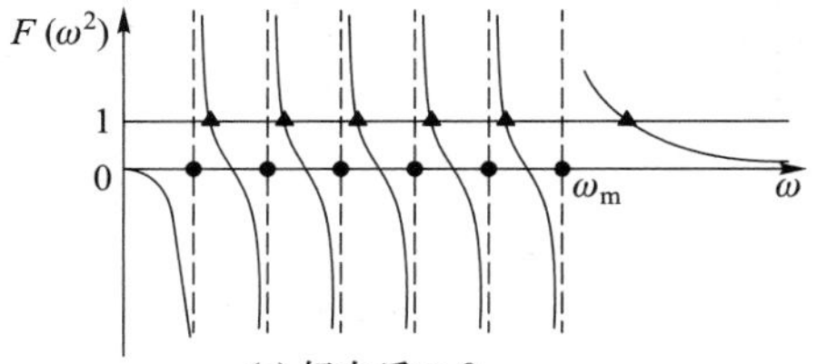

(a) 轻杂质ε>0

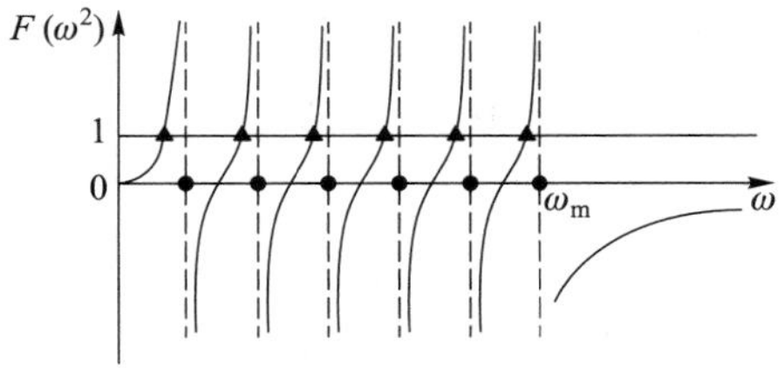

(b) 重杂质ε<0

图 3-6-4 方程(3.6.21)的作图解

"●"表示完整原子链的本征频率 $\omega(q)$，"▲"表示含单个缺陷原子链的本征频率 ω

三、局域模

上面我们从傅里叶变换出发，分析了含单个杂质原子的一维原子链的振动频率。对于轻杂质的情况，得到一个频率在禁带中的局域模。现在直接从运动方程出发，去讨论这个局域模的振动情况。由于在 $l=0$ 格点上有一个轻杂质原子，它的运动方程将不同于链中其他原子的运动方程，于是有

$$m'\ddot{u}_0-\beta(u_1+u_{-1}-2u_0)=0,\quad l=0 \tag{3.6.22a}$$

$$m\ddot{u}_l-\beta(u_{l+1}+u_{l-1}-2u_l)=0,\quad l\neq 0 \tag{3.6.22b}$$

由于存在一个杂质原子,系统的平移对称性被破坏,不能令类波解,但原子振动的时间依赖关系仍可写为 $u_l \propto e^{-i\omega t}$形式,代入方程(3.6.22)中得到

$$u_1 + u_{-1} + \left[\frac{4\omega^2}{\omega_m^2}(1-\varepsilon) - 2\right]u_0 = 0, \quad l = 0 \tag{3.6.23a}$$

$$u_{l+1} + u_{l-1} + \left(\frac{4\omega^2}{\omega_m^2} - 2\right)u_l = 0, \quad l \neq 0 \tag{3.6.23b}$$

式中 $\varepsilon = \dfrac{m-m'}{m} > 0, \omega_m = 2\sqrt{\dfrac{\beta}{m}}$。因为杂质原子位于 $l=0$ 格点,根据对称性,可能存在对称解 $u_l = u_{-l}$和反对称解 $u_l = -u_{-l}$。但是对于反对称解 $u_0 = 0, u_1 + u_{-1} = 0$,式(3.6.23a)不起作用,所以只考虑对称解,设为

$$u_l = A\lambda^{|l|} \tag{3.6.24}$$

代入式(3.6.23b)得

$$A\left[\lambda^{|l+1|} + \lambda^{|l-1|} + \lambda^{|l|}\left(\frac{4\omega^2}{\omega_m^2} - 2\right)\right] = 0 \tag{3.6.25}$$

因此有

$$\lambda^2 + \left(\frac{4\omega^2}{\omega_m^2} - 2\right)\lambda + 1 = 0 \tag{3.6.26}$$

(1) 当 $\omega < \omega_m$ 时,方程(3.6.26)有一对共轭的复根,可令 $\lambda = e^{\pm iqa}$,a 为原子间距,因此有

$$u_l = Ae^{iqa|l|} + Be^{-iqa|l|} \tag{3.6.27}$$

代入式(3.6.23b),可得

$$\omega^2(q) = \omega_m^2 \sin^2\left(\frac{1}{2}qa\right) \tag{3.6.28}$$

这正是一维周期原子链中的声频模色散关系。

将式(3.6.27)代入方程(3.6.23a),有

$$\frac{Ae^{iqa} + Be^{-iqa}}{A+B} + \left[\frac{2\omega^2}{\omega_m^2}(1-\varepsilon) - 1\right] = 0 \tag{3.6.29}$$

考虑到 u_l 为实位移,得到 $A^* = B$,可令

$$A = \frac{C}{2}e^{-i\delta}, \quad B = \frac{C}{2}e^{i\delta} \tag{3.6.30}$$

得到

$$u_l = C\cos(qa|l| - \delta) \tag{3.6.31}$$

这意味着,对于 $\omega < \omega_m$ 的振动模式,与完整原子链相比,仅仅有微小的变化,这些模式仍然是扩展

模,并且存在小的相移 δ。这样将式(3.6.30)代入式(3.6.29),并利用式(3.6.28)可以得到

$$\frac{\cos(qa-\delta)}{\cos\delta}=[2\sin^2(qa/2)(\varepsilon-1)+1] \tag{3.6.32}$$

由此解出相移

$$\tan\delta=\varepsilon\tan\left(\frac{1}{2}qa\right) \tag{3.6.33}$$

可见相移 δ 依赖于 ε 和波矢 q,m'与 m 相差越大且波长越短的模式相移越大。

(2) 当 $\omega>\omega_{\mathrm{m}}$ 时,方程(3.6.26)有实根解,令

$$u_l=A\lambda^{|l|} \tag{3.6.34}$$

将式(3.6.34)代入式(3.6.23)有

$$2\lambda+\frac{4\omega^2}{\omega_{\mathrm{m}}^2}(1-\varepsilon)-2=0\ ,\quad l=0 \tag{3.6.35a}$$

$$\lambda^2+\left(\frac{4\omega^2}{\omega_{\mathrm{m}}^2}-2\right)\lambda+1=0\ ,\quad l\neq 0 \tag{3.6.35b}$$

从式(3.6.35)中消去 ω 得到

$$(\lambda-1)[\lambda(1+\varepsilon)+(1-\varepsilon)]=0 \tag{3.6.36}$$

由式(3.6.36)得到

$$\lambda=1,\quad \lambda=-\frac{1-\varepsilon}{1+\varepsilon} \tag{3.6.37}$$

显然 $\lambda=1$ 并非对应晶格振动,只有 $\lambda=-(1-\varepsilon)/(1+\varepsilon)$ 是物理解。对于轻杂质 $0<\varepsilon<1,\lambda<0$,$|\lambda|<1$。代入式(3.6.35a)和式(3.6.34)分别得到

$$\omega^2=\frac{\omega_{\mathrm{m}}^2}{1-\varepsilon^2} \tag{3.6.38a}$$

$$u_l=A(-1)^{|l|}\left(\frac{1-\varepsilon}{1+\varepsilon}\right)^{|l|}\mathrm{e}^{-\mathrm{i}\omega t} \tag{3.6.38b}$$

由此可见,这一振动模式的频率 $\omega\geqslant\omega_{\mathrm{m}}$,它是局域于 $l=0$ 杂质原子附近的振动,相邻原子振动方向相反,并且随着 $|l|$ 的增大,位移趋于 0,正好如图 3-6-2 所示。

我们也可以将解写成下列形式:

$$u_l=A(-1)^l\mathrm{e}^{-|l|\ln\frac{1+\varepsilon}{1-\varepsilon}}\mathrm{e}^{-\mathrm{i}\omega t}=A(-1)^l\mathrm{e}^{-\alpha|l|}\mathrm{e}^{-\mathrm{i}\omega t} \tag{3.6.39}$$

它是一空间衰减的模,其衰减因子

$$\alpha=\ln\frac{1+\varepsilon}{1-\varepsilon} \tag{3.6.40}$$

因此,我们可以得到一个重要的结论:任何周期结构的破坏均可能导致局域态的出现,也就是无序可以导致局域化。

§3.7 晶格比热容

晶体的比热容包括晶格比热容和电子比热容两部分。晶体热激发产生声子,晶格振动能量的变化贡献晶格比热容。对于绝缘晶体,由于电子基本束缚在离子实附近,电子没有足够的自由度参与比热容的贡献,也就是热激发不足以改变电子的能量状态,因此晶格比热容几乎就是全部晶体比热容。但是对于金属晶体,倘若价电子在点阵中是自由的,那么电子就会对金属比热容提供额外的贡献,以后将看到,在温度不太低时,电子对比热容的贡献远小于晶格的贡献,一般可略去不计,只是在极低温时,电子才对金属比热容有重要贡献。本节只讨论晶格比热容,电子比热容将在第五章中讨论。

一、声子态密度

在本章§3.4节中,已经得到,在温度 T 下晶格的平均热能

$$U^V(T,V)=\sum_{\boldsymbol{q},s}\left[n_{\boldsymbol{q}s}(T)+\frac{1}{2}\right]\hbar\omega_s(\boldsymbol{q}) \tag{3.7.1}$$

其中 $n_{\boldsymbol{q}s}(T)=[\mathrm{e}^{\hbar\omega_s(\boldsymbol{q})/(k_\mathrm{B}T)}-1]^{-1}$,表示温度为 T 时,波矢为 $\boldsymbol{q}$,频率为 $\omega_s(\boldsymbol{q})$ 的平均声子数,求和号对所有 $3nN$ 个模式求和,因此晶格的定容比热容

$$C_V(T)=\left.\frac{\partial U^V(T,V)}{\partial T}\right|_V=\sum_{\boldsymbol{q},s}C[\omega_s(\boldsymbol{q})] \tag{3.7.2}$$

其中

$$C[\omega_s(\boldsymbol{q})]=k_\mathrm{B}\frac{\left[\dfrac{\hbar\omega_s(\boldsymbol{q})}{k_\mathrm{B}T}\right]^2\mathrm{e}^{\hbar\omega_s(\boldsymbol{q})/(k_\mathrm{B}T)}}{[\mathrm{e}^{\hbar\omega_s(\boldsymbol{q})/(k_\mathrm{B}T)}-1]^2} \tag{3.7.3}$$

$C[\omega_s(\boldsymbol{q})]$ 代表模式为 $\boldsymbol{q}s$ 的声子对晶体比热容的贡献。

由于 $\boldsymbol{q}$ 在 $\boldsymbol{q}$ 空间准连续分布,且 $\boldsymbol{q}\in 1BZ$,式中对 $\boldsymbol{q}$ 的求和可用积分代替:

$$C_V(T)=\frac{V}{(2\pi)^3}\sum_s\int_{\Omega^*}\mathrm{d}\boldsymbol{q}C[\omega_s(\boldsymbol{q})] \tag{3.7.4}$$

其中 $\dfrac{V}{(2\pi)^3}$ 为 $\boldsymbol{q}$ 空间的波矢密度。因为 $C[\omega_s(\boldsymbol{q})]$ 只是频率的函数,形式上式(3.7.4)可写为对频率的积分:

$$C_V(T)=\int_0^\infty\rho(\omega)C(\omega)\mathrm{d}\omega \tag{3.7.5}$$

其中 $\rho(\omega)$ 定义为声子态密度,它表示单位频率间隔内的模式数,应满足总模式数等于总自由

度数：

$$\int_0^{\infty}\rho(\omega)\mathrm{d}\omega = 3nN \tag{3.7.6}$$

利用 δ 函数的筛选性质，$\rho(\omega)$ 可写为

$$\rho(\omega)=\frac{V}{(2\pi)^3}\sum_s\int_{\Omega^*}\mathrm{d}\boldsymbol{q}\delta[\omega-\omega_s(\boldsymbol{q})] \tag{3.7.7}$$

它表示从所有 $\omega_s(\boldsymbol{q})$ 模式中筛选出频率为 ω 的模式。显然有

$$\begin{aligned}\int_0^{\infty}\rho(\omega)\mathrm{d}\omega &= \frac{V}{(2\pi)^3}\sum_s\int_{\Omega^*}\mathrm{d}\boldsymbol{q}\int_0^{\infty}\mathrm{d}\omega\delta[\omega-\omega_s(\boldsymbol{q})]\\ &=\frac{V}{(2\pi)^3}\sum_s\int_{\Omega^*}\mathrm{d}\boldsymbol{q}=\frac{V}{(2\pi)^3}\sum_s\Omega^* = 3nN\end{aligned} \tag{3.7.8}$$

其中利用了 $\Omega^*=(2\pi)^3/\Omega, V=N\Omega$。

由于在 $\boldsymbol{q}$ 空间，频率相等的所有模式处于一系列连续的曲面 S_ω，称为等频率面，如图 3-7-1 所示。注意到

$$\mathrm{d}^3q=\mathrm{d}S_\omega\mathrm{d}q_\perp,\quad \mathrm{d}\omega=|\nabla_q\omega_s(\boldsymbol{q})|\mathrm{d}q_\perp \tag{3.7.9}$$

其中 $\mathrm{d}S_\omega$ 为等频率面 S_ω 上的面积元，$\mathrm{d}q_\perp$ 为 $\boldsymbol{q}$ 空间频率为 ω 和 $\omega+\mathrm{d}\omega$ 两个等频率面间的距离，$\nabla_q\omega_s(\boldsymbol{q})$ 为等频率面的梯度。则式(3.7.7)可写为沿等频率面的积分：

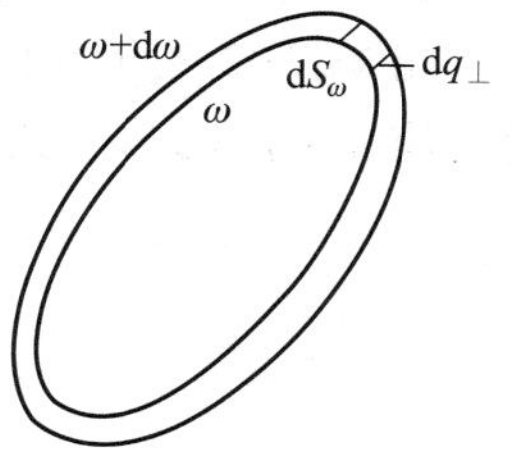

图 3-7-1　$\boldsymbol{q}$ 空间频率为 ω 和 $\omega+\mathrm{d}\omega$ 的两个等频率面

$$\begin{aligned}\rho(\omega) &= \frac{V}{(2\pi)^3}\sum_s\iint\mathrm{d}S_\omega\mathrm{d}q_\perp\ \delta[\omega-\omega_s(\boldsymbol{q})]\\ &=\frac{V}{(2\pi)^3}\sum_s\iint\frac{\mathrm{d}S_\omega}{|\nabla_q\omega_s(\boldsymbol{q})|}\delta[\omega-\omega_s(\boldsymbol{q})]\mathrm{d}\omega_s(\boldsymbol{q})\\ &=\frac{V}{(2\pi)^3}\sum_s\iint\frac{\mathrm{d}S_\omega}{|\nabla_q\omega_s(\boldsymbol{q})|}\end{aligned} \tag{3.7.10}$$

对于二维情况，等频率面退化为等频率线 l_ω，而对于一维情况，由于色散曲线在布里渊区中对 $q=0$ 是对称的，每支色散曲线只有两个等频率点，于是声子态密度公式(3.7.10)对不同维数分别为

$$\rho_{3\mathrm{D}}(\omega)=\frac{V}{(2\pi)^3}\sum_s\iint\frac{\mathrm{d}S_\omega}{|\nabla_q\omega_s(\boldsymbol{q})|},\quad 三维情况 \tag{3.7.11a}$$

$$\rho_{2\mathrm{D}}(\omega)=\frac{S}{(2\pi)^2}\sum_s\int\frac{\mathrm{d}l_\omega}{|\nabla_q\omega_s(\boldsymbol{q})|},\quad 二维情况 \tag{3.7.11b}$$

$$\rho_{1\mathrm{D}}(\omega)=\frac{L}{2\pi}\sum_s\frac{2}{|\mathrm{d}\omega_s(q)/\mathrm{d}q|},\quad 一维情况 \tag{3.7.11c}$$

声子态密度反映了晶格热激发的主要特性，因此它也决定了晶体中与晶格振动相关的物理过程

以及宏观物理性质。式(3.7.11)是态密度理论的常用公式,从 $\omega_s(\boldsymbol{q})$ 可以看到,在 $\boldsymbol{q}$ 空间声子群速 $\boldsymbol{v}(\boldsymbol{q})=\nabla_q\omega(\boldsymbol{q})=0$ 的那些临界点附近,频谱存在局部平坦的区域,将给出 $\rho(\omega)$ 的奇点,称为范霍夫(van Hove)奇点。因此在 $\boldsymbol{q}$ 空间的这些临界点,$\boldsymbol{q}_c$ 有特别重要的意义。

假定 $\boldsymbol{q}_c$ 是一个临界点。因为 $\omega_s(\boldsymbol{q})$ 是 $\boldsymbol{q}$ 的连续函数,它可以在 $\boldsymbol{q}_c$ 附近作泰勒展开至二次项,在主轴坐标系中写为

$$\omega_s(\boldsymbol{q})=\omega_c+\alpha_1\xi_1^2+\alpha_2\xi_2^2+\alpha_3\xi_3^2 \tag{3.7.12}$$

其中 $\boldsymbol{\xi}=\boldsymbol{q}-\boldsymbol{q}_c$ 是离开临界点的矢量距离,ξ_1、ξ_2、ξ_3 分别是在局部主轴坐标系中 $\boldsymbol{\xi}$ 的分量,系数 α_1、α_2、α_3 是临界点附近 $\omega_s(\boldsymbol{q})$ 对 $\boldsymbol{q}$ 的二阶导数。因为一阶导数 $\boldsymbol{v}(\boldsymbol{q})=0$,所以展开式中线性项为 0。

可见存在四种不同类型的临界点:

(1) 当 α_1、α_2、α_3 皆小于 0 时,$\boldsymbol{q}_c$ 近似对应 $\omega_s(\boldsymbol{q})$ 的局部极大点;

(2) 当 α_1、α_2、α_3 皆大于 0 时,$\boldsymbol{q}_c$ 近似对应 $\omega_s(\boldsymbol{q})$ 的局部极小点;

(3) 当 α_1、α_2、α_3 中一个为正,其他两个为负时,$\boldsymbol{q}_c$ 对应 $\omega_s(\boldsymbol{q})$ 的第一类鞍点;

(4) 当 α_1、α_2、α_3 中两个为正,一个为负时,$\boldsymbol{q}_c$ 对应 $\omega_s(\boldsymbol{q})$ 的第二类鞍点。

图 3-7-2 表示与四种临界点对应的范霍夫奇点。除了 $\omega_s(\boldsymbol{q})$ 的极大和极小点之外,S_1、S_2 分别对应 $\omega_s(\boldsymbol{q})$ 的第一类和第二类鞍点,在这些点 $\rho(\omega)$ 的一阶导数不连续。

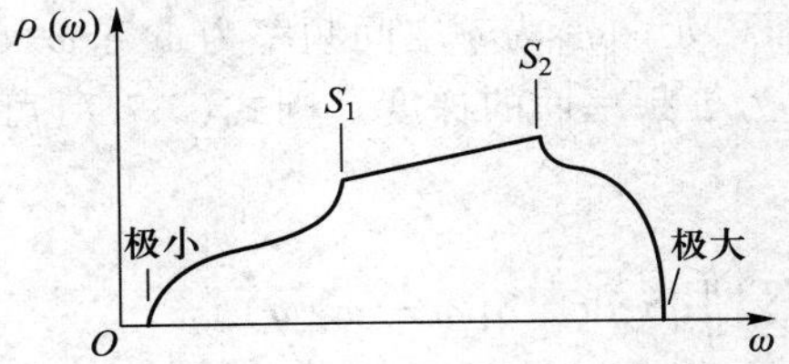

图 3-7-2 不同类型的范霍夫奇点

晶格比热容的求得归结为声子态密度的计算,它要求严格求解晶格动力学方程,以得到正确的 $\omega_s(\boldsymbol{q})$。下面我们用两个极为简化的模型得到晶格比热容的公式。

二、爱因斯坦模型和爱因斯坦比热容

爱因斯坦给出了一个最简单的晶格振动模型,假定晶体中 nN 个原子以同一确定频率振动。实际上是把晶体中的各种振动模式简化为单一的长光学波模,由于长光学波模的振动频率几乎不依赖波矢,因此有

$$\omega_s(\boldsymbol{q})=\omega_E \tag{3.7.13}$$

其中 ω_E 称为爱因斯坦频率。由式(3.7.7)得到爱因斯坦声子态密度:

$$\rho_E(\omega)=\frac{V}{(2\pi)^3}\sum_s\int_{\Omega^*}\mathrm{d}\boldsymbol{q}\delta(\omega-\omega_E)=3nN\delta(\omega-\omega_E) \tag{3.7.14}$$

可见爱因斯坦声子态密度是一个峰值在 ω_E 处的 δ 函数,所有的振动模式都集中在 ω_E 处,如图 3-7-3所示。

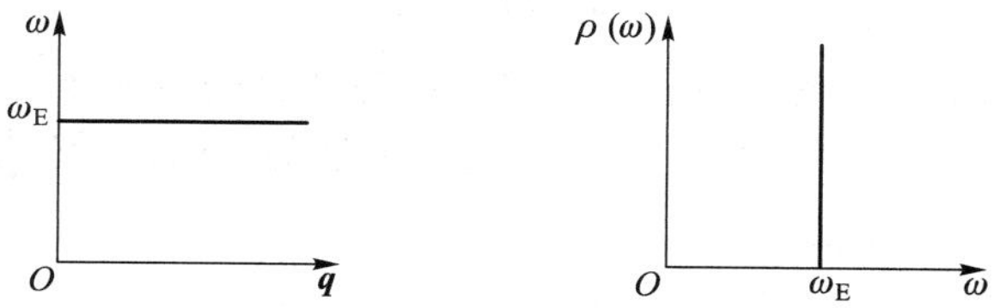

(a) 爱因斯坦频谱　(b) 态密度

图 3-7-3

由此得到爱因斯坦比热容：

$$C_V^E(T)=\int_0^\infty C(\omega)3nN\delta(\omega-\omega_E)\mathrm{d}\omega=3nNk_B\frac{[\hbar\omega_E/(k_BT)]^2\mathrm{e}^{\hbar\omega_E/(k_BT)}}{[\mathrm{e}^{\hbar\omega_E/(k_BT)}-1]^2}\tag{3.7.15}$$

爱因斯坦模型本身不能确定 ω_E，必须将理论值 $C_V^E(T)$ 与实验测定值比较，选择最恰当的 ω_E 使之在全温区与实验值尽可能符合。定义 $T_E=\hbar\omega_E/k_B$ 为爱因斯坦温度。由式(3.7.15)可以给出高温和低温极限下的爱因斯坦比热容，当 $T\gg T_E$ 时，

$$C_V^E\approx 3nNk_B\tag{3.7.16}$$

它与经典的杜隆-珀蒂比热容一致。当 $T\ll T_E$ 时，

$$C_V^E\approx 3nNk_B\left(\frac{\hbar\omega_E}{k_BT}\right)^2\mathrm{e}^{-\hbar\omega_E/(k_BT)}\tag{3.7.17}$$

可见当 $T\to 0$ 时，C_V^E 按指数形式趋于 0，因此爱因斯坦比热容的量子理论克服了经典理论的困难。但是实验结果是 $C_V(T)\propto T^3$，说明理论的粗糙，原因在于爱因斯坦模型中所有的可激发模式都集中在 ω_E 处，缺少低能量的激发模式。爱因斯坦模型通常被用作声子谱的光学声子部分近似。图 3-7-4 表示金刚石比热容的实验值与爱因斯坦理论值的比较。

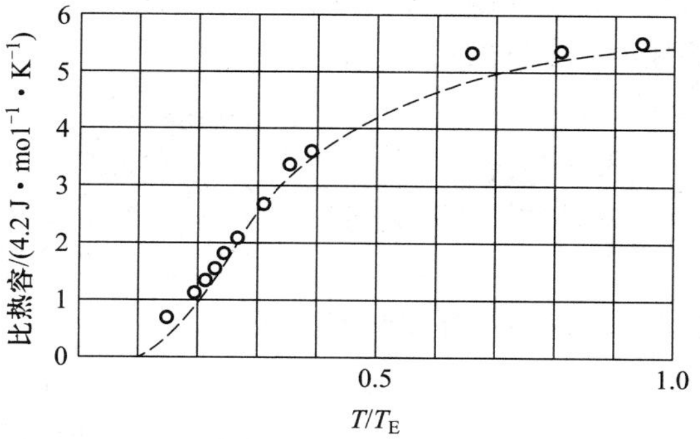

图 3-7-4　金刚石的爱因斯坦比热容(虚线)与实验值(圆圈)的比较

选择 $T_E=1\ 320$ K

三、德拜模型和德拜比热容

德拜将晶体作为连续介质处理，也就是考虑晶体中的长波长声学模。色散关系可写为

$$\omega_s(\boldsymbol{q}) = c_s q \tag{3.7.18}$$

其中 $c_s = c_l, c_t$ 分别对应长波长的纵波和横波波速。因为理想的连续介质是一个无穷自由度的体系,且对波数 $\boldsymbol{q}$ 无限制,当计算系统的能量时,它将是发散的。因此,必须强加一最大波矢 q_D,称为德拜波矢。q_D 由下面关系确定:

$$\frac{4\pi}{3} q_D^3 = \Omega^* \tag{3.7.19}$$

其中 Ω^* 为晶体倒格子元胞体积,这里我们用一个德拜球来近似代替布里渊区,由此得到

$$q_D = \left(\frac{6\pi^2 N}{V}\right)^{1/3} \tag{3.7.20}$$

其中 N 为系统元胞数,V 为晶体的体积。定义平均声速 $\frac{3}{\bar{c}^3} = \frac{1}{c_l^3} + \frac{2}{c_t^3}$,可以得到德拜截止频率:

$$\omega_D = \bar{c} q_D = \left(\frac{6\pi^2 N}{V}\right)^{1/3} \bar{c} \tag{3.7.21}$$

我们常常对正点阵也作类似的近似,用一个半径为 r_s 的维格纳-塞茨球来代替实际的维格纳-塞茨胞,它们具有相同的体积:

$$\frac{4}{3}\pi r_s^3 = \Omega \tag{3.7.22}$$

其中 Ω 为正点阵元胞的体积。因此

$$q_D = \left(\frac{9\pi}{2}\right)^{1/3} \frac{1}{r_s}, \quad \lambda_D = \frac{2\pi}{q_D} \approx 2.6 r_s \tag{3.7.23}$$

换言之,声学模的截止波长稍微大于元胞的平均半径。点阵将不允许传播波长较短的波。

由上面的假定,得到德拜声子态密度:

$$\rho_D(\omega) = \frac{V}{(2\pi)^3} \sum_s \int \frac{\mathrm{d}S_\omega}{|\nabla_q \omega_s(\boldsymbol{q})|} = \begin{cases} \dfrac{9N\omega^2}{\omega_D^3}, & 0 \leqslant \omega \leqslant \omega_D \\ 0, & \omega > \omega_D \end{cases} \tag{3.7.24}$$

将德拜声子态密度代入式(3.7.5)得到德拜比热容公式:

$$C_V^D = \int_0^\infty \rho_D(\omega) C(\omega) \mathrm{d}\omega = \int_0^{\omega_D} \frac{9N\omega^2}{\omega_D^3} \cdot k_B \frac{\left(\dfrac{\hbar\omega}{k_B T}\right)^2 \mathrm{e}^{\hbar\omega/(k_B T)}}{[\mathrm{e}^{\hbar\omega/(k_B T)} - 1]^2} \mathrm{d}\omega \tag{3.7.25}$$

令 $\xi = \hbar\omega/(k_B T)$,并定义德拜温度 $\theta_D = \hbar\omega_D / k_B$,得到

$$C_V^D = 9Nk_B \left(\frac{T}{\theta_D}\right)^3 \int_0^{\frac{\theta_D}{T}} \frac{\xi^4 \mathrm{e}^\xi}{(\mathrm{e}^\xi - 1)^2} \mathrm{d}\xi = 3Nk_B f\left(\frac{\theta_D}{T}\right) \tag{3.7.26}$$

其中

$$f\left(\frac{\theta_D}{T}\right)=3\left(\frac{T}{\theta_D}\right)^3\int_0^{\frac{\theta_D}{T}}\frac{\xi^4 e^{\xi}}{(e^{\xi}-1)^2}d\xi \tag{3.7.27}$$

称为德拜比热容函数。在德拜理论中，特征温度还是待定常量，它可以通过以下两种途径得到：

（1）从固体的弹性模量求弹性波速 c_s，由此得到平均声速 $\bar{c}$，再从

$$\theta_D=\frac{\hbar}{k_B}\omega_D=\frac{\hbar}{k_B}\bar{c}\left(\frac{6\pi^2 N}{V}\right)^{1/3} \tag{3.7.28}$$

可得到德拜温度。

（2）选择恰当的 θ_D，使之由式(3.7.26)可拟合出在全温区与实验数据尽可能相符的曲线。

由德拜比热容公式(3.7.26)，可以得到在高温和低温极限下的比热容。在高温下，$T\gg\theta_D$，$\xi\ll 1$，$e^{\xi}\approx 1+\xi$。因此，德拜比热容函数

$$f\left(\frac{\theta_D}{T}\right)\approx 3\left(\frac{T}{\theta_D}\right)^3\int_0^{\frac{\theta_D}{T}}\xi^2 d\xi=1 \tag{3.7.29}$$

而德拜比热容

$$C_V^D\approx 3Nk_B \tag{3.7.30}$$

可见比热容为一常量，与经典比热容一致。在低温下，$T\ll\theta_D$，$\theta_D/T\to\infty$。于是德拜比热容函数

$$f\left(\frac{\theta_D}{T}\right)\approx 3\left(\frac{T}{\theta_D}\right)^3\int_0^{\infty}\frac{\xi^4 e^{\xi}}{(e^{\xi}-1)^2}d\xi=\frac{4\pi^4}{5}\left(\frac{T}{\theta_D}\right)^3 \tag{3.7.31}$$

而

$$C_V^D\approx\frac{12}{5}\pi^4 Nk_B\left(\frac{T}{\theta_D}\right)^3 \tag{3.7.32}$$

它与温度的 3 次方成比例。可见，德拜比热容在高温区和低温区都得到了正确的温度关系。这是因为系统总的热能

$$U^V(T)\approx(\text{被激发的模式数})\cdot(\text{每个模式激发的声子数})\cdot(\text{每个声子的能量})$$

当 $T\gg\theta_D$ 时，所有模式都被激发，与温度无关。而每一模式的声子数正比于温度 T。因此，总的热能正比于温度 T，比热容与温度无关。当 $T\ll\theta_D$ 时，只有 $\hbar\omega<k_BT$ 的模式被激发，也就是在 $\boldsymbol{q}$ 空间，$\frac{4\pi}{3}q^3\leqslant\frac{4\pi}{3}\left(\frac{1}{\bar{c}}\frac{k_BT}{\hbar}\right)^3$，球体内的模式被激发，因此，被激发的模式数 $\sim T^3$，每个模式的声子能量 $\sim T$，总的热能 $\sim T^4$，比热容与温度 T^3 成比例。

但是，如果德拜模型是精确的，德拜温度 $\theta_D=\hbar\omega_D/k_B$ 应该是与温度无关的常量。不幸的是，实验结果表明 θ_D 并不是常量。图 3-7-5 表明氯化钠的 θ_D 和 T 的曲线。从图中可以看出，曲线在 40 K 处有极小值。在较高温度（100 K），θ_D 趋于常量 281 K，θ_D 的低温极限（$T\to 0$ K）为

313 K，两者也不一样。这说明模型的粗糙性。因此要比较准确地给出 C_V 和 T 的关系，必须从晶格振动模型严格地去求解声子态密度。下面我们将严格的一维晶格模型和一维德拜模型的声子态密度进行比较，来说明德拜模型的欠缺。一维晶格模型的色散关系由式(3.2.5)给出：

$$\omega(q)=2\sqrt{\frac{\beta}{m}}\left|\sin\left(\frac{1}{2}qa\right)\right|=\omega_{\mathrm{m}}\left|\sin\left(\frac{1}{2}qa\right)\right|$$

$$\omega_{\mathrm{m}}=2\sqrt{\frac{\beta}{m}} \tag{3.7.33}$$

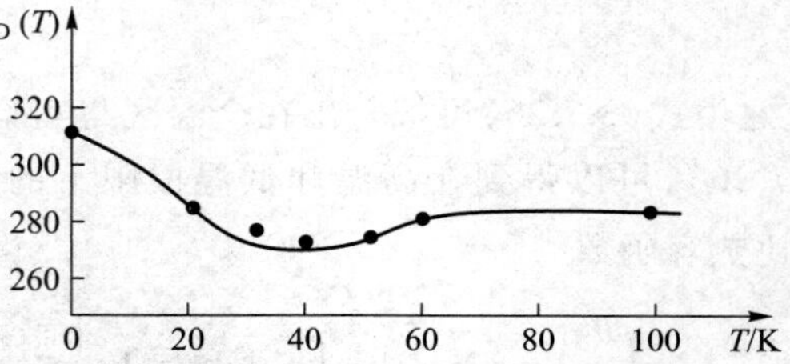

图 3-7-5　氯化钠的 θ_{D} 和 T 的关系

晶格模型的声子态密度

$$\rho^{\mathrm{L}}(\omega)=\frac{Na}{2\pi}\frac{2}{|\nabla_q\omega(q)|}=\frac{2N}{\pi\omega_{\mathrm{m}}}\frac{1}{\sqrt{1-(\omega/\omega_{\mathrm{m}})^2}} \tag{3.7.34}$$

而一维德拜模型的色散关系是

$$\omega(q)=cq,\quad q\leqslant q_{\mathrm{D}},\quad q_{\mathrm{D}}=\frac{\pi}{a} \tag{3.7.35}$$

由此可求得声子态密度：

$$\rho^{\mathrm{D}}(\omega)=\frac{Na}{\pi c}=\frac{2N}{\pi\omega_{\mathrm{m}}},\quad 0\leqslant\omega\leqslant\omega_{\mathrm{D}} \tag{3.7.36}$$

其中 $c=a\sqrt{\frac{\beta}{m}}=\frac{a}{2}\omega_{\mathrm{m}}$，$\omega_{\mathrm{D}}=cq_{\mathrm{D}}=\frac{\pi\omega_{\mathrm{m}}}{2}>\omega_{\mathrm{m}}$。图 3-7-6 给出一维晶格模型和德拜模型的色散关系和声子态密度。可见在极低温度下，即在低频区，两者几乎完全符合。尽管在高频区两者符合不

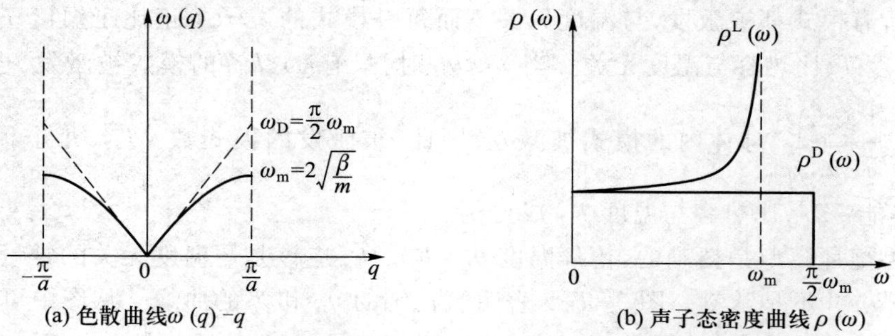

图 3-7-6　一维晶格模型和一维德拜模型

好，但是在高温下，所有模式都被激发，这种差别将被掩盖掉。所以德拜模型仍可得到正确的比热容与温度的关系。只有在中等温度范围，晶格模型将有比德拜模型较多的可激发模式。因此，德拜模型的粗糙性变得十分明显。

§ 3.8　晶格状态方程和热膨胀

有了正确的声子态密度，就可以从微观上给出晶体的所有宏观热力学量，诸如内能 $U(T,V)$、自由能 $F(T,V)$ 和熵 $S(T,V)$，从而讨论晶体平衡态的热学性质。本节首先给出晶格状态方程，$f(p,V,T)=0$，并讨论晶体热膨胀。

一、自由能和格林艾森状态方程

1. 内能函数

晶体的内能包括基态和热振动能量两部分：

$$U(T,V)=U^0(V)+U^V(T,V) \tag{3.8.1}$$

基态能量 $U^0(V)$ 只是体积的函数。前一节已经给出了晶体的平均热振动能量

$$U^V(T,V)=\sum_{\boldsymbol{q}s}n_{\boldsymbol{q}s}(T)\hbar\omega_s(\boldsymbol{q}) \tag{3.8.2}$$

式中 $(\boldsymbol{q},s)$ 对应于 $3nN$ 个自由度，$n_{\boldsymbol{q}s}(T)=1/[\mathrm{e}^{\hbar\omega_s(\boldsymbol{q})/(k_BT)}-1]$。如果知道了声子态密度，求和可以变为积分：

$$U^V(T,V)=\int_0^\infty \frac{\hbar\omega}{\mathrm{e}^{\hbar\omega/(k_BT)}-1}\rho(\omega)\mathrm{d}\omega \tag{3.8.3}$$

零点振动能与温度无关，已归并到与振动无关的内能之中。

2. 自由能

系统的自由能

$$F(T,V)=U-TS=F^0(V)+F^V(T,V) \tag{3.8.4}$$

式中，$F^0(V)=U^0(V)$，$F^V(T,V)=U^V(T,V)-TS$。根据统计物理，与振动有关的自由能

$$F^V(T,V)=-k_BT\ln Z^V \tag{3.8.5}$$

其中 Z^V 为系统的配分函数。在简谐近似下，一个具有 $3nN$ 个自由度的晶体，等价于 $3nN$ 个独立的谐振子。一个频率为 $\omega_s(\boldsymbol{q})$ 的振子的能量本征值

$$\varepsilon_{\boldsymbol{q}s}=n_{\boldsymbol{q}s}\hbar\omega_s(\boldsymbol{q}),\quad \begin{matrix} n_{\boldsymbol{q}s}=0,1,2,\cdots,\infty \\ (\boldsymbol{q},s)=1,2,\cdots,3nN \end{matrix} \tag{3.8.6}$$

零点振动能已经归入零温时的内能。所以一个谐振子的配分函数

$$Z_{\boldsymbol{q}s}^V=\sum_{n_{\boldsymbol{q}s}}^{\infty}\mathrm{e}^{-\frac{n_{\boldsymbol{q}s}\hbar\omega_s(\boldsymbol{q})}{k_BT}}=\frac{1}{1-\mathrm{e}^{-\frac{\hbar\omega_s(\boldsymbol{q})}{k_BT}}} \tag{3.8.7}$$

由于 $3nN$ 个振子相互独立,系统总的配分函数

$$Z^V = \prod_{qs} Z_{qs}^V = \prod_{qs} \frac{1}{1 - e^{-\frac{\hbar\omega_s(q)}{k_B T}}} \tag{3.8.8}$$

于是由式(3.8.5)得到

$$F^V(T,V) = k_B T \sum_{qs} \ln\left[1 - e^{-\frac{\hbar\omega_s(q)}{k_B T}}\right] = k_B T \int_0^\infty \rho(\omega) \ln\left(1 - e^{-\frac{\hbar\omega}{k_B T}}\right) d\omega \tag{3.8.9}$$

所以知道了声子态密度,便可求出系统的自由能 $F=F^0+F^V$,同时求得系统与振动有关的熵:

$$S = -\left(\frac{\partial F}{\partial T}\right)_V \tag{3.8.10}$$

3. 格林艾森方程

在晶体自由能表达式中,除了 $U^0(V)$ 外,格波的振动频率 $\omega_s(\boldsymbol{q})$ 也是宏观参量 V 的函数。根据热力学关系,可以得到系统的状态方程:

$$p = -\left[\frac{\partial F(T,V)}{\partial V}\right]_T = -\frac{dU^0(V)}{dV} - \sum_{qs} \frac{\hbar e^{-\frac{\hbar\omega_s(q)}{k_B T}}}{1 - e^{-\frac{\hbar\omega_s(q)}{k_B T}}} \frac{d\omega_s(\boldsymbol{q})}{dV}$$

$$= -\frac{dU^0(V)}{dV} - \sum_{qs} \frac{\hbar\omega_s(\boldsymbol{q})}{e^{\frac{\hbar\omega_s(q)}{k_B T}} - 1} \frac{1}{V} \frac{d\ln \omega_s(\boldsymbol{q})}{d\ln V}, \tag{3.8.11}$$

但是各振动频率 $\omega_s(\boldsymbol{q})$ 对 V 的依赖关系很复杂,因此格林艾森(E.Grüneisen)假定,对于所有振动模式它近似相同,并为一常数:

$$\gamma = -\frac{d\ln \omega_s(\boldsymbol{q})}{d\ln V} \tag{3.8.12}$$

称为格林艾森常数。因为当晶体体积增大时,原子间相互作用减弱,所以 $\omega_s(\boldsymbol{q})$ 随着 V 的增加而减小,$\gamma>0$。

在这种假设下,

$$p = -\frac{dU^0(V)}{dV} + \gamma \frac{U^V(T,V)}{V} = p_{内} + p_{热} \tag{3.8.13}$$

式中 $U^V(T,V)$ 是系统的平均热振动能,其中零点振动能已归入 U^0 中。方程(3.8.13)称为晶体的格林艾森状态方程。通常把 $p_{内} = -\frac{dU^0(V)}{dV}$ 称为内压强,它与温度无关,起因于原子之间的相互作用,取决于内聚能与体积的关系。而把 $p_{热} = \gamma\frac{U^V(T,V)}{V}$ 称为热压强,它与晶格振动有关,是温度和体积的函数。将晶体与理想气体相比较,可以估计晶体热压强的数量级。在室温或稍高温度

下，1 mol 原子的晶体平均热能，根据经典能量均分定理，$U^V(T)=3Nk_BT=3RT$。因此 $p^s_{热}=\gamma\dfrac{3RT}{V_s}$。而对 1 mol 原子理想气体 $p^g_{热}=\dfrac{RT}{V_g}$，于是有 $p^s_{热}=3\gamma\dfrac{V_g}{V_s}p^g_{热}$。由于理想气体原子间无相互作用，平衡时热压强等于外压强，例如可取 $p^g_{热}=1.01\times10^5$ Pa，而 $V_g/V_s\approx10^3$，下面将看到 $\gamma\approx1\sim3$。因此固体热压强 $p^s_{热}\approx1.01\times10^8$ Pa，它是一个很大的量。

在有限温度下，固体中热运动导致的热压强与原子间互作用导致的内压强是一对矛盾的对立面，它们具有相同的数量级。平衡时，外压强 p 是两者之和，与 $p_{热}$ 和 $p_{内}$ 相比它只是小量。因此 pV 与 U 相比也是小量，在讨论某些固体热力学问题时，总是忽略焓 $H=U+pV$ 与内能 U 以及吉布斯自由能 $G=U-TS+pV$ 与亥姆霍兹自由能 $F=U-TS$ 的差别。

二、热膨胀及其格林艾森关系

1. 热膨胀的定性解释

格林艾森方程可以直接用来讨论晶体的热膨胀。热膨胀是在给定外压强 p 时，体积随温度的变化。由于 p 很小，通常不予考虑，由格林艾森方程(3.8.13)有

$$\frac{dU^0(V)}{dV}=\gamma\frac{U^V(T,V)}{V} \tag{3.8.14}$$

图 3-8-1 画出了 U^0 与 V 的关系曲线。当温度 $T=0$ 时，热振动能 $U^V(T,V)=0$，由式(3.8.14)有 $\dfrac{dU^0(V)}{dV}=0$，原子处于平衡位置，晶体的体积为 V_0。当 $T\neq0$ 时，如果 $\gamma=0$，$\dfrac{dU^0(V)}{dV}$ 仍然为零，则原子仍处于平衡位置，晶体无热膨胀。因为热平均能量 $U^V(T,V)$ 总是大于零的，而 $\gamma>0$，因而 $\dfrac{dU^0(V)}{dV}>0$，这表明只有晶体膨胀 ΔV 才能保证 $\dfrac{dU^0(V)}{dV}$ 斜率为正。

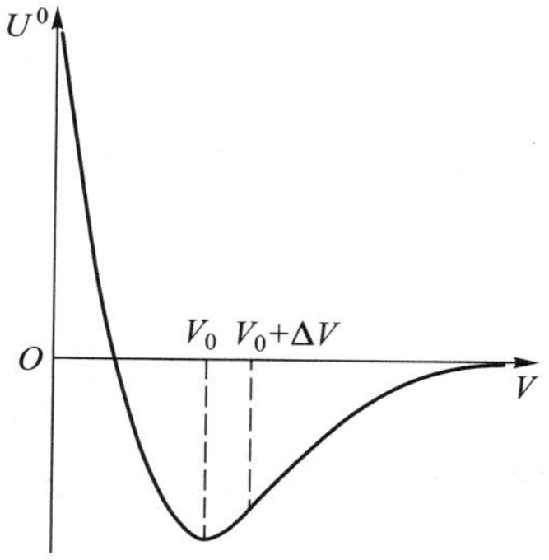

图 3-8-1　U^0 与 V 的关系曲线

2. 热膨胀的格林艾森关系

格林艾森方程可以写成与气体范德瓦耳斯方程相似的形式：

$$\left(p+\frac{dU^0}{dV}\right)V=\gamma U^V(T,V) \tag{3.8.15}$$

在体积不变时，方程两边对 T 求偏微分有

$$\left(\frac{\partial p}{\partial T}\right)_V V=\gamma\left[\frac{\partial U^V(T,V)}{\partial T}\right]_V=\gamma C_V \tag{3.8.16}$$

式中 C_V 为晶体的定容比热容。注意到热力学关系

$$\left(\frac{\partial p}{\partial V}\right)_T\left(\frac{\partial V}{\partial T}\right)_p\left(\frac{\partial T}{\partial p}\right)_V=-1 \tag{3.8.17}$$

由式(3.8.16)可以得到

$$\frac{1}{V}\gamma C_V=-\left(\frac{\partial p}{\partial V}\right)_T\left(\frac{\partial V}{\partial T}\right)_p=-V\left(\frac{\partial p}{\partial V}\right)_T\frac{1}{V}\left(\frac{\partial V}{\partial T}\right)_p=B\alpha \tag{3.8.18}$$

其中 $B=-V\left(\frac{\partial p}{\partial V}\right)_T$ 为晶体的体弹模量,$\alpha=\frac{1}{V}\left(\frac{\partial V}{\partial T}\right)_p$ 为热膨胀系数。式(3.8.18)称为热膨胀的格林艾森关系。它给出了 γ 与可测物理量 B、α、C_V 之间的关系,测出这些物理量就可以确定格林艾森常数 γ,对于一般的晶体,γ 在 1~3 之间。

三、热膨胀与非谐效应

由格林艾森方程可以讨论热膨胀,它告诉我们热膨胀取决于格林艾森常数 γ。格林艾森常数表征晶格振动的频率与体积的依赖关系,为了了解热膨胀的本质,下面以一维原子链为例来讨论这个问题。

一维单原子链的振动频率是

$$\omega^2(q)=\frac{4\beta}{m}\sin^2\left(\frac{1}{2}qa\right) \tag{3.8.19}$$

式中只有力常数 β 是体积 V 的函数,因为对于一维原子链,体积就是链长 Na,其中 N 为元胞数,a 是晶格常量,在周期性边界条件下 $q=\frac{2\pi h}{Na}$,所以 $aq=\frac{2\pi h}{N}$ 与 a 无关。因此,格林艾森常数

$$\gamma=-\frac{\mathrm{dln}\,\omega(q)}{\mathrm{dln}\,L}=-\frac{1}{2}\frac{\mathrm{dln}\,\beta}{\mathrm{dln}(Na)}=-\frac{a}{2\beta}\frac{\mathrm{d}\beta}{\mathrm{d}a} \tag{3.8.20}$$

而力常数是原子间相互作用势在平衡位置的二阶导数,$\beta=\left[\frac{\mathrm{d}^2V(r)}{\mathrm{d}r^2}\right]_a=\ddot{V}(a)$。因此由式(3.8.20)有

$$\gamma=-\frac{a}{2}\frac{\dddot{V}(a)}{\ddot{V}(a)} \tag{3.8.21}$$

其中 $\ddot{V}(a)$ 和 $\dddot{V}(a)$ 分别表示相互作用势的二阶和三阶导数。图3-8-2示意地画出原子间相互作用势和各阶导数,可见在平衡位置,$\dot{V}(a)=0$,$\ddot{V}(a)>0$,$\dddot{V}(a)<0$。所以 $\gamma>0$,晶体会发生热膨胀。假定原子间相互作用是严格简谐的,相互作用势是顶点在平衡位置的抛物线,那么 $\dddot{V}(a)=0$,$\gamma=0$,就没有热膨胀,因此热膨胀是原子间非谐作用引起的。

考虑经典振子相互作用势的非谐项对两原子在温度 T 时平均间距的影响,可以理解热膨胀。令原子平衡间距为 a,当偏离平衡间距 δ 时,相互作用势在平衡位置展开有

$$V(a+\delta)=V(a)+\left(\frac{\partial V}{\partial r}\right)_a\delta+\frac{1}{2}\left(\frac{\partial^2 V}{\partial r^2}\right)_a\delta^2+\frac{1}{3!}\left(\frac{\partial^3 V}{\partial r^3}\right)_a\delta^3+\cdots\approx f\delta^2-g\delta^3 \tag{3.8.22}$$

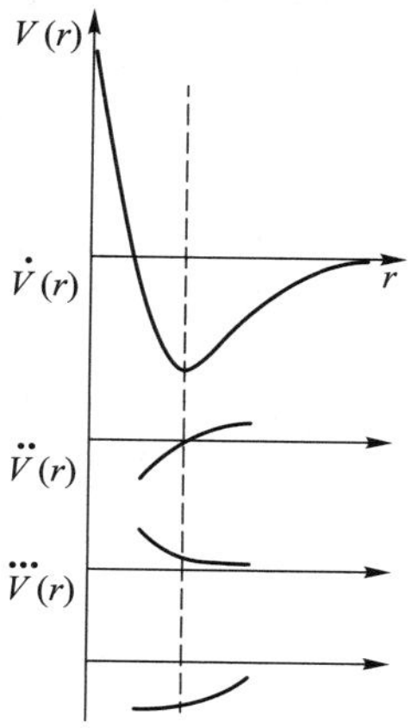

图 3-8-2　原子间相互作用势及其各阶导数

其中，取平衡时相互作用势 $V(a)=0$，而一阶导数 $\left(\frac{\partial V}{\partial r}\right)_a=0$，

$$f=\frac{1}{2}\left(\frac{\partial^2 V}{\partial r^2}\right)_a,\quad g=-\frac{1}{3!}\left(\frac{\partial^3 V}{\partial r^3}\right)_a \tag{3.8.23}$$

f 和 g 均大于 0。

采用玻耳兹曼分布函数来计算温度为 T 时原子的平均间距：

$$\bar{\delta}=\frac{\int_{-\infty}^{\infty}\delta e^{-\frac{V}{k_BT}}d\delta}{\int_{-\infty}^{\infty}e^{-\frac{V}{k_BT}}d\delta} \tag{3.8.24}$$

在简谐近似下，势能展开式中三次项为零，$g=0$，有

$$\bar{\delta}=\frac{\int_{-\infty}^{\infty}\delta e^{-\frac{f\delta^2}{k_BT}}d\delta}{\int_{-\infty}^{\infty}e^{-\frac{f\delta^2}{k_BT}}d\delta}=0 \tag{3.8.25}$$

因为上式中分子是 δ 的奇函数，积分为零。可见，在简谐近似下，晶体不会发生热膨胀。在非谐情况下，势能展开式保留到三次项，

$$\bar{\delta}=\frac{\int_{-\infty}^{\infty}\delta e^{-\frac{(f\delta^2-g\delta^3)}{k_BT}}d\delta}{\int_{-\infty}^{\infty}e^{-\frac{(f\delta^2-g\delta^3)}{k_BT}}d\delta} \tag{3.8.26}$$

其中

$$\text{分子}\approx\int_{-\infty}^{\infty}\delta e^{-\frac{f\delta^2}{k_BT}}\left(1+\frac{g\delta^3}{k_BT}\right)d\delta=\int_{-\infty}^{\infty}e^{-\frac{f\delta^2}{k_BT}}\left(\frac{g\delta^4}{k_BT}\right)d\delta$$

$$=\frac{3}{4}\pi^{1/2}\left(\frac{g}{k_BT}\right)\left(\frac{k_BT}{f}\right)^{5/2} \tag{3.8.27}$$

$$\text{分母}\approx\int_{-\infty}^{\infty}e^{-\frac{f\delta^2}{k_BT}}d\delta=\left(\frac{\pi k_BT}{f}\right)^{1/2} \tag{3.8.28}$$

于是得到

$$\bar{\delta}=\frac{3}{4}\frac{g}{f^2}k_BT>0 \tag{3.8.29}$$

可见,晶体可以发生热膨胀。由式(3.8.29)可以得到线膨胀系数:

$$\alpha = \frac{1}{a}\frac{\mathrm{d}\bar{\delta}}{\mathrm{d}T} = \frac{3}{4}\frac{gk_{\mathrm{B}}}{f^2 a} \tag{3.8.30}$$

它与温度无关。实际上,在势能展开式中保留更高次项,膨胀系数将依赖于温度。

第四章　能　带　论

固体能带论是布洛赫(F.Bloch)为了解决金属的电导问题,于1928年创立的。20世纪初,量子力学建立,首先在原子物理领域取得了巨大的成功。进一步的发展就分道扬镳,一条道路深入到原子核和基本粒子等更微小的领域,另一条道路则通向分子结构和固体结构等具有大量粒子的系统。1927年在苏黎世学习的布洛赫接受德拜和薛定谔(E.Schrödinger)的建议去了莱比锡大学,在海森伯(W. Heisenberg)指导下攻读博士学位。论文的题目就是关于金属电导这一具有挑战性的问题。

本章授课视频

在量子力学问世以前,德鲁德(D. Drude)和洛伦兹(H. A. Lorentz)根据金属具有高电导率、高热导率和高反射率的实验事实,假设金属中的电子基本上是自由的。晶格碰撞产生的阻力用一个平均的弛豫时间去唯象地描述,应用经典的玻耳兹曼统计去处理电子的速度分布。经典的自由电子气模型能够解释维德曼-弗兰兹(Wiedemann-Franz)的经验定律,即在一定温度下,所有金属的热导率 κ 和电导率 σ 之比是一个常量,$\frac{\kappa}{\sigma T}\approx\left(\frac{3}{2}\right)^2 k_B^2/e^2$。它表明金属的电导和热导是同一种载流子引起的两种现象。但经典理论不能说明金属电阻的温度关系和为什么在如此密积的离子实中运动的电子却具有十分长的自由程。更重要的是,经典的自由电子气模型不能解释为什么这些自由电子对比热容的贡献却微乎其微。如果电子有充分的自由度来运载电流,那么那些自由度同样对比热容有贡献。对于一个单位体积中包含 N 个离子和 n 个自由电子的系统,根据经典理论,在高温下除了数值为 $3Nk_B$ 的点阵比热容外,电子应该提供约 $\frac{3}{2}nk_B$ 的额外比热容。实际上金属和绝缘体一样好地遵从杜隆-珀蒂定律,电子比热容可略去不计。这是对经典自由电子论的著名抗议。

泡利(W. Pauli)和索末菲用量子力学处理自由电子的运动。他们用计入了泡利不相容原理的费米-狄拉克(Fermi-Dirac)统计代替经典的玻耳兹曼统计,成功地解决了长期悬而未决的电子比热容之谜,得到了简并的费米电子气的比热容大大低于经典电子的比热容这一结论,只有在极低温度下,电子比热容才显得重要。同时,他们也得到了与经典理论形式上完全类似的电导率公式,只是参与比热容贡献和电导的不是所有的价电子,而仅仅是费米面附近的少数电子。但是,泡利和索末菲并没有摒弃德鲁特和洛伦兹的理想自由电子气思想。

1928年,年仅23岁的布洛赫对此提出质疑:“我从来都不明白,即使是一种近似,像自由运动那样的事会是真的。毕竟一根充满密集离子的金属丝完全不同于‘空管’”。人们怎么能忽视离子场呢?这个场局部地强烈到竟能在一个自由原子中束缚住一个电子。无疑地,传导电子必定被离子所散射。但是,倘若这种散射果真存在,它又怎么能不作为一个巨大的电阻而被观察到呢?在当时,这确实是人们面临的一个严峻的疑题。布洛赫敏锐地注意到,由于理想晶体中的原子按点阵规则排列,电子感受到的是一个严格的周期势,它所受到的散射也不是无规的。以后我们将看到,在一个规则的周期晶格中,存在着薛定谔方程的许多本征解,这些解是一些幅度调制的平面波,它既不被散射也不衰减,因而就能在不显示电阻的情况下载运电流。在这种情况下,传导电子似乎就看不见理想的规则点阵了。除非晶体中的原子偏离了周期性,像真实晶体那样存在着杂质、缺陷或晶格振动,否则没有产生电阻的机制。

固体是一个包括众多的离子实和电子的复杂多体系统。能带论只是一个近似的理论。它包含了以下三个基本的近似:

(1) 绝热近似。在处理固体中电子的运动时,假定离子实固定在格位上不动。

(2) 单电子近似。用一个平均场来描写电子之间复杂的相互作用。这样系统中任一电子都存在一系列定态,并进一步假设所有电子在这些定态中的分布遵从费米-狄拉克统计。各个定态自然都要按哈特里-福克(Hartree-Fock)近似下的自洽方式选定,以使得可以与所有电子的最后分布相协调。这样就把一个多电子问题简化为单电子问题。

(3) 电子感受到的势场,包括离子实势场和电子之间的平均场,是一个严格的周期性势场。当然,对于一个有限的晶体,应用玻恩-冯卡门边界条件去协调。

于是,能带论的核心问题是求解一个在周期势场中的单电子问题,基本方程是

$$\left[-\frac{\hbar^2}{2m}\nabla^2 + V(\boldsymbol{r})\right]\psi(\boldsymbol{r}) = E\psi(\boldsymbol{r})$$

$$V(\boldsymbol{r}+\boldsymbol{R}_l) = V(\boldsymbol{r}), \quad \boldsymbol{R}_l = \sum_i l_i \boldsymbol{a}_i$$

实际上仍是一个周期场中波的传播问题。与晶格振动不同的是,这里的波是德布罗意(de Broglie)波而不是弹性波,这里涉及的方程是一个标量方程,不像晶格振动,常常涉及张量方程。

§4.1 布洛赫定理和布洛赫波

现在我们从晶格的平移对称性出发,来讨论周期场中单电子运动的普遍规律。

一、平移算符 周期场中单电子状态的标志

在量子力学中,往往用一组量子数去标志一个状态。例如,不考虑自旋,氢原子的波函数可写为

$$\psi(\boldsymbol{r}) = \psi_{n,l,m}(r,\theta,\varphi) = R_{nl}(r)\mathrm{Y}_{lm}(\theta,\varphi)$$

其中,整数 n 对应于哈密顿算符 $\hat{H}$ 的本征值 $E_n = -\dfrac{Z^2e^2}{8\pi\varepsilon_0 a_{\mathrm{B}}}\dfrac{1}{n^2}$ 的量子数,称为主量子数;整数 l 对应于角动量平方算符 $\hat{L}^2$ 的本征值 $L^2=l(l+1)\hbar^2$ 的量子数,称为角量子数;而整数 m 对应于算符 $\hat{L}_z$ 的本征值 $L_z=m\hbar$ 的量子数,称为磁量子数。之所以选择 n、l、m 去标志氢原子的状态,是因为这些算符是可以对易的,即

$$[\hat{H},\hat{L}^2] = [\hat{H},\hat{L}_z] = [\hat{L}^2,\hat{L}_z] = 0$$

因此，它们具有共同的本征函数。

对于自由电子，哈密顿算符 $\hat{H}=-\frac{\hbar^2}{2m}\nabla^2$ 和动量算符 $\hat{p}=\frac{\hbar}{\mathrm{i}}\nabla$ 也是对易的，$[\hat{H},\hat{p}]=0$。本征态具有确定的能量 $E=\frac{\hbar^2k^2}{2m}$ 和动量 $\boldsymbol{p}=\hbar\boldsymbol{k}$，共同的本征函数 $\psi_{\boldsymbol{k}}(\boldsymbol{r})=\frac{1}{\sqrt{V}}\mathrm{e}^{\mathrm{i}\boldsymbol{k}\cdot\boldsymbol{r}}$ 可以用 $\boldsymbol{k}$ 来标志。但是对于周期场中运动的电子，哈密顿算符与动量算符不可对易，$[\hat{H},\hat{p}]\neq0$。显然不能用 $\hat{p}$ 对应的量子数 $\boldsymbol{k}$ 去标志电子的状态。实际上，此时电子的动量不确定。

1. 平移算符

晶体最重要的特征是具有平移对称性。晶体中任一可测物理量是正点阵的周期函数。定义三个基本的平移算符 $\hat{T}(\boldsymbol{a}_1)$、$\hat{T}(\boldsymbol{a}_2)$、$\hat{T}(\boldsymbol{a}_3)$，其中 $\boldsymbol{a}_1$、$\boldsymbol{a}_2$、$\boldsymbol{a}_3$ 为正点阵的三个基矢，使得对任一函数 $\varphi(\boldsymbol{r})$，

$$\hat{T}(\boldsymbol{a}_i)\varphi(\boldsymbol{r})=\varphi(\boldsymbol{r}+\boldsymbol{a}_i) \tag{4.1.1a}$$

$$\hat{T}^{N_i}(\boldsymbol{a}_i)\varphi(\boldsymbol{r})=\varphi(\boldsymbol{r}+N_i\boldsymbol{a}_i) \tag{4.1.1b}$$

很显然，它们是对易的：

$$\hat{T}(\boldsymbol{a}_i)\hat{T}(\boldsymbol{a}_j)\varphi(\boldsymbol{r})=\hat{T}(\boldsymbol{a}_i)\varphi(\boldsymbol{r}+\boldsymbol{a}_j)=\varphi(\boldsymbol{r}+\boldsymbol{a}_j+\boldsymbol{a}_i)=\hat{T}(\boldsymbol{a}_j)\hat{T}(\boldsymbol{a}_i)\varphi(\boldsymbol{r})$$

也就是

$$[\hat{T}(\boldsymbol{a}_i),\hat{T}(\boldsymbol{a}_j)]=0 \tag{4.1.2}$$

另一方面，平移算符 $\hat{T}(\boldsymbol{a}_i)$ 与周期势场中单电子的哈密顿算符 $\hat{H}=-\frac{\hbar^2}{2m}\nabla^2+V(\boldsymbol{r})$ 也是对易的：

$$\hat{T}(\boldsymbol{a}_i)\hat{H}\varphi(\boldsymbol{r})=\left[-\frac{\hbar^2}{2m}\nabla^2_{\boldsymbol{r}+\boldsymbol{a}_i}+V(\boldsymbol{r}+\boldsymbol{a}_i)\right]\varphi(\boldsymbol{r}+\boldsymbol{a}_i)$$

$$=\left[-\frac{\hbar^2}{2m}\nabla^2+V(\boldsymbol{r})\right]\varphi(\boldsymbol{r}+\boldsymbol{a}_i)=\hat{H}\hat{T}(\boldsymbol{a}_i)\varphi(\boldsymbol{r})$$

即

$$[\hat{H},\hat{T}(\boldsymbol{a}_i)]=0 \tag{4.1.3}$$

推导中应用了微分算符中变量改变一常矢量不影响结果，$\nabla^2_{\boldsymbol{r}+\boldsymbol{a}_i}=\nabla^2_{\boldsymbol{r}}$，以及周期势

$$V(\boldsymbol{r}+\boldsymbol{a}_i)=V(\boldsymbol{r})$$

因此，$\hat{H}$、$\hat{T}(\boldsymbol{a}_1)$、$\hat{T}(\boldsymbol{a}_2)$、$\hat{T}(\boldsymbol{a}_3)$ 四个算符具有共同的本征函数，可以用它们所对应的本征值的量子数来标志周期场中单电子的状态。

2. 平移算符的本征值及其量子数

设 $\varphi(\boldsymbol{r})$ 是 $\hat{H}$ 和 $\hat{T}(\boldsymbol{a}_i)$ 的共同本征函数，有

$$\hat{H}\varphi(\boldsymbol{r})=E_n\varphi(\boldsymbol{r}) \tag{4.1.4}$$

$$\hat{T}(\boldsymbol{a}_i)\varphi(\boldsymbol{r}) = \lambda(\boldsymbol{a}_i)\varphi(\boldsymbol{r}) \tag{4.1.5}$$

其中 E_n 是 $\hat{H}$ 的本征值,n 为主量子数,$\lambda(\boldsymbol{a}_i)$ 是 $\hat{T}(\boldsymbol{a}_i)$ 的本征值。由于

$$\hat{T}(\boldsymbol{a}_i)\hat{H}\varphi(\boldsymbol{r}) = E_n\hat{T}(\boldsymbol{a}_i)\varphi(\boldsymbol{r}) \tag{4.1.6}$$

而 $\hat{T}(\boldsymbol{a}_i)$ 与 $\hat{H}$ 可以对易,可得到

$$\hat{H}\hat{T}(\boldsymbol{a}_i)\varphi(\boldsymbol{r}) = E_n\hat{T}(\boldsymbol{a}_i)\varphi(\boldsymbol{r}) \tag{4.1.7}$$

从式(4.1.4)和式(4.1.7)可以看到 φ 和 $\hat{T}(\boldsymbol{a}_i)\varphi$ 是哈密顿算符同一能量本征值的本征函数,它们只能相差一个常数。事实上,由于晶格的周期性 $V(\boldsymbol{r}+\boldsymbol{a}_i)=V(\boldsymbol{r})$,电子出现在 $\boldsymbol{r}$ 与 $\boldsymbol{r}+\boldsymbol{a}_i$ 处的概率应该相同:

$$|\hat{T}(\boldsymbol{a}_i)\varphi(\boldsymbol{r})|^2 = |\lambda(\boldsymbol{a}_i)\varphi(\boldsymbol{r})|^2 = |\varphi(\boldsymbol{r})|^2 \tag{4.1.8}$$

但 $\lambda(\boldsymbol{a}_i)\varphi(\boldsymbol{r})\neq\varphi(\boldsymbol{r})$,只能有

$$|\lambda(\boldsymbol{a}_i)| = 1 \tag{4.1.9}$$

另一方面,由于

$$\hat{T}(\boldsymbol{a}_i)\hat{T}(\boldsymbol{a}_j)\varphi(\boldsymbol{r}) = \lambda(\boldsymbol{a}_i)\lambda(\boldsymbol{a}_j)\varphi(\boldsymbol{r}) = \varphi(\boldsymbol{r}+\boldsymbol{a}_i+\boldsymbol{a}_j) \tag{4.1.10a}$$

$$\hat{T}(\boldsymbol{a}_i+\boldsymbol{a}_j)\varphi(\boldsymbol{r}) = \lambda(\boldsymbol{a}_i+\boldsymbol{a}_j)\varphi(\boldsymbol{r}) = \varphi(\boldsymbol{r}+\boldsymbol{a}_i+\boldsymbol{a}_j) \tag{4.1.10b}$$

可得到

$$\lambda(\boldsymbol{a}_i+\boldsymbol{a}_j) = \lambda(\boldsymbol{a}_i)\lambda(\boldsymbol{a}_j) \tag{4.1.11}$$

为了使平移算符的本征值同时满足式(4.1.9)和式(4.1.11)可取

$$\lambda(\boldsymbol{a}_i) = \mathrm{e}^{\mathrm{i}\boldsymbol{k}\cdot\boldsymbol{a}_i} \Rightarrow \begin{cases} \mathrm{e}^{\mathrm{i}\boldsymbol{k}\cdot\boldsymbol{a}_1} = \lambda(\boldsymbol{a}_1) \\ \mathrm{e}^{\mathrm{i}\boldsymbol{k}\cdot\boldsymbol{a}_2} = \lambda(\boldsymbol{a}_2) \\ \mathrm{e}^{\mathrm{i}\boldsymbol{k}\cdot\boldsymbol{a}_3} = \lambda(\boldsymbol{a}_3) \end{cases} \tag{4.1.12}$$

其中矢量 $\boldsymbol{k}$ 是平移算符本征值对应的量子数。因为它并不是动量算符对应的量子数,$\hbar\boldsymbol{k}$ 也不是粒子的真实动量,常常称为粒子在晶体中的准动量。

对于一块有限的晶体,玻恩-冯卡门边界条件表述为

$$\varphi(\boldsymbol{r}+N_i\boldsymbol{a}_i) = \hat{T}^{N_i}(\boldsymbol{a}_i)\varphi(\boldsymbol{r}) = \lambda^{N_i}(\boldsymbol{a}_i)\varphi(\boldsymbol{r}) = \varphi(\boldsymbol{r}) \tag{4.1.13}$$

因此

$$\lambda^{N_i}(\boldsymbol{a}_i) = \mathrm{e}^{\mathrm{i}N_i\boldsymbol{k}\cdot\boldsymbol{a}_i} \equiv 1$$

量子数 $\boldsymbol{k}$ 必须满足

$$N_1\boldsymbol{k}\cdot\boldsymbol{a}_1 = 2\pi h_1 \tag{4.1.14a}$$

$$N_2\boldsymbol{k}\cdot\boldsymbol{a}_2 = 2\pi h_2 \tag{4.1.14b}$$

$$N_3\boldsymbol{k}\cdot\boldsymbol{a}_3 = 2\pi h_3 \tag{4.1.14c}$$

其中 h_1、h_2、h_3 为整数。显然将 $\boldsymbol{k}$ 写成

$$\boldsymbol{k}=\frac{h_1}{N_1}\boldsymbol{b}_1+\frac{h_2}{N_2}\boldsymbol{b}_2+\frac{h_3}{N_3}\boldsymbol{b}_3 \tag{4.1.15}$$

满足式(4.1.14),其中 $\boldsymbol{b}_1$、$\boldsymbol{b}_2$、$\boldsymbol{b}_3$ 为倒格矢。矢量 $\boldsymbol{k}$ 依赖于晶体的点阵结构,因为不同的点阵有不同的倒点阵基矢 $\boldsymbol{b}_i$。我们也可以用矢量 $\boldsymbol{k}$ 的三个分量 $k_1=h_1/N_1$, $k_2=h_2/N_2$, $k_3=h_3/N_3$ 作为平移算符 $\hat{T}(\boldsymbol{a}_1)$、$\hat{T}(\boldsymbol{a}_2)$、$\hat{T}(\boldsymbol{a}_3)$本征值对应的量子数。

二、布洛赫定理和布洛赫波

周期场中单电子的波函数可以写为 $\psi_{\boldsymbol{k}}^n(\boldsymbol{r})$,它用量子数 n 和 $\boldsymbol{k}$ 来标志。平移任一正格矢,$\boldsymbol{R}_l=l_1\boldsymbol{a}_1+l_2\boldsymbol{a}_2+l_3\boldsymbol{a}_3$,有

$$\begin{aligned}\psi_{\boldsymbol{k}}^n(\boldsymbol{r}+\boldsymbol{R}_l)&=\hat{T}(\boldsymbol{R}_l)\psi_{\boldsymbol{k}}^n(\boldsymbol{r})\\&=\hat{T}^{l_1}(\boldsymbol{a}_1)\hat{T}^{l_2}(\boldsymbol{a}_2)\hat{T}^{l_3}(\boldsymbol{a}_3)\psi_{\boldsymbol{k}}^n(\boldsymbol{r})\\&=\mathrm{e}^{\mathrm{i}\boldsymbol{k}\cdot(l_1\boldsymbol{a}_1+l_2\boldsymbol{a}_2+l_3\boldsymbol{a}_3)}\psi_{\boldsymbol{k}}^n(\boldsymbol{r})=\mathrm{e}^{\mathrm{i}\boldsymbol{k}\cdot\boldsymbol{R}_l}\psi_{\boldsymbol{k}}^n(\boldsymbol{r})\end{aligned} \tag{4.1.16}$$

这就是布洛赫定理:当平移晶格矢量 $\boldsymbol{R}_l$ 时,同一能量本征值的波函数只增加相位因子 $\mathrm{e}^{\mathrm{i}\boldsymbol{k}\cdot\boldsymbol{R}_l}$。

根据布洛赫定理,周期场中单电子波函数应该是一个调幅平面波:

$$\psi_{\boldsymbol{k}}^n(\boldsymbol{r})=\mathrm{e}^{\mathrm{i}\boldsymbol{k}\cdot\boldsymbol{r}}u_{\boldsymbol{k}}^n(\boldsymbol{r}) \tag{4.1.17}$$

其中调幅因子 $u_{\boldsymbol{k}}^n(\boldsymbol{r}+\boldsymbol{R}_l)=u_{\boldsymbol{k}}^n(\boldsymbol{r})$,为正点阵的周期函数。它正好满足布洛赫定理:

$$\psi_{\boldsymbol{k}}^n(\boldsymbol{r}+\boldsymbol{R}_l)=\mathrm{e}^{\mathrm{i}\boldsymbol{k}\cdot(\boldsymbol{r}+\boldsymbol{R}_l)}u_{\boldsymbol{k}}^n(\boldsymbol{r}+\boldsymbol{R}_l)=\mathrm{e}^{\mathrm{i}\boldsymbol{k}\cdot\boldsymbol{R}_l}\cdot\mathrm{e}^{\mathrm{i}\boldsymbol{k}\cdot\boldsymbol{r}}u_{\boldsymbol{k}}^n(\boldsymbol{r})=\mathrm{e}^{\mathrm{i}\boldsymbol{k}\cdot\boldsymbol{R}_l}\psi_{\boldsymbol{k}}^n(\boldsymbol{r}) \tag{4.1.18}$$

与自由电子相比,晶体周期场的作用只是用一个调幅平面波取代了平面波,称为布洛赫波,它是一个无衰减的在晶体中传播的波,不会受到晶格势场的散射。

三、布洛赫波能谱特征

(1) 对于一个确定的 $\boldsymbol{k}$,有无穷多个分立的能量本征值 $E_n(\boldsymbol{k})$ 和相应的本征函数 $\psi_{\boldsymbol{k}}^n(\boldsymbol{r})$, $n=1,2,\cdots,\infty$。

将一个确定 $\boldsymbol{k}$ 的布洛赫波代入能量本征值方程,有

$$\left[-\frac{\hbar^2}{2m}\nabla^2+V(\boldsymbol{r})\right]\mathrm{e}^{\mathrm{i}\boldsymbol{k}\cdot\boldsymbol{r}}u_{\boldsymbol{k}}(\boldsymbol{r})=E(\boldsymbol{k})\mathrm{e}^{\mathrm{i}\boldsymbol{k}\cdot\boldsymbol{r}}u_{\boldsymbol{k}}(\boldsymbol{r}) \tag{4.1.19}$$

用 $\mathrm{e}^{-\mathrm{i}\boldsymbol{k}\cdot\boldsymbol{r}}$乘式(4.1.19)两边,得到 $u_{\boldsymbol{k}}(\boldsymbol{r})$满足的方程:

$$\hat{H}_{\boldsymbol{k}}u_{\boldsymbol{k}}(\boldsymbol{r})=E(\boldsymbol{k})u_{\boldsymbol{k}}(\boldsymbol{r}) \tag{4.1.20}$$

其中

$$\hat{H}_{\boldsymbol{k}}=\mathrm{e}^{-\mathrm{i}\boldsymbol{k}\cdot\boldsymbol{r}}\hat{H}\mathrm{e}^{\mathrm{i}\boldsymbol{k}\cdot\boldsymbol{r}}=\hat{H}+\frac{\hbar^2}{2m}k^2-\frac{\mathrm{i}\hbar^2}{m}\boldsymbol{k}\cdot\nabla \tag{4.1.21}$$

它相当于对 $\hat{H}=\left[-\dfrac{\hbar^2}{2m}\nabla^2+V(\boldsymbol{r})\right]$ 作一规范变换。$\hat{H}_{\boldsymbol{k}}$ 仍然是厄米算符。对比式(4.1.19)和式(4.1.20),可见 $u_{\boldsymbol{k}}(\boldsymbol{r})$ 对于算符 $\hat{H}_{\boldsymbol{k}}$ 和 $\psi_{\boldsymbol{k}}(\boldsymbol{r})$ 对于 $\hat{H}$ 的本征值相同,均为 $E(\boldsymbol{k})$。由于 $u_{\boldsymbol{k}}(\boldsymbol{r})=u_{\boldsymbol{k}}(\boldsymbol{r}+\boldsymbol{R}_l)$,方程(4.1.20)可以在一个正点阵元胞中求解,属于在有限区域内的厄米本征值问题,应有无穷多个分立的本征值 $E_n(\boldsymbol{k})$ 和 $u_{\boldsymbol{k}}^n(\boldsymbol{r})$,因而对应无穷多 $\psi_{\boldsymbol{k}}^n(\boldsymbol{r})$,$n=1,2,\cdots,\infty$。

(2) 对于一个确定的 n,$E_n(\boldsymbol{k})$ 是 $\boldsymbol{k}$ 的周期函数,$E_n(\boldsymbol{k})=E_n(\boldsymbol{k}+\boldsymbol{K}_h)$,$\psi_{\boldsymbol{k}}^n(\boldsymbol{r})=\psi_{\boldsymbol{k}+\boldsymbol{K}_h}^n(\boldsymbol{r})$,其中 $\boldsymbol{K}_h=\sum_i h_i\boldsymbol{b}_i$ 为倒格矢。

我们注意到:

$$\psi_{\boldsymbol{k}+\boldsymbol{K}_h}^n(\boldsymbol{r})=\mathrm{e}^{\mathrm{i}(\boldsymbol{k}+\boldsymbol{K}_h)\cdot\boldsymbol{r}}u_{\boldsymbol{k}+\boldsymbol{K}_h}^n(\boldsymbol{r})=\mathrm{e}^{\mathrm{i}\boldsymbol{k}\cdot\boldsymbol{r}}\left[\mathrm{e}^{\mathrm{i}\boldsymbol{K}_h\cdot\boldsymbol{r}}u_{\boldsymbol{k}+\boldsymbol{K}_h}^n(\boldsymbol{r})\right]=\mathrm{e}^{\mathrm{i}\boldsymbol{k}\cdot\boldsymbol{r}}\,\overline{u}_{\boldsymbol{k}+\boldsymbol{K}_h}^n(\boldsymbol{r}) \tag{4.1.22}$$

其中 $\overline{u}_{\boldsymbol{k}+\boldsymbol{K}_h}^n(\boldsymbol{r})=\mathrm{e}^{\mathrm{i}\boldsymbol{K}_h\cdot\boldsymbol{r}}u_{\boldsymbol{k}+\boldsymbol{K}_h}^n(\boldsymbol{r})$ 仍然是正点阵的周期函数。将 $\psi_{\boldsymbol{k}+\boldsymbol{K}_h}^n(\boldsymbol{r})$ 代入能量本征值方程,可得到 $\overline{u}_{\boldsymbol{k}+\boldsymbol{K}_h}^n(\boldsymbol{r})$ 满足的方程:

$$\hat{H}_{\boldsymbol{k}}\overline{u}_{\boldsymbol{k}+\boldsymbol{K}_h}^n(\boldsymbol{r})=E_n(\boldsymbol{k}+\boldsymbol{K}_h)\overline{u}_{\boldsymbol{k}+\boldsymbol{K}_h}^n(\boldsymbol{r}) \tag{4.1.23}$$

对比方程(4.1.20)和方程(4.1.23),它们完全相同。因此,$\overline{u}_{\boldsymbol{k}+\boldsymbol{K}_h}^n(\boldsymbol{r})$ 与 $u_{\boldsymbol{k}}^n(\boldsymbol{r})$,即 $\psi_{\boldsymbol{k}+\boldsymbol{K}_h}^n(\boldsymbol{r})$ 与 $\psi_{\boldsymbol{k}}^n(\boldsymbol{r})$ 有相同的本征值,也就是

$$\psi_{\boldsymbol{k}}^n(\boldsymbol{r})=\psi_{\boldsymbol{k}+\boldsymbol{K}_h}^n(\boldsymbol{r}) \tag{4.1.24a}$$

$$E_n(\boldsymbol{k})=E_n(\boldsymbol{k}+\boldsymbol{K}_h) \tag{4.1.24b}$$

所以可将 $\boldsymbol{k}$ 限制在一个倒点阵元胞体积内。通常选择限制在第一布里渊区范围内,$\boldsymbol{k}\in 1BZ$,称为简约波矢。

(3) 能谱成带结构

既然对于一个确定的 n 值,$E_n(\boldsymbol{k})$ 是 $\boldsymbol{k}$ 的周期函数,则必然有能量的上下界,使得一个 n 不同的 $\boldsymbol{k}$ 的所有能级包括在一个能量范围内。因为晶体有宏观尺度,$\boldsymbol{k}$ 的取值准连续分布,相邻分立能级相差极小,形成一个准连续的能带。图 4-1-1 给出一维晶体能带的示意图。图中只画出三个能带,原则上允许无穷多个带。

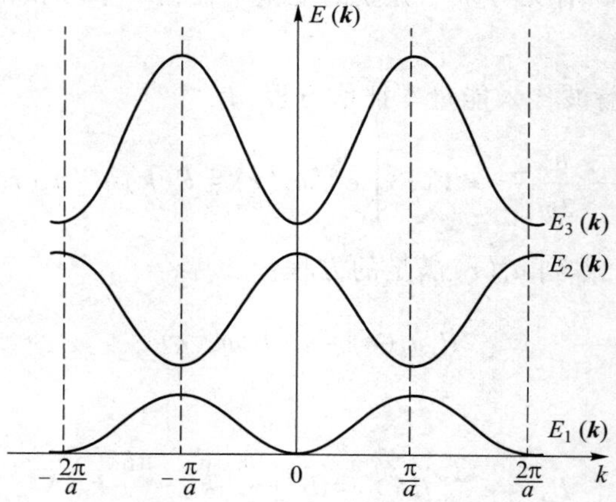

图 4-1-1　一维晶体能带示意图

(4) 能谱的对称性

能谱对称性问题的严格证明已超出本书的讨论范围。这里只给出一般的结论：如果不考虑自旋-轨道相互作用，在布里渊区中，晶体能谱具有与晶体点阵相同的宏观对称性。若 $\hat{A}$ 为晶体的点群操作，则有

$$\hat{A}E^{n}(\boldsymbol{k})=E^{n}(\boldsymbol{k}) \tag{4.1.25}$$

特别地，对所有具有时间反演对称性的晶体能谱有 $E_n(\boldsymbol{k})=E_n(-\boldsymbol{k})$。因为由式(4.1.20)有

$$\left[-\frac{\hbar^2}{2m}\nabla^2+V(\boldsymbol{r})+\frac{\hbar^2}{2m}k^2-\frac{\mathrm{i}\hbar^2}{m}\boldsymbol{k}\cdot\nabla\right]u_{\boldsymbol{k}}^{n}(\boldsymbol{r})=E_n(\boldsymbol{k})u_{\boldsymbol{k}}^{n}(\boldsymbol{r}) \tag{4.1.26}$$

方程两边取共轭，并令 $\boldsymbol{k}\rightarrow-\boldsymbol{k}$，得到

$$\left[-\frac{\hbar^2}{2m}\nabla^2+V(\boldsymbol{r})+\frac{\hbar^2}{2m}k^2-\frac{\mathrm{i}\hbar^2}{m}\boldsymbol{k}\cdot\nabla\right]u_{-\boldsymbol{k}}^{n*}(\boldsymbol{r})=E_n^{*}(-\boldsymbol{k})u_{-\boldsymbol{k}}^{n*}(\boldsymbol{r}) \tag{4.1.27}$$

对比方程(4.1.26)和方程(4.1.27)，注意到能量本征值必须是实数 $E_n^{*}(-\boldsymbol{k})=E_n(-\boldsymbol{k})$，结果 $u_{-\boldsymbol{k}}^{n*}$ 与 $u_{\boldsymbol{k}}^{n}$ 满足同一方程，于是有

$$E_n(\boldsymbol{k})=E_n(-\boldsymbol{k}) \tag{4.1.28}$$

(5) 等能面垂直于布里渊区界面

等能面定义为在 $\boldsymbol{k}$ 空间，所有能量相等的 $\boldsymbol{k}$ 构成的曲面。由于布里渊区界面是 $\boldsymbol{K}_h$ 的中垂面，因此对应于 $\boldsymbol{K}_h$ 和 $-\boldsymbol{K}_h$ 有一对布里渊区界面，假定该对界面具有镜面反演对称，设 A、B 为布里渊区的两个界面，m 为镜面反演面。a、b 为布里渊区界面上关于 m 对称的两个点，它们之间正好相差一个倒格矢 $\boldsymbol{K}_h$，如图 4-1-2 所示。过 a、b 两点等能面的法线为

$$\begin{cases}\boldsymbol{e}_{na}\parallel\nabla_k E(\boldsymbol{k})\,|_a\\ \boldsymbol{e}_{nb}\parallel\nabla_k E(\boldsymbol{k})\,|_b\end{cases} \tag{4.1.29}$$

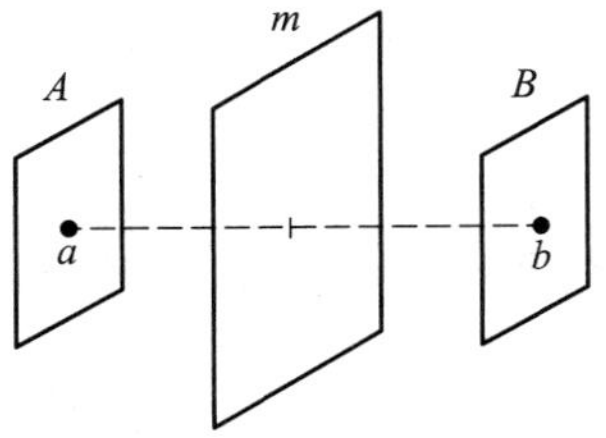

图 4-1-2 布里渊区的对称面

根据 $E(\boldsymbol{k})=E(\boldsymbol{k}+\boldsymbol{K}_h)$，有

$$\begin{cases}\nabla_k E(\boldsymbol{k})_{\perp}\,|_a=\nabla_k E(\boldsymbol{k})_{\perp}\,|_b\\ \nabla_k E(\boldsymbol{k})_{\parallel}\,|_a=\nabla_k E(\boldsymbol{k})_{\parallel}\,|_b\end{cases} \tag{4.1.30}$$

也就是说等能面法线的垂直分量和平行分量应该严格相等。但是，由于 a、b 关于 m 镜面对称必须满足

$$\begin{cases}\nabla_k E(\boldsymbol{k})_{\perp}\,|_a=-\nabla_k E(\boldsymbol{k})_{\perp}\,|_b\\ \nabla_k E(\boldsymbol{k})_{\parallel}\,|_a=\nabla_k E(\boldsymbol{k})_{\parallel}\,|_b\end{cases} \tag{4.1.31}$$

要同时满足式(4.1.30)和式(4.1.31)，只有

$$\nabla_k E(\boldsymbol{k})_{\perp}\,|_a=\nabla_k E(\boldsymbol{k})_{\perp}\,|_b=0 \tag{4.1.32}$$

即等能面的法线在布里渊区界面上的垂直分量为零，等能面必定垂直于布里渊区界面。同样也可以证明，等能面垂直于布里渊区中过原点的对称面。

布洛赫定理是描述周期结构中,一切波传播特征的基本定理。表面上看,似乎声子与电子的能谱特征存在一些细微的差别。例如,对于电子原则上存在无穷多个能带,但是对于声子只存在有限支色散关系。正如我们所知,一维单原子链只有一支色散关系;一维双原子链存在二支色散关系。对于一般的三维复式晶格,如果元胞中有 n 个原子,原则上只存在 $3n$ 支色散关系,它对应于 $3nN$ 种格波:

$$u_{lj\sigma\boldsymbol{q}s}=A_{j\sigma\boldsymbol{q}s}\mathrm{e}^{\mathrm{i}\boldsymbol{q}\cdot\boldsymbol{R}_l}$$

它并不是标准的调幅平面波。那是因为格波只在元胞中诸格点原子上有定义,而电子的概率幅必须在元胞中所有位置上有定义。实际上,格波中的 $A_{j\sigma\boldsymbol{q}s}$ 对应电子的 $u_{\boldsymbol{k}}^{n}(\boldsymbol{r})$,其中 $\boldsymbol{q}\to\boldsymbol{k}$, $s\to n$, $\boldsymbol{A}_{j\sigma}\to u(\boldsymbol{r})$。对于电子,$u_{\boldsymbol{k}}^{n}(\boldsymbol{r})$ 是一个元胞中的连续函数,而对于声子,$A_{j\sigma\boldsymbol{q}s}$ 仅仅是元胞中的分立数组。但是,它们都具有正点阵的周期性。同时格波不同于概率波,它的振幅是一个矢量,$\sigma=1,2,3$ 表示三个偏振方向。

布洛赫定理给出了周期势场中单电子波函数和能谱的普遍规律。固体能带的具体计算,取决于晶体的结构和晶体原子势场的具体空间分布。

§4.2 平 面 波 法

根据布洛赫定理,周期势场中单电子波函数是一个调幅平面波:

$$\psi_{\boldsymbol{k}}(\boldsymbol{r})=u_{\boldsymbol{k}}(\boldsymbol{r})\mathrm{e}^{\mathrm{i}\boldsymbol{k}\cdot\boldsymbol{r}},\quad \boldsymbol{k}\in 1BZ \tag{4.2.1}$$

其调幅因子可按倒格矢展开:

$$u_{\boldsymbol{k}}(\boldsymbol{r})=u_{\boldsymbol{k}}(\boldsymbol{r}+\boldsymbol{R}_l)=\frac{1}{\sqrt{N\Omega}}\sum_h a_{\boldsymbol{k}}(\boldsymbol{K}_h)\mathrm{e}^{\mathrm{i}\boldsymbol{K}_h\cdot\boldsymbol{r}} \tag{4.2.2}$$

其中 $\boldsymbol{R}_l=\sum_i l_i\boldsymbol{a}_i$ 为正格矢,$\boldsymbol{K}_h=\sum_i h_i\boldsymbol{b}_i$ 是相应的倒格矢。于是波函数可写为

$$\psi_{\boldsymbol{k}}(\boldsymbol{r})=\frac{1}{\sqrt{N\Omega}}\sum_h a_{\boldsymbol{k}}(\boldsymbol{K}_h)\mathrm{e}^{\mathrm{i}(\boldsymbol{k}+\boldsymbol{K}_h)\cdot\boldsymbol{r}} \tag{4.2.3}$$

展开式的系数

$$\begin{aligned}a_{\boldsymbol{k}}(\boldsymbol{K}_h)&=\frac{1}{\sqrt{N\Omega}}\int u_{\boldsymbol{k}}(\boldsymbol{r})\mathrm{e}^{-\mathrm{i}\boldsymbol{K}_h\cdot\boldsymbol{r}}\mathrm{d}\boldsymbol{r}\\&=\frac{1}{\sqrt{N\Omega}}\int\psi_{\boldsymbol{k}}(\boldsymbol{r})\mathrm{e}^{-\mathrm{i}(\boldsymbol{k}+\boldsymbol{K}_h)\cdot\boldsymbol{r}}\mathrm{d}\boldsymbol{r}\\&=\frac{1}{\sqrt{N\Omega}}\int\psi_{\boldsymbol{k}+\boldsymbol{K}_h}(\boldsymbol{r})\mathrm{e}^{-\mathrm{i}(\boldsymbol{k}+\boldsymbol{K}_h)\cdot\boldsymbol{r}}\mathrm{d}\boldsymbol{r}=a(\boldsymbol{k}+\boldsymbol{K}_h)\end{aligned} \tag{4.2.4}$$

它是宗量$(\boldsymbol{k}+\boldsymbol{K}_h)$的函数,推导中应用了 $\psi_{\boldsymbol{k}}(\boldsymbol{r})=\psi_{\boldsymbol{k}+\boldsymbol{K}_h}(\boldsymbol{r})$,因此,波函数可写为

$$\psi_{\boldsymbol{k}}(\boldsymbol{r})=\frac{1}{\sqrt{N\Omega}}\sum_h a(\boldsymbol{k}+\boldsymbol{K}_h)\mathrm{e}^{\mathrm{i}(\boldsymbol{k}+\boldsymbol{K}_h)\cdot\boldsymbol{r}} \tag{4.2.5}$$

它可以用狄拉克符号简单写为

$$|\psi_{\boldsymbol{k}}\rangle=\sum_h a(\boldsymbol{k}+\boldsymbol{K}_h)\,|\boldsymbol{k}+\boldsymbol{K}_h\rangle \tag{4.2.6}$$

其中 $|\boldsymbol{k}+\boldsymbol{K}_h\rangle=\frac{1}{\sqrt{N\Omega}}\mathrm{e}^{\mathrm{i}(\boldsymbol{k}+\boldsymbol{K}_h)\cdot\boldsymbol{r}}$ 为一平面波。可见周期场中单电子波函数是一系列相差一个倒格矢的平面波的叠加。

为了求解待定系数 $a(\boldsymbol{k}+\boldsymbol{K}_h)$，将波函数式(4.2.6)代入波动方程，得到

$$\sum_h a(\boldsymbol{k}+\boldsymbol{K}_h)(T+V-E)\,|\boldsymbol{k}+\boldsymbol{K}_h\rangle=0 \tag{4.2.7}$$

式中，$T+V=\frac{-\hbar^2}{2m}\nabla^2+V(\boldsymbol{r})$。周期势可作傅里叶展开：

$$V(\boldsymbol{r})=\sum_h V(\boldsymbol{K}_h)\mathrm{e}^{\mathrm{i}\boldsymbol{K}_h\cdot\boldsymbol{r}}=\overline{V}+\sum_{h\neq0}V(\boldsymbol{K}_h)\mathrm{e}^{\mathrm{i}\boldsymbol{K}_h\cdot\boldsymbol{r}}=\overline{V}+\Delta V \tag{4.2.8}$$

其中

$$V(\boldsymbol{K}_h)=\frac{1}{N\Omega}\int V(\boldsymbol{r})\mathrm{e}^{-\mathrm{i}\boldsymbol{K}_h\cdot\boldsymbol{r}}\mathrm{d}\boldsymbol{r} \tag{4.2.9}$$

$\overline{V}$ 为平均势，通常取为 0，ΔV 为相对于平均势的起伏。

用 $\langle\boldsymbol{k}+\boldsymbol{K}_{h'}|$ 作用式(4.2.7)，注意到

$$\begin{cases}\langle\boldsymbol{k}+\boldsymbol{K}_{h'}\,|\,\boldsymbol{k}+\boldsymbol{K}_h\rangle=\delta_{\boldsymbol{K}_{h'},\boldsymbol{K}_h}\\[2ex] T\,|\boldsymbol{k}+\boldsymbol{K}_h\rangle=\dfrac{\hbar^2}{2m}(\boldsymbol{k}+\boldsymbol{K}_h)^2\,|\boldsymbol{k}+\boldsymbol{K}_h\rangle\end{cases} \tag{4.2.10}$$

求得待定系数 $a(\boldsymbol{k}+\boldsymbol{K}_h)$ 的线性齐次方程组。

$$\sum_{h'}\left\{\left[\frac{\hbar^2}{2m}(\boldsymbol{k}+\boldsymbol{K}_h)^2-E(\boldsymbol{k})\right]\delta_{\boldsymbol{K}_h,\boldsymbol{K}_{h'}}+\langle\boldsymbol{k}+\boldsymbol{K}_h\,|\,V\,|\,\boldsymbol{k}+\boldsymbol{K}_{h'}\rangle\right\}a(\boldsymbol{k}+\boldsymbol{K}_{h'})=0 \tag{4.2.11}$$

式(4.2.11)中矩阵元

$$\begin{aligned}\langle\boldsymbol{k}+\boldsymbol{K}_h\,|\,V\,|\,\boldsymbol{k}+\boldsymbol{K}_{h'}\rangle&=\frac{1}{N\Omega}\int\mathrm{e}^{-\mathrm{i}(\boldsymbol{k}+\boldsymbol{K}_h)\cdot\boldsymbol{r}}V(\boldsymbol{r})\mathrm{e}^{\mathrm{i}(\boldsymbol{k}+\boldsymbol{K}_{h'})\cdot\boldsymbol{r}}\mathrm{d}\boldsymbol{r}\\&=\frac{1}{N\Omega}\int V(\boldsymbol{r})\mathrm{e}^{-\mathrm{i}(\boldsymbol{K}_h-\boldsymbol{K}_{h'})\cdot\boldsymbol{r}}\mathrm{d}\boldsymbol{r}=V(\boldsymbol{K}_h-\boldsymbol{K}_{h'}),\quad\boldsymbol{K}_h\neq\boldsymbol{K}_{h'}\end{aligned} \tag{4.2.12}$$

方程组(4.2.11)可写为

$$\left[\frac{\hbar^2}{2m}(\boldsymbol{k}+\boldsymbol{K}_h)^2-E(\boldsymbol{k})\right]a(\boldsymbol{k}+\boldsymbol{K}_h)+\sum_{h'\neq h}V(\boldsymbol{K}_h-\boldsymbol{K}_{h'})a(\boldsymbol{k}+\boldsymbol{K}_{h'})=0 \tag{4.2.13}$$

由方程组(4.2.13)系数行列式为零的条件,可得到确定能量本征值 $E(\boldsymbol{k})$ 的方程:

$$\det\left|\left[\frac{\hbar^2}{2m}(\boldsymbol{k}+\boldsymbol{K}_h)^2-E(\boldsymbol{k})\right]\delta_{\boldsymbol{K}_h,\boldsymbol{K}_{h'}}+V(\boldsymbol{K}_h-\boldsymbol{K}_{h'})\right|=0 \tag{4.2.14}$$

因为 $\boldsymbol{K}_h$ 和 $\boldsymbol{K}_{h'}$ 遍及所有倒格矢,原则上式(4.2.14)是一个∞×∞阶行列式,记为 $|H_{\boldsymbol{K}_h,\boldsymbol{K}_{h'}}|_{\infty\times\infty}$。行列式的对角元和非对角元是

$$H_{\boldsymbol{K}_h,\boldsymbol{K}_{h'}}=\begin{cases}\dfrac{\hbar^2}{2m}(\boldsymbol{k}+\boldsymbol{K}_h)^2-E(\boldsymbol{k}), & \text{当 } \boldsymbol{K}_h=\boldsymbol{K}_{h'}\\ V(\boldsymbol{K}_h-\boldsymbol{K}_{h'}), & \text{当 } \boldsymbol{K}_h\neq\boldsymbol{K}_{h'}\end{cases}$$

实际计算时只能取有限阶行列式。例如取 100 个平面波叠加,得到 100 阶的行列式。由式(4.2.14)得到 $E(\boldsymbol{k})$ 的 100 次代数方程。原则上可解出 100 个能量本征值 $E_n(\boldsymbol{k})$,$n=1,2,\cdots,100$ 为能带序号。因为 $\boldsymbol{k}$ 限制在第一布里渊区之内,可让波矢沿布里渊区的某些对称轴取值,得到沿这些对称轴的能谱 $E_n(\boldsymbol{k})$。例如三维简单立方晶格的布里渊区是边长为$\dfrac{2\pi}{a}$的立方体。布里渊区中心用符号 Γ 表示,立方体的面心用 X 表示,Γ 点和 X 点的连线用 Δ 表示。图 4-2-1 示意地画出了波矢沿 Δ 轴变化时的能带曲线。

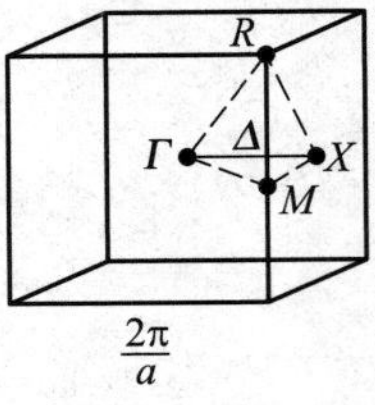

(a) 第一布里渊区

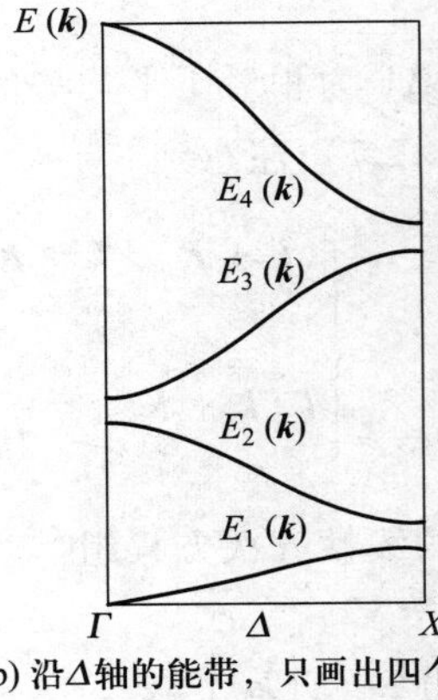

(b) 沿Δ轴的能带,只画出四个能带

图 4-2-1 三维简单立方晶格

§ 4.3 近自由电子近似

平面波法是严格求解周期势场中单电子薛定谔方程的方法。但是这种方法涉及高阶行列式的求解,收敛性较差。实际运用时往往采用某种近似方案以减少行列式的阶数,使之便于求解 $E_n(\boldsymbol{k})$。假定周期势场的空间变化十分微弱,ΔV 是小量,电子的行为十分接近自由电子,ΔV 可作为微扰处理,这就是近自由电子近似方法。

一、零级近似

取 $\Delta V=0$，这就是均匀势场的情况，电子是完全自由的。选择 $\overline{V}=0$，电子的波函数和能量本征值是

$$\begin{cases}\psi_{\boldsymbol{k}}^{0}(\boldsymbol{r})=\dfrac{1}{\sqrt{N\Omega}}\mathrm{e}^{\mathrm{i}\boldsymbol{k}\cdot\boldsymbol{r}}\\ E^{0}(\boldsymbol{k})=\dfrac{\hbar^{2}}{2m}\boldsymbol{k}^{2}\end{cases}\tag{4.3.1}$$

电子的波函数是波矢为 $\boldsymbol{k}$ 的德布罗意波，并且携带动量 $\hbar\boldsymbol{k}$。如果是无穷晶格，波矢 $\boldsymbol{k}$ 可连续取值。但是对于有限晶格，假定晶体是规则的平行六面体，沿三个基矢 $\boldsymbol{a}_1$、$\boldsymbol{a}_2$、$\boldsymbol{a}_3$ 方向的三条棱的边长分别为 $N_1\boldsymbol{a}_1$、$N_2\boldsymbol{a}_2$、$N_3\boldsymbol{a}_3$，$N=N_1N_2N_3$ 为元胞数。应用玻恩-冯卡门边界条件，$\psi_{\boldsymbol{k}}^{0}(\boldsymbol{r})=\psi_{\boldsymbol{k}}^{0}(\boldsymbol{r}+N_i\boldsymbol{a}_i)$，容易得到

$$N_i\boldsymbol{k}\cdot\boldsymbol{a}_i=2\pi h_i,\quad i=1,2,3\tag{4.3.2}$$

其中 h_i 取整数。因此，可取波矢

$$\boldsymbol{k}=\frac{h_1}{N_1}\boldsymbol{b}_1+\frac{h_2}{N_2}\boldsymbol{b}_2+\frac{h_3}{N_3}\boldsymbol{b}_3=\sum_i\frac{h_i}{N_i}\boldsymbol{b}_i\tag{4.3.3}$$

其中 $\boldsymbol{b}_i$ 为倒格子基矢。于是 $\boldsymbol{k}$ 只能取分立值，每一个 $\boldsymbol{k}$ 状态在动量空间所占的体积为

$$\frac{\boldsymbol{b}_1}{N_1}\cdot\left(\frac{\boldsymbol{b}_2}{N_2}\times\frac{\boldsymbol{b}_3}{N_3}\right)=\frac{\Omega^{*}}{N_1N_2N_3}=\frac{(2\pi)^3}{N\Omega}\tag{4.3.4}$$

由于 $N\Omega$ 是一个大数，$\boldsymbol{k}$ 在动量空间准连续，均匀分布，其波矢密度为 $\dfrac{N\Omega}{(2\pi)^3}$。

容易证明，波函数满足正交归一和完备性条件：

$$\int\psi_{\boldsymbol{k}'}^{0\,*}(\boldsymbol{r})\psi_{\boldsymbol{k}}^{0}(\boldsymbol{r})\mathrm{d}\boldsymbol{r}=\delta_{\boldsymbol{k}',\boldsymbol{k}}\tag{4.3.5a}$$

$$\sum_{\boldsymbol{k}}\psi_{\boldsymbol{k}}^{0\,*}(\boldsymbol{r})\psi_{\boldsymbol{k}}^{0}(\boldsymbol{r}')=\delta(\boldsymbol{r}-\boldsymbol{r}')\tag{4.3.5b}$$

二、非简并微扰

将波函数式(4.2.5)改写为

$$\psi_{\boldsymbol{k}}(\boldsymbol{r})=\frac{1}{\sqrt{N\Omega}}a(\boldsymbol{k})\mathrm{e}^{\mathrm{i}\boldsymbol{k}\cdot\boldsymbol{r}}+\frac{1}{\sqrt{N\Omega}}\sum_{h\neq0}a(\boldsymbol{k}+\boldsymbol{K}_h)\mathrm{e}^{\mathrm{i}(\boldsymbol{k}+\boldsymbol{K}_h)\cdot\boldsymbol{r}}\tag{4.3.6}$$

设 ΔV 是小量，电子的行为十分接近自由电子的情况，波函数式(4.3.6)中，除 $a(\boldsymbol{k})\approx1$ 外，其余 $a(\boldsymbol{k}+\boldsymbol{K}_h)$ 皆为小量。另外，因为所有 $V(\boldsymbol{K}_h-\boldsymbol{K}_{h'})$ 均为小量，在确定待定系数 $a(\boldsymbol{k}+\boldsymbol{K}_h)$ 的方程式

(4.2.13)中,仅需保留一阶小量,并用$E^0(\boldsymbol{k})=\frac{\hbar^2}{2m}k^2$ 代替 $E(\boldsymbol{k})$,得到

$$\left[\frac{\hbar^2}{2m}(\boldsymbol{k}+\boldsymbol{K}_h)^2-\frac{\hbar^2}{2m}\boldsymbol{k}^2\right]a(\boldsymbol{k}+\boldsymbol{K}_h)+V(\boldsymbol{K}_h)=0 \tag{4.3.7}$$

由此求得

$$a(\boldsymbol{k}+\boldsymbol{K}_h)=\frac{V(\boldsymbol{K}_h)}{\frac{\hbar^2}{2m}[\boldsymbol{k}^2-(\boldsymbol{k}+\boldsymbol{K}_h)^2]} \tag{4.3.8}$$

代入式(4.3.6)中,得到一级近似波函数:

$$\begin{aligned}\psi_{\boldsymbol{k}}(\boldsymbol{r})&=\frac{1}{\sqrt{N\Omega}}\mathrm{e}^{\mathrm{i}\boldsymbol{k}\cdot\boldsymbol{r}}+\frac{1}{\sqrt{N\Omega}}\sum_{h\neq0}\frac{V(\boldsymbol{K}_h)}{\frac{\hbar^2}{2m}[\boldsymbol{k}^2-(\boldsymbol{k}+\boldsymbol{K}_h)^2]}\mathrm{e}^{\mathrm{i}(\boldsymbol{k}+\boldsymbol{K}_h)\cdot\boldsymbol{r}}\\&=\mathrm{e}^{\mathrm{i}\boldsymbol{k}\cdot\boldsymbol{r}}u_{\boldsymbol{k}}(\boldsymbol{r})\end{aligned} \tag{4.3.9}$$

其中

$$u_{\boldsymbol{k}}(\boldsymbol{r})=\frac{1}{\sqrt{N\Omega}}\left\{1+\sum_{h\neq0}\frac{V(\boldsymbol{K}_h)}{\frac{\hbar^2}{2m}[\boldsymbol{k}^2-(\boldsymbol{k}+\boldsymbol{K}_h)^2]}\mathrm{e}^{\mathrm{i}\boldsymbol{K}_h\cdot\boldsymbol{r}}\right\} \tag{4.3.10}$$

它满足 $u_{\boldsymbol{k}}(\boldsymbol{r}+\boldsymbol{R}_l)=u_{\boldsymbol{k}}(\boldsymbol{r})$。

在式(4.2.13)中取 $\boldsymbol{K}_h=0$,并将 $a(\boldsymbol{k}+\boldsymbol{K}_h)$的一级近似解式(4.3.8)代入,即得到能量本征值的二级近似解:

$$E(\boldsymbol{k})=\frac{\hbar^2}{2m}\boldsymbol{k}^2+\sum_{h\neq0}\frac{|V(\boldsymbol{K}_h)|^2}{\frac{\hbar^2}{2m}[\boldsymbol{k}^2-(\boldsymbol{k}+\boldsymbol{K}_h)^2]} \tag{4.3.11}$$

从式(4.3.9)可以看到,考虑到周期势场的扰动后,电子的波函数是波矢为 $\boldsymbol{k}$ 的零级平面波与所有可能的散射波的叠加。散射波加入的份额取决于它与零级状态的能量差和 $V(\boldsymbol{K}_h)$。实际上

$$V(\boldsymbol{K}_h)=\langle\boldsymbol{k}+\boldsymbol{K}_h|V|\boldsymbol{k}\rangle=\frac{1}{N\Omega}\int V(\boldsymbol{r})\mathrm{e}^{-\mathrm{i}\boldsymbol{K}_h\cdot\boldsymbol{r}}\mathrm{d}\boldsymbol{r} \tag{4.3.12}$$

就是 $\boldsymbol{k}$ 态与 $\boldsymbol{k}+\boldsymbol{K}_h$ 态之间的散射矩阵元。因为散射势是周期势,散射过程受到严格的选择定则的支配,$\langle\boldsymbol{k}'|V|\boldsymbol{k}\rangle=V(\boldsymbol{K}_h)\delta_{\boldsymbol{k}'-\boldsymbol{k},\boldsymbol{K}_h}$,$\boldsymbol{k}$ 态电子只可能被散射到与它相差一个倒格矢的 $\boldsymbol{k}+\boldsymbol{K}_h$ 态。$V(\boldsymbol{K}_h)$也就是周期势对应于 $\boldsymbol{K}_h$ 的傅里叶系数。

另一方面,上述波函数和能谱结果只适用于$\frac{\hbar}{2m}|\boldsymbol{k}^2-(\boldsymbol{k}+\boldsymbol{K}_h)^2|\gg|V(\boldsymbol{K}_h)|$的情况,因此电

子的波函数和能谱十分接近自由电子的情况。

三、简并微扰

当满足 $\boldsymbol{k}^2-(\boldsymbol{k}+\boldsymbol{K}_h)^2=0$ 时，式(4.3.9)和式(4.3.11)中分母趋于零，导致发散。非简并微扰的结果不再适用。导致发散的原因是，两个相差一个倒格矢的 $\boldsymbol{k}$ 态电子和 $\boldsymbol{k}+\boldsymbol{K}_h$ 态电子具有相等的能量，无论怎样小的扰动都能引起两个态之间很强的耦合。用量子力学的语言来说，这是两个能量简并的状态，必须用简并微扰来处理。于是在所有散射波中，只有 $\boldsymbol{k}+\boldsymbol{K}_h$ 态是最重要的，其余散射波皆可忽略。波函数可简单写为

$$|\psi_{\boldsymbol{k}}\rangle = a(\boldsymbol{k})\,|\boldsymbol{k}\rangle + a(\boldsymbol{k}+\boldsymbol{K}_h)\,|\boldsymbol{k}+\boldsymbol{K}_h\rangle \tag{4.3.13}$$

因此，在平面波法确定待定系数 $a(\boldsymbol{k}+\boldsymbol{K}_h)$ 的无穷多方程组(4.2.13)中，仅仅保留两个方程：

$$\left[\frac{\hbar^2}{2m}\boldsymbol{k}^2 - E(\boldsymbol{k})\right]a(\boldsymbol{k}) + V(-\boldsymbol{K}_h)a(\boldsymbol{k}+\boldsymbol{K}_h) = 0$$

$$\left[\frac{\hbar^2}{2m}(\boldsymbol{k}+\boldsymbol{K}_h)^2 - E(\boldsymbol{k})\right]a(\boldsymbol{k}+\boldsymbol{K}_h) + V(\boldsymbol{K}_h)a(\boldsymbol{k}) = 0 \tag{4.3.14}$$

相应确定能量本征值的无穷阶行列式，变成一个二阶行列式：

$$\begin{vmatrix} \frac{\hbar^2}{2m}\boldsymbol{k}^2 - E(\boldsymbol{k}) & V(-\boldsymbol{K}_h) \\ V(\boldsymbol{K}_h) & \frac{\hbar^2}{2m}(\boldsymbol{k}+\boldsymbol{K}_h)^2 - E(\boldsymbol{k}) \end{vmatrix} = 0 \tag{4.3.15}$$

于是可解出能量本征值：

$$E_{\pm}(\boldsymbol{k}) = \frac{1}{2}\left\{\frac{\hbar^2}{2m}[\boldsymbol{k}^2 + (\boldsymbol{k}+\boldsymbol{K}_h)^2] \pm \sqrt{\frac{\hbar^4}{4m^2}[\boldsymbol{k}^2 - (\boldsymbol{k}+\boldsymbol{K}_h)^2]^2 + 4|V(\boldsymbol{K}_h)|^2}\right\}$$

$$E_{\pm}(\boldsymbol{k}) = \frac{\hbar^2}{2m}\boldsymbol{k}^2 \pm |V(\boldsymbol{K}_h)| \tag{4.3.16}$$

其中应用了条件 $V(-\boldsymbol{K}_h)=V^*(\boldsymbol{K}_h)$ 和 $\frac{\hbar^2}{2m}(\boldsymbol{k}+\boldsymbol{K}_h)^2=\frac{\hbar^2}{2m}\boldsymbol{k}^2$。这样两个能量简并的状态简并消除。

四、布里渊区、能带、能隙和禁带

在上面讨论中，我们已经看到，对于满足 $\boldsymbol{k}^2=(\boldsymbol{k}+\boldsymbol{K}_h)^2$ 的 $\boldsymbol{k}$ 值，非简并微扰计算导致发散。这个条件可以写为

$$\boldsymbol{K}_h\cdot\left(\boldsymbol{k}+\frac{1}{2}\boldsymbol{K}_h\right) = 0 \tag{4.3.17}$$

满足上述方程的 $\boldsymbol{k}$ 矢量的端点，在 $\boldsymbol{k}$ 空间确定了一系列的平面，这些平面就是倒格矢 $-\boldsymbol{K}_h$ 的垂直

平分面,如图 4-3-1 所示。

所谓布里渊区就是,在 $\boldsymbol{k}$ 空间,所有倒格矢 $\boldsymbol{K}_h$ 的垂直平分面将 $\boldsymbol{k}$ 空间分割成若干区域。其中包含原点的最小闭合空间称为第一布里渊区,完全包围第一布里渊区的若干小区域的全体称为第二布里渊区……依此类推。每个布里渊区的体积恰好等于倒格子元胞的体积,而第一布里渊区就是倒点阵的 W-S 元胞。

例如,对于晶格常量为 a 的一维晶格,第一布里渊区的边界位于 $k=\pm\frac{\pi}{a}$ 处,它包含了 k 空间 $-\frac{\pi}{a}<k\leqslant\frac{\pi}{a}$ 整个区域。第二布里渊区包含 $-\frac{2\pi}{a}<k\leqslant-\frac{\pi}{a}$, $\frac{\pi}{a}<k\leqslant\frac{2\pi}{a}$ 两个区域。第三布里渊区包含 $-\frac{3\pi}{a}<k\leqslant-\frac{2\pi}{a}$, $\frac{2\pi}{a}<k\leqslant\frac{3\pi}{a}$ 两个区域,等等。每个布里渊区的宽度都是 $\frac{2\pi}{a}$,等于倒点阵元胞的宽度。

图 4-3-2 画出了晶格常量为 a 的二维正方晶格的第一、第二和第三布里渊区。其中第二布里渊区被分割成 4 块,第三布里渊区被分割成 8 块。每个区的各部分分别平移适当的倒格矢都能同第一布里渊区重合。

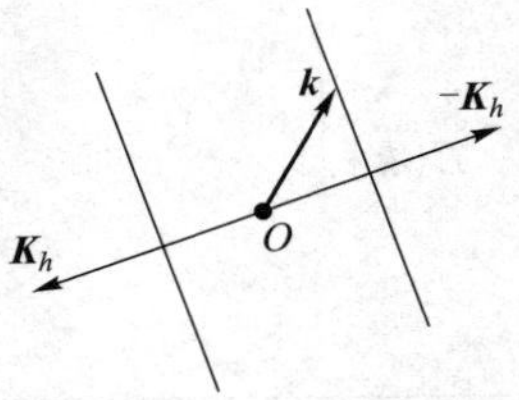

图 4-3-1 方程 $\boldsymbol{K}_h\cdot\left(\boldsymbol{k}+\frac{1}{2}\boldsymbol{K}_h\right)=0$ 确定了倒格矢 $-\boldsymbol{K}_h$ 的垂直平分面

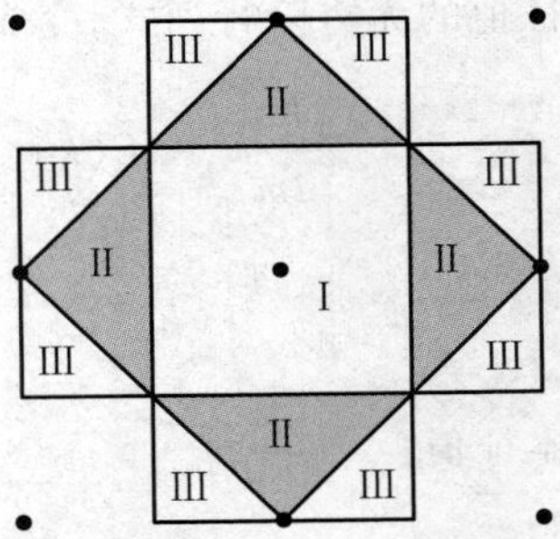

图 4-3-2 二维正方晶格的布里渊区

要画出三维点阵的各个布里渊区是一件困难的事情。通常画出它们的第一布里渊区。

简单立方点阵的倒点阵仍然是简单立方点阵。因此它的第一布里渊区也是一个立方体。

体心立方点阵的倒点阵是面心立方点阵。取一个倒结点为原点,它有 12 个近邻,原点与它们连线的中垂面围成一个正十二面体,它就是体心立方晶格的第一布里渊区,如图 4-3-3(a)所示。

面心立方点阵的倒点阵是体心立方点阵。取一个倒结点为原点,它有 8 个最近邻,原点与它们连线的中垂面围成一个正八面体,但是原点与 6 个次近邻连线的中垂面将截去正八面体的六个顶角,因此面心立方晶格的第一布里渊区是一个截角八面体,也就是一个十四面体,如图 4-3-3(b)所示。

根据近自由电子近似,当 $\boldsymbol{k}$ 矢量落在布里渊区界面上时,电子能量发生突变,形成宽度为 $E_g=2\left|V(\boldsymbol{K}_h)\right|$ 的能隙。因此,属于每一个布里渊区内的 $\boldsymbol{k}$ 状态的能量准连续分布,构成一个能

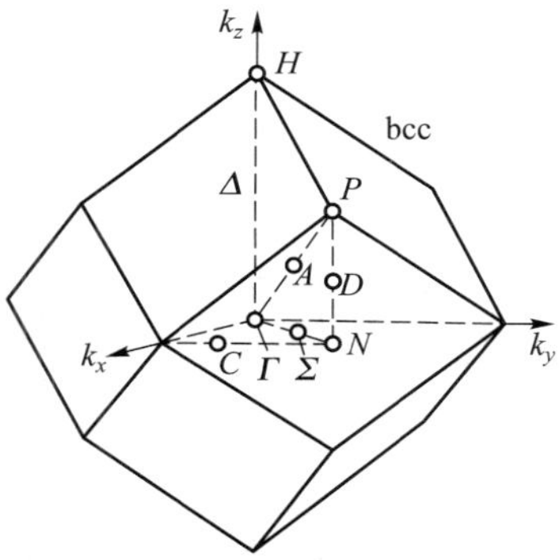

(a) 体心立方点阵的第一布里渊区

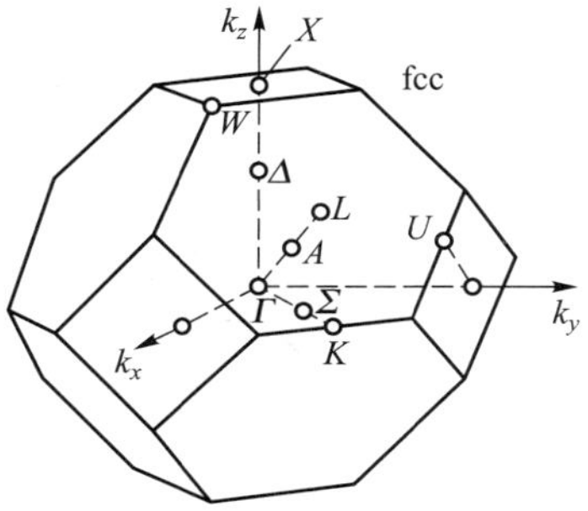

(b) 面心立方点阵的第一布里渊区

图 4-3-3

带。每个能带所能容纳的状态数为

$$2 \times \frac{N\Omega}{(2\pi)^3} \times \Omega^* = 2N \tag{4.3.18}$$

其中 Ω、Ω^* 分别是正、倒点阵初基元胞的体积，N 为元胞数，因子 2 是考虑到电子自旋简并的结果。

如果两个能带之间存在相当大的能量间隔，在这些能量区间不存在薛定谔方程的本征解，则称为禁带。

图 4-3-4 画出了一维近自由电子近似的能谱。可见自由电子的连续抛物线能谱，在布里渊区界面 $k=\frac{n\pi}{a}$ 处被割断，发生能量的突变，形成宽度为 $2|V(K_h)|$ 的能隙。从能量轴上来看不存在这些能量对应的量子态，构成禁带。而对于布里渊区内的状态，能量准连续分布构成能带。

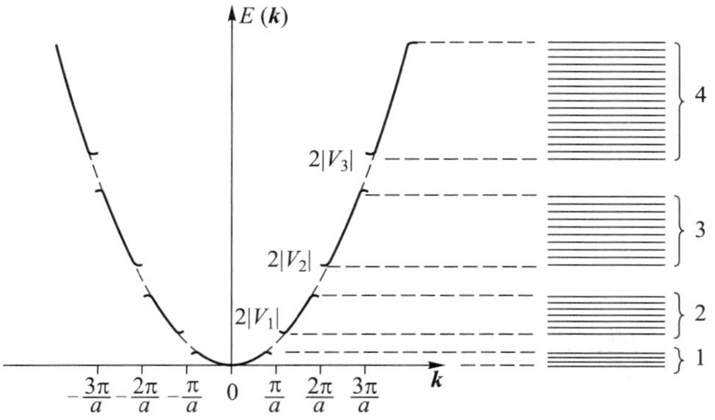

图 4-3-4　一维近自由电子近似的能谱 $E(k)$、能隙、能带和禁带

值得注意的是，对于一维情况，由于方向的单一性，能隙和禁带一一对应。但是对于二维和三维情况，可能出现不同 $\boldsymbol{k}$ 方向能带的重叠，能隙和禁带可能不一一对应。图 4-3-5(a)画出了二维正方晶格的第一和第二布里渊区。根据近自由电子近似，每一能带的状态分布在每一个布

里渊区内。沿着 Γ-M 方向,第一能带带顶的能量简单写为

$$E_{顶}^{1}(\boldsymbol{k}_M)=\frac{\hbar^2}{2m}\boldsymbol{k}_M^2-|V_1| \tag{4.3.19}$$

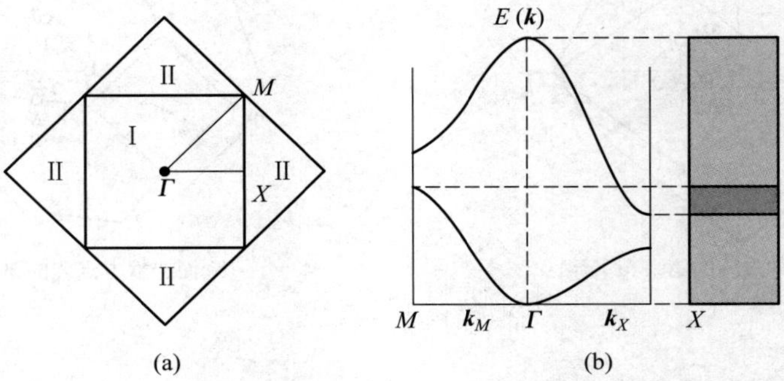

图 4-3-5 能带的交叠

这里我们简单假定 M 点周期势傅里叶系数为 V_1。而沿着 Γ-X 方向第一能带顶和第二能带底的能量分别是

$$E_{顶}^{(1)}(\boldsymbol{k}_X)=\frac{\hbar^2}{2m}\boldsymbol{k}_X^2-|V_1| \tag{4.3.20}$$

$$E_{底}^{(2)}(\boldsymbol{k}_X)=\frac{\hbar^2}{2m}\boldsymbol{k}_X^2+|V_1| \tag{4.3.21}$$

这样,如果

$$E_{顶}^{(1)}(\boldsymbol{k}_M)>E_{底}^{(2)}(\boldsymbol{k}_X)$$

即

$$\frac{\hbar^2}{2m}(\boldsymbol{k}_M^2-\boldsymbol{k}_X^2)>2|V_1| \tag{4.3.22}$$

虽然在布里渊区界面上都存在能隙,但不同 $\boldsymbol{k}$ 方向的能带有交叠。因此在某个 $\boldsymbol{k}$ 方向不允许的能量状态,在另一些 $\boldsymbol{k}$ 方向却允许存在,从能量轴上去看无禁带,如图 4-3-5(b)所示。

五、能隙的成因

现在讨论能隙形成的物理原因。根据近自由电子近似,能隙在布里渊区界面上产生,当 $\boldsymbol{k}$ 落在布里渊区界面时,存在一个与它相差一个倒格矢的状态 $\boldsymbol{k}'-\boldsymbol{k}=\boldsymbol{K}_h$,它们的能量相等,即满足

$$\boldsymbol{k}'-\boldsymbol{k}=\boldsymbol{K}_h \tag{4.3.23a}$$

$$\boldsymbol{k}'^2=\boldsymbol{k}^2 \tag{4.3.23b}$$

这就是布拉格反射条件。为简单起见,讨论一维情况。如果取 $k=-\frac{\pi}{a}$,那么 $k'=\frac{\pi}{a}$。波函数是自

由电子模型中的行波 $e^{-i\pi x/a}$ 和 $e^{i\pi x/a}$ 的线性组合：

$$\varphi = \alpha\varphi_k^0(x) + \beta\varphi_{k'}^0(x) \tag{4.3.24}$$

待定系数 α 和 β 由方程式(4.3.14)确定，在现在的情况下，它是

$$(E_k^0 - E)\alpha + V_{-1}\beta = 0 \tag{4.3.25a}$$

$$V_1\alpha + (E_{k'}^0 - E)\beta = 0 \tag{4.3.25b}$$

由方程组系数行列式为 0 的条件，可解出

$$E_{\pm} = E_k^0 \pm |V_1| \tag{4.3.26}$$

将 $E_{\pm}$ 代入方程式(4.3.25)中得到

$$E_+ :\ -|V_1|\alpha + V_{-1}\beta = 0,\quad \left(\frac{\alpha}{\beta}\right)_+ = \frac{V_{-1}}{|V_1|} \tag{4.3.27a}$$

$$E_- :\ |V_1|\alpha + V_{-1}\beta = 0,\quad \left(\frac{\alpha}{\beta}\right)_- = -\frac{V_{-1}}{|V_1|} \tag{4.3.27b}$$

假定 V_1 为实数，且 $V_1<0$，得到

$$\left(\frac{\alpha}{\beta}\right)_{\pm} = \mp 1 \tag{4.3.28}$$

因此，相对于这些特殊的 k 值，波函数是由向右和向左传播的行波 $e^{i\pi x/a}$ 和 $e^{-i\pi x/a}$ 等幅构成的两种驻波：

$$\varphi_+(x) = \alpha(e^{-i\pi x/a} - e^{i\pi x/a}) = \sqrt{\frac{2}{L}}\,i\sin\frac{\pi x}{a} \tag{4.3.29a}$$

$$\varphi_-(x) = \alpha(e^{i\pi x/a} + e^{-i\pi x/a}) = \sqrt{\frac{2}{L}}\cos\frac{\pi x}{a} \tag{4.3.29b}$$

其中波函数的系数是由归一化条件确定的，L 为晶链的长度。驻波 $\varphi_{\pm}(x)$ 的概率密度分别为

$$\rho_+(x) = \frac{2}{L}\sin^2\frac{\pi x}{a} \tag{4.3.30a}$$

$$\rho_-(x) = \frac{2}{L}\cos^2\frac{\pi x}{a} \tag{4.3.30b}$$

两种驻波描述了两种不同的电子状态，使电子倾向于聚集在晶体中不同的空间区域，具有不同的势能。$\varphi_+(x)$ 将电子聚集在离子实之间，其势能较高；$\varphi_-(x)$ 倾向于将电子聚集在离子实附近，其势能较低，如图 4-3-6 所示，这就是能隙的成因。如果将晶链的势函数简单取为

$$V(x) = 2V_1\cos\frac{2\pi x}{a} = V_1(e^{2\pi ix/a} + e^{-2\pi ix/a}),\ V_1 < 0 \tag{4.3.31}$$

傅里叶系数 $V_{\pm 1} = V_1$。两种驻波态的平均势能差

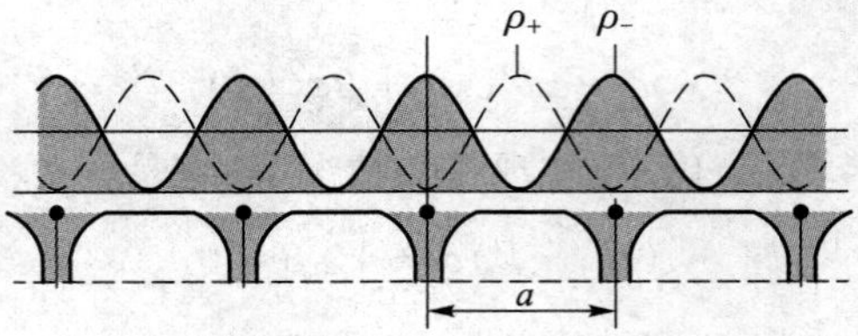

图 4-3-6 能隙的成因

$$E_g=\int_0^L 2V_1\cos\frac{2\pi x}{a}\left(\frac{2}{L}\sin^2\frac{\pi x}{a}-\frac{2}{L}\cos^2\frac{\pi x}{a}\right)dx=-2V_1=2|V_1| \tag{4.3.32}$$

它正好是期待的能隙宽度。

晶体中电子波的布拉格反射是能隙的起因。但是当电子的波矢落在布里渊区界面,满足布拉格条件时,是否一定产生能隙,那还取决于相应的周期势的傅里叶分量是否为零。一般地来说,三维晶格的周期势可以写为

$$V(\boldsymbol{r})=\sum_l\sum_i U(\boldsymbol{r}-\boldsymbol{R}_l-\boldsymbol{r}_i) \tag{4.3.33}$$

其中 $U(\boldsymbol{r}-\boldsymbol{R}_l-\boldsymbol{r}_i)$是第 l 个元胞中第 i 个原子的局域势,$V(\boldsymbol{r}+\boldsymbol{R}_l)=V(\boldsymbol{r})$是正格子的周期函数,它的傅里叶变换是

$$V(\boldsymbol{K}_h)=\frac{1}{N\Omega}\int\sum_l\sum_i U(\boldsymbol{r}-\boldsymbol{R}_l-\boldsymbol{r}_i)e^{-i\boldsymbol{K}_h\cdot\boldsymbol{r}}d\boldsymbol{r} \tag{4.3.34}$$

令 $\boldsymbol{\xi}=\boldsymbol{r}-\boldsymbol{R}_l-\boldsymbol{r}_i$ 得到

$$\begin{aligned}V(\boldsymbol{K}_h)&=\frac{1}{N\Omega}\sum_l\sum_i e^{-i\boldsymbol{K}_h\cdot\boldsymbol{R}_l}e^{-i\boldsymbol{K}_h\cdot\boldsymbol{r}_i}\int U(\boldsymbol{\xi})e^{-i\boldsymbol{K}_h\cdot\boldsymbol{\xi}}d\boldsymbol{\xi}\\&=\sum_i e^{-i\boldsymbol{K}_h\cdot\boldsymbol{r}_i}\frac{1}{\Omega}\int U(\boldsymbol{\xi})e^{-i\boldsymbol{K}_h\cdot\boldsymbol{\xi}}d\boldsymbol{\xi}=F(\boldsymbol{K}_h)\end{aligned} \tag{4.3.35}$$

$F(\boldsymbol{K}_h)$就是晶体的几何结构因子。因此若 $F(\boldsymbol{K}_h)=0$,即使满足布拉格条件,能隙也为零。这种情况通常发生在复式晶格中。

六、简约波矢 $\bar{\boldsymbol{k}}$ 和自由电子的波矢 $\boldsymbol{k}$

在近自由电子近似中,以自由电子作为零级近似,并借用自由电子的波矢 $\boldsymbol{k}$ 去标志周期势场中单电子状态。$\boldsymbol{k}$ 是动量算符本征值 $\hbar\boldsymbol{k}$ 对应的量子数,它可以遍及整个 $\boldsymbol{k}$ 空间。其波函数仍然是一个调幅平面波:

$$\psi_{\boldsymbol{k}}(\boldsymbol{r})=e^{i\boldsymbol{k}\cdot\boldsymbol{r}}u_{\boldsymbol{k}}(\boldsymbol{r}) \tag{4.3.36a}$$

$$u_{\boldsymbol{k}}(\boldsymbol{r}+\boldsymbol{R}_l)=u_{\boldsymbol{k}}(\boldsymbol{r}) \tag{4.3.36b}$$

近自由电子近似下的波函数和能谱并不是倒空间的周期函数,属于不同能带的状态,分布在不同的布里渊区内。

但是严格地说，周期势场中单电子的状态应该用简约波矢去标志。为了区别起见，用 $\bar{\boldsymbol{k}}$ 表示简约波矢，$\bar{\boldsymbol{k}}$ 限制在第一布里渊区内，虽然任意一个处于第一布里渊区外的 $\boldsymbol{k}$ 都可用简约波矢 $\bar{\boldsymbol{k}}$ 表示为 $\boldsymbol{k}=\bar{\boldsymbol{k}}+\boldsymbol{K}_h$。波函数式(4.3.36)形式上可写为

$$\psi_{\boldsymbol{k}}(\boldsymbol{r})=\mathrm{e}^{\mathrm{i}\boldsymbol{k}\cdot\boldsymbol{r}}u_{\boldsymbol{k}}(\boldsymbol{r})=\mathrm{e}^{\mathrm{i}\bar{\boldsymbol{k}}\cdot\boldsymbol{r}}[\mathrm{e}^{\mathrm{i}\boldsymbol{K}_h\cdot\boldsymbol{r}}u_{\bar{\boldsymbol{k}}+\boldsymbol{K}_h}(\boldsymbol{r})]=\mathrm{e}^{\mathrm{i}\bar{\boldsymbol{k}}\cdot\boldsymbol{r}}u_{\bar{\boldsymbol{k}}}^{h}(\boldsymbol{r}) \tag{4.3.37}$$

式中 $u_{\bar{\boldsymbol{k}}}^{h}(\boldsymbol{r})=\mathrm{e}^{\mathrm{i}\boldsymbol{K}_h\cdot\boldsymbol{r}}u_{\bar{\boldsymbol{k}}+\boldsymbol{K}_h}(\boldsymbol{r})$ 仍然是正点阵的周期函数。但是，在近自由电子近似中，$\boldsymbol{k}$ 态与 $\bar{\boldsymbol{k}}$ 态并不同态。因此，根据布洛赫定理将近自由电子近似下的能谱从第一布里渊区外平移一个倒格矢 $\boldsymbol{K}_h$ 填入第一布里渊区时，为了区别它是由哪一个布里渊区移入的，必须引入一个新的量子数 h，称为能带序号，并将原来的波函数式(4.3.37)写为

$$\psi_{\boldsymbol{k}}(\boldsymbol{r})=\psi_{\bar{\boldsymbol{k}}+\boldsymbol{K}_h}(\boldsymbol{r})=\mathrm{e}^{\mathrm{i}\bar{\boldsymbol{k}}\cdot\boldsymbol{r}}u_{\bar{\boldsymbol{k}}}^{h}(\boldsymbol{r})=\psi_{\bar{\boldsymbol{k}}}^{h}(\boldsymbol{r}) \tag{4.3.38a}$$

$$u_{\bar{\boldsymbol{k}}}^{h}(\boldsymbol{r})=\mathrm{e}^{\mathrm{i}\boldsymbol{K}_h\cdot\boldsymbol{r}}u_{\bar{\boldsymbol{k}}+\boldsymbol{K}_h}(\boldsymbol{r}) \tag{4.3.38b}$$

这样，为了用简约波矢来标志近自由电子的状态，需要标明，它是属于哪一个能带，$h=?$，以及它的简约波矢 $\bar{\boldsymbol{k}}=?$，如图 4-3-7 所示。

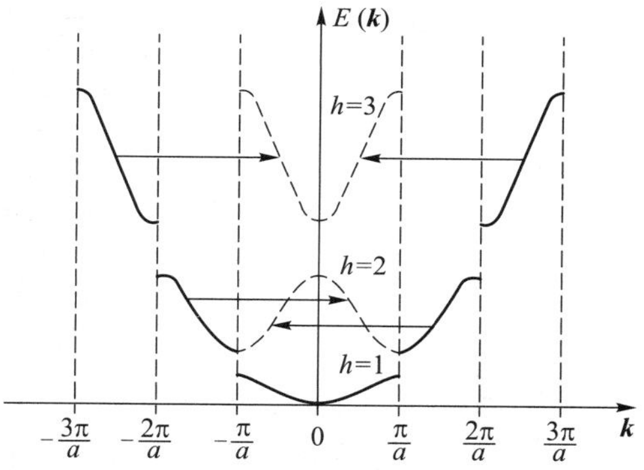

图 4-3-7 利用布洛赫定理，用简约波矢表示近自由电子近似的能带

七、能带的能区图式

像近自由电子近似那样，将不同的能带绘于 $\boldsymbol{k}$ 空间中不同的布里渊区内，称为扩展能区图式(extended zone scheme)。根据布洛赫定理，$\boldsymbol{k}$ 和 $\boldsymbol{k}+\boldsymbol{K}_h$ 是等价的，$\boldsymbol{k}$ 的取值限制在第一布里渊区内，因此可以将所有能带 $E_n(\boldsymbol{k})$ 绘于第一布里渊区内，称为简约能区图式(reduced zone scheme)。第一布里渊区也常常称为简约布里渊区。由于 $E_n(\boldsymbol{k})$ 是 $\boldsymbol{k}$ 的周期函数，有时在每一个布里渊区中绘出所有能带，对一些问题的处理更方便一些，这种图示方式称为周期能区图式(repeated zone scheme)。图 4-3-8 绘出了一维点阵两个能带的不同能区图式。

对于二维和三维情况，往往绘出等能线或等能面是方便和非常有意义的。在这种情况下，只要等能面(或等能线)与布里渊区界面相交，就会发生等能面的不连续。图 4-3-9 画出自由电子球形等能面，当它越过布里渊区界面 O 点时，分裂成双曲面的截面图。在区域的内侧等能面为 S 支，外侧为 S' 支。

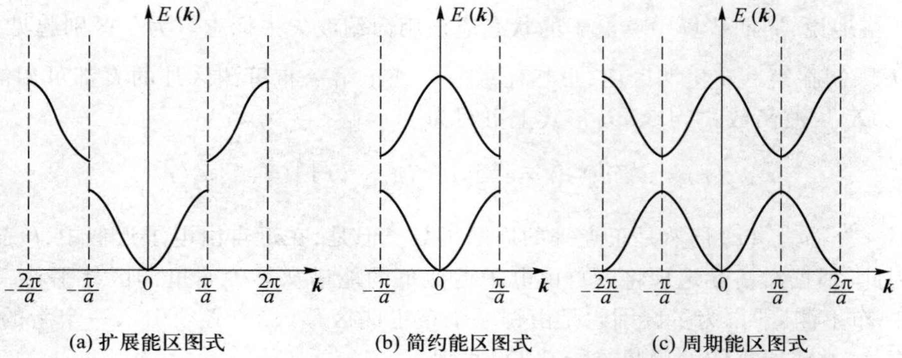

图 4-3-8　一维点阵的能区图式

图 4-3-10 画出了二维长方晶格的两个布里渊区,以及两个能带等能面的不同图式。从扩展能区图式中,可以看到在布里渊区边界,等能面的不连续。而在所有能区图式中,都可以看到等能面与布里渊区界垂直。在周期能区图式中我们可以发现有些等能面是闭合的,有些是不闭合(开放)的。在能量的极值点附近,等能面往往是闭合球面。

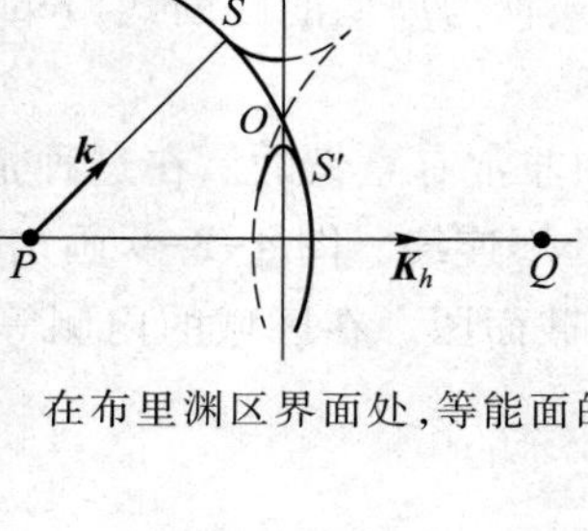

图 4-3-9　在布里渊区界面处,等能面的不连续

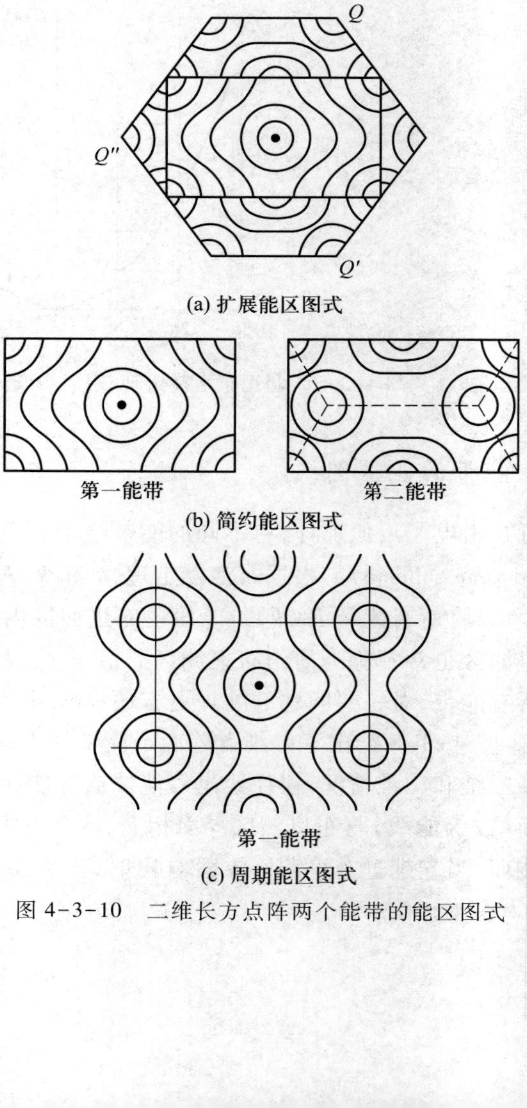

图 4-3-10　二维长方点阵两个能带的能区图式

近自由电子近似对于相当多的价电子为 s 电子或 p 电子的金属,甚至对于许多半导体,都是一个很好的近似。这似乎令人感到惊讶,因为价电子在离子实区附近,感受到的势场不应当是一个平缓变化的场。这一点我们将在后面的赝势方法中说明。

至此,我们讨论了周期势场中单电子运动的规律,这里所得到的代数公式和几何构造也适用于 X 射线衍射动力学理论。在第一章中讨论 X 射线运动学理论时,我们忽略了晶体中入射束与衍射束之间的相互作用。实际上,在周期结构中传播的 X 射线,不能用单一波矢 $\boldsymbol{k}$ 的平面波去描述。它应该是一个布洛赫波,也就是一系列相差一个倒格矢的平面波的叠加。特别是在满足或接近满足布拉格条件,即入射波矢落在布里渊区界面附近时,一个能量与之相等且相差一个倒格矢的平面波被激发。这样至少两个波的混合必须考虑。从麦克斯韦(J. C. Maxwell)方程出发,可以得到类似于方程式(4.3.16)的光子能量(频率)作为波矢函数的二次方程,产生能量的分裂,结果导致 X 射线速度色散,得到如图 4-3-11 所示的色散面。

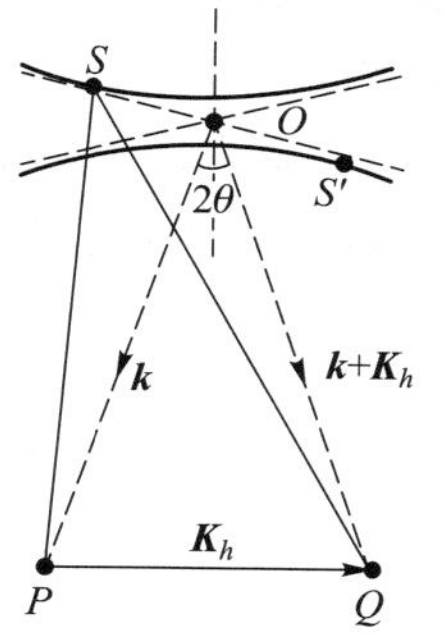

图 4-3-11　X 射线衍射动力学的色散面

在不考虑介质折射率的情况下,两个"自由光子"的半径为 $\boldsymbol{k}$ 和 $\boldsymbol{k}+\boldsymbol{K}_h$ 的球形等能面应该相交于布里渊区界面的 O 点。它就是埃瓦尔德反射球的球心。如果考虑这两束光的耦合,O 点将劈裂成两支双曲面,它们应与布里渊界面垂直。因此自色散面上任意一点,例如 S 或 S' 向 P 点和 Q 点作矢量,都是晶体内可能激发的波矢量。在这个意义上,色散面上的每一点都可以看作反射球的球心。换言之,在动力学理论中反射球的球心扩展成了一个色散面。反射球心的具体位置当然由实际入射光的方向确定。由此可见,在动力学理论中,不只在固定的布拉格角 θ 处产生反射,而是有一个角范围,这个范围称布拉格反射区,其大小由色散面来确定。来自两支色散面上激发波的干涉,将导致丰富多彩的衍射动力学效应。通常仅仅对于结构十分完整的晶体,衍射动力学效应才显得重要。对于非完整晶体,这些效应常常被掩盖掉。

§4.4　紧束缚近似

在平面波法中,我们将布洛赫波按平面波展开表示。另一方面,布洛赫波也可以用一组正交、完备的局域函数基展开得到。

一、万尼尔函数

由于布洛赫函数 $\psi_{\boldsymbol{k}}^{n}(\boldsymbol{r})$ 是倒点阵的周期函数,可以按正格矢展开:

$$\psi_{\boldsymbol{k}}^{n}(\boldsymbol{r})=\psi_{\boldsymbol{k}+\boldsymbol{K}_h}^{n}(\boldsymbol{r})=\frac{1}{\sqrt{N}}\sum_{l}a_n(\boldsymbol{R}_l,\boldsymbol{r})\,\mathrm{e}^{\mathrm{i}\boldsymbol{k}\cdot\boldsymbol{R}_l}\tag{4.4.1}$$

其中 $a_n(\boldsymbol{R}_l,\boldsymbol{r})$ 称为万尼尔(Wannier)函数,

$$a_n(\boldsymbol{R}_l,\boldsymbol{r})=\frac{1}{\sqrt{N}}\sum_{\boldsymbol{k}}\mathrm{e}^{-\mathrm{i}\boldsymbol{k}\cdot\boldsymbol{R}_l}\psi_{\boldsymbol{k}}^{n}(\boldsymbol{r})$$

$$= \frac{1}{\sqrt{N}} \sum_{\boldsymbol{k}} \mathrm{e}^{\mathrm{i}\boldsymbol{k}\cdot(\boldsymbol{r}-\boldsymbol{R}_l)} u_{\boldsymbol{k}}^n(\boldsymbol{r}-\boldsymbol{R}_l) \tag{4.4.2}$$

可见万尼尔函数只是宗量$(\boldsymbol{r}-\boldsymbol{R}_l)$的函数,也就是以格点$\boldsymbol{R}_l$为中心的局域函数,记为$a_n(\boldsymbol{R}_l,\boldsymbol{r})=a_n(\boldsymbol{r}-\boldsymbol{R}_l)$。

这样我们用不同能带n、不同$\boldsymbol{k}$的布洛赫函数,定义了一组不同能带n、不同格点$\boldsymbol{R}_l$的万尼尔函数。利用布洛赫函数的正交性和完备性,不难证明万尼尔函数也构成正交、完备的函数集。

1. 万尼尔函数的正交性

$$\begin{aligned}\int a_n^*(\boldsymbol{r}-\boldsymbol{R}_l)a_{n'}(\boldsymbol{r}-\boldsymbol{R}_{l'})\mathrm{d}\boldsymbol{r} &= \frac{1}{N}\sum_{\boldsymbol{k}}\sum_{\boldsymbol{k}'}\mathrm{e}^{\mathrm{i}(\boldsymbol{k}\cdot\boldsymbol{R}_l-\boldsymbol{k}'\cdot\boldsymbol{R}_{l'})}\int\psi_{\boldsymbol{k}}^{n*}(\boldsymbol{r})\psi_{\boldsymbol{k}'}^{n'}(\boldsymbol{r})\mathrm{d}\boldsymbol{r}\\ &= \frac{1}{N}\sum_{\boldsymbol{k}}\sum_{\boldsymbol{k}'}\mathrm{e}^{\mathrm{i}(\boldsymbol{k}\cdot\boldsymbol{R}_l-\boldsymbol{k}'\cdot\boldsymbol{R}_{l'})}\delta_{n,n'}\delta_{\boldsymbol{k},\boldsymbol{k}'}\\ &= \frac{1}{N}\sum_{\boldsymbol{k}}\mathrm{e}^{\mathrm{i}\boldsymbol{k}\cdot(\boldsymbol{R}_l-\boldsymbol{R}_{l'})}\delta_{n,n'} = \delta_{\boldsymbol{R}_l,\boldsymbol{R}_{l'}}\delta_{n,n'}\end{aligned} \tag{4.4.3}$$

其中

$$\frac{1}{N}\sum_{\boldsymbol{k}}\mathrm{e}^{\mathrm{i}\boldsymbol{k}\cdot(\boldsymbol{R}_l-\boldsymbol{R}_{l'})} = \delta_{\boldsymbol{R}_l,\boldsymbol{R}_{l'}} \tag{4.4.4}$$

不同格点$\boldsymbol{R}_l$万尼尔函数的正交性,进一步说明了它的局域特性。

2. 万尼尔函数的完备性

$$\begin{aligned}&\sum_n\sum_l a_n^*(\boldsymbol{r}-\boldsymbol{R}_l)a_n(\boldsymbol{r}'-\boldsymbol{R}_l)\\ &= \frac{1}{N}\sum_{\boldsymbol{k}}\sum_{\boldsymbol{k}'}\sum_l\mathrm{e}^{\mathrm{i}(\boldsymbol{k}\cdot\boldsymbol{R}_l-\boldsymbol{k}'\cdot\boldsymbol{R}_l)}\sum_n\psi_{\boldsymbol{k}}^{n*}(\boldsymbol{r})\psi_{\boldsymbol{k}'}^{n}(\boldsymbol{r}')\\ &= \sum_{\boldsymbol{k}}\sum_{\boldsymbol{k}'}\delta_{\boldsymbol{k},\boldsymbol{k}'}\sum_n\psi_{\boldsymbol{k}}^{n*}(\boldsymbol{r})\psi_{\boldsymbol{k}'}^{n}(\boldsymbol{r}')\\ &= \sum_{\boldsymbol{k}}\sum_n\psi_{\boldsymbol{k}}^{n*}(\boldsymbol{r})\psi_{\boldsymbol{k}}^{n}(\boldsymbol{r}') = \delta(\boldsymbol{r}-\boldsymbol{r}')\end{aligned} \tag{4.4.5}$$

其中应用了

$$\frac{1}{N}\sum_l\mathrm{e}^{\mathrm{i}(\boldsymbol{k}-\boldsymbol{k}')\cdot\boldsymbol{R}_l} = \delta_{\boldsymbol{k},\boldsymbol{k}'} \tag{4.4.6}$$

由此我们已经看到,可以由一组扩展的布洛赫函数线性叠加得到定域的万尼尔函数,反过来也可以由一组定域的万尼尔函数定义扩展的布洛赫函数。式(4.4.1)和式(4.4.2)正是布洛赫函数和万尼尔函数之间的变换关系。

二、紧束缚近似

前面我们证明了周期势场中单电子波函数可以用一组正交、完备的定域函数展开得到,

$$\psi_{\boldsymbol{k}}^{n}(\boldsymbol{r})=\frac{1}{\sqrt{N}}\sum_{l}a_{n}(\boldsymbol{r}-\boldsymbol{R}_{l})\mathrm{e}^{\mathrm{i}\boldsymbol{k}\cdot\boldsymbol{R}_{l}} \tag{4.4.7}$$

这里的讨论都是严格的。关键问题是要如何选择一组万尼尔函数。作为一种近似，假定晶体中每个原子的势场对电子有较强的束缚，电子的行为十分接近孤立原子中的电子。这样可近似地用孤立原子的定域波函数 $\varphi_n(\boldsymbol{r}-\boldsymbol{R}_l)$ 作为万尼尔函数 $a_n(\boldsymbol{r}-\boldsymbol{R}_l)$，它满足孤立原子势场下的薛定谔方程：

$$\left[-\frac{\hbar^{2}}{2m}\nabla^{2}+U(\boldsymbol{r}-\boldsymbol{R}_{l})\right]\varphi_{n}(\boldsymbol{r}-\boldsymbol{R}_{l})=E_{n}\varphi_{n}(\boldsymbol{r}-\boldsymbol{R}_{l}) \tag{4.4.8}$$

其中 $U(\boldsymbol{r}-\boldsymbol{R}_l)$ 为孤立原子的势，指标 n 相当于孤立原子波函数的 s、p、d、f 等不同轨道。于是，周期势场中单电子波函数式(4.4.7)可近似地写为

$$\psi_{\boldsymbol{k}}^{n}(\boldsymbol{r})=\frac{1}{\sqrt{N}}\sum_{l}\mathrm{e}^{\mathrm{i}\boldsymbol{k}\cdot\boldsymbol{R}_{l}}\varphi_{n}(\boldsymbol{r}-\boldsymbol{R}_{l}) \tag{4.4.9}$$

它是一个调幅平面波，

$$\psi_{\boldsymbol{k}}^{n}(\boldsymbol{r})=\frac{1}{\sqrt{N}}\mathrm{e}^{\mathrm{i}\boldsymbol{k}\cdot\boldsymbol{r}}\left[\sum_{l}\mathrm{e}^{-\mathrm{i}\boldsymbol{k}\cdot(\boldsymbol{r}-\boldsymbol{R}_{l})}\varphi_{n}(\boldsymbol{r}-\boldsymbol{R}_{l})\right]=\mathrm{e}^{\mathrm{i}\boldsymbol{k}\cdot\boldsymbol{r}}u_{\boldsymbol{k}}^{n}(\boldsymbol{r})$$

其中 $u_{\boldsymbol{k}}^n(\boldsymbol{r}+\boldsymbol{R}_l)=u_{\boldsymbol{k}}^n(\boldsymbol{r})$，是正点阵的周期函数。这样由原子的轨道波函数线性组合得到晶体中共有化轨道波函数，称为紧束缚近似或原子轨道线性组合法。我们说这是一种近似，那是因为不同格点孤立原子的波函数通常并不正交。除非这些波函数之间交叠很少，可以近似认为它们正交：

$$\int\varphi_{n}^{*}(\boldsymbol{r}-\boldsymbol{R}_{l})\varphi_{n}(\boldsymbol{r}-\boldsymbol{R}_{l'})\mathrm{d}\boldsymbol{r}\approx\delta_{\boldsymbol{R}_{l},\boldsymbol{R}_{l'}} \tag{4.4.10}$$

将波函数(4.4.9)代入周期势场中单电子的薛定谔方程，得

$$\sum_{l'}\left[-\frac{\hbar^{2}}{2m}\nabla^{2}+V(\boldsymbol{r})-E(\boldsymbol{k})\right]\frac{1}{\sqrt{N}}\mathrm{e}^{\mathrm{i}\boldsymbol{k}\cdot\boldsymbol{R}_{l'}}\varphi_{n}(\boldsymbol{r}-\boldsymbol{R}_{l'})=0 \tag{4.4.11}$$

其中周期势 $V(\boldsymbol{r})=\sum_{l}U(\boldsymbol{r}-\boldsymbol{R}_l)$。利用式(4.4.8)，得

$$\sum_{l'}\frac{1}{\sqrt{N}}\mathrm{e}^{\mathrm{i}\boldsymbol{k}\cdot\boldsymbol{R}_{l'}}\{[E_{n}-E(\boldsymbol{k})]+V(\boldsymbol{r})-U(\boldsymbol{r}-\boldsymbol{R}_{l'})\}\varphi_{n}(\boldsymbol{r}-\boldsymbol{R}_{l'})=0 \tag{4.4.12}$$

左边乘 $\varphi_n^*(\boldsymbol{r}-\boldsymbol{R}_l)$ 并积分，并利用正交关系式(4.4.10)得

$$\begin{aligned}&\frac{1}{\sqrt{N}}\mathrm{e}^{\mathrm{i}\boldsymbol{k}\cdot\boldsymbol{R}_{l}}[E_{n}-E(\boldsymbol{k})]+\sum_{l'}\frac{1}{\sqrt{N}}\mathrm{e}^{\mathrm{i}\boldsymbol{k}\cdot\boldsymbol{R}_{l'}}\int\varphi_{n}^{*}(\boldsymbol{r}-\boldsymbol{R}_{l})\cdot\\&[V(\boldsymbol{r})-U(\boldsymbol{r}-\boldsymbol{R}_{l'})]\varphi_{n}(\boldsymbol{r}-\boldsymbol{R}_{l'})\mathrm{d}\boldsymbol{r}=0\end{aligned} \tag{4.4.13}$$

令 $\boldsymbol{\xi}=\boldsymbol{r}-\boldsymbol{R}_{l'}$，上式中的积分可写为

$$\int \varphi_n^*[\boldsymbol{\xi}-(\boldsymbol{R}_l-\boldsymbol{R}_{l'})][V(\boldsymbol{\xi})-U(\boldsymbol{\xi})]\varphi_n(\boldsymbol{\xi})\mathrm{d}\boldsymbol{\xi}$$

$$=-J(\boldsymbol{R}_l-\boldsymbol{R}_{l'})=-J(\boldsymbol{R}_s) \tag{4.4.14}$$

可见它仅为格点差 $\boldsymbol{R}_s=\boldsymbol{R}_l-\boldsymbol{R}_{l'}$ 的函数。图 4-4-1 给出 $\boldsymbol{R}_{l'}=0$ 时,$V(\boldsymbol{\xi})-U(\boldsymbol{\xi})$ 的示意图。

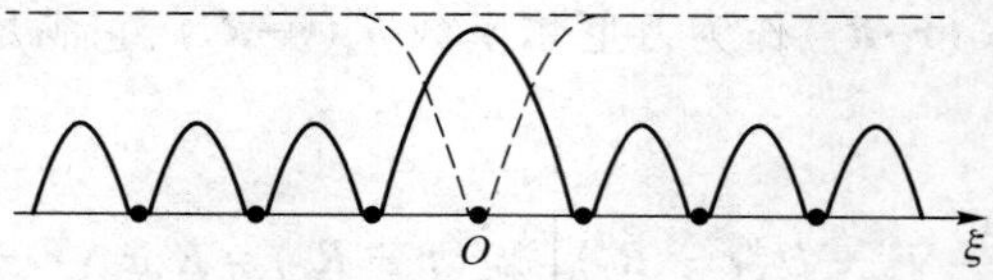

图 4-4-1 $V(\boldsymbol{\xi})-U(\boldsymbol{\xi})$示意图

由式(4.4.13)和式(4.4.14),可解出电子能谱:

$$E(\boldsymbol{k})=E_n-\sum_s J(\boldsymbol{R}_s)\mathrm{e}^{-\mathrm{i}\boldsymbol{k}\cdot\boldsymbol{R}_s} \tag{4.4.15}$$

由于在紧束缚近似下,各格点上孤立原子的波函数之间交叠很少,式中求和只涉及最近邻项。取 $\boldsymbol{R}_s=0$ 时,

$$J(0)=-\int[V(\boldsymbol{\xi})-U(\boldsymbol{\xi})]\,|\varphi_n(\boldsymbol{\xi})|^2\mathrm{d}\boldsymbol{\xi} \tag{4.4.16}$$

称为晶场劈裂。$J(0)$一般大于零且数值不大,这是因为在 $|\varphi_n(\boldsymbol{\xi})|^2$ 较大处$V(\boldsymbol{\xi})-U(\boldsymbol{\xi})$是接近于零的负数。当 $\boldsymbol{R}_s\neq 0$ 时,$J(\boldsymbol{R}_s)$称为交叠积分。式(4.4.15)可写为

$$E(\boldsymbol{k})=E_n-J(0)-\sum_{s\neq 0}^{\text{最近邻}} J(\boldsymbol{R}_s)\mathrm{e}^{-\mathrm{i}\boldsymbol{k}\cdot\boldsymbol{R}_s} \tag{4.4.17}$$

因为在式(4.4.17)中,$\boldsymbol{k}$ 限制在第一布里渊区中,取 N 个准连续的值,于是一个孤立原子的能级分裂成由 N 个准连续分布能级构成的能带,能带的中心相对于原子能级 E_n 有一个小的平移 $-J(0)$。从上面的讨论可见,在 N 个原子相距较远时,如果原子的波函数不交叠,整个体系的单电子态是 N 重简并的。当 N 个原子形成晶格时,由于近邻原子波函数的交叠,N 重简并消除,展宽成能带。N 个简并孤立原子局域态变为 N 个由不同 $\boldsymbol{k}$ 标记的扩展态。电子退局域,动能将降低。

现在以简单立方晶格中,原子的 s 态电子构成的能带为例,来说明上述结果。对于简单立方晶格,每个原子周围有 6 个最近邻原子,晶格矢量 $\boldsymbol{R}_s$ 分别为$(\pm a,0,0)$,$(0,\pm a,0)$和$(0,0,\pm a)$。s 态电子波函数 $\varphi_s(\boldsymbol{r})$是球对称的,s 态波函数具有偶宇称,$\varphi_s(\boldsymbol{r})=\varphi_s(-\boldsymbol{r})$,最近邻交叠积分同取为 J_1。由式(4.4.17)得到

$$E_s(\boldsymbol{k})=E_s-J_0-J_1(\mathrm{e}^{\mathrm{i}k_xa}+\mathrm{e}^{-\mathrm{i}k_xa}+\mathrm{e}^{\mathrm{i}k_ya}+\mathrm{e}^{-\mathrm{i}k_ya}+\mathrm{e}^{\mathrm{i}k_za}+\mathrm{e}^{-\mathrm{i}k_za})$$

$$=E_s-J_0-2J_1[\cos(k_xa)+\cos(k_ya)+\cos(k_za)] \tag{4.4.18}$$

能带的极小值出现在布里渊区的中心 $\boldsymbol{k}=0$ 处,

$$E_{\min}=E_s-J_0-6J_1 \tag{4.4.19}$$

极大值出现在 $\boldsymbol{k}=\left(\pm\frac{\pi}{a},\pm\frac{\pi}{a},\pm\frac{\pi}{a}\right)$ 处,

$$E_{max} = E_s - J_0 + 6J_1 \tag{4.4.20}$$

能带的宽度为

$$\Delta E = E_{max} - E_{min} = 12J_1 \tag{4.4.21}$$

由此可见,能带的宽度直接与交叠积分有关。原子之间波函数的交叠积分越大,能带宽度越宽。相对而言,外层电子的波函数交叠较多,对应的能带较宽,而内层电子所对应的能带较窄。图 4-4-2 表示能带宽度随原子间距离的变化。

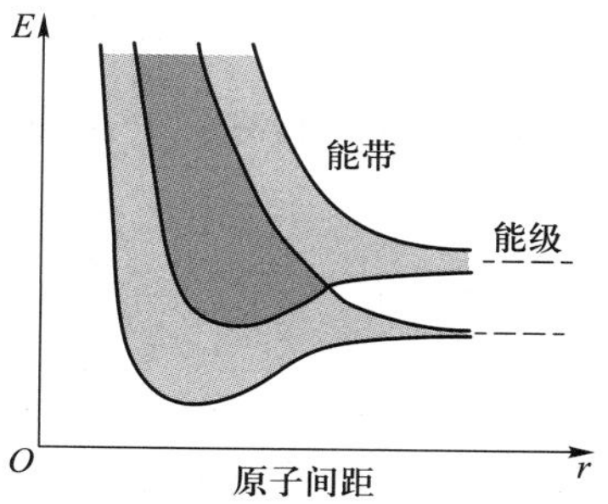

图 4-4-2 能带宽度随原子间距变化的关系

在紧束缚近似下,能带由原子能级演化而来,能带常常用原子能级的量子数标记,例如 3s、3p、3d 带等。但是能带与原子能级的对应关系,常常由于不同能级之间的重叠变得复杂起来。在原子能级简并时,如 p 态是三重简并的,d 态是五重简并的,非简并情况下的紧束缚波函数(4.4.9)应作推广,计入各轨道的线性组合,

$$\psi_{\boldsymbol{k}}(\boldsymbol{r}) = \sum_n C_n(\boldsymbol{k}) \frac{1}{\sqrt{N}} \sum_l \mathrm{e}^{\mathrm{i}\boldsymbol{k}\cdot\boldsymbol{R}_l} \varphi_n(\boldsymbol{r} - \boldsymbol{R}_l)$$

其中 n 对应于单原子的相关原子能级 E_n 的所有波函数 φ_n,而系数 $C_n(\boldsymbol{k})$ 则由其为薛定谔方程的解的要求加以自洽求解。

§4.5 正交平面波法

在 §4.2 中,我们讨论了平面波方法。乍看起来,它是一种严格求解周期势场中单电子波函数的方法,物理图像也很清楚。但是平面波法有一个致命的弱点,就是收敛性差,要求解的本征值行列式阶数很高。原因是固体中价电子的波函数,在离子实区以外是平滑函数,而在离子实区有较大的振荡,以保证与内层电子波函数正交。要描述这种振荡波函数,需要大量的平面波。

1940 年赫林(C.Herring)提出了一种克服平面波法收敛差的方案。原则上,固体能带可分为两类:一类是内层电子的能带,它是一种窄带。内层电子的状态可以用紧束缚波函数式(4.4.9)来描述,用狄拉克符号可以写为

$$|\psi_c\rangle = \frac{1}{\sqrt{N}} \sum_l \mathrm{e}^{\mathrm{i}\boldsymbol{k}\cdot\boldsymbol{R}_l} |\varphi_c^{at}(\boldsymbol{r} - \boldsymbol{R}_l)\rangle \tag{4.5.1}$$

它满足

$$\hat{H}|\psi_c\rangle = E_c|\psi_c\rangle, \quad \langle\psi_{c'}|\psi_c\rangle = \delta_{cc'} \tag{4.5.2}$$

其中,$\hat{H}$ 是晶体哈密顿算符,E_c 是内层电子能带,c 表示内层电子波函数的量子数。另一类是外层电子的能带,它是一种宽带。特别地,我们把最高被电子占满的能带称为价带,而把最低空带或半满带称为导带。固体的物理性质主要取决于价带和导带中的电子。

注意到对于导带或价带电子,离子实区和离子实区外是两种性质不同的区域。在离子实区

外,电子感受到弱的势场作用,波函数是平滑的,很像平面波。而在离子实区由于强烈的局域势作用,波函数急剧振荡。因此最好用平面波 $|\boldsymbol{k}+\boldsymbol{K}_h\rangle$ 与壳层能带波函数 $|\psi_c\rangle$ 的线性组合来描述价带和导带电子的布洛赫波函数:

$$|\psi_{\boldsymbol{k}}\rangle = \sum_h a(\boldsymbol{k}+\boldsymbol{K}_h)\,|\boldsymbol{k}+\boldsymbol{K}_h\rangle + \sum_c^M \beta_c\,|\psi_c\rangle \tag{4.5.3}$$

式中第二项的求和遍及 M 个内层电子态,求和系数 β_c 由下面的正交化条件决定:

$$\langle\psi_c\,|\,\psi_{\boldsymbol{k}}\rangle = 0 \tag{4.5.4}$$

并得到

$$\beta_c = -\sum_h a(\boldsymbol{k}+\boldsymbol{K}_h)\langle\psi_c\,|\,\boldsymbol{k}+\boldsymbol{K}_h\rangle \tag{4.5.5}$$

于是

$$\begin{aligned}|\psi_{\boldsymbol{k}}\rangle &= \sum_h a(\boldsymbol{k}+\boldsymbol{K}_h)\Big(|\boldsymbol{k}+\boldsymbol{K}_h\rangle - \sum_c |\psi_c\rangle\langle\psi_c\,|\,\boldsymbol{k}+\boldsymbol{K}_h\rangle\Big)\\ &= \sum_h a(\boldsymbol{k}+\boldsymbol{K}_h)\,|OPW_{\boldsymbol{k}+\boldsymbol{K}_h}\rangle\end{aligned} \tag{4.5.6}$$

其中 $|OPW_{\boldsymbol{k}}\rangle = |\boldsymbol{k}\rangle - \sum_c |\psi_c\rangle\langle\psi_c\,|\,\boldsymbol{k}\rangle$ 称为正交化平面波,它必定与内壳层能带波函数正交:

$$\langle\psi_{c'}\,|\,OPW_{\boldsymbol{k}+\boldsymbol{K}_h}\rangle = \langle\psi_{c'}\,|\,\boldsymbol{k}+\boldsymbol{K}_h\rangle - \sum_c \langle\psi_{c'}\,|\,\psi_c\rangle\langle\psi_c\,|\,\boldsymbol{k}+\boldsymbol{K}_h\rangle = 0 \tag{4.5.7}$$

这样导带或价带电子的布洛赫波函数可按正交化平面波 $|OPW_{\boldsymbol{k}}\rangle$ 展开得到。图 4-5-1 示意地画出了平面波、内层电子波函数和正交化平面波。

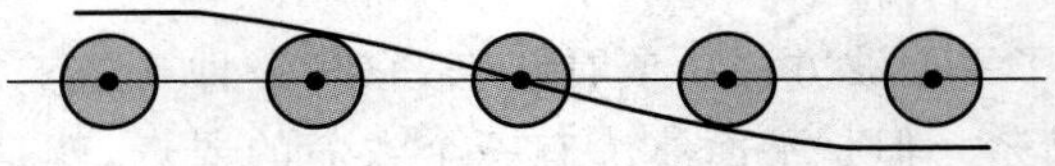

(a) 平面波

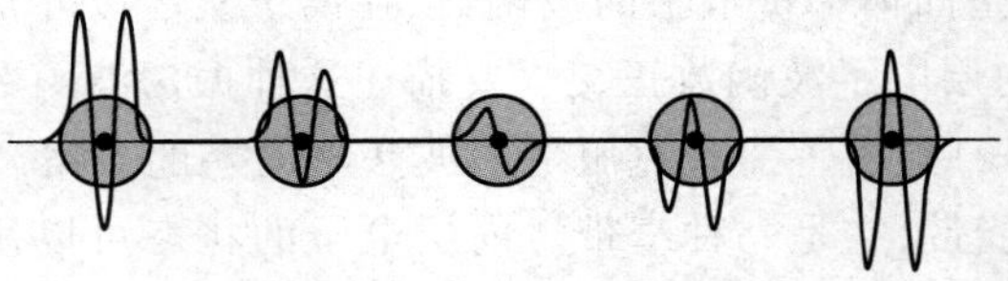

(b) 内层电子波函数

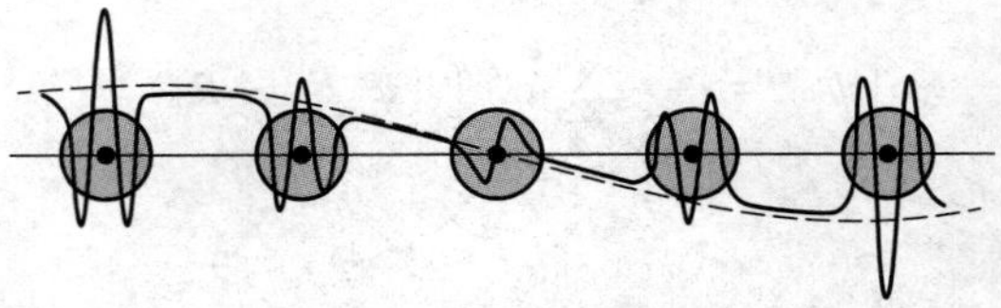

(c) 正交化平面波

图 4-5-1

将波函数(4.5.6)代入波动方程有

$$[T+V-E(\boldsymbol{k})]\,|\psi_{\boldsymbol{k}}\rangle = \sum_h a(\boldsymbol{k}+\boldsymbol{K}_h)\Big\{[T+V-E(\boldsymbol{k})]\,|\boldsymbol{k}+\boldsymbol{K}_h\rangle -$$

$$\left[T+V-E(\boldsymbol{k})\right]\sum_{c}\left|\psi_{c}\right\rangle\left\langle\psi_{c}\mid\boldsymbol{k}+\boldsymbol{K}_{h}\right\rangle\Bigg\}=0 \tag{4.5.8}$$

注意到

$$\begin{cases}(T+V)\left|\psi_{c}\right\rangle=E_{c}\left|\psi_{c}\right\rangle \\ T\left|\boldsymbol{k}+\boldsymbol{K}_{h}\right\rangle=\dfrac{\hbar^{2}}{2m}(\boldsymbol{k}+\boldsymbol{K}_{h})^{2}\left|\boldsymbol{k}+\boldsymbol{K}_{h}\right\rangle\end{cases} \tag{4.5.9}$$

得到

$$\sum_{h'}a(\boldsymbol{k}+\boldsymbol{K}_{h'})\left\{\left[\frac{\hbar^{2}(\boldsymbol{k}+\boldsymbol{K}_{h'})^{2}}{2m}-E(\boldsymbol{k})\right]\left|\boldsymbol{k}+\boldsymbol{K}_{h'}\right\rangle+V\left|\boldsymbol{k}+\boldsymbol{K}_{h'}\right\rangle+\right.$$

$$\left.\sum_{c}\left[E(\boldsymbol{k})-E_{c}\right]\left|\psi_{c}\right\rangle\left\langle\psi_{c}\mid\boldsymbol{k}+\boldsymbol{K}_{h'}\right\rangle\right\}=0 \tag{4.5.10}$$

将$\langle\boldsymbol{k}+\boldsymbol{K}_h|$作用上式,求得待定系数$a(\boldsymbol{k}+\boldsymbol{K}_h)$的线性方程组:

$$\sum_{h'}a(\boldsymbol{k}+\boldsymbol{K}_{h'})\left\{\left[\frac{\hbar^{2}(\boldsymbol{k}+\boldsymbol{K}_{h})^{2}}{2m}-E(\boldsymbol{k})\right]\delta_{\boldsymbol{K}_{h},\boldsymbol{K}_{h'}}+\left\langle\boldsymbol{k}+\boldsymbol{K}_{h}\right|U\left|\boldsymbol{k}+\boldsymbol{K}_{h'}\right\rangle\right\}=0 \tag{4.5.11}$$

其中

$$U=V+\sum_{c}\left[E(\boldsymbol{k})-E_{c}\right]\left|\psi_{c}\right\rangle\left\langle\psi_{c}\right| \tag{4.5.12}$$

由方程组(4.5.11)有解条件,得到决定能量本征值的久期方程:

$$\det\left|\left[\frac{\hbar^{2}}{2m}(\boldsymbol{k}+\boldsymbol{K}_{h})^{2}-E(\boldsymbol{k})\right]\delta_{\boldsymbol{K}_{h},\boldsymbol{K}_{h'}}+\left\langle\boldsymbol{k}+\boldsymbol{K}_{h}\right|U\left|\boldsymbol{k}+\boldsymbol{K}_{h'}\right\rangle\right|=0 \tag{4.5.13}$$

原则上,行列式(4.5.13)也是无穷阶的。但是由于正交化平面波已经很像晶体中的布洛赫波,往往只要取少数几项就足够了。例如对于金属 Li,它的电子组态是 $1s^22s^1$,内层电子只有一个带。如果取一个正交化平面波去构造导带电子的布洛赫波,可得到

$$\left|\psi_{\boldsymbol{k}}\right\rangle=a(\boldsymbol{k})\left(\left|\boldsymbol{k}\right\rangle-\left|\psi_{c}\right\rangle\left\langle\psi_{c}\mid\boldsymbol{k}\right\rangle\right) \tag{4.5.14}$$

这里

$$\left|\boldsymbol{k}\right\rangle=\frac{1}{\sqrt{N\Omega}}\mathrm{e}^{\mathrm{i}\boldsymbol{k}\cdot\boldsymbol{r}} \tag{4.5.15a}$$

$$\left|\psi_{c}\right\rangle=\frac{1}{\sqrt{N}}\sum_{l}\mathrm{e}^{\mathrm{i}\boldsymbol{k}\cdot\boldsymbol{R}_{l}}\varphi_{1s}(\boldsymbol{r}-\boldsymbol{R}_{l}) \tag{4.5.15b}$$

$$\varphi_{1s}(\boldsymbol{r})=\frac{1}{\sqrt{\pi}}\left(\frac{3}{a_{\mathrm{B}}}\right)^{3/2}\mathrm{e}^{-\frac{3r}{a_{\mathrm{B}}}} \tag{4.5.15c}$$

这样,就可以很容易得到金属锂合理的导带能谱:

$$E(\boldsymbol{k})=\frac{\langle \psi_{\boldsymbol{k}} \mid \hat{H} \mid \psi_{\boldsymbol{k}} \rangle}{\langle \psi_{\boldsymbol{k}} \mid \psi_{\boldsymbol{k}} \rangle} \tag{4.5.16}$$

对比式(4.2.14)与式(4.5.13),可以清楚地看到,与平面波法不同的是,现在用有效势 U 代替了真实势 V。U 的第一项来源于真实势 V,它是负值,第二项来源于正交化手续,它是一个正量。由于正交化手续要求波函数必须与内层电子波函数正交,它在离子实区强烈振荡,动能极大,实际上起一种排斥势能的作用,它在很大程度上抵消了离子实区 V 的吸引作用,从而,使得矩阵元 $\langle \boldsymbol{k}+\boldsymbol{K}_h \mid U \mid \boldsymbol{k}+\boldsymbol{K}_{h'} \rangle$ 比平面波法中的矩阵元 $\langle \boldsymbol{k}+\boldsymbol{K}_h \mid V \mid \boldsymbol{k}+\boldsymbol{K}_{h'} \rangle$ 小得多,自然收敛性比平面波法好得多。

§4.6 赝势方法

在上面一节中我们已经看到,正交化平面波法中的正交化项起抵消势能的作用,给出一个比真实势弱得多的有效势。在此基础上,菲力普斯(J.C.Phillips)和克雷曼(L.Kleinman)于 1959 年发展了所谓的赝势方法。

将正交化平面波法的波函数改写为

$$\begin{aligned}|\psi_{\boldsymbol{k}}\rangle &= \sum_h a(\boldsymbol{k}+\boldsymbol{K}_h)\left(|\boldsymbol{k}+\boldsymbol{K}_h\rangle - \sum_c |\psi_c\rangle\langle\psi_c|\boldsymbol{k}+\boldsymbol{K}_h\rangle\right) \\ &= |\chi_{\boldsymbol{k}}\rangle - \sum_c |\psi_c\rangle\langle\psi_c|\chi_{\boldsymbol{k}}\rangle \end{aligned} \tag{4.6.1}$$

这里引入了一个新的函数:

$$|\chi_{\boldsymbol{k}}\rangle = \sum_h a(\boldsymbol{k}+\boldsymbol{K}_h)\,|\boldsymbol{k}+\boldsymbol{K}_h\rangle \tag{4.6.2}$$

它是一个简单由平面波叠加的函数,只是展开式的系数 $a(\boldsymbol{k}+\boldsymbol{K}_h)$ 由正交化平面波法确定。下面来看一看 $|\chi_{\boldsymbol{k}}\rangle$ 满足什么样的方程。晶体中的布洛赫波满足薛定谔方程

$$\begin{cases}\hat{H}\,|\psi_{\boldsymbol{k}}\rangle = E(\boldsymbol{k})\,|\psi_{\boldsymbol{k}}\rangle \\ \hat{H} = T + V\end{cases} \tag{4.6.3}$$

将式(4.6.1)代入,得到

$$\begin{aligned}&\hat{H}\,|\chi_{\boldsymbol{k}}\rangle - \sum_c \langle\psi_c|\chi_{\boldsymbol{k}}\rangle\hat{H}\,|\psi_c\rangle \\ &= E(\boldsymbol{k})\,|\chi_{\boldsymbol{k}}\rangle - E(\boldsymbol{k})\sum_c\langle\psi_c|\chi_{\boldsymbol{k}}\rangle\,|\psi_c\rangle\end{aligned} \tag{4.6.4}$$

注意到式(4.6.4)中左边

$$\hat{H}\,|\psi_c\rangle = E_c\,|\psi_c\rangle \tag{4.6.5}$$

可以得到

$$\hat{H}|\chi_{\boldsymbol{k}}\rangle+\sum_{c}[E(\boldsymbol{k})-E_{c}]|\psi_{c}\rangle\langle\psi_{c}|\chi_{\boldsymbol{k}}\rangle=E(\boldsymbol{k})|\chi_{\boldsymbol{k}}\rangle \tag{4.6.6}$$

将上式写为

$$(T+U)|\chi_{\boldsymbol{k}}\rangle=E(\boldsymbol{k})|\chi_{\boldsymbol{k}}\rangle \tag{4.6.7}$$

其中

$$U=V+\sum_{c}[E(\boldsymbol{k})-E_{c}]|\psi_{c}\rangle\langle\psi_{c}| \tag{4.6.8}$$

称为赝势。而 $|\chi_{\boldsymbol{k}}\rangle$ 是在赝势作用下运动电子的波函数，称为赝波函数。对比方程(4.6.3)和(4.6.7)可以清楚看到赝势下的赝波函数与真实势下的布洛赫波函数具有完全相同的能量本征值。固体能带论主要关心的是导带或价带电子的能带结构，而不是波函数的本身。如果我们可以选择适当的赝势，则可以比较容易地求解出基本真实的能谱，因为赝势是一个比真实势平缓得多的函数。在很多情况下，近自由电子近似对于导带或价带电子是一种很好的近似。为什么我们可以在取微弱变化的周期势的情况下得到相当好的结果，赝势方法正好给出近自由电子近似的一种合理的诠释。可以证明，赝势的选择并不是唯一的。实际上，总是尽可能将离子实区的赝势取得简单，并保留一组可调参量，最后由匹配条件决定这些参量，以保证在离子实区外 $|\chi_{\boldsymbol{k}}\rangle$ 与 $|\psi_{\boldsymbol{k}}\rangle$ 一致。例如，海因(V.Heine)将离子实区的势用一个方阱模型去代替，简单取为

$$U_{M}(r)=\begin{cases}-A_{l}, & 当\ r\leqslant a_{M}\\ -\dfrac{Ze^{2}}{r}, & 当\ r>a_{M}\end{cases} \tag{4.6.9}$$

其中 A_l 和 a_M 是可调参量。图 4-6-1 给出真实势、赝势、布洛赫波函数和赝波函数的示意图。

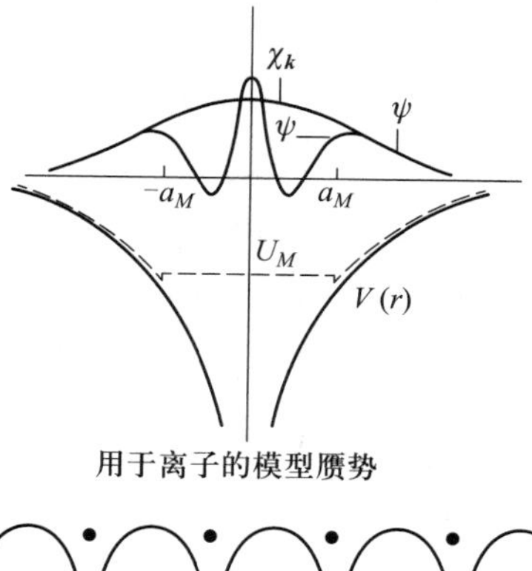

用于离子的模型赝势

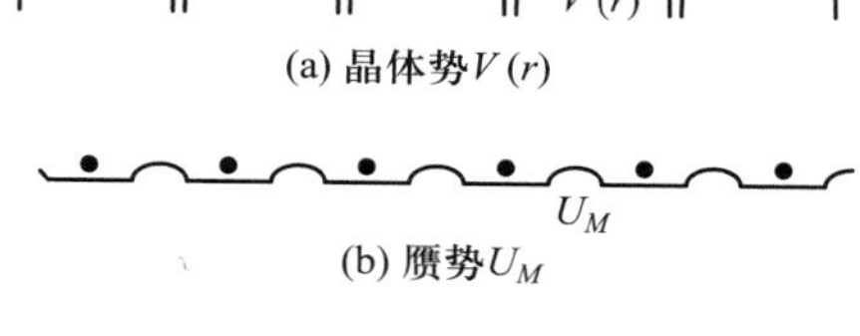

(a) 晶体势 $V(r)$

(b) 赝势 U_M

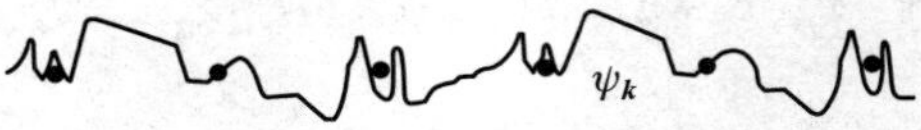

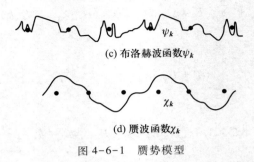

(c) 布洛赫波函数ψ_k

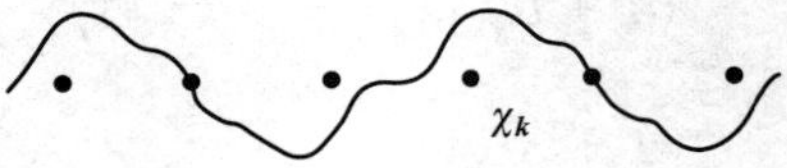

(d) 赝波函数χ_k

图 4-6-1 赝势模型

§ 4.7 能带电子态密度

固体能带中的能级分布是准连续的,因此标明其中的每个能级是没有意义的。类似于声子态密度,可以定义在能量 E 附近单位能量间隔中的状态数,即能带电子态密度。因为固体中所有能带都可以在简约布里渊区中表示,并且在 $\boldsymbol{k}$ 空间状态均匀分布,状态密度计及电子自旋简并为 $2V/(2\pi)^3$,因此,利用 δ 函数的筛选性质,对于一个确定的能带 $E_n(\boldsymbol{k})$,能带电子态密度可表示为

$$N_n(E)=\frac{2V}{(2\pi)^3}\int_{\Omega^*}\mathrm{d}\boldsymbol{k}\delta[E-E_n(\boldsymbol{k})] \tag{4.7.1}$$

其中积分限制在一个倒格子元胞体积之内。如果在 $\boldsymbol{k}$ 空间,能量相等的状态分布在一系列连续的曲面(称为等能面),上式(4.7.1)可表示为另一种更实用的形式:

$$N_n(E)=\frac{2V}{(2\pi)^3}\int\frac{\mathrm{d}S_E}{|\nabla_{\boldsymbol{k}}E_n(\boldsymbol{k})|} \tag{4.7.2}$$

积分是沿着一个能量为 E 的等能面进行。考虑到能带的交叠,总的能带电子态密度可写为

$$N(E)=\sum_n N_n(E) \tag{4.7.3}$$

这样就可以通过能带结构 $E_n(\boldsymbol{k})$ 来计算能带电子态密度。对于不同的维度,能带电子态密度公式分别为

$$N_n(E)=\frac{2V}{(2\pi)^3}\int\frac{\mathrm{d}S_E}{|\nabla_{\boldsymbol{k}}E_n(\boldsymbol{k})|}\quad 三维情况 \tag{4.7.4a}$$

$$N_n(E)=\frac{2S}{(2\pi)^2}\int\frac{\mathrm{d}l_E}{|\nabla_{\boldsymbol{k}}E_n(\boldsymbol{k})|}\quad 二维情况 \tag{4.7.4b}$$

$$N_n(E)=\frac{2L}{2\pi}\frac{2}{|\mathrm{d}E_n(k)/\mathrm{d}k|}\quad 一维情况 \tag{4.7.4c}$$

在一维情况下,能带的等能面退化为两个等能点。而在二维情况下,等能面退化为等能线。

一、自由电子的能态密度

自由电子的能谱

$$E(\boldsymbol{k}) = \frac{\hbar^2}{2m}\boldsymbol{k}^2 \tag{4.7.5}$$

其等能面是一个球面,并且沿着等能面

$$|\nabla_k E(\boldsymbol{k})| = \frac{\hbar^2 k}{m} \tag{4.7.6}$$

是一个常量,因此

$$\begin{aligned} N(E) &= \frac{2V}{(2\pi)^3}\int \frac{\mathrm{d}S}{|\nabla_k E(\boldsymbol{k})|} \\ &= \frac{2V}{(2\pi)^3}\frac{4\pi k m}{\hbar^2} = \frac{V}{2\pi^2}\left(\frac{2m}{\hbar^2}\right)^{3/2}\sqrt{E} \end{aligned} \tag{4.7.7}$$

自由电子气的能态密度与系统的维度密切相关。利用式(4.7.4)很容易求出一维、二维系统自由电子气的能态密度：

$$N(E) \propto \frac{1}{\sqrt{E}} \quad 一维情况 \tag{4.7.8a}$$

$$N(E) \propto 常量 \quad 二维情况 \tag{4.7.8b}$$

$$N(E) \propto \sqrt{E} \quad 三维情况 \tag{4.7.8c}$$

图 4-7-1 分别给出一维、二维和三维电子气的能态密度示意图。

能态密度是固体电子能谱分布的重要特征。特别是低激发态的能态密度,因为在低温下,这部分状态对配分函数的贡献最大。低能激发态被热运动激发的概率比高能激发态大得多。如果低能激发态的态密度大,体系因热运动而产生的涨落就强,其有序度就要降低,以至于消失,不容易出现有序相。因而低能态密度的大小决定了体系的有序度和相变。从上面自由电子气模型中,我们已经看到,不同维度的能态密度有决定性的差异。对于三维体系,低能态密度随 E 的减小而趋向于零,因而在低温下热运动所引起的涨落极小,体系在低温下可具有长程序。相反,对于一维体系,低能态密度随 E 的减小而趋向无穷,因而即使温度很低,热涨落仍然很强,所以一维体系不能具有长程序。二维系统的低能态密度是常数,介于一维和三维之间,可具有准长程序,并会出现一些特殊相变,例如 KT(Kosterlitz-Thouless)相变。

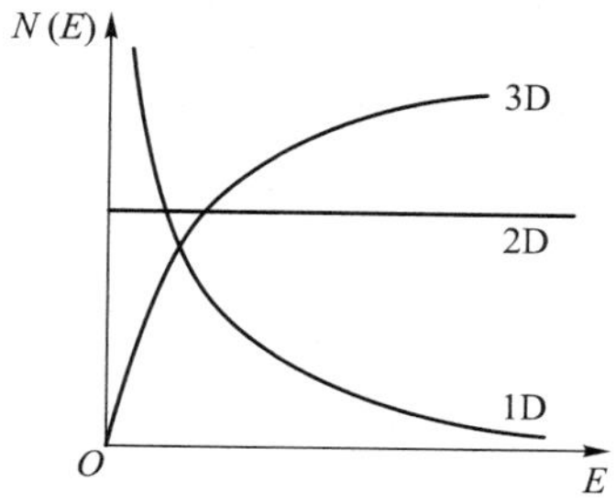

图 4-7-1　一维、二维和三维自由电子气的能态密度

在实际问题中,常常把长链分子聚合物,例如聚乙炔,视为由 CH 单体连成的链状分子。准一维的含义是链,链之间波函数有弱的耦合。在准一维系统中常常出现诸如派尔斯(R.Peierls)失稳、科恩(W.Kohn)反常等物理效应,半导体反型层和异质结构中的电子可以看作典型的二维电子气系统。除此之外,液态氦表面可吸附单层电子,由于泡利原理,液氦表面存在一个超过 1 eV的势垒阻止电子透入液氦内部,而镜像势又吸引电子于表面。在二维电子气系统中会出现诸如量子霍尔效应、KT 相变、分数统计等特有的物理现象。

二、能带电子的能态密度

能带电子态密度的计算取决于能带结构计算的方法,不同的近似法得到的结果略有差别。以三维简单立方晶体紧束缚近似为例,s 电子的能带可用式(4.4.18)表示为

$$E_s(\boldsymbol{k}) = E_s - J_0 - 2J_1[\cos(k_x a) + \cos(k_y a) + \cos(k_z a)] \tag{4.7.9}$$

在能量极小点 $\Gamma(k_x=0,k_y=0,k_z=0)$ 附近,将式(4.7.9)中的余弦函数展开至二次项,有

$$\begin{aligned} E_s(\boldsymbol{k}) &= E_s - J_0 - 2J_1\left[1-\frac{1}{2}(k_x a)^2 + 1 - \frac{1}{2}(k_y a)^2 + 1 - \frac{1}{2}(k_z a)^2\right] \\ &= E_s - J_0 - 6J_1 + a^2 J_1(k_x^2 + k_y^2 + k_z^2) \\ &= E_{\min} + a^2 J_1 k^2 = E_{\min} + \frac{\hbar^2}{2m_-^*}k^2 \end{aligned} \tag{4.7.10}$$

其中 $m_-^* = \hbar^2/(2a^2 J_1)$ 称为带底有效质量。能带底电子态密度

$$\begin{aligned} N(E) &= \frac{2V}{(2\pi)^3}\int\frac{\mathrm{d}S_E}{|\nabla_k E(\boldsymbol{k})|} \\ &= \frac{V}{2\pi^2}\left(\frac{2m_-^*}{\hbar^2}\right)^{3/2}\sqrt{E-E_{\min}} \end{aligned} \tag{4.7.11}$$

在能量极大点 $R\left(k_x=\pm\frac{\pi}{a},k_y=\pm\frac{\pi}{a},k_z=\pm\frac{\pi}{a}\right)$ 附近,令 $k_x=\pm\frac{\pi}{a}\mp\delta k_x, k_y=\pm\frac{\pi}{a}\mp\delta k_y, k_z=\pm\frac{\pi}{a}\mp\delta k_z$,将式(4.7.9)中的余弦函数展开至二次项,得到

$$\begin{aligned} E_s(\boldsymbol{k}) &= E_s - J_0 + 2J_1[\cos(\delta k_x a) + \cos(\delta k_y a) + \cos(\delta k_z a)] \\ &= E_{\max} - a^2 J_1(\delta k_x^2 + \delta k_y^2 + \delta k_z^2) \\ &= E_{\max} + \frac{\hbar^2}{2m_+^*}(\delta k)^2 \end{aligned} \tag{4.7.12}$$

其中 $m_+^* = -\hbar^2/(2a^2 J_1)$ 称为带顶有效质量。同样可得到能带顶电子态密度

$$N(E) = \frac{V}{2\pi^2}\left(\frac{2|m_+^*|}{\hbar^2}\right)^{3/2}\sqrt{E_{\max}-E} \tag{4.7.13}$$

可见在能量极小和极大点附近,除了分别用 m_-^* 和 m_+^* 代替电子质量外,等能面的形状、能谱和能态密度与自由电子气是一致的。

在一般情况下,

$$|\nabla_k E(\boldsymbol{k})| = 2aJ_1\sqrt{\sin^2(k_x a) + \sin^2(k_y a) + \sin^2(k_z a)} \tag{4.7.14}$$

由此,可计算能态密度:

$$N(E)=\frac{V}{(2\pi)^3 aJ_1}\int\frac{\mathrm{d}S_E}{\sqrt{\sin^2(k_x a)+\sin^2(k_y a)+\sin^2(k_z a)}} \tag{4.7.15}$$

与声子态密度一样,在布里渊区中 $|\nabla_k E(\boldsymbol{k})|=0$ 的诸点,$N(E)$ 将显示某种奇异性,称为范霍夫奇点。在现在的情况下,除了能量的极小点 Γ 和极大点 R 外,图 4-7-2(a)中的 X 点 $\boldsymbol{k}\left(\frac{\pi}{a},0,0\right)$ 和 M 点 $\boldsymbol{k}\left(\frac{\pi}{a},\frac{\pi}{a},0\right)$ 两类鞍点也属于这种情况。在范霍夫奇点处,态密度的一阶导数是不连续的。图 4-7-2(b)示意地画出了在紧束缚近似下,简单立方晶体 s 电子的能态密度

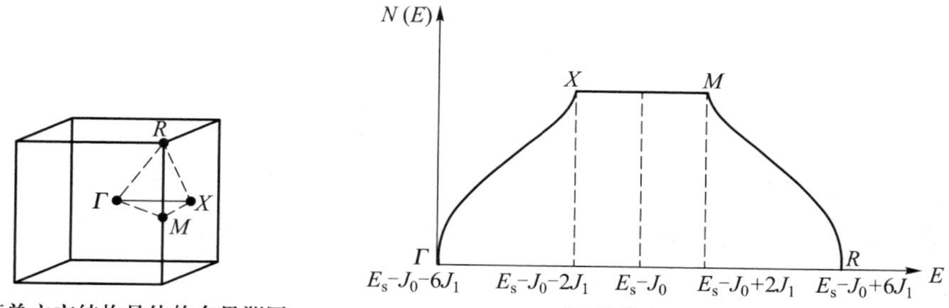

(a) 简单立方结构晶体的布里渊区　　(b) 能带电子态密度曲线

图 4-7-2

§4.8　布洛赫电子的动力学性质

上面我们讨论了周期势场中单电子的本征态和本征能量,求解的是周期势中的定态薛定谔方程。对本征态和本征值的了解是研究晶体中电子的基态和激发态性质的基础。因为只要知道了电子本征态的分布,就可以根据统计物理的基本原理去讨论系统中电子按能量的平衡态分布问题,也可以讨论在外场下的量子跃迁问题,诸如有关热激发、光吸收和诸多的电子散射等问题。另一方面,当我们要讨论电子在外场中的运动问题时,除了周期场中单电子哈密顿量外,还应加入外势场 U。因为电子的状态和能量将随时间变化,所以必须求解包括外加势场在内的含时薛定谔方程:

$$-\frac{\hbar}{\mathrm{i}}\frac{\partial\psi}{\partial t}=(H+U)\psi$$

$$H=-\frac{\hbar^2}{2m}\nabla^2+V(\boldsymbol{r}),V(\boldsymbol{r}+\boldsymbol{R}_l)=V(\boldsymbol{r}) \tag{4.8.1}$$

在处理上述问题时,我们可以将 ψ 以系统的本征函数为基展开表示,称为布洛赫表象;或者可以通过布洛赫函数定义一套完整的万尼尔局域函数,以它们为基展开表示 ψ,称为万尼尔表象。但是在某些特定条件下,也可以把电子近似地作为经典粒子来处理,得到基本合理的结果。下面我们讨论这种情况。

一、准经典近似

严格的经典粒子同时具有确定的坐标和动量。但是,在量子力学中由于不确定性原理,这是

不可能的。在量子力学中与经典描述对应的是波包的概念,这个波包的坐标和动量都只具有近似值,其精度由不确定性原理所限制。

1. 波包 电子的坐标

在晶体中,一个电子的本征状态是由具有确定波矢 $\boldsymbol{k}$ 和确定能量 $E_n(\boldsymbol{k})$ 的布洛赫本征态来描述的,它的波矢完全确定,而坐标是完全不确定的。当然,实际晶体中的电子态,往往是一些本征态的叠加。倘若这个电子的状态由 $\boldsymbol{k}_0$ 附近 $\Delta\boldsymbol{k}$ 范围内的布洛赫本征态叠加构成,它将构成一个波包。虽然波包的波矢不能完全确定,但波包的空间位置却有一定的可知性。换言之,这个状态以牺牲波矢的完全确定来换取坐标的某种确定性 $\Delta\boldsymbol{r}$,在某种情况下,可把它当作经典粒子处理。

布洛赫本征态可由式(4.1.17)表示为

$$\psi_{\boldsymbol{k}}^{n}(\boldsymbol{r},t)=\mathrm{e}^{\mathrm{i}\left[\boldsymbol{k}\cdot\boldsymbol{r}-\frac{E_n(\boldsymbol{k})}{\hbar}t\right]}u_{\boldsymbol{k}}^{n}(\boldsymbol{r}) \tag{4.8.2}$$

以前写波函数时,通常时间因子不写,因为本征态是定态。现在要用不同的 $\boldsymbol{k}$ 状态叠加构成波包,而不同的 $\boldsymbol{k}$ 状态具有不同的能量。忽略带间跃迁,将同一能带中特定波矢 $\boldsymbol{k}_0$ 附近 $\Delta\boldsymbol{k}$ 范围内的诸波函数叠加得到

$$\varphi_{\boldsymbol{k}_0}^{n}(\boldsymbol{r},t)=\frac{1}{\Delta\boldsymbol{k}}\int_{\boldsymbol{k}_0-\frac{\Delta k}{2}}^{\boldsymbol{k}_0+\frac{\Delta k}{2}}u_{\boldsymbol{k}}^{n}(\boldsymbol{r})\exp\left\{\mathrm{i}\left[\boldsymbol{k}\cdot\boldsymbol{r}-\frac{E_n(\boldsymbol{k})}{\hbar}t\right]\right\}\mathrm{d}\boldsymbol{k} \tag{4.8.3}$$

上式中利用积分代替求和是因为容许的 $\boldsymbol{k}$ 值是准连续分布的,积分号前的 $1/\Delta\boldsymbol{k}$ 是归一化因子。调幅因子 $u_{\boldsymbol{k}}^{n}(\boldsymbol{r})$ 仅随 $\boldsymbol{k}$ 作很小的变化,故可以提到积分号之外,用 $u_{\boldsymbol{k}_0}^{n}(\boldsymbol{r})$ 代替。令

$$\boldsymbol{k}=\boldsymbol{k}_0+\delta\boldsymbol{k} \tag{4.8.4}$$

并在 $\boldsymbol{k}_0$ 附近将 $E_n(\boldsymbol{k})$ 展开为

$$E_n(\boldsymbol{k})=E_n(\boldsymbol{k}_0)+\left[\nabla_{\boldsymbol{k}}E_n(\boldsymbol{k})\right]_{\boldsymbol{k}_0}\cdot\delta\boldsymbol{k}+\cdots \tag{4.8.5}$$

则式(4.8.3)可写为

$$\varphi_{\boldsymbol{k}_0}^{n}(\boldsymbol{r},t)\approx\frac{u_{\boldsymbol{k}_0}^{n}(\boldsymbol{r})}{\Delta\boldsymbol{k}}\exp\left\{\mathrm{i}\left[\boldsymbol{k}_0\cdot\boldsymbol{r}-\frac{E_n(\boldsymbol{k}_0)}{\hbar}t\right]\right\}\times$$

$$\int_{-\Delta\boldsymbol{k}/2}^{\Delta\boldsymbol{k}/2}\mathrm{e}^{\mathrm{i}\left[\delta\boldsymbol{k}\cdot\left(\boldsymbol{r}-\frac{[\nabla_{\boldsymbol{k}}E_n(\boldsymbol{k})]_{\boldsymbol{k}_0}}{\hbar}t\right)\right]}\mathrm{d}(\delta\boldsymbol{k}) \tag{4.8.6}$$

将积分号中的矢量写成分量,并令

$$\xi=x-\frac{1}{\hbar}\left[\frac{\partial E_n(\boldsymbol{k})}{\partial k_x}\right]_{\boldsymbol{k}_0}t$$

$$\eta=y-\frac{1}{\hbar}\left[\frac{\partial E_n(\boldsymbol{k})}{\partial k_y}\right]_{\boldsymbol{k}_0}t$$

$$\zeta=z-\frac{1}{\hbar}\left[\frac{\partial E_n(\boldsymbol{k})}{\partial k_z}\right]_{\boldsymbol{k}_0}t$$

得到

$$\varphi_{k_0}^n(\boldsymbol{r},t) \approx \psi_{k_0}^n(\boldsymbol{r},t)\frac{\sin\left(\frac{\Delta k_x}{2}\xi\right)}{\frac{\Delta k_x}{2}\xi}\cdot\frac{\sin\left(\frac{\Delta k_y}{2}\eta\right)}{\frac{\Delta k_y}{2}\eta}\frac{\sin\left(\frac{\Delta k_z}{2}\zeta\right)}{\frac{\Delta k_z}{2}\zeta}$$

$$=\psi_{k_0}^n(\boldsymbol{r},t)A(\boldsymbol{r},t) \tag{4.8.7}$$

式(4.8.7)表示布洛赫波包。某时刻在坐标空间找到电子的概率是

$$|\varphi_{k_0}^n(\boldsymbol{r},t)|^2=|u_{k_0}^n(\boldsymbol{r})|^2|A(\boldsymbol{r},t)|^2 \tag{4.8.8}$$

如图 4-8-1 所示,波包不仅与周期因子 $u_{k_0}^n(\boldsymbol{r})$ 有关,而且与附加因子 $A(\boldsymbol{r},t)$ 有关。能带信息在 $A(\boldsymbol{r},t)$ 中。它的最大值只能等于 1。当 $\Delta\boldsymbol{k}=0$ 时,即为一布洛赫本征态,在空间找到电子的概率为 $|u_{k_0}^n(\boldsymbol{r})|^2$,电子的坐标完全不确定。如果 $\Delta\boldsymbol{k}\neq0$,仅当 $\xi,\eta,\zeta=0$ 时,波包的振幅最大。对所有 $|\xi|,|\eta|,|\zeta|\gg0$ 时波包的振幅都趋于 0,说明波包局限在晶体中的一个区域内(例如 $\Delta\approx4\pi/\Delta k_x$),并且位置是时间的函数。我们把某时刻波包的中心位置($\xi=\eta=\zeta=0$)认定为电子的坐标,即

$$x=\frac{1}{\hbar}\left[\frac{\partial E_n(\boldsymbol{k})}{\partial k_x}\right]_{k_0}t \tag{4.8.9a}$$

$$y=\frac{1}{\hbar}\left[\frac{\partial E_n(\boldsymbol{k})}{\partial k_y}\right]_{k_0}t \tag{4.8.9b}$$

$$z=\frac{1}{\hbar}\left[\frac{\partial E_n(\boldsymbol{k})}{\partial k_z}\right]_{k_0}t \tag{4.8.9c}$$

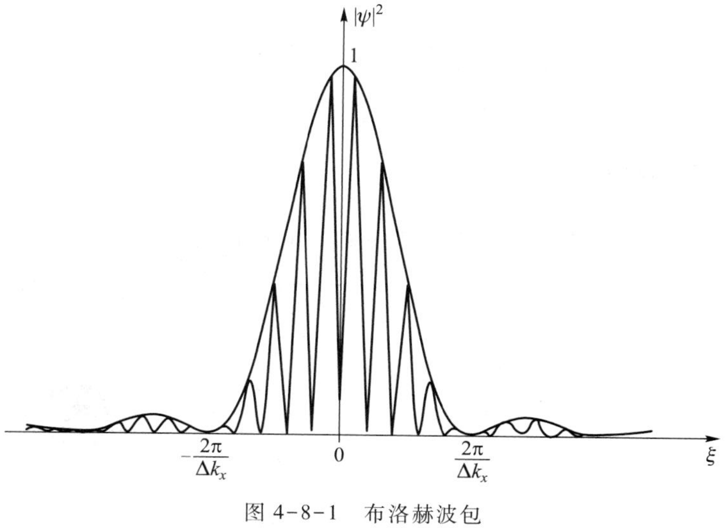

图 4-8-1 布洛赫波包

写成矢量形式是

$$\boldsymbol{r}=\frac{1}{\hbar}\nabla_k E_n(\boldsymbol{k})t \tag{4.8.10}$$

根据不确定性原理,$\Delta\boldsymbol{k}$ 越大,$\Delta\boldsymbol{r}$ 越小,电子的位置就越确定。但是 $\Delta\boldsymbol{k}$ 的范围应远小于布里渊区的尺度 $|\Delta\boldsymbol{k}|\ll\frac{2\pi}{a}$,$a$ 为晶格常量量级,否则波矢不确定,于是波包的尺度 $|\Delta\boldsymbol{r}|\gg a$。在这种意义上,准经典近似成立的条件是,外场应该是时间和空间的缓变函数。外场变化的波长 $\lambda\gg a$, 而频率 $\hbar\omega\ll E_g$,以禁止带间跃迁。

2. 波包运动的速度

波包是时间的函数,由式(4.8.10)很容易定义波包的速度

$$\boldsymbol{v}(\boldsymbol{k})=\dot{\boldsymbol{r}}=\frac{1}{\hbar}\nabla_k E_n(\boldsymbol{k}) \tag{4.8.11}$$

这就证明了波包的速度就是波矢为 $\boldsymbol{k}$、能量为 $E_n(\boldsymbol{k})$ 的布洛赫电子的群速度。严格地讲,由于电子在周期势场中被加速和减速,它们具有空间周期性的瞬时速度,用量子力学的方法,可得到宏观可测的电子平均速度。

下面我们证明波包的群速度等于布洛赫波的平均动量除以电子的质量,即

$$\boldsymbol{v}(\boldsymbol{k})=\frac{1}{\hbar}[\nabla_k E(\boldsymbol{k})]_k=\langle\boldsymbol{k}|\hat{p}|\boldsymbol{k}\rangle/m \tag{4.8.12}$$

布洛赫波函数满足 $\psi_k(\boldsymbol{r})=\mathrm{e}^{\mathrm{i}\boldsymbol{k}\cdot\boldsymbol{r}}u_k(\boldsymbol{r})$,由此得到

$$E(\boldsymbol{k})=\frac{\langle\psi_k|H|\psi_k\rangle}{\langle\psi_k|\psi_k\rangle}=\frac{\left\langle\psi_k\left|\frac{\hbar^2}{2m}\left(\frac{1}{\mathrm{i}}\nabla_r\right)^2+V(\boldsymbol{r})\right|\psi_k\right\rangle}{\langle\psi_k|\psi_k\rangle}$$

$$=\frac{\left\langle u_k\left|\frac{\hbar^2}{2m}\left(\frac{1}{\mathrm{i}}\nabla_r+\boldsymbol{k}\right)^2+V(\boldsymbol{r})\right|u_k\right\rangle}{\langle u_k|u_k\rangle}$$

根据群速度的定义可以得到

$$\boldsymbol{v}(\boldsymbol{k})=\frac{1}{\hbar}\left\{\frac{\left[\nabla_k\left\langle u_k\left|\frac{\hbar^2}{2m}\left(\frac{1}{\mathrm{i}}\nabla_r+\boldsymbol{k}\right)^2+V(\boldsymbol{r})\right|u_k\right\rangle\right]\langle u_k|u_k\rangle}{[\langle u_k|u_k\rangle]^2}-\frac{\left\langle u_k\left|\frac{\hbar^2}{2m}\left(\frac{1}{\mathrm{i}}\nabla_r+\boldsymbol{k}\right)^2+V(\boldsymbol{r})\right|u_k\right\rangle[\nabla_k\langle u_k|u_k\rangle]}{[\langle u_k|u_k\rangle]^2}\right\}$$

考虑到 $\left\langle u_k\left|\frac{\hbar^2}{2m}\left(\frac{1}{\mathrm{i}}\nabla_r+\boldsymbol{k}\right)^2+V(\boldsymbol{r})\right|u_k\right\rangle=E(\boldsymbol{k})\langle u_k|u_k\rangle$,则

$$\nabla_k \langle u_k | \frac{\hbar^2}{2m}\left(\frac{1}{\mathrm{i}}\nabla_r + \boldsymbol{k}\right)^2 + V(\boldsymbol{r}) | u_k \rangle$$

$$= \langle u_k \left| \frac{\hbar^2}{m}\left(\frac{1}{\mathrm{i}}\nabla_r + \boldsymbol{k}\right) \right| u_k \rangle + E(\boldsymbol{k}) \nabla_k \langle u_k | u_k \rangle$$

由此证明

$$\boldsymbol{v}(\boldsymbol{k}) = \frac{1}{m} \frac{\langle u_k \left| \hbar\left(\frac{1}{\mathrm{i}}\nabla_r + \boldsymbol{k}\right) \right| u_k \rangle}{\langle u_k | u_k \rangle} = \frac{1}{m} \frac{\langle \psi_k \left| \left(\frac{\hbar}{\mathrm{i}}\nabla_r\right) \right| \psi_k \rangle}{\langle \psi_k | \psi_k \rangle}$$

二、波包在外场中的运动，布洛赫电子的准动量

现在讨论在外力作用下晶体电子的动力学。

在量子力学中，任意不显含时间的力学量 $\hat{A}$ 的平均值随时间的变化由下列埃伦菲斯特(Ehrenfest)关系给出：

$$\frac{\mathrm{d}\langle \hat{A} \rangle}{\mathrm{d}t} = \frac{\mathrm{i}}{\hbar}\langle [\hat{H}, \hat{A}] \rangle \tag{4.8.13}$$

式中 $\hat{H}$ 是系统的哈密顿量。令 $\hat{A}$ 为晶格的平移算符 $\hat{T}$。在一维情况下，对一个布洛赫函数有

$$\hat{T}(a)\psi_k(x) = \mathrm{e}^{ika}\psi_k(x) \tag{4.8.14}$$

式中 a 是晶格常量，式(4.8.14)通常是对一个能带的结果，但是即使 $\psi_k(x)$ 是任意个能带的布洛赫态的组合，只要波矢 k 是简约能区图式中相同的波矢，它仍然成立。

在均匀外力 F 作用下，系统的哈密顿量可写为

$$\hat{H} = \hat{H}_0 - Fx \tag{4.8.15}$$

式中 $\hat{H}_0$ 是没有外力时系统的哈密顿量，因此有 $[\hat{H}_0, \hat{T}] = 0$。在外力作用下，

$$[\hat{H}, \hat{T}] = Fa\hat{T} \tag{4.8.16}$$

由式(4.8.13)和式(4.8.16)可以得到

$$\frac{\mathrm{d}\langle \hat{T} \rangle}{\mathrm{d}t} = \frac{\mathrm{i}}{\hbar}(Fa)\langle \hat{T} \rangle \tag{4.8.17}$$

因而有

$$\langle \hat{T} \rangle^* \frac{\mathrm{d}\langle \hat{T} \rangle}{\mathrm{d}t} = \frac{\mathrm{i}Fa}{\hbar} |\langle \hat{T} \rangle|^2$$

$$\langle \hat{T} \rangle \frac{\mathrm{d}\langle \hat{T} \rangle^*}{\mathrm{d}t} = -\frac{\mathrm{i}Fa}{\hbar} |\langle \hat{T} \rangle|^2$$

两式相加有

$$\frac{\mathrm{d}\,|\langle\hat{T}\rangle|^2}{\mathrm{d}t}=0 \tag{4.8.18}$$

它是复平面内的一个圆的方程,在复平面内实轴和虚轴的分量分别为平移算符本征值的实部和虚部。式(4.8.18)告诉我们,如果最初 ψ_k 是满足周期性边界条件的布洛赫波,那么 $|\langle\hat{T}\rangle|^2=\mathrm{e}^{ika}\cdot\mathrm{e}^{-ika}=1$,这样在外力的作用下,$\langle\hat{T}\rangle$ 将沿着复平面内的单位圆运动。因此,$\langle\hat{T}\rangle$ 仍可写为 $\langle\hat{T}\rangle=\mathrm{e}^{ik(t)a}$。这样,由式(4.8.17)可以得到

$$\mathrm{i}a\frac{\mathrm{d}k(t)}{\mathrm{d}t}=\frac{\mathrm{i}Fa}{\hbar} \tag{4.8.19}$$

或者写为

$$\hbar\frac{\mathrm{d}k(t)}{\mathrm{d}t}=\hbar\dot{k}(t)=F \tag{4.8.20}$$

这个结果表明,对于波包的每一个分量,波矢 k 均以一个恒定的速率演变。以上结果很容易推广到三维情况,有

$$\hbar\frac{\mathrm{d}\boldsymbol{k}(t)}{\mathrm{d}t}=\hbar\dot{\boldsymbol{k}}(t)=\boldsymbol{F} \tag{4.8.21}$$

它具有和牛顿力学动量表述相似的形式,其中用 $\hbar\boldsymbol{k}$ 代替了经典力学中的动量。但是,在晶体中 $\hbar\boldsymbol{k}$ 并不是动量算符的本征值,也不是动量算符的平均值。$\hbar\boldsymbol{k}$ 称为布洛赫电子的准动量或晶体的动量。这是因为晶体中的电子既受到外力的作用,也同时受到来自晶格的作用。如果只着眼于外力,外力的作用将改变整个电子、晶格系统的动量,而不单单是电子的动量。

三、加速度和有效质量

上面我们给出了布洛赫电子动力学方程的动量表述。在准经典近似下,也可以采用坐标表述。将群速度的表达式(4.8.11)微分得到加速度:

$$\begin{aligned}\frac{\mathrm{d}\boldsymbol{v}}{\mathrm{d}t}&=\frac{1}{\hbar}\frac{\mathrm{d}}{\mathrm{d}t}\nabla_k E(\boldsymbol{k})=\frac{1}{\hbar}\left(\frac{\mathrm{d}\boldsymbol{k}}{\mathrm{d}t}\cdot\nabla_k\right)\nabla_k E(\boldsymbol{k})\\&=\left(\boldsymbol{F}\cdot\frac{1}{\hbar^2}\nabla_k\right)\nabla_k E(\boldsymbol{k})\end{aligned} \tag{4.8.22}$$

其中应用了 $\hbar\dfrac{\mathrm{d}\boldsymbol{k}}{\mathrm{d}t}=\boldsymbol{F}$。式(4.8.22)给出了电子的平均加速度与外力的关系。与牛顿方程比较,可定义电子的有效质量:

$$(m^*)^{-1}=\frac{1}{\hbar^2}\nabla_k\nabla_k E(\boldsymbol{k}) \tag{4.8.23}$$

这样定义的有效质量并不像通常意义上的标量,而是一个二阶张量。

式(4.8.22)和(4.8.23)可写成分量形式:

$$\frac{\mathrm{d}\boldsymbol{v}_\alpha}{\mathrm{d}t}=\sum_\beta\left(\frac{1}{m^*}\right)_{\alpha\beta}\boldsymbol{F}_\beta \tag{4.8.24a}$$

$$\left(\frac{1}{m^*}\right)_{\alpha\beta}=\frac{1}{\hbar^2}\frac{\partial^2E(\boldsymbol{k})}{\partial k_\alpha\partial k_\beta} \tag{4.8.24b}$$

其中 $\alpha,\beta=x,y,z$ 是笛卡儿坐标。由于微分可以互换，所以是对称张量。转换到主轴坐标上去，可使之只含有对角元素：

$$m_{\alpha\alpha}^*\frac{\mathrm{d}v_\alpha}{\mathrm{d}t}=F_\alpha \tag{4.8.25a}$$

$$\frac{1}{m_{\alpha\alpha}^*}=\frac{1}{\hbar^2}\frac{\partial^2E(\boldsymbol{k})}{\partial k_\alpha^2} \tag{4.8.25b}$$

以简单立方晶格 s 电子紧束缚近似能带为例，其能谱由式(4.4.18)表示为

$$E_s(\boldsymbol{k})=E_s-J_0-2J_1[\cos(k_xa)+\cos(k_ya)+\cos(k_za)] \tag{4.8.26}$$

k_x、k_y、k_z 为主轴坐标，根据式(4.8.25)可得到

$$m_{xx}^*=\frac{\hbar^2}{2a^2J_1}[\cos(k_xa)]^{-1}$$

$$m_{yy}^*=\frac{\hbar^2}{2a^2J_1}[\cos(k_ya)]^{-1}$$

$$m_{zz}^*=\frac{\hbar^2}{2a^2J_1}[\cos(k_za)]^{-1} \tag{4.8.27}$$

在能带底 $k_x=k_y=k_z=0$，得到

$$m_{xx}^*=m_{yy}^*=m_{zz}^*=\frac{\hbar^2}{2a^2J_1} \tag{4.8.28}$$

有效质量为一个正的标量。在能带顶 $k_x=k_y=k_z=\pm\dfrac{\pi}{a}$，有

$$m_{xx}^*=m_{yy}^*=m_{zz}^*=-\frac{\hbar^2}{2a^2J_1} \tag{4.8.29}$$

它是一个负的标量。在鞍点，例如 $\boldsymbol{k}=\left(\pm\dfrac{\pi}{a},0,0\right)$，

$$m_{xx}^*=-\frac{\hbar^2}{2a^2J_1},\quad m_{yy}^*=m_{zz}^*=\frac{\hbar^2}{2a^2J_1} \tag{4.8.30}$$

可见晶体中电子对外加场的响应具有有效质量而不是电子的真实质量。特别令人吃惊的是，电子的有效质量取决于电子的状态，因为对于不同的状态，能带的曲率 $\nabla_k\nabla_kE(\boldsymbol{k})$ 不同，有效质量甚

至可以为负值。那是因为电子除了受到外力作用外,还受到晶格的作用。负有效质量的状态出现在能带顶附近,即在布里渊区边界附近。在外力作用下,电子由状态 $\boldsymbol{k}$ 变化 $\Delta\boldsymbol{k}$ 时,电子转移给点阵的动量大于外力转移给电子的动量,虽然外力使 $\boldsymbol{k}$ 增加了 $\Delta\boldsymbol{k}$,但由于布拉格反射,可以使电子沿外力方向的总动量减小,表现出负的有效质量。

一般而言,对于宽能带,$E(\boldsymbol{k})$ 随 $\boldsymbol{k}$ 的变化较大,有效质量小,而对于窄能带,有效质量较大。从紧束缚近似的观点来看,原子外层电子波函数交叠较多,能带较宽,有效质量较小。而内层电子波函数交叠甚少,能带较窄,有效质量较大,定域性更强一些。

四、准经典近似的物理含义

准经典模型描述晶体中电子的外场响应。外场作为一种力出现在描述波包的坐标和波矢变化的经典运动方程中。因此,要求与波包的尺度相比外场是一个时间和空间的缓变场。虽然晶格的周期势与波包扩展的尺度相比绝对不是缓变的,但是布洛赫电子本身已经精确考虑了晶格的周期场。在这种意义上,布洛赫电子的准经典近似只是部分的经典极限:对外场作经典处理,但对于离子的周期势必须作量子处理。

在不存在碰撞时,布洛赫电子的准经典方程描述的是每个电子的坐标 $\boldsymbol{r}$ 和波矢 $\boldsymbol{k}$ 在外场作用下如何变化。除了外场之外,这种变化完全取决于能带结构,也就是 $E(\boldsymbol{k})$ 的函数形式。理论的本身并不追究周期势的具体细节,也就是不涉及如何去计算 $E(\boldsymbol{k})$,而仅仅将 $E(\boldsymbol{k})$ 作为一个给定的函数形式出现在运动方程中。例如在方程(4.8.23)中,是以与 $E(\boldsymbol{k})$ 直接相关的有效质量出现的。

§4.9 布洛赫电子在恒定电场中的准经典运动

一、恒定电场下的动力学

在恒定电场 $\boldsymbol{E}$ 中,电子在 $\boldsymbol{k}$ 空间的准经典运动方程(4.8.21)变为

$$\hbar\frac{\mathrm{d}\boldsymbol{k}}{\mathrm{d}t}=-e\boldsymbol{E} \tag{4.9.1}$$

其解为

$$\boldsymbol{k}(t)=\boldsymbol{k}(0)-\frac{e\boldsymbol{E}}{\hbar}t \tag{4.9.2}$$

即每个电子的波矢均以同一速率沿着电场的反方向移动。$-\frac{e\boldsymbol{E}}{\hbar}t$ 就是 t 时刻电子波矢的增量。

对于自由电子的情况,由于不存在离子势场,没有能带结构,电子的波矢与能量有简单的关系:

$$E(\boldsymbol{k})=\frac{\hbar^2\boldsymbol{k}^2}{2m} \tag{4.9.3}$$

因此，电子的群速度与动量 $\hbar\boldsymbol{k}$ 有简单的关系：

$$\boldsymbol{v}(\boldsymbol{k}) = \frac{\hbar}{m}\boldsymbol{k} \tag{4.9.4}$$

在恒定电场作用下，由式(4.9.2)和式(4.9.4)得到

$$\boldsymbol{v}(t) = \frac{\hbar}{m}\boldsymbol{k}(0) - \frac{e\boldsymbol{E}}{m}t \tag{4.9.5}$$

因此电子将不断地被加速。

布洛赫电子的行为则完全不同。由于复杂的能带结构 $E(\boldsymbol{k})$，我们不能写出 $\boldsymbol{v}(t)$ 与 $\boldsymbol{k}(t)$ 的明显关系，但总可以写为下面的函数形式：

$$\boldsymbol{v}[\boldsymbol{k}(t)] = \boldsymbol{v}\left[\boldsymbol{k}(0) - \frac{e\boldsymbol{E}}{\hbar}t\right] \tag{4.9.6}$$

因为 $\boldsymbol{v}(\boldsymbol{k})$ 是倒空间的周期函数，因此速度是时间的有界函数，当 $\boldsymbol{E}$ 平行于一个倒点阵矢量时，速度将随时间振荡。图 4-9-1 示意地画出一维周期势场中电子的能谱、速度和有效质量随 k 的变化曲线。可以看到，在恒定负电场作用下，如果一个电子在 $t=0$ 时刻 $k=0$，那么 $v(k)=0$，有效质量 $m^*>0$。随着时间的增加，不断地被加速。但越过 A 点后，有效质量 $m^*<0$，电子被减速。一直达到区界 B 点，其速度 $v=0$。k 继续增加，将进入第二布里渊区 C 点。在简约能区图式中，C 点将折回第一布里渊区的等价点 C'，C 与 C' 相差一个倒格矢。电子在 k 空间循环运动。

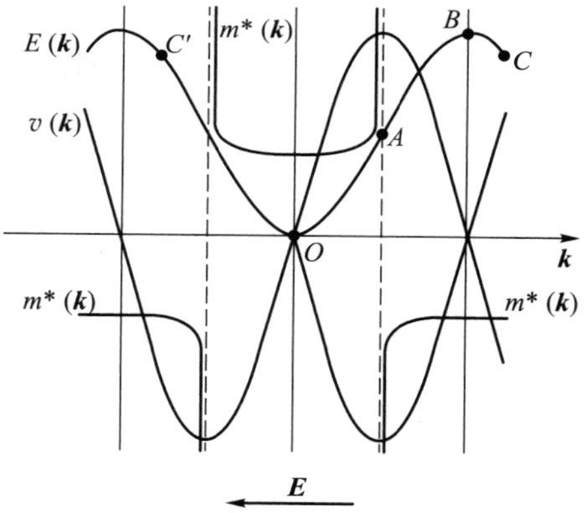

图 4-9-1 一维周期势场中，电子的 $E(\boldsymbol{k})$、$v(\boldsymbol{k})$ 和 $m^*(\boldsymbol{k})$ 曲线

在布洛赫电子的准经典运动的整个过程中，晶格的周期场始终起了关键的作用，这种作用隐含在 $E(\boldsymbol{k})$ 函数中。记住一个电子载有的电流正比于它的速度，于是在布洛赫电子的准经典模型中，直流电场将感生出交变电流！这种效应通常称为布洛赫振荡。由式(4.9.2)可以得到振荡周期：

$$T_{\mathrm{B}} = \frac{2\pi\hbar}{eEd} \tag{4.9.7}$$

其中 $2\pi/d$ 是沿电场方向两个区界对应点的距离，一维情况下，就是第一布里渊区的宽度。相应

的振荡频率为

$$\omega_B = eEd/\hbar \tag{4.9.8}$$

二、碰撞、弛豫时间、金属电导率公式

从上面的讨论可以看到,从电子的准经典动力学方程出发,得到违背实验的结果。实验上,施加一个恒定的电场总是测量到一个恒定的电流,原因在于准经典动力学方程是一个无碰撞机制的弹道方程。自由电子模型完全忽略了离子实的散射。布洛赫电子虽然考虑到离子势,但是它作为严格的周期势出现在薛定谔方程中,得到的布洛赫波函数是一个定态解。如果一个电子处于 $\psi_{\boldsymbol{k}}^{n}(\boldsymbol{r})$ 状态,那么它将具有永不衰减的速度 $\frac{1}{\hbar}\nabla_{\boldsymbol{k}}E(\boldsymbol{k})$。周期性离子势对电子的散射是一种相干散射。

但是在实际晶体中,碰撞总是存在的。任何导致偏离周期势的机制(例如晶格振动或晶体中的缺陷)都将散射电子,改变电子的速度。这种碰撞是无规则的,定义电子两次碰撞之间的平均自由时间为 τ,称为弛豫时间。$\frac{1}{\tau}$ 就是碰撞概率。因此,只有当 $\tau \gg T_B$,也就是在两次碰撞间电子在 $\boldsymbol{k}$ 空间移动的距离大于布里渊区的尺度时,才能观察到布洛赫振荡。这是一个非常苛刻的条件,要求样品近乎是理想晶体,而且测量温度极低。

如果碰撞存在,那么电子的准经典动力学方程只在两次碰撞之间的时间范围内适用,在外场作用下电子获得动量的增量为 $\hbar\delta\boldsymbol{k}$。碰撞将使电子失去这种增量,它等价于一个平均的阻力,正比于 $-\hbar\delta\boldsymbol{k}/\tau$,它限制在外力作用下 $\hbar\boldsymbol{k}$ 的无休止增大,导致一种稳定的状态。考虑到上述碰撞机制的存在,电子动力学的唯象方程可写为

$$\hbar\left(\frac{\mathrm{d}}{\mathrm{d}t}+\frac{1}{\tau}\right)\delta\boldsymbol{k}=\boldsymbol{F} \tag{4.9.9}$$

自由粒子加速项为 $\left(\hbar\frac{\mathrm{d}}{\mathrm{d}t}\right)\delta\boldsymbol{k}$,而 $\frac{\hbar\delta\boldsymbol{k}}{\tau}$ 表示碰撞效应。对于自由电子模型,$m\boldsymbol{v}_d=\hbar\delta\boldsymbol{k}$,则运动方程为

$$m\left(\frac{\mathrm{d}}{\mathrm{d}t}+\frac{1}{\tau}\right)\boldsymbol{v}_d=\boldsymbol{F} \tag{4.9.10}$$

其中 $\boldsymbol{v}_d$ 为电子在外场和碰撞作用下的平均速度,也称为漂移速度,用它去处理固体中的输运过程称为漂移速度理论。(因为 $\boldsymbol{v}_d$ 只与动量的增量有关,它是叠加在费米速度之上,沿外力方向速度,费米速度对所有电子平均为 0,对电导无贡献。)

对于恒定电场的定态情况,$\mathrm{d}\boldsymbol{v}_d/\mathrm{d}t=0$,$\boldsymbol{F}=-e\boldsymbol{E}$,从式(4.9.10)得

$$\boldsymbol{v}_d=-\frac{e\tau\boldsymbol{E}}{m} \tag{4.9.11}$$

相应的电流密度为

$$\boldsymbol{J}=-ne\boldsymbol{v}_{\mathrm{d}}=\frac{ne^{2}\tau}{m}\boldsymbol{E} \tag{4.9.12}$$

其中 n 为参与导电的电子浓度,由欧姆定律

$$\boldsymbol{J}=\sigma\boldsymbol{E} \tag{4.9.13}$$

得到电导率:

$$\sigma=\frac{ne^{2}\tau}{m} \tag{4.9.14}$$

上述理论仅仅是描述自由电子气的简单唯象理论。对于布洛赫电子,考虑到能带结构,不是所有参与导电的电子都具有相同的有效质量 m^{*} 和相同的弛豫时间 τ,它们都与电子的状态 $\boldsymbol{k}$ 有关,必须考虑电子状态按能量的分布。详细的金属电导理论将在下章中讨论。

三、满带电子不导电

布洛赫电子准经典运动方程的一个直接结论是,如果一个能带所有状态都被电子占据,那么这些电子对电流没有贡献。

由于固体的能带具有对称性:

$$E_{n}(\boldsymbol{k})=E_{n}(-\boldsymbol{k}) \tag{4.9.15}$$

根据 $\boldsymbol{v}(\boldsymbol{k})=\frac{1}{\hbar}\nabla_{k}E(\boldsymbol{k})$,直接得到

$$\boldsymbol{v}(\boldsymbol{k})=-\boldsymbol{v}(-\boldsymbol{k}) \tag{4.9.16}$$

一个能带对电流的贡献,应该是所有电子携带电流的总和:

$$\boldsymbol{I}=\sum_{k}-e\boldsymbol{v}(\boldsymbol{k}) \tag{4.9.17}$$

对于一个完全填满电子的能带,尽管每个电子都荷载一定的电流,但由于有一个 $\boldsymbol{k}$ 态电子,必有一个 $-\boldsymbol{k}$ 态电子,因此

$$\boldsymbol{I}\equiv 0 \tag{4.9.18}$$

在外加恒定电场作用下,电子的状态按 $\dot{\boldsymbol{k}}=-\frac{1}{\hbar}e\boldsymbol{E}$ 变化,即在 $\boldsymbol{k}$ 空间各状态均以相同的速率移动,但由于

$$E_{n}(\boldsymbol{k})=E_{n}(\boldsymbol{k}+\boldsymbol{K}_{h}) \tag{4.9.19}$$

因此,即使在外场的作用下,任何时刻并不改变均匀填充各 $\boldsymbol{k}$ 状态的情况,仍然保持满带电子的对称分布,$\boldsymbol{I}=0$。

虽然上述证明是在具有时间反演或者空间反演对称的电子系统得到的,但结论其实具有普遍性。对于一般的电子能带结构,$E_{n}(\boldsymbol{k})=E_{n}(\boldsymbol{k}+\boldsymbol{K}_{h})$。假定布里渊区在 $\boldsymbol{k}$ 空间的 $\hat{x},\hat{y},\hat{z}$ 方向的上下边界用 $\boldsymbol{k}_{a}$ 和 $\boldsymbol{k}_{b}$ 表示的话,$\boldsymbol{k}_{b}$ 总可以写成 $\boldsymbol{k}_{b}=\boldsymbol{k}_{a}+\boldsymbol{K}_{h}$。考虑到 $\boldsymbol{k}$ 态电子的群速度为 $\boldsymbol{v}(\boldsymbol{k})=$

$\frac{1}{\hbar}\nabla E_n(\boldsymbol{k})$,能带电子的总电流矢量可表示为

$$\begin{aligned}I &= \sum_{\boldsymbol{k}} -e\boldsymbol{v}(\boldsymbol{k}) = -\frac{eV}{(2\pi)^3\hbar}\iiint_{\boldsymbol{k}_a}^{\boldsymbol{k}_b}\nabla E_n(\boldsymbol{k})\,\mathrm{d}k_x\mathrm{d}k_y\mathrm{d}k_z \\ &= -\frac{eV}{(2\pi)^3\hbar}\iint_{\boldsymbol{k}_a}^{\boldsymbol{k}_b}\{[E_n(k_b^x,k_y,k_z)-E_n(k_a^x,k_y,k_z)]\mathrm{d}k_y\mathrm{d}k_z\hat{x} \\ &\quad +[E_n(k_x,k_b^y,k_z)-E_n(k_x,k_a^y,k_z)]\mathrm{d}k_x\mathrm{d}k_z\hat{y} \\ &\quad +[E_n(k_x,k_y,k_b^z)-E_n(k_x,k_y,k_a^z)]\mathrm{d}k_x\mathrm{d}k_y\hat{z}\} = \boldsymbol{0}\end{aligned}$$

从而满带电子不导电的结论对任何电子能带结构依然成立。

四、近满带和空穴

1. 空穴的引入

满带一旦缺少了少数电子便构成近满带,就会具有一定的导电性。设满带中少了一个 $\boldsymbol{k}_e$ 态电子,则有

$$\boldsymbol{I}(\boldsymbol{k}_e) = \sum_{\boldsymbol{k}'\neq\boldsymbol{k}_e} -e\boldsymbol{v}(\boldsymbol{k}') \tag{4.9.20}$$

如果在这个能带中放入一个 $\boldsymbol{k}_e$ 态电子,有

$$\sum_{\boldsymbol{k}'\neq\boldsymbol{k}_e} -e\boldsymbol{v}(\boldsymbol{k}') + [-e\boldsymbol{v}(\boldsymbol{k}_e)] = 0 \tag{4.9.21}$$

由式(4.9.20)和式(4.9.21)得到

$$\boldsymbol{I}(\boldsymbol{k}_e) = e\boldsymbol{v}(\boldsymbol{k}_e) \tag{4.9.22}$$

由此可见,近满带的电流就如同一个带有正电荷 e 的粒子所荷载的,它具有逸失 $\boldsymbol{k}_e$ 态电子相同的速度 $\boldsymbol{v}_e(\boldsymbol{k}_e)$,这个假想的粒子称为空穴。一个缺少了少数电子的近满带的性质应该由剩下的所有电子来决定,现在可用少数空穴去代替它,当然是很方便的。

2. 空穴的性质

(Ⅰ) $\boldsymbol{k}_h=-\boldsymbol{k}_e$

如果满带中逸失了一个波矢为 $\boldsymbol{k}_e$ 的电子,定义系统中剩下电子的总波矢为空穴的波矢 $\boldsymbol{k}_h$,则有

$$\boldsymbol{k}_h = \sum_{\boldsymbol{k}'_e\neq\boldsymbol{k}_e}\boldsymbol{k}'_e = \sum_{\boldsymbol{k}'_e}\boldsymbol{k}'_e - \boldsymbol{k}_e = -\boldsymbol{k}_e \tag{4.9.23}$$

(Ⅱ) $E_h(\boldsymbol{k}_h)=-E_e(\boldsymbol{k}_e)$

空穴的能量应该是从满带中逸失一个电子系统能量的变化,因此

$$\begin{aligned}E_h(\boldsymbol{k}_h) &= \sum_{\boldsymbol{k}'_e\neq\boldsymbol{k}_e}E_e(\boldsymbol{k}'_e) - \sum_{\boldsymbol{k}'_e}E_e(\boldsymbol{k}'_e) \\ &= \sum_{\boldsymbol{k}'_e\neq\boldsymbol{k}_e}E_e(\boldsymbol{k}'_e) - \left[\sum_{\boldsymbol{k}'_e\neq\boldsymbol{k}_e}E_e(\boldsymbol{k}'_e)+E_e(\boldsymbol{k}_e)\right] = -E_e(\boldsymbol{k}_e)\end{aligned} \tag{4.9.24}$$

即逸失电子在带内位置越低,需要更多的功,空穴的能量越高。如果令价带能量零点位于带顶,

并且能带是对称的,可以构作一个近满带对应的空穴能带,如图 4-9-2 所示。

(Ⅲ) $\boldsymbol{v}_h(\boldsymbol{k}_h)=\boldsymbol{v}_e(\boldsymbol{k}_e)$　(4.9.25)

从图 4-9-2 可以看到$\nabla_{k_h}E_h(\boldsymbol{k}_h)=\nabla_{k_e}E_e(\boldsymbol{k}_e)$,即空穴的速度等于逸失电子的速度。

(Ⅳ) $m_h^*=-m_e^*$　(4.9.26)

因为有效质量反比于曲率$\frac{\mathrm{d}^2E(\boldsymbol{k})}{\mathrm{d}k^2}$,对于空穴能带,这个值和价带中电子所具有的相应值符号相反。在价带顶附近 m_e^* 为负,因此 m_h^* 为正。

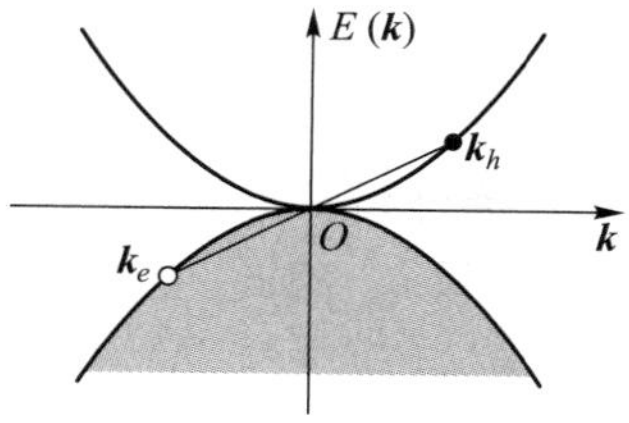

图 4-9-2　图的上半部是空穴的能带,它通过价带对原点进行反演得到

(Ⅴ) 根据上面的讨论,可以得到在外加电、磁场中空穴的准经典动力学方程:

$$\hbar\frac{\mathrm{d}\boldsymbol{k}_h}{\mathrm{d}t}=e(\boldsymbol{E}+\boldsymbol{v}_h\times\boldsymbol{B})\tag{4.9.27}$$

空穴的运动方程是带正电荷的粒子的运动方程。

五、导体、绝缘体和半导体的能带特征

十分明显,如果在一种固体中,存在着未填满的能带,那么它必定是导体。如果所有能带中,只有全满带或全空带,那么它是绝缘体。半导体在绝对零度下,所有能带是全满或全空,但禁带很窄,在有限温度下有少量的满带电子被激发到空带中,形成有少量空穴的价带和少量电子的导带。

因为对一个具有 N 个初基元胞的晶体,每个能带可容纳 $2N$ 个电子。因此每个初基元胞中有奇数个价电子的晶体必定是导体。对于每个初基元胞中有偶数个价电子的晶体,如果存在能带的重叠,则是导体;如果存在小的带隙(1 eV),则是半导体;如果存在大的带隙,则是绝缘体。例如,对于一价的碱金属(Li、Na、K、…),它们是 bcc 结构的简单晶体,每个初基元胞中仅有 1 个价电子,因此是良导体。对于一些二价的碱土金属(Ca、Sr、Ba),它们是 fcc 或 bcc 结构简单晶体。每个初基元胞中有 2 个价电子,但 s 带与 p 带有交叠,因此显示金属的特性。对于像 Si、Ge 和金刚石这类晶体,是具有 fcc 点阵的复式晶格,价电子的组态是$\cdots ns^2np^2$,每个初基元胞中有 8 个价电子,能带不交叠。Si 和 Ge 的禁带宽度分别为 1.17 eV 和 0.744 eV,因此是半导体,但是金刚石的禁带宽度约为 5.4 eV,因此是绝缘体。

能带论对金属、半导体和绝缘体的性质作了比较成功的解释。这是自由电子气模型无法解释的,因为在这种模型中,晶体的电导性质主要取决于价电子的数目。但是存在一些能带论无法解释的情况,这是由于能带论是建立在严格周期势场下的单电子近似的结果。在本章的最后一节我们将作一些简单的说明。

§4.10　布洛赫电子在恒定磁场中的准经典运动

一、恒定磁场下的动力学

在恒定磁场 $\boldsymbol{B}$ 中,电子在 $\boldsymbol{k}$ 空间的准经典运动方程是

$$\hbar\dot{\boldsymbol{k}} = -e\boldsymbol{v}(\boldsymbol{k}) \times \boldsymbol{B} \tag{4.10.1}$$

$$\boldsymbol{v}(\boldsymbol{k}) = \dot{\boldsymbol{r}} = \frac{1}{\hbar}\nabla_k E(\boldsymbol{k}) \tag{4.10.2}$$

由此直接得到,$\boldsymbol{k}$ 沿磁场方向的分量和电子的能量是守恒量(运动常量)。因此,在 $\boldsymbol{k}$ 空间电子沿垂直磁场的平面和等能面的交线运动,$\boldsymbol{v}(\boldsymbol{k})$ 的方向在 $\boldsymbol{k}$ 空间从低能量指向高能量方向,如图 4-10-1 所示,这里假定 $\boldsymbol{B}$ 沿 $\boldsymbol{k}_z$ 方向。

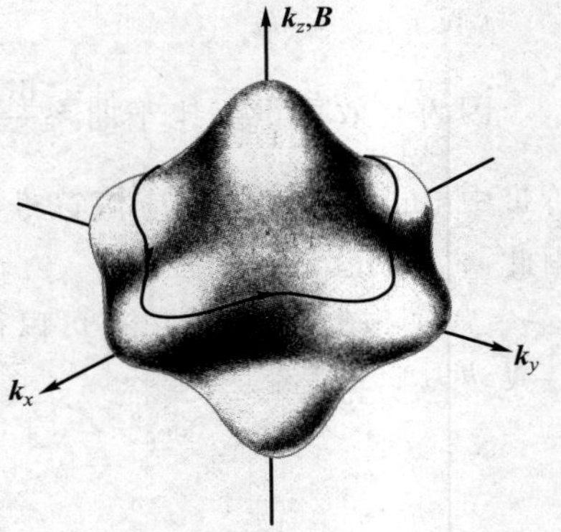

图 4-10-1 一个等能面与垂直磁场平面的交线

箭头为轨道电子在 $\boldsymbol{k}$ 空间的运动方向,等能面内部的能量低于外部的能量

电子在 $\boldsymbol{r}$ 空间的轨道并不限制在一个平面内,而是绕磁场作螺旋运动。用平行于磁场的单位矢量 $\hat{\boldsymbol{B}}$ 叉乘式(4.10.1)得到

$$\hat{\boldsymbol{B}} \times \hbar\dot{\boldsymbol{k}} = -eB[\dot{\boldsymbol{r}} - \hat{\boldsymbol{B}}(\hat{\boldsymbol{B}} \cdot \dot{\boldsymbol{r}})] = -eB\dot{\boldsymbol{r}}_{\perp} \tag{4.10.3}$$

其中 $\dot{\boldsymbol{r}}_{\perp} = \dot{\boldsymbol{r}} - \hat{\boldsymbol{B}}(\hat{\boldsymbol{B}} \cdot \dot{\boldsymbol{r}})$ 是 $\dot{\boldsymbol{r}}$ 在垂直磁场平面内的投影。对式(4.10.3)时间积分得到

$$\boldsymbol{r}_{\perp}(t) - \boldsymbol{r}_{\perp}(0) = -\frac{\hbar}{eB}\hat{\boldsymbol{B}} \times [\boldsymbol{k}(t) - \boldsymbol{k}(0)] \tag{4.10.4}$$

因为一个单位矢量与一个垂直矢量的叉乘所得到的矢量是这个矢量相对于单位矢量旋转 $\pi/2$,因此,在 $\boldsymbol{r}$ 空间电子轨道在垂直于磁场平面内的投影与 $\boldsymbol{k}$ 空间的轨道类似,它们之间的差别仅在于一个比例因子 $\hbar/(eB)$ 和一个 $\pi/2$ 的旋转,如图 4-10-2 所示。

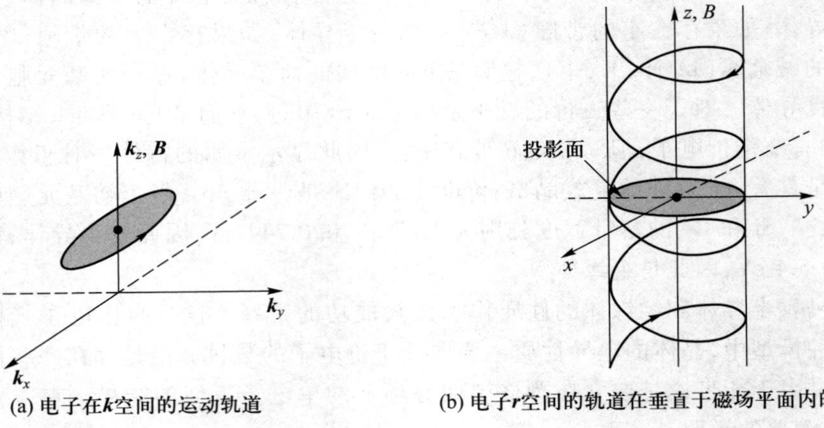

(a) 电子在$\boldsymbol{k}$空间的运动轨道 (b) 电子$\boldsymbol{r}$空间的轨道在垂直于磁场平面内的投影

图 4-10-2

注意,自由电子等能面是一个球面,因此在 $\boldsymbol{k}$ 空间的轨道是一个闭合的圆,称为闭轨道。但是对于布洛赫电子,等能面不一定是球面,也不一定是闭合的,因此闭轨道不必是圆,在很多情况下,它们甚至不必是闭合的曲线,称为开轨道。特别地,还存在空穴的轨道。与电子轨道不同,空穴轨道所包围区域内状态的能量高于轨道外状态的能量,如图 4-10-3 所示。

我们可以计算电子沿着一条能量为 E 的轨道从 $\boldsymbol{k}_1$ 到 $\boldsymbol{k}_2$ 运动的时间:

$$t_2 - t_1 = \int_{k_1}^{k_2} \frac{\mathrm{d}\boldsymbol{k}}{|\dot{\boldsymbol{k}}|} \tag{4.10.5}$$

由式(4.10.1)和式(4.10.2)可以得到

$$|\dot{\boldsymbol{k}}| = \frac{eB}{\hbar^2} |\nabla_k E(\boldsymbol{k})_\perp| \tag{4.10.6}$$

式中$\nabla_k E(\boldsymbol{k})_\perp$是$\nabla_k E(\boldsymbol{k})$在垂直于磁场平面内的分量,于是得到

$$t_2 - t_1 = \frac{\hbar^2}{eB} \int_{k_1}^{k_2} \frac{\mathrm{d}\boldsymbol{k}}{|\nabla_k E(\boldsymbol{k})_\perp|} \tag{4.10.7}$$

由

$$\delta E = \nabla_k E(\boldsymbol{k}) \cdot \delta \boldsymbol{k} = |\nabla_k E(\boldsymbol{k})_\perp| \delta \boldsymbol{k}_\perp \tag{4.10.8}$$

其中 $\delta \boldsymbol{k}_\perp$是垂直于磁场的轨道平面内能量为 E 和 $E+\delta E$ 两个等能面间法线距离,如图 4-10-4 所示。

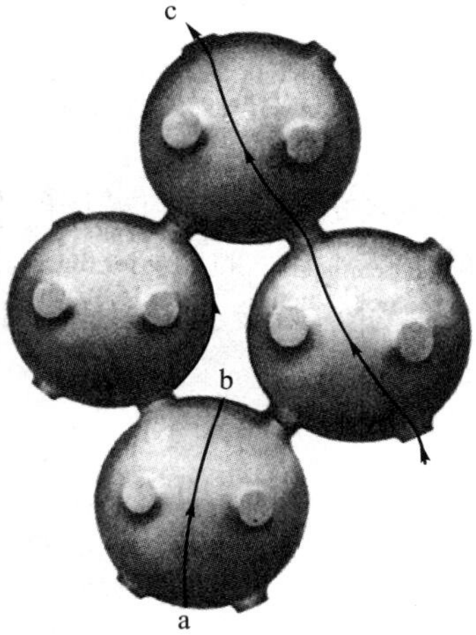

图 4-10-3 在恒定磁场下,贵金属的费米面可显示多种类型的轨道

a: 闭合的电子轨道; b: 闭合的空穴轨道;c: 电子的开轨道

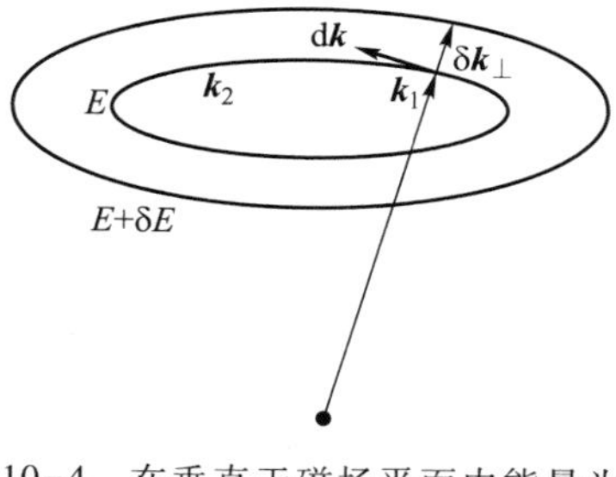

图 4-10-4 在垂直于磁场平面内能量为 E 和 $E+\delta E$ 两条轨道以及 d$\boldsymbol{k}$ 和 $\delta \boldsymbol{k}_\perp$示意图

由式(4.10.7)和式(4.10.8)得到

$$t_2 - t_1 = \frac{\hbar^2}{eB} \frac{1}{\delta E} \int_{k_1}^{k_2} \delta \boldsymbol{k}_\perp \, \mathrm{d}\boldsymbol{k} \tag{4.10.9}$$

积分正好给出两相邻轨道 $\boldsymbol{k}_1$ 和 $\boldsymbol{k}_2$ 之间的面积,取极限 $\delta E \to 0$ 得到

$$t_2 - t_1 = \frac{\hbar^2}{eB} \frac{\partial A_{12}}{\partial E} \tag{4.10.10}$$

其中$\frac{\partial A_{12}}{\partial E}$是 $\boldsymbol{k}_1$ 和 $\boldsymbol{k}_2$ 间的一段轨道随着 E 增加单位能量间隔扫过的面积。

对于闭合轨道,由式(4.10.10)可以得到电子沿轨道回旋的周期:

$$T(E,k_z)=\frac{\hbar^2}{eB}\frac{\partial A(E,k_z)}{\partial E} \tag{4.10.11}$$

其中 $A(E,k_z)$ 是能量为 E 的等能面在垂直于磁场且 k_z 为一定值的平面内的闭合轨道的面积。回旋频率

$$\omega_c(E,k_z)=\frac{2\pi}{T(E,k_z)}=\frac{2\pi eB}{\hbar^2}\left[\frac{\partial A(E,k_z)}{\partial E}\right]^{-1} \tag{4.10.12}$$

如果考虑自由电子气,等能面是球面,$E(\boldsymbol{k})=\frac{\hbar^2}{2m}\boldsymbol{k}^2=\frac{\hbar^2}{2m}(k_x^2+k_y^2+k_z^2)$,回旋轨道是一个圆,

$$A(E,k_z)=\pi(k_x^2+k_y^2)=\pi\left(\frac{2mE}{\hbar^2}-k_z^2\right) \tag{4.10.13}$$

注意 k_z 为一常量,则由式(4.10.12)得到

$$\omega_c(E,k_z)=\frac{eB}{m} \tag{4.10.14}$$

可见对于自由电子,回旋频率依赖于电子的电荷、质量和磁场的大小,而与磁场的方向无关。当磁场大小一定时,所有轨道的回旋频率都是一样的,也就是得到单一的回旋频率。

对于布洛赫电子,类比式(4.10.14),从式(4.10.12)可以定义回旋有效质量和回旋频率:

$$m_c^*(E,k_z)=\frac{\hbar^2}{2\pi}\frac{\partial A(E,k_z)}{\partial E} \tag{4.10.15}$$

$$\omega_c(E,k_z)=\frac{eB}{m_c^*(E,k_z)} \tag{4.10.16}$$

$m_c^*(E,k_z)$ 可以不同于以前我们定义的有效质量 m^*。m_c^* 并不单纯地只与一个特定的电子状态相关,还与回旋轨道性质有关。不同的轨道 $\omega_c(E,k_z)$ 也可能不相等。

对于能带电子,如果在能量极值点附近的能谱可写为 $E(\boldsymbol{k})=\frac{\hbar^2}{2m^*}\boldsymbol{k}^2$,等能面为球面,具有单一有效质量,那么类似自由电子的情况,

$$m_c^*(E,k_z)=m^* \tag{4.10.17}$$

即回旋有效质量等于电子的有效质量。对于这些电子,具有单一的回旋频率。

如果等能面是一个椭球,其能谱可写为

$$E(\boldsymbol{k})=\frac{\hbar^2}{2}\left(\frac{k_x^2}{m_x^*}+\frac{k_y^2}{m_y^*}+\frac{k_z^2}{m_z^*}\right) \tag{4.10.18}$$

设外磁场 $\boldsymbol{B}$ 相对于有效质量主轴的方向余弦为 α、β、γ，即

$$\boldsymbol{B} = (\alpha\boldsymbol{i} + \beta\boldsymbol{j} + \gamma\boldsymbol{k})B$$

则倒空间一个能量等于 E 的椭球上的最大轨道截面为

$$A(E,\hat{\boldsymbol{B}}) = \frac{2\pi}{\hbar^2}\frac{E}{\left(\dfrac{\alpha^2}{m_y^* m_z^*} + \dfrac{\beta^2}{m_z^* m_x^*} + \dfrac{\gamma^2}{m_x^* m_y^*}\right)^{1/2}} \tag{4.10.19}$$

则回旋有效质量为

$$\frac{1}{m_c^*} = \left(\frac{m_x^*\alpha^2 + m_y^*\beta^2 + m_z^*\gamma^2}{m_x^* m_y^* m_z^*}\right)^{1/2} \tag{4.10.20}$$

因此，对于一个椭球等能面，电子的回旋频率依赖于磁场的取向。

但是对于一般形状的等能面，不同的截面将具有不同的 ω_c 值，而总效果将是所有截面贡献的混合。然而如果考虑到各种不同截面贡献的大小，可以发现等能面的横面积为极值的那些截面，通常会起主导的作用。因为不同的非极值轨道的贡献，由于相位的差别互相抵消，但极值轨道附近，诸轨道截面积变化小，相位变化缓慢，回旋频率相对稳定，它被称为稳相原理。于是就有一个回旋频率几乎恒定的轨道宽带，如图 4-10-5所示，来自这个区域的电子将支配这个效应。实际上，实验上观察到的回旋频率，正是这些极值轨道的贡献。

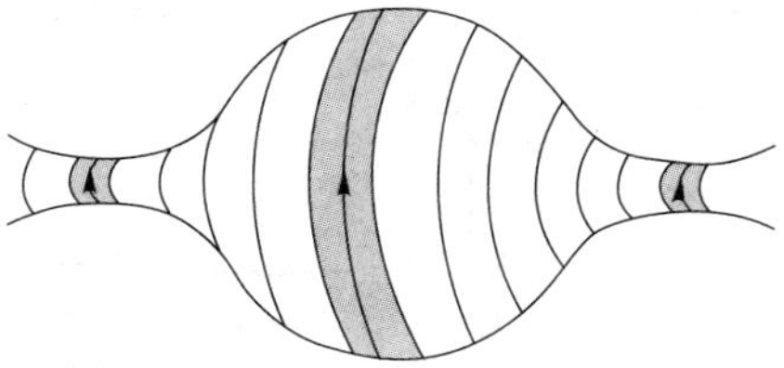

图 4-10-5 极值轨道

在极值轨道附近存在回旋频率几乎恒定的轨道带

二、轨道量子化

上面我们从准经典运动方程出发讨论了电子在恒定磁场中的运动。外场作为经典力处理，可得到电子绕磁场沿经典螺旋轨道运动的结果。但是，施加磁场会自动破坏电子状态的基本量子化图像。

对于自由电子气而言，当没有磁场时，电子的能谱简单地是

$$E(\boldsymbol{k}) = \frac{\hbar^2}{2m}\boldsymbol{k}^2 = \frac{\hbar^2}{2m}(k_x^2 + k_y^2 + k_z^2) \tag{4.10.21}$$

电子的状态由量子数 k_x、k_y、k_z 去标志。如果电子限制在一个边长为 L 的立方体内，k_x、k_y、k_z 取分立值：

$$k_i = \frac{2\pi}{L}h_i, \quad i = x, y, z \tag{4.10.22}$$

其中 h_i 取整数。状态准连续、均匀地分布在 $\boldsymbol{k}$ 空间的格子上，状态密度为 $2L^3/(2\pi)^3$。这就是自由电子状态量子化的基本图像。

如果施加一个沿 z 方向的均匀磁场 $\boldsymbol{B}$，那么电子在 x-y 平面内将受到洛伦兹力的作用。因

此,除了 k_z 以外,k_x、k_y 不再是好量子数。磁场引入了新的运动常量,即绕磁场方向的角动量。求解在均匀恒定磁场中电子的薛定谔方程,得到电子的能量本征值由 k_z 和磁量子数 n 决定:

$$E(k_z,n)=\frac{\hbar^2}{2m}k_z^2+\left(n+\frac{1}{2}\right)\hbar\omega_c,\qquad n=0,1,2,\cdots \tag{4.10.23}$$

其中 $\omega_c=\dfrac{eB}{m}$ 就是前面提到的回旋频率,式(4.10.23)称为朗道能级。这样磁场把 $\boldsymbol{k}$ 空间等分成一些横截面为常量的朗道管,它们对应于恒定磁量子数的各个状态。对于一个确定的 k_z 平面,原先准连续的电子动能 $\hbar^2(k_x^2+k_y^2)/(2m)$,将以 $\hbar\omega_c$ 为单位量子化,重新简并到不同 n 的朗道环上。每一个状态为了聚集在离它最近的朗道管面上,便稍微改变一下自己的能量(或上或下)。平均说来这个过程对系统的总能量无甚影响,因为能量上移的状态被能量下移的状态补偿得差不多。图 4-10-6 描绘了在均匀磁场下一个球形等能面(费米面)内状态的占据情况。

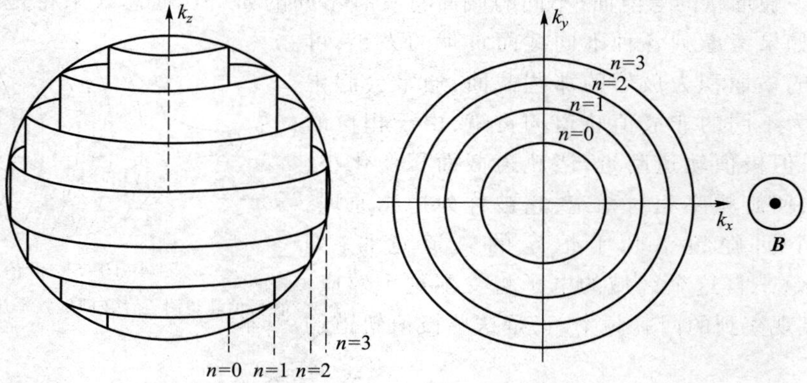

(a) 朗道管　　(b) 朗道环

图 4-10-6

相邻两个朗道环的截面积之差为

$$\Delta A=\pi\Delta(k_x^2+k_y^2)=\frac{2\pi m\Delta E}{\hbar^2}=\frac{2\pi m\hbar\omega_c}{\hbar^2}=\frac{2\pi eB}{\hbar} \tag{4.10.24}$$

它是一个正比于外磁场 B 的常量。因此,电子在 $\boldsymbol{k}$ 空间中的回旋轨道面积是以 $\dfrac{2\pi eB}{\hbar}$ 为单位量子化的。原因在于角动量与 $\boldsymbol{k}$ 空间轨道面积成正比,角动量的量子化导致了轨道面积的量子化。

粗略地认为在 k_z 固定的平面内,相邻两个朗道环之间的状态都被聚集到一个朗道环上,容易得到它的简并度是

$$D=\frac{2L^2}{(2\pi)^2}\Delta A=\frac{e}{\pi\hbar}BL^2 \tag{4.10.25}$$

在 1 T 磁场下,若 $L=1$ cm,简并度约为 10^{11},因此每个朗道能级都是高度简并的。

如果考虑布洛赫电子,问题要困难得多,因为必须求解在磁场和晶格周期势场中的单电子薛

定谓方程。但是,任何粒子随时间作周期性回旋运动,其角动量都可以按玻尔-索末菲关系量子化:

$$\oint \boldsymbol{p} \cdot \mathrm{d}\boldsymbol{r} = (n+\gamma)h = (n+\gamma)2\pi\hbar \tag{4.10.26}$$

其中 n 是整数,γ 是小于 1 的相位修正因子,对于自由电子 $\gamma=\frac{1}{2}$。

在磁场中电子的动量 $\boldsymbol{p}$ 包括运动动量 $\boldsymbol{p}_k=\hbar\boldsymbol{k}$ 和场动量 $\boldsymbol{p}_f=e\boldsymbol{A}$ 两部分,矢势 $\boldsymbol{A}$ 通过 $\boldsymbol{B}=\nabla\times\boldsymbol{A}$ 与磁场相联系。于是,

$$\oint \boldsymbol{p} \cdot \mathrm{d}\boldsymbol{r} = \oint \hbar\boldsymbol{k} \cdot \mathrm{d}\boldsymbol{r} - \oint e\boldsymbol{A} \cdot \mathrm{d}\boldsymbol{r} \tag{4.10.27}$$

因为

$$\hbar\dot{\boldsymbol{k}} = -e\dot{\boldsymbol{r}} \times \boldsymbol{B} \tag{4.10.28}$$

对时间积分得到

$$\hbar\boldsymbol{k} = -e\boldsymbol{r} \times \boldsymbol{B} \tag{4.10.29}$$

这里略去了对最后结果没有贡献的常矢量。

因此式(4.10.27)中第一项回路积分

$$\oint \hbar\boldsymbol{k} \cdot \mathrm{d}\boldsymbol{r} = -e\oint(\boldsymbol{r}\times\boldsymbol{B}) \cdot \mathrm{d}\boldsymbol{r} = e\boldsymbol{B} \cdot \oint \boldsymbol{r} \times \mathrm{d}\boldsymbol{r} = 2e\Phi \tag{4.10.30}$$

其中 Φ 是坐标空间中的轨道所包围的磁通量,因为

$$\hat{\boldsymbol{B}} \cdot \oint \boldsymbol{r} \times \mathrm{d}\boldsymbol{r} = 2A(r_\perp) \tag{4.10.31}$$

其中 $\hat{\boldsymbol{B}}$ 是沿磁场方向的单位矢量,$A(r_\perp)$ 是坐标空间中轨道包围的面积在垂直于磁场方向的投影。

根据斯托克斯定理,式(4.10.27)中第二项回路积分是

$$-e\oint \boldsymbol{A} \cdot \mathrm{d}\boldsymbol{r} = -e\int(\nabla\times\boldsymbol{A}) \cdot \mathrm{d}\boldsymbol{\sigma} = -e\int \boldsymbol{B} \cdot \mathrm{d}\boldsymbol{\sigma} = -e\Phi \tag{4.10.32}$$

其中 $\mathrm{d}\boldsymbol{\sigma}$ 是坐标空间中的面积元。这样动量的回路积分

$$\oint \boldsymbol{p} \cdot \mathrm{d}\boldsymbol{r} = e\Phi = (n+\gamma)2\pi\hbar \tag{4.10.33}$$

因而穿过坐标空间轨道面的磁通量是量子化的:

$$\Phi_n = (n+\gamma)\left(\frac{2\pi\hbar}{e}\right) \tag{4.10.34}$$

在坐标空间轨道包围的面积在垂直磁场平面内的投影也是量子化的:

$$A(n, r_\perp) = \frac{2\pi\hbar}{eB}(n+\gamma) \tag{4.10.35}$$

因为波矢空间轨道面积 $A(k_z)$ 和坐标空间轨道面积 $A(r_\perp)$ 有如下关系：

$$A(n,k_z)=\left(\frac{eB}{\hbar}\right)^2 A(n,r_\perp) \tag{4.10.36}$$

则由式(4.10.35)得到

$$A(n,k_z)=\frac{2\pi eB}{\hbar}(n+\gamma) \tag{4.10.37}$$

即在 $\boldsymbol{k}$ 空间闭合轨道的面积是以 $\dfrac{2\pi eB}{\hbar}$ 为单位量子化的，这与自由电子的情况式(4.10.24)是一致的。

作为一个好的近似，取

$$\frac{\partial A(n,k_z)}{\partial E}=\frac{A(n+1,k_z)-A(n,k_z)}{E_{n+1}(k_z)-E_n(k_z)} \tag{4.10.38}$$

由式(4.10.12)可以得到

$$E_{n+1}(k_z)-E_n(k_z)=\hbar\omega_c$$

即相邻闭合轨道的能量差为普朗克常量与在该轨道上准经典运动回旋频率的乘积。

§4.11 布洛赫电子在相互垂直的恒定电场和磁场中的运动

一、霍尔效应和磁致电阻

为了简单起见，我们从自由电子气的漂移速度理论去讨论电子在恒定电场和磁场中的运动。在恒定电场 $\boldsymbol{E}$ 和磁场 $\boldsymbol{B}$ 中，方程(4.9.10)变为

$$m\left(\frac{\mathrm{d}}{\mathrm{d}t}+\frac{1}{\tau}\right)\boldsymbol{v}=-e(\boldsymbol{E}+\boldsymbol{v}\times\boldsymbol{B}) \tag{4.11.1}$$

设磁场 $\boldsymbol{B}$ 平行 z 轴方向，电场 $\boldsymbol{E}$ 在 x-y 平面内，有

$$m\left(\frac{\mathrm{d}}{\mathrm{d}t}+\frac{1}{\tau}\right)v_x=-e(E_x+Bv_y) \tag{4.11.2}$$

$$m\left(\frac{\mathrm{d}}{\mathrm{d}t}+\frac{1}{\tau}\right)v_y=-e(E_y-Bv_x) \tag{4.11.3}$$

$$m\left(\frac{\mathrm{d}}{\mathrm{d}t}+\frac{1}{\tau}\right)v_z=0 \tag{4.11.4}$$

在定态情况下，时间导数为零，于是

$$v_x=-\frac{e\tau}{m}E_x-\omega_c\tau v_y \tag{4.11.5}$$

$$v_y = -\frac{e\tau}{m}E_y + \omega_c \tau v_x \tag{4.11.6}$$

$$v_z = 0 \tag{4.11.7}$$

其中 $\omega_c \equiv \frac{eB}{m}$,就是前面提到的回旋频率。

由 $\boldsymbol{J} = -ne\boldsymbol{v}$,可以得到在 $x-y$ 平面内电流密度与电场的关系:

$$\begin{pmatrix} J_x \\ J_y \end{pmatrix} = \frac{\sigma_0}{1+(\omega_c\tau)^2}\begin{pmatrix} 1 & -\omega_c\tau \\ \omega_c\tau & 1 \end{pmatrix}\begin{pmatrix} E_x \\ E_y \end{pmatrix} \tag{4.11.8}$$

其中 $\sigma_0 = \frac{ne^2\tau}{m}$,就是没有磁场情况下的电导率。可见在同时存在磁场时,电导率是一个张量,也就是洛伦兹力产生与电场横向的电流。由式(4.11.8)可以得到

$$\begin{pmatrix} E_x \\ E_y \end{pmatrix} = \begin{pmatrix} \frac{1}{\sigma_0} & \frac{\omega_c\tau}{\sigma_0} \\ -\frac{\omega_c\tau}{\sigma_0} & \frac{1}{\sigma_0} \end{pmatrix}\begin{pmatrix} J_x \\ J_y \end{pmatrix} \tag{4.11.9}$$

其中电阻率张量是式(4.11.8)中电导率张量的逆张量。

考虑一个位于纵向电场 E_x 和横向磁场 B_z 中的条状样品,如图 4-11-1 所示。如果在 x 方向测定电流,电流不能从 y 方向流出去,$J_y=0$,则由式(4.11.9)得到

$$E_y = -\frac{\omega_c\tau}{\sigma_0}J_x = -\frac{B}{ne}J_x \tag{4.11.10}$$

它是一个与电流 J_x 横向的电场,称为霍尔场 $\boldsymbol{E}_{\rm H}$。

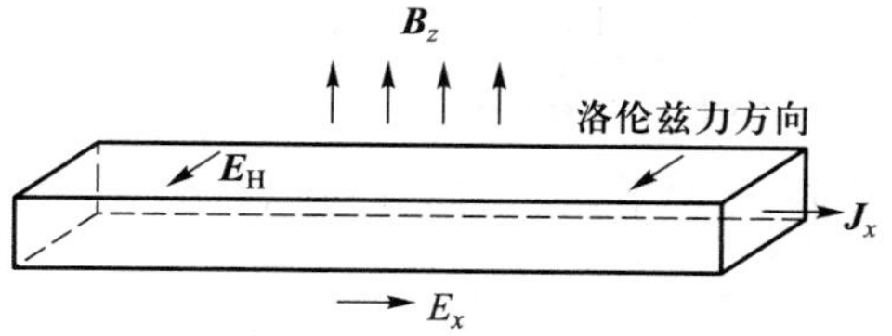

图 4-11-1 霍尔效应示意图

定义霍尔角 $\theta_{\rm H}$ 的正切函数为霍尔电场 $E_{\rm H}$ 与平行电流方向电场 $E_\parallel = E_x = \frac{1}{\sigma_0}J_x = \frac{m}{ne^2\tau}J_x$ 之比,则

$$\tan\theta_{\rm H} \equiv \frac{E_{\rm H}}{E_{/\!/}} = -\frac{e\tau}{m}B \tag{4.11.11}$$

定义霍尔系数 $R_{\rm H}$ 为垂直于电流方向的电场分量除以电流密度与磁场的乘积,由式(4.11.10)

得到

$$R_{\mathrm{H}}=\frac{E_y}{BJ_x}=-\frac{1}{ne} \tag{4.11.12}$$

磁致电阻是指由于外加磁场导致电阻率的改变。在现在的情况下,由式(4.11.9)得到

$$E_x=\frac{1}{\sigma_0}J_x=\rho_0 J_x \tag{4.11.13}$$

其中 ρ_0 是在没有磁场情况下样品的电阻率。磁场并不改变样品的电阻率,磁致电阻为零。然而,在实验上,所有金属在磁场下都表现出电阻率的增加。原因在于自由电子气的漂移速度理论忽略了能带结构,即假定了所有电子都具有相同的漂移速度、相同的质量和相同的弛豫时间。因此它们受到相同的洛伦兹力 $F_y=-\frac{B}{n}J_x$ 的作用。霍尔场正好平衡了磁场中洛伦兹力的作用,因为霍尔场作用于电子的力为 $F_{\mathrm{H}}=\frac{B}{n}J_x$,结果电子不受任何横向力的作用。

实际上,即使是简单金属,等能面都不是球形等能面,因此电子的速度、有效质量、弛豫时间都依赖于能带结构 $E(\boldsymbol{k})$。这样总的平均霍尔场不能平衡不同电子在磁场中的洛伦兹力。更复杂的金属或半导体,输运性质往往由几个未满能带决定,假定每个能带都是各向同性的,也存在若干种不同的载流子,将得到不为零的磁致电阻。下面是一个简单双能带模型的例子。

二、双能带模型下的霍尔效应和磁致电阻

现在,我们假定存在两种类型的载流子。每种载流子分别具有单一的有效质量 m_1 和 m_2 以及平均弛豫时间 τ_1 和 τ_2。这样,每种载流子分别满足下述运动方程:

$$m_1\left(\frac{\mathrm{d}}{\mathrm{d}t}+\frac{1}{\tau_1}\right)\boldsymbol{v}_1=-e(\boldsymbol{E}+\boldsymbol{v}_1\times\boldsymbol{B}) \tag{4.11.14}$$

$$m_2\left(\frac{\mathrm{d}}{\mathrm{d}t}+\frac{1}{\tau_2}\right)\boldsymbol{v}_2=-e(\boldsymbol{E}+\boldsymbol{v}_2\times\boldsymbol{B}) \tag{4.11.15}$$

假定磁场 $\boldsymbol{B}$ 平行 z 轴,电场 $\boldsymbol{E}$ 在 $x-y$ 平面内,同样可以得到每种载流子在 $x-y$ 平面内的电流分量:

$$\begin{pmatrix}J_{1x}\\J_{1y}\end{pmatrix}=\frac{\sigma_1}{1+(\omega_1\tau_1)^2}\begin{pmatrix}1 & -\omega_1\tau_1\\ \omega_1\tau_1 & 1\end{pmatrix}\begin{pmatrix}E_x\\E_y\end{pmatrix} \tag{4.11.16}$$

$$\begin{pmatrix}J_{2x}\\J_{2y}\end{pmatrix}=\frac{\sigma_2}{1+(\omega_2\tau_2)^2}\begin{pmatrix}1 & -\omega_2\tau_2\\ \omega_2\tau_2 & 1\end{pmatrix}\begin{pmatrix}E_x\\E_y\end{pmatrix} \tag{4.11.17}$$

式中,$\omega_i=\frac{eB}{m_i}$,$\sigma_i=\frac{n_i e^2\tau_i}{m_i}$,$i=1,2$,$n_1$ 和 n_2 分别为每种载流子的浓度。

在 $x-y$ 平面内总电流 $\boldsymbol{J}=\boldsymbol{J}_1+\boldsymbol{J}_2$,其分量可写为

$$\begin{pmatrix} J_x \\ J_y \end{pmatrix} = \begin{pmatrix} \dfrac{\sigma_1}{1+(\omega_1\tau_1)^2}+\dfrac{\sigma_2}{1+(\omega_2\tau_2)^2} & -\dfrac{\sigma_1\omega_1\tau_1}{1+(\omega_1\tau_1)^2}-\dfrac{\sigma_2\omega_2\tau_2}{1+(\omega_2\tau_2)^2} \\ \dfrac{\sigma_1\omega_1\tau_1}{1+(\omega_1\tau_1)^2}+\dfrac{\sigma_2\omega_2\tau_2}{1+(\omega_2\tau_2)^2} & \dfrac{\sigma_1}{1+(\omega_1\tau_1)^2}+\dfrac{\sigma_2}{1+(\omega_2\tau_2)^2} \end{pmatrix} \begin{pmatrix} E_x \\ E_y \end{pmatrix} \tag{4.11.18}$$

1. 低磁场和高磁场情况下的霍尔效应

在低磁场情况下，$\omega_1\tau_1 \ll 1$，$\omega_2\tau_2 \ll 1$，令 $J_y=0$，可以得到

$$J_x = (\sigma_1+\sigma_2)E_x - (\sigma_1\omega_1\tau_1+\sigma_2\omega_2\tau_2)E_y \tag{4.11.19}$$

$$J_y = (\sigma_1\omega_1\tau_1+\sigma_2\omega_2\tau_2)E_x + (\sigma_1+\sigma_2)E_y = 0 \tag{4.11.20}$$

由式(4.11.20)得到

$$E_x = -\frac{\sigma_1+\sigma_2}{\sigma_1\omega_1\tau_1+\sigma_2\omega_2\tau_2}E_y \tag{4.11.21}$$

代入式(4.11.19)中，可以得到霍尔系数：

$$R_{\mathrm{H}} = \frac{E_y}{BJ_x} = -\frac{\sigma_1\omega_1\tau_1+\sigma_2\omega_2\tau_2}{B(\sigma_1+\sigma_2)^2} = \frac{\sigma_1^2R_1+\sigma_2^2R_2}{(\sigma_1+\sigma_2)^2} \tag{4.11.22}$$

式中，$R_1=-\dfrac{1}{n_1e}$，$R_2=-\dfrac{1}{n_2e}$，R_1、R_2 为每种载流子单独存在的霍尔系数。

在高磁场情况下，$\omega_1\tau_1 \gg 1$，$\omega_2\tau_2 \gg 1$，由式(4.11.18)可以得到

$$J_x = \left[\frac{\sigma_1}{(\omega_1\tau_1)^2}+\frac{\sigma_2}{(\omega_2\tau_2)^2}\right]E_x - \left(\frac{\sigma_1}{\omega_1\tau_1}+\frac{\sigma_2}{\omega_2\tau_2}\right)E_y \tag{4.11.23}$$

$$J_y = \left(\frac{\sigma_1}{\omega_1\tau_1}+\frac{\sigma_2}{\omega_2\tau_2}\right)E_x + \left[\frac{\sigma_1}{(\omega_1\tau_1)^2}+\frac{\sigma_2}{(\omega_2\tau_2)^2}\right]E_y = 0 \tag{4.11.24}$$

由式(4.11.23)和式(4.11.24)，可以得到在高场极限下的霍尔系数：

$$R_{\mathrm{H}} = \frac{E_y}{BJ_x} = -\frac{1}{B\left(\dfrac{\sigma_1}{\omega_1\tau_1}+\dfrac{\sigma_2}{\omega_2\tau_2}\right)} = -\frac{1}{(n_1+n_2)e} = -\frac{1}{n_{\mathrm{eff}}e} \tag{4.11.25}$$

其中 $n_{\mathrm{eff}}=n_1+n_2$ 是载流子的总密度。可见在高场极限下霍尔效应的理论变得很简单，两种载流子的个性表现不出来。

2. 磁致电阻

由式(4.11.18)可以得到

$$J_x = \left[\frac{\sigma_1}{1+(\omega_1\tau_1)^2}+\frac{\sigma_2}{1+(\omega_2\tau_2)^2}\right]E_x - \left[\frac{\sigma_1\omega_1\tau_1}{1+(\omega_1\tau_1)^2}+\frac{\sigma_2\omega_2\tau_2}{1+(\omega_2\tau_2)^2}\right]E_y \tag{4.11.26}$$

$$J_y=\left[\frac{\sigma_1\omega_1\tau_1}{1+(\omega_1\tau_1)^2}+\frac{\sigma_2\omega_2\tau_2}{1+(\omega_2\tau_2)^2}\right]E_x+\left[\frac{\sigma_1}{1+(\omega_1\tau_1)^2}+\frac{\sigma_2}{1+(\omega_2\tau_2)^2}\right]E_y=0 \quad (4.11.27)$$

由此可以得到电阻率

$$\rho=\frac{E_x}{J_x}=\frac{\dfrac{\sigma_1}{1+(\omega_1\tau_1)^2}+\dfrac{\sigma_2}{1+(\omega_2\tau_2)^2}}{\left[\dfrac{\sigma_1}{1+(\omega_1\tau_1)^2}+\dfrac{\sigma_2}{1+(\omega_2\tau_2)^2}\right]^2+\left[\dfrac{\sigma_1\omega_1\tau_1}{1+(\omega_1\tau_1)^2}+\dfrac{\sigma_2\omega_2\tau_2}{1+(\omega_2\tau_2)^2}\right]^2}$$

$$=\frac{\dfrac{\sigma_1}{1+\mu_1^2B^2}+\dfrac{\sigma_2}{1+\mu_2^2B^2}}{\left(\dfrac{\sigma_1}{1+\mu_1^2B^2}+\dfrac{\sigma_2}{1+\mu_2^2B^2}\right)^2+\left(\dfrac{\sigma_1\mu_1B}{1+\mu_1^2B^2}+\dfrac{\sigma_2\mu_2B}{1+\mu_2^2B^2}\right)^2} \quad (4.11.28)$$

其中$\mu_1=\dfrac{e\tau_1}{m_1}$,$\mu_2=\dfrac{e\tau_2}{m_2}$为两类电子的迁移率。

与不存在磁场时的电阻率$\rho_0=\dfrac{1}{\sigma_1+\sigma_2}$进行比较,经过一定的代数运算,可以得到

$$\frac{\Delta\rho}{\rho_0}=\frac{\rho-\rho_0}{\rho_0}=\frac{\sigma_1\sigma_2(\mu_1-\mu_2)^2B^2}{(\sigma_1+\sigma_2)^2+(\mu_1\sigma_1+\mu_2\sigma_2)^2B^2} \quad (4.11.29)$$

在这个公式的推导中,我们简单地假定能带中的载流子可以分为两组,每一组载流子具有不同的有效质量,不同的弛豫时间,甚至不同的电荷(例如空穴的电荷可以是正的)。实际情况是载流子的状态应该有一定的分布,情况将要复杂得多。尽管如此,公式(4.11.29)仍然给出了磁致电阻现象的主要特征。

首先,由公式(4.11.29)可以看到,$\Delta\rho$总是取正值,它表明在外磁场下金属的电阻总是增大的。仅当$\mu_1=\mu_2$时,$\Delta\rho=0$。这种情况正好对应于单带模型的结果。

由公式(4.11.29)还可以看到,在低磁场情况下

$$\frac{\Delta\rho}{\rho_0}\approx\frac{\sigma_1\sigma_2(\mu_1-\mu_2)^2}{(\sigma_1+\sigma_2)^2}B^2 \quad (4.11.30)$$

磁致电阻正比于B^2。但是在高磁场极限下

$$\frac{\Delta\rho}{\rho_0}\approx\frac{\sigma_1\sigma_2(\mu_1-\mu_2)^2}{(\mu_1\sigma_1+\mu_2\sigma_2)^2} \quad (4.11.31)$$

磁致电阻趋于饱和值。

3. 开轨道和磁致电阻

上述讨论是建立在闭合轨道基础之上的。在外磁场中,所有载流子沿$\boldsymbol{k}$空间的闭合轨道运

动。实际的能带结构可能存在不闭合的开轨道。如果存在一些电子或空穴的开轨道,上述高场磁电阻的结果会产生戏剧性的改变。

在高磁场情况下,方程(4.11.18)可以改写为

$$\begin{pmatrix} J_x \\ J_y \end{pmatrix} = \begin{pmatrix} \sigma_{xx} & \dfrac{1}{R_{\mathrm{H}}B} \\ -\dfrac{1}{R_{\mathrm{H}}B} & \sigma_{yy} \end{pmatrix} \begin{pmatrix} E_x \\ E_y \end{pmatrix} \tag{4.11.32}$$

式中

$$\sigma_{xx} = \sigma_{yy} = \frac{\sigma_1}{(\omega_1\tau_1)^2} + \frac{\sigma_2}{(\omega_2\tau_2)^2} = \left(\frac{n_1 m_1}{\tau_1} + \frac{n_2 m_2}{\tau_2}\right) \Big/ B^2 = \frac{A}{B^2} \tag{4.11.33}$$

$$R_{\mathrm{H}} = -\frac{1}{(n_1 + n_2)e} = -\frac{1}{n_{\mathrm{eff}}e} \tag{4.11.34}$$

其中 A 为常数,R_{H} 为高场下的霍尔系数。由式(4.11.32)容易得到磁致电阻

$$\rho = \frac{E_x}{J_x} = \frac{1}{\sigma_{xx} + 1/(R_{\mathrm{H}}^2 B^2 \sigma_{yy})} \tag{4.11.35}$$

这个公式就是式(4.11.28)的一个简洁表达式。

如果所有的轨道都是闭轨道,在高场极限情况下,$\sigma_{xx} = \sigma_{yy} \to 0$,因此,磁致电阻

$$\rho \approx AR_{\mathrm{H}}^2 \tag{4.11.36}$$

它正是磁致电阻趋于饱和的结果。

但是对于开轨道,载流子不会由于磁场的存在被迫在电场方向作周期性运动。磁场不再有效地阻止载流子从驱动电场中获取能量。如果一个能带的开轨道在 $\boldsymbol{k}$ 空间沿 k_x 方向延伸,如图 4-11-2 所示,由于载流子在 $\boldsymbol{r}$ 空间垂直于磁场平面的投影轨道相对于 $\boldsymbol{k}$ 空间轨道旋转 $\dfrac{\pi}{2}$,因此在高场极限下,这样的开轨道中的载流子在 $\boldsymbol{r}$ 空间 y 方向对电流的贡献不为零,σ_{yy} 就不会随磁场的增大而趋于零,而是趋于一个常量,$\sigma_{yy} \to S$。

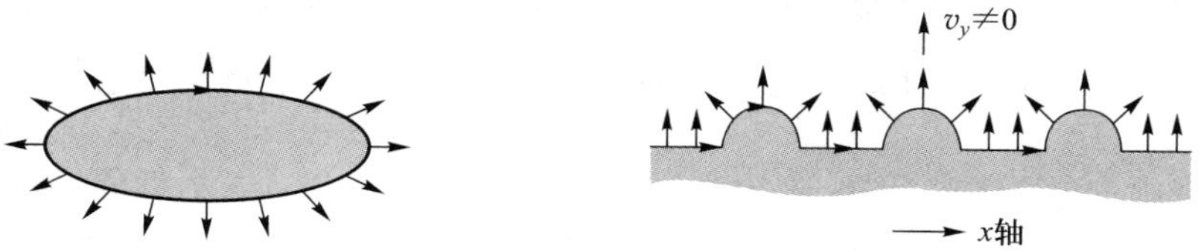

(a) 在一个闭合轨道上载流子的平均速度为零 (b) 在一个开轨道上,速度的某些分量不为零

图 4-11-2

因此,由式(4.11.35)得到

$$\rho=\frac{1}{\dfrac{A}{B^2}+\dfrac{1}{R_{\mathrm{H}}^2B^2S}}\rightarrow\frac{B^2}{A+\dfrac{1}{R_{\mathrm{H}}^2S}}\tag{4.11.37}$$

磁致电阻正比于 B^2 而无限增加。

整个磁致电阻效应始终与能带结构紧密相关,并受霍尔效应的支配。然而在低磁场情况下,开轨道与闭轨道的差别无关紧要。因为对于闭轨道,由于 $\omega\tau\ll1$,载流子在散射前至多不过走完一小段回路。这样,不管电子在散射前所走过的是一段开轨道,还是闭轨道,磁致电阻都是局部曲率、载流子速度等对整个等能面的一个平均。

这个效应对于实验上确定金属等能面的形状十分重要。倘若我们研究一个金属单晶在极高磁场情况下的横向磁致电阻,如果发现,在一些磁场方向磁致电阻是饱和的,而在其他一些方向磁致电阻随磁场的增加而无限增大,那么可以断定,饱和方向对应于等能面的截面为闭合轨道的方向,而磁致电阻随 B^2 增加的方向应该对应某些截面包含开口轨道的方向,等能面必定是多连通的。

§ 4.12 能带论的局限性

建立在严格周期势场中单电子近似基础之上的能带理论,获得了巨大的成功。例如,用能带是否填满来理解金属与非金属之间的差异,基本是正确的。同时能带论预言能隙的宽度依赖于原子间距,如果施加压力减小原子间距,当压力超过一定值时,随着能带的展宽,能隙将消失,这样原来是满带的非金属将转变为金属。这就是威尔逊(Wilson)相变。近年来超高压实验证实了像 Si、Xe 等非金属晶体在高压下可以转变为金属。但是能带理论也不是左右逢源的,特别是对于一些过渡金属氧化物,像 MnO 晶体中,每个元胞中有 5 个 3d 电子,并未填满 3d 能带,而氧的 2p 能带是满带。按照能带论它应该是金属,实际上却是绝缘体。这并不能归因于 d 带太窄,d 电子的局域性太强。因为同样是过渡金属氧化物,如 TiO、VO、ReO_3 却是很好的导体。

一、电子之间的关联效应

基于单电子近似的能带论,忽略了电子-声子之间的相互作用,也没有考虑电子之间的关联。而在窄能带中,电子之间存在着很强的关联。为了描述窄能带中电子的关联作用,通常采用适用于局域表示的万尼尔表象。哈伯德(J.Hubbard)采用下列哈密顿量:

$$H=-\sum_{\langle ll'\rangle\sigma}J(\boldsymbol{R}_{ll'})\,|l\sigma\rangle\langle l'\sigma|+U\sum_{l}|l\uparrow\rangle|l\downarrow\rangle\langle l\downarrow|\langle l\uparrow|\tag{4.12.1}$$

来处理窄能带中的电子关联问题,称为哈伯德模型。其中 $J(\boldsymbol{R}_{ll'})$ 表示近邻格点之间的电子跳迁能量。U 为经过屏蔽之后电子之间的短程库仑排斥能。哈伯德简单地将相互作用力程取为零,即仅当两个自旋相反的电子占据同一原子轨道时,相互作用能取为 U,否则为零。$|l\sigma\rangle$,$\langle l\sigma|$ 分别为 l 格点上具有自旋 σ 的电子产生和湮没投影算符。

哈伯德模型能量本征值的求解已超出本书的讲解范围,并且仅对一维特例才有严格解。尽管如此,我们仍可在物理上去理解这一模型的精髓。由式(4.12.1)可见,哈伯德哈密顿量包括两项：第一项是由于电子退局域（电子在相邻格点之间的跳跃）引起的动能降低；第二项是电子局域化（自旋相反的电子占据同一原子轨道）引起的库仑关联能的升高。两项的竞争决定了电子是巡游的还是定域的。

首先，如果取 $U=0$，则系统的本征态对应于能带理论中的布洛赫波。利用

$$|l\sigma\rangle = \frac{1}{\sqrt{N}}\sum_{k} e^{-ik\cdot R_l}|k\sigma\rangle,\quad \langle l\sigma| = \frac{1}{\sqrt{N}}\sum_{k} e^{ik\cdot R_l}\langle k\sigma| \tag{4.12.2}$$

可将式(4.12.1)中第一项的傅里叶变换写为

$$H_{U=0} = \sum_{k\sigma} E(\boldsymbol{k})\,|\boldsymbol{k}\sigma\rangle\langle\boldsymbol{k}\sigma| \tag{4.12.3}$$

$$E(\boldsymbol{k}) = -\sum_{s} J(\boldsymbol{R}_s)e^{-i\boldsymbol{k}\cdot\boldsymbol{R}_s} \tag{4.12.4}$$

式中 $E(\boldsymbol{k})$ 为波矢为 $\boldsymbol{k}$ 的布洛赫态的能量。在只考虑最近邻跃迁且各向同性情形时，式(4.12.4)可写为

$$E(\boldsymbol{k}) = -J_1\sum_{s} e^{-i\boldsymbol{k}\cdot\boldsymbol{R}_s} \tag{4.12.5}$$

式中 $\boldsymbol{R}_s$ 为最近邻格点之间的距离矢量。能带宽度 $W=2zJ_1=12J_1$，z 是配位数。可见，J_1 正比于紧束缚近似的能带宽度。

其次再考虑晶格常量趋于无穷的局域极限，这时 $J_1=0$ 的情形。如果用 N_1 和 N_2 分别代表晶格中单占据和双占据的晶位数，总的电子数为 $N=N_1+2N_2$。系统的能量可写为

$$E = UN_2 \tag{4.12.6}$$

如果 $U>0$，且平均每个格点有一个价电子的情况，基态时所有电子应当单占据，$N_1=N$，$N_2=0$，这时每个电子具有相同的位能量 0。在这种极限情况下，电子是严格局域化的。

对于一般的情形 $J_1\neq 0$，$U\neq 0$，由于相邻格点原子轨道波函数有交叠，系统能谱将形成以 0 和 U 为中心的两个子能带。能量低的能带称下哈伯德带，能量高的能带称上哈伯德带。J_1（或 W）和 U 是确定哈伯德模型性质的两个重要参数，决定着电子的动能与电子间库仑排斥能之间的竞争。图 4-12-1 给出哈伯德能带与 $\frac{W}{U}$ 的关系。可见，当 $E(\boldsymbol{k})$ 能带半满时，如果 $\frac{W}{U}<\frac{2}{\sqrt{3}}$，下哈伯德带被完全填满，上哈伯德带完全空着，系统表现为绝缘性。相反当 $\frac{W}{U}>\frac{2}{\sqrt{3}}$ 时，上、下哈伯德带重叠，系统具有金属性。因此 $\left(\frac{W}{U}\right)_c=\frac{2}{\sqrt{3}}$ 是金属-绝缘体（M-I）相变点。这个相变依赖于电子-电子之间的关联，通常称为莫特相变。

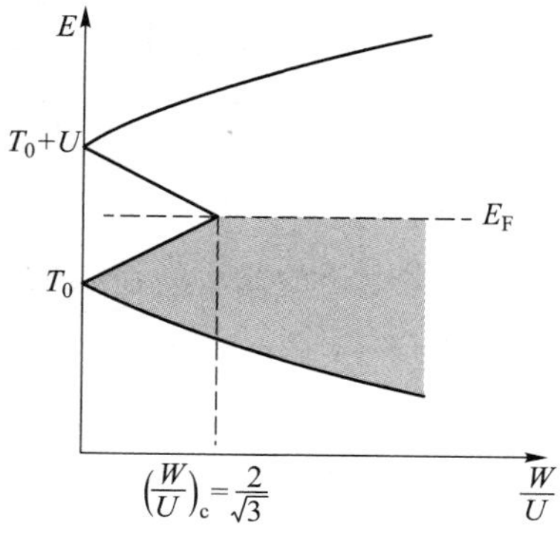

图 4-12-1　哈伯德模型半满能带中，电子从局域态到扩展态的相变

考虑到窄能带中电子-电子之间的关联，就能解释为什

么同样具有未满 d 带的过渡金属氧化物,有些是良导体,有些则是绝缘体。

二、无序系统中波的局域化

布洛赫定理告诉我们,严格周期势场中的单粒子态是扩展态。然而在晶格振动一章中,我们已经看到,如果一维完整晶链中包含了一个杂质原子,就会产生一个位于禁带中的局域声子模。在第六章半导体电子论中,我们将会看到,如果在纯净的半导体中,掺入少量的杂质原子,也会产生位于禁带之中的局域化电子态。看来,除了电子之间的强关联效应外,无序也是导致波的局域化的一个原因。

1958 年,安德森(P.W.Anderson)提出了由于无序导致电子局域化的概念。他首先研究了在无规势场中电子的运动,发现当无规势足够强时,电子波函数将发生局域化。安德森将紧束缚近似方法推广用于无序系统,提出下面简化的无序模型,

$$H = \sum_{l} \varepsilon_l \mid l\rangle\langle l \mid + \sum_{l,l'} J(R_{ll'}) \mid l\rangle\langle l' \mid \tag{4.12.7}$$

式中 $\mid l\rangle$ 与式(4.12.1)中符号相同,ε_l 是第 l 个格点电子的能量,$J(R_{ll'})$ 是 l 格点和 l' 格点的交叠积分。安德森考虑各向同性情况和最近邻跃迁,即 $J(R_{ll'}) = J_1$。同时假定各格点上电子的能量 ε_l 在能量宽度 Δ 内按概率

$$P(\varepsilon_l) = \begin{cases} \dfrac{1}{\Delta}, & \mid \varepsilon_l \mid \leqslant \dfrac{\Delta}{2} \\ 0, & \mid \varepsilon_l \mid > \dfrac{\Delta}{2} \end{cases} \tag{4.12.8}$$

随机分布。由于 ε_l 是随机变量,H 系统的平移对称性将被破坏。因此在安德森模型中,系统不具有长程序,只保留着短程序。

图 4-12-2 示意地画出了一维安德森无序势阱模型。在这个模型中格点的几何排布仍然是规则的,而每个格点的势场是随机变化的。

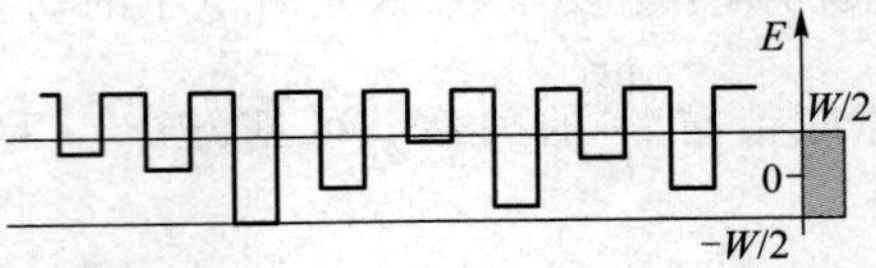

图 4-12-2 一维安德森无规势场模型

系统中电子的紧束缚波函数可以写为

$$\mid \psi\rangle = \sum_{l} a_l \mid l\rangle \tag{4.12.9}$$

代入薛定谔方程

$$H \mid \psi\rangle = E \mid \psi\rangle \tag{4.12.10}$$

可以得到概率幅 a_l 满足的矩阵方程:

$$Ea_l = \varepsilon_l a_l + J_1 \sum_{l'}^{z} a_{l'} \tag{4.12.11}$$

求和 l' 对格点近邻进行，z 为点阵的配位数。

在 $\Delta=0, J_1\neq 0$ 的极端情况下，所有格点具有相同的能量，即没有无序。这时电子态是扩展态，能带宽度为

$$W = 2zJ_1 \tag{4.12.12}$$

而在 $\Delta\neq 0, J_1=0$ 另一个极端，即格点之间电子波函数的交叠为零。这时能带宽度 $W=0$，格点电子波函数完全局域，而电子格点能 ε_l 按式(4.12.8)随机分布。

显然，可以用一个无量纲的无序参量

$$\delta = \Delta/W \tag{4.12.13}$$

去描述无序和有序之间的竞争。当 δ 足够大时，系统中全为局域态。可以期待，随着无序参量的减小，使之达到一个临界值 δ_c 时，开始出现扩展态。如果继续减小 δ，扩展态将不断增加，这时系统中扩展态与局域态共存。然而要求得无序参量的临界值 δ_c 并不是一件轻而易举的事。安德森采用基于微扰论的格林函数方法，得到了这个临界值，但它已远远超出了本书讲解的深度。

基于安德森无序模型，莫特(Mott)提出了迁移率边的设想。在扩展态与局域态共存的情况下，扩展态位于能带中心，局域态位于带边附近。存在一个划分局域态与扩展态的能量分界线，称为迁移率边。图 4-12-3 示意地画出了非晶半导体的电子能态密度曲线，E_{cm} 和 E_{vm} 分别为导带和价带的迁移率边，图中阴影区代表局域态的区域。

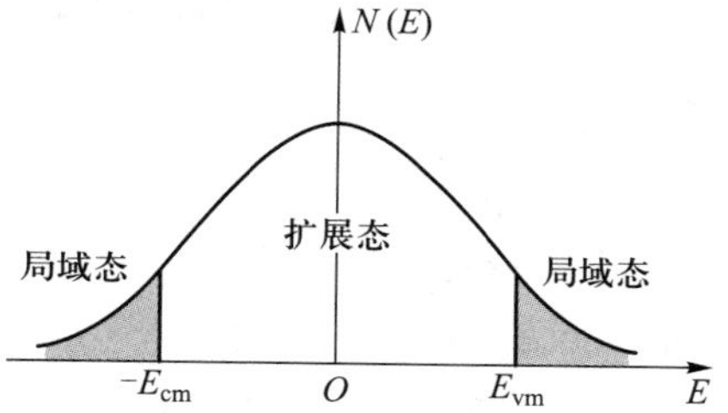

图 4-12-3 非晶半导体的能态密度曲线

E_{vm} 和 E_{cm} 分别为价带和导带的迁移率边

通过改变无序度，例如改变掺杂半导体的杂质浓度可以使费米能附近的电子态由扩展变为局域，从而导致 M-I 相变，通常称为安德森相变。

尽管安德森相变与莫特相变都涉及 M-I 相变，但两者的物理机制是迥然不同的。安德森相变是在单电子基础之上，由于无序效应而产生的。而莫特相变则是由于窄能带中电子-电子之间的强关联所产生的，它是一种多体效应，即使在完整晶格中也会产生。

第五章　金属电子论

本章授课视频

§5.1　费米分布函数和自由电子气比热容

一、费米分布函数

金属的物理性质主要取决于导带电子。在单电子近似下，导带电子可以看作一个近似独立的粒子系。系统中的电子具有一系列确定的本征态，这些本征态由能带理论确定。系统的宏观状态，可以用电子在这样的本征态上的分布来描述，其平衡统计分布函数就是费米(Fermi)分布函数：

$$f(E)=\frac{1}{\mathrm{e}^{(E-\mu)/k_{\mathrm{B}}T}+1} \tag{5.1.1}$$

它直接给出了一个能量为 E 的量子态被电子占据的概率。根据泡利原理，一个量子态只能容纳一个电子，所以费米分布函数实际上给出了一个量子态的平均粒子占据数。如果系统中有 N 个电子，则

$$\sum_{\boldsymbol{k}} f[E(\boldsymbol{k})]=N \tag{5.1.2}$$

即费米分布函数对所有量子态求和等于系统中的总电子数。根据能带论，导带中的能量状态是准连续分布的，可以把对状态的求和变为对能量的积分：

$$\int_0^{\infty} f(E)N(E)\,\mathrm{d}E=N \tag{5.1.3}$$

其中 $N(E)$ 是电子能态密度函数。

费米分布函数式(5.1.1)中，$\mu(T)$ 称为系统的化学势。它代表在压强和温度不变时，系统增加或减少一个电子时所增加或减少的吉布斯(Gibbs)自由能。系统的化学势取决于温度和电子的浓度，它可以由式(5.1.3)的积分确定。

二、基态($T=0$ K)下的分布函数 $f_0(E)$ 和自由电子气的费米能 E_{F}

当温度 $T=0$ K 时，分布函数

$$f_0(E)=H(E_{\mathrm{F}}-E)=\begin{cases}1, & E\leqslant E_{\mathrm{F}}\\ 0, & E>E_{\mathrm{F}}\end{cases} \tag{5.1.4}$$

其中 $H(E_{\mathrm{F}}-E)$ 称为亥维赛单元函数，$E_{\mathrm{F}}=\mu(0)$ 为系统的费米能。可见在基态下，$E\leqslant E_{\mathrm{F}}$ 的所有状态都被占据，而 $E>E_{\mathrm{F}}$ 的所有状态都是空的。E_{F} 就是价电子的最高能量，并且有

$$-\frac{\partial f_0}{\partial E}=-H'(E_F-E)=\delta(E_F-E) \tag{5.1.5}$$

分布函数对能量的微分是峰位在 E_F 的 δ 函数。

对于自由电子气，有

$$E(\boldsymbol{k})=\frac{\hbar^2}{2m}\boldsymbol{k}^2,\quad N(E)=\frac{V}{2\pi^2}\left(\frac{2m}{\hbar^2}\right)^{3/2}E^{1/2} \tag{5.1.6}$$

将其代入式(5.1.3)得到

$$N=\int_0^\infty f_0(E)N(E)\,\mathrm{d}E=\frac{V}{2\pi^2}\left(\frac{2m}{\hbar^2}\right)^{3/2}\int_0^{E_F}E^{1/2}\,\mathrm{d}E \tag{5.1.7}$$

完成上述积分，得到

$$E_F=\frac{\hbar^2}{2m}\left(\frac{3\pi^2N}{V}\right)^{2/3}=\frac{\hbar^2}{2m}(3\pi^2n)^{2/3} \tag{5.1.8}$$

其中 $n=\dfrac{N}{V}$ 为电子浓度。$T=0$ K 时费米能 E_F 仅仅依赖于电子浓度。

系统的基态能量为

$$U_0=\int_0^{E_F}EN(E)\,\mathrm{d}E=\frac{V}{5\pi^2}\left(\frac{2m}{\hbar^2}\right)^{3/2}E_F^{5/2}=\frac{3}{5}NE_F \tag{5.1.9}$$

利用式(5.1.8)和式(5.1.7)可得到每个电子的平均能量为

$$\overline{E}(\boldsymbol{k})=\frac{U_0}{N}=\frac{3}{5}E_F \tag{5.1.10}$$

电子的平均速度为

$$\bar{v}(\boldsymbol{k})=\left[\frac{2\overline{E}(\boldsymbol{k})}{m}\right]^{1/2} \tag{5.1.11}$$

因为 $T=0$ K，$F_0=U_0-TS=U_0$，根据热力学关系可求得电子气的零温压强：

$$p_0=-\left(\frac{\partial F_0}{\partial V}\right)_T=-\frac{\partial U_0}{\partial V}=\frac{2}{3}\frac{U_0}{V}=\frac{2}{5}nE_F \tag{5.1.12}$$

对一般的金属，如果取 $n\approx10^{22}\sim10^{23}\ \mathrm{cm^{-3}}$，$m\approx10^{-27}$ g 就得到 $E_F\approx1.5\sim7$ eV，$\bar{v}\approx10^8$ cm/s，$p_0\approx1.01\times10^{10}$ Pa。可见，即使在绝对零度，价电子的最高能量、零温能量和零温压强都大得令人惊讶。

三、激发态($T\neq0$ K)时，自由电子气的化学势 $\mu(T)$

因为基态费米能是一个很高的能量，定义 $T_F=E_F/k_B$ 为费米温度，它大约为 50 000 K。在室温 T 附近 $T/T_F\approx1\%$，分布函数与基态情况相比，差别极小，仅仅是 E_F 附近 k_BT 范围内的电子被激发到 E_F 以上的状态中，而 E_F 以下留下一些空态。$\mu(T)$ 与 E_F 的差别也极小。电子系统总是具有高的动能，但是它未必就是极“热”的，因为低于 $\mu(T)$ 的所有能级几乎都填满了，因此它也几乎不能把自己的任何能量传给一个较冷的物体。

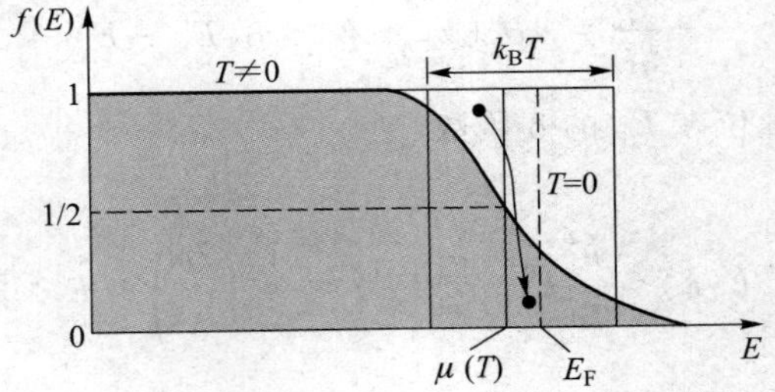

图 5-1-1　$T=0$ 和 $T\neq0$ 时的分布函数

因为 $\mu(T)/k_BT\gg1$,分布函数如图 5-1-1 所示,为

$$f(E)=\frac{1}{e^{(E-\mu)/k_BT}+1}\approx\begin{cases}1, & E-\mu\ll-k_BT\\ \dfrac{1}{2}, & E=\mu\\ 0, & E-\mu\gg k_BT\end{cases}\tag{5.1.13}$$

并且有

$$-\frac{\partial f(E)}{\partial E}=\frac{1}{k_BT}\frac{1}{[e^{(E-\mu)/k_BT}+1][e^{-(E-\mu)/k_BT}+1]}\approx\delta(E-\mu)\tag{5.1.14}$$

它近似是一个关于 μ 对称的 δ 函数。

分布函数的这些特点使得可以采用近似方法得到 $T\neq0$ K 时的化学势 μ。由

$$N=\int_0^\infty N(E)f(E)\,\mathrm{d}E\tag{5.1.15}$$

令 $Q(E)=\int_0^E N(E)\,\mathrm{d}E$,$Q'(E)=N(E)$,对式(5.1.15)作分部积分,有

$$N=Q(E)f(E)\Big|_0^\infty+\int_0^\infty Q(E)\left(-\frac{\partial f}{\partial E}\right)\mathrm{d}E\tag{5.1.16}$$

因为 $f(\infty)=0$,$Q(0)=0$,上式右边第一项为零,而第二项中 $-\dfrac{\partial f}{\partial E}\approx\delta(E-\mu)$,峰值在 μ 处,可将 $Q(E)$ 在 μ 处作泰勒展开,精确到二次项,得到

$$N=Q(\mu)\int_0^\infty\left(-\frac{\partial f}{\partial E}\right)\mathrm{d}E+Q'(\mu)\int_0^\infty(E-\mu)\left(-\frac{\partial f}{\partial E}\right)\mathrm{d}E+\frac{1}{2}Q''(\mu)\int_0^\infty(E-\mu)^2\left(-\frac{\partial f}{\partial E}\right)\mathrm{d}E\tag{5.1.17}$$

上式右边第一项积分

$$\int_0^\infty\left(-\frac{\partial f}{\partial E}\right)\mathrm{d}E=1$$

第二项由于被积函数为 $(E-\mu)$ 的奇函数,有

$$\int_0^\infty(E-\mu)\left(-\frac{\partial f}{\partial E}\right)\mathrm{d}E=0$$

第三项中，令 $\xi=\dfrac{E-\mu}{k_B T}$，有

$$\int_0^{\infty}(E-\mu)^2\left(-\frac{\partial f}{\partial E}\right)\mathrm{d}E=(k_B T)^2\int_{-\infty}^{\infty}\frac{\xi^2\mathrm{d}\xi}{(\mathrm{e}^{\xi}+1)(\mathrm{e}^{-\xi}+1)}=\frac{\pi^2}{3}(k_B T)^2 \tag{5.1.18}$$

由此式(5.1.17)变为

$$N=Q(\mu)+\frac{\pi^2}{6}Q''(\mu)(k_B T)^2$$

由于 μ 非常接近 E_F，在 E_F 处将 $Q(\mu)$ 作泰勒展开，并精确到 $(k_B T)^2$，有

$$N=Q(E_F)+(\mu-E_F)\ Q'(E_F)+\frac{\pi^2}{6}Q''(E_F)(k_B T)^2 \tag{5.1.19}$$

注意到 $Q(E_F)=\int_0^{E_F}N(E)\mathrm{d}E=N$，由式(5.1.19)可得到

$$\mu(T)=E_F-\frac{\pi^2}{6}\frac{Q''(E_F)}{Q'(E_F)}(k_B T)^2=E_F-\frac{\pi^2}{6}\frac{N'(E_F)}{N(E_F)}(k_B T)^2 \tag{5.1.20}$$

因为 $N(E)\propto E^{1/2}$，由式(5.1.20)有

$$\mu(T)=E_F\left[1-\frac{\pi^2}{12}\left(\frac{k_B T}{E_F}\right)^2\right] \tag{5.1.21}$$

可以看到，随着温度的升高，费米能略有下降。假设 $E_F=5$ eV，在 0 K 到 300 K 之间 $\mu(T)$ 的相对下降约为 3×10^{-5}。

电子气与经典理想气体统计性质的差异，称为简并性。泡利原理使电子气具有极大的零温能和零温压强，是简并的特点。电子气简并的概念与量子力学中的简并概念毫无关系，后者通常指几个状态具有相同的能量。下面的条件是简并的判据：

$$\mu(T)\approx E_F\gg k_B T \tag{5.1.22}$$

因此只要温度 T 比费米温度 T_F 低得多，$T\ll T_F$，电子气就是简并的。判据式(5.1.22)和式(5.1.8)定义了临界的电子浓度 $n_{临}$，当

$$n\gg n_{临}=\frac{1}{3\pi^2}\left(\frac{2mk_B T}{\hbar^2}\right)^{3/2} \tag{5.1.23}$$

则电子气就是简并的。据此可知，电子浓度越大，温度越低，简并性越强。在 $T=0$ K时，自由电子气是完全简并的，在室温下，金属电子气也是高度简并的。

四、自由电子气的比热容

在温度 T 时，电子气的总能量为

$$U(T)=\int_0^{\infty}EN(E)f(E)\mathrm{d}E \tag{5.1.24}$$

利用和上面完全相同的近似方法计算积分。引入

$$R(E)=\int_0^{E}EN(E)\mathrm{d}E,\quad R'(E)=EN(E) \tag{5.1.25}$$

容易得到与式(5.1.19)类似的结果。

$$U(T)=R(E_{\mathrm{F}})+(\mu-E_{\mathrm{F}})R'(E_{\mathrm{F}})+\frac{\pi^2}{6}R''(E_{\mathrm{F}})(k_{\mathrm{B}}T)^2 \tag{5.1.26}$$

注意 $R(E_{\mathrm{F}})=U_0$ 是基态能量,$\mu-E_{\mathrm{F}}=-\frac{\pi^2}{12E_{\mathrm{F}}}(k_{\mathrm{B}}T)^2$,$R'(E_{\mathrm{F}})=E_{\mathrm{F}}N(E_{\mathrm{F}})$,$R''(E_{\mathrm{F}})=N(E_{\mathrm{F}})+E_{\mathrm{F}}N'(E_{\mathrm{F}})$,以及 $N(E)\propto E^{1/2}$,容易得到

$$U(T)=U_0+\frac{\pi^2}{6}N(E_{\mathrm{F}})(k_{\mathrm{B}}T)^2 \tag{5.1.27}$$

式中第二项为电子气的热激发能量。实际上在温度 T 时,只有 E_{F} 附近 $k_{\mathrm{B}}T$ 范围内的电子被热激发,热激发的电子数约为 $N(E_{\mathrm{F}})\,k_{\mathrm{B}}T$,每个电子的平均热激发能约为 $k_{\mathrm{B}}T$,因此可以估计总的热激发能大约为 $N(E_{\mathrm{F}})(k_{\mathrm{B}}T)^2$,估计值和计算值只差$\frac{\pi^2}{6}$因子。

从式(5.1.27)可以得到自由电子气的比热容

$$C_V=\left(\frac{\partial U}{\partial T}\right)_V=\frac{\pi^2}{3}N(E_{\mathrm{F}})k_{\mathrm{B}}^2T \tag{5.1.28}$$

利用 $E_{\mathrm{F}}=\frac{\hbar^2}{2m}\left(\frac{3\pi^2N}{V}\right)^{2/3}$,容易得到

$$N(E_{\mathrm{F}})=\frac{V}{2\pi^2}\left(\frac{2m}{\hbar^2}\right)^{3/2}E_{\mathrm{F}}^{1/2}=\frac{3}{2}\frac{N}{E_{\mathrm{F}}} \tag{5.1.29}$$

因此

$$C_V=\frac{\pi^2}{2}Nk_{\mathrm{B}}\left(\frac{k_{\mathrm{B}}T}{E_{\mathrm{F}}}\right)=\frac{\pi^2}{2}Nk_{\mathrm{B}}\frac{T}{T_{\mathrm{F}}} \tag{5.1.30}$$

与经典气体不同,电子气的比热容与温度成正比。在室温附近,它只是经典比热容的$T/T_{\mathrm{F}}\approx 1\ \%$,电子对比热容的贡献微乎其微。这是由于受泡利原理的限制,大多数低于费米能的电子不参与热激发,只有费米能附近的电子才对比热容有贡献。量子理论成功地解答了电子比热容之谜。

金属的总比热容应该包括晶格比热容和电子比热容两部分,即

$$C_V^{总}=C_V^{电子}+C_V^{晶格} \tag{5.1.31}$$

如果用自由电子模型处理电子比热容,用德拜模型处理晶格比热容,可以得到如图 5-1-2 所示的晶格比热容与电子比热容与温度的关系。可以看到,温度高于德拜温度时,晶格比热容起主导作用。只有在很低温度下,电子对金属的比热容才有显著贡献。当 $T\to 0$ K 时,电子比热容按 T 的线性函数趋于零,但晶格比热容按 T^3 下降,

$$C_V^{低}=\gamma T+bT^3 \tag{5.1.32}$$

其中比热容系数

$$\gamma=\frac{\pi^2}{2}\frac{Nk_{\mathrm{B}}}{T_{\mathrm{F}}},\quad b=\frac{12}{5}\pi^4\frac{Nk_{\mathrm{B}}}{\theta_{\mathrm{D}}^3} \tag{5.1.33}$$

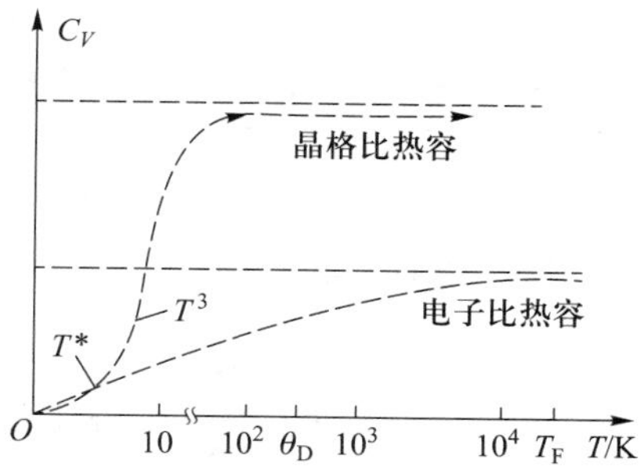

图 5-1-2　晶格比热容、电子比热容与温度的关系
注意温度标尺由线性改为对数标度之处

若令 $\gamma T=bT^3$，将得到一个温度：

$$T^*=\left(\frac{5}{24\pi^2}\frac{\theta_D^3}{T_F}\right)^{1/2} \tag{5.1.34}$$

以金属铜为例，若取 $\theta_D=310$ K，$T_F=3\times10^4$ K，得到 $T^*\approx4.6$ K，低于此温度电子比热容占优势。

如果测量金属的低温比热容，并以 C_V/T 对 T^2 作曲线，我们将得到一条直线，如图 5-1-3 所示。则由直线的斜率可以得到晶格比热容系数 b，从而可得到德拜温度。而由直线在 C_V/T 轴上的截距可得到电子比热容系数 γ，从而得到 T_F。实验得到的 γ 值列于表 5-1-1 中。可以看到对于很多金属（除过渡金属外），由自由电子模型得到的 γ_{free} 与实验值 γ_{exp} 符合得相当好，“一个给出了这样一些结果的理论，肯定包含很多真理”（H.A.Lorentz）。$\gamma_{free}\neq\gamma_{exp}$ 的偏差是由于自由电子气模型是一个过于简单的模型。实际上考虑到周期性势场的影响，电子的比热容系数 γ 与能态密度 $N(E_F)$ 的比例关系仍可一般地推导出来。不同金属的 $N(E_F)$ 不是一个定值。特别是对于过渡金属，从能带论来看，除了未满的 s 带外，还存在未满的 d 带，d 带是内层电子的窄能带，加之 5 个 d 轨道形成的能带严重地交叠，有特别大的态密度，同时 d 带与 s 带也有很大的重叠，费米能位于 d 带中，如图 5-1-4 所示，因此，过渡金属 $N(E_F)$ 很大，具有很高的电子比热容。

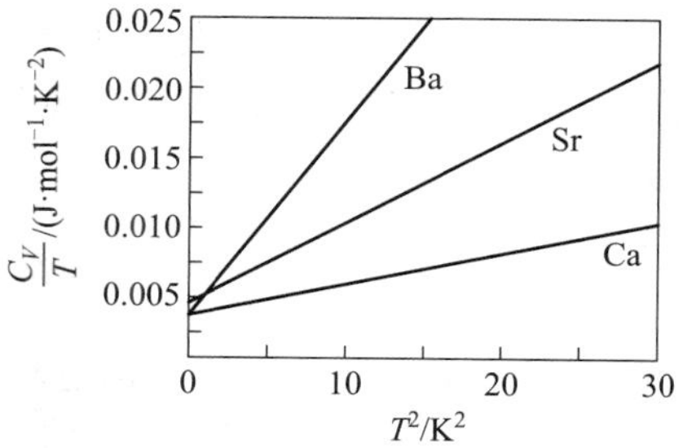

图 5-1-3　碱土金属的低温总比热容

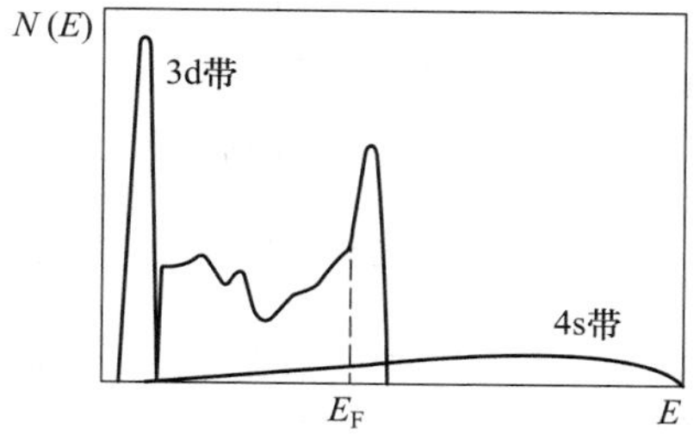

图 5-1-4　过渡金属的能带

20 世纪 70 年代以来，人们发现诸如 CeAl、$CeCu_2Si_2$、UBe_{13}、UPt_3 等金属合金其电子比热容系数 γ 具有非常高的数值，$\gamma>400$ mJ/(mol · K^2)。对于 CeAl 达到 1 620 mJ/(mol · K^2)[对于金属 Cu，γ 仅为约 1 mJ/(mol · K^2)]。所有这些材料都包含未满的 f 窄带，费米能处于这些带中，$N(E_F)$ 相当高，因此 γ 值特别大。$N(E_F)$ 大意味着电子有很大的有效质量 m^*，它大约是自由电

子质量的 1 000 倍,称为重费米子。

表 5-1-1 一些金属元素电子比热容系数的实验值 γ_{exp},及其与自由电子气的理论值 γ_{free}的比较

元素	$\gamma_{exp}/(mJ\cdot mol^{-1}\cdot K^{-2})$	$\gamma_{exp}/\gamma_{free}$	元素	$\gamma_{exp}/(mJ\cdot mol^{-1}\cdot K^{-2})$	$\gamma_{exp}/\gamma_{free}$
Li	1.6	2.2	Bi	0.08	0.045
Na	1.4	1.3	Sb	0.11	0.067
K	2.1	1.3	Ti	3.4	6.1
Cu	0.70	1.4	V	9.3	16
Ag	0.65	1.0	Cr	1.4	1.8
Au	0.73	1.1	Mn(γ 相)	9.2	15
Mg	1.3	1.3	Fe	5.0	8.0
Al	1.4	1.5	Co	4.7	7.1
Pb	3.0	2.0	Ni	7.0	11

注:1. γ_{exp}取自:C.Kittel,《固体物理导论》,科学出版社,1979,表 6.2。

2. 过渡族金属 γ_{free}的计算,除 Cr 的 Z 取 1 外,其他 $Z=2$。

§5.2 金属的费米面

费米面是与金属中传导电子动力学性质有关的一个数学结构。它被定义为在 $\boldsymbol{k}$ 空间能量为常值 E_F 的曲面。在绝对零度下,费米面就是电子占据态与未占据态的分界面。在上面一章中,我们已经看到布洛赫电子的动力学性质强烈地依赖于等能面的形状。由于金属中传导电子是高度简并的,使得在弱外场下只有费米能 E_F 附近能态占据状况发生变化,因此费米面的概念给金属的主要物理性质提供了精确的解释。

绝缘体和非简并半导体的化学势正好处于禁带之内。严格地讲,禁带里没有电子的允许态,因此费米面的概念就失去了意义。处理绝缘体和非简并半导体时,通常不用费米面而用导带底附近或价带顶附近的等能面。因此,"尽管很少有人把金属定义为'具有费米面的固体',但这仍然可能是今日能给金属下的最有意义的定义"(A. R. Mackintosh)。

一、金属费米面的构造 哈里森构图法

在自由电子气模型中,不考虑点阵周期势的作用,费米面是 $\boldsymbol{k}$ 空间的球面。在绝对零度时,球的半径是

$$k_F=\left(\frac{2mE_F}{\hbar^2}\right)^{1/2}=(3\pi^2 n)^{1/3} \tag{5.2.1}$$

k_F 通常称为费米波矢,它仅仅依赖于电子的浓度。

对于实际的金属,由于点阵周期势的影响,费米面的形状可能变得很复杂。赝势方法证明,对于许多金属,近自由电子近似方法是一个好的近似,电子的行为十分接近自由电子。是否可以

从自由电子的费米面过渡到近自由电子的费米面呢？哈里森(W. A. Harrison)提出的构图法使我们可以不通过理论计算，十分有效地去构造许多简单金属费米面的素描，只要注意下列事实：

(1) 电子与点阵的相互作用在布里渊区边界处产生能隙，形成能带结构。能带 $E(\boldsymbol{k})$ 是倒点阵的周期函数。

(2) 点阵周期势几乎总使等能面垂直于布里渊区边界，并使等能面上的尖锐角圆滑化。

(3) 费米面所包围的总体积仅仅依赖于电子的浓度，而不依赖于周期势的细节。

现在以二维正方点阵为例说明如何用哈里森构图法从自由电子的费米面得到近自由电子的费米面。首先画出正方点阵的布里渊区，再以第一布区中心为圆心，以 $k_F=(3\pi^2 n)^{1/3}$ 画一个圆，k_F 仅取决于实际的电子浓度。图 5-2-1(a)是以任意电子浓度画出的自由电子费米面。在这种情况下，第一布里渊区被电子填满，没有费米面。自由电子的费米面将分布在第二、第三、第四个布里渊区中。属于同一布里渊区中的费米面是彼此分离的。这就是自由电子费米面的扩展能区图示。应用约化能区图式，这种分离能够弥合，如图 5-2-1(b)所示。可以看到在约化能区图式中，属于第二布里渊区中的费米面现在变为闭合的，但第三布里渊区和第四布里渊区中的费米面各部分仍是非闭合的。但是在周期能区图式中，第三和第四布里渊区中的费米面都是闭合的，如图 5-2-1(c)所示。

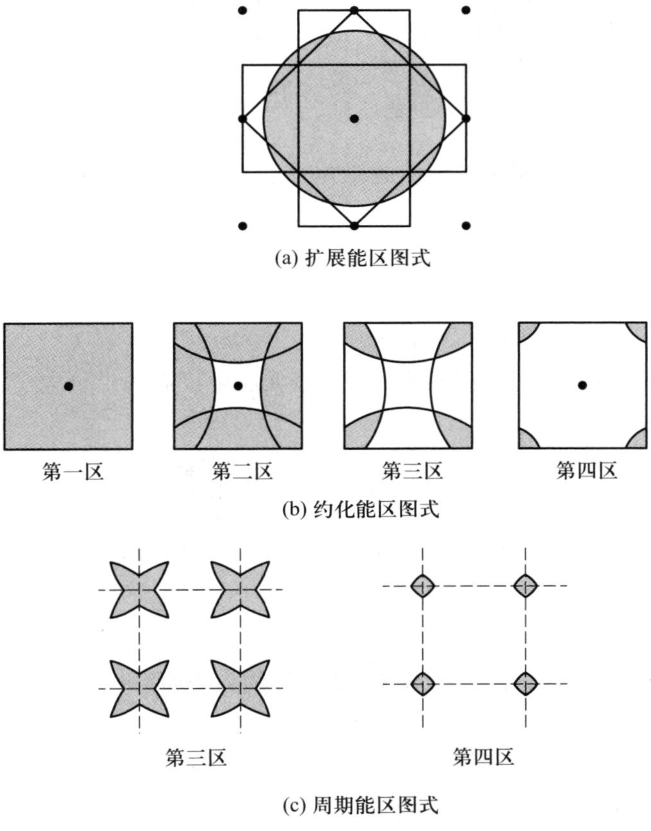

图 5-2-1　自由电子费米面的能区图式

哈里森给出一种更直截了当的构图程序来构作自由电子的费米面。首先定出诸倒点阵,然后以每一个倒结点为圆心,以相应的电子浓度所确定的费米波矢 k_F 为半径作圆。在 $\boldsymbol{k}$ 空间处于至少一个球内的任一点对应于第一布里渊区内的一个被占据态。同时处于至少两个球内的一些点对应于第二布里渊区内被占据的状态。对于在三个或更多球内的点依此类推,如图 5-2-2 所示。

以上根据自由电子气作出的结构,由于没有能隙,实际上并无什么意义。真实金属的电子,由于周期势的作用,布里渊区界面存在能隙,将使费米面畸变。注意到费米面垂直于布里渊区界面,并使尖角圆滑化,很容易由自由电子的费米面得到近自由电子的费米面,如图 5-2-3 所示。图中阴影区域的状态被电子占据,其能量较无阴影区域低。$\nabla_k E(\boldsymbol{k})$ 表示能量增加的方向。因此,第三和第四布里渊区中的费米面是类电子的,而第二区中的费米面是类空穴的。

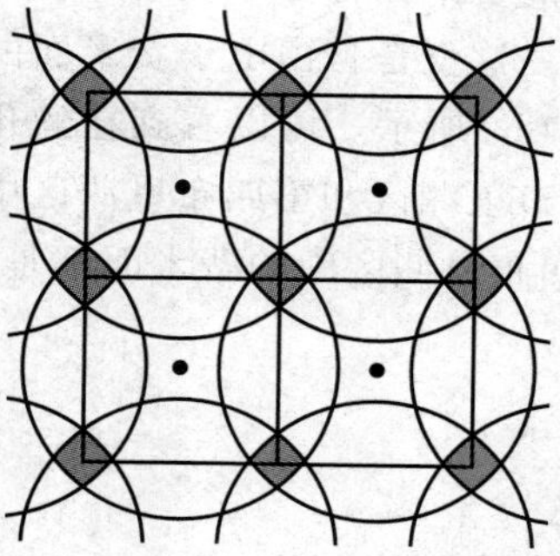

图 5-2-2 自由电子费米面的哈里森构图法

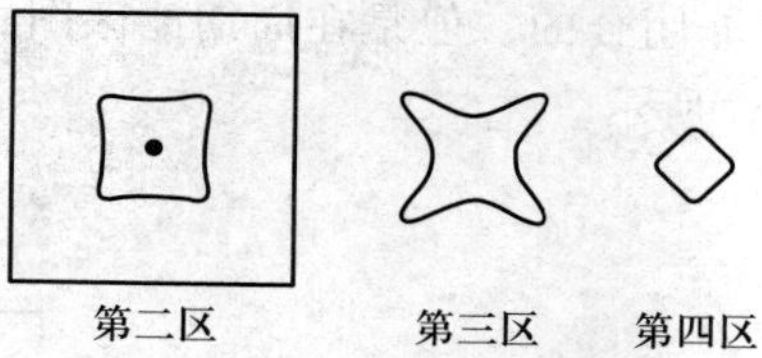

图 5-2-3 近自由电子的费米面

费米面的形状通常在简约能区图示中表示出来,而费米面的连通性却在周期能区图示中表现得最清楚。

二、实际金属的费米面

1. 碱金属

碱金属是简单的金属,它们具有 bcc 结构,每个元胞中仅有一个价电子。假设晶格常量为 a,则电子的浓度 $n=2/a^3$,费米波数

$$k_F=(3\pi^2 n)^{1/3}=0.620\left(\frac{2\pi}{a}\right)$$

体心立方晶格的布里渊区为正 12 面体,它的内切球半径,即区域中心至区界面的最短距离,为 $0.707\left(\frac{2\pi}{a}\right)$,因此费米面全部包含在第一布里渊区内,点阵相互作用较弱。这样碱金属的费米面都是稍稍形变的球;Na 的费米面接近球形,Cs 的变形约为 10%。

2. 碱土金属

碱土金属(例如 Ca、Sr)只有 fcc 结构。每个元胞中有两个价电子,自由电子费米球将延伸到第一布里渊区之外,因此费米面由第一带里的空穴球面和第二带里的电子球面构成。

3. 三价金属

三价金属如 Al,具有 fcc 结构,每个初基元胞中含有三个价电子,自由电子的费米球将延伸

至第一布里渊区以外。由于点阵周期势的作用,第三、第四布里渊区的费米面将变得支离破碎,如图 5-2-4 所示。

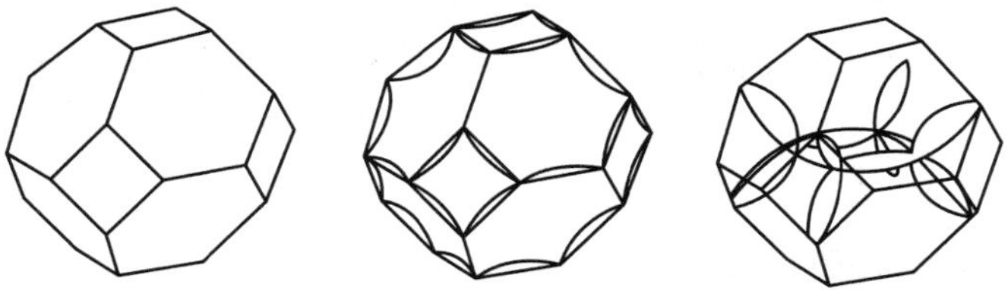

第一区　第二区　第三区

图 5-2-4　铝的费米面的简约能区图

4. 贵金属

贵金属 Cu 具有 fcc 结构,每个初基元胞中仅一个 4 s 电子,$k_F=0.782\left(\frac{2\pi}{a}\right)$。布里渊区为 14 面体,内切球半径(布里渊区中心到六角形区界的距离)为$\frac{\sqrt{3}}{2}\left(\frac{2\pi}{a}\right)$。乍看起来,费米面应该是一个稍为畸变的球。但实验证明,Cu 的费米面畸变得很厉害。球体沿[111]方向被拉成一个圆柱的凸起,它在很大的面积上与布里渊区的六边形面接触,如图 5-2-5 所示。这是点阵周期势强烈作用的结果。在周期能区图式中,它构成一个复连通的费米面。

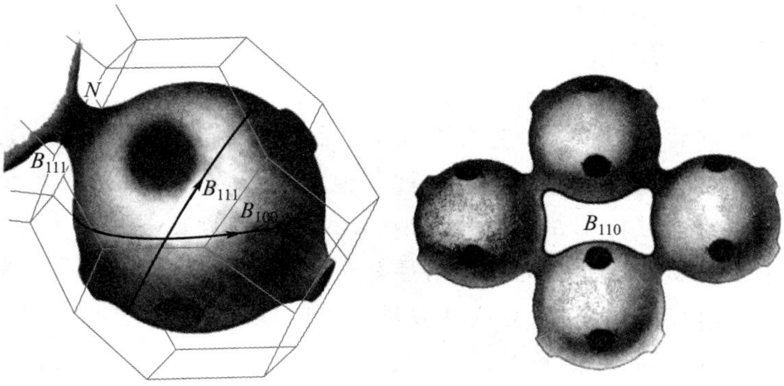

图 5-2-5　铜的费米面

§5.3　费米面的实验测定

迄今已经发展了若干强有力的测定金属费米面的实验方法。这些方法是回旋共振、德哈斯-范阿尔芬(de Haas-van Alphen)效应、磁致电阻、磁声效应等。我们不准备讨论所有方法的细节,而仅仅选择回旋共振和德哈斯-范阿尔芬效应,因为这是两种最典型的实验,它们都显示在均匀磁场中金属性质具有“1/B”的特征周期性。

一、回旋共振

在§4.11节中,我们已经阐明:在磁场 $\boldsymbol{B}$ 内,费米面上由一个电子的 $\boldsymbol{k}$ 矢量所描绘的轨道,就是费米面与一个垂直于 $\boldsymbol{B}$ 的平面的交线。对于一个闭合的轨道,具有确定的回旋频率:

$$\omega_c = \frac{eB}{m_c^*} \tag{5.3.1}$$

这个精辟的定理乃是所有研究费米面方法的核心。

回旋共振实验,是在施加磁场的同时,施加一个微波场,通过与微波场的共振来观察回旋频率。实际上的程序是保持微波振动频率恒定,而扫描静磁场 $\boldsymbol{B}$ 的大小。当微波场的频率与回旋频率相等,达到共振时,电子将从微波场中迅速吸收能量,从一个朗道能级跳到另一个高能量的朗道能级上。这样,测量磁场与微波吸收功率的关系曲线,就可以得到电子沿闭合轨道运动的回旋频率。

回旋共振实验是一种很精致的实验,它要求:① 样品很纯净,② 测量温度极低而磁场很强。因为要观察到明显的吸收峰(较小的吸收线宽和较大的吸收强度),必须满足 $\omega_c\tau \gg 1$。其物理意义是,在电子两次相邻的碰撞时间间隔内,电子将绕 $\boldsymbol{B}$ 旋转许多圈,形成相位相干的回旋轨道。例如,对于在室温下的普通金属,这种效应是观察不到的。因为在这种条件下,杂质或点阵振动的散射使得电子的弛豫时间大约是 10^{-14} s。要想在两次碰撞之间完成一次完整的回旋,就要施加一个巨大的磁场来把回旋频率纳入光学范围内。利用很纯的样品,而且把温度降得很低,就可能在一个可以达到的磁场下使 $\omega_c\tau>1$。Cu 的回旋共振的最初几个成功的观察,实际上是凭借一个从英国地理博物馆借来的天然 Cu 单晶。这样,甚至在液氦温度(4 K)下,还需要几个特斯拉磁场。在此条件下,回旋共振的回旋频率在微波范围内。

即使这样,要用回旋共振实验去研究金属的费米面仍有困难。由于趋肤效应,微波场穿透金属的深度不足以使场与电子耦合,每个电子都被其他电子形成的稠密气体所屏蔽。但是这一困难是可以克服的。阿兹贝尔(M.Y.Azbel)和卡纳(E.A.Kaner)将磁场取向与金属表面平行,如图5-3-1这样,虽然电子作螺旋运动时大部分路径都在趋肤厚度 δ 以下,但是如果电子每次绕行一圈后到达表面时,恰与电场同相,它就会从微波场中吸收能量,在一些电子的回旋频率下达到共振。此外,共振也应出现在 ω_c 的谐频上,这时在电子返回表面之前,电场已作了二、三……次振荡。因此当固定微波频率 ω_{rf},而改变磁场时,就能得到一个漂亮的峰系,如图5-3-2所示。这些峰在变量 $1/B$ 之下,具有相等的间距,因为从共振条件

$$\omega_{rf} = n\omega_c = n\frac{eB}{m^*} \tag{5.3.2}$$

得到

$$\frac{1}{B} = n\frac{e}{m^*\omega_{rf}}, \quad n = 1,2,3,\cdots \tag{5.3.3}$$

在§4.11节中,我们还注意到,对于一般的复杂费米面,只有那些极值轨道的回旋频率是相对稳定的。因此往往可以把观察到的共振曲线振荡,归因于费米面上的极值轨道。例如,对于金属 Cu 的情形,倘若磁场沿[100]方向,我们只能观察到一个共振,因为只有一个极值截面;倘若

磁场在[111]方向，我们既能看到围绕费米面的“肚子”所画的大轨道，又能看到与区界相接触的“脖子”区域周线的小轨道；另外，当磁场沿[110]方向，却能观察到形状如宠物超市能买到的“狗骨头”状的空穴轨道。因此，不断地改变测量磁场的方向，就能大致给出费米面的信息，如图5-2-5所示。

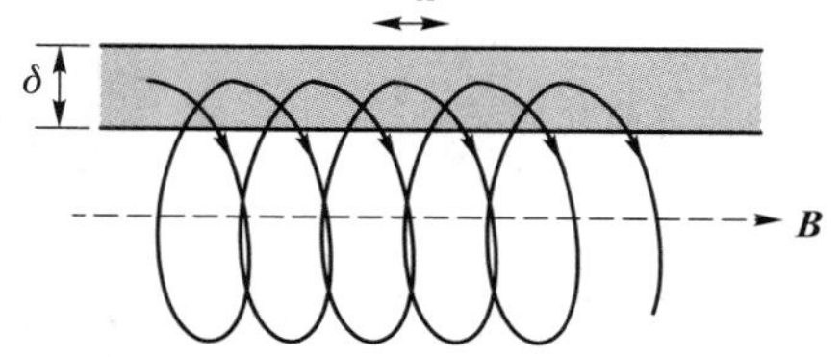

图 5-3-1　磁场平行于金属表面的回旋共振实验
δ 为趋肤深度

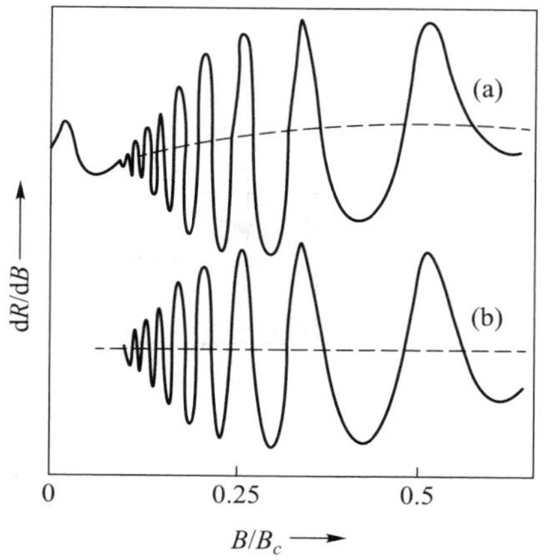

(a) 实验$\omega_{rf}=1.5\times10^{11}\ s^{-1}$; (b) 理论$\omega_{rf}\tau=10$

图 5-3-2　铜的阿兹贝尔-卡纳共振

$\frac{dR}{dB}$表示表面电阻对磁感应强度的导数，

$B_c=m^*\omega_c/e$ 是 $n=1$ 共振时的磁感应强度

二、德哈斯-范阿尔芬效应

回旋共振实验只能给出金属费米面的大致信息，而德哈斯-范阿尔芬效应却能直接给出垂直于磁场平面内费米面极值轨道的面积。

德哈斯-范阿尔芬效应是金属的磁化率随外加静磁场强度变化而发生的振荡。这一效应直接起源于在外磁场中电子轨道的量子化。为了简单起见，我们从二维自由电子模型出发，对德哈斯-范阿尔芬效应作一个初等的解释。

在二维情况下，磁场使电子在 $\boldsymbol{k}$ 空间的轨道量子化。原来准连续均匀分布的状态，将以 $\hbar\omega_c$ 为单位量子化，重新简并到一系列朗道环上。对于一个包含 N 个电子的边长为 L 的正方形样品，每一个朗道环对应的能量、简并度和环面积分别是

$$
\begin{aligned}
E_n &= \left(n+\frac{1}{2}\right)\hbar\omega_c \\
D &= \frac{e}{\pi\hbar}BL^2 \\
A_n &= \frac{2\pi eB}{\hbar}\left(n+\frac{1}{2}\right)
\end{aligned}
\tag{5.3.4}
$$

其中 $\omega_c=\dfrac{eB}{m^*}$, $n=0,1,2,\cdots$。

图 5-3-3 给出在绝对零度下,二维电子气在 $B=0$ 时电子填充到费米能 E_F 的情况和 $B\neq0$ 时能量的简并情形。

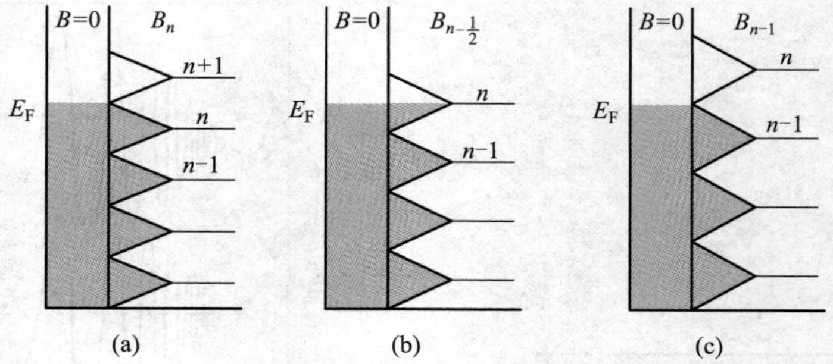

图 5-3-3　二维电子气在磁场中的能量简并情况
磁场垂直于二维平面

假定在磁场 B_n 下,零场时的费米能 E_F 恰好处于第 n 和第 $n+1$ 两个朗道能级之间,如图 5-3-3(a)所示。此时 n 及其以下的所有朗道能级都被电子充满,没有部分填充的能级。因此

$$D_n n=N,\quad D_n=\frac{e}{\pi\hbar}B_nL^2 \tag{5.3.5}$$

这说明简并度乘以被充满的能级数等于总粒子数 N。这时电子系统的总能量恰好与零场时一样,因为轨道量子化使能量增加和能量减小的电子数相等。

随着磁场的增加,朗道环将向外扩展,因为每个朗道环的面积正比于 B。费米能以下的朗道能级数目逐渐减少,而简并度增加。如果在磁场 $B_{n-\frac{1}{2}}$ 时,第 n 个朗道能级正好与费米能 E_F 相等,也就是第 n 个朗道环正好与费米圆重合,如图 5-3-3(b)所示,此时第 $n-1$ 及其以下的所有能级均被填满,而第 n 个能级正好半满。因此

$$D_{n-\frac{1}{2}}\left(n-\frac{1}{2}\right)=N,\quad D_{n-\frac{1}{2}}=\frac{e}{\pi\hbar}B_{n-\frac{1}{2}}L^2 \tag{5.3.6}$$

电子系统的总能量将达到极大。因为与零场情况相比,靠近费米能附近的电子能量增加。

如果磁场进一步增加达到 B_{n-1} 时,费米能正好处于第 n 和 $n-1$ 朗道能级中间,如图 5-3-3(c)所示,此时,$n-1$ 及其以下所有能级都被电子填满,而无部分填充的能级,系统的总能量又与零场时一样,达到极小,并有

$$D_{n-1}(n-1)=N,\quad D_{n-1}=\frac{e}{\pi\hbar}B_{n-1}L^2 \tag{5.3.7}$$

这样随着磁场的增加,朗道环将相继越过费米面,电子系统的总能量 U 也随之振荡。振荡的周期取决于两个相继轨道$(n,n-1)$的增量 ΔB,这两个轨道在 $\boldsymbol{k}$ 空间的面积正好与费米圆的面积 S_F 相同,即

$$A_n=\frac{2\pi eB_n}{\hbar}\left(n+\frac{1}{2}\right)=S_F,\quad A_{n-1}=\frac{2\pi eB_{n-1}}{\hbar}\left(n-\frac{1}{2}\right)=S_F \tag{5.3.8}$$

于是得到

$$S_F\left(\frac{1}{B_n}-\frac{1}{B_{n-1}}\right)=\frac{2\pi e}{\hbar} \tag{5.3.9}$$

由此可见振荡以 $1/B$ 的相等间隔为周期，而

$$\Delta\left(\frac{1}{B}\right)=\frac{2\pi e}{\hbar S_F} \tag{5.3.10}$$

在绝对零度下，系统的磁化强度 $M=-\frac{\partial F}{\partial B}=-\frac{\partial U}{\partial B}$将以$\frac{1}{B}$为变量振荡。因此，磁化率$\chi=\mu_0 M/B$也随磁场振荡。

在三维情况下，这种振荡取决于费米面上的极值轨道。图 5-3-4 表明低温下金属铋单晶的抗磁磁化率随磁场改变呈周期性的振荡。

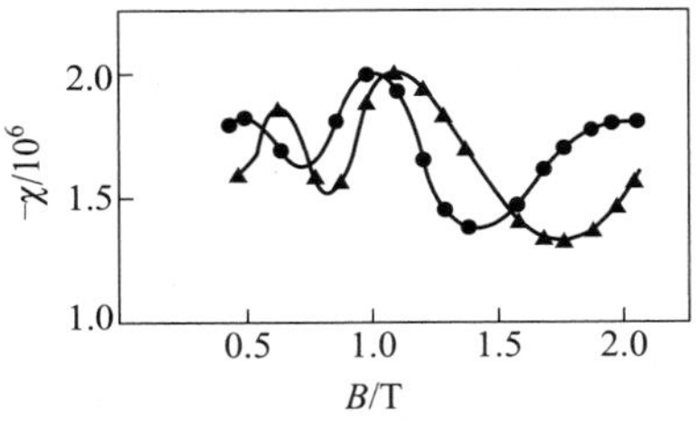

图 5-3-4　铋单晶的德哈斯-范阿尔芬效应

德哈斯-范阿尔芬效应是一种测绘金属费米面的极为有效而实用的技术。振荡的周期直接给出费米面在垂直于磁场平面内极值轨道的面积，通过晶体相对于磁场的不同方向进行测量，几乎能够准确地构造出费米面的图形。

检测德哈斯-范阿尔芬效应的一般条件为：① $\omega_c\tau\gg1$，碰撞不会破坏轨道的确定和量子化；② $\hbar\omega_c\gg k_B T$，每个朗道环从费米面脱离不会因热激发使费米面模糊不清而变得不确定。

回旋共振和德哈斯-范阿尔芬效应仅仅涉及闭合轨道，诸如 Cu 费米面的“肚子”轨道、“脖子”轨道和“狗骨头”轨道。对于一个复连通的费米面，还存在开轨道，开轨道的信息可由高磁场磁致电阻的测量来判断。

§5.4　输运现象

当系统中存在像温度、浓度、电势等强度量的不均匀性时，将导致像能量、粒子数、电荷数等广延量的流动，这就是输运现象。假定沿晶体的某个方向存在温度梯度∇T、浓度梯度∇n、电势梯度$\nabla\varphi=-\boldsymbol{E}$，则输运过程中的热流密度 $\boldsymbol{J}_u$、粒子流密度 $\boldsymbol{J}_n$、电流密度 $\boldsymbol{J}_e$ 与相应的梯度通过如下唯象关系相联系：

$$\boldsymbol{J}_u=-\kappa\nabla T \tag{5.4.1a}$$

$$\boldsymbol{J}_n=-D\nabla n \tag{5.4.1b}$$

$$\boldsymbol{J}_e=-\sigma\nabla\varphi=\sigma\boldsymbol{E} \tag{5.4.1c}$$

这就是所谓的热导、扩散和电导现象。其中 κ、D 和 σ 分别称为热导率、扩散系数和电导率。它们取决于晶体的内禀性质。输运理论的任务就是要从微观上揭示这些唯象系数与内禀性质的关系。

唯象方程(5.4.1)的形式意味着输运过程是一个扩散过程。能量、粒子和电荷不是简单地从

样品一端径直地到达另一端,必定同时受到频繁的碰撞,否则无论样品多么长,通量 $\boldsymbol{J}_u$、$\boldsymbol{J}_n$、$\boldsymbol{J}_e$ 将不依赖于温度、浓度和电势梯度,而仅仅依赖于样品两端的温度、浓度和电势差。

一、非平衡分布函数

本章只讨论电导问题。在§4.10 中,我们已经从自由电子模型下的漂移速度理论出发,讨论了电导问题。那是一个十分粗糙的理论,严格的理论应该考虑晶体的能带结构以及能带电子的分布函数。电导公式一般可以写为

$$\boldsymbol{J}_e = -\frac{2e}{(2\pi)^3}\int \boldsymbol{v}(\boldsymbol{k})f(\boldsymbol{k})\ \mathrm{d}^3\boldsymbol{k} \tag{5.4.2}$$

其中 $\boldsymbol{v}(\boldsymbol{k})$ 是电子的群速度,$f(\boldsymbol{k})$ 是 $\boldsymbol{k}$ 波矢空间的分布函数。

如果分布函数 $f(\boldsymbol{k})$ 不受电场 $\boldsymbol{E}$ 的影响,仍然维持平衡态下的分布函数:

$$f_0[E(\boldsymbol{k}),T] = \frac{1}{\mathrm{e}^{[E(\boldsymbol{k})-\mu]/k_\mathrm{B}T}+1} \tag{5.4.3}$$

那么,由于 $E(\boldsymbol{k})=E(-\boldsymbol{k})$ 得到

$$f_0(\boldsymbol{k},T)=f_0(-\boldsymbol{k},T) \tag{5.4.4}$$

即分布函数对于 $\boldsymbol{k}$ 是对称的,如图 5-4-1 虚线所示。

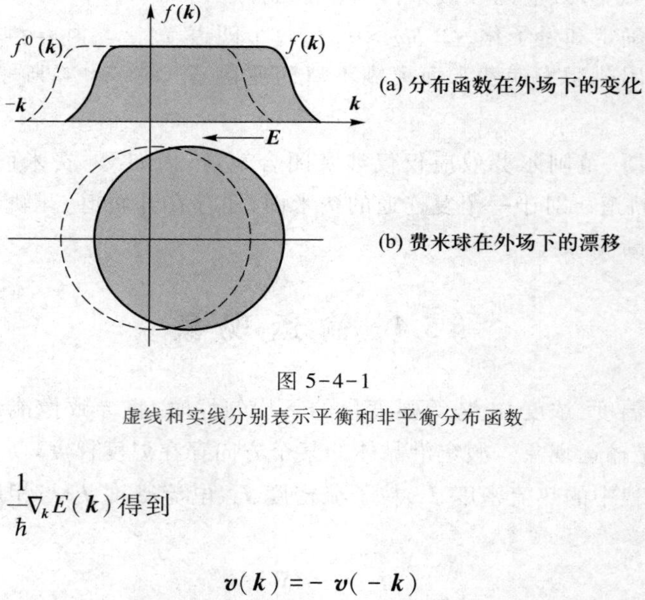

图 5-4-1

虚线和实线分别表示平衡和非平衡分布函数

另外根据 $\boldsymbol{v}(\boldsymbol{k})=\frac{1}{\hbar}\nabla_k E(\boldsymbol{k})$ 得到

$$\boldsymbol{v}(\boldsymbol{k}) = -\boldsymbol{v}(-\boldsymbol{k}) \tag{5.4.5}$$

它对于 $\boldsymbol{k}$ 是反对称的。因此,由式(5.4.2)可知

$$\boldsymbol{J}_e = -\frac{2e}{(2\pi)^3}\int \boldsymbol{v}(\boldsymbol{k})f_0(\boldsymbol{k})\mathrm{d}^3\boldsymbol{k} \equiv 0 \tag{5.4.6}$$

即平衡态下,电流为 0。

实际上,在外场 $\boldsymbol{E}$ 的作用下,电子在 $\boldsymbol{k}$ 空间将以恒定的速度

$$\dot{\boldsymbol{k}} = -\frac{e\boldsymbol{E}}{\hbar} \tag{5.4.7}$$

沿$-\boldsymbol{E}$方向漂移，如图 5-4-1 实线所示。显然对于非平衡分布函数有

$$f(\boldsymbol{k},T) \neq f(-\boldsymbol{k},T) \tag{5.4.8}$$

它不再是$\boldsymbol{k}$的对称函数。假定外场并不影响能带结构，仍有$\boldsymbol{v}(\boldsymbol{k}) = -\boldsymbol{v}(-\boldsymbol{k})$，那么

$$\boldsymbol{J}_e = -\frac{2e}{(2\pi)^3}\int \boldsymbol{v}(\boldsymbol{k}) f(\boldsymbol{k})\,\mathrm{d}^3\boldsymbol{k} \neq 0 \tag{5.4.9}$$

这时就有电流在样品中流动。

如果除了点阵周期势对电子的散射之外，没有另外的碰撞机制，那么整个分布函数将在$\boldsymbol{k}$空间以速度$\dot{\boldsymbol{k}} = -e\boldsymbol{E}/\hbar$无休止地漂移，导致 § 4.9 中所述的布洛赫振荡。严格周期势的散射并非产生电阻的原因。电阻的来源一定是晶体中存在的非周期性因素。它们包括：

（1）晶格振动引起的声子对电子的无规散射，它是温度的函数。

（2）晶体中的缺陷和杂质对电子的无规律散射。

在电导过程中，一方面电子在外场中被加速，使系统偏离平衡态。这个纯粹的动力学行为不会引起不可逆因素，即使某时刻撤销电场，分布函数也不会自动趋于平衡。另一方面，电子受到无规散射，使电子失去在外场中获得的定向运动。这种不可逆的因素产生两种效应，一是能量耗散，二是使系统趋于平衡。这样在恒定电场下，漂移和碰撞的共同作用就可以使体系处于一种定态。假定碰撞的平均弛豫时间为τ，那么分布函数大约偏离平衡态$-\frac{e\boldsymbol{E}}{\hbar}\tau$，得到一个非平衡的定态分布函数。

二、玻耳兹曼方程

上面已经看到，一旦确定了非平衡态分布函数$f(\boldsymbol{k})$，就可以直接计算电流密度。玻耳兹曼方程就是考虑分布函数在漂移和碰撞作用下的变化规律而建立的。它是处理一切输运问题的出发点。

我们讨论的输运问题属于近平衡态过程，对于系统中每个宏观小、微观大的区域已达到平衡状态，但整个系统仍处于非平衡态。这种局部平衡的假设乃是处理非平衡态问题的基础。假定τ是每个小区域的弛豫时间，T是整个系统的弛豫时间，那么我们关心的时间尺度Δt满足

$$\tau \ll \Delta t \ll T \tag{5.4.10}$$

在一般情况下，分布函数除了是$\boldsymbol{k}$的函数外，也是空间$\boldsymbol{r}$和时间t的函数，可以写为$f(\boldsymbol{k},\boldsymbol{r},t)$。它表示一个系综中的粒子$t$时刻在$(\boldsymbol{k},\boldsymbol{r})$六维相空间中的分布概率。

考虑分布函数$f(\boldsymbol{k},\boldsymbol{r},t)$随时间的变化，一方面，空间的不均匀性（例如温度梯度或密度梯度）和外场（例如电场$\boldsymbol{E}$）的作用可以引起分布函数的漂移；另一方面，碰撞也可以引起分布函数的变化。这两方面的影响可以分开来处理，而$\frac{\partial f}{\partial t}$就归因于两种影响的叠加：

$$\frac{\partial f}{\partial t} = \left(\frac{\partial f}{\partial t}\right)_{\text{漂}} + \left(\frac{\partial f}{\partial t}\right)_{\text{碰}} \tag{5.4.11}$$

1. 漂移

如果将 $f(\boldsymbol{k},\boldsymbol{r},t)$ 看作相空间 $(\boldsymbol{k},\boldsymbol{r})$ 中流体的密度，$\frac{\mathrm{d}\boldsymbol{k}}{\mathrm{d}t}$ 和 $\frac{\mathrm{d}\boldsymbol{r}}{\mathrm{d}t}$ 分别是沿 $\boldsymbol{k}$ 坐标和 $\boldsymbol{r}$ 坐标的漂移速度分量，那么根据流体力学中的连续性方程，有

$$\begin{aligned}\left(\frac{\partial f}{\partial t}\right)_{漂} &= -\nabla_k\cdot\left[f(\boldsymbol{k},\boldsymbol{r},t)\ \frac{\mathrm{d}\boldsymbol{k}}{\mathrm{d}t}\right]-\nabla_r\cdot\left[f(\boldsymbol{k},\boldsymbol{r},t)\ \frac{\mathrm{d}\boldsymbol{r}}{\mathrm{d}t}\right]\\ &= -\frac{\mathrm{d}\boldsymbol{k}}{\mathrm{d}t}\cdot\nabla_k f(\boldsymbol{k},\boldsymbol{r},t)-f(\boldsymbol{k},\boldsymbol{r},t)\nabla_k\cdot\left(\frac{\mathrm{d}\boldsymbol{k}}{\mathrm{d}t}\right)-\\ &\quad\ \frac{\mathrm{d}\boldsymbol{r}}{\mathrm{d}t}\cdot\nabla_r f(\boldsymbol{k},\boldsymbol{r},t)-f(\boldsymbol{k},\boldsymbol{r},t)\ \nabla_r\cdot\left(\frac{\mathrm{d}\boldsymbol{r}}{\mathrm{d}t}\right)\end{aligned} \tag{5.4.12}$$

因为

$$\begin{aligned}\nabla_k\cdot\left(\frac{\mathrm{d}\boldsymbol{k}}{\mathrm{d}t}\right) &= \frac{\mathrm{d}}{\mathrm{d}t}\nabla_k\cdot\boldsymbol{k}\equiv 0\\ \nabla_r\cdot\left(\frac{\mathrm{d}\boldsymbol{r}}{\mathrm{d}t}\right) &= \frac{\mathrm{d}}{\mathrm{d}t}\nabla_r\cdot\boldsymbol{r}\equiv 0\end{aligned} \tag{5.4.13}$$

那么式(5.4.12)变为

$$\left(\frac{\partial f}{\partial t}\right)_{漂} = -\frac{\mathrm{d}\boldsymbol{k}}{\mathrm{d}t}\cdot\nabla_k f-\frac{\mathrm{d}\boldsymbol{r}}{\mathrm{d}t}\cdot\nabla_r f \tag{5.4.14}$$

漂移描述了在两次碰撞之间的纯动力学行为，并不导致不可逆因素。

2. 碰撞

碰撞对应于不可逆过程，它迫使系统趋于平衡分布。由于声子或杂质的散射，粒子可以从 $\boldsymbol{k}$ 态跃迁至 $\boldsymbol{k}'$ 态，也可以从 $\boldsymbol{k}'$ 态跃迁至 $\boldsymbol{k}$ 态。假定 $\theta(\boldsymbol{k},\boldsymbol{k}')$ 和 $\theta(\boldsymbol{k}',\boldsymbol{k})$ 分别表示在单位时间由 $\boldsymbol{k}\to\boldsymbol{k}'$ 和由 $\boldsymbol{k}'\to\boldsymbol{k}$ 的散射概率，并假定在散射过程中电子的自旋不变，那么在单位时间从 $\boldsymbol{k}$ 态散射到所有自旋相同的 $\boldsymbol{k}'$ 的净减概率为

$$\frac{1}{(2\pi)^3}\int f(\boldsymbol{k},\boldsymbol{r},t)\ [1-f(\boldsymbol{k}',\boldsymbol{r},t)]\theta(\boldsymbol{k},\boldsymbol{k}')\,\mathrm{d}\boldsymbol{k}' = a \tag{5.4.15}$$

式(5.4.15)中，用 $\frac{1}{(2\pi)^3}$ 代替 $\frac{2}{(2\pi)^3}$ 是因为只考虑自旋相同态之间的跃迁，$[1-f(\boldsymbol{k}',\boldsymbol{r},t)]$ 表示 $\boldsymbol{k}'$ 态未被占据的概率。同样可以得到从所有 $\boldsymbol{k}'$ 态散射到 $\boldsymbol{k}$ 态的净增概率为

$$\frac{1}{(2\pi)^3}\int f(\boldsymbol{k}',\boldsymbol{r},t)[1-f(\boldsymbol{k},\boldsymbol{r},t)]\theta(\boldsymbol{k}',\boldsymbol{k})\,\mathrm{d}\boldsymbol{k}' = b \tag{5.4.16}$$

显然两部分之差就是碰撞导致的分布函数的变化：

$$\left(\frac{\partial f}{\partial t}\right)_{碰} = b-a \tag{5.4.17}$$

将式(5.4.14)和式(5.4.17)代入式(5.4.11)得到

$$\frac{\partial f}{\partial t} = -\frac{\mathrm{d}\boldsymbol{k}}{\mathrm{d}t}\cdot\nabla_k f-\frac{\mathrm{d}\boldsymbol{r}}{\mathrm{d}t}\cdot\nabla_r f+b-a \tag{5.4.18}$$

这就是描写分布函数随时间变化的玻耳兹曼方程。对于定态问题 $\frac{\partial f}{\partial t}=0$，便得到定态玻耳兹曼方程：

$$\frac{\mathrm{d}\boldsymbol{k}}{\mathrm{d}t}\cdot\nabla_k f+\frac{\mathrm{d}\boldsymbol{r}}{\mathrm{d}t}\cdot\nabla_r f=b-a \tag{5.4.19}$$

在式(5.4.18)和式(5.4.19)中

$$\begin{aligned}&\frac{\mathrm{d}\boldsymbol{k}}{\mathrm{d}t}=\frac{\boldsymbol{F}}{\hbar},\quad \nabla_k f=\nabla_k E(\boldsymbol{k})\frac{\partial f}{\partial E}\\&\frac{\mathrm{d}\boldsymbol{r}}{\mathrm{d}t}=\boldsymbol{v},\quad \nabla_r f=\nabla_r T\frac{\partial f}{\partial T}+\nabla_r\mu\frac{\partial f}{\partial\mu}\end{aligned} \tag{5.4.20}$$

这里 $\nabla_r T$ 和 $\nabla_r\mu$ 分别是温度梯度和化学势梯度。

如果考虑纯粹的电导问题，不存在温度梯度和化学势(浓度)梯度，而 $\boldsymbol{F}=-e\boldsymbol{E}$，则有

$$-\frac{e\boldsymbol{E}}{\hbar}\cdot\nabla_k f(\boldsymbol{k})=b-a \tag{5.4.21}$$

§5.5　金属的电导率

一、弛豫时间近似

求解在恒定电场下的玻耳兹曼方程(5.4.21)，就可以得到定态非平衡分布函数，从而由式(5.4.2)得到直流电导公式。但是玻耳兹曼方程是复杂的非线性积分微分方程，求解十分困难。为了方便起见，常常将碰撞项用一线性近似来简化，引入一个唯象的弛豫时间 $\tau(\boldsymbol{k})$，将碰撞项写为

$$\left(\frac{\partial f}{\partial t}\right)_{撞}=b-a=-\frac{f-f_0}{\tau(\boldsymbol{k})} \tag{5.5.1}$$

其中 f_0 是平衡时的费米分布函数。我们用 $\tau(\boldsymbol{k})$ 来概括碰撞对分布函数的影响，其物理根据是，碰撞的效果是使分布函数趋于平衡 $f\to f_0$，显然系统偏离平衡态越远，恢复速度越大。在线性近似下，它正比于 $f-f_0$。考虑到不同的 $\boldsymbol{k}$ 态恢复的差异，τ 应该是 $\boldsymbol{k}$ 的函数。

方程(5.5.1)的解是

$$f(t)-f_0=[f(0)-f_0]\exp[-t/\tau(\boldsymbol{k})] \tag{5.5.2}$$

其中，$f(0)$ 是初始时刻 $t=0$ 时的分布函数。当 t 趋于无限大时 $f(\infty)=f_0$，分布函数等于平衡时的分布函数。实际上要多少时间才能达到平衡呢？若以 $t=\tau$ 代入式(5.5.2)，则有

$$f(t)-f_0=\frac{f(0)-f_0}{\mathrm{e}} \tag{5.5.3}$$

也就是假定没有外场的情况下，经过 τ 时间后，分布函数对平衡态的偏离仅仅为初始时刻的 $1/\mathrm{e}$。即用 τ 就可以粗略地估计趋于平衡态所需的时间。对于纯净的铜晶体，室温下 $\tau\approx10^{-13}$ s，而在 4 K低温时 $\tau\approx10^{-9}$ s，建立平衡可以说是瞬息之间的事。

二、电导率公式

在弛豫时间近似下,定态玻耳兹曼方程变为

$$\frac{e}{\hbar}\boldsymbol{E}\cdot\nabla_k f(\boldsymbol{k})=\frac{f-f_0}{\tau(\boldsymbol{k})} \tag{5.5.4}$$

显然分布函数依赖于电场 $\boldsymbol{E}$。在 $|e\boldsymbol{E}a|$ 相对于 E_F 是小量的情况下(a 为晶格常量),可以将其按 $\boldsymbol{E}$ 的幂级数展开,$f=f_0+f_1+f_2+\cdots$。在弱场近似下,只要考虑到线性项就可以了:

$$f=f_0+f_1 \tag{5.5.5}$$

这样由式(5.5.4)可以得到

$$\begin{aligned} f_1&=\frac{e\tau(\boldsymbol{k})}{\hbar}\boldsymbol{E}\cdot\nabla_k f_0=\frac{e\tau(\boldsymbol{k})}{\hbar}\boldsymbol{E}\cdot\nabla_k E(\boldsymbol{k})\left(\frac{\partial f_0}{\partial E}\right)\\ &=-e\tau(\boldsymbol{k})\boldsymbol{E}\cdot\boldsymbol{v}(\boldsymbol{k})\left(-\frac{\partial f_0}{\partial E}\right)\end{aligned} \tag{5.5.6}$$

于是由式(5.4.2)得到

$$\begin{aligned}\boldsymbol{J}_e&=-\frac{2e}{(2\pi)^3}\int\boldsymbol{v}(\boldsymbol{k})f(\boldsymbol{k})\,\mathrm{d}\boldsymbol{k}=-\frac{2e}{(2\pi)^3}\left[\int\boldsymbol{v}(\boldsymbol{k})f_0\mathrm{d}\boldsymbol{k}+\int\boldsymbol{v}(\boldsymbol{k})f_1\mathrm{d}\boldsymbol{k}\right]\\ &=\frac{2e^2}{(2\pi)^3}\int\tau(\boldsymbol{k})\boldsymbol{v}(\boldsymbol{k})[\boldsymbol{v}(\boldsymbol{k})\cdot\boldsymbol{E}]\left(-\frac{\partial f_0}{\partial E}\right)\mathrm{d}\boldsymbol{k}\end{aligned} \tag{5.5.7}$$

上式中应用了平衡态对总电流没有贡献,即 $\int\boldsymbol{v}(\boldsymbol{k})f_0\mathrm{d}\boldsymbol{k}\equiv 0$。利用

$$\mathrm{d}\boldsymbol{k}=\mathrm{d}S\mathrm{d}k_\perp=\frac{\mathrm{d}S}{|\nabla_k E(\boldsymbol{k})|}\mathrm{d}E=\frac{\mathrm{d}S}{\hbar|\boldsymbol{v}(\boldsymbol{k})|}\mathrm{d}E \tag{5.5.8}$$

可将式(5.5.7)中对 $\mathrm{d}\boldsymbol{k}$ 积分改为沿等能面 S 的积分:

$$\boldsymbol{J}_e=\frac{2e^2}{(2\pi)^3}\int\tau(\boldsymbol{k})\boldsymbol{v}(\boldsymbol{k})[\boldsymbol{v}(\boldsymbol{k})\cdot\boldsymbol{E}]\left(-\frac{\partial f_0}{\partial E}\right)\frac{\mathrm{d}S}{\hbar|\boldsymbol{v}(\boldsymbol{k})|}\mathrm{d}E \tag{5.5.9}$$

由于$-\frac{\partial f_0}{\partial E}\approx\delta(E-\mu)\approx\delta(E-E_F)$,上述积分只需在费米面 S_F 上进行,即

$$\boldsymbol{J}_e=\left[\frac{2e^2}{(2\pi)^3}\frac{1}{\hbar}\int\tau(\boldsymbol{k}_F)\frac{\boldsymbol{v}(\boldsymbol{k}_F)\boldsymbol{v}(\boldsymbol{k}_F)}{|\boldsymbol{v}(\boldsymbol{k}_F)|}\mathrm{d}S_F\right]\cdot\boldsymbol{E} \tag{5.5.10}$$

其中 $\boldsymbol{v}(\boldsymbol{k})\boldsymbol{v}(\boldsymbol{k})$ 为矢量的并积。与唯象公式 $\boldsymbol{J}_e=\boldsymbol{\sigma}\boldsymbol{E}$ 对比,得到电导率

$$\boldsymbol{\sigma}=\frac{1}{4\pi^3}\frac{e^2}{\hbar}\int\tau(\boldsymbol{k}_F)\frac{\boldsymbol{v}(\boldsymbol{k}_F)\boldsymbol{v}(\boldsymbol{k}_F)}{|\boldsymbol{v}(\boldsymbol{k}_F)|}\mathrm{d}S_F \tag{5.5.11}$$

可见 $\boldsymbol{\sigma}$ 为一张量,写成分量形式,有

$$\boldsymbol{\sigma}_{\alpha\beta}=\frac{1}{4\pi^3}\frac{e^2}{\hbar}\int\tau(\boldsymbol{k}_F)\frac{v(\boldsymbol{k}_F)_\alpha v(\boldsymbol{k}_F)_\beta}{|\boldsymbol{v}(\boldsymbol{k}_F)|}\mathrm{d}S_F \tag{5.5.12}$$

十分明显,电导率依赖于费米面的形状。

在各向同性的情况下，费米面是一个球面，电子具有单一的有效质量 m^*，并且 $\tau(\boldsymbol{k})$ 与 $\boldsymbol{k}$ 的方向无关。因此积分中除了 v_α 和 v_β 外，其余因子都是球对称的，因此有

$$\begin{cases}\sigma_{\alpha\beta}=0, & \text{当 } \alpha\neq\beta \text{ 时}\\ \sigma_{\alpha\beta}\neq 0, & \text{当 } \alpha=\beta \text{ 时}\end{cases} \tag{5.5.13}$$

同样由于球对称性，$\sigma_{11}=\sigma_{22}=\sigma_{33}=\sigma_0$，电导率为标量。这样

$$\begin{aligned}\sigma_0&=\frac{1}{3}(\sigma_{11}+\sigma_{22}+\sigma_{33})=\frac{1}{4\pi^3}\frac{e^2}{\hbar}\frac{1}{3}\int\tau(k_{\mathrm{F}})v_{\mathrm{F}}\mathrm{d}S_{\mathrm{F}}\\&=\frac{1}{4\pi^3}\frac{e^2}{\hbar}\frac{1}{3}\tau(k_{\mathrm{F}})v_{\mathrm{F}}4\pi k_{\mathrm{F}}^2\end{aligned} \tag{5.5.14}$$

利用 $v_{\mathrm{F}}=\hbar k_{\mathrm{F}}/m^*$，$k_{\mathrm{F}}=(3\pi^2 n)^{1/3}$，得到

$$\sigma_0=\frac{ne^2\tau(k_{\mathrm{F}})}{m^*} \tag{5.5.15}$$

这一公式与上一章中，从自由电子模型的漂移速度理论得到的电导率公式(4.9.14)具有相同的形式。只是用布洛赫电子的有效质量 m^* 代替自由电子的裸质量 m，弛豫时间更准确地采用费米面上电子的 $\tau(k_{\mathrm{F}})$。虽然公式中出现了电子浓度 n，但这只是一个形式结果，实际参与导电的只是费米面附近的电子。

§5.6　弛豫时间 $\tau(\boldsymbol{k})$ 与碰撞概率 $\theta(\boldsymbol{k},\boldsymbol{k}')$ 的关系

弛豫时间是为了描述复杂的碰撞过程而引入的一个唯象物理量。它与碰撞概率的关系并不是十分明显的。但是在各向同性弹性散射的情况下，我们可以得到它们之间的一个明确关系。

在平衡态的假设下，碰撞并不会改变平衡态分布函数，即碰撞产生的增益和耗减应该相等，因此有

$$\theta(\boldsymbol{k}',\boldsymbol{k})f_0(\boldsymbol{k}')[1-f_0(\boldsymbol{k})]=\theta(\boldsymbol{k},\boldsymbol{k}')f_0(\boldsymbol{k})[1-f_0(\boldsymbol{k}')] \tag{5.6.1}$$

其中 $f_0(\boldsymbol{k})$ 是平衡态费米分布函数式(5.1.1)，于是可以得到

$$\theta(\boldsymbol{k}',\boldsymbol{k})\mathrm{e}^{\frac{[E(\boldsymbol{k})-E(\boldsymbol{k}')]}{k_{\mathrm{B}}T}}=\theta(\boldsymbol{k},\boldsymbol{k}') \tag{5.6.2}$$

对于弹性散射，$E(\boldsymbol{k})=E(\boldsymbol{k}')$，因此有

$$\theta(\boldsymbol{k}',\boldsymbol{k})=\theta(\boldsymbol{k},\boldsymbol{k}') \tag{5.6.3}$$

即从 $\boldsymbol{k}'$ 态到 $\boldsymbol{k}$ 态的散射概率和从 $\boldsymbol{k}$ 态到 $\boldsymbol{k}'$ 态的散射概率相等。这就是在弹性散射情况下系综的细致平衡原理。从量子力学看，这是由于在弹性散射情况下，两个态之间的跃迁矩阵元的平方值是对称的。

进一步假定晶格是各向同性的，散射应该发生在一个球形费米面上。因此散射概率与 $\boldsymbol{k}$、$\boldsymbol{k}'$ 的各自方向无关，而只与它们之间的夹角 η 有关，于是

$$\theta(\boldsymbol{k}',\boldsymbol{k})=\theta(\boldsymbol{k},\boldsymbol{k}')=\theta(k,k',\eta)\delta_{k,k'} \tag{5.6.4}$$

将式(5.6.4)代入式(5.4.15)、式(5.4.16)和式(5.4.17)得到

$$\left(\frac{\partial f}{\partial t}\right)_{碰}=b-a=\frac{1}{(2\pi)^3}\int\theta(k,k',\eta)[f(\boldsymbol{k}')-f(\boldsymbol{k})]\delta_{k,k'}\mathrm{d}\boldsymbol{k}' \tag{5.6.5}$$

在弱场近似下,取 $f(\boldsymbol{k})=f_0+f_1(\boldsymbol{k})$,有

$$\left(\frac{\partial f}{\partial t}\right)_{碰}=\frac{1}{(2\pi)^3}\int\theta(k,k',\eta)\left[f_1(\boldsymbol{k}')-f_1(\boldsymbol{k})\right]\delta_{k,k'}\mathrm{d}\boldsymbol{k}' \tag{5.6.6}$$

另一方面,根据弛豫时间近似的定义式(5.5.1),在弱场下有

$$\left(\frac{\partial f}{\partial t}\right)_{碰}=-\frac{f_1(\boldsymbol{k})}{\tau(\boldsymbol{k})} \tag{5.6.7}$$

由式(5.6.6)和式(5.6.7)得到

$$\frac{1}{\tau(k)}=\frac{1}{(2\pi)^3}\int\theta(k,k',\eta)\left[1-\frac{f_1(\boldsymbol{k}')}{f_1(\boldsymbol{k})}\right]\delta_{k,k'}\mathrm{d}\boldsymbol{k}' \tag{5.6.8}$$

再由弱场近似下玻耳兹曼方程的解式(5.5.6),有

$$f_1(\boldsymbol{k})=e\tau(k)\boldsymbol{v}(\boldsymbol{k})\cdot\boldsymbol{E}\left(\frac{\partial f_0}{\partial E}\right)=\frac{e\tau(k)\hbar}{m^*}\boldsymbol{k}\cdot\boldsymbol{E}\left(\frac{\partial f_0}{\partial E}\right) \tag{5.6.9}$$

其中应用了 $\boldsymbol{v}(\boldsymbol{k})=\hbar\boldsymbol{k}/m^*$。将式(5.6.9)代入式(5.6.8)得到

$$\frac{1}{\tau(k)}=\frac{1}{(2\pi)^3}\int\theta(k,k',\eta)\left(1-\frac{\boldsymbol{k}'\cdot\boldsymbol{E}}{\boldsymbol{k}\cdot\boldsymbol{E}}\right)\delta_{k',k}\mathrm{d}\boldsymbol{k}' \tag{5.6.10}$$

取电场方向沿 $\boldsymbol{k}$ 空间的 $\boldsymbol{k}_E$ 方向,$\boldsymbol{k}'$、$\boldsymbol{k}$ 之间的夹角为 η,$\boldsymbol{k}$ 和 $\boldsymbol{k}'$与电场方向的夹角分别为 α 和 β,φ 为包含 $\boldsymbol{k}$、$\boldsymbol{k}_E$ 的平面同包含 $\boldsymbol{k}'$、$\boldsymbol{k}$ 平面之间的夹角,如图 5-6-1 所示。

由于

$$\boldsymbol{k}'\cdot\boldsymbol{E}=k'E\cos\beta,\quad \boldsymbol{k}\cdot\boldsymbol{E}=kE\cos\alpha \tag{5.6.11}$$

根据球面三角有

$$\cos\beta=\cos\alpha\cos\eta+\sin\alpha\sin\eta\cos\varphi \tag{5.6.12}$$

因为被积函数是球对称的

$$\mathrm{d}\boldsymbol{k}'=k'^2\sin\eta\mathrm{d}\eta\mathrm{d}\varphi\mathrm{d}k' \tag{5.6.13}$$

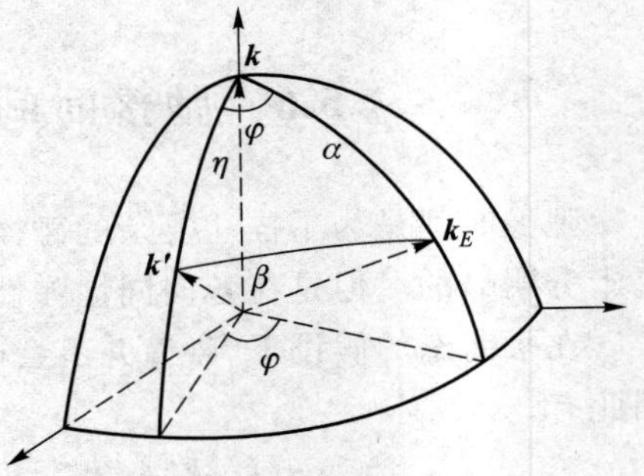

图 5-6-1 散射几何

这样积分式(5.6.10)可以写为

$$\frac{1}{\tau(k)}=\frac{1}{(2\pi)^3}\int\theta(k,k,\eta)\ (1-\cos\eta-\tan\alpha\sin\eta\cos\varphi)k^2\sin\eta\mathrm{d}\eta\mathrm{d}\varphi \tag{5.6.14}$$

注意对 φ 的积分上式第三项为 0,于是得到

$$\frac{1}{\tau(k)}=\frac{2\pi}{(2\pi)^3}\int\theta(k,k,\eta)(1-\cos\eta)k_{\mathrm{F}}^2\sin\eta\mathrm{d}\eta \tag{5.6.15}$$

可见弛豫时间反比于所有散射过程的散射概率的加权积分,权重因子为$(1-\cos\eta)$。因此在散射过程中,大角散射对$\dfrac{1}{\tau(k)}$的贡献大。权重因子来源于$\left(1-\dfrac{\boldsymbol{k}'\cdot\boldsymbol{E}}{\boldsymbol{k}\cdot\boldsymbol{E}}\right)$,它表示由于散射电子沿电场方向动量损失的百分比。假定最初 $\boldsymbol{k}$ 沿电场方向,那么

$$1-\frac{\boldsymbol{k}'\cdot\boldsymbol{E}}{\boldsymbol{k}\cdot\boldsymbol{E}}=\frac{\hbar\boldsymbol{k}-\hbar\boldsymbol{k}\cos\eta}{\hbar\boldsymbol{k}}=1-\cos\eta \tag{5.6.16}$$

$\hbar\boldsymbol{k}(1-\cos\eta)$正好是散射导致沿电场方向动量的损失(见图 5-6-2)。

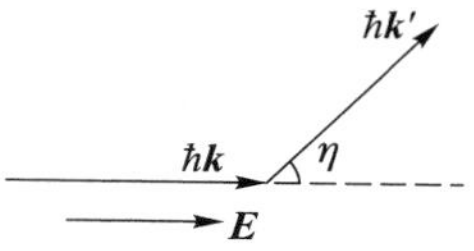

图 5-6-2　弹性散射导致沿电场方向的动量损失

§ 5.7　电子-声子相互作用与金属电阻率

由金属电导率公式(5.5.15)得到金属电阻率为

$$\rho=\frac{m^{*}}{ne^{2}}\frac{1}{\tau(k_{\mathrm{F}})} \tag{5.7.1}$$

可见金属的电阻率正比于 $1/\tau(k_{\mathrm{F}})$。电阻起源于散射,它包括声子散射和杂质(缺陷)散射。声子散射导致的电阻与温度有关,而杂质散射产生的是与温度无关的剩余电阻。图 5-7-1 给出了不同掺杂的金属 Cu 的电阻率与温度关系的实验曲线,可见在室温附近它们满足线性关系。将它外推到零温,可以得到剩余电阻率。

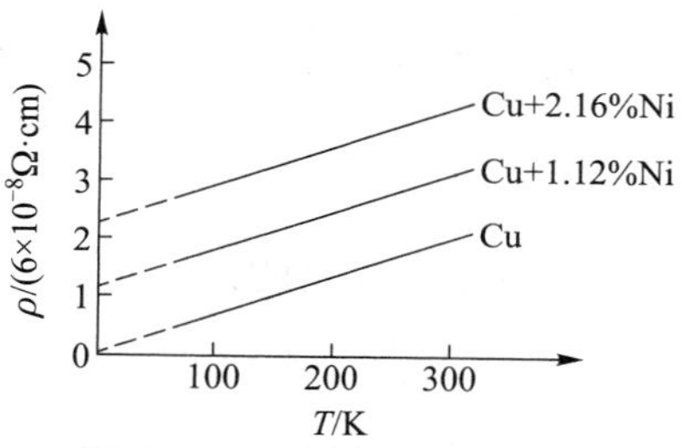

图 5-7-1　金属 Cu 的电阻率与温度的关系

一、随时间变化的微扰势

当 $T=0$ 时,晶体严格的周期势可以写为

$$V(\boldsymbol{r})=\sum_{l}U(\boldsymbol{r}-\boldsymbol{R}_{l}),\quad \boldsymbol{R}_{l}=\sum_{i}l_{i}\boldsymbol{a}_{i} \tag{5.7.2}$$

其中 $U(\boldsymbol{r}-\boldsymbol{R}_l)$是 $\boldsymbol{R}_l$ 格点的离子局域势。当 $T\neq0$ 时,晶格振动将导致偏离周期势,那么对单电子态的微扰势为

$$\hat{H}'=\sum_{l}\left[U(\boldsymbol{r}-\boldsymbol{R}_{l}-\boldsymbol{u}_{l})-U(\boldsymbol{r}-\boldsymbol{R}_{l})\right] \tag{5.7.3}$$

将 $U(\boldsymbol{r}-\boldsymbol{R}_l-\boldsymbol{u}_l)$在$(\boldsymbol{r}-\boldsymbol{R}_l)$附近作级数展开,仅保留一级项,有

$$\hat{H}'=-\sum_{l}\boldsymbol{u}_{l}\cdot\nabla U(\boldsymbol{r}-\boldsymbol{R}_{l}) \tag{5.7.4}$$

为了简单起见,只考虑简单晶格,此时仅有声学波声子。写出格波的实数形式:

$$\boldsymbol{u}_{l}=A_{q}\hat{\boldsymbol{e}}\cos\left[\boldsymbol{q}\cdot\boldsymbol{R}_{l}-\omega(\boldsymbol{q})t\right]=\frac{1}{2}A_{q}\hat{\boldsymbol{e}}\mathrm{e}^{\mathrm{i}[\boldsymbol{q}\cdot\boldsymbol{R}_{l}-\omega(\boldsymbol{q})t]}+\frac{1}{2}A_{q}\hat{\boldsymbol{e}}\mathrm{e}^{-\mathrm{i}[\boldsymbol{q}\cdot\boldsymbol{R}_{l}-\omega(\boldsymbol{q})t]} \tag{5.7.5}$$

其中 A_q 为振幅,$\hat{\boldsymbol{e}}$ 为偏振方向单位矢量,$\hat{\boldsymbol{e}}\perp\boldsymbol{q}$ 为横波,$\hat{\boldsymbol{e}}\parallel\boldsymbol{q}$ 为纵波。这样可以得到一个 $\boldsymbol{q},\omega(\boldsymbol{q})$ 格波对微扰势的贡献。

$$\hat{H}'=-\frac{1}{2}A_{q}\mathrm{e}^{-\mathrm{i}\omega(\boldsymbol{q})t}\sum_{l}\mathrm{e}^{\mathrm{i}\boldsymbol{q}\cdot\boldsymbol{R}_{l}}\hat{\boldsymbol{e}}\cdot\nabla U(\boldsymbol{r}-\boldsymbol{R}_{l})-\frac{1}{2}A_{q}\mathrm{e}^{\mathrm{i}\omega(\boldsymbol{q})t}\sum_{l}\mathrm{e}^{-\mathrm{i}\boldsymbol{q}\cdot\boldsymbol{R}_{l}}\hat{\boldsymbol{e}}\cdot\nabla U(\boldsymbol{r}-\boldsymbol{R}_{l}) \tag{5.7.6}$$

这是一个随时间变化的微扰势。

二、散射概率 $\theta(\boldsymbol{k},\boldsymbol{k}')$

根据量子力学微扰理论,一个随时间变化的微扰将引起本征态之间的跃迁。从 $\boldsymbol{k}$ 态到 $\boldsymbol{k}'$态的跃迁概率为

$$\begin{aligned}\theta(\boldsymbol{k},\boldsymbol{k}') = \frac{2\pi^2}{\hbar}\Big\{&\left|\langle\boldsymbol{k}'\mid -\frac{A}{2}\sum_l \mathrm{e}^{\mathrm{i}\boldsymbol{q}\cdot\boldsymbol{R}_l}\hat{\boldsymbol{e}}\cdot\nabla U(\boldsymbol{r}-\boldsymbol{R}_l)\mid\boldsymbol{k}\rangle\right|^2\cdot\\&\delta[E(\boldsymbol{k}')-E(\boldsymbol{k})-\hbar\omega(\boldsymbol{q})]+\\&\left|\langle\boldsymbol{k}'\mid -\frac{A}{2}\sum_l \mathrm{e}^{-\mathrm{i}\boldsymbol{q}\cdot\boldsymbol{R}_l}\hat{\boldsymbol{e}}\cdot\nabla U(\boldsymbol{r}-\boldsymbol{R}_l)\mid\boldsymbol{k}\rangle\right|^2\cdot\\&\delta[E(\boldsymbol{k}')-E(\boldsymbol{k})+\hbar\omega(\boldsymbol{q})]\Big\}\end{aligned} \tag{5.7.7}$$

1. 能量守恒

式(5.7.7)中的 δ 函数保证散射过程是能量守恒的,即

$$E(\boldsymbol{k}')=E(\boldsymbol{k})+\hbar\omega(\boldsymbol{q}),\text{吸收声子} \tag{5.7.8a}$$

$$E(\boldsymbol{k}')=E(\boldsymbol{k})-\hbar\omega(\boldsymbol{q}),\text{发射声子} \tag{5.7.8b}$$

按照德拜理论,最大的声子能量 $k_B\theta_D\approx0.03$ eV,而散射主要发生在费米面附近,电子的能量 $E(\boldsymbol{k})\approx E_F\approx5$ eV,$k_B\theta_D/E_F\approx10^{-3}$,因而散射可近似当作弹性散射。

2. 动量守恒

计算吸收和发射声子的矩阵元,可以得到动量守恒条件。吸收和发射声子的矩阵元可以统一写为

$$\frac{A_q}{2}\langle\boldsymbol{k}'\mid\sum_l \mathrm{e}^{\pm\mathrm{i}\boldsymbol{q}\cdot\boldsymbol{R}_l}\hat{\boldsymbol{e}}\cdot\nabla U(\boldsymbol{r}-\boldsymbol{R}_l)\mid\boldsymbol{k}\rangle \tag{5.7.9}$$

其中

$$\mid\boldsymbol{k}\rangle=\mathrm{e}^{\mathrm{i}\boldsymbol{k}\cdot\boldsymbol{r}}u_k(\boldsymbol{r}) \tag{5.7.10}$$

为布洛赫波,$\langle\boldsymbol{k}\mid\boldsymbol{k}\rangle=1$。这样式(5.7.9)为

$$\begin{aligned}&\frac{A_q}{2}\sum_l \mathrm{e}^{\pm\mathrm{i}\boldsymbol{q}\cdot\boldsymbol{R}_l}\int\mathrm{e}^{-\mathrm{i}(\boldsymbol{k}'-\boldsymbol{k})\cdot\boldsymbol{r}}u_{k'}^*(\boldsymbol{r})u_k(\boldsymbol{r})\hat{\boldsymbol{e}}\cdot\nabla U(\boldsymbol{r}-\boldsymbol{R}_l)\mathrm{d}\boldsymbol{r}\\=&\frac{A_q}{2}\sum_l \mathrm{e}^{-\mathrm{i}(\boldsymbol{k}'-\boldsymbol{k}\mp\boldsymbol{q})\cdot\boldsymbol{R}_l}\hat{\boldsymbol{e}}\cdot\int\mathrm{e}^{-\mathrm{i}(\boldsymbol{k}'-\boldsymbol{k})\cdot\boldsymbol{\xi}}u_{k'}^*(\boldsymbol{\xi})u_k(\boldsymbol{\xi})\nabla U(\boldsymbol{\xi})\mathrm{d}\boldsymbol{\xi}\\=&\frac{A_q}{2}\hat{\boldsymbol{e}}\cdot\boldsymbol{I}_{k'k}\delta_{\boldsymbol{k}'-\boldsymbol{k}\mp\boldsymbol{q},\boldsymbol{K}_h}\end{aligned} \tag{5.7.11}$$

其中,$\boldsymbol{\xi}=\boldsymbol{r}-\boldsymbol{R}_l$,并且

$$\frac{1}{N}\sum_l \mathrm{e}^{-\mathrm{i}(\boldsymbol{k}'-\boldsymbol{k}\mp\boldsymbol{q})\cdot\boldsymbol{R}_l}=\delta_{\boldsymbol{k}'-\boldsymbol{k}\mp\boldsymbol{q},\boldsymbol{K}_h} \tag{5.7.12}$$

$$\boldsymbol{I}_{k'k}=N\int\mathrm{e}^{-\mathrm{i}(\boldsymbol{k}'-\boldsymbol{k})\cdot\boldsymbol{\xi}}u_{k'}^*(\boldsymbol{\xi})u_k(\boldsymbol{\xi})\nabla U(\boldsymbol{\xi})\mathrm{d}\boldsymbol{\xi} \tag{5.7.13}$$

积分 $\boldsymbol{I}_{k'k}$ 正比于 ∇U 的数量大小，对于金属而言，周期势是一个平缓的势场，∇U 较小，散射较弱，电导率较大。由式(5.7.11)可见，散射矩阵元只在下列准动量守恒时不为零：

$$\boldsymbol{k}' = \boldsymbol{k} + \boldsymbol{q} + \boldsymbol{K}_h\text{，吸收声子} \tag{5.7.14a}$$

$$\boldsymbol{k}' = \boldsymbol{k} - \boldsymbol{q} + \boldsymbol{K}_h\text{，发射声子} \tag{5.7.14b}$$

3. 正常(N)过程和倒逆(U)过程

如果在电子-声子相互作用过程中，准动量守恒条件式(5.7.14)中取 $\boldsymbol{K}_h=0$，那么

$$\boldsymbol{k}' = \boldsymbol{k} \pm \boldsymbol{q} \tag{5.7.15}$$

它表示在吸收和发射声子过程中，电子正好增加或减少一个声子的准动量，这时 $\boldsymbol{k}$、$\boldsymbol{k}'$、$\boldsymbol{q}$ 均在第一布里渊区中，如图 5-7-2 所示。这种过程对应于小角散射，称为 N 过程。

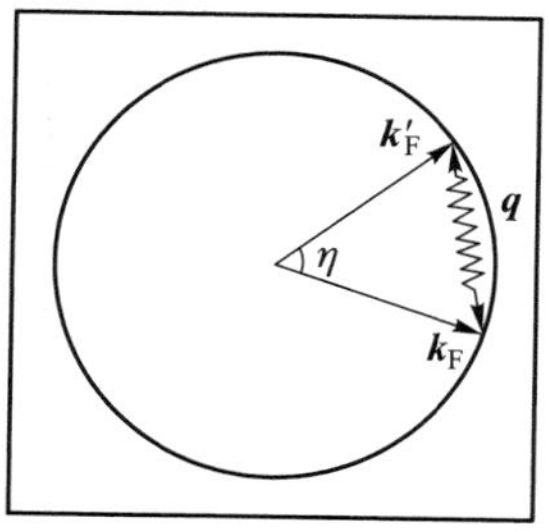

图 5-7-2　N 过程

由散射过程的动量守恒容易得到

$$q = |\boldsymbol{k}_F' - \boldsymbol{k}_F| = 2k_F \sin\frac{\eta}{2} \tag{5.7.16}$$

对于简单单价金属，按照自由电子模型，有

$$k_F = (3\pi^2 n)^{1/3} \tag{5.7.17}$$

而在德拜模型下，最大的声子波矢为

$$q_D = (6\pi^2 n)^{1/3} \tag{5.7.18}$$

这样可以得到

$$\frac{k_F}{q_D} = \left(\frac{1}{2}\right)^{1/3} \tag{5.7.19}$$

对于 N 过程，$q \leqslant q_D$，于是得到散射角 η 满足

$$\sin\frac{\eta}{2} \leqslant \frac{q_D}{2k_F} = 2^{-2/3},\quad \eta \leqslant 2\arcsin 2^{-2/3} \tag{5.7.20}$$

如果在动量守恒条件中，取 $\boldsymbol{K}_h \neq 0$，则

$$\boldsymbol{k}' = \boldsymbol{k} \pm \boldsymbol{q} + \boldsymbol{K}_h \tag{5.7.21}$$

这时 $\boldsymbol{k}'-\boldsymbol{k}$ 落在第一布里渊区以外，对应于大角散射，这种散射过程称为 U 过程，如图 5-7-3 所示。实际上，当费米球十分接近布里渊区边界时，小的声子波矢 $\boldsymbol{q}$ 就可以导致 U 过程的发生，这个最小的波矢对应于区界处两个费米球之间的最小间距 $q_{\min}$，相应的声子能量为 $\hbar\omega_{\min}$。所以对声学波声子而言，只有当温度 $T<\hbar\omega_{\min}/k_B$ 时，这种散射过程才被“冻结”。

综上所述，可以将散射概率写为

$$\theta(\boldsymbol{k}',\boldsymbol{k},\boldsymbol{q})_{\pm} = \frac{\pi^2}{2\hbar}|A_q|^2|\hat{\boldsymbol{e}}\cdot\boldsymbol{I}_{kk'}|^2\delta[E(\boldsymbol{k}') - E(\boldsymbol{k}) \mp \hbar\omega(\boldsymbol{q})]\delta_{\boldsymbol{k}'-\boldsymbol{k}\mp\boldsymbol{q},\boldsymbol{K}_h} \tag{5.7.22}$$

式中，“+”、“-”号分别代表吸收和发射声子的散射过程。

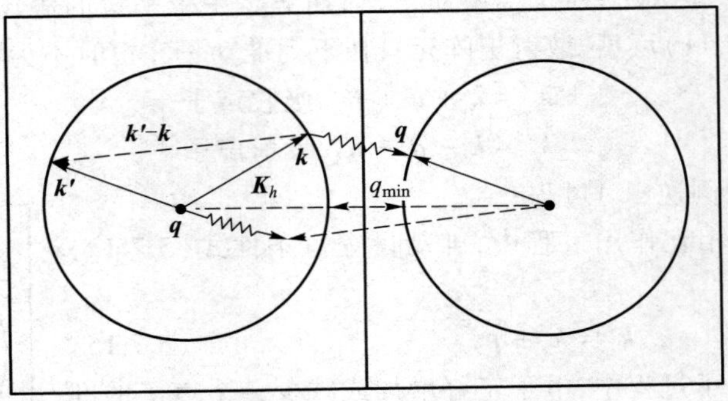

图 5-7-3 U过程

$q_{\min}$为布里渊区界处两个费米球之间的最小间距

三、电阻率的温度关系

为了简单起见,这里只限于讨论各向同性、近似弹性散射的 N 过程。因此每个从 $\boldsymbol{k}\to\boldsymbol{k}'$的跃迁只在 $|\boldsymbol{k}|=|\boldsymbol{k}'|=k_{\mathrm{F}}$ 的费米球面上发生。在散射过程中,声子可以被吸收也可以被发射。对于简单晶格,应该有 $3N$ 个独立的声学波声子模式,而每个波矢 $\boldsymbol{q}$ 对应于 3 个模式(二横一纵)。因为振动模是相互正交的,所以可以独立计算它们的影响。这样某个独立模式对应的跃迁概率由式(5.7.22)可以写为

$$\theta(\boldsymbol{k},\boldsymbol{k}',\boldsymbol{q})_{\pm}=\frac{\pi^2}{2\hbar}|A_{\boldsymbol{q}}|^2|\hat{\boldsymbol{e}}\cdot\boldsymbol{I}_{\boldsymbol{k}\boldsymbol{k}'}|^2\delta[E(\boldsymbol{k}')-E(\boldsymbol{k})]\delta_{\boldsymbol{k}_{\mathrm{F}}'-\boldsymbol{k}_{\mathrm{F}},\pm\boldsymbol{q}} \tag{5.7.23}$$

式中与温度有关的量为格波振幅的平方 $|A_{\boldsymbol{q}}|^2$,它可以由简正模的平均能量来估计。每个格波的动能为

$$\sum_l\frac{1}{2}m\dot{\boldsymbol{u}}_l^2=\sum_l\frac{m}{2}A_{\boldsymbol{q}}^2\omega^2(\boldsymbol{q})\sin^2[\boldsymbol{q}\cdot\boldsymbol{R}_l-\omega(\boldsymbol{q})t] \tag{5.7.24}$$

对时间求平均为

$$\frac{N}{4}m|A_{\boldsymbol{q}}|^2\omega^2(\boldsymbol{q})=\frac{1}{2}n(\boldsymbol{q})\hbar\omega(\boldsymbol{q})$$

这样可以得到

$$|A_{\boldsymbol{q}}|^2=\frac{2\hbar n(\boldsymbol{q})}{Nm\omega(\boldsymbol{q})} \tag{5.7.25}$$

式中

$$n(\boldsymbol{q})=\frac{1}{\mathrm{e}^{\hbar\omega(\boldsymbol{q})/k_{\mathrm{B}}T}-1} \tag{5.7.26}$$

为温度 T 时的一个 $\boldsymbol{q}$ 模式占据数。

忽略纵波与横波波速的差别,在德拜模型下,有色散关系:

$$\omega(\boldsymbol{q})=\bar{c}q \tag{5.7.27}$$

因此可以得到

$$\theta(\boldsymbol{k},\boldsymbol{k}',\boldsymbol{q})=\frac{\pi^2}{Nm\bar{c}^2}\left|\hat{\boldsymbol{e}}\cdot\frac{\boldsymbol{I}_{kk'}}{|\boldsymbol{q}|}\right|^2 n(\boldsymbol{q})\omega(\boldsymbol{q})\delta_{\boldsymbol{k}'_F-\boldsymbol{k}_F,\pm\boldsymbol{q}}\delta[E(\boldsymbol{k}')-E(\boldsymbol{k})] \tag{5.7.28}$$

考虑到所有格波模式的贡献，由式(5.6.15)得到

$$\frac{1}{\tau(\boldsymbol{k})}=\frac{1}{(2\pi)^2}\frac{3}{(2\pi)^3}\frac{\pi^2}{Nm\bar{c}^2}\iint\left|\hat{\boldsymbol{e}}\cdot\frac{\boldsymbol{I}_{kk'}}{|\boldsymbol{q}|}\right|^2 n(\boldsymbol{q})\omega(\boldsymbol{q})\cdot (1-\cos\eta)\delta[E(\boldsymbol{k}')-E(\boldsymbol{k})]\delta_{\boldsymbol{k}'_F-\boldsymbol{k}_F,\pm\boldsymbol{q}}\mathrm{d}\boldsymbol{k}'\mathrm{d}\boldsymbol{q} \tag{5.7.29}$$

在积分中改换以能量 E'代替 $\boldsymbol{k}'$为积分变量得

$$\begin{aligned}\frac{1}{\tau(\boldsymbol{k})}&=\frac{1}{(2\pi)^2}\frac{3}{(2\pi)^3}\frac{\pi^2}{Nm\bar{c}^2}\iiint\left|\hat{\boldsymbol{e}}\cdot\frac{\boldsymbol{I}_{kk'}}{|\boldsymbol{q}|}\right|^2 n(\boldsymbol{q})\omega(\boldsymbol{q})(1-\cos\eta)\cdot\\&\quad\delta(E'-E)\delta_{\boldsymbol{k}'_F-\boldsymbol{k}_F,\pm\boldsymbol{q}}2\pi\sin\eta k'^2\left(\frac{\mathrm{d}E'}{\mathrm{d}k'}\right)^{-1}\mathrm{d}\eta\mathrm{d}E'\mathrm{d}\boldsymbol{q}\\&=\frac{3}{(2\pi)^4}\frac{\pi^2}{Nm\bar{c}^2}k_F^2\left(\frac{\mathrm{d}E}{\mathrm{d}k}\right)^{-1}_{k_F}\times\int\left|\hat{\boldsymbol{e}}\cdot\frac{\boldsymbol{I}_{kk'}}{|\boldsymbol{k}'_F-\boldsymbol{k}_F|}\right|^2\cdot\\&\quad n(\boldsymbol{k}'_F-\boldsymbol{k}_F)\omega(\boldsymbol{k}'_F-\boldsymbol{k}_F)(1-\cos\eta)\sin\eta\mathrm{d}\eta\end{aligned} \tag{5.7.30}$$

下面讨论高温和低温极限下的情况。前面已经指出 $\boldsymbol{I}_{kk'}$一般为∇U 的数量级，而 $|\boldsymbol{k}'_F-\boldsymbol{k}_F|\approx\frac{1}{a}$($a$ 为元胞的尺度)，所以

$$\frac{\boldsymbol{I}_{k'k}}{|\boldsymbol{k}'_F-\boldsymbol{k}_F|}\approx a\nabla U$$

大约为电子伏的数量级，粗略地认为它与散射角关系不大。

(1) 高温情况

$$n(\boldsymbol{k}'_F-\boldsymbol{k}_F)=\frac{1}{\mathrm{e}^{\hbar\omega(\boldsymbol{k}'_F-\boldsymbol{k}_F)/k_BT}-1}\approx\frac{k_BT}{\hbar\omega(\boldsymbol{k}'_F-\boldsymbol{k}_F)} \tag{5.7.31}$$

由式(5.7.30)可以得到

$$\frac{1}{\tau(\boldsymbol{k})}=\frac{3}{(2\pi)^4}\frac{\pi^2}{Nm\bar{c}^2}k_F^2\left(\frac{\mathrm{d}E}{\mathrm{d}k}\right)^{-1}_{k_F}\frac{k_BT}{\hbar}\int\left|\hat{\boldsymbol{e}}\cdot\frac{\boldsymbol{I}_{kk'}}{|\boldsymbol{k}'_F-\boldsymbol{k}_F|}\right|^2(1-\cos\eta)\sin\eta\mathrm{d}\eta \tag{5.7.32}$$

可见$\frac{1}{\tau(\boldsymbol{k})}\propto T$，因此电阻率正比于温度的一次方。

(2) 低温情况

$T\ll\theta_D$，只有那些小波矢的声子才能参与散射事件。这时

$$(1-\cos\eta)\approx\frac{1}{2}\eta^2,\quad \sin\eta\approx\eta,\quad \omega=\bar{c}|\boldsymbol{k}'_F-\boldsymbol{k}_F|\approx\bar{c}k_F\eta$$

由式(5.7.30)可以得到

$$\frac{1}{\tau(\boldsymbol{k})}=\frac{3}{(2\pi)^4}\frac{\pi^2}{Nm\bar{c}^2}\frac{1}{2(\bar{c}k_F)^4}k_F^2\left(\frac{\mathrm{d}E}{\mathrm{d}k}\right)^{-1}_{k_F}\int_0^{\omega_D}\left|\hat{\boldsymbol{e}}\cdot\frac{\boldsymbol{I}_{kk'}}{|\boldsymbol{k}'_F-\boldsymbol{k}_F|}\right|^2\frac{\omega^4}{\mathrm{e}^{\hbar\omega/k_BT}-1}\mathrm{d}\omega$$

令 $\xi=\hbar\omega/k_{\mathrm{B}}T$,有

$$\frac{1}{\tau(\boldsymbol{k})}=\frac{3}{(2\pi)^4}\frac{\pi^2}{Nm\bar{c}^2}\frac{1}{2(\bar{c}k_{\mathrm{F}})^4}k_{\mathrm{F}}^2\left(\frac{\mathrm{d}E}{\mathrm{d}\boldsymbol{k}}\right)_{k_{\mathrm{F}}}^{-1}\left(\frac{k_{\mathrm{B}}T}{\hbar}\right)^5\int_0^\infty\left|\hat{\boldsymbol{e}}\cdot\frac{\boldsymbol{I}_{kk'}}{|\boldsymbol{k}'_{\mathrm{F}}-\boldsymbol{k}_{\mathrm{F}}|}\right|^2\frac{\xi^4}{\mathrm{e}^{\xi}-1}\mathrm{d}\xi$$

由此得到,在低温下,电阻率正比于 T^5,通常称为布洛赫 T^5 定律。

对于球形费米面的情况,单位体积能态密度为

$$N(E)=\frac{2}{(2\pi)^3}\int\frac{\mathrm{d}S_E}{|\nabla_{\boldsymbol{k}}E(\boldsymbol{k})|}=\frac{1}{4\pi^3}\frac{4\pi k_{\mathrm{F}}^2\mathrm{d}k}{\mathrm{d}E}=\frac{k_{\mathrm{F}}^2}{\pi^2}\left(\frac{\mathrm{d}E}{\mathrm{d}\boldsymbol{k}}\right)_{k_{\mathrm{F}}}^{-1}=\frac{m^*k_{\mathrm{F}}}{\pi^2\hbar^2}$$

可见$\frac{1}{\tau}$正比于费米面处的有效质量。根据能带理论,过渡金属 d 带很窄,具有很大的有效质量和很高的能态密度,这是过渡金属具有高电阻率的物理原因。

§5.8 等离激元与准电子

金属电子论是建立在独立电子基础之上的。布洛赫定理实质上是一个关于单粒子波函数的定理,电子-晶格和电子-电子的相互作用归结为周期势场,而电子-电子之间的相互作用只是在平均场范畴加以考虑。如果考虑晶格周期势场中的多粒子问题,情况将变得十分复杂。下面我们将讨论为什么对金属而言,独立电子的假设仍然是一个可以接受的理论。

一、等离激元

电子与电子之间的相互作用是库仑相互作用,具有长程作用的特征。即电子并非仅同它们的最近邻有相互作用,这是试图考虑电子-电子相互作用效应的一个严重困难。然而,在宏观尺度上,力的长程性可借助晶体的局部非电中性引起的电场表现出来。这意味着难以处理的相互作用的长程力部分,可以近似地用纯粹的宏观方法加以处理。

为了简单起见,考虑一个自由电子气模型,在这个模型中,分散的正离子被极端地涂抹成为不动而又均匀的阳电荷背景,即电子能够很自由地在其中移动的一种"凝胶"。我们需要这个凝胶,为的是使整个系统呈电中性,否则电子将因库仑排斥而爆炸式地分开。这就是金属的自由电子气凝胶模型。这个系统是一种等离子体,因为其中含有的正电荷与负电荷浓度相等,而两种电荷中至少有一种是可迁移的。

在上述假定之下,正电荷的密度等于平均电子的电荷密度 $\rho_0=-ne$。由于电子可动,实际电子的电荷密度可写为 $\rho(\boldsymbol{r},t)$,那么局部的非电中性产生的电场 $\boldsymbol{E}$ 满足

$$\nabla\cdot\boldsymbol{E}=(\rho-\rho_0)/\varepsilon_0 \tag{5.8.1}$$

在电场下,电子将被加速,即

$$m\frac{\mathrm{d}\boldsymbol{v}}{\mathrm{d}t}=-e\boldsymbol{E} \tag{5.8.2}$$

这里忽略了导致欧姆定律的碰撞效应。为了求解电荷分布,需要电荷守恒定律

$$\frac{\partial\rho}{\partial t}+\nabla\cdot(\rho\boldsymbol{v})=0 \tag{5.8.3}$$

把速度同电荷密度联系起来。如果 $\rho-\rho_0 \ll \rho_0$，式(5.8.3)可近似写为

$$\frac{\partial \rho}{\partial t}+\rho_0 \nabla \cdot \boldsymbol{v}=0 \tag{5.8.4}$$

这个式子对变量$(\rho-\rho_0)$和 $\boldsymbol{v}$ 是线性的。将式(5.8.4)对时间求导，并利用式(5.8.1)和式(5.8.2)，可以得到

$$\frac{\partial^2 \rho}{\partial t^2}=-\rho_0 \nabla \cdot \frac{\mathrm{d} \boldsymbol{v}}{\mathrm{d} t}=+\frac{\rho_0 e}{m} \nabla \cdot \boldsymbol{E}=-\frac{n e^2}{m \varepsilon_0}(\rho-\rho_0)$$

即

$$\frac{\partial^2(\rho-\rho_0)}{\partial t^2}+\omega_{\mathrm{p}}^2(\rho-\rho_0)=0 \tag{5.8.5}$$

其中

$$\omega_{\mathrm{p}}^2=\frac{n e^2}{m \varepsilon_0} \tag{5.8.6}$$

方程(5.8.5)是一个频率为 ω_{p} 的谐振子方程，它表明来自均匀电荷密度的任一扰动都以频率 ω_{p} 振荡。由于库仑势的长程性，电子-电子之间的关联将在这个集体运动中表现出来。

上面的简单讨论只给出了长波极限($\boldsymbol{q}\to 0$)时的振荡频率。更详细的理论可以给出等离子振荡的色散关系：

$$\omega_q \approx \omega_{\mathrm{p}}+\frac{3 q^2 v_{\mathrm{F}}^2}{10 \omega_{\mathrm{p}}} \tag{5.8.7}$$

式中 v_{F} 为电子的费米速度。

金属中的等离子集体振荡起源于电子间的库仑力的长程部分，由于库仑势场是纵场，所以它是一种纵等离子体振荡，即电荷密度波。纵等离子体振荡的量子 $\hbar\omega_{\mathrm{p}}$ 称为等离激元。对于一般的金属，取 $n=10^{29}/\mathrm{m}^3$，可以得到 $\omega_{\mathrm{p}}\approx 10^{16}\ \mathrm{s}^{-1}$，于是 $\hbar\omega_{\mathrm{p}}\approx 10^{-18}\ \mathrm{J}\approx 10\ \mathrm{eV}$，它是一个高于金属费米能的能量量子，因此金属中的等离子振荡不是通常温度下的正常受激。但是将一束高能电子束穿过金属薄膜时，可以激发等离子振荡。测量电子束的能量损失谱可以得到以 $\hbar\omega_{\mathrm{p}}$ 为周期的振荡曲线，如图 5-8-1 所示。

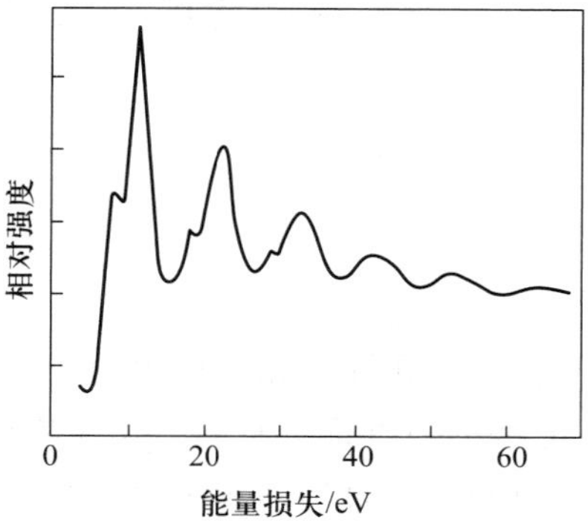

图 5-8-1　2 020 eV 的电子被 Mg 薄膜散射 90°后的能量损失

峰值显示能量损失以 $\hbar\omega_{\mathrm{p}}$ 为周期振荡，较小的峰起因于表面效应

注意,由于典型的碰撞弛豫时间 $\tau\approx10^{-12}$ s,$\omega_p\tau\gg1$,因此前面忽略碰撞是一个好的近似。

二、电子气的个别激发

等离激元是金属电子气的集体激发,除此之外还存在电子的个别激发。电子气的基态可描述为费米球内所有状态均被电子占据,而球外则全空着。当费米球内一个 $\boldsymbol{k}$ 态电子被激发到 $\boldsymbol{k}+\boldsymbol{q}$ 的空状态时,则产生一个 $\boldsymbol{k}+\boldsymbol{q}$ 的电子和一个 $\boldsymbol{k}$ 空穴。这种电子-空穴对的个别激发的能量满足

$$\hbar\omega_{kq}=\frac{\hbar^2(\boldsymbol{k}+\boldsymbol{q})^2}{2m}-\frac{\hbar^2\boldsymbol{k}^2}{2m}=\frac{\hbar^2}{2m}(q^2+2\boldsymbol{k}\cdot\boldsymbol{q})\tag{5.8.8}$$

由于激发受泡利原理的限制,其波矢应满足

$$k\leqslant k_F,\ |\boldsymbol{k}+\boldsymbol{q}|>k_F\tag{5.8.9}$$

这样,当 $q<2k_F$ 时,费米球内只有部分电子可以被激发到球外,如图 5-8-2(a)所示。激发能量的界限是

$$\hbar\omega_{kq}^{\max}=\frac{\hbar^2}{2m}(q^2+2k_Fq),\quad \hbar\omega_{kq}^{\min}=0\tag{5.8.10}$$

当 $q>2k_F$ 时,费米球内所有电子都可以被激发,如图 5-8-2(b)所示。激发的能量界限是

$$\hbar\omega_{kq}^{\max}=\frac{\hbar^2}{2m}(q^2+2k_Fq),\quad \hbar\omega_{kq}^{\min}=\frac{\hbar^2}{2m}(q^2-2k_Fq)\tag{5.8.11}$$

由式(5.8.10)和式(5.8.11)可以画出电子、空穴对的激发区域,如图 5-8-3 所示。图中也画出了等离激元的色散曲线。q_c 为集体激发与个别激发区的交点。当 $q<q_c$ 时,等离激元的能量大于个别激发的最大能量 $\hbar\omega_{kq}^{\max}$,所以集体激发不可能被个别对所激发,也不可能衰减为个别激发,集体激发是稳定的。相反,当 $q>q_c$ 时,$\hbar\omega_{kq}^{\max}>\hbar\omega_q$,可以证明等离子集体激发是不稳定的。由此可见,仅仅在长波范围,$0<q<q_c$,才有等离激元存在;而在短波区域,$q>q_c$,只有个别对激发存在。

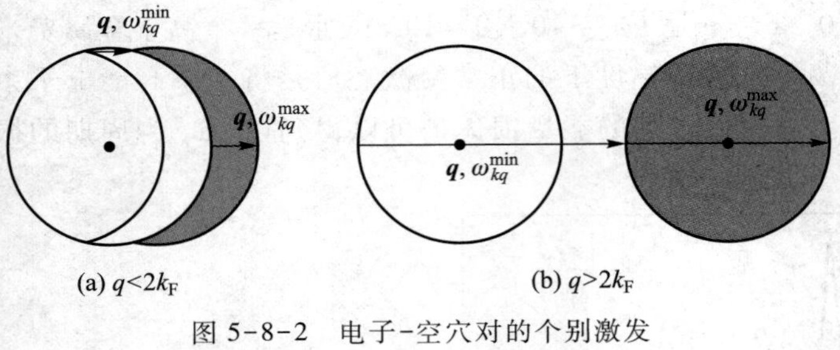

图 5-8-2 电子-空穴对的个别激发

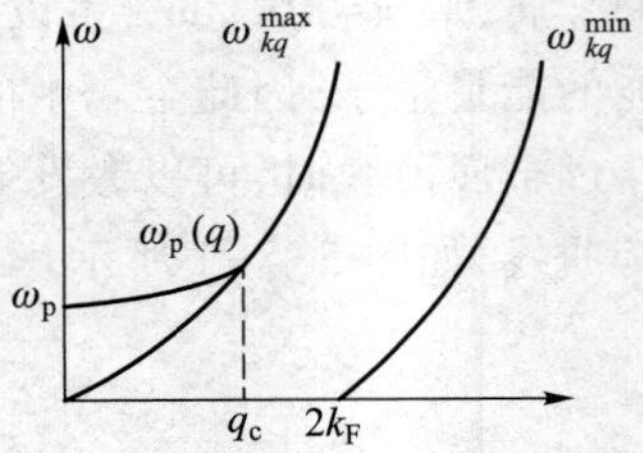

图 5-8-3 电子气的激发谱

三、静电屏蔽 准电子

当人们认识到等离激元源于电子-电子库仑相互作用的长程部分之后,自然也就明白了金属电子间的有效相互作用只能由库仑势的短程部分提供。由于电子之间的库仑排斥,它将排开周围的电子,这样电子周围的正电荷凝胶背景将暴露出来,形成一个正电荷的屏蔽云,它将跟随电子一起运动。这种裹着屏蔽云一起运动的电子称为准电子。准电子间的相互作用不再是裸势而是屏蔽势。

现在讨论屏蔽势的具体形式。考虑一个处于传导电子海洋中的点电荷 $q\delta(\boldsymbol{r})$，它在空间 $\boldsymbol{r}$ 处产生的势为 $\boldsymbol{\varphi}(\boldsymbol{r})$。假设和电子的德布罗意波波长相比，$\varphi(\boldsymbol{r})$ 是 $\boldsymbol{r}$ 的缓变势，即电子感受到的静电势在很大范围内近似为常量，这就是所谓的托马斯-费米(Thomas-Fermi)近似。在这种近似下，$\boldsymbol{r}$ 处的电子密度可以写为

$$n(\boldsymbol{r}) = \int f[E - e\varphi(\boldsymbol{r})]N(E)\mathrm{d}E \tag{5.8.12}$$

式中 $f(E)$ 为费米分布函数，$N(E)$ 为能态密度。如果 $e\varphi(\boldsymbol{r})$ 很小时，式(5.8.12)可近似写为

$$\begin{aligned} n(\boldsymbol{r}) &= \int\left[f(E) - e\varphi(\boldsymbol{r})\frac{\partial f}{\partial E}\right]N(E)\mathrm{d}E = n + e\varphi(\boldsymbol{r})\int\left(-\frac{\partial f}{\partial E}\right)N(E)\mathrm{d}E \\ &= n + e\varphi(\boldsymbol{r})N(E_{\mathrm{F}}) \end{aligned} \tag{5.8.13}$$

式中，n 为平均电子密度，并应用了 $\left(-\dfrac{\partial f}{\partial E}\right) \approx \delta(E-E_{\mathrm{F}})$。$\boldsymbol{r}$ 处的总电荷密度由点电荷 $q\delta(\boldsymbol{r})$ 和它诱导的电荷密度组成：

$$\rho(\boldsymbol{r}) = q\delta(\boldsymbol{r}) - e^2N(E_{\mathrm{F}})\varphi(\boldsymbol{r}) \tag{5.8.14}$$

与其相关的屏蔽势由下列泊松方程决定：

$$\nabla^2\varphi(\boldsymbol{r}) = -\frac{1}{\varepsilon_0}[q\delta(\boldsymbol{r}) - e^2N(E_{\mathrm{F}})\varphi(\boldsymbol{r})] \tag{5.8.15}$$

将 $\varphi(\boldsymbol{r})$ 和 $\delta(\boldsymbol{r})$ 作傅里叶展开：

$$\varphi(\boldsymbol{r}) = \frac{1}{(2\pi)^3}\int\mathrm{d}\boldsymbol{k}\varphi(\boldsymbol{k})\mathrm{e}^{\mathrm{i}\boldsymbol{k}\cdot\boldsymbol{r}} \tag{5.8.16}$$

$$\delta(\boldsymbol{r}) = \frac{1}{(2\pi)^3}\int\mathrm{d}\boldsymbol{k}\mathrm{e}^{\mathrm{i}\boldsymbol{k}\cdot\boldsymbol{r}} \tag{5.8.17}$$

代入方程(5.8.15)可以得到 $\varphi(\boldsymbol{r})$ 的傅里叶变换：

$$\varphi(\boldsymbol{k}) = \frac{q}{\varepsilon_0(k^2 + k_{\mathrm{s}}^2)} \tag{5.8.18}$$

$$k_{\mathrm{s}}^2 = \frac{e^2}{\varepsilon_0}N(E_{\mathrm{F}}) = \frac{e^2}{\varepsilon_0}\frac{mk_{\mathrm{F}}}{\pi^2\hbar^2} = \frac{e^2}{\varepsilon_0}\frac{m}{\pi^2\hbar^2}(3\pi^2)^{1/3}n^{1/3} \tag{5.8.19}$$

将式(5.8.18)代回式(5.8.16)，便得到任何浸没在自由电子气的电荷所产生的势：

$$\begin{aligned} \varphi(\boldsymbol{r}) &= \frac{q}{(2\pi)^3\varepsilon_0}\int\mathrm{d}^3\boldsymbol{k}\,\frac{1}{k^2 + k_{\mathrm{s}}^2}\mathrm{e}^{\mathrm{i}\boldsymbol{k}\cdot\boldsymbol{r}} = \frac{q}{(2\pi)^3\varepsilon_0}\int_0^\infty\mathrm{d}k\,\frac{2\pi k^2}{k^2 + k_{\mathrm{s}}^2}\int_{-1}^{1}\mathrm{d}\cos\theta\,\mathrm{e}^{\mathrm{i}kr\cos\theta} \\ &= \frac{q}{2\pi^2\varepsilon_0 r}\int_0^\infty\mathrm{d}k\,\frac{k\sin(kr)}{k^2 + k_{\mathrm{s}}^2} = \frac{q}{4\pi\varepsilon_0 r}\mathrm{e}^{-k_{\mathrm{s}}r} \end{aligned} \tag{5.8.20}$$

这种形式的势称为汤川(Yukawa)势。它表明浸没在电子气中的点电荷产生的势比它在真空中

的裸势多了一个屏蔽因子 $e^{-k_s r}$。该电荷将在 $\lambda = k_s^{-1}$ 距离内被屏蔽,λ 为屏蔽长度。

电子气的屏蔽效应使得金属中电子之间的库仑相互作用变成短程相互作用,即$\dfrac{e^2}{4\pi\varepsilon_0 r}\exp(-r/\lambda)$。对于一般的金属,取 $n \approx 10^{29}\ \mathrm{m}^{-3}$,得到 $\lambda \approx 10^{-10}\ \mathrm{m} = 1\ \text{Å}$,因此金属中的准电子可以近似视为独立粒子。另一方面 $\lambda \propto n^{-1/6}$,系统中电子的浓度越大,屏蔽效应越强,电子之间的关联越弱。在高电子浓度情况下,电子系统的费米动能大于库仑相互作用,这时电子处于扩展态,使之在整个晶体中运动。随着电子浓度的降低,库仑相互作用将大于费米动能。早在 20 世纪 30 年代,维格纳(E.P.Wigner)就从理论上指出,在低电子浓度情况下,电子之间的强关联将促使电子态局域化,使之在均匀正电荷的背景下形成规则排列的晶格,称为维格纳晶格。有序晶格的形成在能量上是有利的,但是直到 1979 年人们才在液氦表面的二维电子气系统中观察到六角形的维格纳晶格的存在。1990 年以来人们又在半导体反型层中的二维电子气系统中找到维格纳晶格存在的证据。三维电子气的维格纳晶格却在实验上始终未观察到,虽然理论上预计它应具有体心立方结构。

电子气的屏蔽效应同样适用于晶格中的正离子。每个离子的强大库仑势也被传导电子所屏蔽,这也是点阵对电子的实际影响比我们料想的要小得多的原因之一。

综上所述,对于足够大的电子浓度,屏蔽效应使得电子-电子、电子-晶格之间的关联很弱,以致阻止束缚态的形成,随着电子浓度减小到某个临界值,束缚态将形成。人们认为金属态到绝缘态的转变是一个突变,即所谓的莫特(Mott)相变。

四、等离子体中的横振动

上面讨论的等离激元对应于等离子体的纵振动。我们也可以考虑横向扰动,例如电磁波穿过金属的情况。由于电磁场是横场,$\nabla \cdot \boldsymbol{E} = 0$,由式(5.8.1)有 $\rho = \rho_0$,所以由横向扰动激发的等离子体横振荡并非密度波。对于这种情况,方程(5.8.1)和(5.8.4)都是无足轻重的。此时加速度方程(5.8.2)必须同麦克斯韦方程一起求解,即

$$-\nabla \times \nabla \times \boldsymbol{E} = \frac{1}{c^2}\frac{\partial^2 \boldsymbol{E}}{\partial t^2} + \mu_0 \frac{\partial \boldsymbol{J}}{\partial t} \tag{5.8.21}$$

$$m\frac{\mathrm{d}\boldsymbol{v}}{\mathrm{d}t} = -e\boldsymbol{E} \tag{5.8.22}$$

利用 $\boldsymbol{J} = -ne\boldsymbol{v}$,可以得到

$$-\nabla \times \nabla \times \boldsymbol{E} = \frac{1}{c^2}\frac{\partial^2 \boldsymbol{E}}{\partial t^2} + \mu_0 \frac{ne^2}{m}\boldsymbol{E} = \frac{1}{c^2}\left(\frac{\partial^2 \boldsymbol{E}}{\partial t^2} + \omega_p^2 \boldsymbol{E}\right) \tag{5.8.23}$$

其中应用了 $\mu_0\varepsilon_0 c^2 = 1$,并且 $\omega_p^2 = \dfrac{ne^2}{m\varepsilon_0}$就是等离激元的频率。方程(5.8.23)是普遍成立的。对于纵振动,$\nabla \times \boldsymbol{E} = 0$,于是实质上我们导出了方程(5.8.6)。对于现在要讨论的横振动,$\nabla \cdot \boldsymbol{E} = 0$,于是方程(5.8.23)变成

$$\nabla^2 \boldsymbol{E} = \frac{1}{c^2}\left(\frac{\partial^2 \boldsymbol{E}}{\partial t^2} + \omega_p^2 \boldsymbol{E}\right) \tag{5.8.24}$$

其中应用了矢量算符恒等式$\nabla\times\nabla\times=\nabla(\nabla\cdot)-\nabla^2$。方程式(5.8.24)具有类波解 $e^{i(\boldsymbol{k}\cdot\boldsymbol{r}-\omega t)}$,其中

$$k^2=\frac{\omega^2-\omega_p^2}{c^2} \tag{5.8.25}$$

我们也可以得到介电函数:

$$\varepsilon(\omega)=\frac{c^2k^2}{\omega^2}=1-\frac{\omega_p^2}{\omega^2} \tag{5.8.26}$$

由此可以看到,当电磁波的频率 $\omega<\omega_p$ 时,$\varepsilon(\omega)<0$,波矢 k 是虚数。这样的电磁波不能在金属中传播,它将被全反射。而当 $\omega>\omega_p$ 时,k 是实数,金属对于这样的电磁波是透明的。对于简单金属,$\omega_p\approx10^{16}\ s^{-1}$,它将反射可见光,而在紫外波段是透明的,因而金属具有光泽。金属对可见光的反射类似大气电离层对无线电波的反射,只是电离层中自由电子浓度低,ω_p 小,只在低频下介电函数为负。

第六章　半导体电子论

§6.1　半导体的基本特征和分类

半导体(例如硅和锗)与金属(例如铜和银)之间存在着一个基本的差异,那就是对于金属而言,电阻的温度系数 TCR($=\mathrm{d}R/\mathrm{d}T$)大于零,而对于半导体它小于零。金属的电阻随着温度的降低而迅速减小,而半导体的电阻随着温度趋向绝对零度而升高并且变得非常大。在绝对零度下,半导体晶体就是绝缘体,其电阻率大于 $10^{14}\ \Omega\cdot\mathrm{cm}$,而室温电阻率一般在 $10^{-2}\sim10^{9}\ \Omega\cdot\mathrm{cm}$ 范围内。

典型的元素半导体具有金刚石结构,而化合物半导体(例如 InSb、GaAs)大多具有闪锌矿结构,因此都有共价结合的基本特征。

从能带结构来看,在绝对零度,理想半导体都存在一个完全被电子占满的价带和一个完全空着的导带。导带的最低能量点 E_- 称为导带边,价带的最高能量点 E_+ 称为价带边。导带与价带之间被一个宽度 $E_g=E_- -E_+$ 的能隙分开,称为禁带,E_g 大约为 1 eV。

半导体的导电性质是由于热激发、杂质、点阵缺陷或标称化学组分的偏离引起的。例如理想半导体在 $T=0$ 时都是绝缘体,但当 $T\neq0$ 时,有少量的价带电子被激发到导带,这样导带中的电子和价带中的空穴同时参与导电。虽然空穴导电本质上也是电子导电,但人们习惯称半导体中存在电子和空穴两种载流子。

一、本征半导体

纯净的半导体称为本征半导体。本征半导体的载流子是由价带电子激发到导带产生的,这种激发称为本征激发。载流子浓度取决于 $E_g/(k_B T)$,这个比值大,则本征载流子浓度低,电导率就低。由于在室温下,$k_B T\ll E_g$,因此只能靠热涨落使电子获得的激发能量大于或等于 E_g 时,才能在导带中产生少量的电子和在价带中产生少量的空穴。电子和空穴的浓度满足

$$n=p \tag{6.1.1}$$

从键合的观点来看,价带中的电子就是共价键上束缚态的电子,热激发使电子脱离共价键的束缚变为导带中的传导电子,成键态与反成键态之间的能量差决定带隙 E_g。

二、杂质半导体

半导体的电学性质是杂质敏感的。少量的掺杂可以强烈地影响半导体的电学性质,例如在 Si 晶体中按 10^{-5}原子比例掺入 As,取代 Si 的正常格点,能使 Si 的室温电导率增长 10^3 倍。化合物半导体一种组分的化学计量的少量欠缺也会十分显著地改变其电学性质。

1. 施主杂质和受主杂质

掺杂将破坏晶体的周期性，可能在禁带中形成局域态。如果一种杂质能够在禁带中靠近导带边附近提供带有电子的局域能级 E_D，如图 6-1-1 所示，那么由于热激发它能向导带提供电子，这种杂质称为施主杂质。定义施主电离能

$$E_i^D = E_- - E_D \tag{6.1.2}$$

它是一个比本征激发低得多的能量。

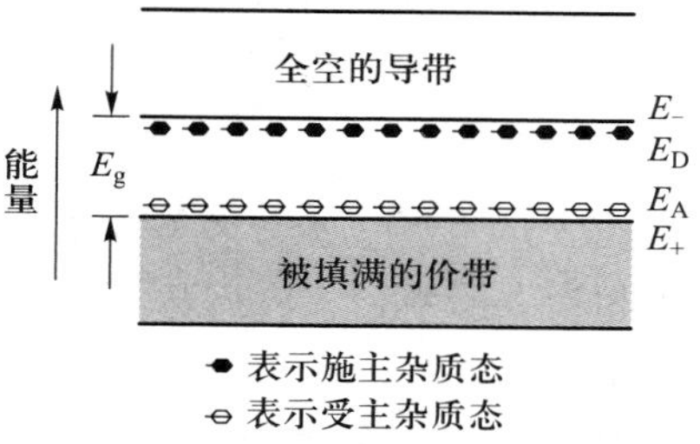

图 6-1-1　半导体的能带和杂质能级

同样，如果一种杂质能够在禁带中靠近价带顶附近提供带有空穴的局域能级 E_A，如图 6-1-1 所示，那么由于热激发它能向价带提供空穴，这种杂质称为受主杂质。定义受主电离能

$$E_i^A = E_A - E_+ \tag{6.1.3}$$

它也是一个比本征激发能量低得多的能量。

由于杂质电离能（也就是杂质激发能量）远小于本征激发的能量 E_g，因此少量的掺杂将强烈地改变本征半导体的电学性质。通常把含有施主杂质的半导体称为 n 型半导体，在这种半导体中，导带中电子的浓度 n 将高于价带中空穴的浓度 p，即 $n>p$。同样把含有受主杂质的半导体称为 p 型半导体，并且有 $p>n$。

2. 施主杂质态和受主杂质态

现在讨论杂质为什么能够形成施主或受主能级？为什么可以束缚电子或空穴？为什么这些能级是禁带中的局域能级？

先考虑施主掺杂的情况。在Ⅳ族的元素半导体，例如 Si 和 Ge 中，掺入少量多一个价电子的Ⅴ族元素，例如 P 或者 As，或者在Ⅲ—Ⅴ族的化合物半导体，如 InSb 中，以Ⅵ族元素 S 或 Se 代替Ⅴ族元素 Sb，那么这些杂质便构成施主杂质。对于掺 As 的 Si 半导体，实验结构分析表明，五价的 As 通常是通过取代正常格点的 Si 原子进入晶格，而不是在间隙位置，如图 6-1-2 所示。这样 As 的五个价电子中，除了四个价电子形成共价键外，还多一个价电子。共价键上的电子就是价带中的电子，而多余的一个电子受到 As^+ 离子的静电吸收。晶体作为一个整体仍然保持电中性。

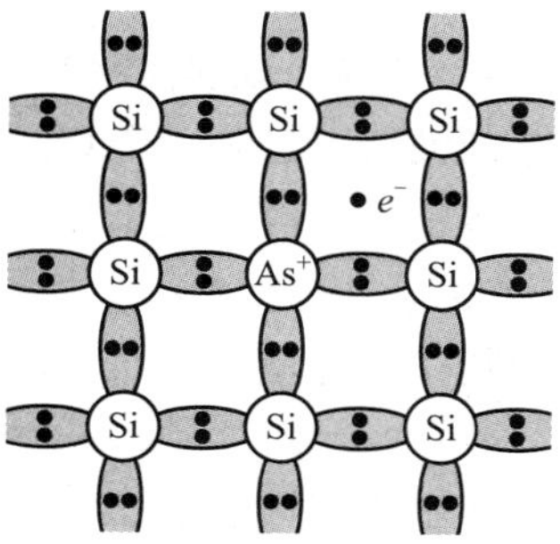

图 6-1-2　施主杂质

现在估计施主杂质态的电离能。被 As^+束缚的电子可以等价于一个玻尔的类氢原子。与氢原子不同的是，这个电子除了受到 As^+离子的静电吸引外，还受到周围离子的作用。这样计入介质的介电函数 ε 和晶体周期势场中电子的有效质量 m^*，可以得到施主电离能，即

$$E_i^D = \frac{e^4 m^*}{2(4\pi\varepsilon_0\varepsilon\hbar)^2} = \frac{m^*}{m\varepsilon^2}E_H \tag{6.1.4}$$

其中 $E_H = \dfrac{e^4 m}{2(4\pi\varepsilon_0\hbar)^2}$为氢原子的电离能。取自由氢原子的电离能 $E_H = 13.6\ \mathrm{eV}$，对于 Si 取 $m^* = 0.2m$，$\varepsilon = 11.8$，可以得到 $E_i^D \approx 19.5\ \mathrm{meV}$。它与 Si 的禁带宽度 $E_g \approx 1.17\ \mathrm{eV}$ 相比是一个小量，所以

施主能级十分靠近导带边。

另一方面,施主的玻尔半径为

$$a_{\mathrm{D}}=\frac{4\pi\varepsilon_0\varepsilon\hbar^2}{m^*e^2}=\frac{\varepsilon m}{m^*}a_{\mathrm{B}} \tag{6.1.5}$$

式中 $a_{\mathrm{B}}=4\pi\varepsilon_0\hbar^2/(me^2)$ 为氢原子的第一玻尔轨道半径。取 $a_{\mathrm{B}}=0.53$ Å,$a_{\mathrm{D}}\approx 60\times 0.53$ Å ≈ 30 Å 是一个相当大的半径。可见在低掺杂浓度($<10^{-6}$)的情况下,杂质轨道不发生交叠,可以用禁带中的一个孤立能级来表示;高杂质浓度时杂质能级将展宽为一个窄带。

对于受主杂质,例如在Ⅳ族元素半导体 Si 和 Ge 中掺入Ⅲ族元素 B、Al、Ga、In 等,正如五价杂质可以束缚一个电子一样,三价杂质的负电荷也可以束缚一个空穴。因为它能从价带接受电子而在价带中留下空穴,受主电离相当于释放一个空穴。将玻尔模型定性地用于空穴,同样可以得到禁带中位于价带边附近的局域受主能级。在Ⅲ—Ⅴ族化合物半导体中,用Ⅱ族元素取代Ⅲ族元素,也可以得到类似的受主能级。

值得注意的是,上面讨论的杂质能级是在低掺杂情况下,带边附近的浅能级。某些杂质,例如 Au,能在禁带中形成远离带边的深能级。

三、半导体的带隙

除了热激发外,光照也可以引起半导体中电子从价带到导带的跃迁,形成电子-空穴对。这个过程称为本征光吸收。在本征光吸收过程中,光子和电子应满足下列能量和动量守恒条件:

$$E_{\mathrm{c}}(\boldsymbol{k}')-E_{\mathrm{v}}(\boldsymbol{k})=\hbar\omega_{光} \tag{6.1.6}$$

$$\hbar\boldsymbol{k}'-\hbar\boldsymbol{k}=\hbar\boldsymbol{k}_{光} \tag{6.1.7}$$

式中 $\omega_{光}$ 和 $\boldsymbol{k}_{光}$ 分别表示光子的频率和波矢,下标 c 和 v 分别表示导带和价带,$\boldsymbol{k}'$和 $\boldsymbol{k}$ 表示两个电子态的波矢。这是一个只涉及光子-电子相互作用的直接跃迁。

本征光吸收的最小光子能量是

$$\hbar\omega_{光}=E_{-}-E_{+}=E_{\mathrm{g}} \tag{6.1.8}$$

它对应于带边电子最小能隙能量的光致跃迁。由此可以得到光吸收的阈值波长:

$$\lambda_0=2\pi\hbar c/E_{\mathrm{g}} \tag{6.1.9}$$

称为本征光吸收边,式中 c 为真空中的光速。对于本征光吸收边附近的跃迁,光子波长约为 10^{-4} cm,其波矢约为 10^4 cm^{-1},而带边电子的波矢大多为 $2\pi/a\approx 10^8$ cm^{-1},光子波矢相对于带边电子波矢可以忽略不计。于是带边直接跃迁的动量守恒条件式(6.1.7)变为

$$\boldsymbol{k}'=\boldsymbol{k} \tag{6.1.10}$$

即在跃迁过程中电子的波矢不变。在 $E(\boldsymbol{k})$图上初态和终态几乎在同一竖直线上,通常称为直接跃迁或竖直跃迁。

受到动量守恒条件式(6.1.10)的严格限制,不是所有半导体都能发生带边竖直跃迁,它取决于半导体的能带结构。

对于诸如 InSb、GaAs 等直接能隙半导体,导带底和价带顶位于同一 $\boldsymbol{k}$ 值处,带边直接跃迁可以发生,如图 6-1-3(a)所示。然而对于诸如 Si、Ge 等间接能隙半导体,导带底和价带顶不处于同一 $\boldsymbol{k}$ 值处,它们之间相隔一个相当大的波矢 $\boldsymbol{k}_{\mathrm{c}}=\boldsymbol{k}'-\boldsymbol{k}$。在这种情况下,带边之间的光致直接跃

迁不能满足动量守恒条件,因为光子不能提供足够大的波矢。但是,如果在该过程中产生(或湮没)一个波矢为 $\boldsymbol{q}$、频率为 $\omega_{声}$ 的声子,则有

$$\hbar \boldsymbol{k}' - \hbar \boldsymbol{k} = \pm \hbar \boldsymbol{q} + \hbar \boldsymbol{k}_{光} \tag{6.1.11}$$

$$E_g = E_- - E_+ = \hbar\omega_{光} \pm \hbar\omega_{声} \tag{6.1.12}$$

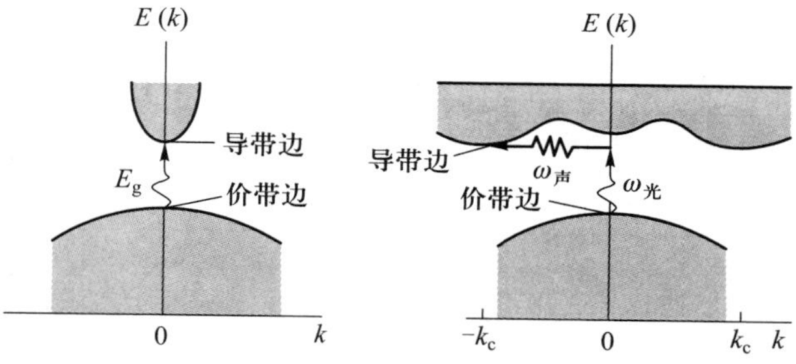

(a) 直接带隙和带边直接跃迁　(b) 间接带隙和带边间接跃迁

图 6-1-3

在这个跃迁过程中,吸收一个光子产生一个导带中的电子和一个价带中的空穴,并且湮没(或产生)一个能量为 $\hbar\omega_{声}$、波矢为 $\boldsymbol{q}$ 的声子。由于光子的动量极小,而声子携带与带边电子同一数量级的动量,所以跃迁过程所需要的动量主要由声子提供。另一方面,由于典型的声子能量($\hbar\omega_{声} \approx 0.01 \sim 0.03$ eV)一般远小于 E_g,所以跃迁过程所需的大部分能量主要由光子提供。这种有声子参与的带边跃迁称为间接跃迁或非竖直跃迁,如图 6-1-3(b)所示。一般来说,间接跃迁是一个通过光子-声子的二级跃迁过程,其跃迁概率相对于一级竖直跃迁过程要小得多。

本征光吸收乃是半导体带隙的最佳测量方法。图 6-1-4(a)表示在绝对零度下,直接能隙半导体的连续光吸收曲线,阈值频率 ω_g 确定半导体的带边最小能隙能量 $E_g = \hbar\omega_g$。可是对于间接能隙半导体,在绝对零度下的直接跃迁不能确定最小的带隙。只有当温度高到足以在晶体中激发带边间接跃迁所需波矢的声子时,才可以产生伴随声子湮没的光吸收过程。这样在吸收阈值附近的光吸收较弱,如图 6-1-4(b)所示。因此,光学测量不仅可以确定带隙,还可以区分究竟是直接能隙还是间接能隙。表 6-1-1 列出了一些半导体材料的价带和导带之间的能隙。

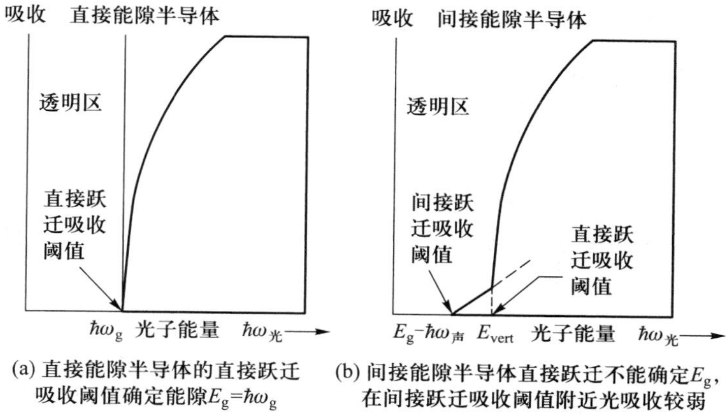

(a) 直接能隙半导体的直接跃迁吸收阈值确定能隙E_g=$\hbar\omega_g$　(b) 间接能隙半导体直接跃迁不能确定E_g,在间接跃迁吸收阈值附近光吸收较弱

图 6-1-4　在绝对零度下纯净半导体的光吸收

表 6-1-1 一些半导体的带隙

(i: 间接带隙;d: 直接带隙)

晶体	带隙	E_g/eV		晶体	带隙	E_g/eV	
		0 K	300 K			0 K	300 K
金刚石	i	5.4		HgTe *	d	-0.30	
Si	i	1.17	1.11	PbS	d	0.286	0.34~0.37
Ge	i	0.744	0.66	PbSe	i	0.165	0.27
α-Sn	d	0.00	0.00	PbTe	i	0.190	0.29
InSb	d	0.23	0.17	CdS	d	2.582	2.42
InAs	d	0.43	0.36	CdSe	d	1.84	1.74
InP	d	1.42	1.27	CdTe	d	1.607	1.44
GaP	i	2.32	2.25	ZnO		3.436	3.2
GaAs	d	1.52	1.43	ZnS		3.91	3.6
GaSb	d	0.81	0.68	SnTe	d	0.3	0.18
AlSb	i	1.65	1.6	AgCl		—	3.2
SiC(hex)	i	3.0	—	AgI		—	2.8
Te	d	0.33	—	Cu_2O	d	2.172	—
ZnSb		0.56	0.56	TiO_2		3.03	—

*: HgTe 是一种半金属,价带和导带交叠。

四、激子

在上面的讨论中,我们假定每当一个能量大于能隙的光子被半导体晶体吸收时,就产生一个导带电子和一个价带空穴。对于直接跃迁过程,其阈值条件是 $\hbar\omega_{光} \geqslant E_g$。而对于有声子介入的间接跃迁过程,其阈能将降低,降低的能量等于声子的能量 $\hbar\omega_{声}$。但是一对电子和空穴可以通过库仑吸引形成一个复合体,所谓激子就是束缚的电子-空穴对。一般激子可以在晶体中运动,但它并不携带电荷。激子同一个正电子与电子构成的电子偶素类似。电子和空穴通过库仑势

$$V(r) = -\frac{e^2}{4\pi\varepsilon_0\varepsilon r} \tag{6.1.13}$$

彼此吸引。如果电子和空穴的等能面是球形并且是非简并的,那么激子束缚态就归结为一个类氢原子问题。以价带顶为能量原点,考虑到空穴的质量远小于氢原子核的质量,激子的能级由修正的里德伯(Rydberg)方程给出:

$$E_n = E_g - \frac{\mu e^4}{2(4\pi\varepsilon_0\varepsilon\hbar)^2 n^2} \tag{6.1.14}$$

激子的玻尔半径为

$$a=\frac{4\pi\varepsilon_0\varepsilon\hbar^2}{\mu e^2}\qquad(6.1.15)$$

式中 n 是主量子数，μ 是电子和空穴的有效质量 m_-^* 和 m_+^* 组成的约化质量：

$$\frac{1}{\mu}=\frac{1}{m_-^*}+\frac{1}{m_+^*}\qquad(6.1.16)$$

式(6.1.14)中，令 $n=1$，就得到激子的电离能量。对于 Si 取 $\varepsilon=11.8$，得到激子的能级在导带底以下几个 meV 范围内，而电子-空穴对之间的平均距离远大于一个晶格常量，如图 6-1-5 所示。这样的激子是弱束缚的，称为万尼尔-莫特激子。

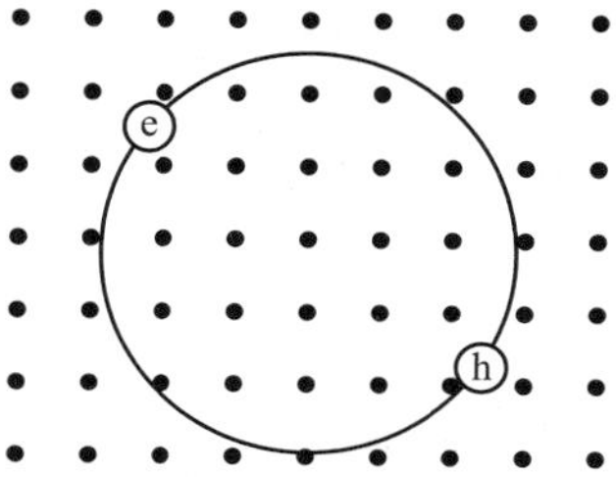

(a) 一个弱束缚的电子-空穴对，电子-空穴对之间的平均间距大于一个晶格常量

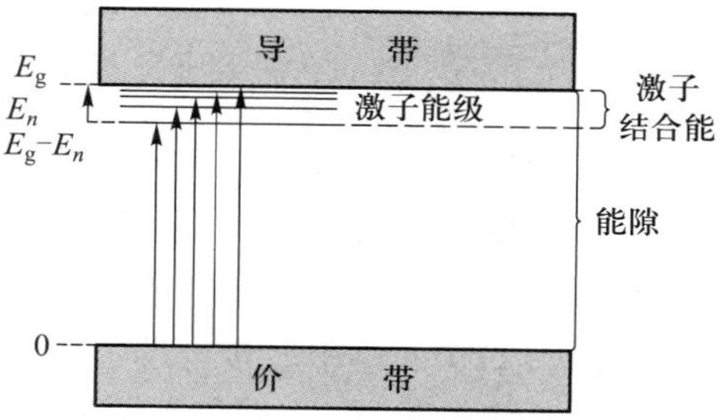

(b) 激子的能级

图 6-1-5　弱束缚激子

激子可以吸收光子变为导带电子和价带空穴，因而在半导体基本吸收边附近可以观察到若干激子吸收峰，它对应于量子数 n 较小的一些激子状态。图 6-1-6是氧化亚铜(Cu_2O)在低温下的光吸收谱线。吸收边对应能隙 $E_g=2.17$ eV。$n>2$ 的激子吸收峰与式(6.1.14)符合得相当好，若取 $\varepsilon=10$ 可以拟合得到 $\mu=0.7m$。

激子中的电子和空穴可以复合而发光，在此过程中电子落入价带的空穴中，同时放出一个光子。所以激子都有一定的寿命，半导体中的激子其寿命约为 μs 量级。在低温强光辐照下，诸如 Si 和 Ge 中激子浓度可达到 10^{17} cm^{-3}，相应的自由激子束缚能约为 2 meV，高浓度的激子将出现激子的凝聚相，这种由电子和空穴相间组成的量子液体称为电子-空穴液滴(electron-hole droplet)。激子的凝聚相比自由激子状态有更低的能量，因而是更稳定的状态。液滴的寿命大约为 40 μs，在形变的 Ge 晶体中，寿命可达 600 μs。在液滴中，激子可以分解为自由电子和空穴构成简并费米气体，具有金属性。液滴中的电子和空穴也会复合发光，其光谱是一个位于自由激子发光谱长波侧的宽峰。图 6-1-7 表示 Ge 中自由激子的复合辐射(714 meV)和液滴相的复合辐射(709 meV)。自由激子谱线的宽度起源于

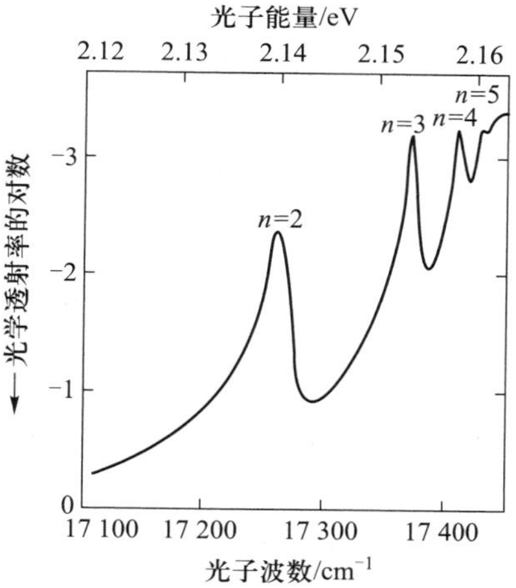

图 6-1-6　氧化亚铜 77 K 下光学透射率的对数对光子能量曲线

注意纵轴向上对数减小，曲线的峰对应于吸收

多普勒增宽。而液滴谱线的宽度与浓度为 $2\times10^{17}\ \mathrm{cm}^{-3}$ 的费米气体中电子和空穴的动能分布相符。

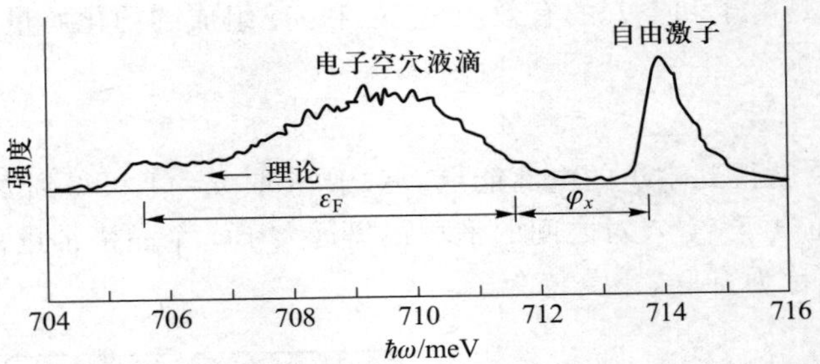

图 6-1-7　锗晶体在 3.04 K 下自由激子和电子-空穴液滴的复合辐射谱

在分子晶体和离子晶体中,可以激发局域在单一原子或分子上的激子,这时电子和空穴位于同一原子附近,构成一个紧束缚激子,称为弗仑克尔(Frenkel)激子。一个弗仑克尔激子基本上是单个原子的一个激发态,但是借助于相邻原子之间的耦合,激子可以从一个原子跳跃到另一个原子,这种激发以波的形式在晶体中缓慢运动。图 6-1-8 是固态氪分子晶体在 20 K 下的光吸收谱。10.17 eV 的吸收线对应于激子的基态跃迁,它与氪原子的最低强跃迁 9.99 eV 接近。晶体的能隙是 11.7 eV,因此激子的基态能量相对于晶体中分离的电子和空穴的能量是 11.7 eV - 10.17 eV = 1.53 eV,激子的束缚能相当大。

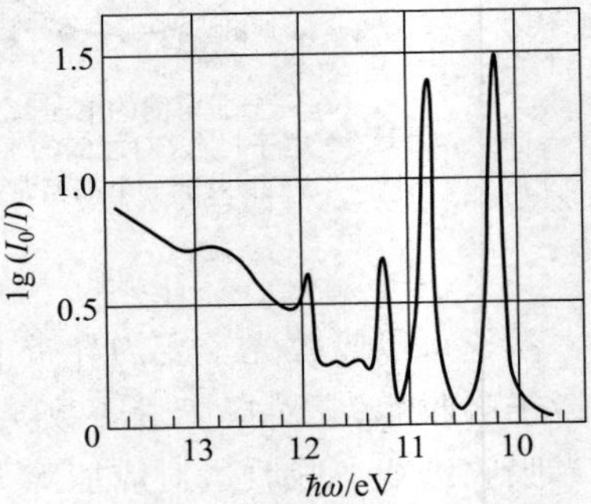

图 6-1-8　固态氪分子晶体在 20 K 下的光吸收谱

金属中的价电子从费米海中激发到费米面以外并在费米球内留下空穴,因其寿命极短,不能形成激子。但金属内层电子受 X 射线激发产生内层空穴有较长的寿命,能够对已激发的电子具有吸收作用形成激子,因而在 X 射线吸收边附近呈现奇异特性。

§6.2　半导体带边的能带结构和有效质量

一、能带计算的 $\boldsymbol{k}\cdot\boldsymbol{p}$ 方法

半导体的物理性质主要取决于导带和价带边的能带结构。能带计算的 $\boldsymbol{k}\cdot\boldsymbol{p}$ 方法是求解布里渊区中高对称点附近能带结构最简便的方法。它可以得到带边附近的能带色散关系和有效质量的解析表达式。

周期势场中单电子波函数是布洛赫波,

$$\psi_{\boldsymbol{k}}^{n}(\boldsymbol{r}) = \mathrm{e}^{\mathrm{i}\boldsymbol{k}\cdot\boldsymbol{r}}u_{\boldsymbol{k}}^{n}(\boldsymbol{r}) \tag{6.2.1}$$

在 §4.1 中,我们已经推导了周期因子 $u_{\boldsymbol{k}}^{n}(\boldsymbol{r})$ 满足的方程(4.1.20),

$$\left(\frac{\boldsymbol{p}^2}{2m}+\frac{\hbar\boldsymbol{k}\cdot\boldsymbol{p}}{m}+\frac{\hbar^2\boldsymbol{k}^2}{2m}+V\right)u_{\boldsymbol{k}}^{n}(\boldsymbol{r}) = E_n(\boldsymbol{k})u_{\boldsymbol{k}}^{n}(\boldsymbol{r}) \tag{6.2.2}$$

式中 n 是能带序号，$\boldsymbol{k}\in 1BZ$，$\boldsymbol{p}=-\mathrm{i}\hbar\nabla$。取带边波矢为 $\boldsymbol{k}_0$，则带边方程为

$$\left(\frac{\boldsymbol{p}^2}{2m}+\frac{\hbar\boldsymbol{k}_0\cdot\boldsymbol{p}}{m}+\frac{\hbar\boldsymbol{k}_0^2}{2m}+V\right)u_{\boldsymbol{k}_0}^n(\boldsymbol{r})=E_n(\boldsymbol{k}_0)u_{\boldsymbol{k}_0}^n(\boldsymbol{r}) \tag{6.2.3}$$

为了简单起见，假定带边位于布里渊区的中心 Γ 点，$\boldsymbol{k}_0=(0,0,0)$，方程(6.2.3)变为

$$\left(\frac{\boldsymbol{p}^2}{2m}+V\right)u_0^n(\boldsymbol{r})=E_n(\boldsymbol{0})u_0^n(\boldsymbol{r}) \tag{6.2.4}$$

方程(6.2.4)较之 $\psi_{\boldsymbol{k}}^n(\boldsymbol{r})$ 满足的方程(4.1.19)容易求解得多，因为 $u_0^n(\boldsymbol{r})$ 是正点阵的周期函数。方程(6.2.4)的解构成一个正交完备集。一旦 $E_n(\boldsymbol{0})$ 和 $u_0^n(\boldsymbol{r})$ 已知，那么我们可以将 $\hbar\boldsymbol{k}\cdot\boldsymbol{p}/m$ 和 $\hbar^2\boldsymbol{k}^2/(2m)$ 作为微扰，应用简并或非简并微扰理论去求解方程(6.2.2)。这种计算能带色散关系的方法称为 $\boldsymbol{k}\cdot\boldsymbol{p}$ 方法。因为微扰项正比于 $\boldsymbol{k}$，所以这种方法最适合计算小 $\boldsymbol{k}$ 值的能谱。原则上讲，这种方法可以用来求解任意 $\boldsymbol{k}_0$ 附近的能谱，只要知道在 $\boldsymbol{k}_0$ 点的波函数和能量。

1. 非简并极值点附近的有效质量

假定 $E_n(\boldsymbol{0})$ 是能带的极值点，并且在该能量点能带是非简并的。那么应用标准的非简并微扰理论，在 $\boldsymbol{k}=(0,0,0)$ 附近的波函数 $u_{\boldsymbol{k}}^n(\boldsymbol{r})$ 和能谱 $E_n(\boldsymbol{k})$ 为

$$u_{\boldsymbol{k}}^n(\boldsymbol{r})=u_0^n(\boldsymbol{r})+\frac{\hbar}{m}\sum_{n'\neq n}\frac{\langle u_0^n|\boldsymbol{k}\cdot\boldsymbol{p}|u_0^{n'}\rangle}{E_n(\boldsymbol{0})-E_{n'}(\boldsymbol{0})}u_0^{n'}(\boldsymbol{r}) \tag{6.2.5}$$

和

$$\begin{aligned}E_n(\boldsymbol{k})&=E_n(\boldsymbol{0})+\frac{\hbar^2\boldsymbol{k}^2}{2m}+\frac{\hbar^2}{m^2}\sum_{n'\neq n}\frac{\langle u_0^n|\boldsymbol{k}\cdot\boldsymbol{p}|u_0^{n'}\rangle\langle u_0^{n'}|\boldsymbol{k}\cdot\boldsymbol{p}|u_0^n\rangle}{E_n(\boldsymbol{0})-E_{n'}(\boldsymbol{0})}\\&=E_n(\boldsymbol{0})+\frac{\hbar^2\boldsymbol{k}^2}{2m}+\frac{\hbar^2}{m^2}\sum_{n'\neq n}\sum_{\alpha,\beta}\frac{\langle u_0^n|p_\alpha|u_0^{n'}\rangle\langle u_0^{n'}|p_\beta|u_0^n\rangle}{E_n(\boldsymbol{0})-E_{n'}(\boldsymbol{0})}k_\alpha k_\beta\end{aligned} \tag{6.2.6}$$

式中 $\alpha,\beta=x,y,z$。如果选择适当的主轴坐标，式(6.2.6)可以写为

$$E_n(\boldsymbol{k})=E_n(\boldsymbol{0})+\frac{\hbar^2\boldsymbol{k}^2}{2m}+\frac{\hbar^2}{m^2}\sum_{n'\neq n}\sum_{\alpha}\frac{|\langle u_0^n|p_\alpha|u_0^{n'}\rangle|^2}{E_n(\boldsymbol{0})-E_{n'}(\boldsymbol{0})}k_\alpha^2 \tag{6.2.7}$$

这里我们只涉及 $\boldsymbol{k}\cdot\boldsymbol{p}$ 对能量的二级修正。如果将 $E_n(\boldsymbol{k})$ 按泰勒展开至小波矢 $\boldsymbol{k}$ 的二级项，考虑到 $E_n(\boldsymbol{0})$ 是能量的极值点，展开式中一次项为 0，有

$$\begin{aligned}E_n(\boldsymbol{k})&=E_n(\boldsymbol{0})+\frac{1}{2}\left[\frac{\partial^2E_n(\boldsymbol{k})}{\partial k_x^2}\right]_0k_x^2+\frac{1}{2}\left[\frac{\partial^2E_n(\boldsymbol{k})}{\partial k_y^2}\right]_0k_y^2+\frac{1}{2}\left[\frac{\partial^2E_n(\boldsymbol{k})}{\partial k_z^2}\right]_0k_z^2\\&=E_n(\boldsymbol{0})+\frac{\hbar^2}{2}\sum_\alpha\frac{k_\alpha^2}{m_\alpha^*}\end{aligned} \tag{6.2.8}$$

式中 $m_\alpha^*=\left[\frac{1}{\hbar^2}\left(\frac{\partial^2E_n(\boldsymbol{k})}{\partial k_\alpha^2}\right)_0\right]^{-1}$ 为带边有效质量。

对比式(6.2.7)和式(6.2.8)，得到有效质量的表达式：

$$\frac{1}{m_\alpha^*}=\frac{1}{m}+\frac{2}{m^2}\sum_{n'\neq n}\frac{|\langle u_0^n|p_\alpha|u_0^{n'}\rangle|^2}{E_n(\boldsymbol{0})-E_{n'}(\boldsymbol{0})} \tag{6.2.9}$$

可见,不同能带电子态之间借助 $\boldsymbol{k}\cdot\boldsymbol{p}$ 项的耦合导致晶体中电子的有效质量不同于自由电子的质量。带间耦合效应对有效质量的影响取决于下面两个因素:

首先,要求带间矩阵元 $\langle u_0^n | \boldsymbol{k}\cdot\boldsymbol{p} | u_0^{n'}\rangle$ 不为零,以保证不同带之间电子态之间有耦合。

其次,带间两个电子态的能量差对有效质量有重要的影响,能量差越大影响越小。因此在众多的电子态中往往只需考虑相邻的导带和价带之间的耦合。这样在双带模型下,

$$\frac{1}{m_\alpha^*}=\frac{1}{m}+\frac{2}{m^2}\frac{1}{E_g}\left|\langle u_0^c | p_\alpha | u_0^v\rangle\right|^2 \tag{6.2.10}$$

式中上标 c、v 表示导带和价带标号,$E_g=E_- - E_+$ 是带隙宽度。小能隙导致小的有效质量。由式(6.2.10)还可知道,如果考虑价带对导带电子的影响,它将提供一个正值给 $1/m_\alpha^*$,使得导带电子的有效质量小于自由电子的质量。相反,考虑导带对价带电子的影响,由于 $E_+-E_-<0$,它将倾向于增加电子的有效质量,甚至使有效质量改变符号。对于具有立方对称的晶体,极值点 $\boldsymbol{k}_0=0$ 处电子的有效质量通常是标量,与方向无关。表 6-2-1 列出了几种半导体材料在能量极值点附近导带电子有效质量的实验值与计算值。

表 6-2-1 几种半导体能量极值点附近导带电子的有效质量

半导体材料	Ge	GaN	GaAs	GaSb	InP	InAs	ZnS	ZnSe	ZnTe	CdTe
E_g/eV	0.89	3.44	1.55	0.81	1.34	0.45	3.80	2.82	2.39	1.59
$\frac{m_-^*}{m}$(实验)	0.041	0.17	0.067	0.047	0.073	0.026	0.20	0.134	0.124	0.093
$\frac{m_-^*}{m}$(计算)	0.04	0.17	0.078	0.04	0.067	0.023	0.16	0.14	0.12	0.08

对于诸如 Si 和 Ge 等半导体,导带边不在布里渊区的中心 Γ 点,$\boldsymbol{k}_0\neq 0$。但是由于对称性的原因,它总是位于某些对称轴上。采用 $\boldsymbol{k}\cdot\boldsymbol{p}$ 方法仍然可以得到类似的结果:

$$\frac{1}{m_\alpha^*}=\frac{1}{m}+\frac{2}{m^2}\sum_{n'\neq n}\frac{\left|\langle u_{\boldsymbol{k}_0}^n | p_\alpha | u_{\boldsymbol{k}_0}^{n'}\rangle\right|^2}{E_n(\boldsymbol{k}_0)-E_{n'}(\boldsymbol{k}_0)} \tag{6.2.11}$$

这时有效质量往往是各向异性的。沿对称轴方向的有效质量常常记为 m_l^*,而垂直于对称轴方向的有效质量记为 m_t^*。这是由于能带的对称性,导致不同方向能带间不同电子态能量差是不相等的。

2. 简并极值点附近的能带结构和有效质量

对于具有金刚石结构和闪锌矿结构的半导体,例如 Si 和 Ge,每个原子的 s、p 轨道形成四个指向四面体顶角的 sp^3 杂化轨道。晶体中每个初基元胞中含有两个原子,因此两个原子的 sp^3 杂化轨道可以形成四个成键轨道和四个反成键轨道。根据紧束缚近似理论,考虑到轨道波函数的交叠,四个成键轨道展宽为四个价带,四个反成键轨道展宽为四个导带。在四个价带中,有一个 s 轨道主导的能带和三个 p 轨道主导的能带。由于 s 轨道的能量低于 p 轨道的能量,因此,价带中 s 轨道主导的能带能量低于 p 轨道主导的能带能量。在能量极值点($\boldsymbol{k}=0$),s 带二重简并,p 带六重简并(包括自旋简并)。进一步考虑自旋 - 轨道耦合,一个原子的 p 态将分裂为 $p_{3/2}$ 和 $p_{1/2}$ 两个

态，对应于总角动量 $J=\frac{3}{2}$ 和 $J=\frac{1}{2}$。$p_{3/2}$ 能级是四重简并的，对应于 $m_J=\pm\frac{3}{2},\pm\frac{1}{2}$，$p_{1/2}$ 能级是二重简并的，对应于 $m_J=\pm\frac{1}{2}$，$p_{3/2}$ 态的能量比 $p_{1/2}$ 态高，能量差为 Δ。形成晶体后，$p_{3/2}$ 能级形成两个价带，而 $p_{1/2}$ 能级形成一个所谓的自旋－轨道裂出价带。在 $\boldsymbol{k}=0$ 点，两个 $p_{3/2}$ 带四重简并，而 $p_{1/2}$ 带二重简并。图 6-2-1 是基于理论和实验的结合得到的 Ge 的导带和价带结构，其能隙是间接的。导带底在 $\boldsymbol{k}=\left(\frac{2\pi}{a}\right)\left(\frac{1}{2},\frac{1}{2},\frac{1}{2}\right)$ 点，价带顶位于 $\boldsymbol{k}=0$ 处。四个价带中最下面一个是 s 带。图中图表示由于自旋－轨道耦合得到的价带边的细致结构。

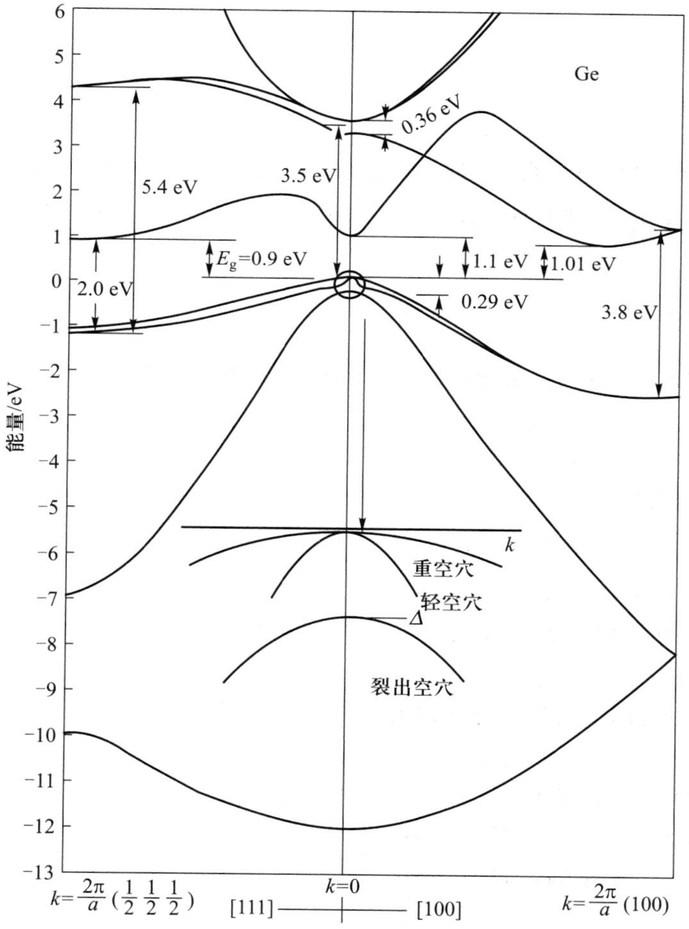

图 6-2-1　锗的能带结构

在极值点能带是简并的情况下，也可以采用 $\boldsymbol{k}\cdot\boldsymbol{p}$ 简并微扰方法去计算带边的能带结构和有效质量。取价带边为能量的原点，可以得到带边附近的类 p 带的能量为

$$E(\boldsymbol{k})=A\boldsymbol{k}^2\pm\left[B^2\boldsymbol{k}^4+C^2(k_x^2k_y^2+k_y^2k_z^2+k_z^2k_x^2)\right]^{1/2} \tag{6.2.12}$$

它对应于 $p_{3/2}$ 能级形成的两个带,式中"±"号对应于两个有效质量,分别称为重空穴和轻空穴。裂出能带为

$$E(\boldsymbol{k}) = -\Delta + A\boldsymbol{k}^2 \tag{6.2.13}$$

式(6.2.12)和式(6.2.13)中的系数 A、B、C 可由实验确定,以 $\hbar^2/(2m)$ 为单位,对于 Si 和 Ge 分别是

$$\text{Si}: A = -4.29,\quad |B| = 0.68,\quad |C| = 4.87,\quad \Delta = 0.044\ \text{eV}$$
$$\text{Ge}: A = -13.38,\quad |B| = 8.48,\quad |C| = 13.15,\quad \Delta = 0.29\ \text{eV}$$

这样可以由式(6.2.12)来估计不同方向轻、重空穴的有效质量。例如沿⟨100⟩方向有

$$m_{\text{lh}}^* = \frac{m}{|A| + |B|},\quad m_{\text{hh}}^* = \frac{m}{|A| - |B|} \tag{6.2.14}$$

沿⟨111⟩方向有

$$m_{\text{lh}}^* = \frac{m}{|A| + \sqrt{B^2 + C^2/2}},\quad m_{\text{hh}}^* = \frac{m}{|A| - \sqrt{B^2 + C^2/2}} \tag{6.2.15}$$

由式(6.2.14)和式(6.2.15)可以得到,对于 Si,沿⟨100⟩方向 $m_{\text{lh}}^* = 0.20m$,$m_{\text{hh}}^* = 0.28m$,沿⟨111⟩方向 $m_{\text{lh}}^* = 0.13m$,$m_{\text{hh}}^* = 1.3m$。对于 Ge,沿⟨100⟩方向 $m_{\text{lh}}^* = 0.045m$,$m_{\text{hh}}^* = 0.21m$,沿⟨111⟩方向 $m_{\text{lh}}^* = 0.04m$,$m_{\text{hh}}^* = 1.25m$。

二、回旋共振实验

回旋共振是半导体导带和价带边附近等能面的有效测量方法之一。确定等能面相当于确定有效质量张量。

在主轴坐标下,带边等能面一般是一个椭球,如式(6.2.8)所示。在恒定磁场下,载流子的回旋有效质量由式(4.10.20)给出:

$$\frac{1}{m_c^*} = \left(\frac{m_x^*\alpha^2 + m_y^*\beta^2 + m_z^*\gamma^2}{m_x^* m_y^* m_z^*}\right)^{1/2} \tag{6.2.16}$$

式中 α、β、γ 是外磁场 $\boldsymbol{B}$ 相对于有效质量主轴的方向余弦。因此,测量三个不同磁场取向下的 m_c^* 便可推知 m_x^*、m_y^*、m_z^*。

回旋共振实验也可以测定带边等能面的形状。以 n 型 Ge 晶体为例,回旋共振实验得到如下实验结果:

(1) 若 $\boldsymbol{B}$ 沿⟨111⟩晶轴方向,可测得两个吸收峰;

(2) 若 $\boldsymbol{B}$ 沿⟨110⟩晶轴方向,可测得两个吸收峰;

(3) 若 $\boldsymbol{B}$ 沿⟨100⟩晶轴方向,可测得一个吸收峰;

(4) 若 $\boldsymbol{B}$ 沿任意方向,往往可测得四个吸收峰。

根据这样的实验结果,可以推知 n-Ge 导带边等能面的形状。Ge 晶体具有 fcc 点阵,布里渊区为一个截角八面体。假定 Ge 的导带底位于布里渊区 Λ 轴(即⟨111⟩轴)$\boldsymbol{k}_0 = \frac{2\pi}{a}\left(\frac{1}{2},\frac{1}{2},\frac{1}{2}\right)$ 处,并且等能面是长轴沿 Λ 方向的旋转椭球,那么根据对称性,在布里渊区内,n-Ge 导带边的等能面由如图 6-2-2 所示的 8 个旋转椭球构成。这样就能很好地解释上述实验结果。

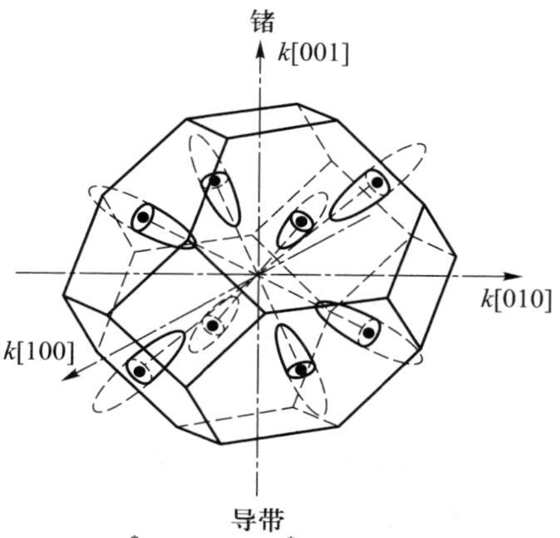

图 6-2-2　Ge 中导带边附近的等能面

令 $m_x^*=m_y^*=m_t^*$ 为短轴有效质量，$m_z^*=m_l^*$ 为长轴有效质量，并注意到 $\alpha^2+\beta^2+\gamma^2=1$，那么式(6.2.16)可以改写为

$$m_c^*=\left(\frac{m_x^* m_y^* m_z^*}{m_x^*\alpha^2+m_y^*\beta^2+m_z^*\gamma^2}\right)^{1/2}=m_t\left[\frac{K}{(1-\gamma^2)+K\gamma^2}\right]^{1/2} \tag{6.2.17}$$

其中 $K=\dfrac{m_l^*}{m_t^*}$，回旋共振频率为

$$\omega_c=\frac{eB}{m_c^*}=\frac{eB}{m_t}\left[\frac{(1-\gamma^2)+K\gamma^2}{K}\right]^{1/2} \tag{6.2.18}$$

可见回旋频率依赖于磁场相对于椭球长轴的取向 γ。ω_c 的多值性取决于 $|\gamma|$ 的多值性。根据我们的假定，布里渊区中有 8 个等价的长轴沿〈111〉方向的旋转椭球，因此

（1）当 $\boldsymbol{B}\parallel[111]$ 方向时，

$$|\gamma|=\left|\frac{[111]\cdot\langle111\rangle}{\sqrt{3}\cdot\sqrt{3}}\right|=\begin{cases}1, & 当长轴沿[111],[\bar{1}\bar{1}\bar{1}]时\\ \dfrac{1}{3}, & 其他情况\end{cases}$$

即长轴沿[111]和[$\bar{1}\bar{1}\bar{1}$]的两个椭球相对于磁场的方向余弦 $|\gamma|=1$，而对于剩下的 6 个椭球 $|\gamma|=\dfrac{1}{3}$。因此可以有两个吸收峰。

（2）当 $\boldsymbol{B}\parallel[110]$ 方向时，

$$|\gamma|=\left|\frac{[110]\cdot\langle111\rangle}{\sqrt{2}\cdot\sqrt{3}}\right|$$

$$=\begin{cases}0, & 当长轴沿[\bar{1}11],[1\bar{1}1],[\bar{1}1\bar{1}],[1\bar{1}\bar{1}]时\\ \sqrt{\dfrac{2}{3}}, & 其他情况\end{cases}$$

这样有两个吸收峰。

(3) 当 $\boldsymbol{B} \parallel [100]$ 方向时,

$$|\gamma| = \left|\frac{[100] \cdot \langle 111\rangle}{\sqrt{3}}\right| = \frac{1}{3}$$

这样只有一个吸收峰。

(4) 当 $\boldsymbol{B}$ 沿任意方向时,相对于$\boldsymbol{k}=0$对称的一对椭球 $|\gamma|$ 相等,故可能有四个吸收峰。

因此由回旋共振实验可以测定半导体 Ge 导带边等能面的结构,并得到 $m_l^* = 1.64m$, $m_t^* = 0.082m$。

同样回旋共振实验测得 Si 导带边的等能面如图 6-2-3 所示。它是长轴沿⟨100⟩方向的六个旋转椭球,并且$m_l^* = 0.98m$, $m_t^* = 0.19m$。

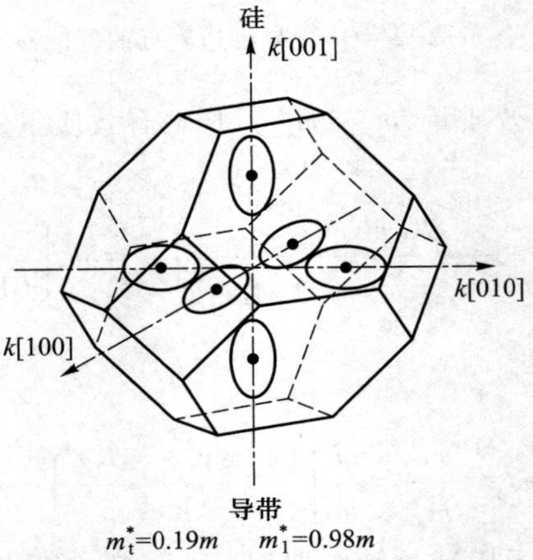

图 6-2-3 Si 中导带边附近的等能面

§ 6.3 半导体中载流子的浓度

一、半导体中载流子的统计分布

半导体的载流子包括导带中的电子和价带中的空穴。在热力学平衡下,导带电子应该满足费米分布:

$$f_e(E) = \frac{1}{e^{(E-\mu)/(k_B T)} + 1} \tag{6.3.1}$$

而价带空穴就是电子的欠缺,因此能量为 E 的状态不被电子占据的概率就是空穴占据的概率

$$f_h(E) = 1 - f_e(E) = \frac{1}{e^{(\mu-E)/(k_B T)} + 1} \tag{6.3.2}$$

可见空穴的费米函数是电子费米函数相对于能量轴 $E=\mu$ 的镜像。高能量电子相当于低能量空穴。

与金属不同的是半导体的费米能在禁带之中,因此对于本征半导体或低掺杂的半导体,载流子的能量通常满足

$$E-\mu \gg k_BT, \quad 对于导带电子 \tag{6.3.3}$$

$$\mu-E \gg k_BT, \quad 对于价带空穴 \tag{6.3.4}$$

这样分布函数(6.3.1)和(6.3.2)将退化为经典的玻耳兹曼分布函数:

$$f_e(E) \approx e^{-(E-\mu)/(k_BT)} \tag{6.3.5}$$

$$f_h(E) \approx e^{-(\mu-E)/(k_BT)} \tag{6.3.6}$$

量子统计退化为经典统计的原因在于,满足条件(6.3.3)和(6.3.4)时,导带中电子的占据概率和价带中空穴的占据概率均远小于1,因此不必考虑泡利原理的限制。

二、载流子浓度

半导体中的载流子主要集中在带边附近。假定带边等能面是球面,电子和空穴分别具有单一有效质量 m_-^* 和 m_+^*,那么对于电子和空穴分别有

$$E_c(\boldsymbol{k}) = E_- + \frac{\hbar^2}{2m_-^*}\boldsymbol{k}^2 \text{ 和 } E_v(\boldsymbol{k}) = E_+ - \frac{\hbar^2}{2m_+^*}\boldsymbol{k}^2 \tag{6.3.7}$$

这样可以得到导带底和价带顶的单位体积能态密度分别为

$$N_-(E) = \frac{1}{2\pi^2}\left(\frac{2m_-^*}{\hbar^2}\right)^{3/2}(E-E_-)^{1/2} \tag{6.3.8}$$

$$N_+(E) = \frac{1}{2\pi^2}\left(\frac{2m_+^*}{\hbar^2}\right)^{3/2}(E_+-E)^{1/2} \tag{6.3.9}$$

根据式(5.1.3)可以得到导带电子和价带空穴的浓度分别为

$$\begin{aligned} n &= \int_{E_-}^{\infty} N_-(E)f_e(E)\,\mathrm{d}E = 2\left(\frac{2\pi m_-^* k_BT}{h^2}\right)^{3/2} e^{-(E_--\mu)/(k_BT)} \\ &= N_-(T)\,e^{-(E_--\mu)/(k_BT)} \end{aligned} \tag{6.3.10}$$

$$\begin{aligned} p &= \int_{-\infty}^{E_+} N_+(E)f_h(E)\,\mathrm{d}E = 2\left(\frac{2\pi m_+^* k_BT}{h^2}\right)^{3/2} e^{-(\mu-E_+)/(k_BT)} \\ &= N_+(T)\,e^{-(\mu-E_+)/(k_BT)} \end{aligned} \tag{6.3.11}$$

式中 $N_-(T)=2\left(\frac{2\pi m_-^* k_BT}{h^2}\right)^{3/2}$ 和 $N_+(T)=2\left(\frac{2\pi m_+^* k_BT}{h^2}\right)^{3/2}$ 分别称为导带底和价带顶的有效能态密度,表征导带底 E_- 和价带顶 E_+ 处可容纳的电子空穴数。这样可以简单地将导带和价带看成能量为 E_- 和 E_+ 的两个能级。一旦化学势被确定,便可得到载流子的浓度。

由式(6.3.10)和式(6.3.11)可以得到

$$n\cdot p = N_-(T)N_+(T)e^{-(E_--E_+)/(k_BT)} = N_-(T)N_+(T)e^{-E_g/(k_BT)} = \kappa(T) \tag{6.3.12}$$

它表明在热平衡下,各种载流子浓度的乘积只依赖于温度而与化学势无关。它是质量作用定律的一种表述,类似于化学中不同水溶液里氢离子与羟离子的乘积在温度一定时是一个常量。只要化学势离两个带边的距离与 k_BT 相比足够大,式(6.3.12)便成立,而不论是本征或杂质半导

体。这个结果在实践中很重要,例如少量引入某种杂质使电子浓度 n 增加,必定会使空穴浓度 p 减小,这样可以引入适量的杂质去控制载流子浓度 $n+p$,效果十分明显。

三、化学势的确定

由载流子激发的电中性条件很容易确定半导体的费米能。

1. 本征激发

在本征半导体本征激发情况下,电中性条件可以表示为

$$n = p \tag{6.3.13}$$

这样由式(6.3.10)和式(6.3.11)得到

$$N_-(T)\mathrm{e}^{-(E_- -\mu)/(k_B T)} = N_+(T)\mathrm{e}^{-(\mu - E_+)/(k_B T)}$$

两边取对数有

$$\ln N_- - \frac{E_- - \mu}{k_B T} = \ln N_+ - \frac{\mu - E_+}{k_B T}$$

由此解出

$$\mu(T) = \frac{E_+ + E_-}{2} + \frac{k_B T}{2}\ln\frac{N_+(T)}{N_-(T)} = \frac{E_+ + E_-}{2} + \frac{3}{4}k_B T\ln\frac{m_+^*}{m_-^*} \tag{6.3.14}$$

可见当 $T=0$,或者 $T\neq 0$,但 $m_+^* = m_-^*$ 时,化学势正好在禁带中央。

另外,由式(6.3.12)和电中性条件,可以得到

$$n = p = \sqrt{N_-(T)N_+(T)}\,\mathrm{e}^{-E_g/(2k_B T)} \tag{6.3.15}$$

式(6.3.15)告诉我们,在本征激发情况下,载流子浓度只依赖于能隙宽度和温度而与化学势无关。对于一给定的半导体,温度越高,载流子浓度越大;在一定的温度下,窄能隙半导体的载流子浓度大。

2. 杂质激发

先考虑 n 型半导体。假定施主浓度为 N_D,施主能级能量为 E_D,受主浓度 $N_A=0$,温度足够低使得本征激发可以忽略,这样导带中的电子来源于已经电离的施主杂质态上的电子。电中性条件为

$$n = N_D - n_D \tag{6.3.16}$$

式中 n_D 为施主能级上的电子浓度。如果不考虑杂质局域能级上电子的库仑相互作用[注],

$$n_D = N_D\frac{1}{\mathrm{e}^{(E_D-\mu)/(k_B T)} + 1} \tag{6.3.17}$$

将式(6.3.17)代入式(6.3.16)便得到

$$n = N_D\left[1 - \frac{1}{\mathrm{e}^{(E_D-\mu)/(k_B T)} + 1}\right] = N_D\frac{1}{1 + \mathrm{e}^{(\mu - E_D)/(k_B T)}} \tag{6.3.18}$$

再由式(6.3.10)可以得到

$$\mu(T) = E_- + k_B T\ln\frac{n}{N_-(T)} \tag{6.3.19}$$

将其代入式(6.3.18)中,有

$$n = N_D \frac{1}{1 + \frac{n}{N_-(T)} e^{(E_- - E_D)/(k_B T)}} = N_D \frac{1}{1 + \frac{n}{N_-(T)} e^{E_i/(k_B T)}} \tag{6.3.20}$$

式中 $E_i = E_- - E_D$ 为施主电离能。由式(6.3.20)可以得到

$$n^2 \frac{e^{E_i/(k_B T)}}{N_-(T)} + n - N_D = 0 \tag{6.3.21}$$

求解方程(6.3.21)得到导带中电子浓度为

$$n = \frac{-1 + \left[1 + 4 \frac{N_D}{N_-(T)} e^{E_i/(k_B T)}\right]^{1/2}}{\frac{2}{N_-(T)} e^{E_i/(k_B T)}} \tag{6.3.22}$$

当温度足够高,满足 $E_g \gg k_B T \gg E_i$ 时,式(6.3.22)近似有

$$n = N_D \tag{6.3.23}$$

它表明施主全部电离,导带中的电子浓度等于施主浓度,称为施主激发已经饱和。将 $n = N_D$ 代入式(6.3.19),得到

$$\mu(T) = E_- + k_B T \ln \frac{N_D}{N_-(T)} = E_- - k_B T \ln \frac{N_-(T)}{N_D} \tag{6.3.24}$$

这时费米能已相当接近 E_-。

相反,当温度足够低时,在式(6.3.22)中,$\frac{4N_D}{N_-(T)} e^{E_i/(k_B T)} \gg 1$,因此有

$$n = [N_-(T) N_D]^{1/2} e^{-E_i/(2k_B T)} \tag{6.3.25}$$

而

$$\mu(T) = \frac{E_- + E_D}{2} - \frac{k_B T}{2} \ln \frac{N_-(T)}{N_D} \tag{6.3.26}$$

当 $T \to 0$ K 时,$\mu(0) = E_F = \frac{E_- + E_D}{2}$,费米能处于 E_- 和 E_D 之间。

对于 p 型半导体,忽略本征激发,我们只需将上面公式中的 $n \to p$, $N_D \to N_A$, $N_- \to N_+$, $E_- \to -E_+$, $\mu \to -\mu$, $E_D \to -E_A$,即可得到关于空穴的类似结果。

3. 反型密度

以上我们只讨论了本征激发和仅存在施主杂质或受主杂质激发的简单情况。如果同时存在施主和受主杂质,而且施主和受主浓度可以比拟,情况将变得相当复杂,方程往往要用数值求解。但是即使在这种情况下,质量作用定律仍然成立:

$$n \cdot p = N_+(T) N_-(T) e^{-E_g/(k_B T)} = n_i^2 \tag{6.3.27}$$

式中 n_i 为本征密度,通常称为反型密度。它表明在特定温度 T 下,半导体中的电子和空穴浓度相等 $n = p = n_i$。但是随着温度的变化,如果

$$n > n_i (p < n_i) \text{ 转变为 } p > n_i (n < n_i), \tag{6.3.28}$$

即当某种载流子浓度由高于反型密度变为低于反型密度时,电导类型就反转。密度大于反型密度的载流子称为多数载流子,反之称为少数载流子。

四、半导体中载流子的简并

在前面的讨论中,我们假定 $E_- - \mu \gg k_B T$ 和 $\mu - E_+ \gg k_B T$,在这样的假定下,由式(6.3.10)和式(6.3.11)得到

$$n \ll N_-, \quad p \ll N_+ \tag{6.3.29}$$

式中 $N_{\mp} = 2\left(\frac{2\pi m_{\mp}^* k_B T}{h^2}\right)^{3/2}$。因此载流子浓度远小于式(5.1.23)给出的临界载流子浓度:

$$n_{临} = \frac{1}{3\pi^2}\left(\frac{2m_{\pm}^* k_B T}{\hbar^2}\right)^{3/2} \tag{6.3.30}$$

载流子是非简并的。这样采用经典的玻耳兹曼统计是合理的。但是对于重掺杂的半导体,在足够高的温度下,载流子浓度超过了有效能态密度,此时载流子变为简并的。由式(6.3.26)也可以看到,随着掺杂浓度(N_D 或 N_A)和温度的升高,费米能将向带边移动,$E_- - \mu \gg k_B T$ 和 $\mu - E_+ \gg k_B T$ 关系将不成立。此时必须严格地采用费米分布函数进行计算。

[注] 严格地讲,杂质局域能级的占据率一般不直接由费米分布函数给出。考虑到占据电子之间的强的库仑排斥,排除了每个杂质能级被自旋相反的两个电子同时占据的可能性,因此施主能级占据率变为

$$\frac{n_D}{N_D} = f_D(E_D) = \frac{1}{\frac{1}{2}e^{\frac{E_D - \mu}{k_B T}} + 1} \tag{6.3.31}$$

由此得到电离施主的概率为

$$\frac{N_D - n_D}{N_D} = 1 - f_D(E_D) = \frac{1}{2e^{\frac{\mu - E_D}{k_B T}} + 1} \tag{6.3.32}$$

而电离受主的概率为

$$\frac{N_A - n_A}{N_A} = 1 - f_A(E_A) = \frac{1}{2e^{\frac{E_A - \mu}{k_B T}} + 1} \tag{6.3.33}$$

§6.4 接触效应

当今几乎所有的微电子器件的核心部分都是一个半导体芯片。每一种半导体芯片就是一个微型化的半导体二极管、三极管以及电阻、电容等元件的集成化电路。不同元件的组合能完成特定的控制功能。然而作为集成电路的单个控制单元,大多数是基于通过接触面载流子的输运而工作的。如果载流子能够通过不同物质之间的交界面,这些物质就处于接触状态。以半导体为基的接触可分为两类:

一类是同种晶体内部的界面,通常称为同质结。例如,在同一块半导体中,控制不同区域的掺杂,使一部分为 p 型,另一部分为 n 型,它们之间的接触面就是一个同质结,特别地称为 pn 结。理想的 pn 结界面存在着 p 区受主杂质浓度 N_A 和 n 区施主杂质浓度 N_D 的突变。实际上,pn 结界面处杂质浓度可能是渐变的。

另一类是两种或多种物质之间的交界面,例如,金属与半导体以及不同能带结构的半导体之间的界面,通常称为异质结,特别地将金属、绝缘体和半导体之间的界面称为 MIS 结,如果绝缘体为氧化物又称为 MOS 结。

一、pn 结

1. 平衡 pn 结的费米能和势垒

考虑一个理想的同质 pn 结。先假定 p 区和 n 区处于隔离状态,p 区和 n 区具有相同的能带结构,两部分价带顶能量 E_+ 和导带底能量 E_- 相同。但 p 区的多数载流子为空穴,化学势 μ_p 在价带顶附近;而 n 区的多数载流子为电子,化学势 μ_n 在导带底附近,如图 6-4-1(a)所示。

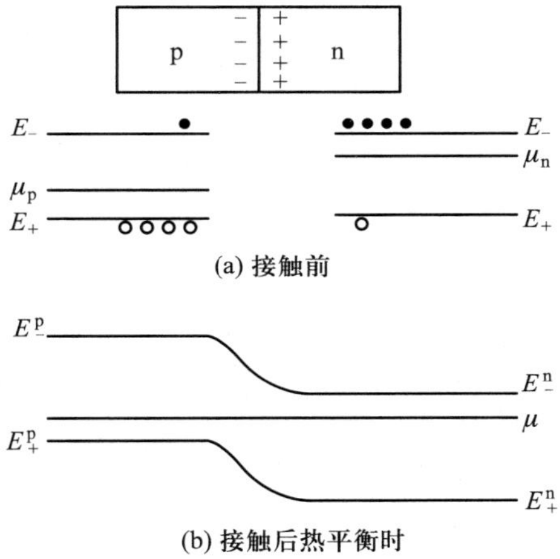

图 6-4-1　pn 结的能带结构和 pn 结势垒

一旦 p 区和 n 区相互接触,由于界面上两种载流子存在着极大的浓度梯度,界面两侧的费米能不相等,n 区的电子将扩散进入 p 区,并同 p 区的空穴复合;同时 p 区的空穴将扩散进入 n 区,并同 n 区的电子复合。电子和空穴的复合将在界面附近形成一个载流子的耗尽层。上述电荷的转移,导致在 n 区一侧出现了由不能运动的电离施主形成的正电荷积累,在 p 区一侧出现了由不能运动的电离受主形成的负电荷积累。这样在结区形成了一个从 n 区指向 p 区的电场,称为内建场。它将阻止 n 区电子和 p 区空穴的扩散。

在热平衡下,载流子的场致漂移流和浓度梯度导致的扩散流相互抵消,没有净粒子流,并且在结区形成电子(空穴)势垒:对于电子而言 p 区一侧的势能高于 n 区;对于空穴而言 n 区一侧的势能高于 p 区。整个晶体和结区载流子热平衡条件是电化学势相等。对于电子可表示为

$$k_B T\ln n(\boldsymbol{r}_n)-e\varphi(\boldsymbol{r}_n)=k_B T\ln n(\boldsymbol{r}_p)-e\varphi(\boldsymbol{r}_p) \tag{6.4.1}$$

对于空穴是

$$k_B T\ln p(\boldsymbol{r}_n) + e\varphi(\boldsymbol{r}_n) = k_B T\ln p(\boldsymbol{r}_p) + e\varphi(\boldsymbol{r}_p) \tag{6.4.2}$$

式中 $n(\boldsymbol{r}_n)$、$n(\boldsymbol{r}_p)$、$p(\boldsymbol{r}_n)$、$p(\boldsymbol{r}_p)$ 分别表示 n 区和 p 区电子和空穴的浓度,$\varphi(\boldsymbol{r}_n)$ 和 $\varphi(\boldsymbol{r}_p)$ 分别表示 n 区和 p 区的静电势。

利用式(6.3.10)和式(6.3.11),由式(6.4.1)和式(6.4.2)容易得到

$$eV_D = \mu_n - \mu_p \tag{6.4.3}$$

式中 $V_D = \varphi(\boldsymbol{r}_n) - \varphi(\boldsymbol{r}_p)$,表示 n 区和 p 区的电势差。可见势垒的高度正好等于原来 n 区和 p 区化学势之差。整个能带在结区产生弯曲,使得在空间电荷区以外 n 区和 p 区带边能量相对移动,有 $E_-^p - E_-^n = eV_D$,$E_+^p - E_+^n = eV_D$。整个系统的电化学势 μ 相等。而在弯曲的能带图式中,化学势被拉平,如图 6-4-1(b)所示。

在热力学平衡并且载流子非简并的情况下,据此可以得到 n 区和 p 区载流子的浓度:

$$n_n^0 = N_-(T)\mathrm{e}^{\frac{-(E_-^n - \mu)}{k_B T}} \tag{6.4.4}$$

$$n_p^0 = N_-(T)\mathrm{e}^{\frac{-(E_-^p - \mu)}{k_B T}} \tag{6.4.5}$$

$$p_n^0 = N_+(T)\mathrm{e}^{\frac{-(\mu - E_+^n)}{k_B T}} \tag{6.4.6}$$

$$p_p^0 = N_+(T)\mathrm{e}^{\frac{-(\mu - E_+^p)}{k_B T}} \tag{6.4.7}$$

从上面的四个等式容易得到

$$\frac{n_p^0}{n_n^0} = \mathrm{e}^{-eV_D/(k_B T)}, \quad \frac{p_n^0}{p_p^0} = \mathrm{e}^{-eV_D/(k_B T)} \tag{6.4.8}$$

可见平衡时 p 区和 n 区的电子浓度之比以及 n 区和 p 区的空穴浓度之比皆满足玻耳兹曼关系。

2. 外加电压和 pn 结的整流作用

当 pn 结上加有正向偏压 V(即加正电压于 p 区)时,势垒高度变为 $e(V_D - V)$,如图 6-4-2 所示。

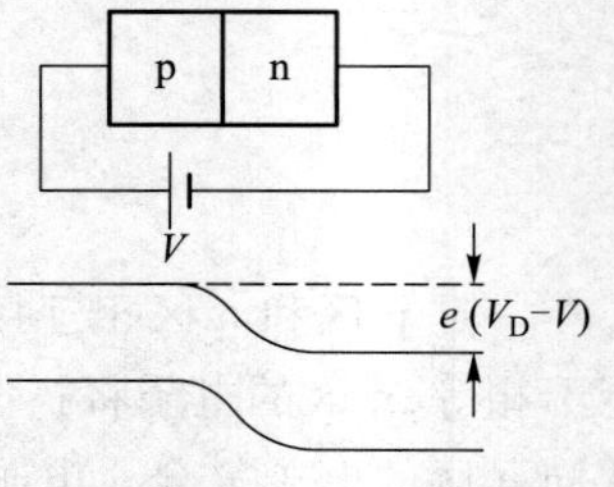

图 6-4-2 外加偏压下 pn 结势垒

此时势垒不足以完全抵消电子和空穴的扩散作用,漂移运动和扩散运动的平衡被破坏。结果有较多的电子由 n 区向 p 区扩散。p 区电子浓度可近似地写为

$$n_p \approx n_n^0 \mathrm{e}^{\frac{-e(V_D - V)}{k_B T}} \tag{6.4.9}$$

与平衡情况相比,p 区电子浓度的增加为

$$\Delta n_p = n_p - n_p^0 = n_p^0[\mathrm{e}^{eV/(k_B T)} - 1] \tag{6.4.10}$$

这些多余的电子是非平衡载流子,它们一面向 p 区内部扩散,一面与 p 区的空穴复合。扩散流可唯象地写为

$$\boldsymbol{J} = -D_- \nabla n_p \tag{6.4.11}$$

其中 D_- 为电子的扩散系数。

复合是一个由非平衡趋于平衡的自发过程,它以一定的概率发生。定义复合率为单位时间、单位体积内非平衡载流子的复合数,在线性近似下,它正比于非平衡载流子的浓度,即

$$\text{复合率} = \frac{\Delta n_{\mathrm{p}}}{\tau_{-}} \tag{6.4.12}$$

τ_{-}被定义为非平衡载流子的寿命，它描述非平衡载流子在复合前的平均存在时间。

根据连续性原理，有

$$\frac{\partial n_{\mathrm{p}}}{\partial t} = -\nabla \cdot \boldsymbol{J} - \frac{\Delta n_{\mathrm{p}}}{\tau_{-}} \tag{6.4.13}$$

在稳定情况下，$\frac{\partial n_{\mathrm{p}}}{\partial t}=0$，得到

$$D_{-}\frac{\mathrm{d}^2 n_{\mathrm{p}}}{\mathrm{d}x^2} = \frac{n_{\mathrm{p}} - n_{\mathrm{p}}^0}{\tau_{-}}$$

解之，得到

$$n_{\mathrm{p}} - n_{\mathrm{p}}^0 = A\mathrm{e}^{-x/\sqrt{D_{-}\tau_{-}}} + B\mathrm{e}^{x/\sqrt{D_{-}\tau_{-}}} \tag{6.4.14}$$

对于合理的解，应取 $A=0$，因为我们选取 pn 结界面坐标 $x=0$，n 区坐标 $x>0$，p 区坐标 $x<0$。在式(6.4.14)中取 $x=0$，得到

$$B = (n_{\mathrm{p}} - n_{\mathrm{p}}^0)_{x=0} = n_{\mathrm{p}}^0[\mathrm{e}^{eV/(k_{\mathrm{B}}T)} - 1] \tag{6.4.15}$$

由此得到

$$n_{\mathrm{p}} - n_{\mathrm{p}}^0 = n_{\mathrm{p}}^0[\mathrm{e}^{eV/(k_{\mathrm{B}}T)} - 1]\mathrm{e}^{+x/L_{-}} \tag{6.4.16}$$

式中 $L_{-}=\sqrt{D_{-}\tau_{-}}$，称为电子的扩散长度。可见由于复合，非平衡载流子的浓度随着 x 的增加将不断地减少。

由于在界面处($x=0$)，电子对电流密度的贡献仅仅由扩散决定，由此可以得到电子注入 n 区的电流密度为

$$J_x^{\mathrm{e}} = -e\left[-D_{-}\left(\frac{\mathrm{d}n_{\mathrm{p}}}{\mathrm{d}x}\right)_0\right] = e\left(\frac{D_{-}}{L_{-}}\right)n_{\mathrm{p}}^0[\mathrm{e}^{eV/(k_{\mathrm{B}}T)} - 1] \tag{6.4.17}$$

同理可以得到空穴注入 p 区的电流密度为

$$J_x^{\mathrm{h}} = e\left(\frac{D_{+}}{L_{+}}\right)p_{\mathrm{n}}^0[\mathrm{e}^{eV/(k_{\mathrm{B}}T)} - 1] \tag{6.4.18}$$

式中 D_{+}、L_{+}为空穴的扩散系数和扩散长度。由式(6.4.17)和式(6.4.18)得到正向偏压下的总电流密度：

$$J_x = J_0[\mathrm{e}^{eV/(k_{\mathrm{B}}T)} - 1] \tag{6.4.19}$$

其中

$$J_0 = e\left[\left(\frac{D_{+}}{L_{+}}\right)p_{\mathrm{n}}^0 + \left(\frac{D_{-}}{L_{-}}\right)n_{\mathrm{p}}^0\right] \tag{6.4.20}$$

对于反向偏压，同样可以得到

$$J_x = J_0[\mathrm{e}^{-eV/(k_{\mathrm{B}}T)} - 1] \tag{6.4.21}$$

图 6-4-3 画出了 pn 结的伏安特性曲线。随着正向电压的增加,电流呈指数形式增加。相反,随着反向电压的增加,电流趋于饱和电流 J_0。这表明 pn 结具有单向导电的整流特性。

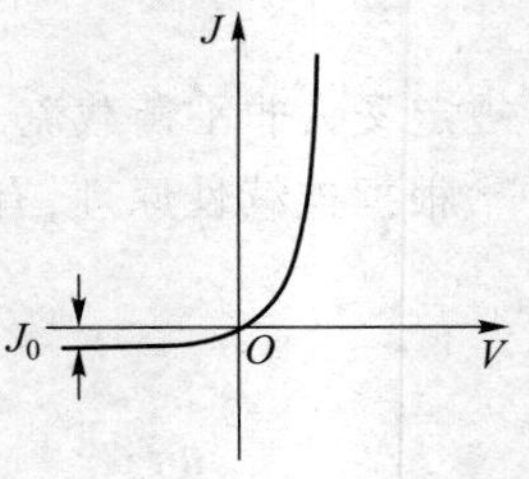

图 6-4-3 pn 结的伏安特性曲线

3. 双极型晶体管

1947 年美国贝尔实验室的三位科学家巴丁(J.Bardeen),布拉顿(W.H.Brattain)和肖克利(W.Shockley)发明了双极型晶体管,也称三极管。它由两个背靠背的 pn 结组成。下面以 npn 型三极管为例来说明电流放大原理,pnp 型的分析是完全类似的。

一个 npn 三极管有两个 pn 结:发射结和收集结;三个区:发射区、基区和收集区。基区必须做得很薄(一微米到几十微米)。工作时收集极和基极都加正电压,$V_c>V_b$。因此,发射结正向偏置,发射结将电子注入 p 区,成为 p 区的少数载流子,它们一方面向收集结扩散,一方面与 p 区的空穴复合。但是收集结反向偏置,由式(6.4.20)可知反向饱和电流正比于 p 区少数载流子的浓度。由于基区的宽度 W 远小于扩散长度,因此由发射区注入基区的电子来不及复合就扩散到反向收集结边界,被收集结抽取,基本上发射多少便收集多少,这样收集结处于反向大电流状态,设收集极电流为 I_c。只有小部分复合电流流入基区成为基流 I_b。总的发射极电流 I_e 满足

$$I_e = I_c + I_b \tag{6.4.22}$$

且有 $I_c \gg I_b$。对于一个给定的三极管,I_e 与 I_b 的比例保持一定,所以可以通过改变 I_b 来达到控制 I_c 的目的,这就是三极管放大的实质。通常改变一点 I_b,I_c 就变化很大。我们常用 $\beta=\dfrac{\Delta I_c}{\Delta I_b}$来描述三极管的放大能力,$\beta$ 称为三极管的电流放大系数。图 6-4-4 表示三极管的电流放大原理。

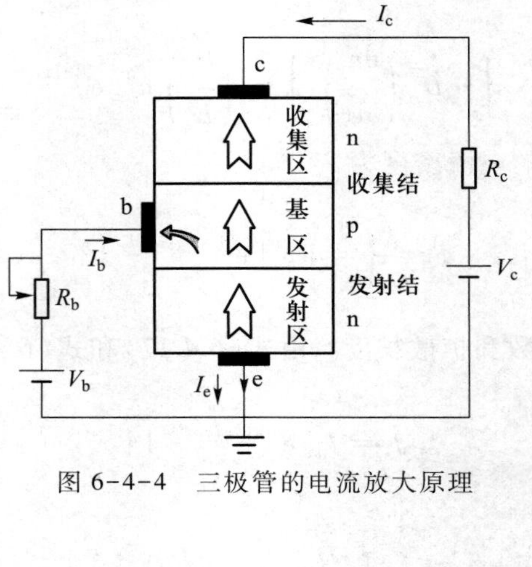

图 6-4-4 三极管的电流放大原理

二、金属-半导体结

1. 肖特基势垒

考虑如图 6-4-5 所示的 n 型半导体与金属的接触。忽略掉表面态,在接触之前,从半导体的内部一直到表面,能带是水平的,施主浓度与位置无关,为常量 N_D。假定半导体的化学势高于

金属的化学势,$\mu_n>\mu_m$,且 $\mu_n-\mu_m \ll E_g$, E_g 为禁带宽度。在这样的假设下,不必考虑价带的存在。当金属与半导体接触时,电子将由半导体的导带流向金属。热平衡时,两者的电化学势重合。电离施主在接触面附近半导体一侧形成空间正电荷积累,电子则在金属表面形成负电荷积累。这样就会在半导体内形成向上弯曲的能带。半导体中载流子严重耗去的势垒层称为肖特基势垒层,也称耗尽层。

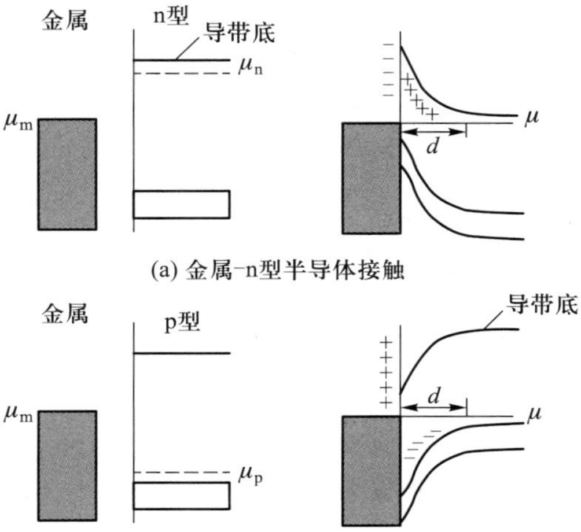

(a) 金属-n型半导体接触

(b) 金属-p型半导体接触

图 6-4-5　金属与半导体结的肖特基势垒

由于在耗尽层中电子几乎完全跑空,只剩下带正电荷的电离施主,此处的泊松方程为

$$\nabla \cdot \boldsymbol{D} = N_D e/\varepsilon_0 \tag{6.4.23}$$

静电势由下式确定:

$$\frac{d^2\varphi}{dx^2} = -N_D e/(\varepsilon_0 \varepsilon) = A \tag{6.4.24}$$

式中 ε 为半导体的介电函数,A 为一常数,x 是位置坐标。$x=0$ 为金属与半导体之间的界面,$0\leqslant x\leqslant d$为耗尽层,$x>d$ 为半导体内部,d 是势垒厚度。方程(6.4.24)具有抛物线形式的解:

$$\varphi(x) = \frac{A}{2}x^2 + Bx + C \tag{6.4.25}$$

B 和 C 可由边界条件求出。$x=0$ 时,有

$$-e\varphi(0) = \mu_n - \mu_m \tag{6.4.26}$$

得到

$$C = \frac{1}{e}(\mu_m - \mu_n) \tag{6.4.27}$$

在 $x=d$ 处有

$$-e\varphi(d) = -e\left(\frac{A}{2}d^2 + Bd + C\right) = 0 \tag{6.4.28}$$

和

$$\frac{\mathrm{d}\varphi(d)}{\mathrm{d}x} = Ad + B = 0 \tag{6.4.29}$$

由此容易得到

$$B = -Ad, \quad C = \frac{A}{2}d^2 \tag{6.4.30}$$

代入式(6.4.25)可得到静电势:

$$\varphi(x) = \frac{A}{2}(d - x)^2 = -\frac{N_{\mathrm{D}}e}{\varepsilon_0\varepsilon}(d - x)^2 \tag{6.4.31}$$

和势垒层的厚度:

$$d = \left(\frac{2C}{A}\right)^{1/2} = \left[\frac{2\varepsilon_0\varepsilon}{N_{\mathrm{D}}e^2}(\mu_{\mathrm{n}} - \mu_{\mathrm{m}})\right]^{1/2} = \left[\frac{2\varepsilon_0\varepsilon}{N_{\mathrm{D}}e}\,|\varphi(0)|\right]^{1/2} \tag{6.4.32}$$

可见势垒的厚度随施主杂质浓度的增大而减小。但式(6.4.32)只有在施主杂质之间的平均距离 δ_{D} 远小于 d 时才成立,即

$$d \gg \delta_{\mathrm{D}} \approx N_{\mathrm{D}}^{-1/3} \tag{6.4.33}$$

例如,对于金属与 n-Ge 接触的情况,若 $\mu_{\mathrm{n}}-\mu_{\mathrm{m}} = 0.3$ eV, $\varepsilon_{\mathrm{Ge}} = 16$, $N_{\mathrm{D}} = 10^{17}$ cm^{-3},得到 $d = 7\times 10^{-6}$ cm。施主之间的平均距离 $\delta_{\mathrm{D}} \approx 2\times10^{-6}$ cm,式(6.4.33)只是勉强地满足。

对于金属与 p 型半导体接触,情况完全类似。若假定 $\mu_{\mathrm{m}}>\mu_{\mathrm{p}}$,且 $\mu_{\mathrm{m}}-\mu_{\mathrm{p}}<E_{\mathrm{g}}$,结果会在半导体内出现电离受主形成的负空间电荷积累,这样就会在半导体内形成向下弯曲的能带,出现空穴的耗尽层。图 6-4-5 表示金属与半导体接触的肖特基势垒。

在肖特基势垒型的金属-半导体结中,半导体耗尽层的化学势始终处于带隙之中。电子或者空穴都必须克服一个势垒才能在金属和半导体之间迁移。如果在结上加上偏压,使半导体的电势相对金属的电势改变$\pm V$,则半导体能带图相对于金属能带图移动$\mp eV$。则肖特基势垒结的I-V曲线就与 pn 结一样具有整流特性。

在外加电压下,肖特基势垒层的厚度随所加电压而变化:

$$d(\pm V) = \left[\frac{2\varepsilon_0\varepsilon}{e^2N_{\mathrm{D}}}(\mu_{\mathrm{n}} - \mu_{\mathrm{m}} \mp eV)\right]^{1/2} \tag{6.4.34}$$

根据我们的假定,肖特基耗尽层中只含不能移动的电离施主而无自由载流子,它相当于金属($x\leqslant 0$)和半导体($x\geqslant d$)之间的绝缘层。从静电学来看,一个金属与一个 n 型(或 p 型)半导体的肖特基接触就像一个电容器,单位面积电容为

$$C = \frac{\varepsilon\varepsilon_0}{d} = \left[\frac{\varepsilon\varepsilon_0e^2N_{\mathrm{D}}}{2(\mu_{\mathrm{n}} - \mu_{\mathrm{m}} \mp eV)}\right]^{1/2} \tag{6.4.35}$$

测量电容并以 $1/C^2$ 对 V 作图,得到直线,与上式符合得相当好。由直线的斜率能够确定 N_{D} 或 ε,将直线延长到 $1/C^2=0$ 可得到$\mu_{\mathrm{n}}-\mu_{\mathrm{m}}$。但是由于忽略了表面态,这样得到的结果往往与用其他方法测量的结果并不一致。

2. 金属与半导体的欧姆接触

仍然考虑金属与 n 型半导体的接触。在前面的讨论中，我们假定 $\mu_n>\mu_m$。但是如果金属的化学势高于半导体，即 $\mu_m>\mu_n$，金属中的电子将流向半导体，形成一个厚度为 d 的多数载流子聚集区，见图 6-4-6，形成向下弯曲的能带。热平衡时聚集区的化学势处于导带底以上，此时半导体变为局部的金属。显然电子不必克服任何势垒就能在金属和半导体之间相互转移。这样的结称为欧姆接触，它没有整流作用，$I-V$ 关系是线性的。

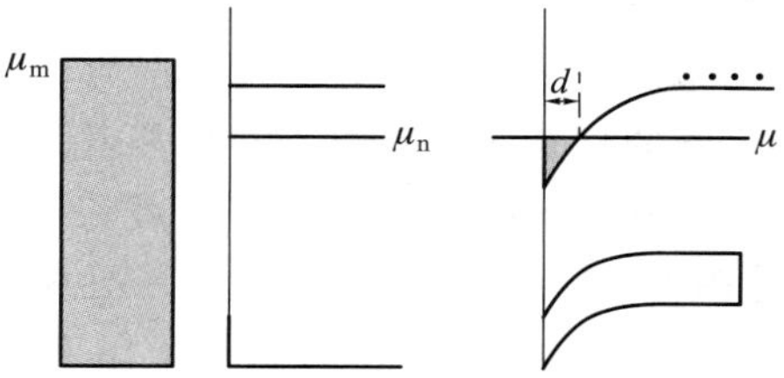

图 6-4-6　金属-n 型半导体的欧姆接触

3. 反型层接触

只有在 $|\mu_m-\mu_{n,p}|\ll E_g$ 的假设下，关于肖特基势垒层的结论才是正确的。因为仅在这种情形下可以用单带模型来描述接触效应，也就是可以假定所有载流子都是从杂质能级激发而来的，只限于研究一种载流子的行为。

如果 $|\mu_m-\mu_{n,p}|$ 的大小可与能隙 E_g 的大小相比，则原来我们忽略掉的能带（例如 n 型半导体的价带或 p 型半导体的导带）在表面层附近一定接近了化学势，这就是说，对应于被我们忽略的另一类型载流子的占据率不可再忽略。图 6-4-7 表示金属与 n 型半导体接触的能带结构。图中 E_i 是所谓的本征费米能级，它位于禁带的中央，它是判断半导体导电类型的一个参考能级。当 $\mu>E_i$ 时，化学势接近导带底，半导体为 n 型导电。当 $\mu=E_i$ 时，电子和空穴浓度相等，$n=p=n_i$。当 $\mu<E_i$ 时，化学势接近价带顶，为 p 型导电。由图 6-4-7 可见，在 $\mu_n-\mu_m\approx E_g$ 条件下，在 n 型半导体界面附近 $x<d_i$ 的界面层内是 p 型导电的，在 $x>d_i$ 以外仍为 n 型导电。$x<d_i$ 的这部分边界层称为反型层。具有反型层的接触可用来作为载流子注入，p 型半导体的反型层注入电子，n 型半导体的反型层注入空穴。

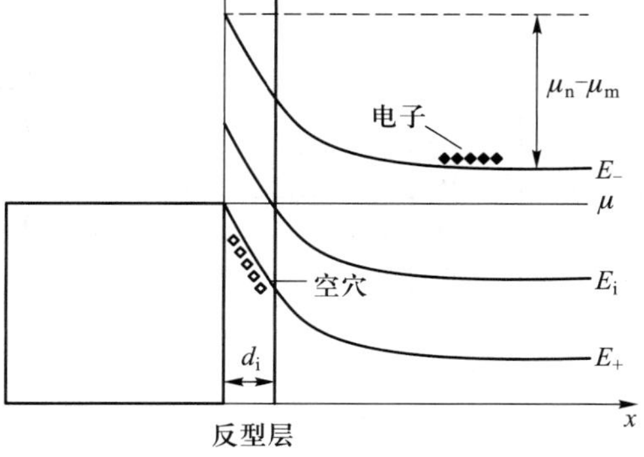

图 6-4-7　n 型半导体的反型层接触，空穴注入

三、MOS 结和 MOS 晶体管

最典型的 MOS 结可以在一块清洁的硅片上先形成一层薄的 SiO_2 膜,然后再覆盖一层金属 Al 来构成,如图 6-4-8 所示。氧化膜的作用是隔断金属和半导体,使载流子不能相互交换。通常在金属膜与 Si 衬底之间施加一个所谓的栅电压。在靠近绝缘层的半导体界面层内,载流子的浓度依赖于外加栅电压,不同的栅电压可以形成载流子的积累层、耗尽层和反型层。

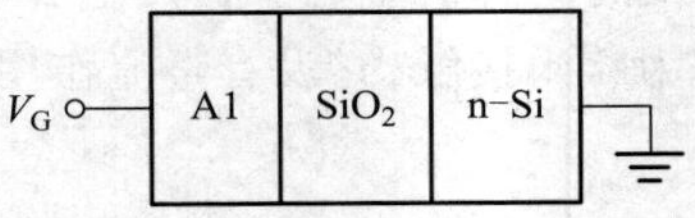

图 6-4-8 MOS 结

对于一个 n 型硅 MOS 结,当施加一个指向半导体内的正向栅压时,半导体内的电子将在外场的作用下驱向表面,形成表面电子积累层。如图 6-4-9 所示,由于表面积累层是多数载流子堆积,所以表面积累层的导电类型与体内相同,但电导率比体内高,为一表面高电导层。半导体的能带在界面处向下弯曲。相反,当施加反向栅压时,表面层内的电子被排斥到体内,显示出由电离施主构成的表面空间电荷层,在这个表面空间电荷层内几乎不存在电子,称为电子的耗尽层。半导体的能带在边界处向上弯曲。随着反向栅压的增大,能带弯曲增大,使得费米能级更靠近表面处的价带顶。此时表面层内的空穴浓度将大于电子浓度,表面层就变为以空穴导电为主的反型层。这样的反型层又称为 p 沟道。显然反型层的形成除了依赖于栅电压外,还取决于掺杂浓度,掺杂浓度越低,所需栅电压越小。

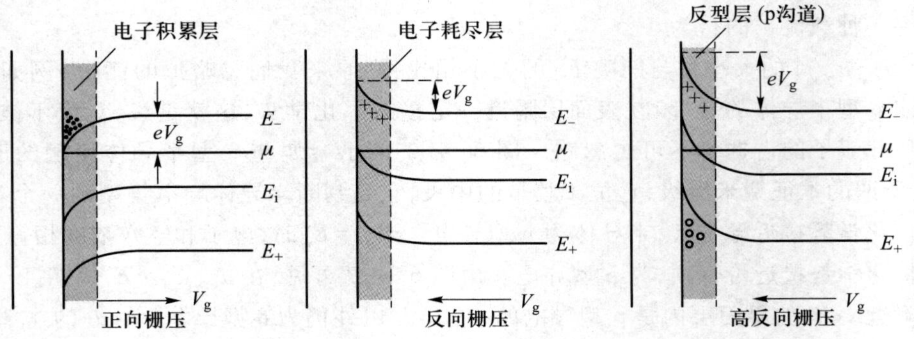

(a) n型MOS结

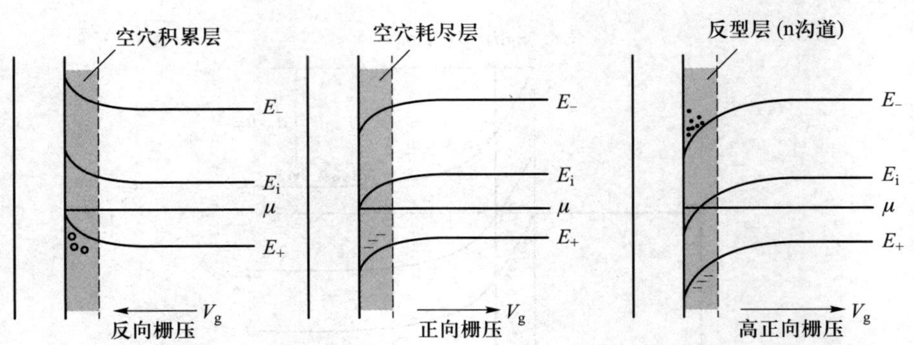

(b) p型MOS结

图 6-4-9 n 型 MOS 和 p 型 MOS 结在不同栅压下的能带结构

假定掺杂浓度一定时,半导体的化学势为 μ。本征费米能级为 E_i。当 $\mu>E_i$ 时为 n 型导电,当 $\mu<E_i$ 时为 p 型导电。随着反向栅压的增加,能带弯曲增大,当反向栅压满足

$$eV_g \geqslant (\mu - E_i)_{体内} \tag{6.4.36}$$

时,反型层便可形成。

对于 p 型 MOS 结,情况类似。当施加反向栅压时,形成表面空穴积累层。当施加正向栅压时,可形成表面空穴的耗尽层。当正向栅压满足 $eV_g \geqslant (E_i-\mu)_{体内}$ 时,将形成电子导电的反型层,即 n 沟道。

在 MOS 结的基础上,可以构造 MOS 晶体管。图 6-4-10 表示一个 n 沟道 MOS 晶体管。它在 p 型 MOS 结的两侧 p 型 Si 表面增加了两个 n 型 Si 区域:源区(S)和漏区(D)。源和漏之间可加上测量偏压。栅极电压加在金属层上,p 型 Si 衬底接地。

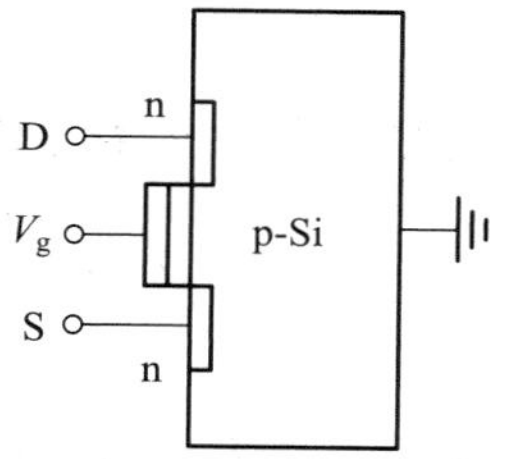

图 6-4-10　n 沟道 MOS 晶体管

当栅极电压 V_g 为零时,源和漏之间是两个背对背的 pn 结。因此无论源和漏之间的偏压为正或负,总有一个 pn 结处于反向偏置状态,电流总是很小,相当于开断状态。当施加正向栅压,并使之形成反型层时,源区和漏区之间将存在一个以电子为多数载流子的 n 沟道。这样源区和漏区之间不再是两个背对背的 pn 结,从而可以通过较大的电流。MOS 晶体管处于导通状态。可见,我们能够通过不同的栅电压去控制 MOS 晶体管的通、断状态。MOS 晶体管是当前构成数字逻辑电路的基本元件。

p 型 MOS 结在正向栅电压下,可以在绝缘体和 p 型半导体界面处形成非常薄的由电子构成的反型层,它的一侧是空穴的耗尽层,另一侧是禁带宽度很大的绝缘层。电子被禁锢在一个很窄的一维势阱中,构成一种准二维电子气体系,电子气的浓度正比于栅电压。

§6.5　半导体中载流子的输运问题

一、电导率

半导体电导与金属电导的不同之处在于:① 通常半导体中存在两种载流子,电子和空穴同时参与电导。② 在低掺杂情况下,电子集中在导带底附近,空穴集中在价带顶附近,载流子浓度低,是非简并的,近似地服从玻耳兹曼分布。通常采用非简并的双带模型去讨论半导体载流子的输运问题。

在缓变的弱外电场情况下,实验证明半导体的电导率满足欧姆定律:

$$\boldsymbol{J} = \sigma \boldsymbol{E} \tag{6.5.1}$$

假定 $\boldsymbol{v}_-$ 和 $\boldsymbol{v}_+$ 分别表示电子和空穴在外电场中获得的平均漂移速度,在低场线性近似下它们满足

$$\boldsymbol{v}_- = -\mu_- \boldsymbol{E}, \qquad \boldsymbol{v}_+ = \mu_+ \boldsymbol{E} \tag{6.5.2}$$

比例系数 $\mu_\mp$ 称为载流子的迁移率。假定电子和空穴的浓度分别为 n 和 p,则电流密度为

$$\boldsymbol{J} = pe\boldsymbol{v}_+ - ne\boldsymbol{v}_- = (pe\mu_+ + ne\mu_-)\boldsymbol{E} \tag{6.5.3}$$

对比式(6.5.1)和式(6.5.3),电导率可写为

$$\sigma = ne\mu_- + pe\mu_+ \tag{6.5.4}$$

根据定义,无论对于电子还是空穴,$\mu_{\mp}$都是正的,但大小常常不同,主要是电子和空穴可以具有不同的弛豫时间 $\tau_{\mp}$和不同的有效质量 $m_{\mp}$的缘故。$\tau_{\mp}$取决于载流子的碰撞机制。

对于导带电子,弛豫时间近似下的玻耳兹曼方程为

$$f(\boldsymbol{k}) - f_0(\boldsymbol{k}) = \frac{e\tau_-}{\hbar}\boldsymbol{E}\cdot\nabla_k f(\boldsymbol{k}) \tag{6.5.5}$$

式中 f 和 f_0 为非平衡态和平衡态下的玻耳兹曼分布函数,

$$f_0(E) = \mathrm{e}^{\frac{-(E-\mu)}{k_B T}} \tag{6.5.6}$$

在弱场和各向同性情况下,可以得到与式(5.5.9)一样的电导率公式:

$$\boldsymbol{J}_- = \frac{2e^2}{(2\pi)^3}\iint \boldsymbol{\tau}_-(\boldsymbol{k})\boldsymbol{v}_-(\boldsymbol{k})[\boldsymbol{v}_-(\boldsymbol{k})\cdot\boldsymbol{E}]\left[-\frac{\partial f_0(E)}{\partial E}\right]\frac{\mathrm{d}S}{\hbar|\boldsymbol{v}_-(\boldsymbol{k})|}\mathrm{d}E \tag{6.5.7}$$

与金属电导率不同的是,这里$-\frac{\partial f_0}{\partial E}$不具有 δ 函数的性质。

设电场沿 x 轴方向,$\boldsymbol{E}=E_x\boldsymbol{i}$,式(6.5.7)可写为

$$J_-^x = \left\{\frac{2e^2}{(2\pi)^3}\iint \boldsymbol{\tau}_- v_x^2\left[-\frac{\partial f_0(E)}{\partial E}\right]\frac{\mathrm{d}S}{\hbar v}\mathrm{d}E\right\}E_x \tag{6.5.8}$$

在各向同性假设下,我们有

$$E(\boldsymbol{k}) - E_- = \frac{\hbar^2\boldsymbol{k}^2}{2m_-} \tag{6.5.9}$$

$$\boldsymbol{v} = \frac{\hbar\boldsymbol{k}}{m_-} \tag{6.5.10}$$

并且,$E(\boldsymbol{k})$= 常量时,粒子的群速度和弛豫时间均与方向无关。速度沿一给定方向的分量的平方平均值等于总速度的 1/3,即

$$v_x^2 = v_y^2 = v_z^2 = \frac{1}{3}v^2 \tag{6.5.11}$$

这样利用式(6.5.9)、式(6.5.10)和式(6.5.11),得到电导率:

$$\begin{aligned}\boldsymbol{\sigma} &= \frac{2e^2}{(2\pi)^3}\int \boldsymbol{\tau}_-(E)\cdot\frac{1}{3}v(E)\left[-\frac{\partial f_0(E)}{\partial E}\right]\frac{4\pi k^2}{\hbar}\mathrm{d}E \\ &= \frac{2e^2}{3m_-}\int \boldsymbol{\tau}_-(E)(E-E_-)N_-(E)\left[-\frac{\partial f_0(E)}{\partial E}\right]\mathrm{d}E\end{aligned} \tag{6.5.12}$$

式中

$$N_-(E) = \frac{1}{2\pi^2}\left[\frac{2m_-}{\hbar^2}\right]^{3/2}(E-E_-)^{1/2} \tag{6.5.13}$$

为导带电子的态密度。

引入平均弛豫时间$\bar{\tau}_-$能够计算积分(6.5.12):

$$\sigma=\frac{2e^2}{3m_-}\frac{1}{2\pi^2}\left[\frac{2m_-}{\hbar^2}\right]^{3/2}\bar{\tau}_-\int_{E_-}^{\infty}(E-E_-)^{3/2}\left[-\frac{\partial f_0(E)}{\partial E}\right]\mathrm{d}E \tag{6.5.14}$$

用分部积分法得

$$\sigma=\frac{2e^2}{3m_-}\frac{1}{2\pi^2}\left(\frac{2m_-}{\hbar^2}\right)^{3/2}\bar{\tau}_-\left\{-\left[(E-E_-)^{3/2}f_0(E)\right]_{E_-}^{\infty}+\frac{3}{2}\int_{E_-}^{\infty}(E-E_-)^{1/2}f_0(E)\mathrm{d}E\right\} \tag{6.5.15}$$

上式括弧中第一项为零，而积分

$$\frac{1}{2\pi^2}\left(\frac{2m_-}{\hbar^2}\right)^{3/2}\int_{E_-}^{\infty}(E-E_-)^{1/2}f_0(E)\mathrm{d}E=n \tag{6.5.16}$$

式中 n 为导带中电子的密度。于是

$$\sigma_-=\frac{ne^2\bar{\tau}_-}{m_-} \tag{6.5.17}$$

同样对于价带空穴，可以得到

$$\sigma_+=\frac{pe^2\bar{\tau}_+}{m_+} \tag{6.5.18}$$

总的电导率为

$$\sigma=\sigma_-+\sigma_+=\frac{ne^2\bar{\tau}_-}{m_-}+\frac{pe^2\bar{\tau}_+}{m_+} \tag{6.5.19}$$

电子和空穴的迁移率分别为

$$\mu_-=\frac{e\bar{\tau}_-}{m_-},\quad \mu_+=\frac{e\bar{\tau}_+}{m_+} \tag{6.5.20}$$

表 6-5-1 给出一些半导体室温下迁移率的实验值。可见电子的迁移率总是大于空穴的迁移率，并且小能隙的半导体倾向于具有高的电子迁移率。这是因为电子比空穴具有较小的有效质量，而且小能隙导致小的电子有效质量。

表 6-5-1　室温下载流子的迁移率　　单位：$cm^2/(V\cdot s)$

晶体	μ_-	μ_+	晶体	μ_-	μ_+
金刚石	1 800	1 200	GaSb	4 000	1 400
Si	1 300	500	PbS	550	600
Ge	4 500	3 500	PbSe	1 020	930
InSb	77 000	750	PbTe	1 620	750
InAs	33 000	460	AgCl	50	—
InP	4 600	150	KBr(100 K)	100	—
GaAs	8 800	400	SiC	100	50

二、霍尔效应

根据两能带模型,由式(4.11.22)可以得到在低场下半导体的霍尔系数:

$$R_{\mathrm{H}}=\frac{\sigma_{-}^{2}R_{-}+\sigma_{+}^{2}R_{+}}{(\sigma_{-}+\sigma_{+})^{2}}=\frac{n^{2}e^{2}\mu_{-}^{2}\left(-\frac{1}{ne}\right)+p^{2}e^{2}\mu_{+}^{2}\left(\frac{1}{pe}\right)}{(ne\mu_{-}+pe\mu_{+})^{2}}$$
$$=-\frac{1}{e}\frac{nb^{2}-p}{(nb+p)^{2}} \tag{6.5.21}$$

其中 $b=\frac{\mu_-}{\mu_+}$。一般而言,电子的迁移率总是大于空穴的迁移率,$b>1$。

由式(6.5.21)可见,对于 n 型半导体,$n>p$,因此具有负的霍尔系数;对于 p 型半导体,$p>n$,霍尔系数是正值。有趣的是,对于 p 型半导体,当温度很低时,$n\to 0$,因此

$$R_{\mathrm{H}}\approx\frac{1}{pe}>0 \tag{6.5.22}$$

随着温度的升高,本征激发开始,电子浓度 n 逐渐增加,当 $nb^2=p$ 时,$R_{\mathrm{H}}=0$;温度进一步升高,使得 $nb^2>p$ 时,$R_{\mathrm{H}}<0$。可见,p 型半导体的霍尔系数随温度升高而变号,而 n 型半导体却没有这种性质,原因是 n 型半导体始终满足 $nb^2>p$, $R_{\mathrm{H}}<0$。

在高磁场下,半导体的霍尔系数可简单地写为

$$R_{\mathrm{H}}=\frac{1}{(p-n)e} \tag{6.5.23}$$

上面讨论表明,霍尔系数与载流子浓度成反比,因此半导体具有比金属大得多的霍尔系数。通过测量半导体的霍尔系数,不仅可得到载流子的浓度 n 和 p,而且可以确定半导体的类型。

三、量子霍尔效应

量子霍尔效应是 1980 年冯·克利钦(von Klitzing)在半导体 MOS 反型层中发现的一个惊人现象。

为了讨论量子霍尔效应,我们先回顾一下半经典的霍尔效应理论。在自由电子模型下,应用漂移电流理论,我们已经得到在相互垂直的电场和磁场作用下,电导率公式可写为

$$\begin{pmatrix}J_x\\J_y\end{pmatrix}=\begin{pmatrix}\sigma_{xx}&\sigma_{xy}\\\sigma_{yx}&\sigma_{yy}\end{pmatrix}\begin{pmatrix}E_x\\E_y\end{pmatrix} \tag{6.5.24}$$

其中

$$\sigma_{xx}=\sigma_{yy}=\frac{\sigma_0}{1+(\omega_c\tau)^2},\quad \sigma_{xy}=-\sigma_{yx}=\frac{-\sigma_0\omega_c\tau}{1+(\omega_c\tau)^2} \tag{6.5.25}$$

这里,σ_{xx} 和 σ_{xy} 分别是电导率张量的纵向分量和横向分量,σ_0 是不存在磁场时的经典电导率,ω_c 是回旋频率。

电导公式也可写为

$$\begin{pmatrix} E_x \\ E_y \end{pmatrix} = \begin{pmatrix} \rho_{xx} & \rho_{xy} \\ \rho_{yx} & \rho_{yy} \end{pmatrix} \begin{pmatrix} J_x \\ J_x \end{pmatrix} \tag{6.5.26}$$

其中

$$\rho_{xx} = \rho_{yy} = \frac{1}{\sigma_0}, \quad \rho_{xy} = -\rho_{yx} = \frac{\omega_c \tau}{\sigma_0} \tag{6.5.27}$$

理论工作者习惯用式(6.5.24),而实验工作者偏爱式(6.5.26)。电导率与电阻率的关系为

$$\rho_{xx} = \frac{\sigma_{xx}}{\sigma_{xx}^2 + \sigma_{xy}^2}, \quad \rho_{xy} = -\frac{\sigma_{xy}}{\sigma_{xx}^2 + \sigma_{xy}^2} \tag{6.5.28}$$

这个式子告诉我们,只要 $\sigma_{xy} \neq 0$,如果 $\sigma_{xx}=0$ 则 $\rho_{xx}=0$。乍看起来似乎有点奇怪,但它正是磁场作用的结果。另外,若 $\sigma_{xx}=0$,则 $\rho_{xy}=-\frac{1}{\sigma_{xy}}$。

横向电导率分量也可以写为

$$\sigma_{xy} = -\frac{\sigma_0}{\omega_c \tau} + \frac{1}{\omega_c \tau}\sigma_{xx} \tag{6.5.29}$$

因此,在低温、强磁场下,$\omega_c \tau \gg 1$,$\sigma_{xx}=0$,则横向霍尔电导率为

$$\sigma_{\mathrm{H}} = \sigma_{xy} = -\frac{\sigma_0}{\omega_c \tau} = -\frac{ne}{B} \tag{6.5.30}$$

横向霍尔电阻率为

$$\rho_{\mathrm{H}} = \rho_{xy} = \frac{\omega_c \tau}{\sigma_0} = \frac{B}{ne} \tag{6.5.31}$$

现在我们来讨论量子霍尔效应。我们知道 Si-MOS 反型层可以看成一个准二维电子气系统。反型层中的电子浓度 n 正比于栅极电压 V_{g}。根据经典霍尔效应得到低温、强场结果式(6.5.30),从而很自然地可以预料,霍尔电导与栅压之间应该存在线性关系。然而冯・克利钦在低温 1.5 K 和强磁场 18 T 下的实验惊人地发现霍尔电阻 ρ_{H} 出现了量子化平台,平台区内的纵向电阻率消失,如图 6-5-1 所示。

量子霍尔效应产生的根本原因在于二维电子气系统在磁场中的轨道量子化。即在磁场下,二维电子气具有完全分裂的能谱:

$$E = \left(s + \frac{1}{2}\right)\hbar\omega_c, \quad s = 0,1,2,3\cdots \tag{6.5.32}$$

磁场并不改变量子态的总数。它只是将原来 $\boldsymbol{k}$ 空间均匀分布的状态聚集在一系列朗道环上。每个朗道能级的简并度为

$$D = \frac{e}{h}BA \tag{6.5.33}$$

式中 A 为反型层的面积。与式(5.3.4)相比仅相差一个因子 2,原因在于在强磁场下自旋简并消除。

在讨论量子霍尔效应的物理原因时,还必须假定存在适当的无序(如杂质和缺陷)。由于无

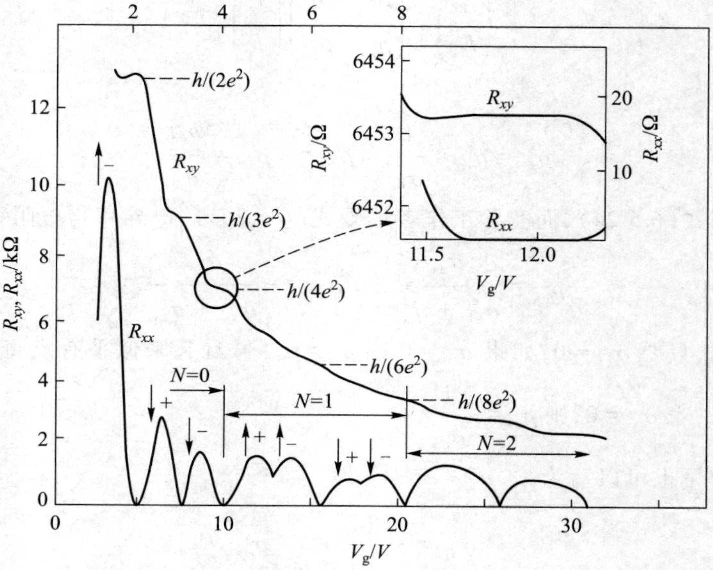

图 6-5-1 在 Si-MOSFET 上观察到的量子霍尔效应

霍尔电阻和纵向电阻作为栅极电压的函数

序的影响,每个明锐的朗道能级将展宽为宽度为$\frac{\hbar}{\tau}$的窄带。由于 $\omega_c\tau \gg 1$,这些子带交叠甚少。处于子带中心区域的电子态是扩展的,而在两边带尾处是局域态,如图 6-5-2 所示。

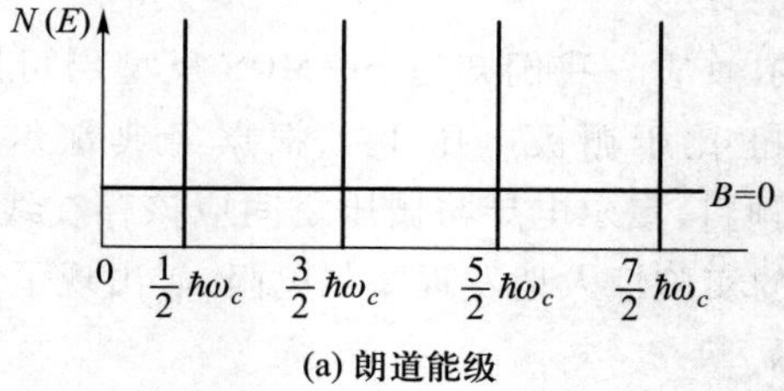

(a) 朗道能级

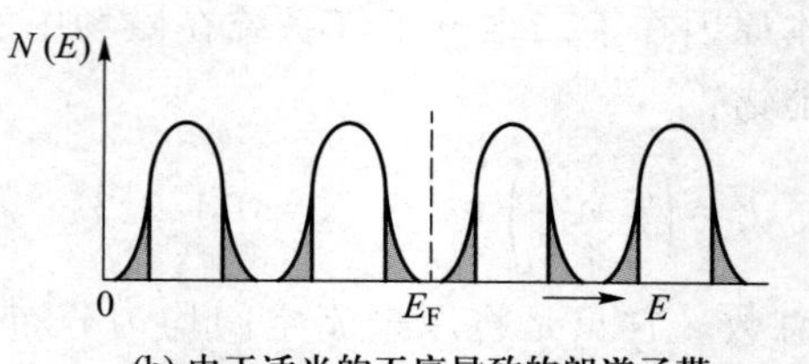

(b) 由于适当的无序导致的朗道子带

图 6-5-2

现在考虑电子在各朗道子带中的填充情况。由于电子的浓度正比于 V_g,如图所示在某一 V_g 下,费米能级位于第 s 和第 $s+1$ 个朗道子带之间,费米能 E_F 以下的 s 个子带全部填满,则有

$$nA = sD \tag{6.5.34}$$

由此得到电子浓度为

$$n = s\frac{e}{h}B = s\frac{B}{\phi} \tag{6.5.35}$$

式中 $\phi = h/e$ 是磁通量子。此时费米能附近的电子几乎全为局域电子，$\sigma_{xx}=0$，$\rho_{xx}=0$。而霍尔电导率为

$$\sigma_{\mathrm{H}} = -\frac{ne}{B} = -s\frac{e^2}{h}, s = 1,2,3,\cdots \tag{6.5.36}$$

随着栅压 V_g 的增大，电子浓度将增大。E_F 将从一个朗道子带向下一个朗道子带过渡。首先填充的是带尾的局域态。在远未趋于下一子带之前，扩展态的填充情况不变，仍有 $\rho_{xx}=0$，$\sigma_{xx}=0$，σ_{H} 保持不变。一直到完全越过下一子带时，σ_{H} 增加 e^2/h。

可见 σ_{H} 是量子化的，等于 e^2/h 的整数倍，称为整数量子霍尔效应。

量子霍尔效应具有重要的物理意义。实验上通过测量霍尔电导率（或电阻率）的平台，提供了一个绝对电阻的标准 $h/e^2 = 25\ 812.807\ \Omega$。量子霍尔效应将电阻率的测量精度提高到 10^{-8} 以上的数量级，并且从 1990 年起已作为国际电阻标准。除此之外，量子霍尔效应还可以用来确定精细结构常数：

$$\alpha = \frac{e^2}{2hc\varepsilon_0} \approx \frac{1}{137.036}$$

由于光速 c 和真空介电常量 ε_0 早已由其他方法精确测定，该测量可以独立地检验量子电动力学理论的正确性。由此可见，量子霍尔效应无论对于基础研究还是实际应用都是极其重要的。

石墨烯在狄拉克点附近具有与非相对论粒子不同的线性能量波矢色散关系，其量子霍尔效应展示出不同于常规半导体的量子反常霍尔效应。相对于通常的量子霍尔效应，横向电导 $\sigma_{xy} = \pm 4\left(s+\frac{1}{2}\right)\frac{e^2}{h}$ 的平台平移了 1/2，而且系数 4 来自两个自旋取向和布里渊区的两个狄拉克谷区，石墨烯的量子反常霍尔效应在室温下就能观察到。除了整数量子霍尔效应外，实验上在关联电子系统中还观察到各种分数的量子霍尔效应。在电子间存在排斥作用，电子结合磁通会形成新的具有分数统计的准粒子，这样的准粒子的集体激发展示出分数量子霍尔效应。

第七章　固体磁性

从本质上讲，磁性是量子效应。虽然在量子力学建立之前，人们已经给出了一些固体磁化率公式的经典推导，例如朗之万（M.P.Langevin）在分子环流的假设下，得到了永久磁偶极子在磁场中取向排列而引起的顺磁性表达式，但是这些推导都不是完全自洽的，永久磁矩的存在本身是一个超出经典物理范畴的假定。另一方面，一个处于热平衡的严格经典系统，即使在外磁场中也不会显示磁矩。在热平衡状态下，粒子的速度分布仅取决于玻耳兹曼因子$\exp[-E/(k_B T)]$，E 作为粒子位置和速度的函数，其形式与没有磁场时完全相同。同时洛伦兹力$-e\boldsymbol{v}\times\boldsymbol{B}$ 与 $\boldsymbol{v}$ 垂直，并不做功，这样在施加磁场前后都不可能有净环流和磁矩。虽然在施加磁场的瞬间，感应出与角动量和磁矩相关联的环流，但是从经典角度来说，随着热平衡的重新建立，碰撞将使这些电流完全消失。

按照量子力学，磁性固体是由具有磁性的原子（或离子）构成的。固体中原子的磁矩有三个方面：一是电子所固有的自旋磁矩；二是电子绕核旋转的轨道磁矩；三是外加磁场感生的轨道矩的改变。前两个效应是顺磁性的来源，第三个给出抗磁性的贡献。

磁化强度 M 定义为单位体积所具有的磁矩。单位体积的磁化率定义为

$$\chi = \frac{\mu_0 M}{B}$$

其中 B 是宏观磁感应强度，μ_0 是真空磁导率。

考虑到磁性原子间的相互作用以及它们对外场的不同响应，人们观察到不同的磁性，它们是：

1. 抗磁性

电子壳层已经填满的原子，自旋磁矩和轨道磁矩均为零，只有与外场反向的感生磁矩，因此

$$\chi = \frac{\mu_0 M}{B} < 0$$

即磁化率为负。

2. 顺磁性

当各原子之间的相互作用可以忽略不计时，各原子的磁矩在外场中独立运动（改变取向）。这样磁化率与温度 T 的关系满足居里定律：

$$\chi = \frac{\mu_0 M}{B} = \frac{C}{T}$$

其中 C 为居里常量。

3. 铁磁性

各原子磁矩之间的相互作用使之趋于平行排列，存在一个特征温度 T_C，称为居里温度。

当 $T<T_C$ 时，即使 $B=0$，$M\neq 0$，即有自发磁化。

当 $T>T_C$ 时，表现为顺磁性，磁化率满足居里-外斯定律：

$$\chi=\frac{C}{T-T_C}$$

4. 反铁磁性

各原子磁矩之间的相互作用使近邻磁矩反平行排列。存在一个特征温度 T_N，称为奈耳温度。

当 $T<T_N$ 时，如果 $B=0$，$M=0$，但子格子磁化不为 0。

当 $T>T_N$ 时，表现为顺磁性。磁化率满足奈耳定律：

$$\chi=\frac{C}{T+T_N}$$

5. 亚铁磁性

其特征是，近邻磁矩不相等且反平行排列。存在一个特征温度 T_C，称为居里温度。当 $T<T_C$ 时，$B=0$，$M\neq 0$。当 $T>T_C$ 时，它同时具有铁磁和反铁磁的特征。

6. 复杂磁性

还存在一些复杂的磁性，例如螺旋磁性和磁调制相等。

后面的四类磁性，由于磁性原子间的相互作用，基态时的磁矩排列都是有序的。

原子核的磁矩将导致核顺磁性，但是核磁矩只有电子磁矩的 10^{-3}，通常可以忽略不计。

§7.1　原子磁性及外场响应

一、轨道磁矩、自旋磁矩和原子磁矩

根据量子力学，对于一个单电子原子，电子的轨道角动量 $\boldsymbol{l}$ 和自旋角动量 $\boldsymbol{s}$ 与它们对应的轨道磁矩 $\boldsymbol{\mu}_l$ 和自旋磁矩 $\boldsymbol{\mu}_s$ 有如下关系：

$$\boldsymbol{\mu}_l=g_l\left(-\frac{e}{2m}\right)\boldsymbol{l} \tag{7.1.1}$$

$$\boldsymbol{\mu}_s=g_s\left(-\frac{e}{2m}\right)\boldsymbol{s} \tag{7.1.2}$$

其中 $-\frac{e}{2m}$ 为普适常量，称为旋磁比。并且，$g_l=1$，$g_s=2$ 称为朗德因子。

对于一个多电子的原子，如果电子-电子之间的库仑相互作用起主导作用，单个电子的轨道角动量首先合成原子总的轨道角动量 $\boldsymbol{L}=\sum_i \boldsymbol{l}_i$，单个电子的自旋角动量也将合成原子总的自旋角动量 $\boldsymbol{S}=\sum_i \boldsymbol{s}_i$。在此基础上，自旋-轨道耦合进一步组成原子的总角动量

$$\boldsymbol{J}=\sum_i \boldsymbol{l}_i+\sum_i \boldsymbol{s}_i=\boldsymbol{L}+\boldsymbol{S} \tag{7.1.3}$$

这样的耦合方式称为 L-S 耦合。反之，在自旋-轨道耦合起主导作用的情况下，每个电子的自旋

和轨道首先耦合成总角动量 $\boldsymbol{J}_i$,然后各电子的总角动量再耦合成原子的总角动量 $\boldsymbol{J}=\sum_i \boldsymbol{J}_i$,称为 $J-J$ 耦合。对于大多数原子序数小于 80 的原子,都可以近似采用 $L-S$ 耦合。这时,多电子原子的本征态可用 $|J,M_J,L,S\rangle$ 标志。

在 L-S 耦合下,由式(7.1.3)原子磁矩为

$$\boldsymbol{\mu}_J=\left(-\frac{e}{2m}\right)\boldsymbol{L}+2\left(-\frac{e}{2m}\right)\boldsymbol{S}=\left(-\frac{e}{2m}\right)\boldsymbol{J}+\left(-\frac{e}{2m}\right)\boldsymbol{S} \tag{7.1.4}$$

原子的磁矩和角动量之间的关系仍可以写为

$$\boldsymbol{\mu}_J=g_J\left(-\frac{e}{2m}\right)\boldsymbol{J} \tag{7.1.5}$$

利用矢量模型,可以求出原子的朗德因子

$$g_J=\frac{\boldsymbol{\mu}_J\cdot\boldsymbol{J}}{\left(-\frac{e}{2m}\right)\boldsymbol{J}^2}=\frac{\boldsymbol{J}^2+\boldsymbol{S}\cdot\boldsymbol{J}}{\boldsymbol{J}^2}=1+\frac{\boldsymbol{J}^2+\boldsymbol{S}^2-\boldsymbol{L}^2}{2\boldsymbol{J}^2} \tag{7.1.6}$$

其中应用了 $\boldsymbol{S}\cdot\boldsymbol{J}=\frac{1}{2}(\boldsymbol{J}^2+\boldsymbol{S}^2-\boldsymbol{L}^2)$。再利用

$$\boldsymbol{J}^2=J(J+1)\hbar^2,\boldsymbol{L}^2=L(L+1)\hbar^2,\boldsymbol{S}^2=S(S+1)\hbar^2 \tag{7.1.7}$$

得到朗德因子 g_J 与量子数 J、L、S 的关系:

$$g_J=1+\frac{J(J+1)+S(S+1)-L(L+1)}{2J(J+1)} \tag{7.1.8}$$

特别地,若 $S=0$,则 $J=L,g_J=1$,此时原子的磁矩完全由电子的轨道磁矩所贡献。若 $L=0$,则 $J=S,g_J=2$,原子的磁矩完全由电子自旋提供。由式(7.1.5)和式(7.1.8)可以得到原子磁矩的大小为

$$|\boldsymbol{\mu}_J|=g_J\left(\frac{e\hbar}{2m}\right)\sqrt{J(J+1)}=\sqrt{J(J+1)}\,g_J\mu_B=P\mu_B \tag{7.1.9}$$

其中 $\mu_B=\frac{e\hbar}{2m}$称为玻尔磁子,它是原子磁矩的天然单位,正好等于原子轨道角动量为一个量子单位 $\hbar$ 时的磁矩。$P=\sqrt{J(J+1)}\,g_J$ 称为有效玻尔磁子数。

二、洪德定则

1. 基态量子数 S、L、J 的洪德定则

对于满壳层的原子(或离子),由于各种取向的 $\boldsymbol{l}_i$、$\boldsymbol{s}_i$ 均被占据,所以 $\boldsymbol{L}=\boldsymbol{S}=0,\boldsymbol{J}=0$,无磁矩,它是非磁性的原子。问题是对于不满壳层,基态量子数 L、S 如何确定,进而 J 取多少。以 3d 壳层为例,它是 10 重简并态,其中轨道量子数取 $m_l=0,\pm1,\pm2$,自旋量子数取向上↑$\left(m_s=\frac{1}{2}\right)$和向下↓$\left(m_s=-\frac{1}{2}\right)$。若 3d 壳层不满 10 个电子时,则 $S=$? $L=$?

洪德根据原子光谱实验结果，提出了 $L-S$ 耦合下，原子基态量子数 L、S、J 的一般定则，它们是：

（1）在不违背泡利原理的前提下，自旋量子数的和 $S=\sum_i m_{si}$ 取最大值；

（2）在满足上一条法则的情况下，轨道量子数的和 $L=\sum_i m_{li}$ 取最大值；

（3）对于填充不达半满的壳层，$J=|L-S|$，而填充超过半满时 $J=|L+S|$。

根据洪德定则，可以直接计算出原子基态的磁矩。以 Cr^{3+} 为例，3d 壳层中只有三个电子，不达半满，根据洪德定则，容易得到基态时，

$$S=\frac{1}{2}+\frac{1}{2}+\frac{1}{2}=\frac{3}{2}$$

$$L=2+1+0=3$$

$$J=|L-S|=\frac{3}{2}$$

按照光谱学的习惯，Cr^{3+} 的基态记为 $^4F_{3/2}$，这里大写字母表示轨道量子数，$L=0,1,2,3,\cdots$ 的轨道态分别记作 S，P，D，F，…，右下角为量子数 J，左上角表示由自旋引起的多重态数 $2S+1$。这样对于 Cr^{3+} 有

$$g_J=1+\frac{\frac{3}{2}\cdot\frac{5}{2}+\frac{3}{2}\cdot\frac{5}{2}-3\cdot 4}{2\cdot\frac{3}{2}\cdot\frac{5}{2}}=\frac{2}{5}$$

$$P=g_J\sqrt{J(J+1)}=0.77$$

$$|\boldsymbol{\mu}_J|=0.77\mu_B$$

2. 洪德定则的理论解释

让我们先回顾一下最简单的单电子原子理论，单粒子势下的薛定谔方程和体系的哈密顿量可以写为

$$H_0\psi=E\psi \tag{7.1.10a}$$

$$H_0=-\frac{\hbar^2}{2m}\nabla^2-\frac{Ze^2}{4\pi\varepsilon_0 r} \tag{7.1.10b}$$

其中第一项为电子的动能项，第二项为核势场，满足方程（7.1.10）的波函数，可以用一组量子数 (n,l,m_l,s,m_s) 来区分。这样在单电子近似下，得到同一 l，不同 m_l 简并，同一 s，不同 m_s 简并的类氢原子规则。这时原子的电子态是 $(2l+1)(2s+1)$ 重简并的。

严格地讲，计入电子之间的库仑相互作用后，多电子系统的哈密顿量为

$$H=\sum_i\left(-\frac{\hbar^2}{2m}\nabla_i^2-\frac{Ze^2}{4\pi\varepsilon_0 r_i}\right)+\frac{1}{2}\sum_{i\neq j}\frac{e^2}{4\pi\varepsilon_0 r_{ij}}=\sum_i H_i+\sum_{i\neq j}H_{ij} \tag{7.1.11}$$

其中 H_{ij} 为库仑相互作用，代表多体效应。对于每个电子来说，不存在旋转不变性，l 不再是好量子数。但是当所有电子共同旋转时，r_{ij} 不变，总角动量 $\boldsymbol{L}=\sum_i \boldsymbol{l}_i$ 守恒，总自旋 $\boldsymbol{S}=\sum_i \boldsymbol{s}_i$ 守恒。这

时,L 和 S 是好量子数,通常用 $|L,M_L,S,M_S\rangle$ 表示原子的电子态。若以 H_{ij} 作为微扰,可以证明不同的 m_s、m_l 简并消除。m_s、m_l 越大,能量越低,因此在不违背泡利原理的条件下,取 L、S 最大值。与零级近似的结果相比较,原子的电子态的简并度被部分解除,具有 $(2L+1)(2S+1)$ 重简并。

进一步考虑需要计入自旋-轨道相互作用。这种相互作用与自旋角动量与轨道角动量的夹角有关,只有它们共同旋转时,哈密顿量不变,这时总的角动量 $\boldsymbol{J}=\boldsymbol{L}+\boldsymbol{S}$ 具有好量子数 J,J 的取值为 $|L+S|$,$|L+S-1|$,…,$|L-S|$。这样,原来 $(2L+1)(2S+1)$ 重简并进一步分裂,转化为具有 $(2J+1)$ 重简并的子能级。微扰结果表明,在满足洪德第三定则时,能量最低。

三、原子在外磁场下的响应

为了简单起见,先不考虑自旋。在磁场 $\boldsymbol{B}$ 中,体系的哈密顿量可写为

$$H=\sum_i \frac{1}{2m}[\boldsymbol{p}_i+e\boldsymbol{A}(\boldsymbol{r}_i)]^2+V(\boldsymbol{r}_1,\boldsymbol{r}_2,\cdots) \tag{7.1.12}$$

式中 $V(\boldsymbol{r}_1,\boldsymbol{r}_2,\cdots)$ 表示原子内部的势函数,它包括核(或离子实)势场和电子-电子之间的相互作用势,$\boldsymbol{A}$ 为磁场的矢量势,

$$\boldsymbol{B}=\nabla\times\boldsymbol{A} \tag{7.1.13}$$

假定 $\boldsymbol{B}$ 沿 z 方向,$\boldsymbol{B}=(0,0,B_z)$,这样

$$\boldsymbol{A}=\frac{1}{2}(-B_z y,B_z x,0) \tag{7.1.14}$$

哈密顿量式(7.1.12)可写为

$$\begin{aligned}
H&=\sum_i\left[-\frac{\hbar^2}{2m}\nabla_i^2+\frac{e}{m}\frac{\hbar}{\mathrm{i}}\boldsymbol{A}(\boldsymbol{r}_i)\cdot\nabla_i+\frac{e^2}{2m}\boldsymbol{A}^2\right]+V\\
&=\sum_i\left\{-\frac{\hbar^2}{2m}\nabla_i^2+\frac{eB_z}{2m}\left[\frac{\hbar}{\mathrm{i}}\left(x_i\frac{\partial}{\partial y_i}-y_i\frac{\partial}{\partial x_i}\right)\right]+\frac{e^2B_z^2}{8m}(x_i^2+y_i^2)\right\}+V\\
&=H_0+\frac{eB_z}{2m}\sum_i\left[\frac{\hbar}{\mathrm{i}}\left(x_i\frac{\partial}{\partial y_i}-y_i\frac{\partial}{\partial x_i}\right)\right]+\frac{e^2B_z^2}{8m}\sum_i(x_i^2+y_i^2)\\
&=H_0+\frac{eB_z}{2m}L_z+\frac{e^2B_z^2}{8m}\sum_i(x_i^2+y_i^2)
\end{aligned} \tag{7.1.15}$$

式中 $H_0=\sum_i -\frac{\hbar^2}{2m}\nabla_i^2+V$ 表示无外场下的零级哈密顿量,在得到上式时采用了库仑规范 $\nabla_i\cdot\boldsymbol{A}(\boldsymbol{r}_i)=0$。由于不考虑自旋,零级本征态由 L、M_L 两个量子数来表示,基态记为 $|L,M_L\rangle$。把式(7.1.15)中含有 B_z 的各项作为微扰,得到基态的一级微扰能量为

$$\Delta E=\frac{eB_z}{2m}\langle L,M_L|L_z|L,M_L\rangle+\frac{e^2B_z^2}{8m}\langle L,M_L|\sum_i(x_i^2+y_i^2)|L,M_L\rangle \tag{7.1.16}$$

它与磁场有关,反映了它具有磁矩。根据热力学,在外场下原子的磁矩可由下式得到:

$$\mu_z=-\frac{\partial(\Delta E)}{\partial B_z} \tag{7.1.17}$$

由式(7.1.16)的第一项得到

$$\Delta E_1 = \frac{eB_z}{2m}M_L\hbar = M_L\mu_B B_z \tag{7.1.18a}$$

$$\mu_z^{(1)} = -M_L\mu_B \tag{7.1.18b}$$

可见 $\mu_z^{(1)}$ 与磁场无关,它是原子固有的轨道磁矩,不同的 M_L 表示角动量空间量子化的不同取向。在没有磁场时,基态对 M_L 是简并的,即不同取向能量相同,表明角动量(因而轨道磁矩)的取向是各向同性的。但是在磁场下,简并分裂,称为塞曼分裂。式(7.1.18)表明磁矩的方向与角动量的方向相反,而当磁矩取向与磁场一致时,系统的能量最低。为了保证系统的能量最低,磁矩应尽可能地趋向磁场方向,轨道磁矩在磁场中的取向作用,产生了顺磁现象。

式(7.1.16)中,第二项能量修正为

$$\Delta E_2 = \frac{e^2B_z^2}{8m}\left\langle L,M_L \middle| \sum_i (x_i^2 + y_i^2) \middle| L,M_L \right\rangle \tag{7.1.19}$$

它总是正量,因此总是使系统的能量增加。相应的磁矩

$$\mu_z^{(2)} = -\frac{\partial \Delta E_2}{\partial B_z} = -\frac{e^2}{4m}\left\langle L,M_L \middle| \sum_i (x_i^2 + y_i^2) \middle| L,M_L \right\rangle B_z \tag{7.1.20}$$

总是负的,表明感生磁矩与磁场方向相反。$\mu_z^{(2)}$ 正比于 B_z,表示是外场中原子的感生磁矩,抗磁性现象正是由感生磁矩引起的。

§7.2　抗　磁　性

具有饱和电子结构的原子或离子构成的固体,例如惰性气体原子组成的晶体或具有惰性气体电子结构的离子晶体,和靠电子配对结合成的共价键晶体,没有固有磁矩。但是在外磁场中感生的轨道矩的改变是普遍的,因此它们显示抗磁性。

由式(7.1.20)得到每种原子或离子在外场中感生的磁矩为

$$\mu_j = -\frac{e^2}{4m}\left\langle L,M_L \middle| \sum_i (x_i^2 + y_i^2) \middle| L,M_L \right\rangle B \tag{7.2.1}$$

其中 j 表示构成晶体的原子或离子的种类,i 表示第 j 种原子或离子中的电子数。对于球对称的满壳层结构有

$$\sum_i x_i^2 = \sum_i y_i^2 = \sum_i z_i^2 = \frac{1}{3}\sum_i r_i^2 \tag{7.2.2}$$

可以得到原子或离子的磁矩和磁化率分别为

$$\mu_j = -\frac{e^2}{6m}\sum_i \langle r_i^2 \rangle B = -\frac{e^2}{6m}Z_j\langle r_i^2 \rangle B \tag{7.2.3}$$

$$\chi_j = \frac{\mu_0\mu_j}{B} = -\frac{\mu_0 e^2}{6m}Z_j\langle r_i^2 \rangle \tag{7.2.4}$$

式中 Z_j 和 $\langle r_i^2 \rangle$ 分别为第 j 种原子或离子的电子数和平均平方半径。可见抗磁磁化率永远是负值,它随原子或离子内的电子数 Z 的增加而增大,基本与温度无关。

晶体中每种原子或离子具有基本确定的磁化率,因此晶体的磁化率可以写为每种原子或离子磁化率之和:

$$\chi = \sum_j n_j \chi_j \tag{7.2.5}$$

式中 n_j 表示单位体积中第 j 种原子或离子的数目。实际上常用摩尔磁化率:

$$\chi_m = N_A \sum_j \chi_j \tag{7.2.6}$$

式中 N_A 是阿伏伽德罗常量,并对分子中的离子或原子求和。

典型的惰性气体摩尔抗磁磁化率的实验和理论值列在表 7-2-1 中,可见摩尔抗磁磁化率的绝对值随电子数 Z 的增加而增大,并很好地符合球对称的原子模型。

表 7-2-1 一些惰性气体的摩尔抗磁磁化率

气体	$\chi_m/(10^{-6}\mathrm{cm}^3\cdot\mathrm{mol}^{-1})$	
	实验值	理论值
He	−2.02	−1.86
Ne	−6.96	−7.48
Ar	−19.23	−18.8

表 7-2-2 中列出了几种自由离子的摩尔抗磁磁化率。碱金属卤化物的摩尔抗磁磁化率 χ_m 的实验值与对应的两项之和基本上一致。该表也表明溶液与相应晶体的磁化率接近相等。由此可以得出结论:在离子键晶体中,离子的电子分布也是球对称的。但是,对于晶体而言,χ_m 要小一些。这是因为当相邻离子之间的距离缩短时,电子云的半径 $\langle r^2\rangle$ 要比溶液或自由离子的情形小。

表 7-2-2 离子、碱卤化物、溶液及晶体的摩尔抗磁磁化率

$\chi_m/(10^{-6}\mathrm{cm}^3\cdot\mathrm{mol}^{-1})$	Cl^-(−24.2)	Br^-(−34.5)	I^-(−50.6)	备注
Li^+(−0.7)	−25.2	−35.8	−53.7	溶液
	−24.3	−34.7	−50.0	盐
Na^+(−6.1)	−30.3	−42.0	−59.9	溶液
	−30.2	−41.1	−57.0	盐
K^+(−14.6)	−40.2	−51.9	−68.2	溶液
	−38.7	−49.6	−65.5	盐

必须强调,从原理上讲,任何物质都有抗磁性,但对于很多物质,抗磁性常常被其他磁性所掩盖。

§7.3 顺 磁 性

内壳层没有被填满的自由原子和离子(例如具有部分填充的 d 壳层的过渡金属元素或具有

部分填充的 f 壳层的稀土元素)具有永久磁矩。在含有这些元素的离子盐中,磁性离子通常被大的负离子(像硝酸盐或硫酸盐)和许多结晶水分子完全隔开。在这样的情况下,磁性离子之间的相互作用很弱,可以忽略不计。在外磁场下,各离子的磁矩独立运动,表现为顺磁性。

一、居里定律

在自由空间中,原子或离子的磁矩是

$$\boldsymbol{\mu} = g_J\left(-\frac{e}{2m}\right)\boldsymbol{J},\quad |\mu_J| = \sqrt{J(J+1)}\,g_J\mu_B = P\mu_B \tag{7.3.1}$$

在外磁场 $\boldsymbol{B}$ 中,磁矩的取向量子化,原来简并的 $(2J+1)$ 个量子态产生塞曼分裂,分裂的能级是

$$U = -\boldsymbol{\mu}\cdot\boldsymbol{B} = g_J\mu_B M_J B \tag{7.3.2}$$

其中 M_J 是磁量子数,取值为 $J, J-1, \cdots, -J$。在温度为 T 时,一个原子或离子沿 $\boldsymbol{B}$ 方向磁矩分量的统计平均值为

$$\bar{\mu} = \left[\sum_{-J}^{J} -g_J\mu_B M_J e^{-g_J\mu_B M_J B/(k_B T)}\right]\Big/\left[\sum_{-J}^{J} e^{-g_J\mu_B M_J B/(k_B T)}\right] \tag{7.3.3}$$

令

$$x = Jg_J\mu_B B/(k_B T) \tag{7.3.4}$$

可以得到

$$\begin{aligned}\bar{\mu} &= Jg_J\mu_B\left(\sum_{-J}^{J} -\frac{M_J}{J}e^{-M_Jx/J}\right)\Big/\left(\sum_{-J}^{J} e^{-M_Jx/J}\right)\\ &= Jg_J\mu_B\frac{\partial}{\partial x}\left(\ln\sum_{-J}^{J} e^{-M_Jx/J}\right)\end{aligned} \tag{7.3.5}$$

令

$$Z = \sum_{-J}^{J} e^{-M_Jx/J} = \sinh\left(\frac{2J+1}{2J}x\right)\Big/\sinh\left(\frac{1}{2J}x\right) \tag{7.3.6}$$

则

$$\bar{\mu} = Jg_J\mu_B\frac{\partial}{\partial x}\ln Z = Jg_J\mu_B B_J(x) \tag{7.3.7}$$

其中

$$\begin{aligned}B_J(x) &= \frac{\partial}{\partial x}\ln\frac{\sinh\frac{2J+1}{2J}x}{\sinh\frac{1}{2J}x}\\ &= \frac{2J+1}{2J}\coth\left(\frac{2J+1}{2J}x\right) - \frac{1}{2J}\coth\left(\frac{1}{2J}x\right)\end{aligned} \tag{7.3.8}$$

称为布里渊函数。如果系统中的磁性离子之间没有相互作用,那么在温度为 T 时磁场 $\boldsymbol{B}$ 引起的摩尔磁化强度为

$$M_m = N_A Jg_J\mu_B B_J(x) \tag{7.3.9}$$

其中 N_A 为阿伏伽德罗常量。

下面讨论在弱磁场和强磁场两种极限下的响应。

(1) 在高温、弱磁场下,$x\ll1$。利用

$$\coth(x)=\frac{1}{x}\left(1+\frac{x^2}{3}-\frac{x^4}{45}+\cdots\right) \tag{7.3.10}$$

将 $B_J(x)$展开保留到最低项,有

$$B_J(x\ll 1)\approx\frac{J+1}{J}\frac{x}{3} \tag{7.3.11}$$

得到摩尔磁化强度:

$$M_m=\frac{N_AJ(J+1)(g_J\mu_B)^2}{3k_BT}B \tag{7.3.12}$$

和摩尔磁化率:

$$\chi_m=\frac{\mu_0M_m}{B}=\frac{\mu_0N_AJ(J+1)(g_J\mu_B)^2}{3k_BT}=\frac{\mu_0N_A\mu_J^2}{3k_BT} \tag{7.3.13}$$

摩尔磁化率与 $1/T$ 的关系称为居里定律。满足式(7.3.13)的物质称为理想顺磁性物质。摩尔磁化率的倒数对温度的曲线是通过原点的直线,如图 7-3-1 所示。由直线的斜率可求得有效磁矩和玻尔磁子数,$\mu_J=P\mu_B$。居里定律成立的条件为 $x\ll1$,它不仅与磁感应强度和温度有关,还取决于原子的总角动量。例如 $J=1,g_J=1$ 时,取一个典型的磁感应强度,1 T(=10^4 G),则 $T>1$ K 时,物质遵守居里定律。J 值大时,温度下限则相应地提高。一般而言,在通常磁场下,居里定律在很低的温度时仍然成立。

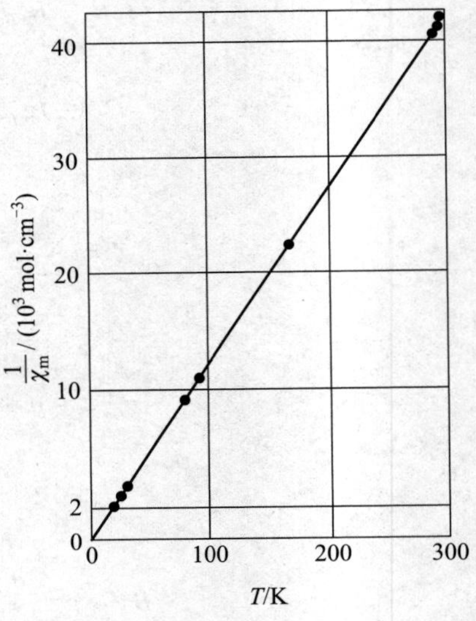

图 7-3-1　$Gd(C_2H_5SO_4)_3\cdot9H_2O$ 的 $\frac{1}{\chi_m}$-T 曲线

直线是居里定律

(2) 在低温、强磁场下,$x\gg1$,有

$$B_J(x\gg 1)\approx 1 \tag{7.3.14}$$

于是得到饱和磁化强度

$$M_{饱和}=N_AJg_J\mu_B \tag{7.3.15}$$

磁场足够强,温度足够低时,顺磁物质中所有永久磁矩都有序排列起来,并沿磁场方向有最大分量,$Jg_J\mu_B$ 称为原子的饱和磁矩。由于角动量的空间量子化

$$g_JJ\mu_B<g_J\sqrt{J(J+1)}\mu_B \tag{7.3.16}$$

也就是说,原子的饱和磁矩总是小于原子的固有磁矩。J 越小,这种量子效应越明显,表示原子磁矩永远不能完全沿磁场方向取向。只有当 $J\to\infty$ 时,原子的饱和磁矩 $\mu_{饱和}=g_J\mu_B$ 才趋于它的固有磁矩 $\mu_J=g_J\sqrt{J(J+1)}\mu_B$。量子数趋于无穷的过程也就是量子系统向经典系统过渡的过程,伴随着 $J\to\infty$,为了使有效磁矩保持为一个有限值 μ_{eff},玻尔磁子 μ_B,也就是普朗克常量 $\hbar$ 必须趋于零。同时磁矩在磁场下的取向数($2J+1$)变得无穷大,而变为连续取向。

由式(7.3.9)和式(7.3.15)可知,布里渊函数是磁化强度与饱和磁化强度之比:

$$B_J(x)=\frac{M}{M_{饱和}} \tag{7.3.17}$$

根据上面两种极限情形的讨论,可以画出整个布里渊函数的曲线,如图 7-3-2 所示。曲线的直线部分是满足居里定律的范围,直线的斜率明显依赖于 J 的取值。对于 $J=\frac{1}{2}$的系统,

$$B_{1/2}(x\ll 1)=\tanh(x\ll 1)\approx x \tag{7.3.18}$$

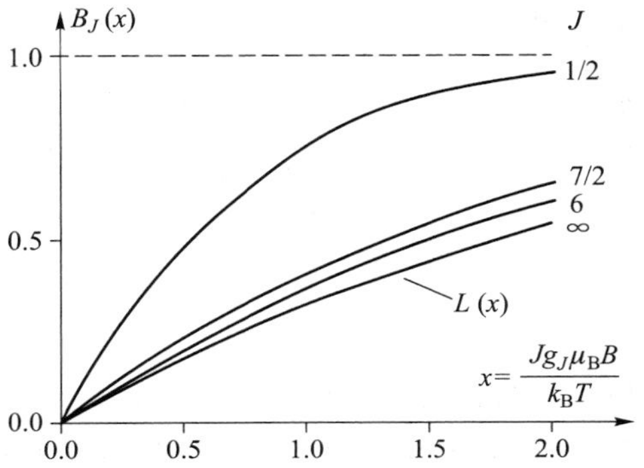

图 7-3-2　布里渊函数曲线

当 $J\to\infty$ 且 $\mu_B\propto\hbar\to 0$ 时,布里渊函数过渡到朗之万函数

直线斜率最大为 1。随着 J 的增大,斜率逐渐减小,当 $J\to\infty$ 时,布里渊函数直接被经典的朗之万(M.P.Langevin)函数所取代:

$$B_\infty(x)=L(x)=\coth x-\frac{1}{x} \tag{7.3.19}$$

在低磁场、高温下,$x\ll 1$,得到

$$L(x)\approx\frac{x}{3} \tag{7.3.20}$$

朗之万函数的直线的斜率为$\frac{1}{3}$。

图 7-3-3 画出了磁化强度(磁矩)与 B/T 的图像。

二、理论的局限性

以上关于顺磁性的讨论基于下面几点基本假定:① 顺磁原子或离子具有$(2J+1)$重简并的基态,略去了所有高能态(激发态)的影响。② 顺磁原子或离子处于稀释状态。除了磁场之外,不受任何其他影响。③ 在外磁场下,简并消除,对$(2J+1)$个分裂的能级求统计平均,求得每个原子或离子的平均磁矩。在这些假设下,可以采用朗德公式(7.1.8)得出 g_J 值,再由洪德定则预计的基态能级可计算离子或原子的有效玻尔磁子数 P。但是,这样计算得到的磁子数和由磁化率测量得到的实验值,对于大多数铁族过渡元素和一些稀土元素离子,如 Eu^{3+} 和 Sm^{3+} 有明显的不

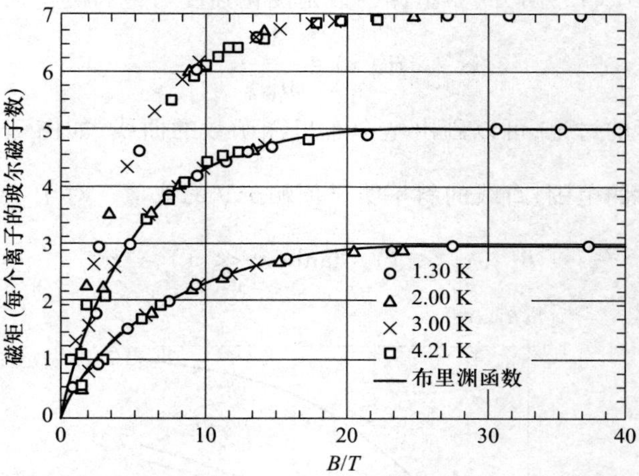

图 7-3-3 对于球形样品,磁矩对于 B/T 的曲线

符情况,说明理论存在局限性。

1. 晶场劈裂、轨道角动量猝灭和扬-特勒效应

表 7-3-1 列出了周期表中铁族过渡元素离子的有效玻尔磁子数的理论和实验值。可见实验值更接近 $P=2\sqrt{S(S+1)}$,似乎轨道磁矩根本不存在。这种情况称为轨道猝灭。

表 7-3-1 铁族离子的有效玻尔磁子数

离子	电子组态	基态	P(理论)= $g_J[J(J+1)]^{1/2}$	P(理论)= $2[S(S+1)]^{1/2}$	P(实验)
Ti^{3+}, V^{4+}	$3d^1$	$^2D_{3/2}$	1.55	1.73	1.8
V^{3+}	$3d^2$	$^3F_2$	1.63	2.83	2.8
Cr^{3+}, V^{2+}	$3d^3$	$^4F_{3/2}$	0.77	3.87	3.8
Mn^{3+}, Cr^{2+}	$3d^4$	$^5D_0$	0	4.90	4.9
Fe^{3+}, Mn^{2+}	$3d^5$	$^6S_{5/2}$	5.92	5.92	5.9
Fe^{2+}	$3d^6$	$^5D_4$	6.70	4.90	5.4
Co^{2+}	$3d^7$	$^4F_{9/2}$	6.63	3.87	4.8
Ni^{2+}	$3d^8$	$^3F_4$	5.59	2.83	3.2
Cu^{2+}	$3d^9$	$^2D_{5/2}$	3.55	1.73	1.9

铁族离子轨道猝灭的基本原因在于:晶体中的顺磁离子除了受到磁场的作用外,实际上还受到晶格中其他离子所产生的强各向异性晶场的作用。轨道角动量不同于自旋,它通常与非球对称的电子云有关,例如除了 s 电子外,p、d、f 电子的波函数都呈花瓣状。在量子理论中,中心势场中总的轨道角动量的平方 $\hat{L}^2$ 和一个分量 $\hat{L}_z$ 是守恒的。但是在非中心势场中,轨道平面会变动,虽然 $\hat{L}^2$ 守恒,$\hat{L}_z$ 将不再是运动常量。当 $\hat{L}_z$ 的平均值为零时,轨道角动量就猝灭了。轨道运

动对磁矩的贡献正比于 $\hat{L}_z$ 的量子期待值，如果动量矩猝灭则轨道磁矩也猝灭。

为了简单起见，我们考虑自由空间磁性离子的三重简并的 p 态。轨道量子数为 $l=1$，不同磁量子数 $m_l=\pm1,0$ 的三个态能量相等。三个基态波函数为

$$\psi_{n,1,1}(\boldsymbol{r}) = R_{n,1}(r)\mathrm{Y}_{11}(\theta,\varphi) = R_{n,1}(r)\sqrt{\frac{3}{8\pi}}\sin\theta e^{i\varphi}$$

$$= R_{n,1}(r)\sqrt{\frac{3}{8\pi}}\frac{1}{r}(x+iy) \tag{7.3.21}$$

$$\psi_{n,1,-1}(\boldsymbol{r}) = R_{n,1}(r)\sqrt{\frac{3}{8\pi}}\frac{1}{r}(x-iy) \tag{7.3.22}$$

$$\psi_{n,1,0}(\boldsymbol{r}) = R_{n,1}(r)\sqrt{\frac{3}{4\pi}}\frac{1}{r}z \tag{7.3.23}$$

在磁场中简并的能级被分裂，分裂的能量正比于磁场的磁感应强度 B，为 $m_l\mu_B B$。这种依赖磁场的分裂是造成离子顺磁性的来源。但是在晶体中，由于晶场的存在，电子的本征波函数不再是按照 $\hat{L}_z$ 进行分类而必须按照晶体的点群对称性重新进行分类。这时，我们可以利用自由空间的三个基态波函数的线性叠加来构成晶场中三个未受扰动的基态波函数：

$$\psi_{p_x}(\boldsymbol{r}) = \frac{1}{\sqrt{2}}[\psi_{n,1,1}(\boldsymbol{r}) + \psi_{n,1,-1}(\boldsymbol{r})]$$

$$= R_{n,1}(r)\sqrt{\frac{3}{4\pi}}\frac{1}{r}x = xf(r) \tag{7.3.24}$$

$$\psi_{p_y}(\boldsymbol{r}) = \frac{1}{\sqrt{2}i}[\psi_{n,1,1}(\boldsymbol{r}) - \psi_{n,1,-1}(\boldsymbol{r})]$$

$$= R_{n,1}(r)\sqrt{\frac{3}{4\pi}}\frac{1}{r}y = yf(r) \tag{7.3.25}$$

$$\psi_{p_z}(\boldsymbol{r}) = \psi_{n,1,0}(\boldsymbol{r})$$

$$= R_{n,1}(r)\sqrt{\frac{3}{4\pi}}\frac{1}{r}z = zf(r) \tag{7.3.26}$$

其中，$f(r)\equiv R_{n,1}(r)\sqrt{\frac{3}{4\pi}}\frac{1}{r}$为径向函数。这些波函数是正交的，并且是归一化的。对于每一个波函数，应该满足

$$\hat{L}^2\psi_{p_i} = l(l+1)\hbar^2\psi_{p_i} = 2\hbar^2\psi_{p_i}, \quad i=x,y,z \tag{7.3.27}$$

其中 $\hat{L}^2$ 是轨道角动量平方算符。

假定晶体具有正交对称性，磁性离子处的最低级多项式静电势解可写为

$$-e\varphi = Ax^2 + By^2 + Cz^2 \tag{7.3.28}$$

其中 A、B、C 是三个不相等的常数。为了满足拉普拉斯方程$\nabla^2\varphi=0$，必须有$C=-(A+B)$。这样式

(7.3.28)变为

$$-e\varphi = Ax^2 + By^2 - (A+B)z^2 \tag{7.3.29}$$

十分明显,它是一个非中心势场,并且具有和晶体一致的对称性。

我们注意到,对于这种晶场的扰动,微扰矩阵是对角化的。所有微扰非对角元为零:

$$\langle p_x | e\varphi | p_y \rangle = \langle p_x | e\varphi | p_z \rangle = \langle p_y | e\varphi | p_z \rangle = 0 \tag{7.3.30}$$

例如

$$\langle p_x | e\varphi | p_y \rangle = \int xy |f(r)|^2 [Ax^2 + By^2 - (A+B)z^2] \mathrm{d}x\mathrm{d}y\mathrm{d}z \tag{7.3.31}$$

这个积分是 x 和 y 的奇函数,因此积分为零。这样,晶场下的能级修正由对角矩阵元给出:

$$\begin{aligned}\langle p_x | -e\varphi | p_x \rangle &= \int |f(r)|^2 [Ax^4 + By^2x^2 - (A+B)z^2x^2] \mathrm{d}x\mathrm{d}y\mathrm{d}z \\ &= A(I_1 - I_2)\end{aligned} \tag{7.3.32}$$

其中

$$I_1 = \int |f(r)|^2 x^4 \mathrm{d}x\mathrm{d}y\mathrm{d}z, I_2 = \int |f(r)|^2 x^2y^2 \mathrm{d}x\mathrm{d}y\mathrm{d}z \tag{7.3.33}$$

类似地

$$\langle p_y | -e\varphi | p_y \rangle = B(I_1 - I_2), \langle p_z | -e\varphi | p_z \rangle = -(A+B)(I_1 - I_2) \tag{7.3.34}$$

可见,在晶场作用下,三个本征态是波瓣分别指向 x、y、z 轴的 p 波函数,原来简并的能级被劈裂为三个能量不相等的能级。这种劈裂被称为晶场劈裂。通常晶场劈裂的能量远大于磁场导致的劈裂能量 $\mu_B B$,与晶场相比磁场仅仅是小的扰动。

为了直观地说明晶场劈裂的物理原因,图 7-3-4 表示一个轨道角动量 $l=1$ 的原子(离子)在一个单轴晶场下能级的劈裂情况。这个单轴晶场是由两个排放在 z 轴方向的正离子产生的。在自由原子情况下,$m_l = \pm 1, 0$ 的三个态能量简并。但是在晶场下,当电子云接近正离子时具有较低的能量,而电子云指向正离子的中间时能量较高。因此,p_z 电子的能量低于自由原子的能量最大,而 p_x、p_y 电子的能量低于自由原子的能量次之,但它们是简并的。如果晶场不是简单的轴对称,则三个态将具有不同的能量。

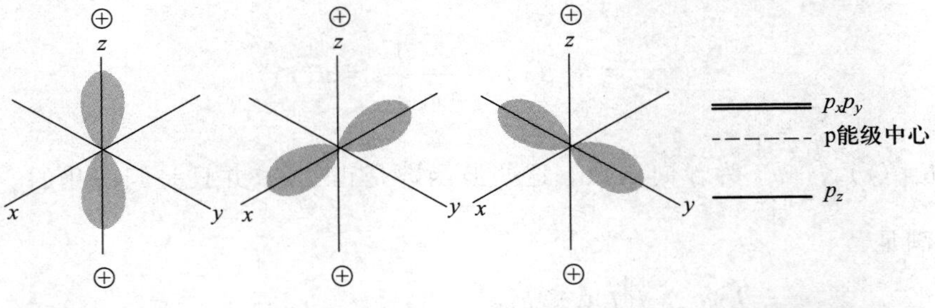

(a) p_z电子云　(b) p_x电子云　(c) p_y电子云　(d) 能级的劈裂

图 7-3-4　在轴对称晶场中 p 电子能级的劈裂

在非中心对称的晶场中,虽然总角动量仍然守恒,$l=1$,但是角动量分量不再是运动常量,m_l 不再是好量子数。每个能级的轨道角动量分量的期待值为零,因为

$$\langle p_x | \hat{L}_z | p_x \rangle = \langle p_y | \hat{L}_z | p_y \rangle = \langle p_z | \hat{L}_z | p_z \rangle = 0 \tag{7.3.35}$$

这个效应称为轨道猝灭。

对于铁族过渡元素离子,给出顺磁性的 3d 层是最外面的壳层。3d 壳层感受到近邻离子所产生的强烈各向异性晶场的作用。轨道猝灭效应十分明显。而稀土元素离子中给出顺磁性的 4f 壳层位于 5s 和 5p 壳层以内,处于离子内部深处,晶场的作用相对小得多,轨道猝灭效应就相对弱得多。

从上面的讨论也可以看到,如果晶体具有立方对称性,非磁性离子产生的晶场是一个立方对称的势场。那么一个具有 p 电子(或空穴)的壳层的基态将是三重简并的,没有劈裂。但是,如果晶格发生畸变,对称性降低,使得晶场变成非立方对称,能级将产生劈裂。电子占据低能量的能级,磁性离子的能量将降低。如果这种能量降低大于由于晶格畸变增加的弹性能量,一个自发的晶格畸变将发生,这被称为扬-特勒(Jahn-Teller)效应。

2. 范弗莱克顺磁性

表 7-3-2 列出了周期表中三价镧系元素离子的有效玻尔磁子数的理论和实验值。可见对于 Sm^{3+} 和 Eu^{3+} 离子,理论和实验值有明显的不符情况。例如三价的铕离子 Eu^{3+},基态为 $^7F_0$,量子数 $J=0$,从而玻尔磁子数 $P=0$,但是实验测定 $P=3.4$。理论和实验的差别是由于我们没有考虑激发态的影响。

表 7-3-2　三价镧系元素离子的有效玻尔磁子数

离子	电子组态	基态	P(理论)$=g_J[J(J+1)]^{1/2}$	P(实验)
Ce^{3+}	$4f^1 5s^2 p^6$	$^2F_{5/2}$	2.54	2.4
Pr^{3+}	$4f^2 5s^2 p^6$	$^3H_4$	3.58	3.5
Nd^{3+}	$4f^3 5s^2 p^6$	$^4I_{9/2}$	3.62	3.5
Pm^{3+}	$4f^4 5s^2 p^6$	$^5I_4$	2.68	—
Sm^{3+}	$4f^5 5s^2 p^6$	$^6H_{5/2}$	0.84	1.5
Eu^{3+}	$4f^6 5s^2 p^6$	$^7F_0$	0	3.4
Gd^{3+}	$4f^7 5s^2 p^6$	$^8S_{7/2}$	7.94	8.0
Tb^{3+}	$4f^8 5s^2 p^6$	$^7F_6$	9.72	9.5
Dy^{3+}	$4f^9 5s^2 p^6$	$^6H_{15/2}$	10.63	10.6
Ho^{3+}	$4f^{10} 5s^2 p^6$	$^5I_8$	10.60	10.4
Er^{3+}	$4f^{11} 5s^2 p^6$	$^4I_{15/2}$	9.59	9.5
Tm^{3+}	$4f^{12} 5s^2 p^6$	$^3H_6$	7.57	7.3
Yb^{3+}	$4f^{13} 5s^2 p^6$	$^2F_{7/2}$	4.54	4.5

考虑一个没有磁矩的原子或离子的基态 $|0\rangle$,即磁矩(或角动量)算符的平均值 $\langle 0 | \mu_z | 0 \rangle = 0$。

假定存在一个激发态 $|S\rangle$,激发态与基态之间的能量差为 $\Delta = E_S - E_0$,磁矩算符的非对角元 $\langle S | \mu_z | 0 \rangle \neq 0$。那么根据量子力学的微扰理论,在弱磁场($\mu_z B \ll 0$)情况下,受扰后的基态波函

数为

$$|0'\rangle = |0\rangle + \frac{B}{\Delta}\langle S|\mu_z|0\rangle|S\rangle \tag{7.3.36}$$

激发态的波函数为

$$|S'\rangle = |S\rangle - \frac{B}{\Delta}\langle 0|\mu_z|S\rangle|0\rangle \tag{7.3.37}$$

这样在磁场扰动下的基态具有磁矩

$$\langle 0'|\mu_z|0'\rangle \approx 2B|\langle S|\mu_z|0\rangle|^2/\Delta \tag{7.3.38}$$

同样激发态的磁矩为

$$\langle S'|\mu_z|S'\rangle \approx -2B|\langle S|\mu_z|0\rangle|^2/\Delta \tag{7.3.39}$$

激发态与基态磁矩方向相反。

假定单位体积内离子(原子)数为 N,温度 T 时基态和激发态的占据数之差为

$$N\frac{e^{-E_0/(k_BT)} - e^{-(E_0+\Delta)/(k_BT)}}{e^{-E_0/(k_BT)} + e^{-(E_0+\Delta)/(k_BT)}} = N\frac{1-e^{-\Delta/(k_BT)}}{1+e^{-\Delta/(k_BT)}} \tag{7.3.40}$$

当 $k_BT \gg \Delta$ 时,式(7.3.40)为

$$N\frac{1-e^{-\Delta/(k_BT)}}{1+e^{-\Delta/(k_BT)}} \approx N\frac{\Delta/(k_BT)}{2-\Delta/(k_BT)} \approx N\Delta/(2k_BT) \tag{7.3.41}$$

这样,外场下诱导的磁化强度为

$$M = \frac{2B|\langle S|\mu_z|0\rangle|^2}{\Delta}\cdot\frac{N\Delta}{2k_BT} \tag{7.3.42}$$

相应的磁化率为

$$\chi = \mu_0N|\langle S|\mu_z|0\rangle|^2/(k_BT) \tag{7.3.43}$$

其中 μ_0 为真空磁导率。磁化率具有居里定律形式。

当 $k_BT \ll \Delta$ 时,式(7.3.40)为

$$N\frac{1-e^{-\Delta/(k_BT)}}{1+e^{-\Delta/(k_BT)}} \approx N \tag{7.3.44}$$

也就是磁化强度几乎全由基态提供:

$$M = \frac{2NB|\langle S|\mu_z|0\rangle|^2}{\Delta} \tag{7.3.45}$$

磁化率是

$$\chi = \frac{2N\mu_0|\langle S|\mu_z|0\rangle|^2}{\Delta} \tag{7.3.46}$$

它与温度无关。这种类型的顺磁性贡献称为范弗莱克(van Vleck)顺磁性。只有当激发能量 Δ 很小时,范弗莱克顺磁性才显得重要。稀土离子 Sm^{3+} 和 Eu^{3+} 激发态能量十分靠近基态能量,必须考虑激发态的影响。

§7.4　载流子的磁性

一、自由电子气的泡利顺磁性

金属的内层电子具有饱和电子结构，因此内层电子对磁性的贡献是抗磁性的。但是，金属中的传导电子对磁性的贡献却主要是顺磁性的。自由电子气的顺磁性来源于电子的自旋磁矩：

$$\mu_s = m_s g_s \mu_B = \begin{cases} +\mu_B \\ -\mu_B \end{cases} \tag{7.4.1}$$

在无外磁场情况下，$m_s = \pm 1/2$ 的两种自旋态能量简并，$\mu_s = \pm\mu_B$ 的电子数相等，不显示磁性。但是在有外场时，简并消除，沿外场方向（磁矩向上↑）的电子能量为$-\mu_B B$，而逆外场方向（磁矩向下↓）的电子能量为 $\mu_B B$。于是磁矩与外场平行的电子数将多于磁矩与外场反平行的电子数，有沿外场的净磁矩，显示顺磁性。

按照经典统计理论，人们可能预料自由电子对磁化强度有居里型的顺磁性贡献。按照式（7.3.12）得到，在高温弱场下，

$$M = N\mu_B^2 B/(k_B T) \tag{7.4.2}$$

但是，实验结果表明大多数非铁磁金属的磁化强度与温度无关，而且数值比预期的要小得多。

泡利（W.Pauli）证明，应用费米-狄拉克分布代替经典的玻耳兹曼分布，可以得到正确的结果。由于自由电子气是高度简并的，费米球内磁矩平行于磁场的大部分状态已经占满。金属中的大部分传导电子并不能在外磁场中反转，只有在费米面附近 $k_B T$ 范围内的电子才有机会在磁场中改变方向。因此在总电子数 N 中，只有大约 T/T_F 部分电子对磁化强度有贡献。于是可以由式（7.4.2）估计自由电子的磁化强度：

$$M \approx \frac{N\mu_B^2 B}{k_B T}\frac{T}{T_F} = \frac{N\mu_B^2}{k_B T_F}B \tag{7.4.3}$$

其中 T_F 为费米温度。这个磁化强度与温度无关，而且数量级也与实验值吻合。由此也可以得到顺磁磁化率：

$$\chi \approx \mu_0 N\mu_B^2/(k_B T_F) \tag{7.4.4}$$

由于自由电子气的顺磁磁化率几乎与温度无关，可以利用图 7-4-1 来计算$T=0$ 时，自由电子气的顺磁磁化率。

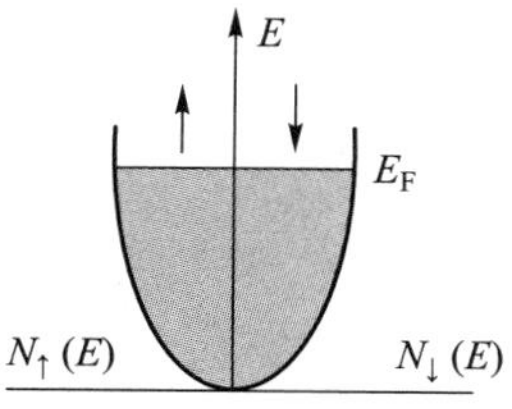

(a) 外磁场B=0平衡时

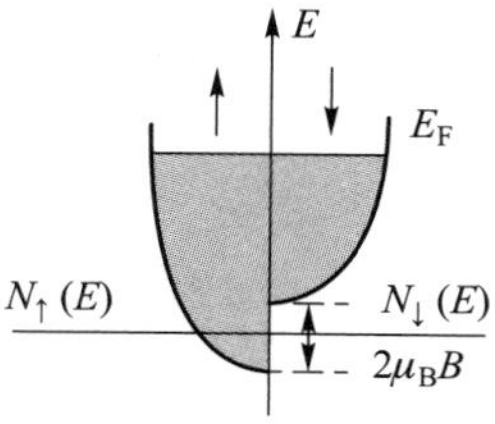

(b) 外磁场$B\neq 0$平衡时

图 7-4-1　两种自旋态的态密度曲线

图 7-4-1 表示两种自旋态的态密度曲线。图中的阴影区域中状态已被占满。当 $B=0$ 时，$N_{\uparrow}(E)=N_{\downarrow}(E)=\frac{1}{2}N(E)$，$N(E)$ 为总的态密度。可见两种自旋态电子数相等，磁化强度为零。当 $B\neq 0$ 时，假定磁矩与磁场平行和反平行的态密度曲线只是发生了大约为 $2\mu_{B}B$ 的刚性相对移动，因此有

$$N_{\uparrow}(E)=\frac{1}{2}N(E+\mu_{B}B),\ N_{\downarrow}(E)=\frac{1}{2}N(E-\mu_{B}B) \tag{7.4.5}$$

对于自由电子气，总的态密度可写为

$$N(E)=\frac{2V}{(2\pi)^{2}}\left(\frac{2m}{\hbar^{2}}\right)^{3/2}E^{1/2} \tag{7.4.6}$$

磁场对费米能的影响极小，因为 $\mu_{B}B\approx 10^{-6}$ eV，而 $T=0$, $B=0$ 时 $E_{F}\approx 1.5\sim 7$ eV，因此 $E_{F}\gg\mu_{B}B$。这样当 $T=0$, $B\neq 0$ 平衡时的费米能 $\approx E_{F}$。自旋与磁场平行和反平行的电子数之差，可由下面的计算得到：

$$\begin{aligned}
n_{\uparrow}-n_{\downarrow}&=\int_{-\mu_{B}B}^{E_{F}}N_{\uparrow}(E)f_{0}(E)\,\mathrm{d}E-\int_{\mu_{B}B}^{E_{F}}N_{\downarrow}(E)f_{0}(E)\,\mathrm{d}E\\
&=\frac{V}{(2\pi)^{2}}\left(\frac{2m}{\hbar^{2}}\right)^{3/2}\left[\int_{-\mu_{B}B}^{E_{F}}(E+\mu_{B}B)^{1/2}\,\mathrm{d}E-\int_{\mu_{B}B}^{E_{F}}(E-\mu_{B}B)^{1/2}\,\mathrm{d}E\right]\\
&=\frac{V}{(2\pi)^{2}}\left(\frac{2m}{\hbar^{2}}\right)^{3/2}\frac{2}{3}\left[(E_{F}+\mu_{B}B)^{3/2}-(E_{F}-\mu_{B}B)^{3/2}\right]\\
&\approx\frac{V}{(2\pi)^{2}}\left(\frac{2m}{\hbar^{2}}\right)^{3/2}\frac{2}{3}E_{F}^{3/2}\left(\frac{6}{2}\frac{\mu_{B}B}{E_{F}}\right)\\
&=\mu_{B}BN(E_{F})
\end{aligned} \tag{7.4.7}$$

式中 $N(E_{F})$ 为费米面上的能态密度。

磁化强度 $M=\mu_{B}(n_{\uparrow}-n_{\downarrow})$，由此有

$$M=N(E_{F})\mu_{B}^{2}B=\frac{3}{2}N\frac{\mu_{B}^{2}B}{E_{F}}=\frac{3}{2}N\mu_{B}^{2}B/(k_{B}T_{F}) \tag{7.4.8}$$

其中用到 $N(E_{F})=\frac{3}{2}\frac{N}{E_{F}}=\frac{3}{2}\frac{N}{k_{B}T_{F}}$，$N$ 是系统的电子密度。可见计算值与前面的估算值式(7.4.3)仅差因子 3/2。

由式(7.4.8)可得到自由电子气的顺磁磁化率为

$$\chi_{泡}=\frac{3}{2}\frac{N\mu_{0}\mu_{B}^{2}}{k_{B}T_{F}} \tag{7.4.9}$$

它被称为泡利顺磁磁化率。

二、自由电子气的朗道抗磁性

以上关于自由电子顺磁性的讨论中，假定磁场不影响电子的轨道空间运动，但是实际上磁场

会改变电子的波函数。在§4.11中,我们得到了电子在磁场中的朗道能级:

$$E(n,k_z)=\left(n+\frac{1}{2}\right)\hbar\omega_c+\frac{\hbar^2}{2m}k_z^2 \tag{7.4.10}$$

以及所确定的回旋轨道,在垂直于磁场 **B** 平面内运动的能量为

$$E_{\perp}=\left(n+\frac{1}{2}\right)\hbar\omega_c=2\left(n+\frac{1}{2}\right)\mu_B B \tag{7.4.11}$$

其中 $\omega_c=\frac{eB}{m}$, $\mu_B=\frac{e\hbar}{2m}$,可见这个能量与磁场有关。沿这个轨道回旋的电子在磁场中感生的磁矩为

$$\mu_n=-\frac{\partial E_{\perp}}{\partial B}=-2\left(n+\frac{1}{2}\right)\mu_B \tag{7.4.12}$$

式中的负号表明它是抗磁性的。总的抗磁磁矩可由系统的自由能对磁场求导得到:

$$M=-\frac{1}{V}\left(\frac{\partial F}{\partial B}\right)_{T,V} \tag{7.4.13}$$

简并的自由电子气的自由能公式为

$$F=-k_B T\sum_{n,k_z}D_{n,k_z}\ln\left\{1+\exp\left[-\frac{E(n,k_z)-E_F}{k_B T}\right]\right\} \tag{7.4.14}$$

式中 D_{n,k_z} 是给定 n 和 k_z 的简并度,求和遍及系统的全部状态。朗道能级是简并的,每个能级的简并度由式(4.10.25)给出,皆为 $D_{n,k_z}=\frac{e}{\pi\hbar}BL^2=\frac{L^2}{\pi\hbar}\omega_c m$。在磁场中,$k_z$ 仍然是准连续分布,对 k_z 的求和可变为积分。对于一个确定的 n, dk_z 范围内的状态数为

$$\frac{L^2}{\pi\hbar}\omega_c m\cdot\frac{L}{2\pi}dk_z=\frac{L^3}{\pi^2}\frac{m}{\hbar^2}\mu_B B dk_z \tag{7.4.15}$$

这样式(7.4.14)变为

$$F=-\frac{L^3}{\pi^2}\frac{m}{\hbar^2}\mu_B B k_B T\sum_n\int_{-\infty}^{\infty}\ln\left\{1+\exp\left[-\frac{E(n,k_z)-E_F}{k_B T}\right]\right\}dk_z \tag{7.4.16}$$

这个积分在数学上有很大的困难。但是在高温近似下(即 $\mu_B B\ll k_B T$ 下),可以得到简并电子气的磁化强度:

$$M=-\frac{1}{V}\left(\frac{\partial F}{\partial B}\right)_{T,V}=-\frac{1}{3}N(E_F)\mu_B^2 B \tag{7.4.17}$$

而磁化率

$$\chi_{朗}=-\frac{1}{3}N(E_F)\mu_0\mu_B^2=-\frac{1}{2}\frac{N\mu_0\mu_B^2}{k_B T_F} \tag{7.4.18}$$

被称为自由电子气的朗道抗磁磁化率。它的大小正好是泡利顺磁磁化率的−1/3,即

$$\chi_{泡}=-3\chi_{朗} \tag{7.4.19}$$

由式(7.4.9)和式(7.4.18)可以得到简并的自由电子气的总磁化率为

$$\chi = \chi_{泡} + \chi_{朗} = N\mu_0\mu_B^2/(k_B T_F) \tag{7.4.20}$$

金属的磁化率还应考虑内层电子的抗磁性,因此金属的顺磁磁化率总比自由电子气的泡利顺磁磁化率小。

三、非简并载流子的顺磁性和抗磁性

非简并的载流子,例如低掺杂半导体中的电子或空穴,由于载流子浓度很低,可用经典的玻耳兹曼统计代替费米统计去处理问题。

非简并载流子的顺磁磁化强度可直接由式(7.3.9),取 $J=\dfrac{1}{2}$, $g_J=2$,得到

$$M = N\mu_B B_{1/2}(x) = N\mu_B \tanh\left(\frac{\mu_B B}{k_B T}\right) \tag{7.4.21}$$

在高温情况下,$\mu_B B \ll k_B T$,$\tanh\left(\dfrac{\mu_B B}{k_B T}\right)=\mu_B B/(k_B T)$,得到

$$M = N\mu_B^2 B/(k_B T) \tag{7.4.22}$$

顺磁磁化率

$$\chi_{顺} = N\mu_0\mu_B^2/(k_B T) \tag{7.4.23}$$

满足居里定律。

非简并载流子的朗道抗磁性也可以由式(7.4.13)从自由能得到。根据玻耳兹曼统计,系统的自由能为

$$F = -k_B TNV \ln Z \tag{7.4.24}$$

其中配分函数 Z 可写为

$$Z = \sum_{n,k_z} D_{n,k_z} \exp\left[-\frac{E(n,k_z)}{k_B T}\right] \tag{7.4.25}$$

考虑到朗道能级的简并性,将对 k_z 的求和化为积分,有

$$\begin{aligned} Z &= \frac{L^3}{\pi^2}\frac{m}{\hbar^2}\mu_B B \sum_{n=0}^{\infty}\int_{-\infty}^{\infty} \exp\left[-\left(n+\frac{1}{2}\right)\frac{\hbar\omega_c}{k_B T}\right] \exp\left(-\frac{\hbar^2 k_z^2}{2mk_B T}\right) \mathrm{d}k_z \\ &= A\mu_B B \sum_{n=0}^{\infty} \exp\left[-\left(n+\frac{1}{2}\right)\frac{2\mu_B B}{k_B T}\right] \end{aligned} \tag{7.4.26}$$

其中 A 为常数,

$$A = \frac{L^3}{\pi^2}\frac{m}{\hbar^3}(2\pi m k_B T)^{1/2} \tag{7.4.27}$$

对 n 求和乃是求无穷级数的总和,故由式(7.4.26)得

$$Z = \frac{A}{2}\mu_B B \frac{1}{\sinh\left(\dfrac{\mu_B B}{k_B T}\right)} \tag{7.4.28}$$

这样得到磁化强度

$$M=-\frac{1}{V}\left(\frac{\partial F}{\partial B}\right)_{T,V}=k_{\mathrm{B}}TN\frac{\partial}{\partial B}(\ln Z)$$

$$=-N\mu_{\mathrm{B}}\left[\coth\left(\frac{\mu_{\mathrm{B}}B}{k_{\mathrm{B}}T}\right)-\frac{k_{\mathrm{B}}T}{\mu_{\mathrm{B}}B}\right] \tag{7.4.29}$$

或者由式(7.3.19)写为

$$M=-N\mu_{\mathrm{B}}L\left(\frac{\mu_{\mathrm{B}}B}{k_{\mathrm{B}}T}\right) \tag{7.4.30}$$

其中 $L\left(\frac{\mu_{\mathrm{B}}B}{k_{\mathrm{B}}T}\right)$ 为朗之万函数。在高温弱磁场下，$L\left(\frac{\mu_{\mathrm{B}}B}{k_{\mathrm{B}}T}\right)\approx\frac{1}{3}\frac{\mu_{\mathrm{B}}B}{k_{\mathrm{B}}T}$，磁化强度

$$M\approx-\frac{N\mu_{\mathrm{B}}^{2}B}{3k_{\mathrm{B}}T} \tag{7.4.31}$$

在此近似下，抗磁磁化率为

$$\chi_{抗}=-N\mu_{0}\mu_{\mathrm{B}}^{2}/(3k_{\mathrm{B}}T) \tag{7.4.32}$$

与顺磁磁化率相比较，也得到在 $\mu_{\mathrm{B}}B\ll k_{\mathrm{B}}T$ 时，

$$\chi_{顺}=-3\chi_{抗} \tag{7.4.33}$$

此关系对非简并或简并载流子皆成立。

§7.5　铁　磁　性

一、实验事实

对于铁(Fe)、钴(Co)、镍(Ni)等几种元素以及以它们为基的许多合金，磁化强度测量得到如下重要的实验结果：当温度 $T<T_{\mathrm{C}}$ 时，即使外加磁场为零，铁磁体的磁化强度 M 也不为零，即存在自发磁化，T_{C} 称为铁磁居里温度。随着温度升高，M 下降。当温度 $T=T_{\mathrm{C}}$ 时，$M=0$。当温度 $T>T_{\mathrm{C}}$ 时，没有自发磁化，在外磁场下表现为顺磁性，磁化率满足居里-外斯(Curie-Weiss)定律：

$$\chi=C/(T-\theta) \tag{7.5.1}$$

式中 C 为居里常量，θ 称为顺磁居里温度。θ 略高于 T_{C}，例如对于 Fe、Co、Ni，铁磁居里温度 T_{C} 分别为 1 043 K、1 388 K 和 627 K，而顺磁居里温度 θ 分别为1 093 K、1 428 K 和 650 K。铁磁居里温度是系统从磁有序的铁磁相向磁无序的顺磁相转变的相变温度。这个相变是二级相变。

二、分子场理论

为了解释铁磁体的上述实验事实，外斯唯象地假定在磁性离子之间存在相互作用，并用一个平均场来描述这种相互作用。这个平均场称为分子场，它是一个正比于磁化强度的磁场，即

$$\boldsymbol{B}_{\mathrm{m}}=\gamma\boldsymbol{M} \tag{7.5.2}$$

其中 γ 是一个不依赖于温度的常量。在平均场近似中，每个磁性离子除了感受到外磁场 $\boldsymbol{B}$ 的作用外，还感受到这个分子场的作用。总的有效场为

$$\boldsymbol{B}_{\mathrm{e}}=\boldsymbol{B}+\gamma\boldsymbol{M} \tag{7.5.3}$$

假定单位体积内有 N 个角动量量子数为 J 的磁性离子,根据式(7.3.9),在温度 T、磁场 B 下,磁化强度由下式决定:

$$M(T,B)=N\overline{\mu}=NJg_J\mu_B B_J(x) \tag{7.5.4}$$

$$x=\frac{Jg_J\mu_B}{k_B T}(B+\gamma M) \tag{7.5.5}$$

与前面的顺磁理论不同的是,现在考虑了磁性离子之间的相互作用。

1. 自发磁化

先讨论在外场 $B=0$ 时的自发磁化。此时磁化强度由下面两个方程来确定:

$$M(T)=NJg_J\mu_B B_J(x)=M(0)B_J(x) \tag{7.5.6}$$

$$M(T)=\frac{k_B T}{\gamma Jg_J\mu_B}x \tag{7.5.7}$$

其中 $M(0)$ 为饱和磁化强度。第一个方程是关于 x 的曲线。第二个方程是关于 x 的直线,直线的斜率依赖于温度 T,T 越高斜率越大。$M(T)$ 由它们的交点确定,如图 7-5-1 所示。

可见,当温度趋于零时,磁化强度趋于饱和磁化强度 $M(0)$。随着温度的升高,磁化强度逐渐减小。当温度 $T>T_C$ 时,曲线与直线没有交点,自发磁化消失,$M(T)=0$。T_C 对应于曲线与直线在 $x=0$ 处相切的温度。图 7-5-2 画出了自发磁化与温度的关系。

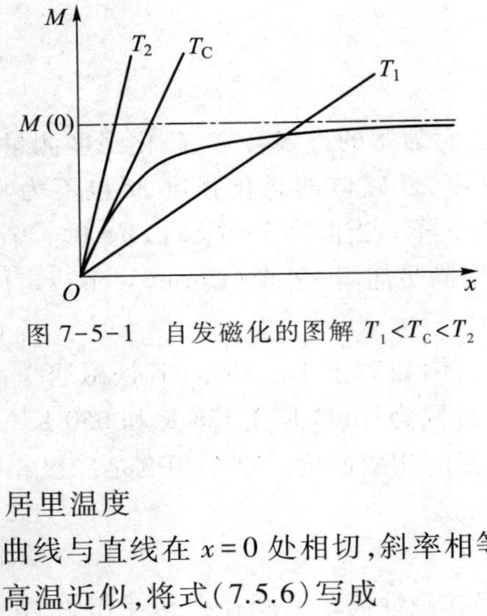

图 7-5-1　自发磁化的图解 $T_1<T_C<T_2$

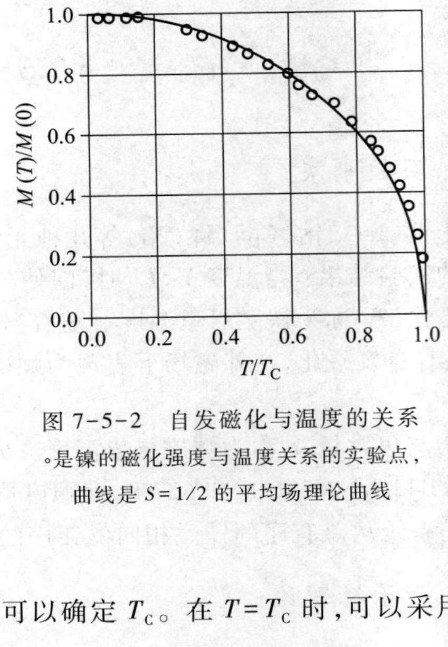

图 7-5-2　自发磁化与温度的关系

∘是镍的磁化强度与温度关系的实验点,曲线是 $S=1/2$ 的平均场理论曲线

2. 居里温度

由曲线与直线在 $x=0$ 处相切,斜率相等的条件,可以确定 T_C。在 $T=T_C$ 时,可以采用布里渊函数的高温近似,将式(7.5.6)写成

$$M(T)=M(0)B_J(x)\approx M(0)\frac{J+1}{3J}x \tag{7.5.8}$$

由斜率相等得到

$$\frac{J+1}{3J}M(0)=\frac{k_B T_C}{\gamma Jg_J\mu_B} \tag{7.5.9}$$

解出 T_C 有

$$T_C = \frac{1}{3k_B}\gamma NJ(J+1)(g_J\mu_B)^2 = \frac{\gamma N\mu_J^2}{3k_B} \tag{7.5.10}$$

可见居里温度依赖于分子场系数 γ。

3. 居里-外斯定律

现在讨论高温顺磁性。当 $T>T_C$，$B\neq 0$ 时，方程(7.5.4)和(7.5.5)可写为

$$M(T,B) = M(0)B_J(x) \approx \frac{1}{3}N(J+1)g_J\mu_B x \tag{7.5.11}$$

$$x = \frac{Jg_J\mu_B}{k_B T}(B+\gamma M) \tag{7.5.12}$$

将式(7.5.12)代入式(7.5.11)得到

$$M(T,B) = \frac{1}{3k_B T}NJ(J+1)(g_J\mu_B)^2(B+\gamma M)$$

$$= \frac{N\mu_J^2}{3k_B T}(B+\gamma M) \tag{7.5.13}$$

由此得到

$$M(T,B) = \frac{N\mu_J^2/(3k_B)}{T-T_C}B \tag{7.5.14}$$

磁化率为

$$\chi = \frac{\mu_0 N\mu_J^2/(3k_B)}{T-T_C} = \frac{C}{T-T_C} \tag{7.5.15}$$

这样得到了居里-外斯定律，其中常量 $C=\dfrac{\mu_0 N\mu_J^2}{3k_B}$。

图 7-5-3 给出了高于居里温度 T_C 时，镍的磁化率倒数 $1/\chi$ 与温度的关系。曲线的斜率外推到与温度坐标相交，得到顺磁居里温度 θ，它比铁磁居里温度 T_C 高。但是分子场理论本身由于没有考虑到磁涨落的因素不能区分 T_C 和 θ。

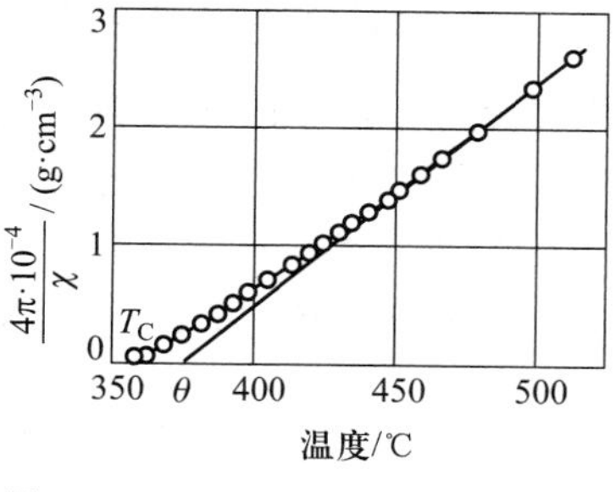

图 7-5-3 $T>T_C$ 时，镍的磁化率与温度的关系，满足居里-外斯定律

三、自发磁化的局域电子模型

外斯提出的分子场理论虽然成功地说明了铁磁体的自发磁化现象。但是在量子力学产生以前，要解释为什么磁性离子之间会产生这样强的相互作用，分子场理论却显得苍白无力。

人们会很自然地认为，邻近磁矩之间的磁相互作用也许是分子场的来源。一个磁性离子在邻近点阵位置上产生的磁场约等于 μ_B/a^3，即大约为 10^3 G。由式(7.5.10)我们可以得到分子场系数：

$$\gamma=\frac{3k_{\mathrm{B}}T_{\mathrm{C}}}{NJ(J+1)(g_J\mu_{\mathrm{B}})^2} \tag{7.5.16}$$

对于铁,$T_{\mathrm{C}}\approx 1\ 000$ K, $g\approx 2$, $J=S\approx 1$,这样由式(7.5.16)得到 $\gamma\approx 5\ 000$。若取 $M=1\ 700$ G = 0.17 T, 则内场 $B_{\mathrm{m}}\approx\gamma M\approx 10^7$ G = 10^3 T。它比磁性离子产生的磁感应强度大了 4 个数量级。显然磁偶极相互作用不可能是如此大的分子场的主要来源。

1928 年,海森伯提出,局域在磁性原子附近的电子可以在磁性离子之间产生直接的交换作用,这样就解释了分子场的实质,通常称为海森伯模型或局域电子模型。

交换场近似地表示了量子力学的交换作用。考虑两个自旋为 1/2 的电子,其自旋算符为 $\boldsymbol{S}_i$ 和 $\boldsymbol{S}_j$,它们之间的相互作用能可以写为

$$\begin{aligned} U &= -2J_{\mathrm{e}}\boldsymbol{S}_i\cdot\boldsymbol{S}_j \\ &= -J_{\mathrm{e}}[(\boldsymbol{S}_i+\boldsymbol{S}_j)^2-\boldsymbol{S}_i^2-\boldsymbol{S}_j^2] \\ &= \begin{cases} -\dfrac{\hbar^2}{2}J_{\mathrm{e}} & \uparrow\uparrow \\ +\dfrac{3\hbar^2}{2}J_{\mathrm{e}} & \uparrow\downarrow \end{cases} \end{aligned} \tag{7.5.17}$$

式中 J_{e} 表示交换积分,↑↑ 和 ↑↓ 分别表示两个自旋平行和反平行的状态。对于两个氢原子结合成氢分子的情况,$J_{\mathrm{e}}<0$,两个电子反平行的单重态能量低,从而构成了氢分子的基态,这也正是共价结合的来源。

海森伯注意到,如果两个磁性离子之间的交换积分 $J_{\mathrm{e}}>0$,则自旋平行的三重态应该是能量较低的状态。它将导致铁磁体的基态。将式(7.5.17)推广到每个磁性离子自旋未配对的 d 电子数大于 1 的情况。两个格点上磁性离子的交换作用可近似写为

$$\begin{aligned} U_{12} &= -2J_{\mathrm{e}}\sum_{ij}\boldsymbol{s}_{1i}\cdot\boldsymbol{s}_{2j} = -2J_{\mathrm{e}}\sum_i\boldsymbol{s}_{1i}\cdot\sum_j\boldsymbol{s}_{2j} \\ &= -2J_{\mathrm{e}}\boldsymbol{S}_1\cdot\boldsymbol{S}_2 \end{aligned} \tag{7.5.18}$$

式中 1、2 分别表示第 1 和第 2 个离子,i 和 j 表示每个离子中的电子。$\boldsymbol{S}_1=\sum_i\boldsymbol{s}_{1i}$,$\boldsymbol{S}_2=\sum_j\boldsymbol{s}_{2j}$ 分别为两个格点上离子的总自旋,这里假定:

(1) 同一离子内电子之间的交换作用满足洪德定则。

(2) 两个离子间所有电子之间具有相同的交换积分 J_{e}。

对于铁磁晶体,只考虑最近邻相互作用。设配位数为 z,则交换能可写为

$$U_{\mathrm{ex}} = -2J_{\mathrm{e}}\boldsymbol{S}_0\cdot\sum_1^z\boldsymbol{S}_i = -\left(\frac{2J_{\mathrm{e}}\hbar^2}{g_s^2\mu_{\mathrm{B}}^2}\sum_1^z\boldsymbol{\mu}_i\right)\cdot\boldsymbol{\mu}_0 \tag{7.5.19}$$

注意 $\boldsymbol{S}_0$ 是所考虑的离子的自旋,$\boldsymbol{S}_i$ 是近邻原子的自旋,$\boldsymbol{\mu}_0=g_s\left(-\dfrac{e}{2m}\right)\boldsymbol{S}_0$,$\boldsymbol{\mu}_i=g_s\left(-\dfrac{e}{2m}\right)\boldsymbol{S}_i$。式(7.5.19)表示 $\boldsymbol{\mu}_0$ 离子与其近邻离子之间的取向能,这个交换能相当于一个内场,

$$\frac{2J_{\mathrm{e}}\hbar^2}{(g_s\mu_{\mathrm{B}})^2}\sum_i\boldsymbol{\mu}_i = \frac{2J_{\mathrm{e}}\hbar^2}{g_s^2\mu_{\mathrm{B}}^2}z\boldsymbol{\mu} = \gamma\boldsymbol{M} \tag{7.5.20}$$

式中 $\boldsymbol{\mu}$ 是平均磁矩，$\boldsymbol{M}=N\boldsymbol{\mu}$，$z$ 是近邻配位数。分子场系数

$$\gamma=\frac{2zJ_e\hbar^2}{N(g_s\mu_B)^2} \tag{7.5.21}$$

由式(7.5.16)和式(7.5.21)取 $J=S$，得到

$$k_BT_C=\frac{2}{3}z[S(S+1)]J_e\hbar^2 \tag{7.5.22}$$

在式(7.5.22)中，$J_e\hbar^2\approx0.1\ \mathrm{eV}$，它恰好与 k_BT_C 同一量级。可见强大的分子场来源于交换相互作用，源于原子(或离子)之间的库仑相互作用。由于泡利原理，自旋取向的不同决定了关联电子系统的空间波函数和电子分布，最终导致不同的库仑相互作用能。

四、铁磁体在外场下的磁化过程

当温度远低于居里温度时，处于自发磁化的铁磁体，从微观尺度上来看，电子的磁矩基本上整齐排列。但从实际样品来看，铁磁体的磁矩远小于饱和磁矩，要使样品达到饱和磁化则需要施加外磁场。区别于自发磁化，铁磁体在外场下的磁化称为技术磁化。铁磁体外场磁化的基本特点是，磁化过程是不可逆的，通常称为磁滞现象。图 7-5-4 是一个典型的磁化曲线，表示磁化过程中磁化强度和磁场的变化关系。OS 表示对退磁样品(磁化强度为零)施加磁场 $H(=B/\mu_0)$，随着 H 从零不断增加，磁化强度不断增大，在磁场 H_S 时磁化强度达到饱和强度 M_S。此时若将磁场慢慢减小，磁化强度并不沿原来的磁化曲线下降，而是沿 SK 变化。K 点磁场为零，但样品仍保留一定的磁化强度 M_r，称为剩磁。只有当磁场沿相反方向增加到 $-H_C$ 时，磁化强度才为零，H_C 称矫顽场；继续增加反向磁场到 $-H_S$，磁化强度反向饱和。这样磁场再由 $-H_S$ 到 H_S 变化时，磁化强度形成一闭合回线，称为磁滞回线。

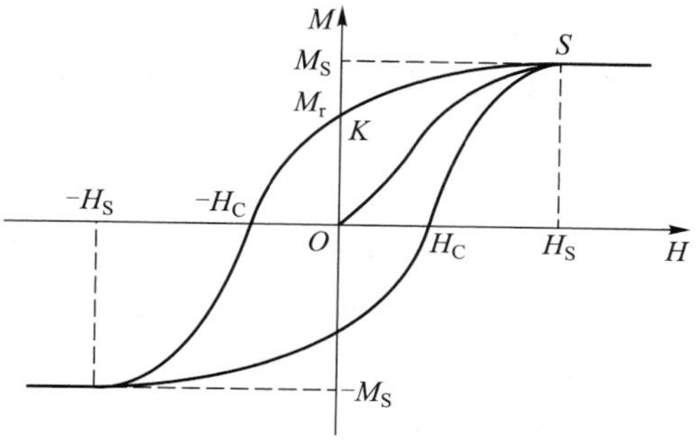

图 7-5-4 铁磁体典型的磁化曲线，磁化强度随外磁场的变化规律构成一个闭合曲线

1. 外斯理论对磁滞现象的解释

外斯理论假设在铁磁体内部存在着强大的分子场，即使不加外磁场，在温度 T_C 以下，其内部也会产生自发磁化。只有在绝对零度时，整个晶体内的磁矩取向完全一致，从而达到饱和磁化 $M(0)=NJg_J\mu_B$。如果取 $N\approx3\times10^{28}/\mathrm{m}^3$，$Jg_J\mu_B\approx2\times10^{-23}\ \mathrm{A\cdot m^2}$，则 $M(0)\approx10^6\ \mathrm{A/m}$，这确实相当于铁的饱和磁化强度。

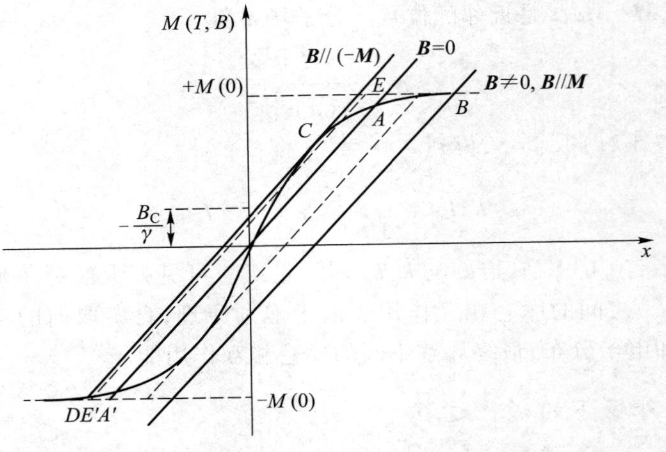

图 7-5-5　式(7.5.23)与式(7.5.24)的图解

现在,我们试图用外斯理论来说明磁滞现象。外斯的简单理论只涉及一个单畴。在外磁场下,磁化强度应由下面两个方程来确定:

$$M(T,B)=M(0)B_J(x) \tag{7.5.23}$$

$$M(T,B)=\frac{k_B T}{\gamma J g_J \mu_B}x-\frac{B}{\gamma} \tag{7.5.24}$$

可用图解法求解上述耦合的自洽方程组。在零场 $B=0$ 时,式(7.5.24)是一条过原点的直线。它与式(7.5.23)的曲线的交点确定方程组的解,如图 7-5-5 所示。当 $T<T_C$ 时,方程组有两个能量简并的暂稳态 A 和 A'。可以选择交点 A 确定初始自发磁化强度。在平行自发磁化强度方向施加磁场时,磁化强度相对于零场稍微增大一些,因为在图 7-5-5 中交点 $A(\boldsymbol{B}=0)$ 移动到点 $B(\boldsymbol{B}\parallel\boldsymbol{M})$。相反地,当施加反向磁场时,磁化强度将减小。一直到图 7-5-5 所示的临界磁场 B_C 以前,方程式(7.5.23)和式(7.5.24)有两个暂稳态解 E 和 E'。E'对应的那个解,由于磁化强度平行于外磁场,具有较低的能量,磁矩应当反转。可以预料在 $B=0$ 时应该有一个没有磁滞的锐反转。试图用外斯模型来说明磁滞现象时,必须假定,如果方程(7.5.23)和式(7.5.24)有两个暂稳态解时,这两个暂稳态之间存在着极大的势垒,使得磁化强度仍然维持在原来的方向,与施加场的方向相反。一直到反向磁场达到临界场 B_C 时,方程(7.5.23)和(7.5.24)有唯一解 D,磁化强度突然反向。通常定义磁场强度 $H_C=B_C/\mu_0$ 为矫顽场。这样沿着正、反方向扫场,便形成图 7-5-6 所示的磁滞回线。磁化强度并不是可逆地沿着一条路径在正、反向达到饱和。

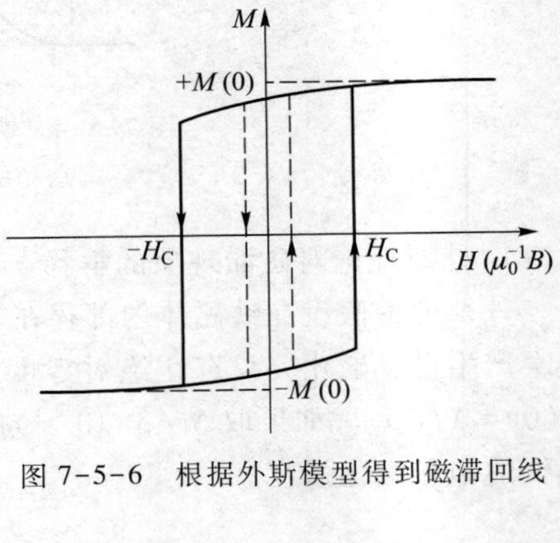

图 7-5-6　根据外斯模型得到磁滞回线

但是,外斯的简单理论所预言的矫顽场是完全错误的,原因是图 7-5-5 显示,低温下近似有 $B_C/\gamma\approx M(0)$,$B_C=\mu_0 H_C=\gamma M(0)$,而这正是分子场的大小。外斯平均场理论表明上述两个稳态解之间的势垒与分子场大小相当,而比实际测量的铁磁材料的矫顽场大了 4 或 5 个数量级,这绝不是一个好的结果。

2. 磁晶各向异性和磁畴

在上面的讨论中,我们忽略了两个重要的实验事实,即晶体结构的各向异性和晶体中的自旋-轨道耦合作用。首先晶体的各向异性是导致晶场、交换作用以及磁偶极相互作用各向异性的物理原因,它们的总和决定了铁磁体内的磁各向异性。同时晶体内的自旋-轨道耦合,结合电子能带结构的各向异性,锁定了晶体中电子空间轨道的取向与自旋空间磁矩的取向,使得铁磁体的自发磁化总是指向某些特定的晶体学轴,称为易磁化方向,沿易磁化方向磁化系统具有较低的能量。例如立方晶体的铁,易磁化方向在〈100〉方向;室温下六角晶体的钴,易磁化方向在 6 次轴方向,如图 7-5-7 所示。

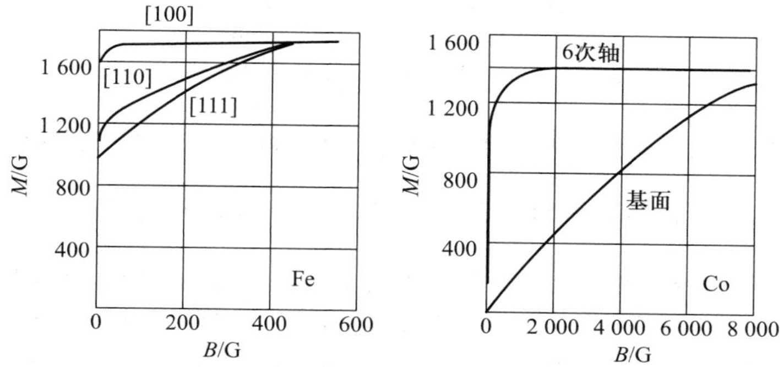

图 7-5-7 铁和钴单晶的磁化曲线

当利用外斯模型去说明磁滞现象时,如果方程(7.5.23)和方程(7.5.24)有两个暂稳态解,必须假定这两个解之间存在着极大的势垒。可是在外斯的简单模型中并没有易磁化方向,因而没有任何势垒。磁化强度能够自由地反转。可以预料,在 $B=0$ 时应该有一个没有磁滞的锐反转。这正是外斯模型的毛病。事实上由于存在易磁化方向,当铁磁体在磁场下沿某易磁化方向磁化后,再将磁场反向,磁化强度必须通过某个难磁化方向,才能使磁化强度反转,由此克服磁化强度反转的势垒。这个势垒可能远小于分子场的大小。因此在整个磁化过程中,不必等到外场越过临界磁场 B_C 后,使两个方程只有唯一解 D 时,才产生磁化强度的反转。这样可以画出图 7-5-6 中用虚线粗略示出的大小为 10~100 mT 的单畴矫顽力。

另外一个被忽视的事实是,在大块的铁磁样品内部,自发磁化常常被分割成若干被称为磁畴的区域。在远低于居里温度之下,每个区域沿各自的易磁化方向自发磁化,电子磁矩基本上整齐排列。但是由于各个区域的磁化强度方向是混乱的,因此在不加外场时,整个样品往往不表现出宏观磁性。畴间的过渡区域被称为布洛赫畴壁,它把相邻沿不同方向磁化的区域分开。两畴之间自旋方向的变化,并不是在穿过一个原子面时不连续地跳变,而是逐渐变化的。这样可以降低畴壁的能量。对于铁,过渡区域的厚度大约为 300 个晶格常量。

在仅仅具有一个易磁化方向的晶体中,实际的磁畴如图 7-5-8(b)所示。在具有几个等价易磁化方向的立方晶体中,可形成如图 7-5-8(c)和图 7-5-8(d)所示的闭合畴。但是形成如图 7-5-8(d)那样的畴往往在能量上是不利的,原因是磁致伸缩,即一个磁化晶体倾向于沿磁化方向膨胀或收缩。这些形变引起正的弹性应力能量。这种弹性应力能量由于具有如图 7-5-8(c)所示的小闭合畴而减小。

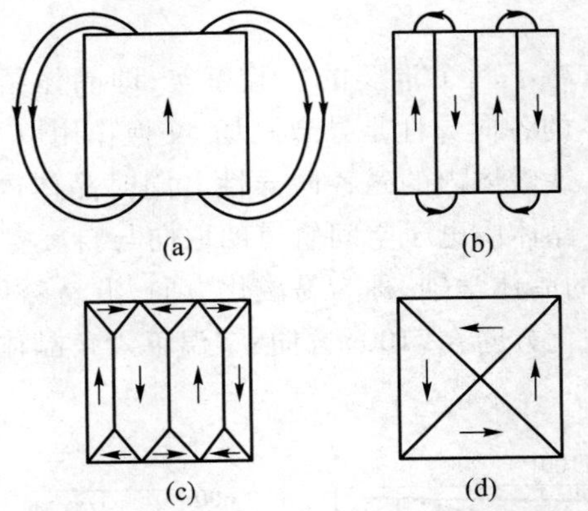

图 7-5-8 由于磁畴形成而使静磁能减少

分割成磁畴的根本原因在于自发磁化所产生的静磁能。如果铁磁晶体被磁化为一个单畴，如图 7-5-8(a)所示，由于晶体表面形成磁"极"，那么它在晶体外的静磁能为$\frac{1}{2\mu_0}\int B^2 \mathrm{d}V$，磁能密度为 $B^2/(2\mu_0)=\mu_0 M^2(0)/2$，对总能量有相当大的贡献。如果晶体分成两个反向畴，静磁能约减小一半，分成如图 7-5-8(b) 所示的 N 个畴，由于磁场空间尺度减小，静磁能约减小到单畴的 $1/N$。特别地，如果形成图 7-5-8(c) 所示的闭合畴，垂直于畴壁的磁化强度分量连续，磁通回路在晶体内闭合。与这种磁化强度分布相联系的磁场为零，晶体外的静磁能几乎为零。磁畴的大小取决于布洛赫畴壁能、弹性应力能和静磁能之间的均衡，以调节到使总能量极小。

在外加磁场中的磁化过程，是通过两种互不相关的过程实现的：① 在弱外场中，相对于磁场有利取向的畴体积增大，吞并取向不利的畴，相当于畴壁的移动，而可逆地发生磁化。② 在较强的磁场中，不利取向畴中的磁化强度转向，而发生磁化的不可逆变化。

在大块样品中，磁畴边界移动的机制使磁化强度反转的势垒进一步降低，因此可以得到几个 μT 的矫顽力。

上述理论是建立在平均场近似和局域磁矩模型下的简单理论。虽然考虑到磁晶各向异性和磁畴结构，这仍然是一个极不完善的理论。它只能定性地说明磁化过程。实际上像过渡金属 Fe、Co、Ni 的磁性，需要采用巡游电子图像来说明。即对磁性起主要贡献的 d 电子既非完全局域，又非完全自由，它们在各原子轨道上依次巡游。这一复杂理论问题，虽然已有不少理论的探索，但仍未得到彻底解决。

§7.6 铁磁自旋波

一、平均场近似的困难

外斯的平均场近似理论，很好地解释了铁磁体在 $T<T_C$ 时的自发磁化现象，也得到了 $T>T_C$ 时的居里-外斯定律。但是平均场近似在解释低温磁化和临界点(T_C)现象时却遇到困难。

1. 低温磁化

考虑 N 个 $J=S=\frac{1}{2}$的系统。按照外斯的平均场模型，在外场 $B=0$ 时方程(7.5.6)和方程

(7.5.7)变为

$$M(T)=N\mu_{B}B_{1/2}(x)=M(0)\tanh x \tag{7.6.1}$$

$$x=\frac{Jg_{J}\mu_{B}}{k_{B}T}\gamma M(T)=\frac{\gamma\mu_{B}}{k_{B}T}M(T) \tag{7.6.2}$$

在低温下,$x\gg1$,由式(7.6.1)得到

$$\frac{M(T)}{M(0)}=\frac{e^{x}-e^{-x}}{e^{x}+e^{-x}}=\frac{1-e^{-2x}}{1+e^{-2x}}\approx1-2e^{-2x} \tag{7.6.3}$$

定义磁化强度的偏离 $\Delta M=M(0)-M(T)$, $M(0)$为饱和磁化强度。那么平均场近似应给出

$$\frac{\Delta M}{M(0)}=\frac{M(0)-M(T)}{M(0)}\approx2e^{-2x}\approx2e^{-2\gamma\mu_{B}M(0)/(k_{B}T)}\propto e^{-b/T} \tag{7.6.4}$$

其中 $b=2\gamma\mu_{B}M(0)/k_{B}$。式(7.6.4)表明随着温度 $T\to0$ K,自发磁化强度将按指数规律趋于饱和。

但是,实验结果表明

$$\frac{\Delta M}{M(0)}=AT^{3/2} \tag{7.6.5}$$

即满足布洛赫 $T^{3/2}$定律,而不是指数律,原因是平均场近似忽略了下面我们将要讨论的低能集体激发。

2. 临界点 T_{C} 附近的行为

居里温度 T_{C} 是有序的铁磁相向无序的顺磁相转变的温度,称为临界点。仍然考虑 $S=\frac{1}{2}$系统,外场 $B=0$ 的情形。当温度由临界点低温一侧趋于 T_{C} 时,取 $\tanh x\approx x-\frac{x^{3}}{3}$。式(7.6.1)和式(7.6.2)变为

$$M(T)=M(0)\tanh x\approx M(0)\left(x-\frac{x^{3}}{3}\right) \tag{7.6.6}$$

$$x=\frac{\gamma\mu_{B}}{k_{B}T}M(T)=\frac{M(T)}{M(0)}\frac{T_{C}}{T} \tag{7.6.7}$$

式中

$$M(0)=N\mu_{B} \tag{7.6.8}$$

$$T_{C}=\frac{1}{3k_{B}}\gamma NJ(J+1)(g_{J}\mu_{B})^{2}=\frac{1}{k_{B}}\gamma N\mu_{B}^{2} \tag{7.6.9}$$

将式(7.6.7)代入式(7.6.6)得到

$$\frac{M(T)}{M(0)}\approx\frac{M(T)}{M(0)}\frac{T_{C}}{T}-\frac{1}{3}\left[\frac{M(T)}{M(0)}\frac{T_{C}}{T}\right]^{3} \tag{7.6.10}$$

由此得到

$$\left[\frac{M(T)}{M(0)}\right]^{2}\approx3\left(\frac{T}{T_{C}}\right)^{3}\left(\frac{T_{C}}{T}-1\right) \tag{7.6.11}$$

于是

$$M(T) \propto (T_C - T)^{1/2} \tag{7.6.12}$$

但是实验结果表明,当温度从临界点低温一侧趋于 T_C 时,

$$M(T) \propto (T_C - T)^{\beta} \tag{7.6.13}$$

对于大多数铁磁材料,临界指数 $\beta \approx 0.33$,而不是平均场理论预言的 1/2,见表 7-6-1。

表 7-6-1 铁磁体的临界指数

	α	β	T_C/K
Fe	1.33±0.015	0.34±0.04	1 043
Co	1.21±0.04	—	1 388
Ni	1.35±0.02	0.42±0.07	627.2
Gd	1.3±0.1	—	292.5
Cr_2O_3	1.63±0.02	—	386.5
$CrBr_3$	1.215±0.02	0.368±0.005	32.56
EuS	—	0.35±0.015	16.50

相反地,当温度从临界点高温一侧趋于 T_C 时,外斯理论得到顺磁磁化率满足居里-外斯定律:

$$\chi = \frac{C}{T - T_C} \tag{7.6.14}$$

可是实验结果表明

$$\chi \propto \frac{1}{(T - T_C)^{\alpha}} \tag{7.6.15}$$

对于大多数铁磁材料,临界指数 $\alpha \approx 1.33$ 而不是 1,见表(7.6.1)。而当 $T \gg T_C$ 时应该有

$$\chi = \frac{C}{T - \theta} \tag{7.6.16}$$

式中 θ 稍大于 T_C,如图 7-5-3 所示。而平均场近似不能区分铁磁居里温度 T_C 和顺磁居里温度 θ。

产生这些行为的差别的主要原因是外斯的简单理论丢掉了相对于平均场的涨落,而在临界点附近,涨落变得十分重要,它往往主宰了系统临界点附近的行为。

二、铁磁自旋波

平均场近似解释低温磁化的困难表明,铁磁体中的低能集体激发态应该起着重要的作用。

1. 一维海森伯模型

在简单铁磁体的基态中,全部自旋平行取向。考虑 N 个大小为 S 的自旋排成的一维阵列,如图 7-6-1(a)所示。最近邻自旋之间借助海森伯相互作用耦合:

$$H_{ex} = -2J_e \sum_{l=1}^{N} \boldsymbol{S}_l \cdot \boldsymbol{S}_{l+1} = -J_e \sum_{i=1}^{N} \boldsymbol{S}_l \cdot (\boldsymbol{S}_{l-1} + \boldsymbol{S}_{l+1}) \tag{7.6.17}$$

其中 J_e 是交换积分，$\boldsymbol{S}_l$ 是 l 格点上的自旋角动量。

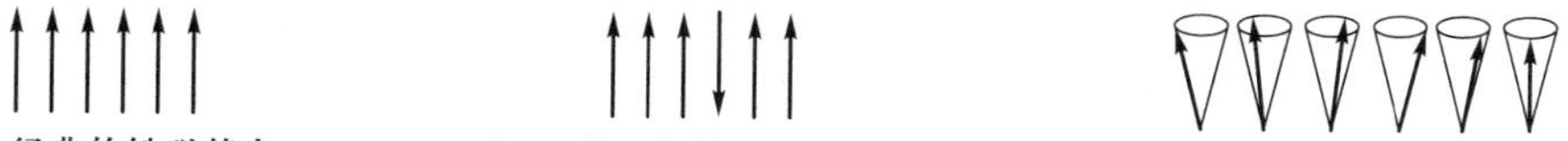

(a) 经典的铁磁基态　(b) 一种可能的单自旋激发态　(c) 低能集体激发态

图 7-6-1　一维简单铁磁体阵列

若简单地将 $\boldsymbol{S}_l$ 当作经典矢量处理，则有 $\boldsymbol{S}_l \cdot \boldsymbol{S}_{l+1} = S^2\hbar^2$，其中 S 是自旋量子数。系统的基态能量为

$$U_0 = -2NJ_eS^2\hbar^2 \tag{7.6.18}$$

若不考虑多体效应，第一激发态相当于有一个自旋反向，如图 7-6-1(b) 所示，那么这种状态的能量为

$$U_1 = U_0 + 8J_eS^2\hbar^2 \tag{7.6.19}$$

第一激发态与基态相比，系统的能量增加 $8J_eS^2\hbar^2$。这是一个相对大的能量。

如果考虑到自旋间的相互作用导致的集体效应，在温度为 T 时，每个自旋只少许偏离基态取向。由于点阵的周期性，将形成一个沿阵列传播的自旋进动的波，它是系统的一种集体激发，如图 7-6-1(c) 所示。可以预料，这样让所有自旋分摊系统总自旋单个量子的变化，将构成一些能量低得多的激发态。

自旋波是点阵中自旋相对取向的振动。自旋矢量在圆锥面上进动，每个自旋的相位比前一个自旋超前一个相同的角度，如图 7-6-2 所示，称为自旋波。自旋波的能量是量子化的，其能量单元称为自旋波量子。

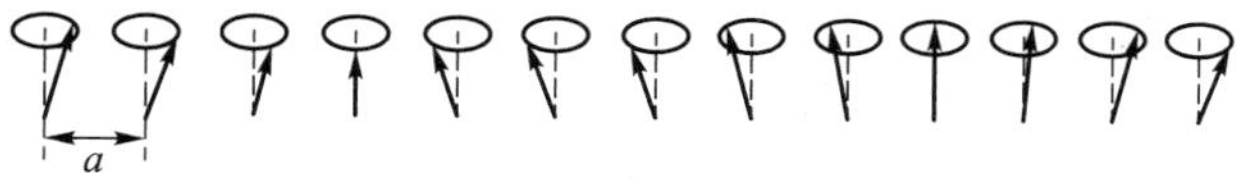

(a) 透视图，基矢自旋取 z 方向，x-y 平面为进动面

(b) 俯视图，图中绘出一个波长，自旋矢量的端点连线描绘为波线

图 7-6-2　一维自旋阵列的自旋波

2. 自旋波的色散关系

按照量子力学，力学量随时间的变化由相应的对易式决定。因此，自旋 $\boldsymbol{S}_l(S_l^x, S_l^y, S_l^z)$ 的进动方程可以写为

$$\frac{\mathrm{d}\boldsymbol{S}_l}{\mathrm{d}t} = -\frac{\mathrm{i}}{\hbar}[\boldsymbol{S}_l, H_{\mathrm{ex}}] = -\frac{\mathrm{i}}{\hbar}J_e\sum_{l'}[\boldsymbol{S}_l, \boldsymbol{S}_{l'} \cdot (\boldsymbol{S}_{l'-1} + \boldsymbol{S}_{l'+1})] \tag{7.6.20}$$

注意到自旋分量之间有如下对易关系：

$$\begin{aligned} [S_l^x, S_{l'}^y] &= \mathrm{i}\hbar S_l^z\delta_{ll'} \\ [S_l^y, S_{l'}^z] &= \mathrm{i}\hbar S_l^x\delta_{ll'} \\ [S_l^z, S_{l'}^x] &= \mathrm{i}\hbar S_l^y\delta_{ll'} \end{aligned} \tag{7.6.21}$$

可将方程(7.6.20)写成分量形式：

$$\frac{\mathrm{d}S_l^x}{\mathrm{d}t}=-\frac{\mathrm{i}}{\hbar}J_e\sum_{l'}\{[S_l^x,S_{l'}^y(S_{l'-1}^y+S_{l'+1}^y)]+[S_l^x,S_{l'}^z(S_{l'-1}^z+S_{l'+1}^z)]\}$$

$$=2J_e[S_l^y(S_{l-1}^z+S_{l+1}^z)-S_l^z(S_{l-1}^y+S_{l+1}^y)] \quad (7.6.22)$$

同理有

$$\frac{\mathrm{d}S_l^y}{\mathrm{d}t}=2J_e[S_l^z(S_{l-1}^x+S_{l+1}^x)-S_l^x(S_{l-1}^z+S_{l+1}^z)] \quad (7.6.23)$$

$$\frac{\mathrm{d}S_l^z}{\mathrm{d}t}=2J_e[S_l^x(S_{l-1}^y+S_{l+1}^y)-S_l^y(S_{l-1}^x+S_{l+1}^x)] \quad (7.6.24)$$

这是一组关于自旋分量的非线性方程。在低能激发(低温)条件下,有 $S^x,S^y \ll S^z,S^z\approx\hbar S$,方程组可以线性化,得到

$$\frac{\mathrm{d}S_l^x}{\mathrm{d}t}=2J_e\hbar S(2S_l^y-S_{l-1}^y-S_{l+1}^y) \quad (7.6.25)$$

$$\frac{\mathrm{d}S_l^y}{\mathrm{d}t}=-2J_e\hbar S(2S_l^x-S_{l-1}^x-S_{l+1}^x) \quad (7.6.26)$$

$$\frac{\mathrm{d}S_l^z}{\mathrm{d}t}=0 \quad (7.6.27)$$

由式(7.6.27)可知,在低能激发态,S_l^z 近似为运动常量,$S_l^z\approx\hbar S$。令自旋波解

$$S_l^x=u\exp[\mathrm{i}(qla-\omega t)] \quad (7.6.28)$$

$$S_l^y=v\exp[\mathrm{i}(qla-\omega t)] \quad (7.6.29)$$

将其分别代入式(7.6.25)和式(7.6.26),得到

$$-\mathrm{i}\omega u=2J_e\hbar S(2-\mathrm{e}^{-\mathrm{i}qa}-\mathrm{e}^{\mathrm{i}qa})v=4J_e\hbar S[1-\cos(qa)]v$$

$$-\mathrm{i}\omega v=-4J_e\hbar S[1-\cos(qa)]u \quad (7.6.30)$$

它们是确定自旋振幅 u、v 的联立方程组,方程有解条件为

$$\begin{vmatrix}\mathrm{i}\omega & 4J_e\hbar S[1-\cos(qa)]\\ -4J_e\hbar S[1-\cos(qa)] & \mathrm{i}\omega\end{vmatrix}=0 \quad (7.6.31)$$

由此得到自旋波的色散关系:

$$\omega(q)=4J_e\hbar S[1-\cos(qa)],\ q\in 1BZ \quad (7.6.32)$$

这个结果绘于图 7-6-3 中。将式(7.6.32)代入式(7.6.30)中,得到 $v=-\mathrm{i}u$。即自旋在 x 方向和 y 方向的振动相差相位 $3\pi/2$,对应每个自旋绕 z 轴作圆周进动。

3. 磁振子、自旋波量子及其热激发

从前面的讨论可知,磁性系统的自旋波进动与格波的传播类似,可以等效为一个振子,称为磁振子,波矢为 q 的磁振子能量为

$$\varepsilon(q)=\left[n(q)+\frac{1}{2}\right]\hbar\omega(q) \quad (7.6.33)$$

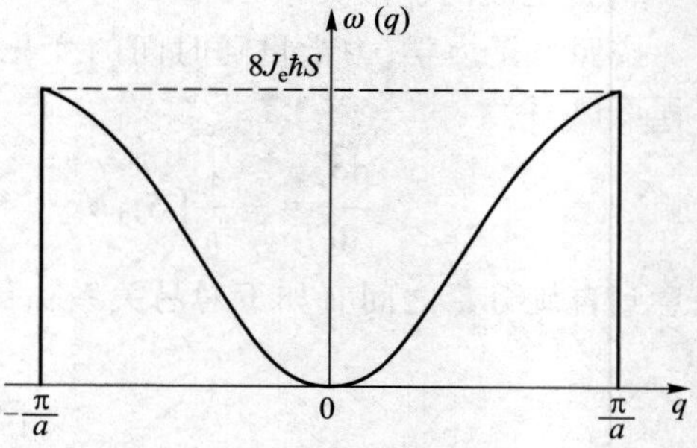

图 7-6-3 只考虑最近邻相互作用时,一维铁磁体中自旋波的色散关系

其中 $n(q)$ 是自旋波量子数，磁振子的能量量子 $\hbar\omega(q)$ 称为自旋波量子。每激发一个自旋波量子，相当于系统一个 1/2 自旋反转，激发能量比单粒子激发低得多。例如，当 $qa \ll 1$ 时，由式(7.6.32)得到

$$\hbar\omega(q) = 4J_e\hbar^2 S[1 - \cos(qa)] \approx 2J_e\hbar^2 Sa^2q^2 \tag{7.6.34}$$

应用玻恩-冯卡门边界条件有 $q = \dfrac{2\pi h}{Na}$，因此最小的非零激发能量为

$$\hbar\omega_{\min} \approx 2J_e\hbar^2 Sa^2\left(\frac{2\pi}{Na}\right)^2 \approx 8\pi^2 J_e\hbar^2 S/N^2 \tag{7.6.35}$$

它与一维自旋链的尺寸的平方成反比。它是一个十分低的激发能量。

在热平衡条件下，平均的自旋波量子数由玻色分布给出：

$$\langle n(q)\rangle = \frac{1}{\exp[\hbar\omega(q)/(k_B T)] - 1} \tag{7.6.36}$$

可见，自旋波量子是一种粒子数不守恒的玻色型准粒子。在温度 T 下，激发的总自旋波量子数为

$$\sum_q \langle n(q)\rangle = \int \mathrm{d}\omega\rho(\omega)\langle n(\omega)\rangle \tag{7.6.37}$$

其中 $\rho(\omega)$ 是自旋波量子的态密度。

4. 低温物性

上述结果可以推广到三维情况。对于三维立方磁性点阵，只考虑最近邻相互作用，自旋波量子的色散关系是

$$\omega(\boldsymbol{q}) = 2J_e\hbar S\left(6 - \sum_s \mathrm{e}^{-\mathrm{i}\boldsymbol{q}\cdot\boldsymbol{R}_s}\right) \tag{7.6.38}$$

式中，$\boldsymbol{R}_s$ 是最近邻格点矢量，6 为配位数。在长波近似下，色散关系式(7.6.38)为

$$\omega(\boldsymbol{q}) = 2J_e\hbar S\{6 - 2[\cos(q_x a) + \cos(q_y a) + \cos(q_z a)]\} \approx 2J_e\hbar Sa^2q^2 \tag{7.6.39}$$

式中 a 为晶格常量。从色散关系式(7.6.39)可以得到长波自旋波量子的单位体积态密度：

$$\rho(\omega) = \frac{1}{(2\pi)^3}\int\frac{\mathrm{d}S_\omega}{|\nabla_q\omega(\boldsymbol{q})|} = \frac{1}{4\pi^2}\left(\frac{1}{2J_e\hbar Sa^2}\right)^{3/2}\omega^{1/2} \tag{7.6.40}$$

低温时，系统的热激发能量为

$$\begin{aligned}
E &= \int_0^\infty \hbar\omega\rho(\omega)\langle n(\omega)\rangle\mathrm{d}\omega \\
&= \frac{1}{4\pi^2}\left(\frac{1}{2J_e\hbar Sa^2}\right)^{3/2}\int_0^\infty \hbar\omega\frac{\omega^{1/2}}{\mathrm{e}^{\hbar\omega/(k_B T)} - 1}\mathrm{d}\omega \\
&= \frac{1}{4\pi^2}\left(\frac{1}{2J_e\hbar Sa^2}\right)^{3/2}\hbar\left(\frac{k_B T}{\hbar}\right)^{5/2}\int_0^\infty\frac{x^{3/2}}{\mathrm{e}^x - 1}\mathrm{d}x = AT^{5/2}
\end{aligned} \tag{7.6.41}$$

式中 $x = \hbar\omega/(k_B T)$，于是得到低温时磁比热容：

$$C_V \propto T^{3/2} \tag{7.6.42}$$

同样可以讨论铁磁体的低温磁化，低温时式(7.6.37)可写为

$$\sum_{\boldsymbol{q}}\langle n(\boldsymbol{q})\rangle = \frac{1}{4\pi^2}\left(\frac{1}{2J_e\hbar Sa^2}\right)^{3/2}\int_0^\infty\frac{\omega^{1/2}}{\mathrm{e}^{\hbar\omega/(k_B T)} - 1}\mathrm{d}\omega$$

$$= \frac{1}{4\pi^2}\left(\frac{k_B T}{2J_e \hbar^2 Sa^2}\right)^{3/2} \int_0^\infty \frac{x^{1/2}}{e^x - 1}dx = BT^{3/2} \tag{7.6.43}$$

于是得到

$$\frac{\Delta M}{M(0)} = \frac{\sum_q \langle n(\boldsymbol{q}) \rangle}{NS} \approx CT^{3/2} \tag{7.6.44}$$

这就是著名的布洛赫低温 $T^{3/2}$ 磁化定律。

§7.7 铁磁金属自发磁化的巡游电子模型

前面关于铁磁金属磁性的讨论是建立在局域磁矩模型之上的,即假定产生磁性的电子都局域在晶体中格点原子的周围。海森伯的局域磁矩模型成功地解释了铁磁金属的自发磁化和强大分子场的来源。根据这个理论,可以预期每个过渡铁磁金属原子的饱和磁化强度为 $2S\mu_B$,即玻尔磁子数的整数倍(注意饱和磁化强度给出磁矩分量的最大值,而不是原子磁矩的量值)。但是,实验观测值要比这个数值小得多,而且不是玻尔磁子数的整数倍。例如对于 Fe、Co、Ni,实验值分别为 $2.22\mu_B$, $1.72\mu_B$, $0.61\mu_B$。过渡金属磁性的实体是电子的自旋,由此我们可以推断这些电子并不是简单地局域在原子附近。形成磁性的 3d 电子应该像 4s 传导电子一样,形成一个非局域的电子能带。这就是铁磁金属的巡游电子模型。

考虑到 d 带是一个窄能带,电子之间存在着较强的关联,假定电子之间的交换作用产生一个正比于磁化强度的交换场 γM,它将降低磁矩向上的电子相对于磁矩向下电子的能量,使得自旋向上(↑)和自旋向下(↓)的两个子带分裂,这通常被称为交换劈裂,如图 7-7-1 所示。

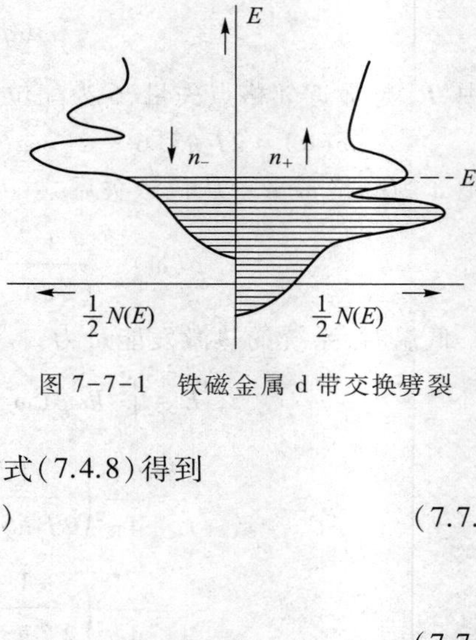

图 7-7-1 铁磁金属 d 带交换劈裂

在外场下,这两个子能带可以写为

$$E_\uparrow(\boldsymbol{k}) = E(\boldsymbol{k}) - \mu_B(B + \gamma M) \tag{7.7.1}$$

$$E_\downarrow(\boldsymbol{k}) = E(\boldsymbol{k}) + \mu_B(B + \gamma M) \tag{7.7.2}$$

式中 $E(\boldsymbol{k})$ 为自由电子气的能量,$B+\gamma M$ 称为有效场。这样根据产生泡利顺磁性的机制,在 $T\to 0, B\to 0$ 的情况下,由式(7.4.8)得到

$$M = N(E_F)\mu_B^2(B + \gamma M) \tag{7.7.3}$$

由此得到 3d 能带电子的磁化强度:

$$M = \frac{\mu_B^2 N(E_F)}{1 - \gamma\mu_B^2 N(E_F)}B \tag{7.7.4}$$

磁化率

$$\chi = \frac{\mu_0 M}{B} = \frac{\chi_p^0}{1 - \gamma\mu_B^2 N(E_F)} \tag{7.7.5}$$

其中 $\chi_p^0 = \mu_0\mu_B^2 N(E_F)$ 为自由电子气的泡利顺磁磁化率。对 3d 电子而言,γ 与电子之间的库仑相

互作用有关，$2\gamma\mu_B^2=U$。U 是电子之间的库仑相互作用。方程(7.7.5)变为普遍采用的形式：

$$\chi=\frac{\chi_p^0}{1-\frac{1}{2}UN(E_F)} \tag{7.7.6}$$

式(7.7.6)似乎只是简单地表明，与泡利顺磁磁化率 χ_p^0 相比，磁化率增加了

$$S=1\Big/\left[1-\frac{1}{2}UN(E_F)\right] \tag{7.7.7}$$

倍。S 称为斯托纳(Stoner)因子，它使系统更容易被极化。尤其是，当交换场足够强使得

$$1-\frac{1}{2}UN(E_F)=0 \tag{7.7.8}$$

时，磁化率 $\chi\to\infty$，表明系统顺磁相已不稳定。临界条件式(7.7.8)称为斯托纳判据。此时，无限小的磁场就可以使系统产生非常大的磁化，即系统存在自发磁化。一个能带中的电子是否处于磁性状态依赖于能带结构的态密度 $N(E_F)$ 和电子之间的库仑作用 U。一般 s 带是一个宽带，$N(E_F)$ 和 U 较小，$1-\frac{1}{2}N(E_F)U>0$，顺磁相稳定。而 d 带是一个窄带，$N(E_F)$ 和 U 较大，铁磁性稳定。

与前面根据局域磁矩模型得出的 $T=0$ 时所有自旋平行排列，磁矩取最大投影值不同的是，由于铁磁金属电子的退局域化以及 d 轨道与 s 轨道的交叠，自发磁化强度减小。原则上可以通过能带计算求得铁磁金属中每个原子的平均磁矩。从能带模型的观点看，存在非整数倍玻尔磁子的磁矩是很自然的。

§7.8 自旋相关输运

电子是电荷的载体，同时也是自旋的载体。至今为止，我们讨论电子的输运问题时，只考虑了电子的电荷，而忽略了电子的自旋。这是因为对于通常的材料，例如非磁金属而言，参与电导的费米面上的电子是非自旋极化的，即自旋向上和自旋向下的电子数相等。另一方面，电子自旋的扩散长度大约为几个纳米，电子只在这个长度范围内保持自旋取向不变，因此在讨论宏观尺度材料的电子输运问题时，不必考虑自旋取向对输运性质的影响。然而对于近年来发展起来的纳米磁性材料和器件而言，由于磁性金属是自旋极化的，并且输运尺度正好在纳米范围之内，所以必须考虑自旋相关的输运问题。人们发现，除了控制电荷以外，还可以控制自旋去改变器件的性能。前者通常称为微电子学，而后者就是近年备受关注的自旋电子学。

本节我们将以磁性隧道结为例来讨论与自旋相关的输运问题。

一、电子隧穿电导

首先讨论正常金属隧道结的电导问题。金属隧道结是由两个金属电极中间被一层非常薄(几个纳米)的绝缘层分开的三明治结构，如图 7-8-1 所示。它可以简单地归结为一个一维方势垒的电子隧穿问题，如图 7-8-2 所示。

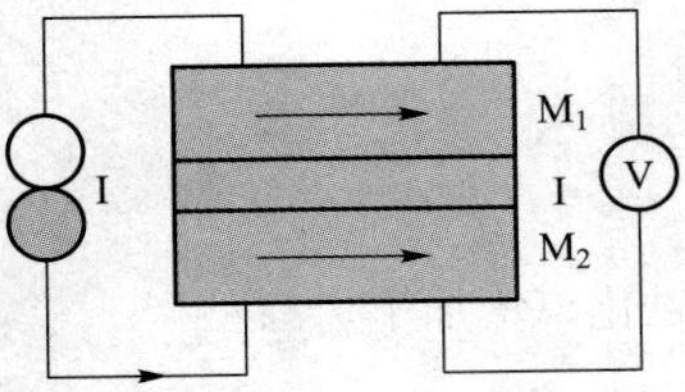

图 7-8-1 金属隧道结

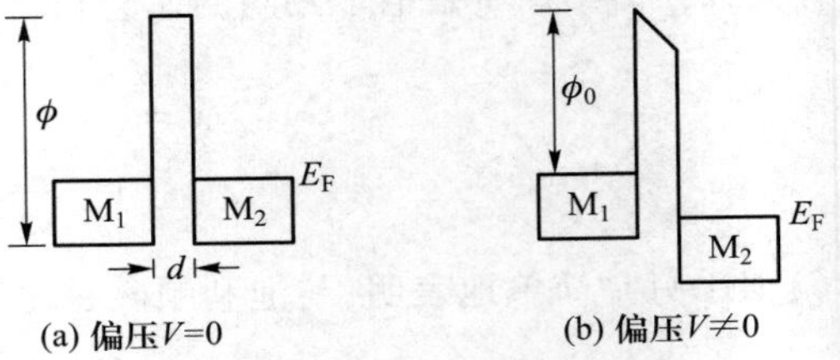

图 7-8-2 一维方势垒模型

假设势垒高度为 ϕ,宽度为 d。从量子力学的观点来看,考虑到电子的波动性,即使电子的能量 $E<\phi$,都有一定的概率穿透势垒。穿透概率为

$$T(E)=\frac{16E(\phi-E)}{\phi^2}\exp\left[-\frac{2d}{\hbar}\sqrt{2m(\phi-E)}\right] \tag{7.8.1}$$

可见,T 依赖于粒子的质量 m、势垒宽度 d 以及高度($\phi-E$)。当隧道结上没有加偏压时,两个电极的费米能相等,电子从电极 M_1 向 M_2 隧穿的电流和从 M_2 向 M_1 隧穿的电流相等,没有净电流通过,如图 7-8-2(a)所示。倘若隧道结上加上一定的偏压 V,两个电极的费米能将产生相对位移,将有一定的电流沿偏压方向流过隧道结,如图 7-8-2(b)所示。对于给定能量的电子,产生的隧穿电流应该正比于该能量下输入电极电子占据的态密度、输出电极电子未占据的态密度以及隧穿概率的乘积。总的隧穿电流应是各种不同能量电子隧穿电流的总和:

$$\begin{aligned}I(V)&=(-e)\int N_1(E)f(E)N_2(E-eV)[1-f(E-eV)]T(E)\,\mathrm{d}E-\\&\quad(-e)\int N_2(E-eV)f(E-eV)N_1(E)[1-f(E)]T(E)\,\mathrm{d}E\\&=(-e)\int N_1(E)N_2(E-eV)[f(E)-f(E-eV)]T(E)\,\mathrm{d}E\end{aligned} \tag{7.8.2}$$

其中,$N_{1,2}(E)$ 为两个电极的电子能态密度,$f(E)$ 为费米分布函数。

在低偏压下,$eV\ll E_F$,由式(7.8.2)得到

$$\begin{aligned}I(V)&=\int N_1(E)N_2(E-eV)\left(-\frac{\partial f}{\partial E}\right)e^2VT(E)\,\mathrm{d}E\\&=T(E_F)N_1(E_F)N_2(E_F)e^2V\end{aligned} \tag{7.8.3}$$

其中应用了 $-\frac{\partial f}{\partial E}\approx\delta(E-E_F)$,并且 $N_1(E_F)$ 和 $N_2(E_F)$ 分别为两个电极费米面上的态密度。而

$$T(E_F)=\frac{16E_F\phi_0}{\phi^2}\mathrm{e}^{-\frac{2d}{\hbar}(2m\phi_0)^{1/2}} \tag{7.8.4}$$

式中 $\phi_0=\phi-E_F$,是从费米能算起的势垒高度。

从式(7.8.3)可以看到,在低偏压下,隧穿电流与偏压呈线性关系,遵从欧姆定律,并且隧穿电流与电子的自旋无关。

二、自旋极化

如果隧道结的两个电极是铁磁金属,根据铁磁金属的巡游电子模型,电子的能带由于交换作

用将劈裂为两个子带。在费米面处自旋向上和自旋向下电子的态密度是不相同的,如图 7-8-3 所示。铁磁金属 3d 电子是自旋极化的,定义自旋极化率为

$$P = \frac{N_{\uparrow}(E_F) - N_{\downarrow}(E_F)}{N_{\uparrow}(E_F) + N_{\downarrow}(E_F)} \tag{7.8.5}$$

其中 $N_{\uparrow}(E_F)$ 和 $N_{\downarrow}(E_F)$ 分别表示费米面处自旋向上和自旋向下两个子带的能态密度。通常定义多数自旋子带中电子的自旋向上,少数自旋子带中电子的自旋向下,极化率取决于能带结构和费米能的位置。例如在图 7-8-3 中,如果 $E_F = E_{F1}$,则 $P = 100\%$;$E_F = E_{F2}$,$100\% > P > 0$;$E_F = E_{F3}$,$0 > P > -100\%$;$E_F = E_{F4}$,$P = -100\%$。实际的过渡族铁磁金属 Fe、Co、Ni 的自旋极化率的数值分别为 40%、35% 和 11%。

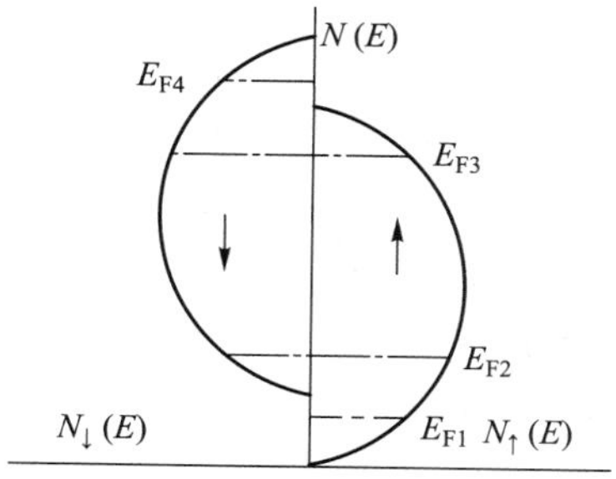

图 7-8-3　能态密度的交换劈裂

上述模型也许过分简单了一些,原因是 3d 带较为局域,而 4s 带较为扩展。3d 电子间的磁耦合属于一种间接耦合,依赖于 3d 带和 4s 带之间的波函数交叠,实际上是由 s 电子作媒介而产生 d 电子之间的交换作用。

三、电子的自旋相关隧穿电导

对于磁性隧道结,由于绝缘层的厚度小于隧穿电子的自旋扩散长度和电子平均自由程,所以可以忽略散射效应。电子可以通过隧道效应径直地从一个电极到另一个电极,这称为弹导输运。在这样的近似下,一个电极中具有确定自旋的电子在隧穿过程中自旋取向不变,它必须在另一个电极中找到自旋相同的空态。因此,可以将隧穿过程分成两种不同自旋取向电子的隧穿通道,隧穿电流也是两不同自旋取向电子隧穿电流的总和。总的隧穿电流将依赖于两个磁电极的磁化状态,如图 7-8-4 所示。

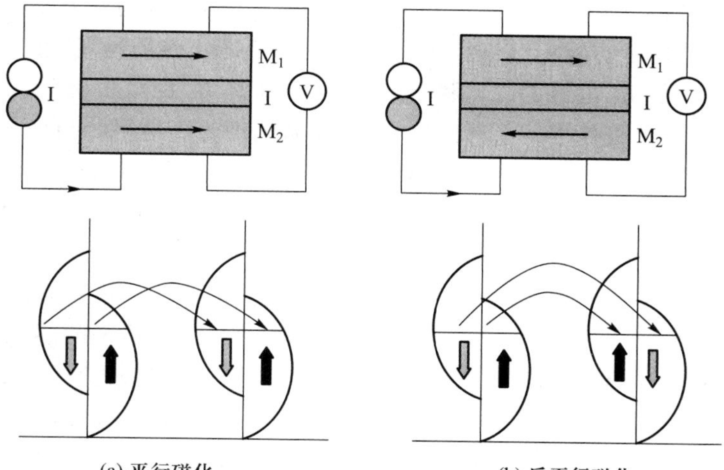

图 7-8-4　不同磁化状态下的电子隧穿通道

在低偏压下,由式(7.8.3)可以分别得到两个磁电极在平行磁化和反平行磁化时的电流:

$$I_{P}=T(E_{F})[N_{1\uparrow}(E_{F})N_{2\uparrow}(E_{F})+N_{1\downarrow}(E_{F})N_{2\downarrow}(E_{F})]e^{2}V \tag{7.8.6}$$

$$I_{A}=T(E_{F})[N_{1\uparrow}(E_{F})N_{2\downarrow}(E_{F})+N_{1\downarrow}(E_{F})N_{2\uparrow}(E_{F})]e^{2}V \tag{7.8.7}$$

这样,磁性隧道结将表现出依赖于磁化状态的电阻。当两个电极平行磁化时的电阻为

$$R_{P}=\frac{V}{I_{P}}=\{T(E_{F})e^{2}[N_{1\uparrow}(E_{F})N_{2\uparrow}(E_{F})+N_{1\downarrow}(E_{F})N_{2\downarrow}(E_{F})]\}^{-1} \tag{7.8.8}$$

反平行磁化时的电阻为

$$R_{A}=\frac{V}{I_{A}}=\{T(E_{F})e^{2}[N_{1\uparrow}(E_{F})N_{2\downarrow}(E_{F})+N_{1\downarrow}(E_{F})N_{2\uparrow}(E_{F})]\}^{-1} \tag{7.8.9}$$

R_P 总是小于 R_A 的,因为当两个磁电极反平行磁化时,多数自旋态的电子在隧穿过程中必须在另一个电极的少数自旋态中寻找空态。因此并不是所有多数自旋态的占据电子都能实现隧穿,如图 7-8-4(b)所示。磁性隧道结的这种依赖于磁化状态的电阻变化称为隧道磁电阻。通常定义隧道磁电阻为

$$\mathrm{TMR}=\frac{R_{A}-R_{P}}{R_{P}}=\frac{2P_{1}P_{2}}{1-P_{1}P_{2}} \tag{7.8.10}$$

推导中应用了式(7.8.8)、式(7.8.9)和式(7.8.5)。式(7.8.10)中 P_1 和 P_2 分别为电极 1 和电极 2 的费米面处的自旋极化率。例如对于 Co | I | Co 隧道结,$P_1=P_2=35\%$,TMR≈28%。

四、自旋阀结构

从以上的讨论中我们知道,磁性隧道结的电阻依赖于两个磁电极的磁化状态。在外磁场变化时,如果两个磁电极从平行磁化突然变为反平行磁化,或者从反平行磁化突然变为平行磁化,便会产生电阻的突变。这种电阻对外场敏感的结构通常称为自旋阀。最简单的具有自旋阀性能的磁性隧道结可由两种矫顽力不同的磁电极构成。设其中一个电极的矫顽场为 H_{c1},另一个为 H_{c2},且 $H_{c1}<H_{c2}$,如图 7-8-5(a)、(b)所示。这种磁性隧道结可以称为双 H_c 磁性隧道结。在高场下,两个电极沿外场方向平行磁化,表现为低电阻状态。当减小磁场过零,再反向加场时,一旦反向磁场强度 $H=H_{c1}$时,低 H_c 电极的磁化状态突然反向,而高 H_c 的电极磁化状态不变,一直维持到 $H=H_{c2}$。这样两个磁电极处于反平行磁化状态,样品表现为高电阻。当外加磁场强度 H 超过 H_{c2}时,两个磁电极又处于平行磁化状态,表现为低电阻。这样,沿着正、反两个方向扫场,便得到如图 7-8-5(c)所示的磁滞回线和如图 7-8-5(d)所示的磁电阻曲线。图 7-8-6是一个实际的 NiFe | I | Co 磁性隧道结的磁电阻曲线。

磁性隧道结是一种磁敏感器件。它可以作为磁场传感器广泛应用于汽车工业、航天工业、医疗、自动化控制等领域。磁性隧道结也可以作为磁记录读出头,与传统的感应式读出头相比,它尺寸小,灵敏度高,可使磁盘记录的面密度达到 12 GB/平方英寸,比感应式读出头高出 1~2 个数量级。特别重要的是,如果将磁性隧道结排成阵列,可以构成非挥发性的随机存储器(MRAM),非挥发性是指在系统没有供电的情况下,存储信息不会消失。这种随机存储器的性能完全可以和现在使用的半导体动态及静态随机存储器相媲美,同时又具有非挥发性的优点。它将作为新一代的随机存储器,在信息领域中发挥重要的作用。

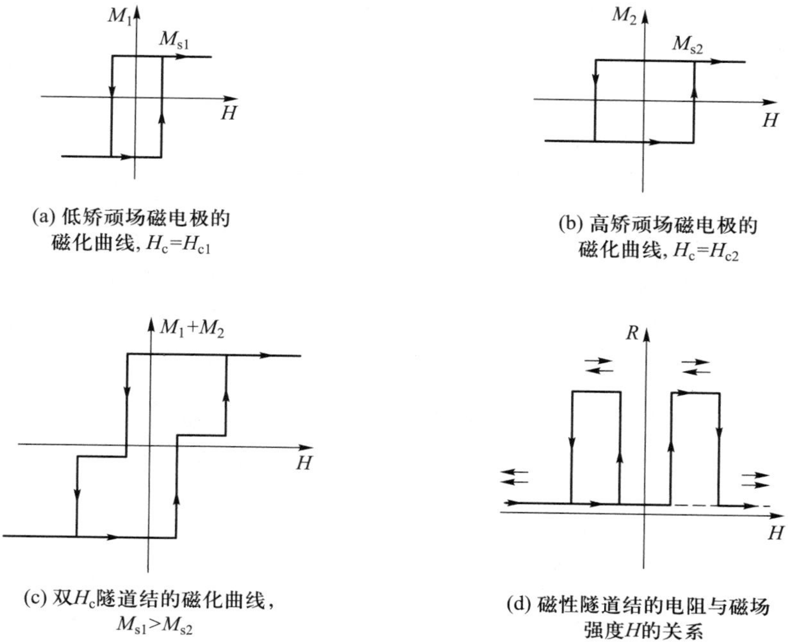

图 7-8-5　双 H_c 磁性隧道结原理

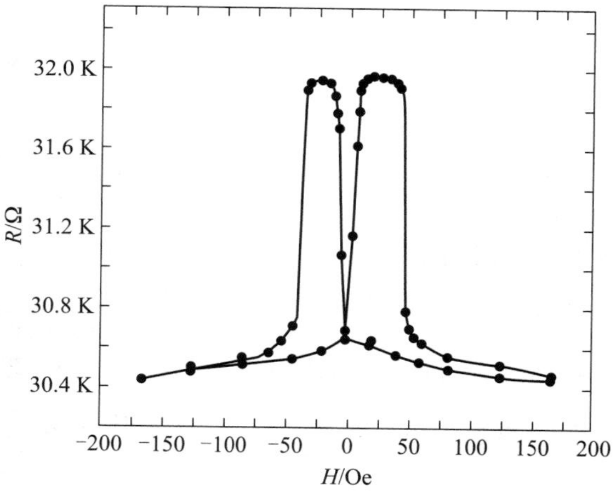

图 7-8-6　实际的 NiFe｜I｜Co 磁性隧道结的磁电阻曲线

§7.9　反铁磁性

一、实验事实

1.磁化率与温度的关系

1932 年奈耳(L.Néel)发现诸如铂、钯、锰、铬等金属和合金的磁化率数值相当大，但随温度的

变化相对小。当温度高于奈耳温度 T_N 时,磁化率满足奈耳定律:

$$\chi = \frac{C}{T+\theta} \tag{7.9.1}$$

当温度低于 T_N 时,磁化率随温度降低而变小。在 $T=T_N$ 时,磁化率不是无限大,而是如图 7-9-1 所示那样有一个不太大的尖峰。这些材料称为反铁磁体。

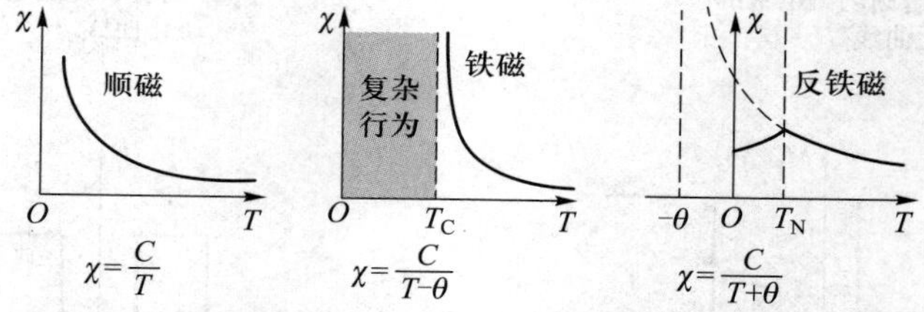

图 7-9-1 顺磁体、铁磁体和反铁磁体中磁化率的温度关系

2. 反铁磁序

反铁磁体的定压比热容 C_p 在奈耳点 T_N 显现反常的峰值,如图 7-9-2 所示,似乎表明反铁磁体在奈耳点有一个从磁无序到有序的二级相变。

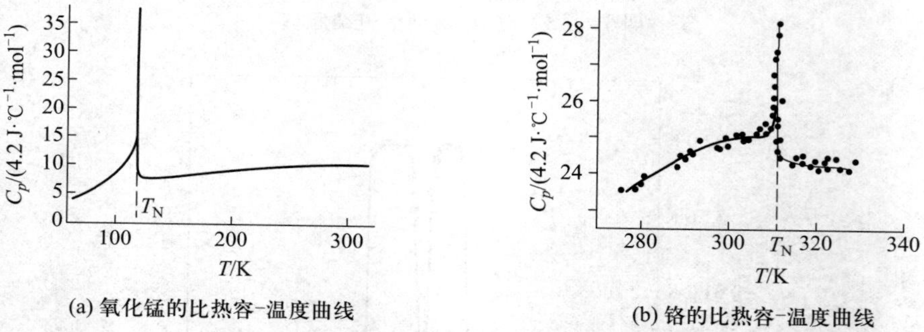

图 7-9-2 反铁磁体在奈耳点比热容反常

X 射线衍射实验表明 MnO 具有 NaCl 晶体结构。Mn^{2+}离子和 O^{2-}离子分别排列在两套 fcc 点阵上,晶格常量为 4.43 Å。但是慢中子衍射实验却表明,在奈耳温度($T=116$ K)以上,衍射峰与 X 射线衍射峰没有区别。但是在奈耳温度以下,却出现了一些 293 K 时没有的中子衍射峰,这些衍射峰,可以用晶格常量为 8.85 Å的立方晶胞来解释,晶格常量正好大了约一倍。如图 7-9-3 所示,中子衍射与 X 射线衍射的差别在于,由于中子具有自旋,它不仅能检测晶体的化学结构,还能检测磁结构。由此可以断言,在奈耳温度以上,格点上 Mn^{2+}离子的自旋无序分布,中子衍射与 X 射线衍射结果一样,得到相同的晶格常量。但是在奈耳温度以下,磁矩是按照某种非铁磁性的方式有序排列,因为铁磁序的 X 射线衍射谱与中子衍射谱的结果应该是一样的。假定在低温下,单个(111)面上的 Mn^{2+}离子自旋相互平行,但是相邻两个(111)面上的自旋反平行,如图 7-9-4所示,就能解释中子衍射得到晶格常量扩大约一倍的实验结果。

比热容实验和中子衍射实验都表明 MnO 在奈耳温度以下是磁有序的,相邻层自旋反平行排列,没有净磁矩。这种磁学性质称为反铁磁性。

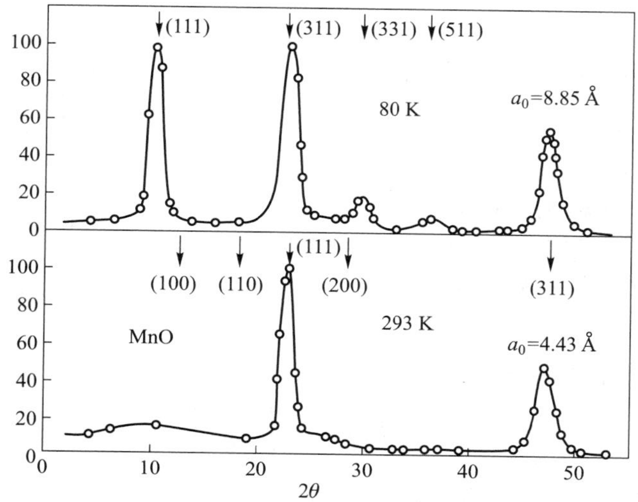

图 7-9-3　MnO 的中子衍射谱

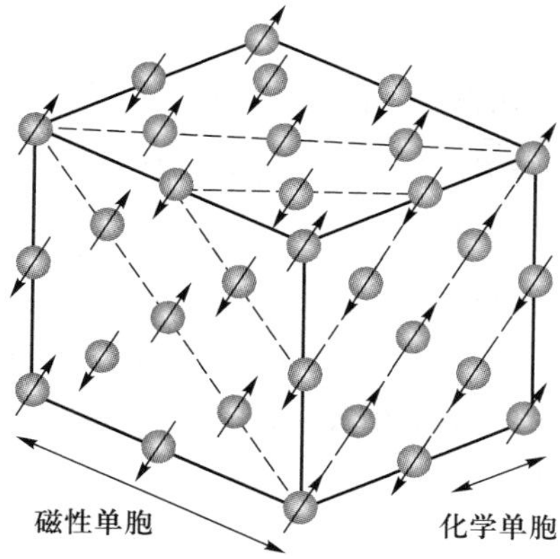

图 7-9-4　氧化锰里 Mn^{2+}离子的自旋有序排列
图中未画出 O^{2-}离子格子

二、反铁磁性的奈耳理论

1. 双子格模型

奈耳修改了外斯的铁磁平均场模型,假定磁性离子之间的交换能为负值,$J_e<0$,则自旋倾向于反平行排列。为了简单起见,讨论简单立方点阵的情况。如果将磁性离子的晶格分成 A 和 B 两个子晶格,如图 7-9-5 所示。A 晶格中的每个离子的近邻是 B 离子,B 晶格中的每个离子的近邻是 A 离子,通常称为双子格模型。这样不同子晶格离子之间是最近邻相互作用,而同一子晶格离子之间是次近邻相互作用,每个子晶格自旋取向一致,而不同子晶格自旋取向相反。A、B 两个子晶格的有效场可写为

$$B_e^A = B - (\alpha M_A + \beta M_B) \tag{7.9.2}$$

$$B_e^B = B - (\alpha M_B + \beta M_A) \tag{7.9.3}$$

式中,β 表示最近邻交换作用,α 表示次近邻交换作用,β 总为正值,且 $\beta > |\alpha|$。B 是外场,M_A 和 M_B 为每个子晶格的磁化强度。这样由式(7.5.4)得到

$$M_A = N_A J g_J \mu_B B_J [J g_J \mu_B B_e^A/(k_B T)] \tag{7.9.4}$$

$$M_B = N_B J g_J \mu_B B_J [J g_J \mu_B B_e^B/(k_B T)] \tag{7.9.5}$$

式中 N_A、N_B 是两个子晶格的离子浓度,对于双子格模型 $N_A = N_B = N$,$B_J[Jg_J\mu_B B_e^B/(k_B T)]$为布里渊函数。

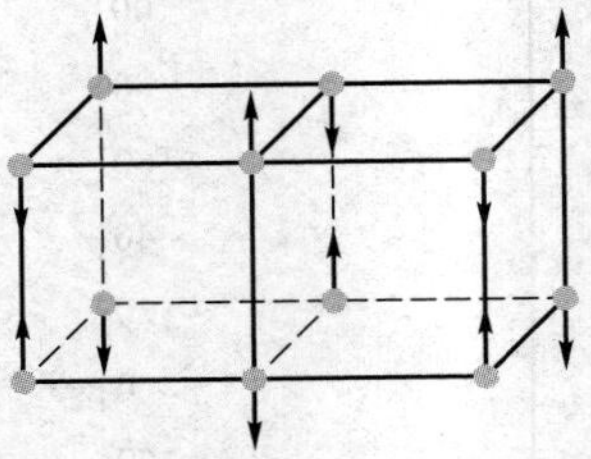

图 7-9-5 简单立方双子格模型

2. 高温奈耳定律

在高温区 $T>T_N$,布里渊函数可近似写为

$$B_J(x) \approx \frac{J+1}{3J}x \tag{7.9.6}$$

则由式(7.9.4)和式(7.9.5)可得到晶体的总磁化强度:

$$M = M_A + M_B \approx \frac{NJg_J^2(J+1)}{3k_B T}\mu_B^2[2B - (\alpha+\beta)M] \tag{7.9.7}$$

磁化率:

$$\chi = \frac{\mu_0 M}{B} = \frac{2\mu_0 N\mu_J^2/(3k_B)}{T + \dfrac{N\mu_J^2(\alpha+\beta)}{3k_B}} = \frac{C}{T+\theta} \tag{7.9.8}$$

式中,$\mu_J^2 = g_J^2\mu_B^2 J(J+1)$是磁性离子的有效磁矩,

$$C = 2\mu_0 N\mu_J^2/(3k_B) \tag{7.9.9}$$

$$\theta = C(\alpha+\beta)/(2\mu_0) \tag{7.9.10}$$

式(7.9.8)就是高温下的奈耳定律。

3. 奈耳点

在奈耳点 $T=T_N$,离子的热涨落已相当剧烈,M_A、M_B 数值都很小,仍可用高温近似,当外场 $B=0$时,式(7.9.4)和式(7.9.5)变为

$$M_A = -\frac{C}{2T_N\mu_0}(\alpha M_A + \beta M_B) \tag{7.9.11}$$

$$M_B = -\frac{C}{2T_N\mu_0}(\alpha M_B + \beta M_A) \tag{7.9.12}$$

这是关于 M_A 和 M_B 的线性齐次方程,M_A 和 M_B 有非零解的条件是

$$\begin{vmatrix} 1 + \dfrac{C}{2T_N\mu_0}\alpha & \dfrac{C}{2T_N\mu_0}\beta \\ \dfrac{C}{2T_N\mu_0}\beta & 1 + \dfrac{C}{2T_N\mu_0}\alpha \end{vmatrix} = 0 \tag{7.9.13}$$

由此得到奈耳温度为

$$T_N = \frac{C}{2\mu_0}(\beta - \alpha) \tag{7.9.14}$$

由于 $\beta > |\alpha| > 0$，所以 $T_N > 0$。由式(7.9.10)和式(7.9.14)可以得到

$$T_N = \frac{\beta - \alpha}{\beta + \alpha}\theta \tag{7.9.15}$$

可见，如果 $\alpha > 0$，则 $T_N < \theta$；$\alpha < 0$，则 $T_N > \theta$；$\alpha = 0$，则 $T_N = \theta$。由式(7.9.10)和式(7.9.14)可以得到奈耳点磁化率：

$$\chi(T_N) = \frac{C}{T_N + \theta} = \frac{\mu_0}{\beta} \tag{7.9.16}$$

它为常数，虽然每个子格子存在自发磁化，但总体没有铁磁自发磁化。

4. 奈耳温度以下的磁化率

当 $T < T_N$ 时，热运动的作用在减弱，反铁磁内场起主导作用，若外场 $\boldsymbol{B} = 0$，可知 $\boldsymbol{M}_A$ 和 $\boldsymbol{M}_B$ 方向相反，且 $M = |\boldsymbol{M}_A| = |\boldsymbol{M}_B|$。在外场下，磁化率与外磁场与自旋轴之间的取向有关。当外加磁场垂直于自旋轴时，如图 7-9-6(a)所示，设 $\boldsymbol{M}_A$、$\boldsymbol{M}_B$ 之间的夹角为 2φ，φ 为小量。如图略去次近邻离子所在晶格产生的内场，即 $\alpha = 0$，则式(7.9.2)和(7.9.3)变为

$$\boldsymbol{B}_e^A = \boldsymbol{B} - \beta \boldsymbol{M}_B \tag{7.9.17}$$

$$\boldsymbol{B}_e^B = \boldsymbol{B} - \beta \boldsymbol{M}_A \tag{7.9.18}$$

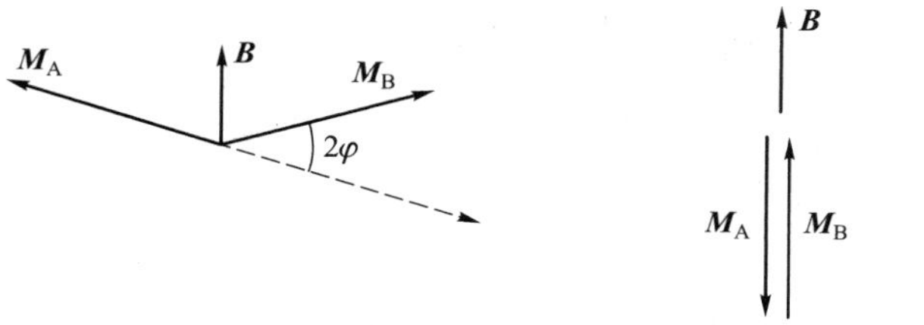

(a) $\boldsymbol{B}$垂直于自旋轴　　(b) $\boldsymbol{B}$平行于自旋轴

图 7-9-6　用平均场近似计算 $T < T_N$ 时的磁化率

则磁场存在时的能量密度为

$$\begin{aligned} U &= -\boldsymbol{M} \cdot \boldsymbol{B}_e = \frac{1}{2}(\boldsymbol{M}_A \cdot \beta \boldsymbol{M}_B + \boldsymbol{M}_B \cdot \beta \boldsymbol{M}_A) - \boldsymbol{B} \cdot (\boldsymbol{M}_A + \boldsymbol{M}_B) \\ &= \beta \boldsymbol{M}_A \cdot \boldsymbol{M}_B - \boldsymbol{B} \cdot (\boldsymbol{M}_A + \boldsymbol{M}_B) \\ &\approx -\beta M^2 \left[1 - \frac{1}{2}(2\varphi)^2\right] - 2BM\varphi \end{aligned} \tag{7.9.19}$$

式中，第一项为 $\boldsymbol{M}_A$ 与 $\boldsymbol{M}_B$ 之间的相互作用能密度，第二项为在外场下 $\boldsymbol{M}_A$ 与 $\boldsymbol{M}_B$ 的能量密度。当

$$\frac{\mathrm{d}U}{\mathrm{d}\varphi} = 4\beta M^2 \varphi - 2BM = 0 \tag{7.9.20}$$

时，能量为极小。这样得到平衡时的夹角

$$\varphi = \frac{B}{2\beta M} \tag{7.9.21}$$

所以

$$\chi_{\perp} = \frac{2\mu_0 M\varphi}{B} = \frac{\mu_0}{\beta} \tag{7.9.22}$$

它基本上与温度无关。

当外场平行于自旋轴时,如图 7-9-6(b)所示,若自旋子格子 A 和 B 与外场夹角相等,则磁能不变,因此 $T=0$ K 时的磁化率为零,即

$$\chi_{/\!/}(0) = 0 \tag{7.9.23}$$

但是当 $0<T<T_N$ 时,$\chi_{/\!/}$ 的计算比较复杂,范弗莱克的计算表明,由 0 直到 T_N,随着温度上升,平行磁化率 $\chi_{/\!/}$ 平滑地增加,在奈耳点,

$$\chi_{\perp}(T_N) = \chi_{/\!/}(T_N) \approx \frac{\mu_0}{\beta} \tag{7.9.24}$$

图 7-9-7 表示 MnF_2 的实验结果。在很强的磁场中,自旋系统会从平行取向非连续地转到能量较低的垂直取向。

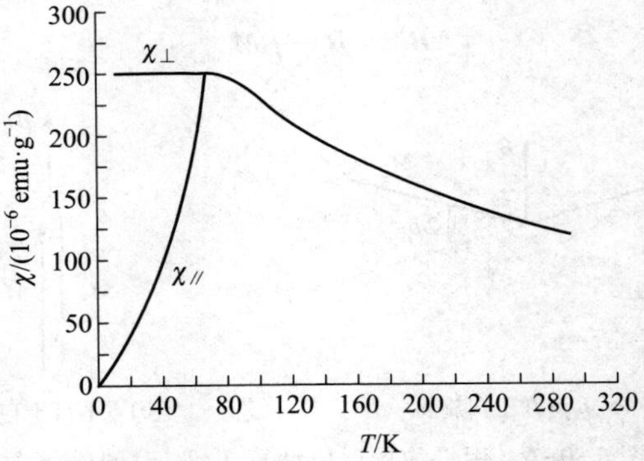

图 7-9-7 MnF_2 晶体的磁化率

外场平行和垂直于 4 次轴

§ 7.10 超交换作用和双交换作用

一、安德森的反铁磁超交换作用

过渡金属的盐类,例如 MnO,由于磁性锰离子之间存在着氧离子,Mn^{2+} 的 3d 轨道相距遥远,几乎不相重叠,因此海森伯的直接交换作用极其微弱。安德森(P.W.Anderson)提出磁性离子之间的交换作用是以中间的非磁性离子为媒介而间接产生的,称为超交换作用。

考虑 MnO 绝缘反铁磁系统,其中二价的锰离子 Mn^{2+} 有 5 个 d 电子,而二价的氧离子 O^{2-} 的 p 壳层已填满。由于 Mn^{2+} 的 5 个 d 轨道均为半满,为了简单起见,可以考虑两个锰离子的相同轨道

通过氧离子的自旋耦合情况。

系统的哈密顿量可以写为

$$H = H_0 + H_t + U \tag{7.10.1}$$

其中 H_0 为单电子哈密顿量，H_t 为 Mn^{2+} 和 O^{2-} 之间的跃迁矩阵，U 表示多电子效应，也就是同一轨道不同自旋的库仑排斥。

作为零级近似，一个氧离子和两个近邻锰离子的正常基态存在两种可能的自旋取向：

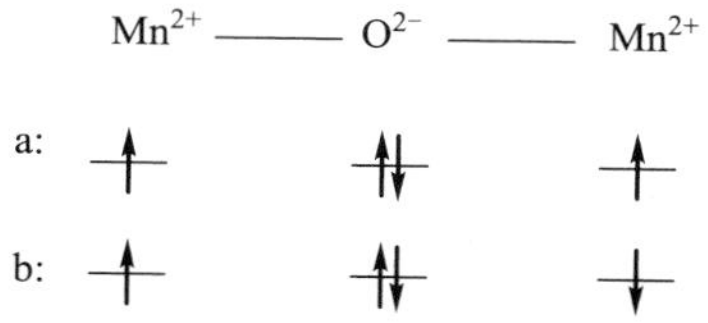

其中 a 表示自旋三重态，两个锰离子相同轨道自旋平行取向；b 表示自旋单重态，两个锰离子相同轨道自旋反平行取向。三重态和单重态的零级基态能量分别为

$$E^0_{\uparrow\uparrow} = 2\varepsilon_d + 2\varepsilon_p \tag{7.10.2a}$$

$$E^0_{\uparrow\downarrow} = 2\varepsilon_d + 2\varepsilon_p \tag{7.10.2b}$$

其中 ε_d 和 ε_p 分别是 Mn^{2+}-d 和 O^{2-}-p 轨道上的格点能量。可见在零级近似下，三重态和单重态自旋取向是能量简并的，不能确定两个锰离子自旋的相对取向。

实际上，超交换作用可以看成由中介氧离子中的电子参与的虚跃迁过程，并导致动态交换。首先不考虑多体效应，计算电子通过氧离子在两个锰格点间的有效单电子跃迁矩阵元。它对应于以下的跃迁过程：

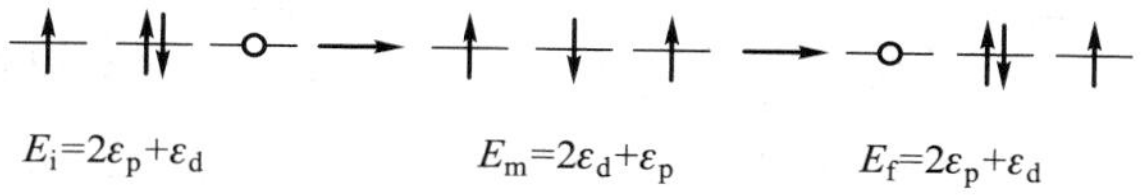

其中 E_i 和 E_f 分别是初态和终态能量，E_m 是中间态的能量。由量子力学的微扰论，可以得到 Mn-Mn 之间的电子有效跃迁矩阵元：

$$t_{eff} = \frac{\langle f \mid H_t \mid m\rangle\langle m \mid H_t \mid i\rangle}{E_i - E_m} = \frac{t_{dp}t_{pd}}{\varepsilon_p - \varepsilon_d} = -\frac{t_{dp}^2}{\Delta} \tag{7.10.3}$$

其中 $\Delta = \varepsilon_p - \varepsilon_d$，为电荷转移能；$t_{pd} = \langle m \mid H_t \mid i\rangle$，$t_{dp} = \langle f \mid H_t \mid m\rangle$，$t_{dp} = -t_{pd}$。

由于跃迁过程是通过 O^{2-} 离子为媒介完成的，跃迁结束时氧离子的组态、格点能并未发生变化，可以看成 Mn^{2+} 离子之间的一个等价的直接跃迁，跃迁矩阵元为 t_{eff}。这样三重态和单重态的电子跃迁图简化为

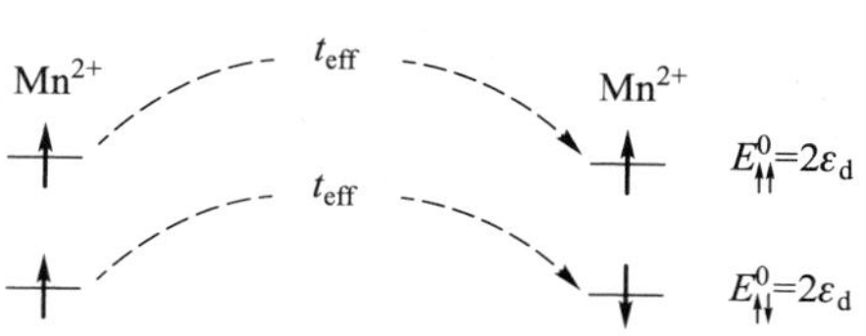

其中 $E^0_{\uparrow\uparrow}$ 和 $E^0_{\uparrow\downarrow}$ 为三重态和单重态的零级基态能量。氧离子的格点能可以不考虑。

考虑到泡利排斥定则，当阳离子轨道达半满时，它只能接纳自旋与其离子自旋反平行的电子。因此三重态没有可能的激发态，而单重态有一个可能的激发态 $|S\rangle$，

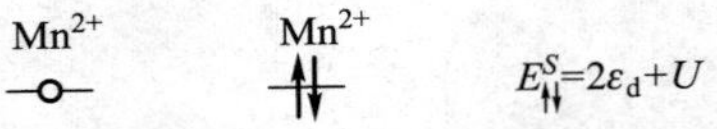

其中 $E^S_{\uparrow\downarrow}$ 为激发态的能量,U 为库仑排斥能。根据量子力学的微扰理论,受扰之后单重态基态的二级微扰修正为

$$\Delta E_{\uparrow\downarrow}=\frac{|\langle 0|H_t|S\rangle|^2}{E^0_{\uparrow\downarrow}-E^S_{\uparrow\downarrow}}=-\frac{t^2_{\text{eff}}}{U}=-\frac{1}{U}\left(\frac{t^2_{\text{pd}}}{\Delta}\right)^2 \tag{7.10.4}$$

其中$|0\rangle$表示零级单重态。由于交换积分 $J_e=E_{\uparrow\downarrow}-E_{\uparrow\uparrow}=\Delta E_{\uparrow\downarrow}<0$,得到单重态的基态能量比三重态的基态能量低,系统应显示反铁磁性。

上面我们介绍了过渡金属离子单个轨道之间的超交换作用机制以及与近邻过渡金属离子间的反铁磁交换作用的必然联系。如果考虑到过渡金属氧化物中通常涉及的多个过渡金属离子的轨道,扬-特勒效应及其轨道序的存在不仅可以产生磁性离子间的反铁磁交换作用,也可以产生铁磁交换作用。这时离子间的磁交换作用可以仿照上面的推导,但是必须对过渡金属的 5 个 d 轨道同时进行,得到的交换作用将是一个 5×5 的矩阵。每个矩阵元描述近邻不同轨道上电子间的交换作用,具体是铁磁还是反铁磁交换作用依赖于离子上不同轨道的电子占据情况。通常存在所谓的轨道序与自旋序的互补规律,即近邻离子轨道电子占据情况一致(轨道铁磁序)时自旋为反铁磁序,反之近邻离子轨道电子交替占据时则可以出现自旋的铁磁序。

二、齐纳的铁磁双交换作用

前面提到,当过渡金属氧化物中过渡金属离子 d 轨道半满时,安德森的超交换机制通常决定近邻离子磁矩反平行排列,同时晶体具有绝缘体特性。然而当过渡金属氧化物由于掺杂等原因,过渡金属离子存在混合价时,多余的电子就可以在近邻离子间跃迁,导致磁性离子间的铁磁耦合,并且晶体具有金属特性。这种铁磁相互作用称为齐纳(C.Zener)的双交换机制,下面以 Mn^{3+}、Mn^{4+}离子为例介绍这种相互作用的物理起源。

Mn^{3+}、Mn^{4+}离子由局域的 d 轨道 t_{2g}电子和巡游的 e_g 电子组成。两个磁性离子间的海森伯相互作用取决于其磁矩平行排列和反平行排列的能量差。对磁矩平行排列设置,两离子系统存在下图所示的两个简并态:

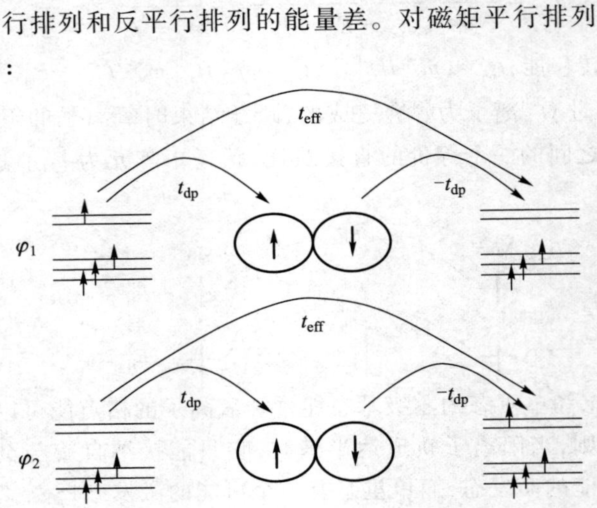

在不考虑电子通过氧离子的二级微扰跃迁过程时，磁性离子间不存在磁耦合，上述两种组态的能量均为 $E_0=-J_H\boldsymbol{S}_e\cdot\boldsymbol{S}_t=-\frac{3}{4}J_H\hbar^2$。其中 $\boldsymbol{S}_e$、$\boldsymbol{S}_t$ 分别是 e_g 轨道和 t_{2g} 轨道的总自旋，J_H 是洪德耦合能。在二级微扰近似下，Mn-Mn 之间存在通过氧离子的跃迁过程，一般的波函数可以写成

$$\psi=\alpha\varphi_1+\beta\varphi_2 \tag{7.10.5}$$

代入薛定谔方程 $H\psi=E\psi$，得到

$$\left(E+\frac{3}{4}J_H\hbar^2\right)\alpha+t_{\mathrm{eff}}^*\beta=0$$

$$t_{\mathrm{eff}}\alpha+\left(E+\frac{3}{4}J_H\hbar^2\right)\beta=0$$

基态能量为

$$E_{\uparrow\uparrow}=-\frac{3}{4}J_H\hbar^2-|t_{\mathrm{eff}}| \tag{7.10.6}$$

其中 $t_{\mathrm{eff}}=\frac{-t_{\mathrm{dp}}^2}{\varepsilon_p-\varepsilon_d}$是 Mn-Mn 之间的有效跃迁矩阵元。

同理磁矩反平行排列设置，有下列两个耦合态：

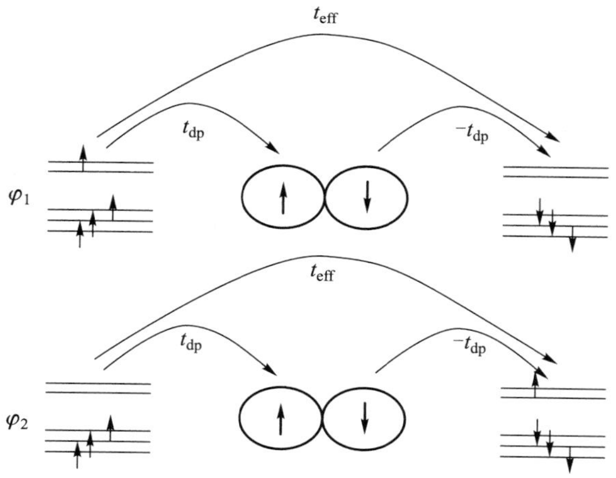

一般的波函数满足

$$\left(E+\frac{3}{4}J_H\hbar^2\right)\alpha+t_{\mathrm{eff}}^*\beta=0$$

$$t_{\mathrm{eff}}\alpha+\left(E-\frac{3}{4}J_H\hbar^2\right)\beta=0$$

基态能量为

$$E_{\uparrow\downarrow}=-\sqrt{\left(\frac{3}{4}J_{H}\hbar^{2}\right)^{2}+|t_{eff}|^{2}} \tag{7.10.7}$$

可见,当过渡金属离子存在混合价时,磁矩平行排列组态的能量比反平行排列组态的能量低,其能量差即海森伯耦合系数 J_e:

$$J_{e}=E_{\uparrow\downarrow}-E_{\uparrow\uparrow}=-\sqrt{\left(\frac{3}{4}J_{H}\hbar^{2}\right)^{2}+|t_{eff}|^{2}}+\frac{3}{4}J_{H}\hbar^{2}+|t_{eff}| \tag{7.10.8}$$

在洪德耦合能量非常大的极限情形,$J_e=|t_{eff}|$。这个结论告诉我们电子巡游性好的过渡金属氧化物,其铁磁居里温度也高。

第八章 超导电性

新的物理现象的发现总是与当时的技术进步有着密切的联系，超导电性的发现也不例外。1908 年，Leiden 大学的昂内斯（H.K.Onnes）成功地液化了氦气，使温度的测量范围大大地延伸到 4.2 K 以下，为研究金属在极低温下的电学性质创造了条件。昂内斯特别感兴趣的问题是金属的低温剩余电阻率以及与杂质浓度之间的关系，他选择了当时可以获得的最纯的金属材料——汞作为研究对象。当温度下降到 4.15 K 时，他惊奇地发现汞的直流电阻率不是趋近于一个由杂质浓度决定的有限值，而是突然消失，金属进入了所谓的超导态。超导电性的发现不仅开辟了低温物理这一新的领域，同时也使这一领域得到了迅猛的发展。

在随后的几十年里，人们发现超导电性是一种普遍的物理现象，存在于许多金属和合金材料中。为了解释金属材料的超导电性，大量实验测量被归纳成经验公式，各种唯象理论被先后提出以解释其共性。超导电性的微观理论则直到 1957 年才由巴丁、库珀和施里弗在前人电子-声子相互作用的基础上建立起来，该理论基本解释了当时超导材料的所有的电磁性质和其热力学性质。此前发现的超导体通常被称为常规超导体，在 Nb_3Ge 中发现的最高临界超导转变温度为 23.2 K。1986 年新的一类超导体由 IBM 苏黎世研究所的贝德诺尔茨（J.G.Bednorz）和缪勒（K.A.Müller）在钙钛矿铜氧化物中发现，在掺杂的 $La_{0.85}Ca_{0.15}CuO_4$ 材料中，转变温度达到 30 K，随后美国科学家朱经武等在 $YBa_2Cu_3O_7$ 中将超导转变温度提高到 93 K。目前这类高温超导体的最高临界温度的保持者是 $HgBa_2Ca_2Cu_3O_8$ 材料中的 133 K（见图 8-0-1）。

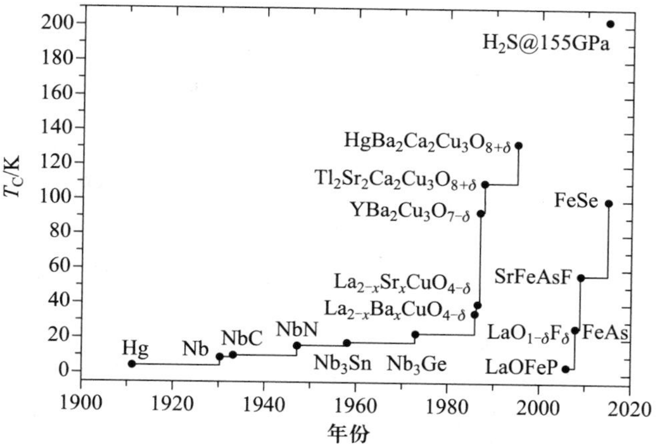

图 8-0-1 超导体的简明历史

自高温超导体 1986 年被发现以来，其正常态和超导态的物理性质均得到世界各国科学家系统和细致的研究，有些已经得到了很好的解释。但由于其超导机理与常规超导体有很大的不同，普遍接受的新的超导电性的微观理论还没有出现。本章将主要讨论常规超导体的物理性质和唯象理论。

§8.1 超导体的基本物理性质

一、超导体的输运性质

在昂内斯成功地液化了氦气之前,人们对金属材料的低温电阻性质存在三种猜测,如图8-1-1所示:

(1) 假如金属的低温电阻率完全来源于晶格振动导致的电子-声子散射,由于热声子数随着温度的下降而减少,金属电阻行为由曲线(a)描述;

(2) 假如金属的低温电阻率主要来自晶体中杂质和晶体缺陷的散射,金属电阻将趋近与杂质和晶体缺陷浓度成正比的一个常量,如曲线(b)所示;

(3) 假如金属中载流子浓度随着温度的下降而减少,金属的低温电阻率将会随着温度的下降而上升,如曲线(c)的情况。

然而,1911 年昂内斯对金属汞的电阻测量表明,上述情景均没有出现。汞的电阻曲线如图8-1-2所示,存在一个临界转变温度 $T_C = 4.15$ K,在此温度以下电阻突然消失为一个不可测量的小量。该电阻曲线是温度的可逆函数,说明在临界转变温度以下金属进入了一个新的热力学平衡态,昂内斯将这个热力学平衡态称为超导态。进一步的研究表明,不仅纯的汞金属具有这种性质,掺杂的汞金属仍然保持着零电阻的特性。

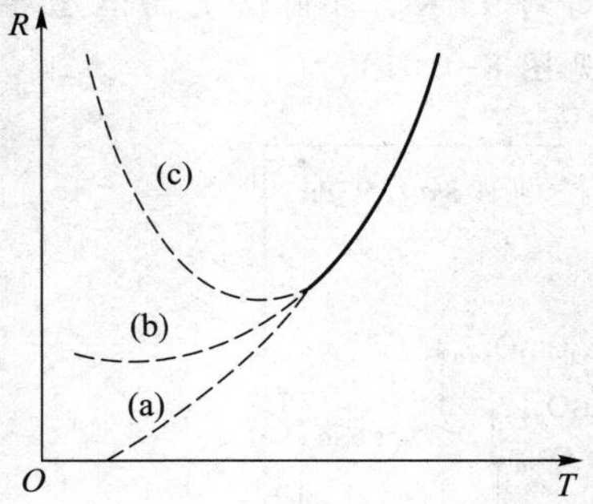

图 8-1-1 金属电阻在低温下的可能行为

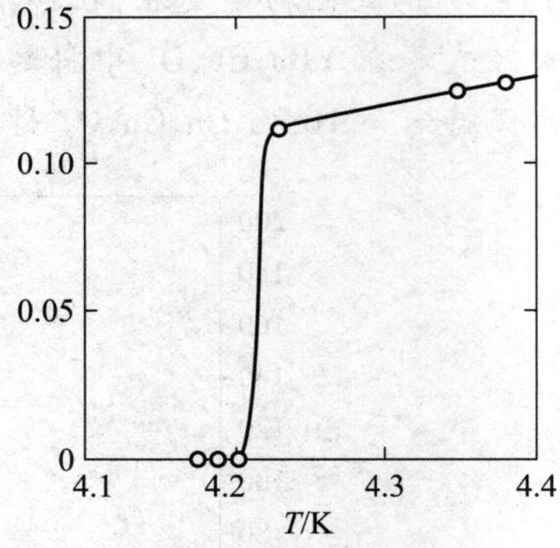

图 8-1-2 汞的低温电阻率随温度的关系

正常态-超导态的相变发生在 4.15 K 附近

随后的研究表明,超导电性广泛存在于各种元素金属、合金以及化合物中,超导电性并不局限于某种特定的晶体结构中。表 8-1-1 列出了一些典型的超导材料和它们的超导转变温度。令人惊奇的是那些室温下最好的金属,诸如金、银、铜,并不发生超导转变;而有些室温下的半导体化合物在低温下则具有超导电性,且超导转变温度在某些情况下比纯金属的超导转变温度要高出很多。一个典型例子是铌的超导转变温度为 9.46 K,而氮化铌的超导转变温度为 16.0 K。

演示超导体零电阻的最好实验验证是观察超导环中感生的持续电流的衰减。假定超导体的电阻果真为零的话，那么超导环中的电流一旦诱导起来将永远循环下去；而如果超导环具有有限的电阻 R，环的电感为 L，则超导环中的持续电流将会随时间指数衰减 $I(t)=I(0)\exp(-Rt/L)$。昂内斯等人在超导体研究的早期就进行了持续电流的实验并从中推得超导铅的电阻率上限小于 $10^{-18}\ \Omega\cdot m$，奎因（D.J.Quinn）等人后来改良的实验将该电阻率的上限推至 $10^{-25}\ \Omega\cdot m$，而最纯的铅的正常态电阻率也只能达到 $10^{-11}\ \Omega\cdot m$。

表 8-1-1　一些代表性的元素金属、合金以及化合物的超导转变温度

元素金属	T_C/K	化合物金属	T_C/K
Tc（锝）	11.2	Nb_3Ge	23.2
Nb（铌）	9.46	Nb_3Ga	20.3
Pb（铅）	7.18	Nb_3Sn	18.05
Ta（钽）	4.48	NbN	16.0
Hg（汞）	4.15	Mo_3Ir	8.8
In（铟）	3.41	NiBi	4.25
Al（铝）	1.19	AuBe	2.64
Cd（镉）	0.56	$PdSb_2$	1.25
Ti（钛）	0.40	TiCo	0.71
Ir（铱）	0.14	$AuSb_2$	0.58
W（钨）	0.01	$ZrAl_2$	0.30

注：数据摘自：B.T.Matthias 等，Rev.Mod.Phys.35，1（1963）；G.W.Webb 等，Solid State Commun.9，1769（1971）；Phys.Today，October（1973）。

然而超导体的电阻率严格上来讲只在直流情况下为零，当交流电流的频率越来越高时，交流电阻率便开始出现。超导体在光波频率时出现失超在超导体的早期研究中就被注意到，20 世纪 30 年代的测量说明当圆频率达到 $10^9\sim10^{14}$ rad·s^{-1}时，超导体便会失去超导电性。图 8-1-3 给出的是超导薄膜在电磁场中的吸收相对于正常金属之比与频率之间的关系，吸收谱反比于电导 σ_N/σ，其中 σ_N 是正常态的电导率。显然存在一个光子能量的阈值，对于超过阈值的电磁波，超导体也有一定的电阻率。后面我们将会知道，超导体中的载流子能谱存在一个能隙，当光子能量超过超导能隙时，将会在超导体中产生正常的电子空穴对，而这些电子空穴在受到晶格振动和杂质的散射时产生电阻。

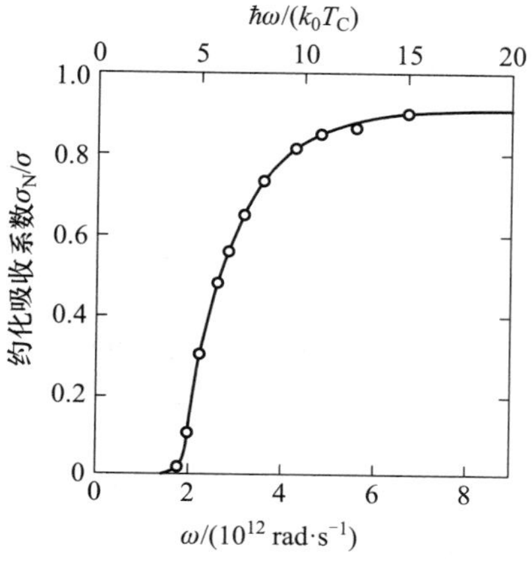

图 8-1-3　铟超导薄膜在电磁波照射下的吸收-频率依赖关系
注意在阈值频率以下没有吸收发生

二、超导体的磁学性质

昂内斯还研究了超导体在外磁场中的行为，发现当外加磁场足够强时，超导体将转变为正常金属。但是这种过程是一种可逆过程，当外磁场撤销之后金属重新获得超导电性。使超导体失去超导电性的最小磁场依赖于温度、超导体的几何形状。

对于长的圆柱形样品,并且置于平行的外磁场中,最小的使超导体失超的外加磁场称为临界磁场 $H_C(T)$,它的值与样品的体积无关,只与温度有关。因此超导体除了具有确定的超导转变温度外,还具有确定的临界磁场。大多数超导材料的临界磁场的温度关系可以表示为

$$\frac{H_C(T)}{H_C(0)} = 1 - \left(\frac{T}{T_C}\right)^2 \tag{8.1.1}$$

图 8-1-4 给出了超导铅的典型测量结果和与式(8.1.1)的比较。

超导体在发现后的很长时间里被视为电阻为零的理想金属,果真如此的话,超导体内电场强度将处处为零。由麦克斯韦方程得知,超导体内的磁感应强度的时间导数将处处为零,从而推得超导体内的磁感应强度不随时间变化。这个推论意味着超导体内的磁感应强度依赖于状态的制备历史,而不能由外界条件唯一确定。让我们考虑如图 8-1-5 两种施加外磁场的次序:(a) 在超导转变温度以上,外加磁场 $H<H_C$,随后将温度降至超导转变温度以下。从上述理想金属的推论得知超导体内的磁感应强度将保持为 H;(b) 在超导转变温度以上,在零磁场下将温度降至超导转变温度以下,接着外加磁场 $H<H_C$。这时超导体内的磁感应强度将保持为 0。可见,理想金属的观点告诉我们,在给定外磁场的情况下,并不存在唯一的超导态,因而平衡态热力学统计方法将无法适用。

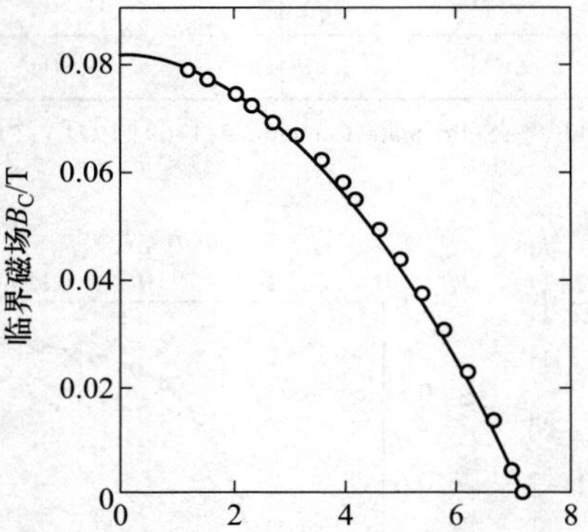

图 8-1-4 超导铅的临界磁场与温度的依赖关系

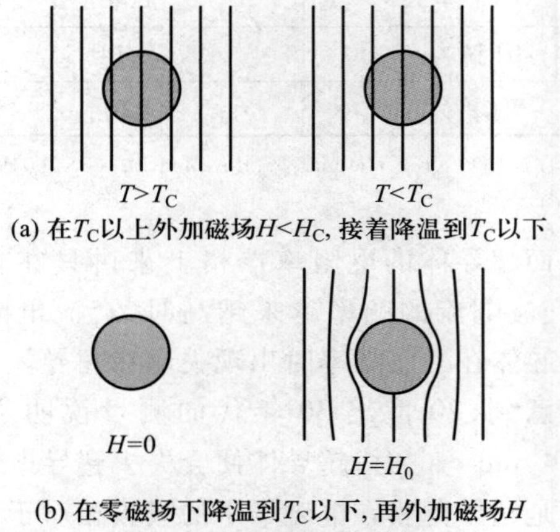

图 8-1-5 理想导体两种外加磁场后的行为

1933 年迈斯纳(W.Meissner)和奥森菲尔德(R.Ochsenfeld)通过测量超导体周围的磁场分布,发现超导体内部磁感应强度始终为零,理想金属的这种观点才被打破。这个被冠以迈斯纳效应的实验结果革新了物理学家对超导电性的理解,它表明在给定外磁场的情况下超导体的状态是唯一确定的,也就是磁场被排除在超导体外的状态,因而热力学的规律可以适用。这个结果同时表明超导体在外磁场下的行为与完全的抗磁体一样,其磁导率为零。从此以后,完全的抗磁性而不是理想金属性被用来作为超导体的判断特征。

三、超导体的热力学性质

金属的正常态-超导态相变不仅体现在其输运性质和磁学性质相变前后的突变，而且相变前后金属的热力学性质也发生了显著的变化。在零磁场的情况下，正常态-超导态相变属于二级相变。相变过程不涉及潜热，但超导态的熵相对于正常态而言发生了突变。大家知道，正常态金属的低温比热容可以归纳为 $C_V = AT + BT^3$，其中线性项来自电子的热激发贡献，三次项来自晶格振动的声子激发。由于晶格振动的德拜温度 θ_D 大约在几百 K 左右，所以在极低温时声子的比热容贡献可以近似忽略。

图 8-1-6 给出的是铝的正常态和超导态的低温比热容曲线，铝的超导相变温度为 1.19 K。由图可见，在超导转变温度以下，金属铝的比热容由 $C_V = AT + BT^3$ 形式变成 $A\exp[-\Delta(T)/(k_BT)] + BT^3$ 的函数形式。金属中晶格振动对比热容的贡献基本没有变化，而电子比热容的贡献发生了突变。指数型的温度依赖关系说明载流子的激发谱中存在着能隙 $\Delta(T)$，在绝对零度所有载流子都处在完全有序的宏观量子基态上。在有限温度下，载流子可以通过热激发而分布在系统的激发态能级，这些激发态上的载流子是超导体比热容产生的来源。在有外加磁场但磁场小于临界磁场的情况下，金属的正常态-超导态相变属于一级相变，不仅金属的比热容发生突变，同时也伴随着潜热的产生。能隙 $\Delta(T)$ 代表了系统的有序度，与处于超导基态的电子数成正比，$\Delta(T)$ 从绝对零度的最大值随温度上升而下降，在超导转变温度下消失。

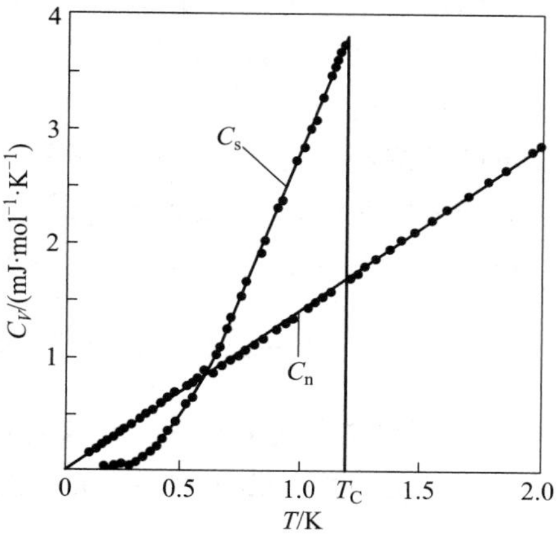

图 8-1-6　金属铝的超导态和正常态的低温比热容

正常态的低温比热容是在超导转变温度以下外加一个大于临界值的磁场下测得的

四、同位素效应

在超导体的早期研究中，人们还以为只是金属的电学性质在超导相变过程中发生了巨大的变化。然而迈斯纳效应的发现使人们意识到固体中独立的电子模型只能解释小的抗磁性，而不能解释迈斯纳效应。因而在超导电性微观理论的建立过程中，人们关心的是何种相互作用引起正常电子态的失稳从而导致了金属的超导电性。在众多的相互作用类型中寻找对超导电性起主导作用的物理机制是一件困难的事情，原因是超导相变所涉及的电子能量 k_BT_C 约为 10^{-2} eV，而电子的动能为 1.5～12 eV。这意味着任何小的相互作用都可能导致与超导相变可比拟的能量变化。因而在寻找超导物理机制的过程中，光是能量上的考虑似乎是不够的。

与超导机理密切相关的同位素效应首先是由麦克斯韦（E.Maxwell）和塞林（B.Serin）等在 1950 年发现的。这些实验结果证明超导转变温度依赖于材料组元的同位素平均质量 m，对锡和铊金属超导体，

$$T_C \propto m^{-0.5} \tag{8.1.2}$$

后来洛克（J.M.Lock）等人对临界磁场的温度依赖关系的研究发现，虽然临界磁场与温度的关系

曲线与同位素的平均质量无关,但是临界磁场的大小却与同位素质量存在下列关系:

$$H_C \propto m^{-0.46} \tag{8.1.3}$$

同位素效应的发现对确定超导机理起到了决定性的作用,因为它预示了晶格振动参与了金属的正常态-超导态相变过程。

§8.2 超导电性的物理机制与理论

那么晶格振动又是如何影响电子之间的相互作用和它们的物理行为的呢?我们通常认为由于库仑作用电子之间是相互排斥的,当然电子之间的这种相互作用是一种短程的,因为其他电子的存在起到了某种屏蔽作用。但是晶体中的电子除了受到其他电子的排斥作用之外还受到晶格离子的作用。当一个具有波矢 $\boldsymbol{k}$ 的电子在晶体中运动的时候,它倾向于将正离子拉向自己从而在电子的周围形成密一点的正离子晶格。这时另一个波矢为 $\boldsymbol{k}'$的电子在其附近通过时就会受到该正离子云的吸引作用,总的效果是第二个电子受到了第一个电子的吸引作用。这种通过晶格振动耦合产生的电子之间的相互作用可以用下列数学式表达:

$$\langle \boldsymbol{k}-\boldsymbol{q},\boldsymbol{k}'+\boldsymbol{q} | V | \boldsymbol{k},\boldsymbol{k}' \rangle = \frac{|M_{\boldsymbol{k},\boldsymbol{k}-\boldsymbol{q}}|^2 2\hbar\omega(\boldsymbol{q})}{[E(\boldsymbol{k})-E(\boldsymbol{k}-\boldsymbol{q})]^2-[\hbar\omega(\boldsymbol{q})]^2} \tag{8.2.1}$$

$E(\boldsymbol{k})$是电子的能带能量,$\omega(\boldsymbol{q})$是参与散射的波矢 $\boldsymbol{q}$ 的声子的能量,而 $M_{\boldsymbol{k},\boldsymbol{k}-\boldsymbol{q}}$则是电子-声子散射矩阵元。可见该相互作用项通常是正的,但当散射前后电子的能量差落在晶格振动声子的特征频率之内时,$|E(\boldsymbol{k})-E(\boldsymbol{k}-\boldsymbol{q})|<\hbar\omega(\boldsymbol{q})$,该相互作用势为负,对应着电子之间的吸引作用。正是这种相互作用导致了费米面附近的自由电子态的非稳定性,形成了能量更低的电子配对的超导态。

一、超导电性的物理起源

为简单起见,让我们考虑两个全同费米粒子在相互作用势 $V(\boldsymbol{r})$下的本征值问题。需要求解的薛定谔方程为

$$-\frac{\hbar^2}{2m}(\nabla_1^2+\nabla_2^2)\psi(\boldsymbol{r}_1,\boldsymbol{r}_2;\sigma_1,\sigma_2)+[V(|\boldsymbol{r}_1-\boldsymbol{r}_2|)-E']\psi(\boldsymbol{r}_1,\boldsymbol{r}_2;\sigma_1,\sigma_2)=0 \tag{8.2.2}$$

上述双粒子波函数可以写为空间波函数和自旋波函数的直积。如果不考虑双粒子的质心运动,波函数可以写成下列形式:

$$\psi(\boldsymbol{r}_1,\boldsymbol{r}_2;\sigma_1,\sigma_2)=\varphi(\boldsymbol{r}_1-\boldsymbol{r}_2)\chi(\sigma_1,\sigma_2) \tag{8.2.3}$$

由多粒子费米子波函数的反对称统计要求,我们可以取 $\varphi(\boldsymbol{r}_1-\boldsymbol{r}_2)$为 $\boldsymbol{r}_1$、$\boldsymbol{r}_2$ 的对称函数,$\chi(\sigma_1,\sigma_2)$为 σ_1、σ_2 的反对称函数;或者 $\varphi(\boldsymbol{r}_1-\boldsymbol{r}_2)$为反对称函数,而$\chi(\sigma_1,\sigma_2)$为对称函数。第一种情况对应于轨道角动量 l 为偶数和自旋单态,而第二种情况对应于轨道角动量 l 为奇数和自旋三重态。在作了上述分类简化之后,能量本征方程只依赖于空间的相对坐标:

$$\left[-\frac{\hbar^2}{m}\nabla^2+V(\boldsymbol{r})\right]\varphi(\boldsymbol{r})=E'\varphi(\boldsymbol{r}) \tag{8.2.4}$$

对空间坐标作傅里叶变换得

$$\varphi(\boldsymbol{r}) = \sum_{\boldsymbol{k}} \varphi(\boldsymbol{k}) \exp(\mathrm{i}\boldsymbol{k} \cdot \boldsymbol{r}) \tag{8.2.5a}$$

$$V(\boldsymbol{k} - \boldsymbol{k}') = \int \mathrm{d}\boldsymbol{r} \exp[-\mathrm{i}(\boldsymbol{k} - \boldsymbol{k}') \cdot \boldsymbol{r}] V(\boldsymbol{r}) \tag{8.2.5b}$$

这样我们得到

$$[2\varepsilon(\boldsymbol{k}) - E']\varphi(\boldsymbol{k}) = -\sum_{\boldsymbol{k}'} V(\boldsymbol{k} - \boldsymbol{k}')\varphi(\boldsymbol{k}'), \quad \varepsilon(\boldsymbol{k}) = \hbar^2 k^2/(2m) \tag{8.2.6}$$

考虑单位体积,将求和变为积分得到

$$[2\varepsilon(\boldsymbol{k}) - E']\varphi(\boldsymbol{k}) = -\frac{1}{(2\pi)^3}\int \mathrm{d}^3\boldsymbol{k}' V(\boldsymbol{k} - \boldsymbol{k}')\varphi(\boldsymbol{k}') \tag{8.2.7}$$

由于势场的傅里叶分量 $V(\boldsymbol{k}-\boldsymbol{k}')$ 只是 $|\boldsymbol{k}-\boldsymbol{k}'|^2 = k^2+k'^2-2kk'\cos\theta$ 的函数,我们可以将它展开为 θ 的下列形式:

$$V(\boldsymbol{k} - \boldsymbol{k}') = \sum_{l} (2l + 1) V_l(k,k') \mathrm{P}_l(\cos\theta) \tag{8.2.8}$$

$\mathrm{P}_l(\cos\theta)$ 是通常的勒让德多项式。由于各个球谐分量是可分离的,我们可以分别考察波函数的各个球谐分量 $\varphi(\boldsymbol{k}) = \varphi_l(k)\mathrm{Y}_{lm}(\hat{\boldsymbol{k}})$ 满足的方程:

$$[2\varepsilon(k) - E']\varphi_l(k) = -\frac{1}{(2\pi)^3}\int_0^\infty 4\pi k'^2 V_l(k,k')\varphi_l(k')\mathrm{d}k' \tag{8.2.9}$$

对于给定的角动量 l,如果本征值方程存在一个或多个 $E'<0$ 的解,则表明在该角动量 l 分量下存在着实空间的束缚态,当粒子间距离趋于无穷时 $\varphi_l(\boldsymbol{r})$ 趋于零。束缚态的存在与否在很大程度上取决于 $V(\boldsymbol{r})$ 在空间的形态。即使 $V(\boldsymbol{r})$ 是吸引势,如果太弱的话也可能一个束缚态都形成不了。而束缚态确实存在时,一般来说结合最紧的束缚态对应 $l=0$。

前面我们讨论了双费米子体系在相互作用下的本征能量和本征函数的一些特征,这为我们下面讨论所谓的"库珀问题"打好了必要的基础。库珀首先考虑了两个费米子在金属费米海背景下的结合问题。与上述问题不同的是这两个费米子只能占据费米海之外的状态,也就是说它们的波矢必须满足 $k>k_{\mathrm{F}}$ 条件。

我们下面感兴趣的问题不是存不存在能量小于零的态,而是存不存在能量小于两倍费米能量的态。也就是说在存在相互吸引作用的条件下,我们能不能找到比费米分布函数给出的能量更低的波函数。为此,我们选择费米能量为能量基准,定义

$$\xi(\boldsymbol{k}) = \varepsilon(\boldsymbol{k}) - E_{\mathrm{F}} = \frac{\hbar^2}{2m}(k^2 - k_{\mathrm{F}}^2), \quad E = E' - 2E_{\mathrm{F}} \tag{8.2.10}$$

如果我们重复前面双费米子体系的推导,并且考虑所有费米面以下的状态均被占据,方程(8.2.9)将由下式替代:

$$[2\xi(\boldsymbol{k}) - E]\varphi_l(k) = -\frac{1}{(2\pi)^3}\int_{k_{\mathrm{F}}}^\infty 4\pi k'^2 V_l(k,k')\varphi_l(k')\mathrm{d}k', k > k_{\mathrm{F}} \tag{8.2.11}$$

方程(8.2.11)是否存在 $E<0$ 的解依赖于 $V_l(k,k')$ 的具体形式。为了说明问题,我们假定下面特别简单的模型相互作用势:

$$V_l(k,k') = \begin{cases} V_l, & \text{当 } k_{\mathrm{F}} - \Delta k \leqslant k,k' \leqslant k_{\mathrm{F}} + \Delta k \text{ 时} \\ 0, & \text{其他情形} \end{cases} \tag{8.2.12}$$

在 $\Delta k \ll k_F$ 的情况下,定义 $\xi_C = \varepsilon(k_F+\Delta k) - \varepsilon(k_F) \approx (\hbar^2/m) k_F \Delta k$,我们可以将对波矢的积分近似地改写为

$$\frac{1}{(2\pi)^3}\int 4\pi k'^2 \mathrm{d}k' \approx \frac{1}{(2\pi)^3} 4\pi k_F^2 \int [\mathrm{d}k'/\mathrm{d}\xi(k')]\mathrm{d}\xi(k') = \frac{1}{2}N(E_F)\int \mathrm{d}\xi(k') \tag{8.2.13}$$

$N(E_F)$代表的是能带电子在费米面的态密度。方程(8.2.11)可以写成下列形式:

$$[2\xi(k) - E]\varphi_l(k) = -\frac{1}{2}V_l N(E_F)\int_0^{\xi_C}\varphi_l(k')\mathrm{d}\xi(k') \tag{8.2.14}$$

与方程(8.2.9)不同的是,只要 $V_l<0$,方程(8.2.14)总是有 $E<0$ 的解。事实上,$\varphi_l(k)$有下列形式解:

$$\varphi_l(k) = A/[2\xi(k) - E] \tag{8.2.15}$$

代入方程(8.2.14)可以求得能量的本征值:

$$1 = -\frac{1}{2}V_l N(E_F)\int_0^{\xi_C}\frac{\mathrm{d}\xi(k)}{2\xi(k) - E} = -\frac{1}{4}N(E_F)V_l \ln\left(\frac{2\xi_C - E}{-E}\right) \tag{8.2.16}$$

在通常的所谓弱耦合的条件下,即 $|V_l N(E_F)| \ll 1$,能量本征值的表达式可以简化为

$$E_l = -2\xi_C \exp\left[-\frac{4}{N(E_F)|V_l|}\right], \quad V_l < 0 \tag{8.2.17}$$

可见束缚能随着 $|V_l|$ 的增加而单调增加。与前面不同的是,没有理由认为 $|V_0|$ 应该最大,所以最稳定的解完全可能对应于有限的 l。

从上面的讨论可见,当费米面附近两粒子之间总动量为零的势场分量 V_l 为吸引势时,则零温时填满的费米海结构是不稳定的,在能量上粒子两两配对的状态更为有利。然而由于费米统计,粒子的配对并不能独立地进行。所以上述讨论还不能给出多体系统的基态,这个问题的解决是由著名的巴丁、库珀和施里弗的 BCS 理论最终给出的。但是上述简单模型的讨论为真正的多体粒子基态波函数指明了正确的方向。

由于 BCS 理论的探讨需要量子场论的知识,所以这些将会在研究生课程中涉及。下面我们将集中介绍超导电性的一些重要的唯象理论,这些理论对总结超导物理性质的规律和最终微观理论的建立起到了非常重要的作用。

二、戈特和卡西米尔的二流体模型

在超导相变的可逆性还没有被迈斯纳效应的发现证实之前,基姆(W.H.Keesom)、罗格斯(A.J.Rutgers),特别是戈特(C.J.Gorter)就已经将热力学方法运用到了超导体的热力学性质上,尤其是戈特从热力学原理对超导物理性质的成功处理得出结论,超导相变过程必须是可逆的,迈斯纳效应必然是超导体的另一个重要的性质。迈斯纳效应的发现使得戈特和卡西米尔(H.B.Casimir)最终发展了一套超导相变完整的热力学处理方法。

在磁场中超导相变的热力学问题与任何其他的相变问题的处理是完全一样的。我们可以从两相的吉布斯自由能密度出发,

$$G(T,H) = U(S,M) - TS - \mu_0 HM \tag{8.2.18a}$$

$$\mathrm{d}G = -S\mathrm{d}T - \mu_0 M\mathrm{d}H \tag{8.2.18b}$$

由超导体的完全抗磁性 $M=-H$，将方程(8.2.18b)对磁场积分得到超导态的吉布斯自由能密度：

$$G_S(T,H)=G_S(T,0)+\frac{\mu_0 H^2}{2} \tag{8.2.19a}$$

而正常态的磁化率非常之小可以忽略不计，其吉布斯自由能密度为

$$G_N(T,H)=G_N(T,0) \tag{8.2.19b}$$

其中 $G_S(T,0)$ 和 $G_N(T,0)$ 分别是超导态和正常态在没有外场情形下的自由能密度。正常态的吉布斯自由能低温时主要由电子提供，可以写成

$$G_N(T,0)=-(1/2)\gamma T^2 \tag{8.2.20a}$$

γ 是索末菲参量。而超导态的自由能则比较复杂，在 BCS 微观理论出现之前人们并不精确知道。但是热电效应告诉我们超导电流并不携带热流，也就是说超导电子处在有序态，相变自由度的熵为零，因而超导电子的吉布斯自由能密度可以写成一个常量。考虑到上述因素后，戈特和卡西米尔将超导态的自由能密度写成

$$G_S(T,0)=\sqrt{x}\left(-\frac{1}{2}\gamma T^2\right)+(1-x)\left(-\frac{1}{4}\gamma T_C^2\right) \tag{8.2.20b}$$

第一项和第二项分别对应正常电子贡献和超导电子贡献，其中$\sqrt{x}$代表正常电子的比例。在给定温度的条件下，x 由自由能最小决定，即

$$x=\frac{T^4}{T_C^4} \tag{8.2.21a}$$

$$G_S(T,0)=\left(-\frac{1}{4}\gamma T_C^2\right)\left(1+\frac{T^4}{T_C^4}\right) \tag{8.2.21b}$$

在临界磁场下超导态和正常态的平衡条件是两相自由能密度相等 $G_S(T,H_C)=G_N(T,H_C)$，由此得到

$$G_S(T,0)+\frac{\mu_0 H_C^2}{2}=G_N(T,0) \tag{8.2.22a}$$

$$H_C(T)=\sqrt{\gamma/2\mu_0}\,T_C\left(1-\frac{T^2}{T_C^2}\right) \tag{8.2.22b}$$

可见二流体模型准确预言了临界磁场的温度依赖关系，同时说明 H_C 和 T_C 近似满足相同的同位素关系。将方程(8.2.22a)两边对温度求导，我们同样可以得到正常态和超导态熵与温度之间的关系：

$$S_N(T,0)-S_S(T,0)=-\mu_0 H_C\frac{dH_C}{dT} \tag{8.2.23a}$$

$$L=T[S_N(T,0)-S_S(T,0)]=-T\mu_0 H_C\frac{dH_C}{dT} \tag{8.2.23b}$$

在临界温度 T_C 时，$H_C(T_C)=0$，$S_N(T_C,0)=S_S(T_C,0)$，$L=0$，所以没有潜热发生，正常态-超导态相变属于二级相变。在临界温度 T_C 以下，$H_C(T)>0$，$dH_C(T)/dT<0$，因而 $S_N(T,0)>S_S(T,0)$，$L>0$，这个结果表明超导态的熵小于正常态的熵，超导态处于更为有序的状态。此时正常态-超导态相

变属于一级相变。

由上述的热力学关系,我们还可以讨论超导态和正常态的比热容差:

$$\Delta C = C_S(T,0) - C_N(T,0) = T\mu_0 H_C \frac{d^2 H_C}{dT^2} + T\mu_0 \left(\frac{dH_C}{dT}\right)^2 \tag{8.2.24}$$

特别是在没有磁场的情况下,$T=T_C$,$H_C=0$,这时

$$\Delta C = T_C\mu_0 \left(\frac{dH_C}{dT}\right)^2 \tag{8.2.25a}$$

$$\frac{\Delta C}{C_N} = 2 \tag{8.2.25b}$$

预示了比热容在超导转变温度处有一个突变,比热容突变与正常比热容之比为 2,比 BCS 的理论预言 2.43 略小。

三、伦敦唯象理论模型

超导体最为明显的物理性质是其电阻率在超导相变温度以下的完全消失,这个性质虽然惊人,但它并不能对超导态的形成机制给予更多的解释。而 1933 年迈斯纳和奥森菲尔德(Ochsenfeld)在柏林观测到的超导体的完全抗磁性性质将超导体的超导表面屏蔽电流与抗磁性联系在了一起。不过超导体的瞬时磁通排斥效应原则上是一个过分简单的物理图像,因为金属中的电流来源于电子的流动,电子之间的排斥作用使得任何表面电流层不可能无限地薄。同样超导体对外加磁场响应导致的表面屏蔽电流也不可能在超导体表面无限薄层中流动。因为超导电流是由磁场导致的,如果表面超导电流分布在表面有限的厚度,那么磁场必定在相同的厚度尺寸内穿透超导体表面,这个尺度通常称为超导体的穿透深度 $\lambda(T)$。

磁场 $\boldsymbol{B}$ 与超导电流密度 $\boldsymbol{J}_S$ 之间的关系最早是由德国科学家 F.London 和 H.London 于 1935 年在英国发现的。伦敦兄弟的工作表明,为了使理论框架与超导体外磁感应强度有限而超导体内磁感应强度为零的实验结果相一致,麦克斯韦方程必须补充下列超导体的状态方程:

$$\boldsymbol{B} = -\nabla \times [\Lambda_S(T)\boldsymbol{J}_S] \tag{8.2.26}$$

参数 $\Lambda_S(T)$ 与电子质量 m 和电子电荷的绝对值 e 以及超导电子密度 $n_S(T)$ 的关系可以表达为 $\Lambda_S = m/[n_S(T)e^2]$。由 $\boldsymbol{B}=\nabla\times\boldsymbol{A}$,方程(8.2.26)也可以写成另外一种形式:

$$\boldsymbol{A} = -\Lambda_S(T)\boldsymbol{J}_S \tag{8.2.27}$$

对于超导体而言,这个关系取代了正常金属中的电场与电流之间的欧姆定律。结合式(8.2.26)和麦克斯韦方程的 $\nabla\times\boldsymbol{B}=\mu_0\boldsymbol{J}_S$ 得到

$$\nabla^2\boldsymbol{B} = \frac{\boldsymbol{B}}{\lambda_L^2(T)} \tag{8.2.28a}$$

对于平行于磁场的超导体-真空界面,满足迈斯纳效应的物理解为

$$\boldsymbol{B}(z) = \boldsymbol{B}_0 \exp[-z/\lambda_L(T)] \tag{8.2.28b}$$

其中 $\boldsymbol{B}_0$ 是界面处的磁场,z 表示超导体内距离表面的深度,式(8.2.28b)表明磁场在超导体表面指数衰减。而伦敦磁场穿透深度 $\lambda_L(T)=\{m/[\mu_0 n_S(T)e^2]\}^{1/2}$ 则是超导体中磁感应强度的衰减特征长度。考虑到超导电子浓度与温度的关系:

$$n_S(T)=n_S[1-(T/T_C)^4]$$

可知 $\lambda_L(T)=\lambda_L(0)[1-(T/T_C)^4]^{-1/2}$。

方程(8.2.28a)和(8.2.28b)虽然是从唯象模型得到的,但在量子层次也具有深刻的物理意义,并且对超导电性的基本理论的形成起到了重要的作用。根据伦敦的推理,我们可以将电磁场下的电子准动量写成

$$\boldsymbol{p}=m\boldsymbol{v}_S-e\boldsymbol{A} \tag{8.2.29a}$$

$\boldsymbol{v}_S$ 表示超导电子的速度。假定在没有外场的情况下,超导电子凝聚在准动量为零的基态上,在外场作用下超导电子的空间速度则由下式给出:

$$\boldsymbol{v}_S=\frac{e}{m}\boldsymbol{A} \tag{8.2.29b}$$

由电流公式 $\boldsymbol{J}=-n_S(T)e\langle\boldsymbol{v}_S\rangle$ 可以得到方程(8.2.27)。如果对方程(8.2.27)两边取时间的导数,结合选取伦敦规范 $\nabla\cdot\boldsymbol{A}=0$,可以得到

$$\boldsymbol{E}=\Lambda_S(T)\dot{\boldsymbol{J}}_S \tag{8.2.30}$$

该结果表达的正是超导电子的理想导电性质。由此可见由伦敦方程不仅可以得到超导体的迈斯纳效应,而且也可以得到超导体的理想导电性质。

伦敦方程的上述推理对超导电性的形成机理有着重要的启发,它表明超导电性来源于传导电子在宏观量子态上的凝聚,传导电子参与玻色-爱因斯坦凝聚,进入了超导状态。虽然这种凝聚与作为费米子的电子的统计性质似乎相互矛盾,但在合适的吸引相互作用下配对的电子可以表现出玻色子的性质。1957 年由巴丁(Bardeen)、库珀(Cooper)、施里弗(Schrieffer)发表的著名的 BCS 超导理论就结合了重要的理论要素对实验观察结果给予了一个统一的解释。

四、皮帕德非定域理论扩展

皮帕德(A.B.Pippard)等在对大量非纯超导样品实验测量的基础上,发现穿透深度与电子的平均自由程有明显的依赖关系(图 8-2-1)。

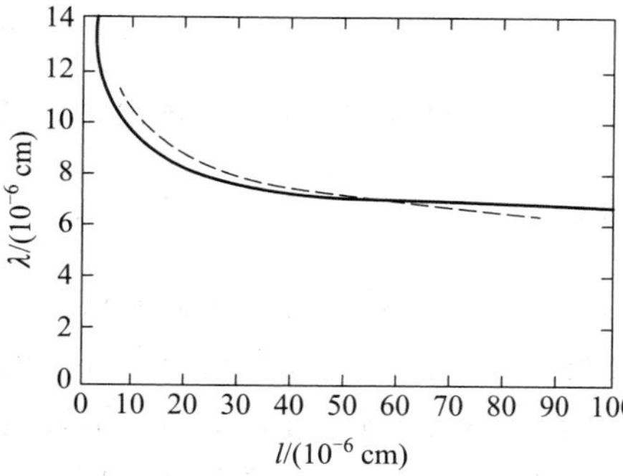

图 8-2-1　超导体磁穿透深度 λ 与电子的平均自由程 l 之间的关系

对于超导体热力学性质只有百分之几影响的掺杂浓度可以改变穿透深度一两倍。这样的实验事实很难用伦敦模型加以解释,因为伦敦模型中的穿透深度 λ_L 只与超导电子浓度有关,与散射过程无关。皮帕德认为这种现象与金属材料中的奇异趋肤效应类似,那里当金属的平均自由程与趋肤深度相当时,趋肤深度也会强力地随着平均自由程而变化。由于正常金属中的奇异趋肤效应可以通过将欧姆定律推广为空间非定域的钱伯斯(Chambers)表达式加以解决:

$$\boldsymbol{J}(\boldsymbol{r},t)=\frac{3\sigma}{4\pi l}\int \mathrm{d}^3\boldsymbol{r}'\frac{(\boldsymbol{r}-\boldsymbol{r}')[(\boldsymbol{r}-\boldsymbol{r}')\cdot\boldsymbol{E}(\boldsymbol{r}',t)]}{|\boldsymbol{r}-\boldsymbol{r}'|^4}\exp(-|\boldsymbol{r}-\boldsymbol{r}'|/l) \tag{8.2.31}$$

其中 l 代表电子的平均自由程,σ 代表直流电导率。皮帕德认为空间定域的伦敦方程 $\boldsymbol{A}=-\Lambda_S\boldsymbol{J}_S$

应该类似地替代为下列空间非定域的电流密度与矢量势关系：

$$\boldsymbol{J}(\boldsymbol{r},t)=\alpha\int \mathrm{d}^3\boldsymbol{r}'\frac{(\boldsymbol{r}-\boldsymbol{r}')[(\boldsymbol{r}-\boldsymbol{r}')\cdot\boldsymbol{A}(\boldsymbol{r}',t)]}{|\boldsymbol{r}-\boldsymbol{r}'|^4}\exp(-|\boldsymbol{r}-\boldsymbol{r}'|/\xi) \tag{8.2.32}$$

其中 α 是一个归一化系数，ξ 是超导体的相关长度。与伦敦方程一样，这里假定矢量势是横场。类似于钱伯斯关系，假定上述表达式中只有参量 ξ 依赖于金属的平均自由程，那么对于纯净的超导样品和低频响应，如果 ξ 很小的话，方程应该回到原来的伦敦方程，由此得到

$$\frac{4\pi}{3}\alpha\xi_0=-\Lambda_{\mathrm{S}}^{-1} \tag{8.2.33a}$$

ξ_0 是纯净超导样品的 ξ 值。这样电流密度表达式可以写成

$$\boldsymbol{J}(\boldsymbol{r},t)=-\frac{3}{4\pi\xi_0\Lambda_{\mathrm{S}}}\int \mathrm{d}^3\boldsymbol{r}'\frac{(\boldsymbol{r}-\boldsymbol{r}')[(\boldsymbol{r}-\boldsymbol{r}')\cdot\boldsymbol{A}(\boldsymbol{r}',t)]}{|\boldsymbol{r}-\boldsymbol{r}'|^4}\exp(-|\boldsymbol{r}-\boldsymbol{r}'|/\xi) \tag{8.2.33b}$$

从上述方程可以得知，即使是纯净的超导样品 $\xi=\xi_0$，原则上电流密度与矢量势之间的关系也是非局域的。

对于纯净的超导体诸如铟、锡等，相关长度 ξ_0 近似在 10^{-4} cm 数量级。但是对于非纯净的超导体，ξ 要小得多。皮帕德发现如果假定下列 ξ 与平均自由程的依赖关系，穿透深度的实验结果就可以得到很好的拟合：

$$\frac{1}{\xi}=\frac{1}{\xi_0}+\frac{1}{al} \tag{8.2.34}$$

这里 a 是一个接近 1 的经验系数，l 是金属的平均自由程。当 l 趋近于零时，式(8.2.34)表明杂质散射下的相关长度可以连续地从 ξ_0 过渡到 0。皮帕德认为纯净超导体中的相关长度应该由量子力学中的不确定性原理决定，也就是

$$\xi_0\propto\Delta x\propto\frac{\hbar}{\Delta p}\propto\frac{\hbar v_{\mathrm{F}}}{\Delta(T)}\propto\frac{\hbar v_{\mathrm{F}}}{k_{\mathrm{B}}T_{\mathrm{C}}} \tag{8.2.35a}$$

大家以后从超导电性的 BCS 理论将会知道，$\Delta(T)$ 就是超导能隙，而相关长度的精确表达式为

$$\xi_0=\frac{\hbar v_{\mathrm{F}}}{\Delta(0)}=\frac{\hbar v_{\mathrm{F}}}{\pi k_{\mathrm{B}}T_{\mathrm{C}}\mathrm{e}^{0.577\,215\,7}} \tag{8.2.35b}$$

为了讨论皮帕德公式的物理意义，我们有必要在一定的边界条件下求解真空超导界面附近的磁场分布。由于处理空间非定域的皮帕德方程要比定域的伦敦方程复杂得多，精确解只在平板样品和平行磁场下可以得到。结果表明磁场只能在超导体的表面存在，证实了迈斯纳效应的实验结果。同时在极限情况，我们有

$$\lambda=\lambda_{\mathrm{L}}\sqrt{\frac{\xi_0}{\xi}}=\lambda_{\mathrm{L}}\sqrt{1+\frac{\xi_0}{al}},\quad \xi\ll\lambda \tag{8.2.36a}$$

$$\lambda=\lambda_{\mathrm{L}}\left(\frac{\sqrt{3}}{2\pi}\right)^{1/3}\left(\frac{\xi_0}{\lambda_{\mathrm{L}}}\right)^{1/3},\qquad \xi\gg\lambda \tag{8.2.36b}$$

这些结果说明了在 $\xi\ll\lambda$ 区域，λ 显著地依赖于电子的平均自由程，可以用来解释图 8-2-1 的实验结果。而在相反的极限区域 $\xi\gg\lambda$，穿透深度很容易大大地超过伦敦方程预言的结果。这两种

极限情况都得到了早期实验观察的证实，电流密度与矢量势之间的非局域关系后来也由超导电性的微观理论得到证明，虽然形式有所不同。

五、金兹堡－朗道理论

到目前为止我们对各种物理现象的讨论基本建立在均匀超导体这样的假定上，并且超导体对外场的响应是线性的。但是这并不意味着超导体中所有的物理现象都有这种特性。实际上处于磁场中的超导体，不仅磁场在超导体表面迅速衰减，超导电子的浓度在空间分布也是不均匀的。为了描述这类物理现象金兹堡（V.L.Ginzburg）和朗道（L.D.Landau）在 1950 年将伦敦理论进行了推广以解释超导电子浓度在空间变化的情形。虽然金兹堡－朗道理论原则上是一个唯象理论，但是戈里科夫（L.P.Gorkov）从微观的 BCS 理论出发，通过引入格林函数方法将 BCS 理论扩展到空间非均匀情况，并在超导相变温度附近得到金兹堡－朗道理论，从而使该理论建立在了微观理论的基础之上。

与量子力学中的波函数类似，我们假定超导电子的空间分布可以用波函数 $\psi(\boldsymbol{r})$ 来描述，超导电子密度 $n_S=2|\psi(\boldsymbol{r},t)|^2$。由此可知，超导温度以上 $\psi(\boldsymbol{r})=0$；超导温度以下 $\psi(\boldsymbol{r})$ 随温度下降而增加。在空间均匀情况下，$\psi(\boldsymbol{r})$ 与空间位置无关。按照金兹堡－朗道理论的假定，金属的超导态与正常态的自由能密度差可以用 $\psi(\boldsymbol{r})$ 展开为泰勒级数：

$$F(T)=F_S(T)-F_N(T)=\alpha(T)|\psi|^2+\frac{1}{2}\beta(T)|\psi|^4 \tag{8.2.37}$$

在平衡态条件下，系统能量取极值：

$$\frac{\partial F(T)}{\partial\psi}=\alpha(T)\psi^*+\beta(T)|\psi|^2\psi^*=0 \tag{8.2.38a}$$

由此得到

$$|\psi^2(T)|=-\frac{\alpha(T)}{\beta(T)} \tag{8.2.38b}$$

超导态电子相对于正常态电子的凝聚能密度为

$$F(T)=-\frac{1}{2}\frac{\alpha^2(T)}{\beta(T)}=-\frac{1}{2}\mu_0H_C^2(T) \tag{8.2.39}$$

根据伦敦方程穿透深度的定义，$\lambda_L^2(T)\propto 1/n_S(T)\propto 1/|\psi|^2$，因而有

$$|\psi(T)|^2=|\psi(0)|^2\frac{\lambda^2(0)}{\lambda^2(T)} \tag{8.2.40}$$

其中 $\lambda(0)$ 是绝对零度时的穿透深度。利用穿透深度和临界外场，我们得到

$$\alpha(T)=-\frac{\mu_0H_C^2(T)}{|\psi(0)|^2}\frac{\lambda^2(T)}{\lambda^2(0)} \tag{8.2.41a}$$

$$\beta(T)=\frac{\mu_0H_C^2(T)}{|\psi(0)|^4}\frac{\lambda^4(T)}{\lambda^4(0)} \tag{8.2.41b}$$

这样金兹堡－朗道理论在二级近似下的唯象系数均可以从实验测量值中得到，在超导相变温度附

近,$\alpha(T)\propto-(1-T/T_C)$,$\beta(T)$近似为一个常量。

当超导体处于外场作用下,除了上述均匀超导体体系存在的凝聚能之外,空间各处超导性能的不同导致了超导电子密度梯度能或者动能项的出现,该项可以写成$\frac{1}{2\mu}\left|\frac{\hbar}{\mathrm{i}}\nabla\psi(\boldsymbol{r},t)-q\boldsymbol{A}\psi(\boldsymbol{r},t)\right|^2$。实际上在金兹堡和朗道提出该理论时并不知道 q、μ 的物理实质,只是在 BCS 理论发表之后,人们才知道超导电性的出现是由于电子在吸引相互作用下形成库珀对束缚态的结果,而 $q=-2e$,$\mu=2m$ 正好反映了库珀对的电荷和质心质量。

考虑到磁场能之后,超导态相对于正常态的总的自由能差可以写成

$$F(T,\boldsymbol{H})=\int\left\{\frac{1}{4m}\left|\frac{\hbar}{\mathrm{i}}\nabla\psi+2e\boldsymbol{A}\psi\right|^2+\alpha|\psi|^2+\frac{1}{2}\beta|\psi|^4+\frac{\boldsymbol{B}^2(\boldsymbol{r})}{2\mu_0}-\int_0^H\mu_0\boldsymbol{M}\cdot\mathrm{d}\boldsymbol{H}\right\}\mathrm{d}^3\boldsymbol{r} \tag{8.2.42a}$$

其中第一项是超导电流的动能,第二、第三项是超导电子的凝聚能,第四项是磁场能,第五项是极化能。$\boldsymbol{H}$ 为外加磁场,$\boldsymbol{B}(\boldsymbol{r})$为磁感应强度,$\boldsymbol{M}(\boldsymbol{r})=[\boldsymbol{B}(\boldsymbol{r})/\mu_0-\boldsymbol{H}]$为超导体的极化密度。为了简单起见,我们考虑平面边界情形。取边界法线方向为 z 轴;$\boldsymbol{A}$ 和 $\boldsymbol{J}$ 的矢量方向为 x 轴;外磁场方向为 y 轴。在上述给定的实验条件下,式(8.2.42a)可以简化为

$$F(T,\boldsymbol{H})=\int\left\{\frac{\hbar^2}{4m}\left[\left(\frac{\mathrm{d}\psi}{\mathrm{d}z}\right)^2+\left(\frac{2eA\psi}{\hbar}\right)^2\right]+\alpha|\psi|^2+\frac{1}{2}\beta|\psi|^4+\frac{1}{2\mu_0}\left(\frac{\mathrm{d}A}{\mathrm{d}z}\right)^2+\frac{\mu_0H^2}{2}-H\frac{\mathrm{d}A}{\mathrm{d}z}\right\}\mathrm{d}z \tag{8.2.42b}$$

对上述泛函进行变分可得到序参量和内场分别满足的微分方程组:

$$\frac{\mathrm{d}^2\psi}{\mathrm{d}z^2}=\frac{4e^2A^2}{\hbar^2}\psi+\frac{4m}{\hbar^2}(\alpha+\beta|\psi|^2)\psi \tag{8.2.43a}$$

$$\frac{\mathrm{d}^2A}{\mathrm{d}z^2}=\frac{2\mu_0e^2}{m}|\psi|^2A=\frac{1}{\lambda^2(\psi)}A \tag{8.2.43b}$$

从这些方程,我们可以定义超导体中两个重要的相关长度 $\xi(T)$、$\lambda(T)$,它们分别代表了超导序参量和磁场在空间发生显著变化的特征尺度:

超导相关长度 $$\xi(T)=\sqrt{\frac{\hbar^2}{4m|\alpha(T)|}} \tag{8.2.44a}$$

磁场穿透深度 $$\lambda(T)=\sqrt{\frac{m}{2\mu_0|\psi|^2e^2}} \tag{8.2.44b}$$

在一定的边界条件下,我们可以求解上述相互耦合的非线性微分方程。由此得到的超导体-正常金属界面处的序参量和磁场在空间的典型分布,如图8-2-2所示。

在超导体一边,序参量在超导体深处趋于常量而磁场被完全屏蔽;在正常金属一边,超导序参量快速下降而磁场强度同时快速上升,因为正常金属没有迈斯纳效应。在正常金属中之所以

超导序参量仍为一衰减的小量，是因为超导的库珀对可以从超导体一边渗透到正常金属一边，即所谓的邻近效应(proximity effect)。

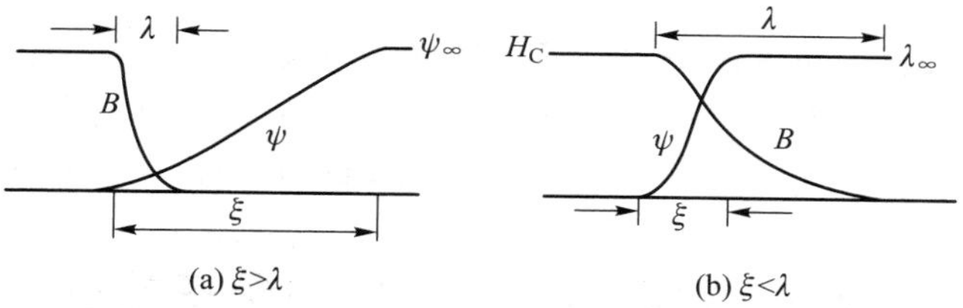

图 8-2-2　磁场和序参量在超导体-正常金属界面附近的行为

不同的超导体的相关长度和穿透深度的相对大小是不一样的，传统超导体大致可以分为两类：$\xi(T)>\lambda(T)$的称为第一类超导体，忽略表面效应，外磁场下的超导体，在 $H<H_C$ 时，完全排斥外加磁场，处在超导的迈斯纳态；当 $H>H_C$ 时，则处在正常态。而 $\xi(T)<\lambda(T)$的称为第二类超导体，这类超导体存在两个临界磁场 H_{C1}、H_{C2}，当 $H<H_{C1}$时，超导体处于超导的迈斯纳态，磁场被完全排斥在超导体之外；$H_{C1}<H<H_{C2}$时，超导体处于磁通阵列态，这时外加磁场以磁通量子的形式在超导体形成正三角格子，磁通线部分有正常金属成分，但整个超导体的超导电性仍然保持；当 $H>H_{C2}$时，整个超导体失去超导电性变为正常态。之所以存在不同的超导体类型，是由于超导体-正常金属表面能的正负导致的，对上述表面态的计算很容易得到超导体-正常金属界面能的下列表达式：

$$\alpha_{NS} \approx \frac{\mu_0 H_C^2}{2}(\xi_0 - \lambda) \tag{8.2.45}$$

由此可见，第一类超导体的界面能为正，不利于形成超导体-正常金属界面；第二类超导体的界面能为负，有利于形成超导体-正常金属界面。

利用上述金兹堡-朗道理论以及量子力学知识，我们很容易理解磁通量子化的起因。类似于量子力学中的波函数，从上述超导电子的波函数分布，我们可以得到超导体中的电流分布：

$$\boldsymbol{J}(\boldsymbol{r}) = \frac{-e}{2m}\left[\psi\left(\frac{\hbar}{\mathrm{i}}\nabla + 2e\boldsymbol{A}\right)^* \psi^* + \psi^*\left(\frac{\hbar}{\mathrm{i}}\nabla + 2e\boldsymbol{A}\right)\psi\right] \tag{8.2.46}$$

为了下面讨论方便，将复波函数用其幅度和相位来表示：

$$\psi(\boldsymbol{r}) = \sqrt{\rho(\boldsymbol{r})}\exp[\mathrm{i}\varphi(\boldsymbol{r})] \tag{8.2.47a}$$

代入电流表达式，我们得到

$$\boldsymbol{J}(\boldsymbol{r}) = -\frac{e\hbar}{m}\left[\nabla\varphi(\boldsymbol{r}) + \frac{2e}{\hbar}\boldsymbol{A}\right]\cdot\rho(\boldsymbol{r}) \tag{8.2.47b}$$

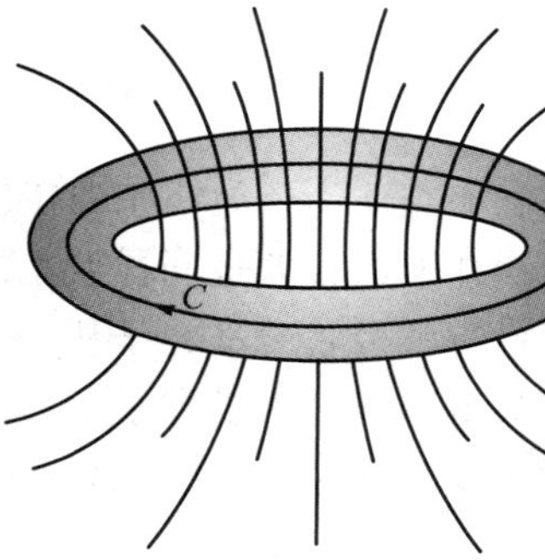

图 8-2-3　超导体环

我们将方程(8.2.47b)应用到如图 8-2-3 所示的多连通的超导体的内部。迈斯纳效应告诉我们超导体深处不存在任何磁场。由于电流密度产生磁场，因而超导体只可能在其表面存在电流，而超导体内部深处电流密度必须为零。这样在超导体内部，超导波函数的相位与矢量势之间必然存在下列关系 $\hbar\nabla\varphi=-2e\boldsymbol{A}$。对于环型超导体，如果我们对该式沿环

进行闭合积分可得

$$\varphi_2 - \varphi_1 = -\frac{2e}{\hbar}\Phi \tag{8.2.48}$$

其中 Φ 是穿过环型超导体所包围区域的磁通。如果超导波函数在环型超导体中是连续函数的话,则 $\varphi_2-\varphi_1=-2n\pi$,因而磁通只能取 $\Phi=[h/(2e)n]$,$\Phi_0=h/(2e)$ 称为磁通量子。上述磁通量子化理论的预言已由实验验证,并且 $q=-2e$,从而证实了库珀对的存在和 BCS 理论的正确性。

§8.3 超导弱连接和宏观量子效应

一、约瑟夫森效应

有了前两节的准备知识后,下面我们可以来讨论与超导电性的宏观量子效应密切相关的约瑟夫森(Josephson)效应。约瑟夫森效应来自约瑟夫森弱连接中的量子干涉效应,这种弱连接形式多种多样,可以是两个超导体通过一个薄绝缘层或者正常金属相互接触,也可以是一个针状超导体直接压在一个平板超导体上,典型的超导弱连接类型如图 8-3-1 所示。

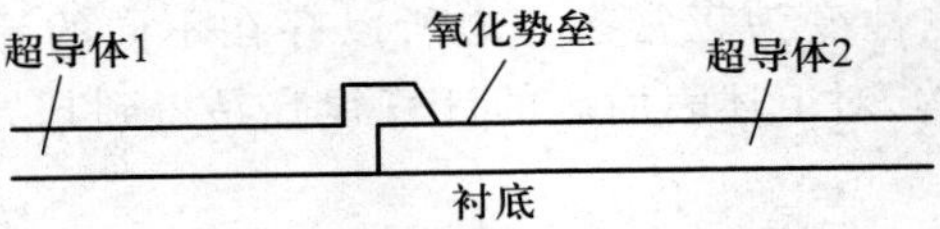

(a) 超导体-绝缘体-超导体结

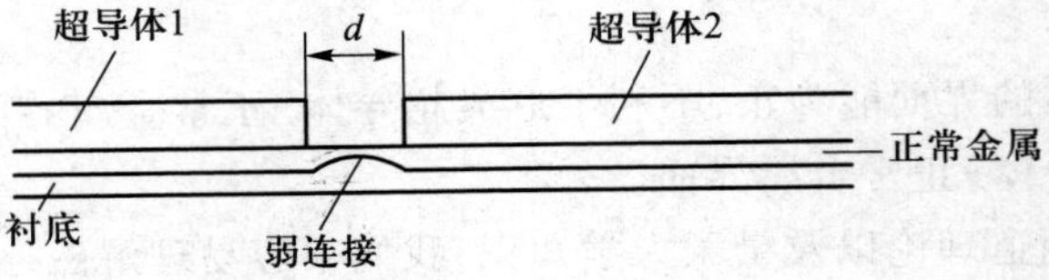

(b) 超导体-金属-超导体结

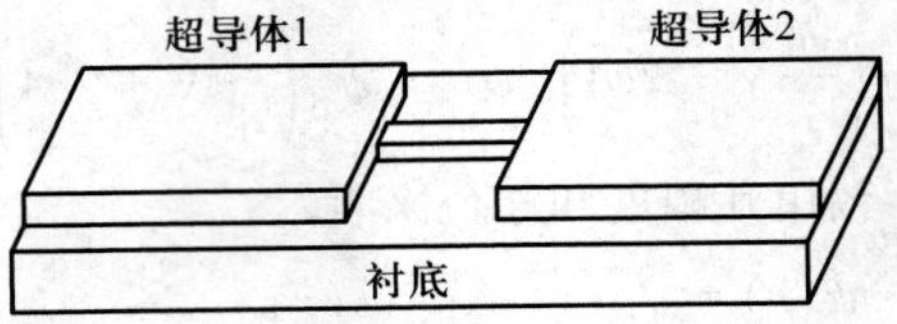

(c) 超导体-阻塞体-超导体结

图 8-3-1 几种典型的约瑟夫森超导弱连接类型

约瑟夫森认为该效应来源于库珀对在两个超导体之间的隧穿过程,这种隧穿即使两个超导体不存在任何电位差也同样发生。除了库珀对的隧穿过程外,在超导体中人们感兴趣的另外一类隧穿过程涉及正常准粒子从一个超导体通过绝缘体向另外一个超导体的隧穿过程,在这类过程中伴随着超导体中准粒子的产生和消灭。但是在约瑟夫森效应里不涉及净的准粒子的输运,因而在下面的讨论中,我们将只介绍直流和交流约瑟夫森效应,而不再讨论正常准粒子的隧穿效应。

有关约瑟夫森效应的基本想法就是库珀对波函数的相位相干问题，这个问题在上一节磁通量子化中已有所讨论。与传统束缚态不同的是，库珀对的束缚能量很小，在 meV 量级，束缚着的两个电子在空间的距离大致在相干长度尺度上。由于库珀对中的两个电子距离较大，因而不同的库珀对在空间是相互交叠在一起的，这就导致了不同库珀对之间很强的相关作用，从而使得超导体中所有库珀对的相位相干。

考虑由两个相同的超导体和一个绝缘层构成的约瑟夫森结，如图 8-3-2 所示，z 轴垂直于约瑟夫森结，绝缘层在 xy 平面。我们先讨论没有磁场的情形，这时由于波函数在结区平面内和两个超导体中均匀不变，处理起来相对简单一些。绝缘体的作用是使两边的超导体相互隔离，各自处于自己的相位状态，同时只允许微弱的隧穿过程。假定超导体的温度足够低，所有电子均已形成库珀对，这样我们可以用波函数来描述库珀对的空间运动。设绝缘体左端超导体由波函数 ψ_L 描述，绝缘体右端超导体由波函数 ψ_R 描述，如果绝缘体足够厚以至于两个超导体之间不存在任何耦合的话，则两个超导体分别由下列薛定谔方程描述：

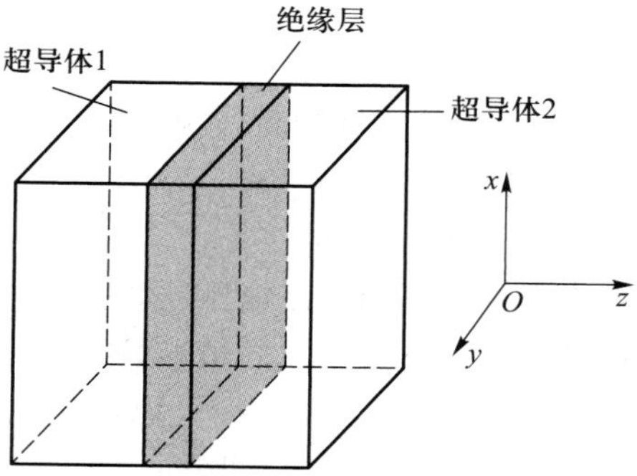

图 8-3-2　平面约瑟夫森结

$$-\frac{\hbar}{\mathrm{i}}\frac{\partial\psi_L}{\partial t}=H_L\psi_L=E_L\psi_L \tag{8.3.1a}$$

$$-\frac{\hbar}{\mathrm{i}}\frac{\partial\psi_R}{\partial t}=H_R\psi_R=E_R\psi_R \tag{8.3.1b}$$

其中 H_L、H_R 分别是绝缘体左端和右端超导体的哈密顿量，E_L、E_R 是它们对应的本征值。然而，如果绝缘层不是那么厚的话，库珀对就可以从一个超导体隧穿到另外一个超导体，这时描述两个超导体的薛定谔方程就必须考虑它们之间的耦合：

$$-\frac{\hbar}{\mathrm{i}}\frac{\partial\psi_L}{\partial t}=E_L\psi_L+C\psi_R \tag{8.3.2a}$$

$$-\frac{\hbar}{\mathrm{i}}\frac{\partial\psi_R}{\partial t}=E_R\psi_R+C\psi_L \tag{8.3.2b}$$

这里 C 是两个超导体之间的耦合系数，它依赖于绝缘体的能带结构和厚度。

因为我们主要对约瑟夫森结在外加电压下的响应行为感兴趣，假定两个超导体之间的电压为 V，则超导体的哈密顿量有下列关系：

$$E_L-E_R=2eV \tag{8.3.3}$$

将波函数的表达式(8.2.47a)代入式(8.3.2)，分离运动方程的实部和虚部后得到

$$\frac{\partial\rho}{\partial t}=\frac{2C}{\hbar}\sqrt{\rho_L\rho_R}\sin(\varphi_L-\varphi_R) \tag{8.3.4a}$$

$$\frac{\partial(\varphi_L-\varphi_R)}{\partial t}=\frac{2eV}{\hbar} \tag{8.3.4b}$$

由电荷守恒条件可知,超导电荷密度随时间的变化应该正比于超导电流密度,因而隧穿电流为

$$J = J_0 \sin \varphi \tag{8.3.5a}$$

$$\frac{\partial \varphi}{\partial t} = \frac{2eV}{\hbar} \tag{8.3.5b}$$

对式(8.3.5b)进行积分,我们得到

$$\varphi(t) = \varphi_0 + \frac{2e}{\hbar}\int_0^t V(t')\,\mathrm{d}t' \tag{8.3.6a}$$

结合方程(8.3.5a)和方程(8.3.6a),我们得到了约瑟夫森结中隧穿电流密度的一般表达式:

$$J = J_0 \sin\left[\varphi_0 + \frac{2e}{\hbar}\int_0^t V(t')\,\mathrm{d}t'\right] \tag{8.3.6b}$$

当直流和高频交流电压同时存在时,约瑟夫森结有着非常有趣的实验现象。考虑高频交流电压远远小于直流电压的情形,这时总的电压可以写成

$$V(t) = V_{\mathrm{DC}} + V_{\mathrm{AC}}\cos(\omega t),\ V_{\mathrm{AC}} \ll V_{\mathrm{DC}} \tag{8.3.7a}$$

代入电流密度的表达式,可知

$$J = J_0 \sin\left[\varphi_0 + \frac{2e}{\hbar}V_{\mathrm{DC}}t + \frac{2e}{\hbar}\frac{V_{\mathrm{AC}}}{\omega}\sin(\omega t)\right] \tag{8.3.7b}$$

考虑到 V_{AC} 很小,$\sin(x+\varepsilon)=\sin x+\varepsilon\cos x,\ \varepsilon \ll x$。通过结区的电流密度可以展开为

$$J = J_0 \sin\left(\varphi_0 + \frac{2e}{\hbar}V_{\mathrm{DC}}t\right) + J_0\frac{2e}{\hbar}\frac{V_{\mathrm{AC}}}{\omega}\sin(\omega t)\cdot\cos\left(\varphi_0 + \frac{2e}{\hbar}V_{\mathrm{DC}}t\right) \tag{8.3.8}$$

对于通常的直流电压,$2eV_{\mathrm{DC}}/\hbar$ 代表非常高频率的电流,而 sin 函数振荡很快,因此第一项平均下来为零,除非 $V_{\mathrm{DC}}=0$。

第二项平均下来一般也为零,除非高频交流频率与直流电压满足一定的关系。为了找出对应关系,我们将式(8.3.8)第二项改写为

$$J_2 = J_0\left\{\frac{2e}{\hbar}\frac{V_{\mathrm{AC}}}{\omega}\sin(\omega t)\cdot\left[\cos\varphi_0\cos\left(\frac{2eV_{\mathrm{DC}}}{\hbar}t\right) - \sin\varphi_0\sin\left(\frac{2eV_{\mathrm{DC}}}{\hbar}t\right)\right]\right\} \tag{8.3.9}$$

方程(8.3.9)的第二项的平均值只在 $\omega=2eV_{\mathrm{DC}}/\hbar$ 时有非零结果,这时 $\langle\sin^2(\omega t)\rangle=0.5$,我们可以观察到有限的电流。上面我们只考虑了交流信号的一次项,如果作交流信号的泰勒展开,这时在满足 $n\omega=2eV_{\mathrm{DC}}/\hbar$ 的所有直流电压值处均能得到类似的结果,这种出现非零电流的直流台阶称为夏皮洛(Shapiro)台阶。如果保持直流电压不变对频率进行扫描的话,对于一个给定的直流电压值我们通过夏皮洛台阶的出现与否总是可以找到一个频率值。由于频率的测量可以做得非常精确,因而交流约瑟夫森效应的夏皮洛台阶为我们提供了一个精确测量直流电压的方法。图 8-3-3显示的是由 Sn-SnO-Pb 构造的约瑟夫森结在远红外辐射下的电流-电压关系,除了在 $V_{\mathrm{DC}}=\dfrac{n\hbar\omega}{2e}$ 处出现清楚的夏皮洛台阶之外,还存在由于声子辅助隧穿导致的一些次台阶。

除此之外,直流约瑟夫森效应也可以很容易地从式(8.3.7b)中得到

$$J = J_0 \sin\left(\varphi_0 + \frac{2e}{\hbar}V_{\mathrm{DC}}t\right) \tag{8.3.10}$$

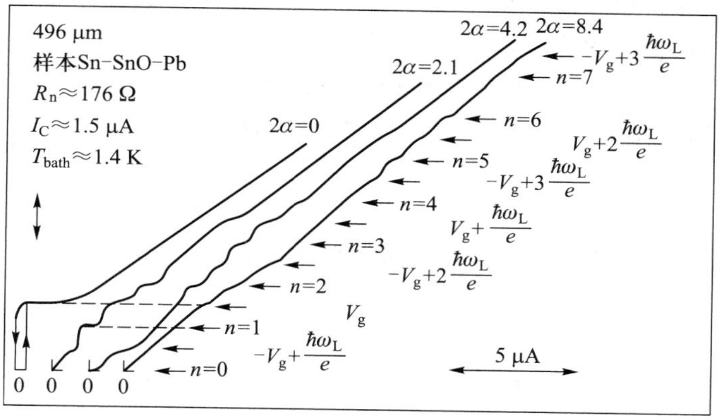

图 8-3-3　远红外辐射下的约瑟夫森结的 $I-V$ 曲线

$\alpha = eV_{AC}/(\hbar\omega)$，$V_g = 2\Delta/e$

如果 $V_{DC} \neq 0$ 的话，隧穿电流平均值为零；如果 $V_{DC}=0$ 的话，隧穿电流一般不为零。这个效应有趣的一面是有外加电压的情况下平均来说没有隧穿电流，而没有外加电压的时候则有有限的隧穿电流。

下面我们讨论处于磁场中的约瑟夫森结，假定磁场沿着 y 方向，矢量势沿着 x 方向，哈密顿量在 x 轴方向不再是一个均匀函数。考虑上述特点之后，重复上述的推导，可得下列结果：

$$J(x,t) = J_0 \sin[\varphi(x,t)] \tag{8.3.11a}$$

$$\frac{\partial \varphi(x,t)}{\partial t} = 0 \tag{8.3.11b}$$

$$\frac{\partial \varphi(x,t)}{\partial x} = \frac{2e\Lambda}{\hbar} H_y \tag{8.3.11c}$$

$\Lambda = \lambda_L + \lambda_R + d$，其中 λ_L、λ_R 是左右两个超导体的穿透深度，d 是绝缘体层的厚度。对平面结积分后得到隧穿电流：

$$I(H_y) = \int_{-L_x/2}^{L_x/2} dx \int_{-L_y/2}^{L_y/2} dy J(x) = I_C(0) \frac{\sin(\pi\Phi/\Phi_0)}{\pi\Phi/\Phi_0} \sin \varphi_0 \tag{8.3.12}$$

$\Phi_0 = h/(2e)$ 是磁通量子，$I_C(0) = J_0 L_x L_y$，$\Phi = \Lambda L_x H_y$ 是穿透约瑟夫森隧道结中的磁通量。可见 $I(H_y)$ 的绝对值具有光学单孔成像中的衍射现象，在 Φ 为 Φ_0 的整数倍时具有极大值，这种现象称为约瑟夫森结中的夫琅禾费衍射，它可以用来较精确地测量磁通量的大小。

二、超导量子干涉仪

超导量子干涉仪是根据上述类似宏观量子现象设计的，它的主要形式是由两块超导体通过弱连接形成环路。由于库珀对波函数的相位相干效应，通过环路的磁通对超导量子干涉仪的电流进行调制，展现出上面与约瑟夫森结中出现的夫琅禾费衍射相似的干涉效应，它是目前最为灵敏的磁强计和电压计。

图 8-3-4 是双结超导量子干涉仪的示意图，从第一个超导体流入的电流通过两个弱连接隧

穿到第二个超导体,外磁场通过超导量子干涉仪的空洞调节两个超导体的空间相位,从而影响流过超导量子干涉仪的电流。为了下面讨论方便起见,我们假定两个弱连接完全对称,同时环路的电感可以忽略不计。在这些近似下,流过超导量子干涉仪的电流可以写成流过两个约瑟夫森结的电流之和:

$$I = I_L + I_R \tag{8.3.13}$$

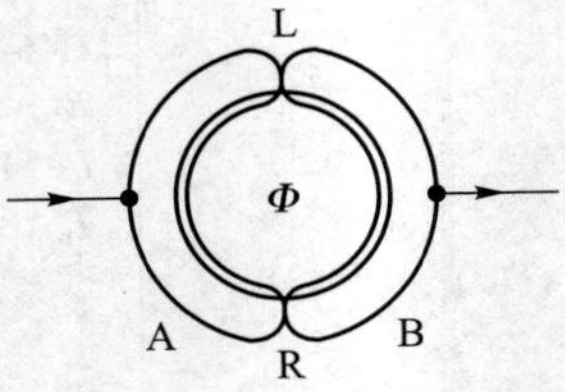

图 8-3-4 双结超导量子干涉仪的示意图

假定流过超导量子干涉仪的电流小于其超导隧穿临界电流,那么 I_L、I_R 完全由约瑟夫森超导隧穿电流承担:

$$I_L = I_{CL}\sin\varphi_L \tag{8.3.14a}$$

$$I_R = I_{CR}\sin\varphi_R \tag{8.3.14b}$$

因而总电流可以写成

$$I = I_{CL}\sin\varphi_L + I_{CR}\sin\varphi_R \tag{8.3.14c}$$

虽然对于独立的约瑟夫森结,其相位差是相对独立的,但当它们形成闭合回路后,情况便有所不同,φ_L 和 φ_R 与外加磁通存在一定的关系:

$$\varphi_R - \varphi_L = 2\pi\frac{\Phi}{\Phi_0} + 2\pi n \tag{8.3.15}$$

n 为任意整数;$\Phi = \Phi_e + Li$ 是穿过孔洞的磁通量,它包括外加的磁通量 Φ_e 和环流产生的磁通量。L 是环路的电感,$i = (I_L - I_R)/2$ 是超导量子干涉仪的环路电流。将上述表达式代入方程(8.3.14c)有

$$I = I_{CL}\sin\varphi_L + I_{CR}\sin\left[\varphi_L + \frac{2\pi}{\Phi_0}(\Phi_e + Li)\right] \tag{8.3.16a}$$

$$i = \frac{1}{2}\left\{I_{CL}\sin\varphi_L - I_{CR}\sin\left[\varphi_L + \frac{2\pi}{\Phi_0}(\Phi_e + Li)\right]\right\} \tag{8.3.16b}$$

一般来说,方程组(8.3.16)是高度非线性的,只能通过数值计算求出电流与外加磁通和相位之间的关系。但是在环路电感可以忽略不计的情况下,方程(8.3.16a)可以化简为

$$I = I_{CL}\sin\varphi_L + I_{CR}\sin\left\{\varphi_L + \frac{2\pi}{\Phi_0}\Phi_e\right\} \tag{8.3.17}$$

进一步假定两个约瑟夫森结完全对称,利用三角函数关系可得

$$I(\Phi_e) = 2I_C\cos\left(\frac{\pi\Phi_e}{\Phi_0}\right)\sin\left(\varphi_L + \frac{\pi\Phi_e}{\Phi_0}\right) \tag{8.3.18a}$$

其极大值为

$$I_m = 2I_C\left|\cos\left(\frac{\pi\Phi_e}{\Phi_0}\right)\right| \tag{8.3.18b}$$

I_m 随 Φ_e 作周期变化,周期为 Φ_0。它的极大值 $I_m = 2I_C$,极小值为零。上述公式与杨氏狭缝的干涉条纹极为相似。

当环路自感不能忽略时,可以用数值方法对方程(8.3.16)进行求解,结果表明,环路自感只是影响电流调制幅度,但不影响总体的 I_m-Φ_e 曲线形状。

§8.4　超导电性的展望

上面我们只是对超导电性作了一个非常简单的介绍，其实自从超导体被发现以来，人们对探索新型超导体的探求就从来没有停止过，除了上面讨论的传统超导体之外，人们还对重费米子超导电性进行了深入细致的研究，另外在20世纪70年代，人们在^{3}He液体系统中发现了超流现象。20世纪80年代高温超导电性的发现更是使超导电性的研究进入到一个新的高潮。到1993年为止，具有最高超导转变温度的高温超导体是由水银钡钙铜氧构成的$HgBa_2Ca_2Cu_3O_{8+\delta}$，$T_C$为133~138 K。2008年，一类由Fe元素构成的高温超导体LaOFeP，LaOFFeAs，SrFFeAs等被发现（见图8-0-1），它们的超导转变温度较高温超导体为低，处在26~55 K。通常超导电性与磁性是相互排斥的，铁基超导体由于包含磁性元素而受到广泛关注。2014年研究人员预言H_2S在160 GPa高压下具有80 K的超导转变温度，实验上在2015年给出了H_2S在155 GPa高压下和203 K下具有超导电性的证据。虽然对于传统超导体已经存在非常成熟的理论框架来描述它的各种物理性质，其物理机制也很明确，如自旋单态、s波配对机制，而对于重费米子和高温超导体的配对机制研究至今仍没有一个广泛被人接受的理论框架。这些也是目前物理学界的热门研究课题，有待进一步的实验和理论的积累和总结。

习题选编

第一章　晶体的结构及其对称性

1.1　石墨层中的碳原子排成如习题 1.1 图所示的六角网状结构。试问它是简单晶格还是复式晶格？为什么？作出这一结构所对应的两维点阵和初基元胞。

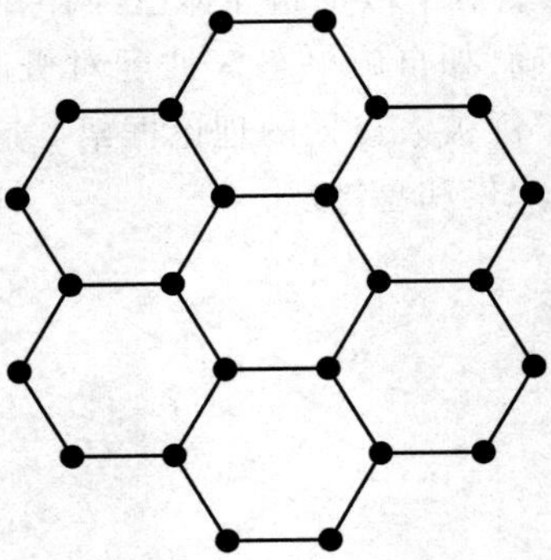

习题 1.1 图

1.2　在正交直角坐标系中，若矢量 $\boldsymbol{R}_n=n_1\boldsymbol{i}+n_2\boldsymbol{j}+n_3\boldsymbol{k}$，$\boldsymbol{i}$、$\boldsymbol{j}$、$\boldsymbol{k}$ 为单位矢量，$n_i(i=1,2,3)$ 为整数。问下列情况属于什么点阵？

(a) 当 n_i 为全奇加全偶时；

(b) 当 n_i 之和为偶数时。

1.3　在上题中若 $n_1+n_2+n_3=$奇数位上有负离子，$n_1+n_2+n_3=$偶数位上有正离子，问这一离子晶体属于什么结构？

1.4　分别证明：

(a) 面心立方(fcc)和体心立方(bcc)点阵的惯用初基元胞三基矢间夹角 θ 相等，对 fcc 为 $60°$，对 bcc 为 $109°27'$；

(b) 在金刚石结构中，作任一原子与其四个最近邻原子的连线。证明任意两条线之间夹角 θ 均为 $\arccos\left(-\dfrac{1}{3}\right)=109°27'$。

1.5　证明在六角晶系中米勒指数为(hkl)的晶面族间距

$$d=\left[\frac{4}{3}\left(\frac{h^2+hk+k^2}{a^2}\right)+\frac{l^2}{c^2}\right]^{-1/2}$$

1.6 证明底心正交点阵的倒点阵仍为底心正交点阵。

1.7 证明正点阵是其本身的倒点阵的倒点阵。

1.8 证明二维平面点阵不可能有 7 次旋转轴。

1.9 试解释为什么：

(a) 四方晶系中没有底心四方和面心四方点阵？

(b) 立方晶系中没有底心立方点阵？

(c) 六角晶系中只有简单六角点阵？

1.10 证明在氯化钠型离子晶体中衍射面(hkl)的衍射强度

$$I(\boldsymbol{K}_{hkl}) = \propto \begin{cases} |f_A(\boldsymbol{K}_{hkl}) + f_B(\boldsymbol{K}_{hkl})|^2, & \text{当}(hkl)\text{全为偶数时} \\ |f_A(\boldsymbol{K}_{hkl}) - f_B(\boldsymbol{K}_{hkl})|^2, & \text{当}(hkl)\text{全为奇数时} \\ 0, & \text{其他情况} \end{cases}$$

其中$f_A(\boldsymbol{K}_{hkl})$、$f_B(\boldsymbol{K}_{hkl})$分别为正负离子的散射因子。如何用此结果说明 KCl 晶体中衍射面指数(hkl)均为奇数的衍射消失？

1.11 试讨论金刚石结构晶体的消光法则。

1.12 证明在倒易空间中当 $\boldsymbol{k}$ 落于一倒格矢 $\boldsymbol{K}_h$ 垂直平分面上时发生布拉格反射。

1.13 试证明具有四面体对称性的晶体，其介电常量为一标量介电常量：

$$\varepsilon_{\alpha\beta} = \varepsilon_0 \delta_{\alpha\beta}$$

1.14 若 AB_3 的立方结构如习题 1.14 图所示，设 A 原子的散射因子为$f_A(\boldsymbol{K}_{hkl})$，B 原子的散射因子为$f_B(\boldsymbol{K}_{hkl})$。

(a) 求其几何结构因子 $F(\boldsymbol{K}_{hkl})$ = ?

(b) 找出(hkl)衍射面的 X 射线衍射强度分别在什么情况下有

$$I(\boldsymbol{K}_{hkl}) \propto \begin{cases} |f_A(\boldsymbol{K}_{hkl}) + 3f_B(\boldsymbol{K}_{hkl})|^2 \\ |f_A(\boldsymbol{K}_{hkl}) - f_B(\boldsymbol{K}_{hkl})|^2 \end{cases}$$

(c) 设 $f_A(\boldsymbol{K}_{hkl}) = f_B(\boldsymbol{K}_{hkl})$，问衍射面指数中哪些反射消失？试举出五种最简单的。

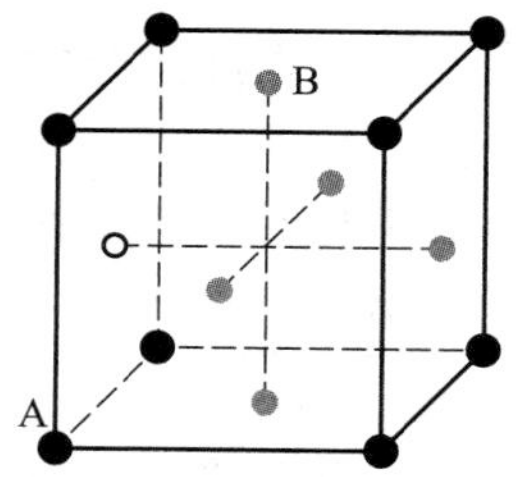

习题 1.14 图

1.15 在某立方晶系的铜 $\boldsymbol{K}_\alpha$ X 射线粉末相中，观察到的衍射角 θ_i 有下列关系：

$$\sin\theta_1 : \sin\theta_2 : \sin\theta_3 : \sin\theta_4 : \sin\theta_5 : \sin\theta_6 : \sin\theta_7 : \sin\theta_8 = \sqrt{3} : \sqrt{4} : \sqrt{8} : \sqrt{11} : \sqrt{12} : \sqrt{16} : \sqrt{19} : \sqrt{20}$$

(a) 试确定对应于这些衍射角的晶面的衍射面指数；

(b) 问该立方晶体是简单立方、面心立方还是体心立方？

1.16 X 射线衍射的线宽。

假定一个有限大小的晶体，点阵结点由 $\boldsymbol{R}_l=\sum_{i=1}^{3} l_i \boldsymbol{a}_i$ 确定，其中 l_i 取整数 $0,1,2,\cdots,N_i-1$，每个结点处有全同的点散射中心。散射振幅可写为

$$u_{\boldsymbol{k}\to\boldsymbol{k}'}=c\sum_{l_i=0}^{N_i-1}\mathrm{e}^{-\mathrm{i}(\boldsymbol{k}'-\boldsymbol{k})\cdot\sum_{i=1}^{3} l_i\boldsymbol{a}_i}$$

(a) 证明散射强度 $I=|u|^2=u^*u=c^2\prod_{i=1}^{3}\dfrac{\sin^2\frac{1}{2}N_i(\Delta\boldsymbol{k}\cdot\boldsymbol{a}_i)}{\sin^2\frac{1}{2}(\Delta\boldsymbol{k}\cdot\boldsymbol{a}_i)},\Delta\boldsymbol{k}=\boldsymbol{k}'-\boldsymbol{k}$；

(b) 当 $\Delta\boldsymbol{k}\cdot\boldsymbol{a}_i=2\pi h_i$($h_i$ 为整数)时，出现衍射极大值，函数 $\sin^2\frac{1}{2}N_i(\Delta\boldsymbol{k}\cdot\boldsymbol{a}_i)$ 的第一个零点定义了 X 射线衍射的线宽 Δ_i，证明 $\Delta_i=\dfrac{2\pi}{N_i}$；

(c) 对于一个无限大的晶体，$N_i\to\infty$，证明 $I=c^2N^2\delta_{\boldsymbol{k}'-\boldsymbol{k},\boldsymbol{K}_h}$。

1.17 德拜-瓦勒因子

假定在温度 T，简单晶格中的原子在平衡位置附近作独立的微振动。$\boldsymbol{r}_l(t)=\boldsymbol{R}_l+\boldsymbol{u}_l(t)$，其中，$\boldsymbol{R}_l$ 是原子的平衡位置，$\boldsymbol{u}_l(t)$ 表示位置随时间的起伏。这样几何结构因子式(1.6.30)中的每一项可写为：$f\mathrm{e}^{-\mathrm{i}\boldsymbol{K}_h\cdot\boldsymbol{R}_l}\langle\mathrm{e}^{-\mathrm{i}\boldsymbol{K}_h\cdot\boldsymbol{u}_l(t)}\rangle$，式中 $\langle\cdots\rangle$ 表示热平均。

(a) 试证明衍射强度 $I=I_0\exp\left(-\frac{1}{3}\langle\boldsymbol{u}^2\rangle\boldsymbol{K}_h^2\right)$，其中 I_0 是来自刚性点阵的散射强度，$\langle\boldsymbol{u}^2\rangle$ 是均方位移，指数因子称为德拜-瓦勒因子；

(b) 假定三维经典振子频率为 ω，原子质量为 m。试证明

$$I=I_0\exp[-k_{\mathrm{B}}T\boldsymbol{K}_h^2/(m\omega^2)]$$

第二章 晶体的结合

2.1 导出 NaCl 型离子晶体中排斥势指数的下列关系式：

$$n=1+\frac{4\pi\varepsilon_0\times18Br_0^4}{\alpha e^2}(\text{SI 单位})$$

其中 r_0 为近邻离子间距，α 为以 r_0 为单位的马德隆常数，B 为体积弹性模量。已知 NaCl 晶体的 $B=2.4\times10^{10}\ \mathrm{N/m^2}$，$r_0=2.81\ \mathrm{\mathring{A}}$，求 NaCl 的 $n=$？

2.2 带 $\pm e$ 电荷的两种离子相间排成一维晶格，设 N 为元胞数，A_n/r_0^n 为排斥势，r_0 为正负离子间距。求证，当 N 很大时有：

(a) 马德隆常数 $\alpha=2\ln 2$；

(b) 结合能 $W=\dfrac{Ne^2 2\ln 2}{4\pi\varepsilon_0 r_0}\left(1-\dfrac{1}{n}\right)$；

(c) 当压缩晶格时 $r \to r_0(1-\delta)$，且 $\delta \ll 1$，则需做功$\frac{1}{2}(2Nr_0)B\delta^2$，其中线弹模

$$B = \frac{(n-1)N2\ln 2}{8\pi\varepsilon_0 r_0^2}e^2$$

2.3 量子固体。

在量子固体中，起主导作用的排斥能是原子的零点振动能，考虑晶态^{4}He 的一个粗略一维模型，即每个氦原子局限在一段长为 L 的线段上，每段内的基态波函数取为半波长为 L 的自由粒子波函数。

(a) 试求每个粒子的零点振动能；

(b) 推导维持该线段不发生膨胀所需力的表达式；

(c) 在平衡时，动能所引起的膨胀倾向被范德瓦耳斯相互作用所平衡，假定最近邻间的范德瓦耳斯能为 $U(L) = -1.6L^{-6}10^{-79}$ J，其中 L 以 m 为单位，求 L 的平衡值。

2.4 K_3C_{60}晶格的马德隆常数。

C_{60}是人工合成的由 60 个碳原子构成的足球形状的大分子，由 C_{60}构成的晶体近似具有 fcc 结构，晶格常量为 $a = 14.24$ Å，是一个绝缘体。当 C_{60}晶体掺有 3 个 K 原子后构成 K_3C_{60}，K(1)原子占据所有八面体位置，K(2)原子占据所有四面体位置（如习题 2.4 图所示），该晶体材料具有超导转变温度 18 K。如果 K_3C_{60}晶体可以近似看成由 K^+离子和 C_{60}^{3-}离子构成的离子晶体，试编程计算 $K^+(1)$、$K^+(2)$、C_{60}^{3-} 离子以晶格常量为长度单位的马德隆常数分别为 2.919 5、4.070 7、33.183 0。

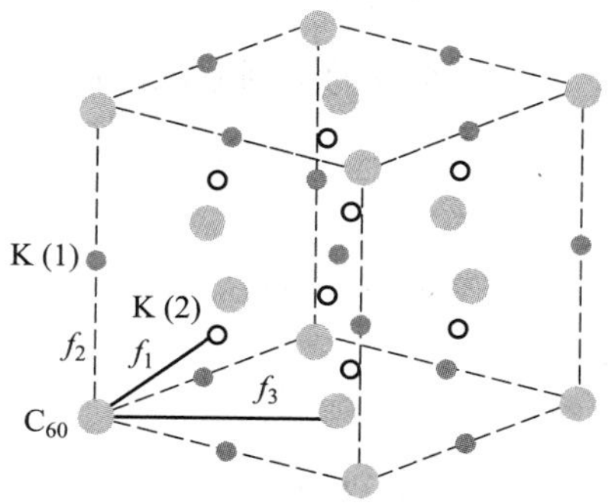

习题 2.4 图

第三章 晶格动力学和晶体的热学性质

3.1 在单原子组成的一维点阵中，假设每个原子所受的作用力左右不同，其力常数如习题 3.1 图所示相间变化，且 $\beta_1 > \beta_2$。试证明在这样的系统中，格波仍存在着声频支和光频支，其格波色散关系为

$$\omega^2=\frac{\beta_1+\beta_2}{m}\left\{1\pm\left[1-\frac{4\beta_1\beta_2\sin^2(qa/2)}{(\beta_1+\beta_2)^2}\right]^{1/2}\right\}$$

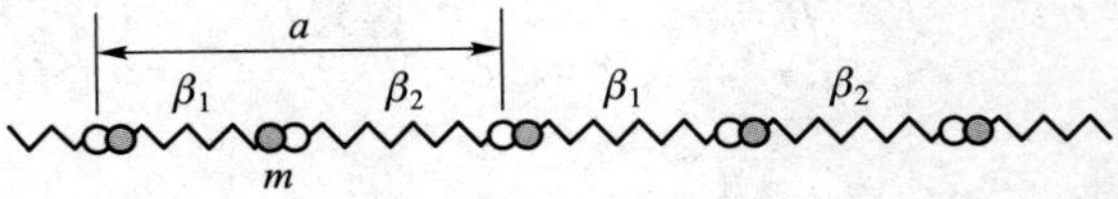

习题 3.1 图

3.2 具有两维正方点阵的某简单晶格,设原子质量为 m,晶格常量为 a,最近邻原子间相互作用的恢复力常数为 β,假定原子垂直于点阵平面作横振动,试证明此二维系统的格波色散关系为 $m\omega^2=2\beta[2-\cos(q_xa)-\cos(q_ya)]$。

3.3 求:

(a) 一维单原子链振动的声子态密度 $\rho(\omega)$,并作图;

(b) 一维双原子链振动的声子态密度 $\rho(\omega)$,并作图。

3.4 设某三维晶体光频支声子的某支色散关系为 $\omega(q)=\omega_0-Aq^2$,试证明其声子态密度为

$$\rho(\omega)=\begin{cases}\dfrac{V}{4\pi^2A^{3/2}}(\omega_0-\omega)^{1/2}, & \omega_{\min}<\omega<\omega_0\\ 0, & \omega>\omega_0\\ 0, & \omega<\omega_{\min}\end{cases}$$

式中 $\omega_{\min}=\omega_0-A\left(\dfrac{6\pi^2N}{V}\right)^{2/3}$,$N$ 为晶体的元胞数。

3.5 试用德拜模型近似讨论单原子组成的下列系统的低温比热容为

(a) 在一维系统中 $C_V\propto T$;

(b) 在二维系统中 $C_V\propto T^2$。

3.6 设某二维系统声子色散关系为 $\omega(q)=Aq^{3/2}$,在低温极限下试证明此系统

(a) 平均振动能量正比于 $T^{7/3}$;

(b) 声子比热容及熵正比于 $T^{4/3}$。

3.7 设 d 维简单晶格中,声子色散关系 $\omega(\boldsymbol{q})$ 与 q^μ 成正比,试证明

(a) 声子态密度 $\rho(\omega)=B\omega^{d/\mu-1}$;

(b) 比热容 $C_V=CT^{d/\mu}$。B、C 为常量。

3.8 求在一维单原子链中,$\omega>\omega_m$(截止频率)声子模式的阻尼系数 α 与 ω 的关系。

3.9 格林艾森常数。

(a) 证明频率为 ω 的声子模式的自由能为 $k_BT\ln\left[2\sinh\left(\dfrac{\hbar\omega}{2k_BT}\right)\right]$;

(b) 如果 Δ 是体积的相对变化量,则晶体的自由能密度可以写为

$$F(\Delta,T)=\frac{1}{2}B\Delta^2+k_BT\sum_q\ln\left\{2\sinh\left[\frac{\hbar\omega(\boldsymbol{q})}{2k_BT}\right]\right\}$$

其中 B 为体积弹性模量。假定 $\omega(\boldsymbol{q})$ 与体积关系为 $\frac{\mathrm{d}\omega(\boldsymbol{q})}{\omega(\boldsymbol{q})}=-\gamma\Delta$，$\gamma$ 为格林艾森常数，且与模 $\boldsymbol{q}$ 无关。证明当 $B\Delta=\gamma\sum_q \frac{1}{2}\hbar\omega(\boldsymbol{q})\coth\left[\frac{\hbar\omega(\boldsymbol{q})}{2k_{\mathrm{B}}T}\right]$ 时，F 对于 Δ 为极小。利用内能密度的定义，证明 Δ 可近似表达为 $\Delta=\gamma U(T)/B$。

（c）根据德拜模型证明 $\gamma=-\frac{\partial\ln\theta_{\mathrm{D}}}{\partial\ln V}$，其中 $\theta_{\mathrm{D}}=\hbar\omega_{\mathrm{D}}/k_{\mathrm{B}}$。

3.10　科恩(Kohn)反常。假定作用在 l 平面上总的力为

$$F_l=\sum_p\beta_p(u_{l+p}-u_l)$$

其中晶面间的力常数为 $\beta_p=A\frac{\sin(k_0pa)}{pa}$，这里 A 和 k_0 为常数，p 取所有整数。这种形式的力常数主要出现在电子－声子相互作用很强的金属中。利用此式和晶格振动方程证明，声子色散关系为 $\omega^2(q)=\frac{2}{m}\sum_{p>0}\beta_p[1-\cos(qpa)]$，计算 $\partial\omega^2(q)/\partial q$ 的表达式。证明当 $q=\pm k_0$ 时，$\partial\omega^2(q)/\partial q$ 为无穷大，并讨论 $\omega^2(q)$ 的变化情况。

3.11　软声子模。

设有等质量而正负电荷交替排列的一维离子链，第 l 个离子的电荷为 $e_l=e\cdot(-1)^l$。原子间的势为两种贡献之和：（1）最近邻离子间的短程弹性相互作用，力常数为 $C_{1e}=\beta$；（2）所有离子间的库仑相互作用。

（a）证明库仑相互作用对原子的力常数的贡献为 $C_{lc}=2(-1)^l\frac{e^2}{l^3a^3}$，其中 a 是最近邻离子间距离；

（b）由晶格振动方程推导下列一般的声子色散关系：

$$\omega^2(q)=\frac{2}{m}\sum_{l>0}C_l[1-\cos(qla)]$$

证明色散关系可写为

$$\frac{\omega^2}{\omega_{\mathrm{m}}^2}=\sin^2\left(\frac{1}{2}qa\right)+\sigma\sum_{l=1}^{\infty}(-1)^l[1-\cos(qla)]l^{-3}$$

式中 $\omega_{\mathrm{m}}^2=4\beta/m$，$\sigma=e^2/(\beta a^3)$；

（c）证明在布里渊区边界 $qa=\pi$ 处，若 $\sigma>4/[7\zeta(3)]=0.475$ 时（ζ 是黎曼 ζ 函数），$\omega^2(q)$ 是负的，晶格不稳定。进一步证明，若 $\sigma>(2\ln 2)^{-1}=0.721$，对于小波矢 qa，声速为虚数，晶格仍然不稳定。可见当 $0.475<\sigma<0.721$ 时，$(0,\pi)$ 区间内总有某个 qa，$\omega^2(q)$ 变为零，晶格不稳定。注意，由于任一离子与其近邻的相互作用与其他离子相同，就晶格振动而言它可以看成简单晶格。

第四章　能　带　论

4.1　一维周期场中电子的波函数 $\psi_k(x)$ 满足布洛赫定理，若晶格常量为 a 的电子波函数为

(a) $\psi_k(x)=\sin\left(\dfrac{\pi x}{a}\right)$

(b) $\psi_k(x)=\mathrm{i}\cos\left(\dfrac{3\pi x}{a}\right)$

(c) $\psi_k(x)=\sum\limits_{l=-\infty}^{+\infty}f(x-la)$

$f(x)$是某确定的函数,试求电子在这些态的波矢。

4.2 求证由δ函数构成的一维周期势场 $V(x)=V_0\sum\limits_{l=-\infty}^{+\infty}\delta(x-la)$ 中,单电子能谱由下列克勒尼希-彭尼(Kronig-Penney)关系决定:$\cos(ka)=\dfrac{maV_0}{\hbar^2}\dfrac{\sin(\alpha a)}{\alpha a}+\cos(\alpha a)$,$\alpha^2=2mE/\hbar^2$。由此结果说明每一能带色散关系均满足 $E(k+K_h)=E(k)$,当 V_0 为负数时,该模型是单电子在一维原子链中运动的一种很好的描述。

4.3 电子在周期场中的势能

$$V(x)=\begin{cases}\dfrac{1}{2}m\omega^2[b^2-(x-na)^2], & 当\ na-b\leqslant x\leqslant na+b\\ 0, & 当(n-1)a+b\leqslant x\leqslant na-b\end{cases}$$

且 $a=4b$,ω 是常量。试画出该势能曲线,并求该势能的平均值。

4.4 用近自由电子近似处理上题,求此晶体第一及第二能隙宽度。

4.5 设两维正方晶格的周期势为

$$V(\boldsymbol{r})=V(x,y)=-4U\cos\frac{2\pi x}{a}\cos\frac{2\pi y}{a}$$

a 为晶格常量,求:

(a) $V(\boldsymbol{r})$按倒格矢展开的傅里叶系数 $V(\boldsymbol{K}_h)$;

(b) 对近自由电子近似而言,在哪些布里渊区界线上有布拉格反射,并写出相应的能隙。

4.6 已知近自由电子近似在布里渊区边界附近能量为

$$E_{\pm}(\boldsymbol{k})=\frac{1}{2}\left\{[E^0(\boldsymbol{k})+E^0(\boldsymbol{k}+\boldsymbol{K}_h)]\pm\sqrt{[E^0(\boldsymbol{k})-E^0(\boldsymbol{k}+\boldsymbol{K}_h)]^2+4|V(\boldsymbol{K}_h)|^2}\right\}$$

证明在布里渊区界面上,垂直于布里渊区界面的电子速度分量为0。

4.7 设二维长方晶格的周期势 $V(\boldsymbol{r})=V_0+A\cos\dfrac{4\pi x}{a}+B\cos\dfrac{2\pi y}{a}$,试用近自由电子近似求电子状态为 $\boldsymbol{k}=\left(\dfrac{2\pi}{a},k_y\right)$ 的能量及其相应的波函数。

4.8 平面正六角形晶格，如习题 4.8 图所示，六角形两个对边的间距是 a，基矢为

$$\boldsymbol{a}_1 = a\boldsymbol{i}$$

$$\boldsymbol{a}_2 = -\frac{1}{2}a\boldsymbol{i} + \frac{\sqrt{3}}{2}a\boldsymbol{j}$$

试画出该晶体的第一、第二、第三布里渊区。

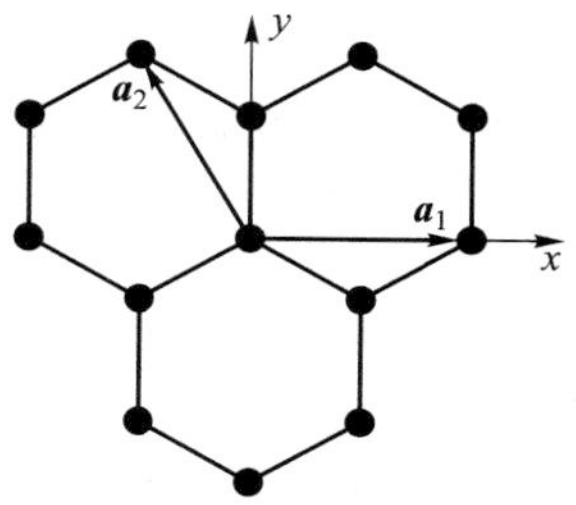

习题 4.8 图

4.9 用紧束缚近似方法求出体心立方晶体 s 态电子的能带

$$E(\boldsymbol{k}) = E_s - J_0 - 8J_1\cos(k_x a/2)\cos(k_y a/2)\cos(k_z a/2)$$

试画出沿 k_x 方向（$k_y = k_z = 0$），$E(k_x)$ 和 $v(k_x)$ 的曲线。

4.10 用紧束缚近似方法求出面心立方晶体 s 态电子能带

$$E(\boldsymbol{k}) = E_s - J_0 - 4J_1\left(\cos\frac{k_x a}{2}\cos\frac{k_y a}{2} + \cos\frac{k_y a}{2}\cos\frac{k_z a}{2} + \cos\frac{k_z a}{2}\cos\frac{k_x a}{2}\right)$$

并求能带底部的有效质量。

4.11 设一维晶体晶格常量为 a，系统的哈密顿量为 $H = -\frac{\hbar^2}{2m}\frac{\mathrm{d}^2}{\mathrm{d}x^2} + V(x)$，其中 $V(x) = -V_0\sum_l \delta(x - la)$。若已知孤立原子的势和波函数为 $V_a = -V_0\delta(x - la)$，$\varphi_a(x) = \alpha^{1/2}\mathrm{e}^{-\alpha|x-la|}$，$E_a = -\hbar^2\alpha^2/(2m)$，试用紧束缚近似求电子的

（a）能带公式；

（b）能带宽度；

（c）带底有效质量。

4.12 试由紧束缚近似证明晶格常量为 a 的简单一维晶体中，第 l 格点上电子的概率幅 $C_l(t)$ 满足方程 $\mathrm{i}\hbar\dot{C}_l(t) = AC_l(t) - BC_{l-1}(t) - BC_{l+1}(t)$，式中 $A = E_s - J_0$，$B = J_1$，E_s 是孤立原子 s 轨道的能量，J_0 是晶场劈裂，J_1 是最近邻交叠积分。假定一维晶链中原子总数为 N，试求：

（a）电子的能量与波矢关系 $E(\boldsymbol{k}) = ?$

（b）能带宽度和带顶空穴及带底电子的有效质量；

（c）设 $A = 0$，求能带电子的态密度 $N(E) = ?$

（d）假定原子有一个价电子，试求 $T = 0$ 时的费米能 E_F。

4.13 某晶体中电子的等能面是椭球面 $E(\boldsymbol{k})=\frac{\hbar^2}{2}\left(\frac{k_x^2}{m_1}+\frac{k_y^2}{m_2}+\frac{k_z^2}{m_3}\right)$,求该能谱的电子态密度。

4.14 一维金属的派尔斯失稳。

考虑一维金属电子气,其费米波矢为 k_F,满足自由电子能谱 $E(k)=\frac{\hbar^2}{2m}k^2$。如果一维晶格由于电子-声子相互作用产生的周期形变为 $\Delta\cos(2k_Fx)$,其弹性能密度可表示为 $U=\frac{1}{2}B\Delta^2\langle\cos^2(2k_Fx)\rangle=\frac{1}{4}B\Delta^2$,该形变同时使电子处在一个周期势场 $V(x)=2A\Delta\cos(2k_Fx)$ 中。

试计算:

(a) 在该周期势作用下,电子在 k_F 附近 $k=k_F+\Delta k$ 的能谱 $E(\Delta k)$,$\mathrm{d}E(\Delta k)/\mathrm{d}\Delta$;

(b) 对系统的电子能量和弹性能求导,求出系统的最低能量所对应的形变 Δ;

(c) 在 $\pi B\hbar^2k_F/(4mA^2)\gg1$ 时,形变 Δ 的表达式为 $\Delta=[2\hbar^2k_F^2/(mA)]\mathrm{e}^{-\pi B\hbar^2k_F/(4mA^2)}$。

第五章 金属电子论

5.1 二维自由电子气系统,每单位面积中的电子数为 n,试求出该系统的

(a) 电子能态密度 $N(E)$;

(b) 有限温度下的化学势 $\mu(T)=k_BT\ln\left[\exp\left(\frac{nh^2}{4\pi mk_BT}\right)-1\right]$。

5.2 设阻尼项为 $-m^*\boldsymbol{v}/\tau$,试证明当 $\boldsymbol{E}=(E_x,E_y,E_z)$,$\boldsymbol{B}=(0,0,B)$ 时直流电导率公式为

$$\begin{pmatrix}J_x\\J_y\\J_z\end{pmatrix}=\frac{\sigma}{1+(\omega_c\tau)^2}\begin{pmatrix}1&-\omega_c\tau&0\\\omega_c\tau&1&0\\0&0&1+(\omega_c\tau)^2\end{pmatrix}\begin{pmatrix}E_x\\E_y\\E_z\end{pmatrix}$$

其中 $\sigma=ne^2\tau/m^*$,$\omega_c=eB/m^*$。

5.3 电子漂移速度 $\boldsymbol{v}$ 满足方程 $m^*\left(\frac{\mathrm{d}\boldsymbol{v}}{\mathrm{d}t}+\frac{\boldsymbol{v}}{\tau}\right)=-e\boldsymbol{E}$。证明频率为 ω 的电导率为 $\sigma(\omega)=\sigma(0)\frac{1+\mathrm{i}\omega\tau}{1+(\omega\tau)^2}$,其中 $\sigma(0)=ne^2\tau/m^*$。

5.4 在低温下实验测出某绝缘体晶体的比热容与温度的关系 $C_V/T^{3/2}-T^{3/2}$ 为一直线,斜率为 B,截距为 A,如习题 5.4 图所示。

(a) 写出低温下 C_V 与 T 关系;

(b) 若已知直线的斜率部分来源于声子对比热容的贡献,求 B 与德拜温度 θ_D 的关系;

(c) 设截距部分来源于某玻色子对比热容的贡献,试估计该准粒子的色散关系 $\omega(\boldsymbol{q})\approx q^\mu$ 中 $\mu\approx$?。

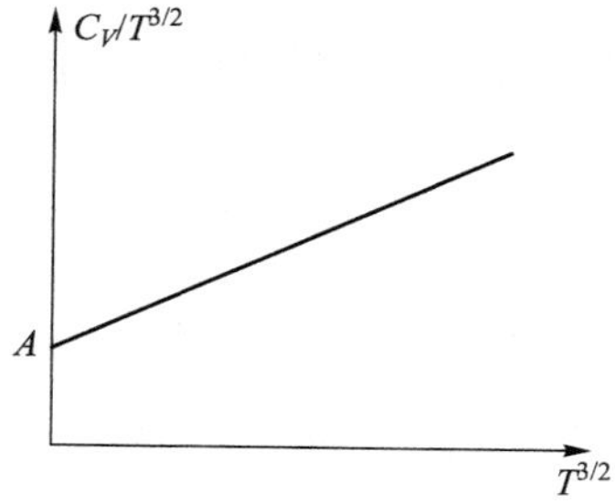

习题 5.4 图

5.5 已知布里渊区边界对费米面的影响如习题 5.5 图所示，证明

$$\boldsymbol{k}_0 \cdot \Delta\boldsymbol{k}_0 + \frac{1}{2}\Delta\boldsymbol{k}_0^2 = \frac{2m}{\hbar^2}V(\boldsymbol{K}_h)$$

其中 $V(\boldsymbol{K}_h)$ 是该布里渊区边界对应的晶格周期势的傅里叶分量。

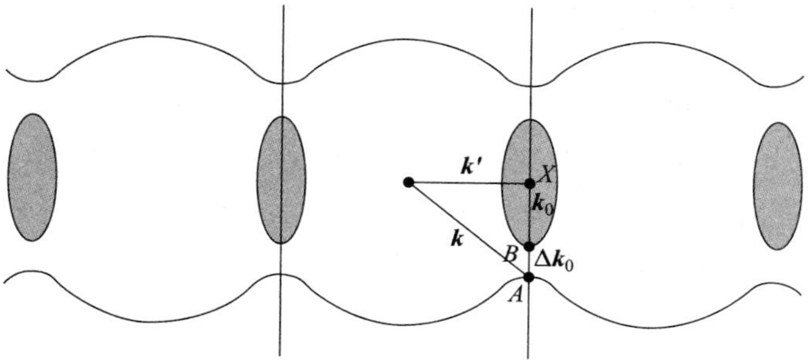

习题 5.5 图

第六章 半导体电子论

6.1 若 n 型半导体中，$N_D \neq 0, N_A \neq 0, N_A \ll N_D$。证明：在杂质弱电离条件（$n \ll N_A \ll N_D$）下，导带电子浓度 $n = \dfrac{N_- N_D}{2N_A}\exp[-E_i/(k_B T)]$，式中 $E_i = E_- - E_D$。

6.2 证明存在两种类型载流子时的霍尔系数 $R_H = \dfrac{1}{e}\dfrac{p-nb^2}{(p+nb)^2}$，式中 $b = \mu_-/\mu_+$，n、p 分别为电子和空穴的浓度，μ_-、μ_+ 为电子和空穴的迁移率。

6.3 设某 n 型半导体的施主浓度为 N_D，若不考虑本征激发，试证明在低温范围内，当温度升高使得 $N_-(T) = N_D e^{-3/2}$ 时，$\mu(T)$ 有极大值：

$$\mu(T)_{\max} = \frac{1}{2}(E_- + E_D) + \frac{3}{4}\frac{k_B}{e}\left(\frac{N_D}{N_0}\right)^{2/3},$$

$$N_-(T) = 2(2\pi m_-^* k_B T/h^2)^{3/2}, N_0 = N_-(T)/T^{3/2}。$$

第七章　固体磁性

7.1　考虑 $S=1/2$ 的铁磁海森伯模型，$H=-J_e\sum_{<ll'>}\boldsymbol{S}_l\cdot\boldsymbol{S}_{l'}-\sum_l\boldsymbol{B}\cdot\boldsymbol{S}_l$，其中第一项求和只对近邻进行。$J_e$ 为近邻海森伯铁磁交换作用，$\boldsymbol{S}_l$ 是 l 格点上的自旋算符，$\boldsymbol{B}$ 为外加的磁场。试用平均场近似证明：当 $T_C-T\ll T_C$ 时，自发磁化 $M(T)\propto\sqrt{T_C-T}$。

7.2　考虑由 $2N$ 个 $S=1/2$ 的自旋构成的反铁磁体，自旋朝上和自旋朝下构成两套子晶格，并互为对方的近邻。$H=J_{AF}\sum_{<ll'>}\boldsymbol{S}_l\cdot\boldsymbol{S}_{l'}-\sum_l\boldsymbol{B}\cdot\boldsymbol{S}_l$，其中第一项求和只对近邻进行。$J_{AF}$ 为近邻海森伯反铁磁交换作用，$\boldsymbol{S}_l$ 是 l 格点上的自旋算符，$\boldsymbol{B}$ 为外加的磁场。试用平均场近似证明：$T>T_N$ 时系统的顺磁磁化率为

$$\chi(T)=\frac{C}{T+T_N}$$

其中 $C=N\mu_0(g\mu_B)^2/(2k_B)$，$T_N=J_{AF}z\hbar^2/(4k_B)$，$z$ 为近邻配位数。

7.3　一维反铁磁自旋波。

考虑简单的一维反铁磁系统，令偶数指标$(2l)$的自旋构成子晶格 A，自旋向上$(S_z\approx\hbar S)$；奇数指标$(2l+1)$的自旋构成子晶格 B，自旋向下$(S_z\approx-\hbar S)$，S 为自旋量子数。考虑最近邻相互作用，并取 $J_e=-J_{AF}$为负。引入自旋的上升、下降算符 $S^+=S_x+\mathrm{i}S_y$，$S^-=S_x-\mathrm{i}S_y$，

(a) 试证明 A、B 子晶格自旋进动方程分别为

$$\mathrm{d}S_{2l}^+/\mathrm{d}t=-2\mathrm{i}J_{AF}\hbar S(2S_{2l}^++S_{2l-1}^++S_{2l+1}^+)$$

$$\mathrm{d}S_{2l+1}^+/\mathrm{d}t=+2\mathrm{i}J_{AF}\hbar S(2S_{2l+1}^++S_{2l}^++S_{2l+2}^+)$$

(b) 试证明此反铁磁系统中自旋波色散关系为

$$\omega(q)=\omega_m\left|\sin\left(\frac{1}{2}qa\right)\right|$$

式中 $\omega_m=4J_{AF}\hbar S$。

7.4　近藤效应(Kondo effect)。

在稀磁合金，例如以 Cu、Ag、Au 为基，掺入 Cr、Mn 或 Fe 的合金中，磁性离子与传导电子之间的交换耦合，会使两个磁性离子之间产生间接交换作用，一般称为 RKKY 相互作用。磁性离子与传导电子之间的相互作用，使稀磁合金的电阻率-温度曲线在低温下出现一个极小，称为近藤效应。如果电阻率依赖于自旋部分的贡献为 $\rho_K=C\rho_0\left(1+\frac{3zJ}{E_F}\ln T\right)=C\rho_0-C\rho_1\ln T$，式中 J 是交换能，z 是近邻配位数，C 表示浓度，ρ_0 是交换散射强度。试证明在低温下，电阻率的极小值出现在 $T_{\min}=(C\rho_1/5a)^{1/5}$处。式中 a 为低温下声子散射导致的电阻率温度系数。

第八章　超导电性

8.1　平板超导体中的磁场穿透：穿透方程可以写为 $\lambda^2\nabla^2B=B$，其中 λ 为穿透深度。

(a) 证明在厚度为 δ 并垂直于 x 轴的平板超导体内,$B(x)$ 为

$$B(x)=B_a\frac{\cosh(x/\lambda)}{\cosh[\delta/(2\lambda)]}$$

B_a 为平板外并平行于平板的磁场。这里 $x=0$ 取在平板中心处。

(b) 平板中的有效磁化强度 $M(x)$ 由 $B(x)-B_a=\mu_0M(x)$ 确定。证明,对于 $\delta\ll\lambda$ 时,$\mu_0M(x)=-[B_a/(8\lambda^2)](\delta^2-4x^2)$。

8.2 超导薄膜的临界场。

(a) 利用问题 8.1(b)的结果,证明在 $T=0$ K 时,厚度为 $\delta\ll\lambda$ 时,吉布斯自由能为

$$G_{\mathrm{S}}(x,B_a)=G_{\mathrm{S}}(0)+(\delta^2-4x^2)B_a^2/(16\mu_0\lambda^2)$$

这里忽略了动能的贡献;

(b) 证明磁能对 G_{S} 的贡献在薄膜厚度内取平均的值为 $B_a^2(\delta/\lambda)^2/(24\mu_0)$;

(c) 如果我们只考虑磁能对 G_{S} 的贡献,试证明薄膜的临界磁场正比于$(\lambda/\delta)H_{\mathrm{C}}$,其中 $H_{\mathrm{C}}=B_{\mathrm{C}}/\mu_0$ 为体临界场。

8.3 超导体的二流体模型。

在超导体的二流体模型中我们假定,在 $0<T<T_{\mathrm{C}}$ 的温度范围内,电流密度可以写为正常电子与超导电子的贡献之和:$\boldsymbol{J}=\boldsymbol{J}_{\mathrm{N}}+\boldsymbol{J}_{\mathrm{S}}$,其中 $\boldsymbol{J}_{\mathrm{N}}=\sigma_n\boldsymbol{E}$,而 $\boldsymbol{J}_{\mathrm{S}}$ 由伦敦方程给出。这里 σ_n 是普通的正常电导率,由于在温度 T 时的正常电子数目比正常态时的数目减少,因而 σ_n 降低。略去 $\boldsymbol{J}_{\mathrm{N}}$、$\boldsymbol{J}_{\mathrm{S}}$ 中的惯性效应。

(a) 从麦克斯韦方程出发,证明联系超导体中的电磁波频率 ω 与波矢 q 的色散关系 $q^2=\mathrm{i}\mu_0\sigma_n\omega-\lambda_{\mathrm{L}}^{-2}+\omega^2\mu_0\varepsilon_0$。

(b) 如果 τ 是正常电子的弛豫时间,n_{N} 是它的浓度,利用公式 $\sigma_n=n_{\mathrm{N}}e^2\tau/m$,证明当频率 $\omega\tau\ll1$时,色散关系与正常电子没有关系,超流短路了正常电子。注意,伦敦方程只在 $\hbar\omega$ 小于超导能隙时成立。同时 $\omega\ll\omega_{\mathrm{p}}$,$\omega_{\mathrm{p}}$ 为等离子体振荡频率。

8.4 伦敦穿透深度。

(a) 取伦敦方程的时间导数,证明$\partial\boldsymbol{J}/\partial t=(1/\mu_0\lambda_{\mathrm{L}}^2)\boldsymbol{E}$;

(b) 对电荷为 q、质量为 m 的自由载流子,如果 $m\mathrm{d}\boldsymbol{v}/\mathrm{d}t=q\boldsymbol{E}$,试证明:$\lambda_{\mathrm{L}}^2=m/(\mu_0nq^2)$。

8.5 约瑟夫森结的衍射效应。

考虑一个矩形截面的结,磁场 $\boldsymbol{B}$ 沿结的平面垂直于宽度为 W 的一个边,令结的厚度为 D。为方便起见,假定当 $B=0$ 时两超导体的相位差为 $\pi/2$。在有磁场的情况下,证明直流电流为

$$J=J_0\frac{\sin(WDBe/\hbar)}{WDBe/\hbar}$$

习题详细解答

主要参考书

[1] Kittel C. Introduction to solid state physics. 7th ed. Singapore, New York, Chichester, Brisbane, Toronto: John Wiley & Sons, Inc.,1995.

[2] Ashcroft N W, Mermin N D. Solid state physics. Philadephia:Holt-Saunders International Editions,1981.

[3] Hall H E. Solid state physics. New York: John Wiley & Sons Ltd., 1974.

[4] 黄昆原著,韩汝琦改编.固体物理学.北京:高等教育出版社,1988.

[5] 方俊鑫,陆栋.固体物理学.北京:高等教育出版社,1980.

[6] 阎守胜.固体物理基础.北京:北京大学出版社,2000.